U0931040

高层建筑防火设计实例

蒋永琨　王世杰　主编

中国建筑工业出版社

图书在版编目（CIP）数据

高层建筑防火设计实例/蒋永琨，王世杰主编．—北京：
中国建筑工业出版社，2003
ISBN 7-112-05993-3

Ⅰ．高… Ⅱ．①蒋…②王… Ⅲ．高层建筑-防火系统-建筑设计 Ⅳ．TU972

中国版本图书馆 CIP 数据核字（2003）第 076431 号

本书内容丰富、实用。全书收集了高层及超高层建筑的设计实例40个。建筑种类包括：办公、住宅、酒店、综合楼、广播电视、科技展览等。涉及防火设计的各个方面，如规划布局、防火分区、安全疏散、消防给水、消防设施、防烟排烟、电气防火等。有的实例具体剖析了防火设计的某一方面，或几个方面；有的实例则详细阐述了某一方面的设计计算。这些内容对工程技术人员进行防火设计有很高的参考价值，书中附录部分还收录了部分新型气体消防的地方标准。

本书适合相关专业的工程设计人员、管理人员参考使用。

* * *

责任编辑　姚荣华　齐庆梅
责任设计　崔兰萍
责任校对　王金珠

高层建筑防火设计实例
蒋永琨　王世杰　主编
*
中国建筑工业出版社出版、发行（北京西郊百万庄）
新华书店经销
北京同文印刷有限责任公司印刷
*
开本：850×1168毫米　1/16　印张：22¼　插页：16　字数：624千字
2004年1月第一版　2004年1月第一次印刷
印数：1—4000册　定价：46.00元
ISBN 7-112-05993-3
TU·5266(12006)

本社网址：http://www.china-abp.com.cn
网上书店：http://www.china-building.com.cn

《高层建筑防火设计实例》编委会

主　编：蒋永琨　王世杰
副主编：郭树林　曹善其　蒋亦兵　张胜学
编　委：蒋永琨　王世杰　蒋彦胤　陈耀宗　许兆亭　曹善其
马　恒　张胜学　焦兴国　易工农
编写人：蒋永琨　张锡英　历守生　王申京　韩光宗　聂学东
赵嗣明　黄　舸　郭汝艳　林培瑜　王铭珍　苏　丹
刘润泽　张　旗　凌　虹　柯将秀　吴永明　孟　晶
程绍颐　李宏业　杨立红　吕　军　赵锐锐　李天荣
王春燕　罗　宁　曹善其　陈耀宗　李姣贵　万焕堂
勇俊宝　王世杰　吴　晓　徐　鸣　蒋一兵　魏　晨
黄玉森　雷志民　王克强　王烽华　田亦工　孙正魁
李玉华　蔡高览　黄志青　吴克山　赵　晨　叶丽影
林启森　蒋亦兵　吴　奕　张　力　姚金华　胡世超
曾志军　何伟嘉　方政武　陆新生　詹泰益等

注：多人撰写时，编写人名单未全部列入。

前　言

我国实行改革开放以来，随着国家经济建设的迅猛发展，全国各大中城市的高层建筑如雨后春笋般地蓬勃兴建起来，成为城市现代化的标志之一。由于我国高层建筑设计起步较晚，20世纪80年代以前建造的高层建筑，在防火设计上还沿用一般建筑或参照国外的标准、规范进行。自从我国自己编制的《高层民用建筑设计防火规范》、《建筑设计防火规范》实施后，对高层建筑在防火设计方面的要求有了进一步完善。我们已经积累了不少成功的经验，当然也还有不够完善的教训。随着人们认识的提高，有关规范还需要不断修订以满足现代化建设的要求。

我们在消防管理上取得了很大的成绩，但还存在不少问题，一些地区和部门防火管理不严格，防火设计和消防设施的配备不规范，发生火灾后不能及时扑救造成人员伤亡和财产损失，有的还相当严重。据不完全统计，1991年以来，全国每年发生火灾（不含军队、森林、草原火灾）150000～180000起，死亡3000～3500人，伤4500～5000人，直接财产损失15亿～18亿元。这就要求我们在防火管理的力度上还要进一步加强，特别要从建设设计阶段抓起，我们编辑这本书的目的就是为了进一步总结20年来我国高层建筑在防火设计上的成果，为今后设计提供宝贵的经验，以提高防火设计水平。

本书内容十分丰富，包括了高层及超高层办公、住宅、酒店、综合楼以及广播电视、科技展览等大空间建筑等，涉及防火设计的各个方面，如规划布局、防火分区、安全疏散、消防给水、消防设施、防烟排烟、电气防火等。有的实例则具体剖析防火设计的某一方面或几个方面，有的则详细阐述某一方面的设计计算，这些对我们进行防火设计都具有很好的参考价值。书中还收录了部分新型气体消防的地方标准，以供同行使用参考。

在约稿过程中，得到不少单位和个人的大力支持，在此表示感谢。由于时间仓促，还有很多更具代表性的建筑没有收集到，再加之编者水平有限，有不妥或错误之处在所难免，敬请广大读者提出宝贵意见或建议，以便进一步完善，谨致谢意。

编　者

目　录

办公楼、综合楼

广播电视、科技展览及其他建筑

办公楼、综合楼

外交部办公大楼

郭汝艳

一、工程概况

外交部办公大楼位于北京市朝阳门立交桥的东南角，主楼面对朝阳门立交桥，两翼分别平行于朝阳门南大街和朝阳门外大街。占地面积 3.6 万 m^2，总建筑面积近 12 万 m^2。主楼地上 19 层，配楼地上 12 层和 4 层，地下 2 层。建筑高度 75.4m，设计总人数 3500 人，整个建筑分为 4 段。是目前国内规模最大，装修标准最高，最重要的办公建筑之一。

二、消火栓系统

1. 用水量

室内消火栓 40L/s，3h；室外消火栓 30L/s，3h。

2. 消火栓系统图示（见图 1）

大楼是在新《高层民用建筑设计防火规范》，以下简称《高规》颁布前设计的。室外地下水池储存了全部消防用水量（室内、外消火栓用水量和自动喷洒用水量），生活、消防合用水池共计 1150m^3，分两格设置。

高区消火栓系统平时由 20 层水箱间的增压泵保证系统压力，而水箱的高度能满足高区 12 层以下各层消火栓的压力要求，就不必再补压了，只利用 20 层水箱的静压。高区系统最大静压 56m，水箱消防储水量 18m^3。

补压泵由电接点压力表控制，而电接点压力表装在补压泵的出水管上。由于补压泵的启停使压力表波动很大，在启停压差只有 0.05MPa 的情况下，压力表的波动使补压泵运行不正常。后来将压力表改装在高区 *DN*200 的横干管上，补压泵的运行才恢复正常。

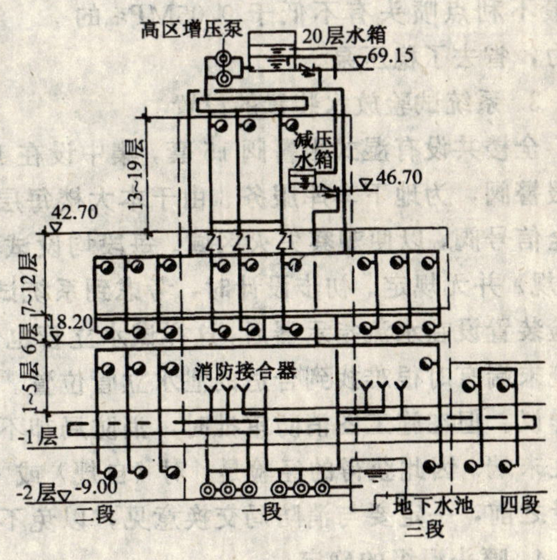

图 1 消火栓系统示意图

低区消火栓系统平时由减压水箱保证

系统压力，最大静压 55m。减压水箱消防储水量 $18m^3$。

3. 防超压措施

本大楼消火栓系统采用 2 台小泵并联工作替代 1 台大泵工作。消防初期消火栓用水量小，1 台泵先启动。但必须明确压力控制器作用的先后顺序，一定是在消火栓按钮启动 1 台泵以后才发挥作用，并在水箱作用的常压下不发挥作用。

2 台泵并联替代 1 台大泵适用于特性曲线较陡的泵，这种泵由于流量的变化，扬程增加或减少比较明显。特性曲线较平缓的泵由于流量的变化，扬程的变化不大，所以一台泵在小流量状态下工作，不会有太严重的超压现象。本大楼采用的 IS 泵属于前一种情况。两台并联工作的泵，单泵运行时，每台泵的流量会增大、扬程会降低、功率比每台泵的功率有所提高。

三、自动喷水灭火系统

1. 用水量

根据《自动喷水灭火系统设计规范》(以下简称《自规》)，本大楼的自动喷水系统按中危险级要求设计，系统的设计流量为 26L/s。由于低区系统包括地下汽车库的自动喷水系统，所以低区按 30L/s 设计。

2. 系统示意图（见图 2）

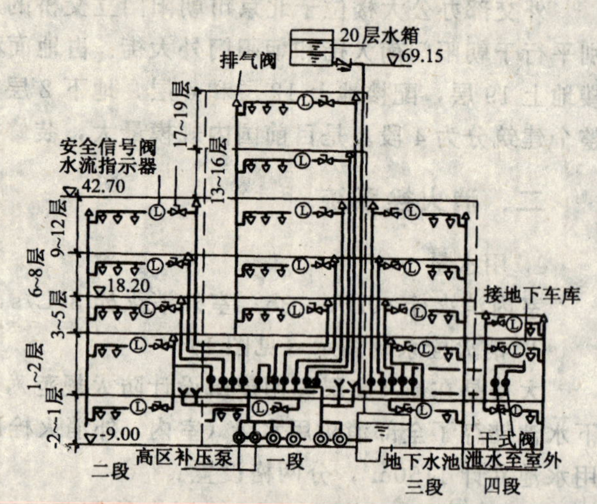

图 2 自动喷水灭水系统示意图

《自规》上没有规定自动喷水系统的分区压力，据有关资料介绍，其分区高度一般为 40～50m。以避免一个区的高、低层压差太大，本大楼分为高、低两区。为了维持系统平时的高压状态，本大楼在地下室泵房内设置了德国制造的 RIZT 泵（后改为威乐泵），作为高区系统补压之用。低区系统利用 20 层水箱的高度保证最不利点喷头有不低于 0.05MPa 的压力，省去了稳压泵。

3. 系统试验放水装置的设置

全楼共设有湿式报警阀 15 套，集中设在 1 层报警阀间内，另在四段地下 1 层设 3 套干式报警阀，为地下车库服务。由于本大楼每层的面积较大，在每段每层均设水流指示器和安全信号阀，以便观察失火区域。每段均设试验放水装置。系统的试验放水装置放在何处，《自规》并无规定。初步设计时，考虑到系统试水主要检测水流指示器的灵敏度，故将放水试验装置设在水流指示器后，这样试水立管也便于与供水立管在同一管井内。相对而言，在系统末端有时很难找到合适的泄水立管位置。初步设计审批时，消防局也没有对此做法提出异议。但在施工图消防审批时，消防局却不同意此种做法。后又洽商修改，把试验装置改在末端。因此获得的经验是：对《自规》或《高规》没有明确规定或模棱两可的条文，在设计之前，一定要与消防局交换意见，以免不必要的修改。

4. 喷头温级的确定

《自规》规定，喷头公称动作温度宜比环境最高温度高 30℃，但特殊情况要特殊对待，如大楼的大堂网架。按《自规》要求，大堂净高要大于 8m，可不加喷头，但消防局的意见是：不锈钢网架要刷防火漆才可以不设喷头保护。但刷防火漆对网架的美观效果影响较大，后决定在网架内增加喷头保护网架，喷洒管道采用不锈钢管。由于当时没有网架下环境温度的实测资料，采用了温级 68℃ 的玻璃球喷头。在夏季最炎热的时候，出现了一个喷头爆裂的情况，幸好大楼还没有投入使用，否则将造成不良影响。后经实测，在最炎热的季节，玻璃顶下的辐射温度高达 70℃，遂将喷头全部换成了 93℃ 的玻璃球喷头。

四、气体消防系统

1. 系统的设置

大楼内的重要档案库，高、低压变配电间，柴油发电机房，计算机房设置了气体消防系统。采用了美国产品“烟烙尽”洁净气体作为气体消防系统的药剂，取代了卤代烷气体。

本工程的烟烙尽气体灭火系统是按室温 0～25℃ 设计的，采用烟烙尽全淹没系统，用组合分配法。全楼 25 个保护区分为 5 个钢瓶间，每个钢瓶间按最大的一个防护区计算用量。其中 7 层、11 层的钢瓶由于负担的防护区较多，设置了 100％的备用量。系统分区示意图见图 3。

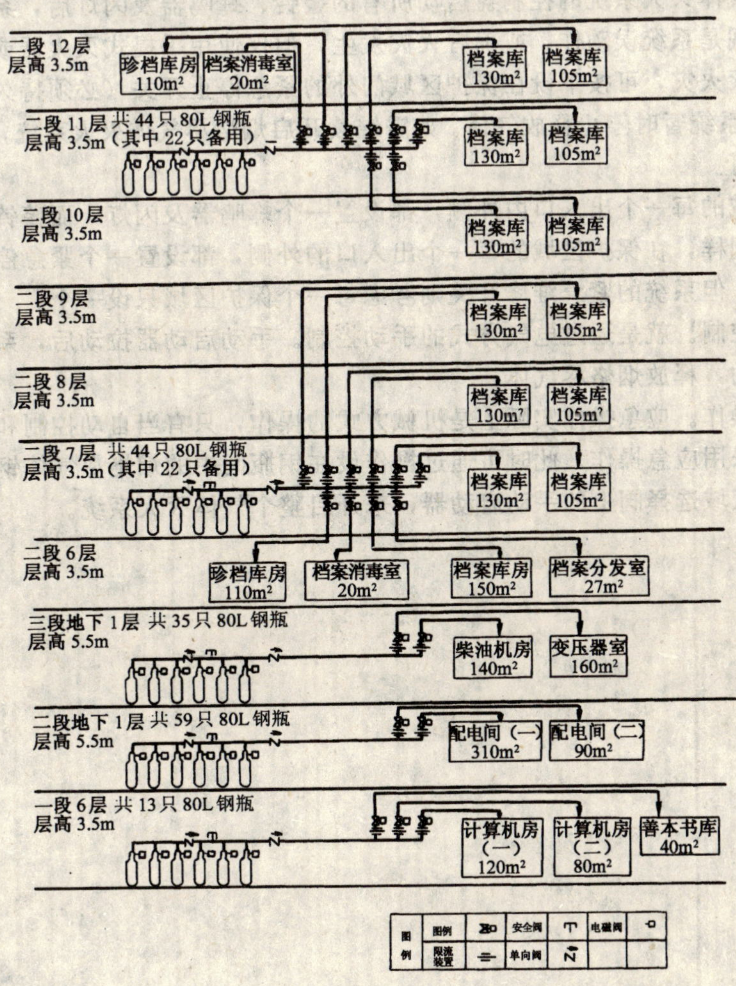

图 3 烟烙尽系统配置图

2. 基本设计参数

烟烙尽气体灭火系统的最小设计灭火浓度为37.5%（16℃时），最大设计灭火浓度为42.8%（32℃时）。

3. 系统控制方式

本工段的烟烙尽气体灭火系统的控制，设有自动控制、手动控制和应急操作3种控制方式。

（1）自动控制。每个保护区域内都设置有烟感探测器或温感探测器。每个保护区域内的探测器都被分成两个独立的报警区域。发生火灾时，其中单一区域报警后，设在该保护区域内的警铃将动作；而当两个区域都报警后，设在该保护区域内外的蜂鸣器及闪灯将动作；再经过30s延时或根据需要不延时，控制盘将启动烟烙尽气体钢瓶组上释放阀的电磁启动器和对应保护区域的区域选择阀，使烟烙尽气体沿管道和喷头输送到对应的指定保护区域灭火。一旦烟烙尽气体释放后，设在管道上的压力开关会将灭火剂已经释放的信号送回控制盘或消防控制中心的火灾报警系统。而保护区域门外的蜂鸣器及闪灯，在灭火期间将一直工作，警告所有人员不能进入保护区域，直至确认火灾已经扑灭。

当烟烙尽气体灭火系统的控制盘启动所有的警铃、蜂鸣器及闪灯后，系统处于延时阶段。此时如发现是系统误动作，或确有火灾发生，但仅使用手提式灭火器或其他移动式灭火设备即可扑灭火灾，可按下设在保护区域门外的紧急停止开关（必须持久按下直至系统复位），可以使系统暂时停止释放气体。如需继续开启烟烙尽气体灭火系统，则只需松开紧急停止开关即可。

在保护区域的每一个出入口内外侧，都设置一个蜂鸣器及闪灯，而警铃则设在每个出入口的内侧。同样，在保护区域的每一个出入口的外侧，都设置一个紧急停止开关和电气式手动启动器，但系统的紧急维修开关则考虑每一个保护区域只设一个。

（2）手动控制。就是通过电气方式的手动控制。手动启动器拉动后，系统将不经过延时而被直接启动，释放烟烙尽气体。

（3）应急操作。应急操作实际上是机械方式的操作，只有当自动控制和手动控制均失灵时，才需要采用应急操作。此时可通过操作设在钢瓶间中的烟烙尽气体钢瓶释放阀上的手动启动器和区域选择阀上的手动启动器，来开启整个气体灭火系统。

中国银行总部大厦

张锡英　厉守生

一、工程概况

中国银行总部大厦，位于北京复兴门内大街与西单北大街交叉口的西北角。北邻民丰胡同，西为白庙胡同。2001 年 5 月建成投入使用。因此，设计中遵循的有关消防设计规范均为 1997 年以前颁布的规范。

本工程属一类建筑，耐火等级为一级。

建设用地面积	13299.6m^2	
建筑物占地面积	地下	13195m^2
	地上	12201m^2
总建筑面积	172441m^2	
其中	地上	113085m^2
	地下	59356m^2
建筑层数	地上	12～15 层
	地下	4 层
建筑高度	东南两翼 44.850m	
	西北两翼 57.500m	

本建筑除南侧退红线 5m 外，其他三面基本压红线建造，但各入口均有凹入式入口广场。消防车道的布置，东南两侧可用入口广场；西北两侧利用城市道路（见图 1 首层平面图）。

大厦平面呈“口”字形布置，由两个“L”形建筑合抱，中心形成一个点缀有水面、假山及竹丛的四季大厅。大厅 55m 见方，高 45.4m，上部盖以锥形的玻璃天窗，与营业大厅融合为同一空间。东南两侧为公众出入口，面宽 41.4m；西北两侧为办公人员的出入口，汽车、自行车出入口及装卸货区。建筑物四周几乎均为消防疏散口（见图 1 首层平面图）。

本建筑使用功能为银行的营业厅和办公楼，以及为其服务的配套设施。地下部分主要有能停 378 辆小型车辆的汽车库、职工餐厅和厨房、少量办公及辅助用房、各类机房、保管箱库及金库，并有一个能容纳 1000 人的报告厅。地上部分包括四季大厅、营业厅、开敞式办公室、计算机房、交易大厅、网控中心和空调机房、制冷机房、柴油发电机房等。

二、建筑消防设计构想

遵循“预防为主，防消结合”的消防工作方针。平时积极预防，一旦火灾发生能及时报警，并能有效防止火势蔓延和便于实施扑救的措施。

为了防止火灾发生及一旦发生火情时能及时控制火势，大厦设有下列措施：自动灭火系统、消防自动报警系统、烟感/温感/红外线探测系统。由设于大楼首层的消防控制中心进行监控和指挥。

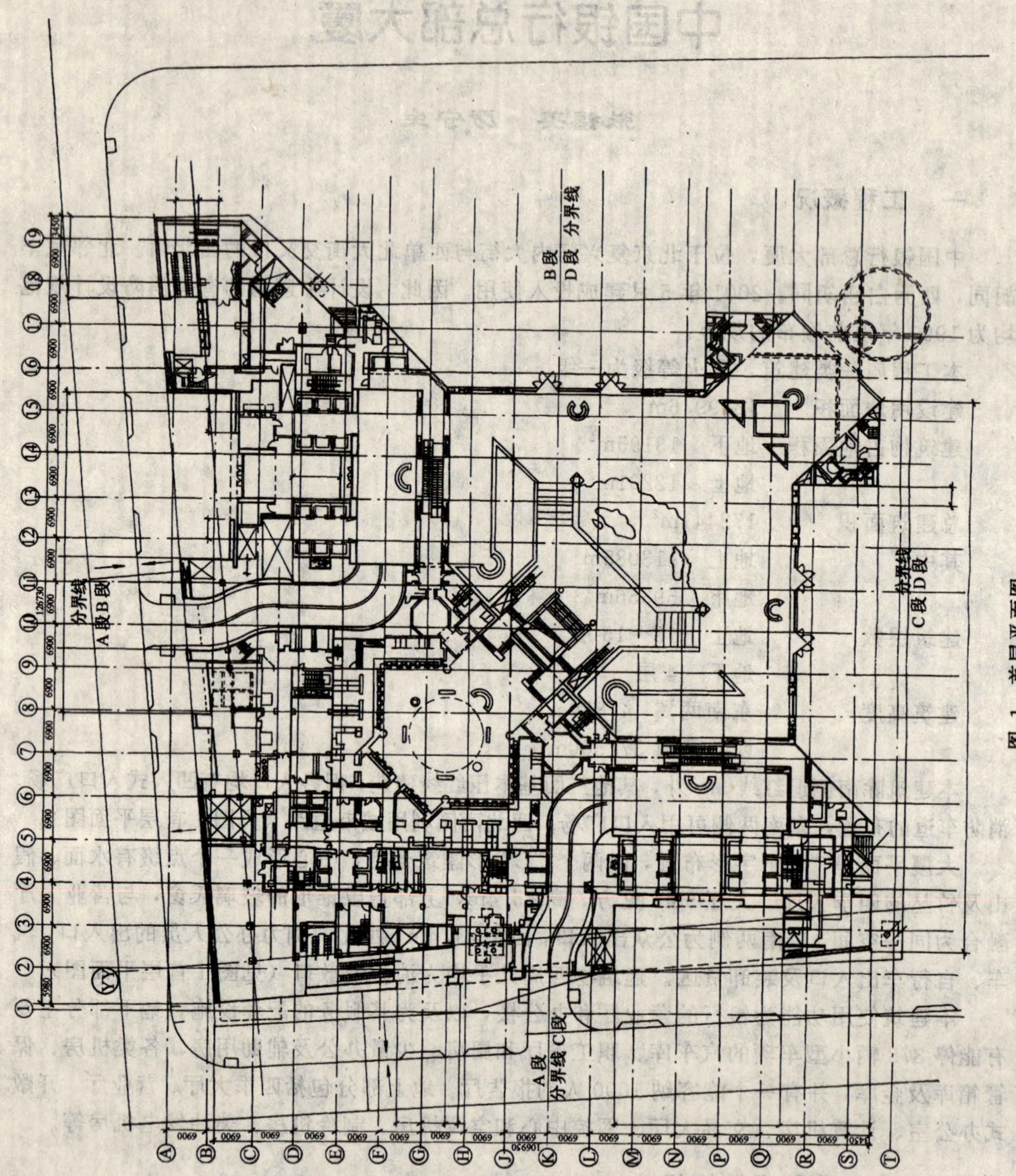

分界线
A段B段
B段
D段 分界线
分界线
C段 D段
A段
分界线 C段
1
2
3
4
5
6
7
8
9
10
11
12
13
14
15
16
17
18
19
A
B
C
D
E
F
G
H
J
K
L
M
N
P
Q
R
S
T

图 1 首层平面图

三、消防设计

1. 本工程为全空调建筑

全面设置防排烟系统，正压送风按规范设计。整个大厦设有喷水灭火系统，并按不同使用部位设置闭式喷水头或FM-200对环境无害的气体灭火设施，并设有消火栓系统。火灾自动报警系统按照重要工程的要求，不仅设有烟感、温感、煤气等多种探测装置，并有火灾紧急广播、对讲电话报警按钮、消防电话插孔、专用电话、声光报警等一套完整的自动报警通信系统和消防自动联动系统。

2. 合理划分防火分区

因全楼均设有自动灭火系统，因此按规范要求，地下室每个防火分区面积按 $1000m^2$ 控制；地上部分每个防火分区面积按 $2000m^2$ 控制。

地下室：每层分 8～10 个防火分区。

地上部分：1～3 层每层设 4 个防火分区，4～12 层每层设 5 个防火分区，13～15 层每层设 4～6 个防火分区（见图 2 标准层平面图）。地上部分的每个防火分区内均有 2～3 座疏

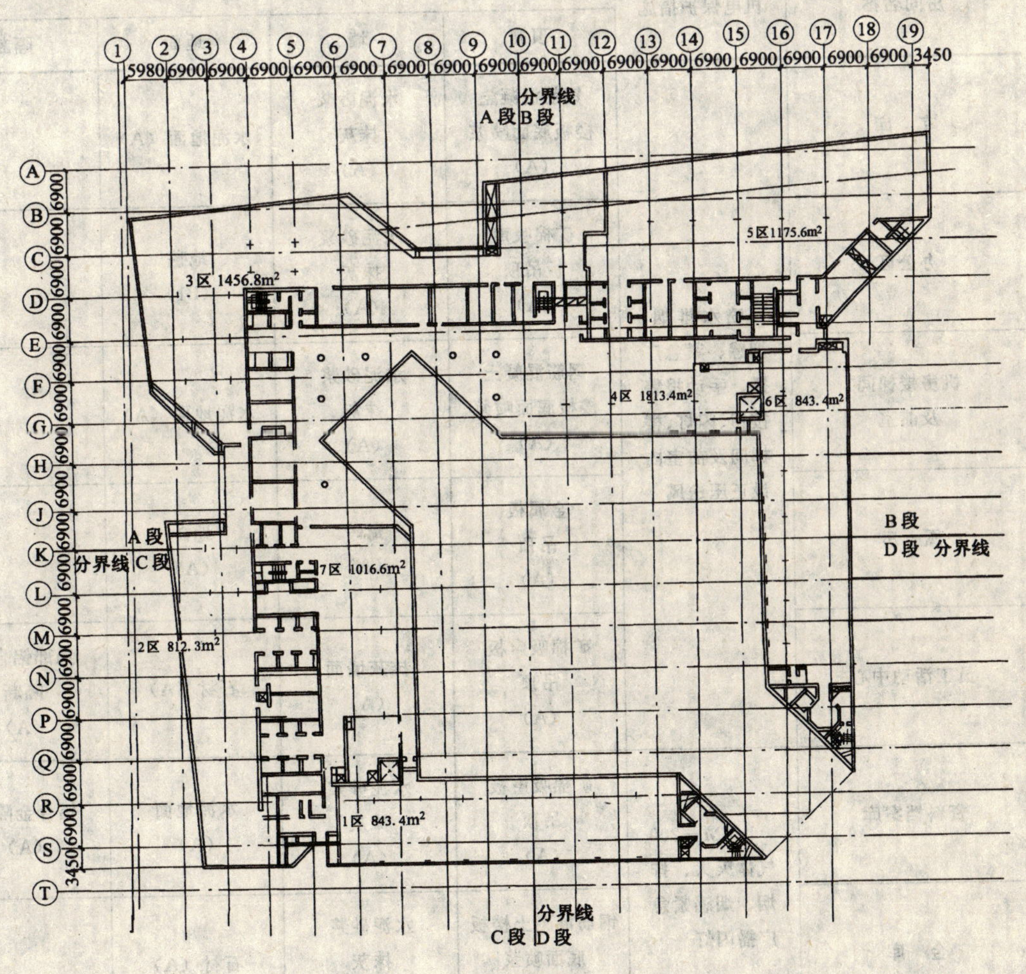

图 2 标准层平面图

散楼梯。地下室因受条件限制，个别防火分区内如只有一座楼梯时，与其相邻的防火分区间的墙上，有防火门相通，防火分区的面积按规范要求控制。

由于使用功能的要求，个别部位的面积较大，不能进行分隔，如四季大厅、会议厅，这些部位均有特殊的消防措施。位于地下室的金库，因管理上的要求，需独立设置一个区，考虑使用人员较少，故该防火分区的面积也超过了规范的要求。

地下停车场因采用错层式车库，按当时的《汽车库防火设计规范》，控制每个防火分区面积，使其不超过 3000m²（见图 3 地下四层平面图）。

办公区域因建筑设计采用大空间办公室布置，因此有些部位的防火分隔墙，用防火卷帘及加密喷淋替代。

3. 选用适当的机电保护措施与装修材料

按规范要求，选用符合“燃烧性能”的材料，见表 1。

所用材料及燃烧性能

表 1

<table>
<tr><th rowspan="2">房间名称</th><th rowspan="2">机电保护措施</th><th colspan="4">所用材料及燃烧性能等级</th></tr>
<tr><th>顶棚</th><th>墙</th><th>地面</th><th>隔断</th></tr>
<tr><td>车 库</td><td rowspan="5">喷水排烟、烟感、紧急广播、手动报警按钮、闪灯、楼梯间及前室内设正压送风</td><td>钢筋混凝土楼板底面喷浆（A）</td><td>水泥砂浆抹灰（A）</td><td>水泥地面（A）</td><td></td></tr>
<tr><td>办公区</td><td>矿棉吸声板吊顶（A）</td><td>水泥砂浆抹灰（A）</td><td>地毯（B1）</td><td></td></tr>
<tr><td>机房楼梯间及前室</td><td>钢筋混凝土楼板底面喷浆（A）</td><td>水泥砂浆抹灰（A）</td><td>水泥地面（A）</td><td></td></tr>
<tr><td>厨 房</td><td>金属板吊顶（A）</td><td>瓷砖（A）</td><td>地砖（A）</td><td></td></tr>
<tr><td>员工活动中心</td><td>矿棉吸声板吊顶（A）</td><td>抹灰墙面（A）</td><td>石材（A）</td><td>局部铝合金隔断（A）</td></tr>
<tr><td>资料档案库</td><td rowspan="2">FM—200 气体灭火、排烟、烟感紧急广播闪灯</td><td>矿棉吸声板吊顶（A）</td><td>水泥砂浆抹灰（A）</td><td>水泥地面（A）</td><td>铝合金隔断（A）</td></tr>
<tr><td>金 库</td><td>钢筋混凝土楼板底面喷浆（A）</td><td>水泥砂浆抹灰（A）</td><td>石材（A）</td><td></td></tr>
</table>

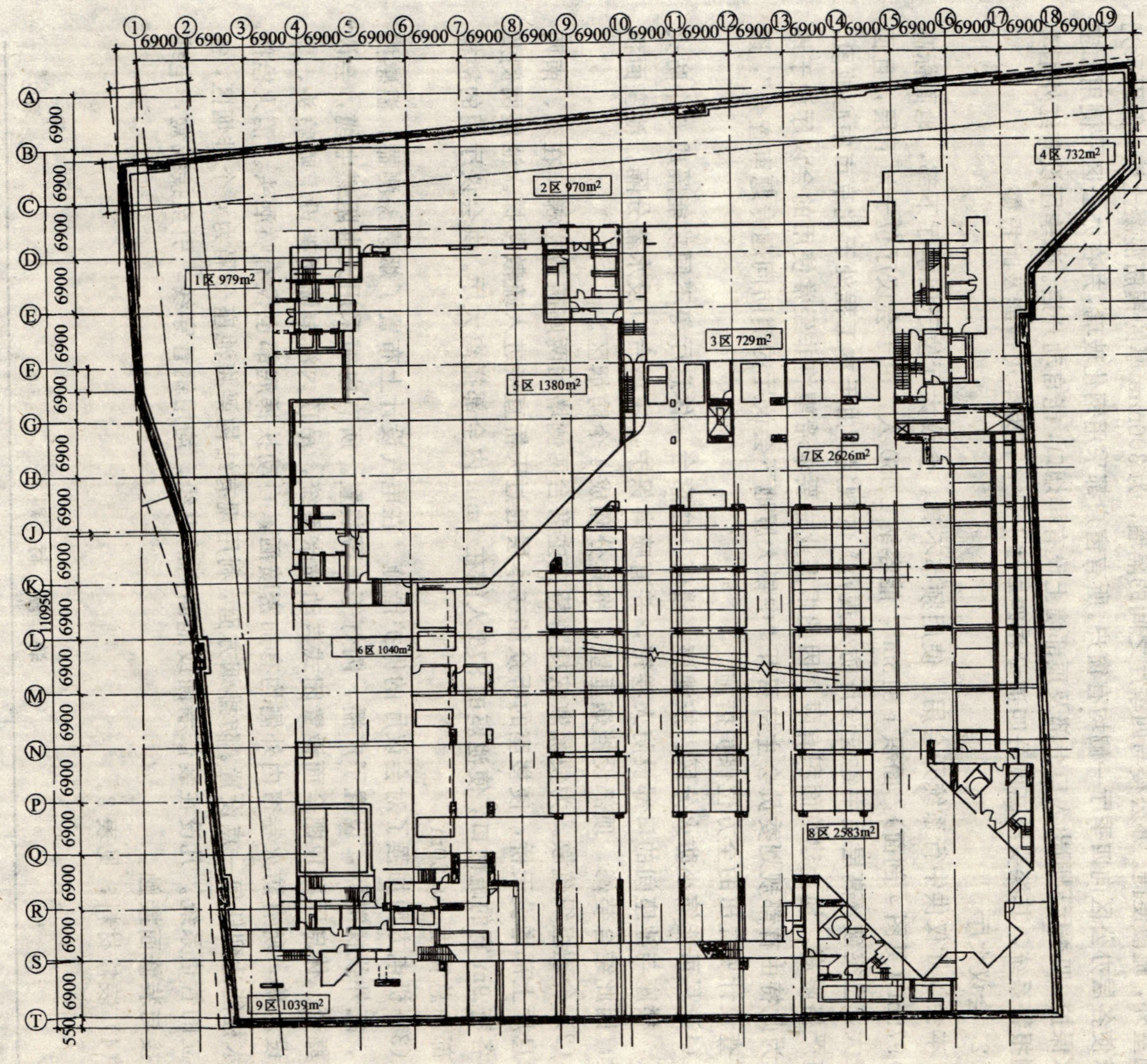

图 3 地下四层平面图

四、特殊部位的消防设计

1. 四季厅

四季厅面积 3 000m²，四周围以 12 层办公楼，高 45m，顶部由钢网架组成的锥形天窗，钢结构杆件刷薄型防火涂料。四季大厅除西北部与营业大厅相连外，其他各面均为出入口，可直通室外，疏散便捷。办公楼与四季厅之间的隔墙，为 300mm 厚的钢筋混凝土墙，但因采光要求使各层办公区向四季厅一侧均有窗户。所有窗户都采用钢化玻璃，并在办公区一侧用加密喷水保护。四季厅周围出入口上部及顶部墙上设有排烟口，能自动开启。四季厅设有红外烟雾探测报警系统，其探头沿高度分四道设在四周墙上，一旦发生火情能及时报警。

2. 会议大厅

本会议厅仅供中行系统开会用，使用频率不高。会议大厅位于四季厅下部，地面标高 －9.975m（见图 4 剖面），面积 1 815m²，能容纳 1 050 人，由于会议厅位于地下层，且面积较大，已突破《高层民用建筑设计防火规范》的规定。由于本工程处于北京市中心地段，建筑严格限高，地上建筑面积有限，因此根据业主要求希望将非经常使用的会议厅设于地下。为此特由首都规划委员会主持召开“中银大厦地下会议厅的消防问题专题审查会”，逐一审查设计所提出的全方位保护措施。

（1）尽可能缩小防火分区。按池座、楼座、主席台、休息厅等不同功能隔成 6 个防火分区，楼座与池座间的口部设防火卷帘，并有喷淋保护，主席台口设水幕分隔。池座面积较大，因此结合装修，顶部设挡烟垂壁，将其分隔成 4 个防烟区。

（2）合理组织疏散。为使疏散快捷，特在主席台两侧增加两座疏散楼梯，在东、南两侧休息厅上部增设天桥，使楼座的听众能在本层通过天桥直接进入疏散楼梯。池座两侧及后部各有 9m 宽的疏散口，使池座的 876 人能在 1min 内全部撤离大厅。供会议厅用的楼梯共 8 部，总宽度 10.20m。

（3）机电方面加强了对会议厅的保护措施。在电气设计上布置了烟感探测器、温感探测器、红外线探测器，设置了广播、闪灯等报警装置。所有电缆采用无毒阻燃电缆，会议厅与舞台、休息厅的顶棚全面设置闭式自动喷水系统，吊顶内沿电缆桥架设上喷喷头，舞台口设水幕，所有防火卷帘内外侧均有加密喷洒，自动扶梯底部也设有喷洒头。消火栓按 2 股水柱能达到任何一点设置。防排烟方面，利用现有结构梁将池座分隔为 4 个排烟区，各有独立的管道系统。凡设在装修墙面或地面内的电线，均用钢管穿线，引至接线盒，电线不直接与装修面接触。

（4）装修材料，见表 2。

装修材料　　表 2

房间名称	机电保护措施	所用材料及燃烧性能等级			
		顶棚	墙	地面	隔断
会议厅	喷洒、排烟烟感、温感探测器、紧急广播、手动报警按钮、闪灯、消火栓	金属板或石膏板吊顶（A）	石材（A） 木穿孔吸声板（B1）	石材（A） 条木地板（B1）	幕布（B2）

续表

房间名称	机电保护措施	所用材料及燃烧性能等级			
		顶棚	墙	地面	隔断
休息厅	喷洒、排烟烟感、温感探测器、紧急广播、手动报警按钮、闪灯、消火栓	石膏板吊顶（A）	石材（A）	石材（A）	
机房、楼梯间及前室疏散通道	疏散通道内设施同上，楼梯间及前室有正压送风，前室设喷洒	钢筋混凝土楼板底面喷浆或石膏板吊顶（A）	水泥砂浆抹灰（A）	水泥地面（A）	

由于会议厅有声学要求，必须布置一定量的吸声墙面，且本工程有较高的装修标准，因此部分采用了木质吸声板，但考虑消防要求，选用了进口的阻燃木板，测试数据能达到B1级燃烧性能。间隔布置一定量的石材墙面。木质吸声板采用刷防火漆的钢龙骨固定。墙上的电气末端均有钢质接线盒及钢穿线管连接，电线不外露。

3. 大空间办公室的防火分区及安全疏散问题

防火分区的划分，为满足大空间办公的要求，使其必要时用防火卷帘代替防火墙。为使疏散畅通，疏散道路虽在建筑分隔上不设走廊，但在核心筒（楼梯、电梯、附属用房）周围，用家具布置等手法，留出安全通道。在消防设施上，该通道的布置与办公区域既为统一的系统，又在布置手法上存在差异，如通道的吊顶材料采用石膏板，而办公区为矿棉板吸声板；通道区的照明布置用筒灯，办公区用隔栅灯。并有疏散指示灯等标志，形成明显的疏散通道。

五、防排烟系统

（1）疏散楼梯间设正压送风系统，共有16台楼梯间正压送风机，风量为25500～30000m^3/h，静压498～747Pa。风机多数设在屋顶机房内。风机出口设电动风阀与风机联锁开关。送风口为单百叶风口，每两层设一个。

（2）消防电梯和疏散楼梯共用前室，设正压送风系统，共计4个。每层都设送风口，风口处设电动70℃防火阀，平时常闭，火灾时开启三层（失火层和其上下层）。

（3）四季大厅排烟系统。大厅体积170000m^3，4次换气量为680000m^3，共设8台排烟风机，分别安装于大厅上部北侧和西侧的风机房中，每台风机风量为85000m^3/h，静压为747Pa，为了排烟时进行补风，在大厅南侧主入口上方设有电动开启的专用补风窗，当排烟时，空调的回风关闭，新风阀全开，利用空调送风机补风。

（4）地下停车库设排风、排烟合用系统，在屋顶机房内设3台排风机，其中1台为排风排烟合用。

（5）无外窗且经常有人停留的房间和走道，设专用排烟系统，大厦共设专用排烟系统23个（见图5防排烟系统图）。

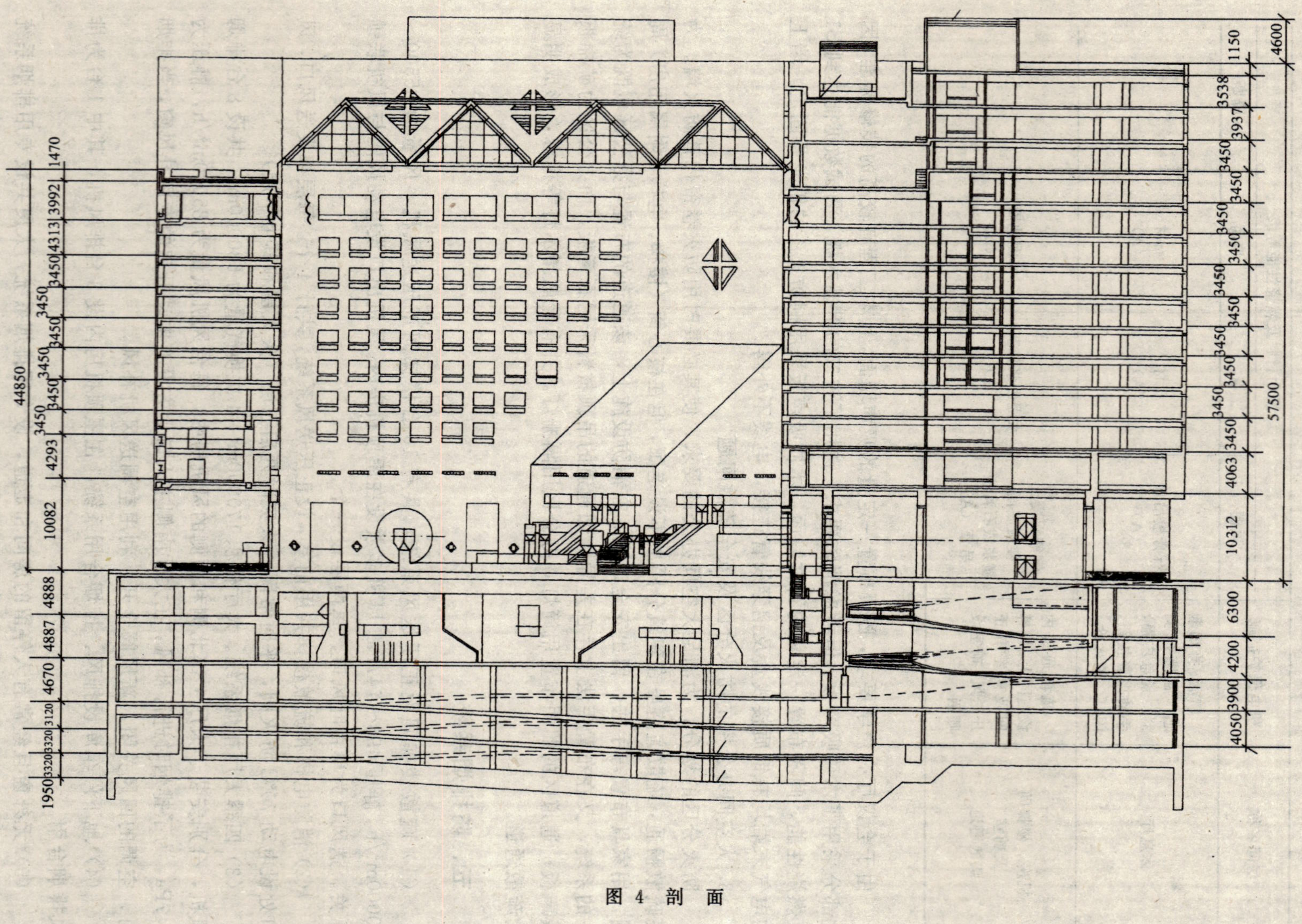

4600
1150
3538
3937
3450
57500
4063
10312
6300
4200
3900
4050
1470
3992
4313
44850
4293
10082
4888
4887
4670
3120
3320
1950

图 4 剖面

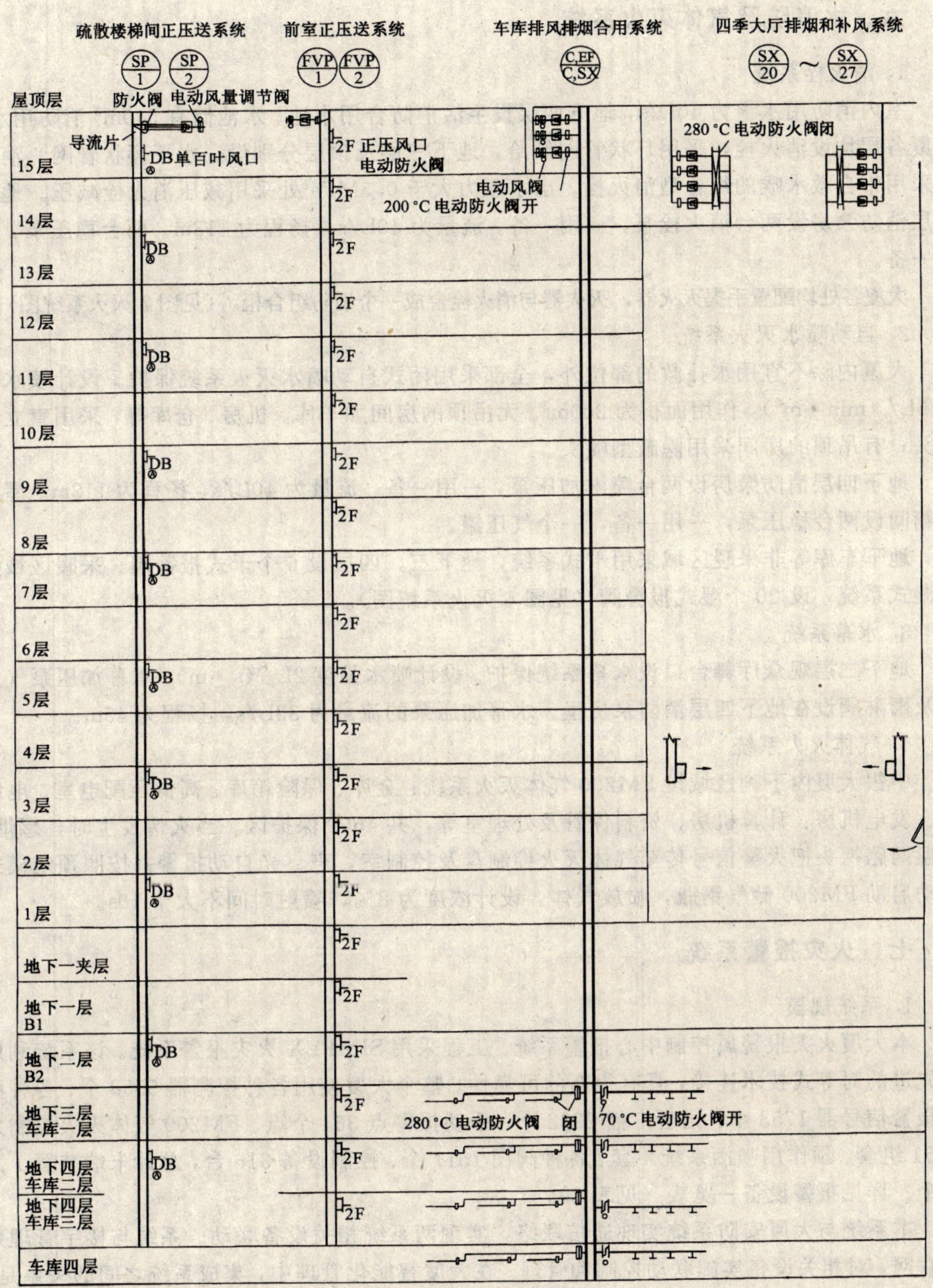

疏散楼梯间正压送系统
前室正压送系统
车库排风排烟合用系统
四季大厅排烟和补风系统
SP 1
SP 2
FVP 1
FVP 2
C,EF C,SX
SX 20
~
SX 27
屋顶层
防火阀
电动风量调节阀
导流片
DB单百叶风口
2F 正压风口
电动防火阀
280 °C 电动防火阀闭
电动风阀
200 °C 电动防火阀开
15层
14层
13层
12层
11层
10层
9层
8层
7层
6层
5层
4层
3层
2层
1层
地下一夹层
地下一层 B1
地下二层 B2
地下三层 车库一层
地下四层 车库二层
地下四层 车库三层
车库四层
280 °C 电动防火阀
闭
70 °C 电动防火阀开

图 5 防排烟系统图

六、水消防及气体灭火系统

1. 消火栓系统

室内消防用水量为 40L/s，地下四层设生活消防合用水池。水池储有 $540m^3$ 消防用水。大厦各层均设消火栓，采用环状管网供给，地下三层及顶层分别设一水平环状管网。消火栓采用带自救水喉的组合型消火栓。出水压力大于 0.5MPa 处采用减压消火栓减压。地下四层消防泵房设两台消火栓泵，一用一备。流量为 40L/s，扬程为 113m。两台稳压泵，一用一备。

大厦各处均配置手提灭火器，灭火器与消火栓合成一个消防组合柜。（见图 7 灭火系统图）。

2. 自动喷水灭火系统

大厦内除不宜用水扑救的部位外，全部采用闭式自动喷水灭火系统保护。设计喷水强度 6L/（min・m^2），作用面积为 $200m^2$。无吊顶的房间如车库、机房、仓库等，采用直立型喷头；有吊顶的房间采用隐蔽型喷头。

地下四层消防泵房设两台喷淋加压泵，一用一备。流量为 40L/s，扬程为 113m。屋顶水箱间设两台稳压泵，一用一备，一个气压罐。

地下车库等非采暖区域采用干式系统，地下三、四层设 6 个干式报警阀。采暖区域采用湿式系统，设 20 个湿式报警阀（见图 6 灭火系统图）。

3. 水幕系统

地下二层观众厅舞台口设水幕系统保护。设计喷水强度 2L/（s・m）。水幕加压泵气压罐及雨淋阀设在地下四层消防泵房里。水幕加压泵的流量为 33L/s，扬程为 45m。

4. 气体灭火系统

中银大厦内下列区域设 FM200 气体灭火系统：金库、保险箱库、高低压配电室、电缆室、发电机房、计算机房、资料保管及处理室等，共 46 个保护区。当火情发生时，感烟、感温两路探头把火警信号传至气体灭火控制盘及控制室，声、光自动报警并按照预定模式自动启动 FM200 储气钢瓶，喷放气体。设计浓度为 8%，喷射时间不大于 10s。

七、火灾报警系统

1. 系统规模

本大厦火灾报警属控制中心报警系统。工程采用 SIMPLX 火灾报警系统。该系统利用最先进的对等式技术连接，具有很高的可靠性。整个大厦使用各种探测器 5558 个、各种型式报警信号器 1753 个、语音广播 2232 个、手动报警点 364 个点、FM200 气体灭火控制系统 51 组套、预作用喷洒系统 4 套、各种阀门 1517 个、控制设备 316 台，总计末端装置 1 万多个。详见报警设备一览表（见表 3）。

本系统与大厦安防系统实现通信联络，实现两系统相关设备联动。系统与楼宇管理系统联网，对相关设备实施联动控制和管理。在大厦智能化管理中，集成系统之间的关系是：消防系统优先，安防系统次之，楼宇自动化系统最后的顺序。

2. 系统组成

中银大厦是中国银行总部所在地，是国家级重要的金融建筑，属一级保护对象。火灾报警系统采用全方位总体全面保护方式。探测器布置在除卫生间、浴室等不易发生火灾场

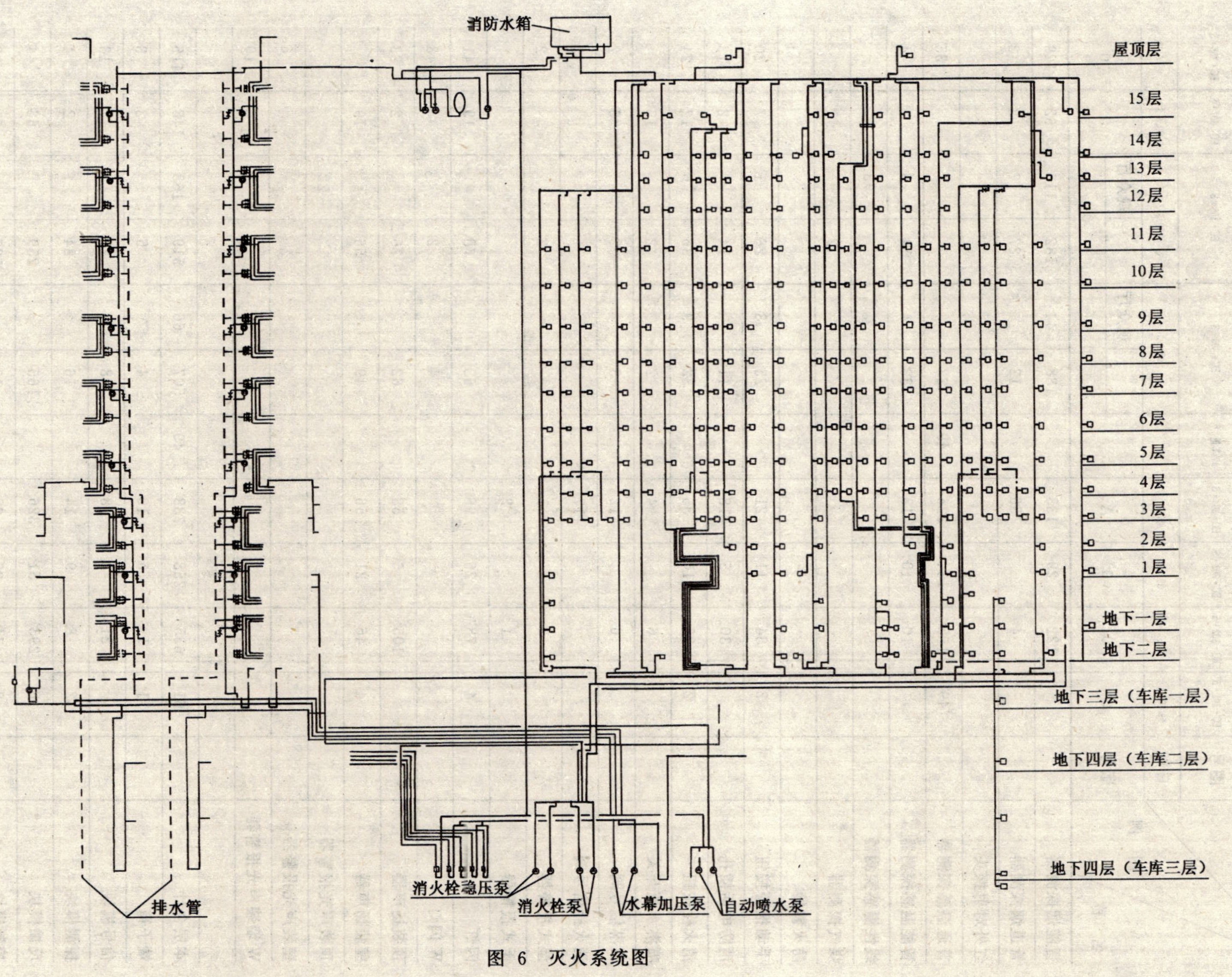

图 6 灭火系统图

消防水箱
屋顶层
15层
14层
13层
12层
11层
10层
9层
8层
7层
6层
5层
4层
3层
2层
1层
地下一层
地下二层
地下三层（车库一层）
地下四层（车库二层）
地下四层（车库三层）
消火栓稳压泵
消火栓泵
水幕加压泵
自动喷水泵
排水管

层号 / 图例 / 名称		C4	B4	B4U	B3	西北	B2		B1		B1 夹	F1
	图号	EC·301·S	EC·302·S	EC·303·S	EC·304·S	车道	EC·305·S		EC·306·S		EC·307·S	EC·308·S
	日期	99.10.11	99.10.13	99.9.9	99.10.12		99.6.3		99.6.3		99.6.3	99.6.22
	版号	0	0	0	A		0	观众厅	0	观众厅	0	0
智能烟探测器			122	29	138		188	44	182	116	62	129
管道烟探测器			4		36		12		27	7	2	2
红外对射探头												
普通温感探测器		49	155	134	226	49	23					35
智能温感探测器			10	10	18		33	4	14	8	2	4
线性温感探测器										3		
煤气探测器									2		1	
防火警铃												
手动报警按钮		2	34	11	21		25	3	26	1	7	20
消防电话插孔			30	5	18		11		14		2	13
消火栓按钮		2	36	16	35		32	9	36	6	12	24
喷淋水流开关			6		4		2		2		15	
喷淋信号阀			6		12		3		2		5	2
消火栓信号阀					17							2
湿式报警器			2		1				2			2
干式报警器			1		2							
闪灯		4	78	26	96		63		78		19	41
W 闪灯							4		2			43
顶装扬声器			105	6	58		62		76		2	83
壁装扬声器		4	46	21	56		49		56		19	
顶装声光报警器										22		
壁装声光报警器												6
W 墙装声光报警器								8				10
本层合计		61	635	258	738	49	507	66	519	163	148	416
端子箱		1	13	5	10		4		5		2	3
信号模块			21	2	8		8		28		17	13
探测模块		2	8	9	14		16		34		2	4
反馈模块		8	293	51	326		165		259		66	44
控制模块		8	74	26	98		45		127		31	18

备注:本表不含后增加的各层厨房,电话交换机房,地下 2 层金库的工程量。

一 览 表　　　　　　　　　　　　　　　　　　　　　　　　　　　　　表3

F2	F3	F4	F5	F6	F7	F8	F9	F10	F11	F12	F13	F14	F15	F16	设备	备
EC·309·S	EC·310·S EC311B/D·S EC311C/D·S	EC·311·S	EC·312·S	EC·313·S	EC·314·S	EC·315·S	EC·316·S	EC·317·S	EC·318·S	EC·319·S	EC·320·S	EC·321·S	EC·322·S	EC·323·S	数量	
99.6.22	00.12.8	99.5.25	99.5.25	99.5.18	99.5.18	99.5.18	99.5.18	99.7.13	99.7.30	99.8.2	99.8.2	99.8.2	99.8.2	99.8.2		
0	0	0	0	0	0	0	0	0	0	0	0	0	0	0	合计	注
187	166	216	275	278	309	288	291	309	230	129	185	152	154	22	4201	
2	8	9	16	5	8	5	8	16	4	7	21	34	20	5	258	
				8	2	10		6	8	2	2				38	
															671	
	195	6	8	10	13	12	10	14	8			4	4		387	
															3	
			1		1		1		1						7	
	1													2	3	
16	25	19	13	15	14	14	14	19	21	9	13	11	11		364	
9	33	15	15	15	15	15	15	16	18	9	16	16	17	7	324	
16	29	24	24	24	23	24	23	24	24	10	19	17	14	2	503	
	7	7	4	4	4	4	4	5	5	1	5	2	9		90	
6	7	7	4	4	4	4	4	5	5		3	1	7		92	
6	6	4													35	
	4		2		2		2		2		2		2		23	
															3	
58	80	90	89	73	70	70	88	93	121	35	41	48	38		1399	
44															63	
93	131	116	129	118	138	140	129	95	120	67	79	76	62		1885	
4	14	12	8	2		1	7		2	9	10	8	9	10	347	
															22	
			5	5	5	5	5	5	5	3	30	19	15		108	
															18	
411	706	525	593	561	608	592	601	607	574	281	426	389	362	48	10844	
4		4	5	5	5	5	5	5	5	3	3	5	2	2	98	
8		58	48	17	13	9	9	9	11	6	6	7	5	2	305	
		6	8	47	47	15	13	14	6	2	2	17	8		274	
62	67	94	90	94	98	98	103	121	103	48	101	136	165	36	2628	
22	15	43	45	45	54	38	61	71	57	18	29	47	43	9	1044	

所以外的所有场所与区域。报警系统采用控制中心系统。

本系统由中心控制站、火警控制盘和末端设备组成，系统采用分散分布式网络结构。

(1) 中心控制室。中心控制室设在一层消防控制中心内，主要由图形控制中心、模拟显示屏、手动操作台、电梯显示监控台、安防和楼宇管理接口等组成。(见图 7 消防控制中心设备布置平面)。

此外，还在安防中心、楼宇管理中心设有火灾自动报警系统的图形控制工作站，它们是作为消防中心的辅助站。

图形控制中心用带有一个高分辨率彩色显示器的基于 Windows 平台的图形接口，提供指示、状态显示和火警控制盘 4120 网络。通过鼠标对逼真的图像按钮进行操作控制。图形中心可以控制 50000 个点，存储 500 000 条历史记录，绘制、编辑图形文件，提供 25800 幅客户图形。

(2) 火警控制盘。本系统采用 4120 和 4010 火警控制器。它组成本大厦火灾报警的网络系统，大厦中使用了 4120 控制器 8 台，4010 控制器 3 台。4010 控制器是一种为可编址和模拟量探测设计的简便低成本系统，是作为主控制器 4120 的补充。控制器 4120 具有下列特点：

双 CUP；

4 个操作级别；

600 个事件历史记录；

80 个字符的面板液晶显示；

1 000 个地址点；

带监视的串行通信接口；

电池监视；

火警电话系统；

单向语音通信系统；

4120 网络接口。

在大厦内，4120 网络采用环形网络连接，以保证通信的可靠性（见图 8 火灾报警系统网络示意图）。

(3) 末端设备。末端设备很多，包括各种类型探测器、报警信号、广播扬声器、手动报警站、信息和控制等输入/输出模块等。详见表 3。它们的功能是监测外部环境状况，向系统报告和接收并执行系统信号或指令。

主要探测器包括有：线性温探测器、智能烟探测器、智能温探测器、智能管道探测器、煤气探测器、普通温探测器、红外对射探测器、CO 探测器。

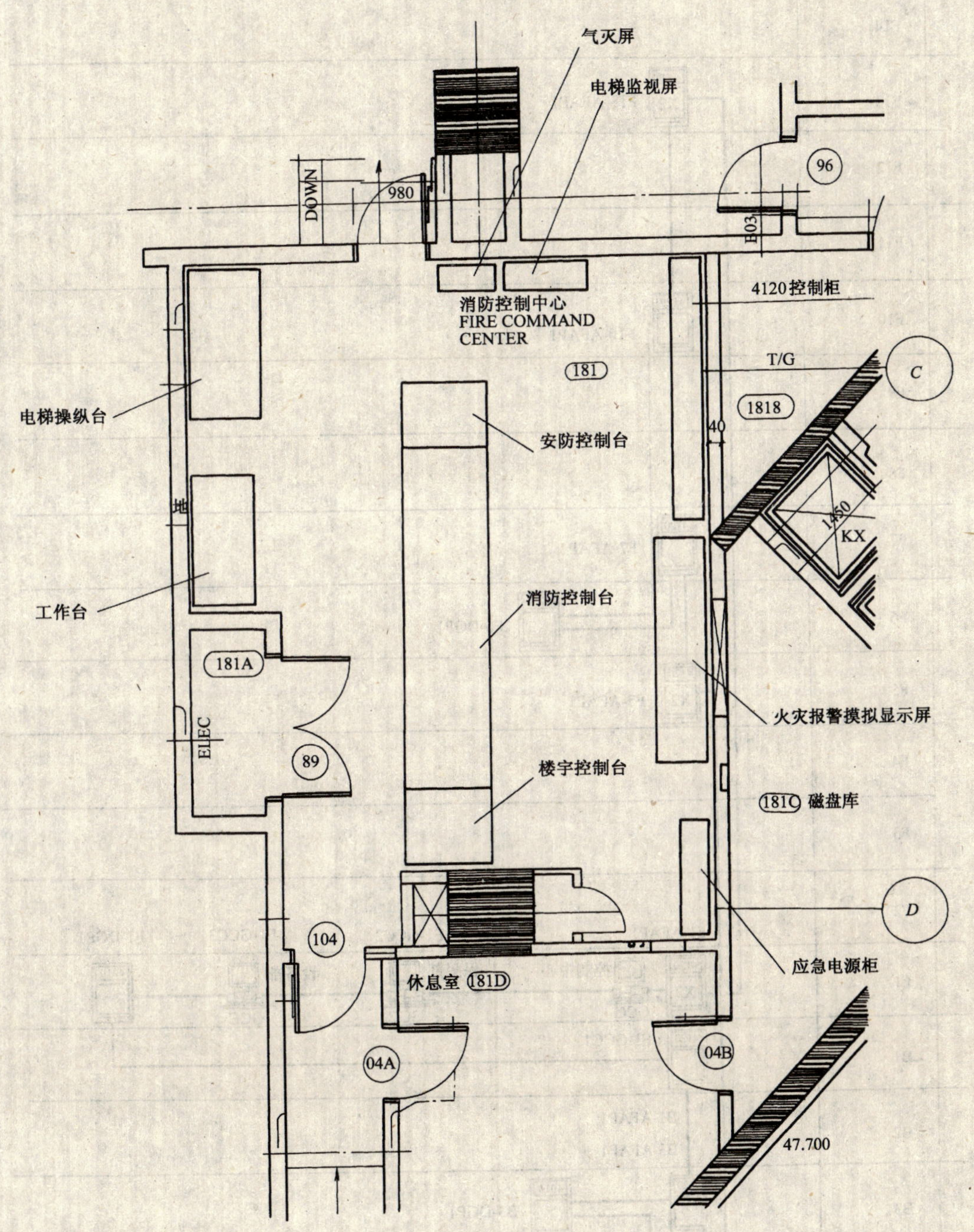

图 7 消防控制中心设备布置平面

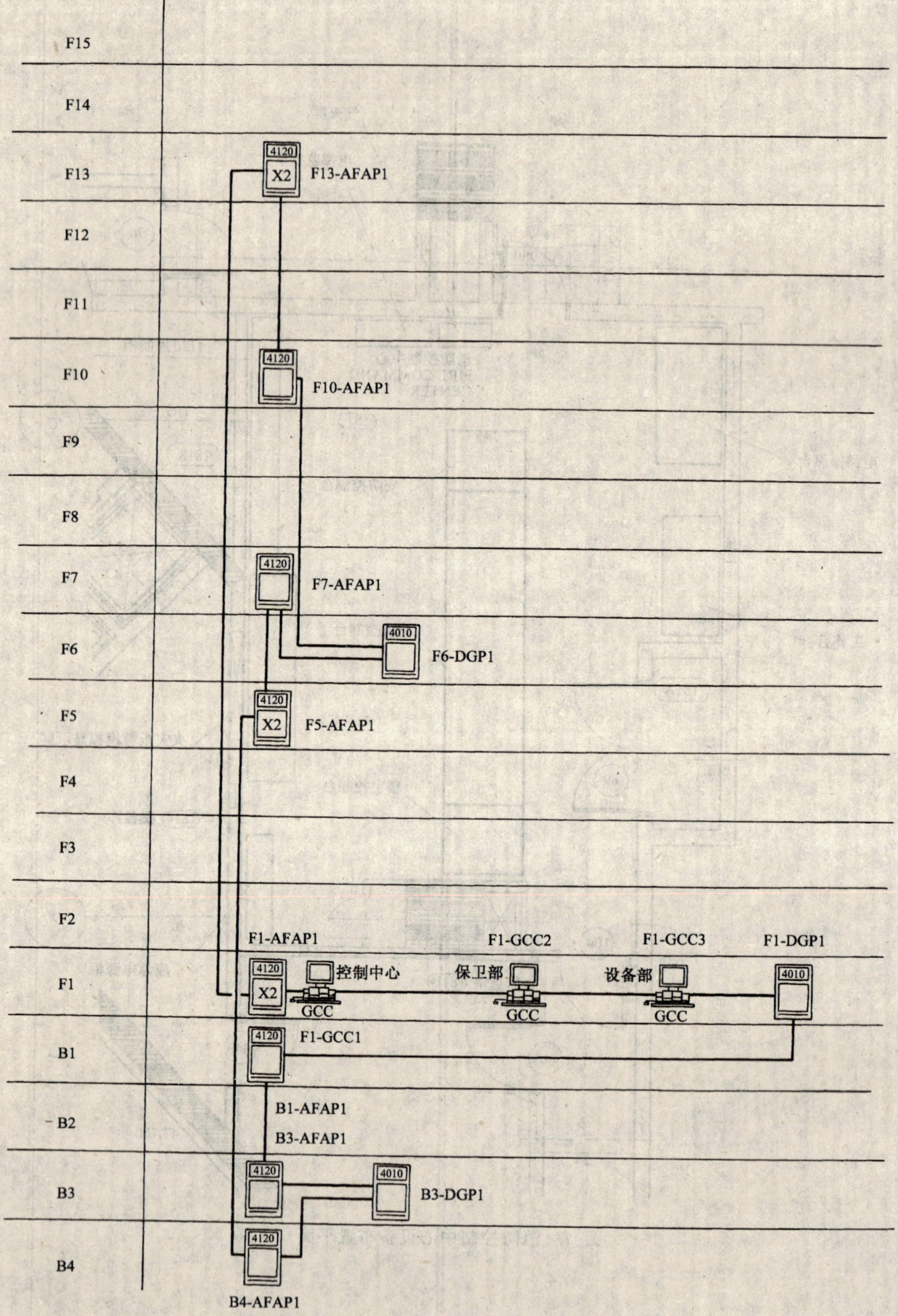

图 8 火灾报警系统网络示意图

北京中国国际贸易中心（二期工程）

吕军　赵锐锐

一、工程概况

国贸中心位于北京市朝阳区建国门外大街及东三环路的交汇处，地理位置优越，交通便利，具备完善的交通，电信，市政基础设施。自国贸一期工程于1989年投入使用以来，经多年努力经营，取得了良好的社会和经济效益，成为北京最具规模，配套设施最为先进的国际级综合性商业中心之一，同时也成为国外大型商业集团云集之地，形成了颇具规模的“国贸商圈”。

根据市场需求，本次兴建的国贸中心二期工程集高层办公楼、商场、地下车库、中央花园于一体，充分满足客户办公、休憩的需要。国贸二期工程建成后，将与国贸一期工程相呼应，形成更大的规模效益，总建筑面积将达56万m^2，使整个国贸中心成为亚洲第一，世界第二的商贸中心。

国贸二期工程总建筑面积126500m^2，包括一幢38层的高层办公楼以及大型地下商城和有数百个车位的地下停车库，为与国贸一期工程的建筑风格相适应，国贸二期工程的高层办公楼不论是建筑高度，大小或形状都与国贸一期工程的高层办公楼相似，使之南北呼应，相得益彰。新建之中央花园，四季常青，既可闲庭信步，又可园中小憩，使人有怡然自得之感。完善而先进的机电设施，富丽堂皇的装修，气势宏伟的大堂，使得国贸二期工程比国贸一期工程更舒适、更安全、更完美。

二、消火栓系统

在我国的《高层民用建筑设计防火规范》GB50045—95（以下简称《高规》）中将建筑高度超过24m的公共建筑和十层及十层以上居住建筑称为高层建筑；而《建筑设计防火规范》GBJ16—87（以下简称《建规》）则仅适用于建筑高度不超过24m和九层及九层以下的住宅。高、低层建筑在消防给水系统上的根本区别在于：低层建筑消防给水系统主要依靠室外消防车灭火（外救）；而高层建筑的消防给水系统则主要立足于室内自救。国贸中心建筑高度超过150m，属典型的高层建筑，所以，在消防设计中均以《高规》为依据，并结合《人民防空地下室设计规范》GB50038—1994、《汽车库、修车库、停车场设计防火规范》GB50067—1997等相关规范的要求进行设计、施工。

1. 室外消防系统

因为国贸一期工程已具备较为完善的室外消防环网及室外消火栓系统。所以，在国贸二期工程的室外消防设计中充分考虑了对现有室外消防设施的利用；同时，根据国贸二期工程的消防需要，在主体高层办公楼的周围设有宽度不小于5m的环形消防车道，以利于消防车对裙房部分火灾的扑救工作。此外，室外消防给水管道布置成环状管网，并由原市政供水管网引入两条进水管与室外消防管网相接，而且，在国贸二期工程消防管网的西南、东北两侧各增设一处地下式室外消火栓，配合国贸一期工程的室外消火栓系统共同组成了整个国贸中心的室外消防系统。

2. 室内消防系统

高层建筑由于火势蔓延迅速，扑救难度大，火灾隐患多，事故后果严重等原因，因而有较大的火灾危险性，必须设置有效的室内消防灭火系统才能保证高层建筑的安全与可靠。在用于灭火的灭火剂中，水和泡沫、干粉、二氧化碳等相比较，具有使用方便，灭火效果好，价格便宜，器具简单等优点，因此，水仍是国内、外广泛使用的主要灭火剂。在以水为灭火剂的消防系统中，主要有消火栓给水系统和自动喷洒灭火系统两类，而在高层建筑内设有消火栓、自动喷洒等灭火系统时，其室内消防用水量应按同时开启的灭火系统用水量之和计算。

3. 消火栓系统的组成

国贸二期的消火栓系统由位于高层办公楼地下三层的消防泵房和位于屋顶上层的消防水箱、稳压泵以及消防供水环网组成。

(1) 消防水量的确定。根据《高规》对消火栓给水系统用水量的要求，见表1。国贸二期工程的室内消火栓用水量为40L/s，火灾延续时间按3h计算，则消防水池总的消防储水量为：

$$V=40\times3.6\times3=432\text{m}^3$$（位于高层办公楼地下三层）

消火栓给水系统用水量

表1

	建筑物名称	建筑高度(m)	消用防水量(L/s)		每根竖管最小流量(L/s)	每支水枪最大流量(L/s)
			室 外	室 内		
1	普通住宅	<50	15	10	10	5
		<50	15	20	20	5
2	医院、电信楼、广播楼、高级住宅、教学楼、普通的旅馆 办公楼、科研楼、图书楼、档案楼、省级以下的邮政楼等	<50	20	20	10	5
		>50	20	30	15	5
3	百货楼、展览楼、财贸金融楼、高级旅馆 重要的办公楼科研楼、图书楼、省级邮政楼、档案楼等	<50	30	30	15	5
		>50	30	40	15	5

(2) 消防系统的组成。消火栓系统图见图1。国贸二期工程设有高位消防水箱，消防储水量为18m³，并在屋顶上层消防水箱间内设有稳压泵以保证上层消火栓在火灾初期时所需要的流量和压力。

消防管网竖向成环，低区供水通过减压阀予以减压，以保证中、低区消火栓栓口压力不致超压。

(3) 消防水泵接合器的设置。消防水泵接合器是当发生火灾时，室外消防车向室内消

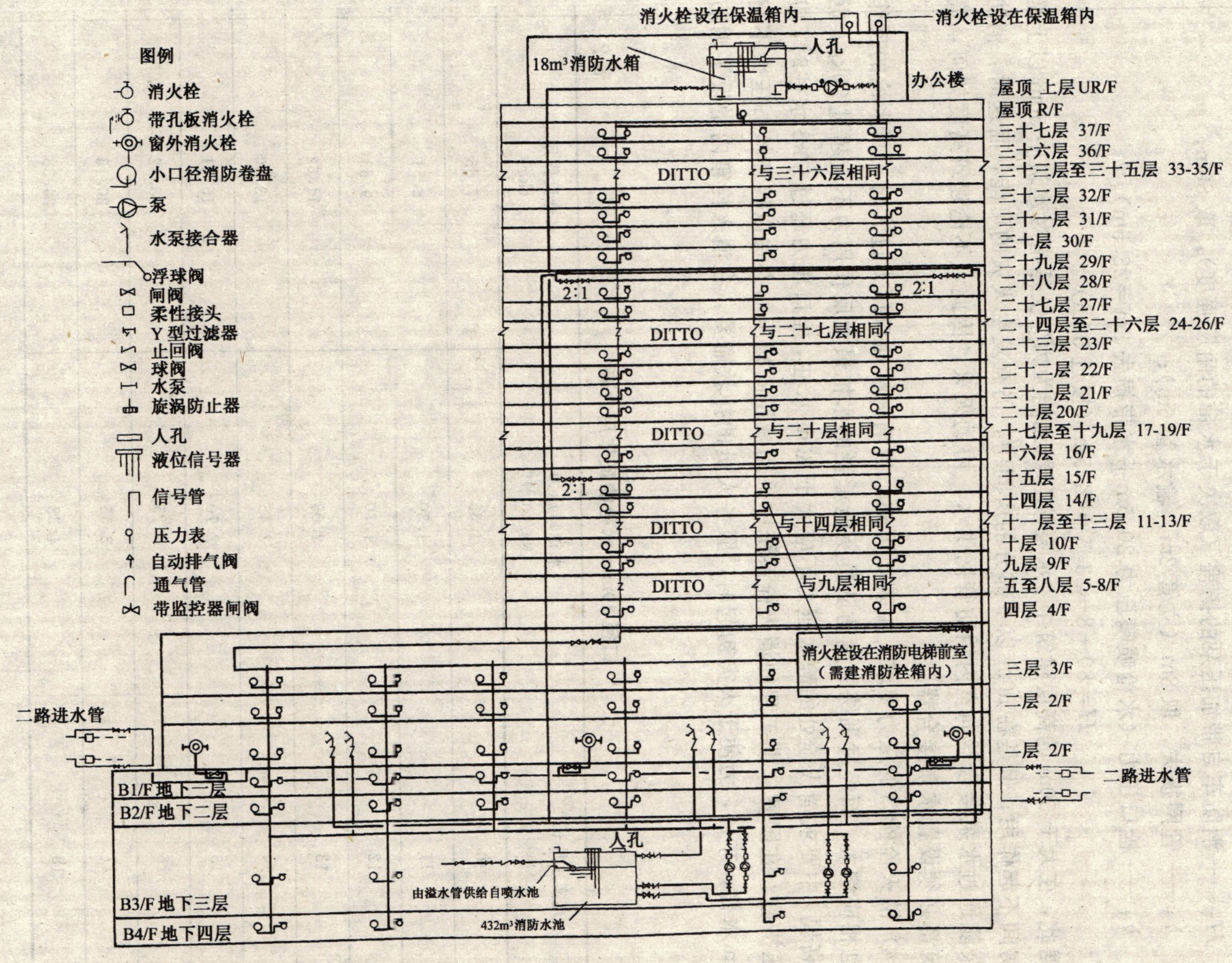

图例

消火栓
带孔板消火栓
窗外消火栓
小口径消防卷盘
泵
水泵接合器
浮球阀
闸阀
柔性接头
Y 型过滤器
止回阀
球阀
水泵
旋涡防止器
人孔
液位信号器
信号管
压力表
自动排气阀
通气管
带监控器闸阀

消火栓设在保温箱内
消火栓设在保温箱内
人孔
$18m^3$消防水箱
办公楼

屋顶 上层 UR/F
屋顶 R/F
三十七层 37/F
三十六层 36/F
三十三层至三十五层 33-35/F
三十二层 32/F
三十一层 31/F
三十层 30/F
二十九层 29/F
二十八层 28/F
二十七层 27/F
二十四层至二十六层 24-26/F
二十三层 23/F
二十二层 22/F
二十一层 21/F
二十层 20/F
十七层至十九层 17-19/F
十六层 16/F
十五层 15/F
十四层 14/F
十一层至十三层 11-13/F
十层 10/F
九层 9/F
五至八层 5-8/F
四层 4/F
三层 3/F
二层 2/F
一层 2/F

DITTO 与三十六层相同
2:1
2:1
DITTO 与二十七层相同
DITTO 与二十层相同
2:1
DITTO 与十四层相同
DITTO 与九层相同

消火栓设在消防电梯前室
（需建消防栓箱内）

二路进水管
二路进水管
B1/F 地下一层
B2/F 地下二层
B3/F 地下三层
B4/F 地下四层
人孔
由溢水管供给自喷水池
$432m^3$消防水池

图 1 消火栓系统图

防管网供水的接口。消防车通过水泵接合器的供水高度为：(以现国内广泛使用的解放牌消防车为例)

$$H=H_{泵}-h_{管}-h_{栓}$$

式中 $H_{泵}$——消防车自带加压泵的扬程（取决于水带的耐压强度），取 80m；

$h_{管}$——管网损失，取 8m（立管 2m，输水管 6m）；

$h_{栓}$——栓口压力（水枪喷嘴压力 20.5m＋水带损失 3m＝23.5m）。

$$H=80-8-23.5=48.5\text{m（接近 50m）}$$

据此，在大于 50m 的高层建筑中“水泵接合器无能为力”仅是指对建筑中 50m 以上部分的房间不起作用；但是在 50m 以下部分的房间中，仍有发生火灾的可能，而这时，消防车水泵能通过水泵接合器向室内消防管网供水，协助灭火。因此，不论建筑高度如何，高层建筑都必须设置水泵接合器。

(4) 消火栓栓口的压力要求。由表 2 可知，当消火栓栓口压力过大时，其水枪的反作用力也相应增大，而经过训练的消防队员所能承受的水枪最大反作用力不应超过 20kg；据此，《高规》中要求消火栓处的静水压力不应大于 80m 水柱，栓口压力超过 50m 水柱时，应设减压措施。在国贸二期工程的消火栓系统中采用减压阀减压的办法以保证栓口压力不超过 50m 水柱；并且，为便于火灾初起时，服务人员的扑救需要，在消火栓箱内增设了消防水喉。

口径 19mm 水枪的反作用力表 表 2

充实水柱长度 (m)	水枪口压力 (kg/cm^2)	水枪反作用力 (kg)
10	1.35	7.65
11	1.50	8.51
12	1.70	9.63
13	2.05	11.62
14	2.45	13.80
15	2.70	15.31
16	3.25	18.42
17	3.55	20.13
18	4.33	24.38

三、自动喷水灭火系统

自动喷水灭火系统具有良好的灭火效果，在保证高层建筑的消防安全中发挥着重要作用。自动喷洒灭火系统对火灾的控制率见表 3。

自动喷水灭火系统火灾控制率 表3

开放喷头数（个）	充水系统控制率（%）	充气系统控制率（%）	火灾累计数（次）	总控制率（%）
1	40.56	30.05	431	38.83
2	57.28	44.81	613	55.23
3	65.52	55.74	710	63.96
4	71.52	58.47	770	69.38
5	74.65	62.30	786	72.61
10	85.65	74.32	930	83.78
15	90.29	84.15	991	89.28
20	92.56	88.52	1020	91.89
30	94.93	94.54	1053	94.86
50	97.73	97.81	1075	97.75
100	99.03	99.45	1097	99.10
>100	100	100	1110	100

1. 自动喷洒灭火系统消防水量的确定

国贸二期工程的自动喷洒灭火系统用水量为 30L/s，火灾延续时间按 1h 计算，则自动喷洒消防水池总的消防储水量为：

$$V=30\times3.6\times1=108m^3$$（位于高层办公楼地下三层）

2. 自动喷洒灭火系统的组成

国贸二期工程的自动喷洒灭火系统由位于高层办公楼地下三层的自动喷洒泵房、稳压泵、屋顶上层消防水箱以及自动喷洒管网共同组成。自动喷水系统图见图 2。

3. 报警阀室及消防控制中心

报警阀室及消防控制中心是自动喷洒灭火系统的控制、监测中心，在整个自动喷洒灭火系统中起着核心的作用。报警阀室及消防控制中心平、剖面图见图 3。

4. 防火卷帘的设计

《高规》中要求当采用防火卷帘代替防火墙时，其防火卷帘应符合防火墙耐火极限的判定条件或在其两侧设闭式自动喷水灭火系统，其喷头间距不应小于 2m。据此，在地下三、四层的车库及地下一、二层的商场区，均采用了达到防火墙耐火极限判定条件的防火卷帘（耐火极限为 3h），并在防火卷帘两侧设置了自动喷洒加密喷头，以对防火卷帘起冷却作用。

5. 吊顶的设计

《自动喷水灭火系统设计规范》要求当吊顶至楼板或屋面板的净距大于 80cm 的吊顶和技术夹层，当其内有可燃物或装设电缆电线时，应在吊顶或技术夹层内设置喷头。据此，在国贸二期工程各标准层的吊顶内均设有双层喷洒头分别对吊顶内、外进行保护。

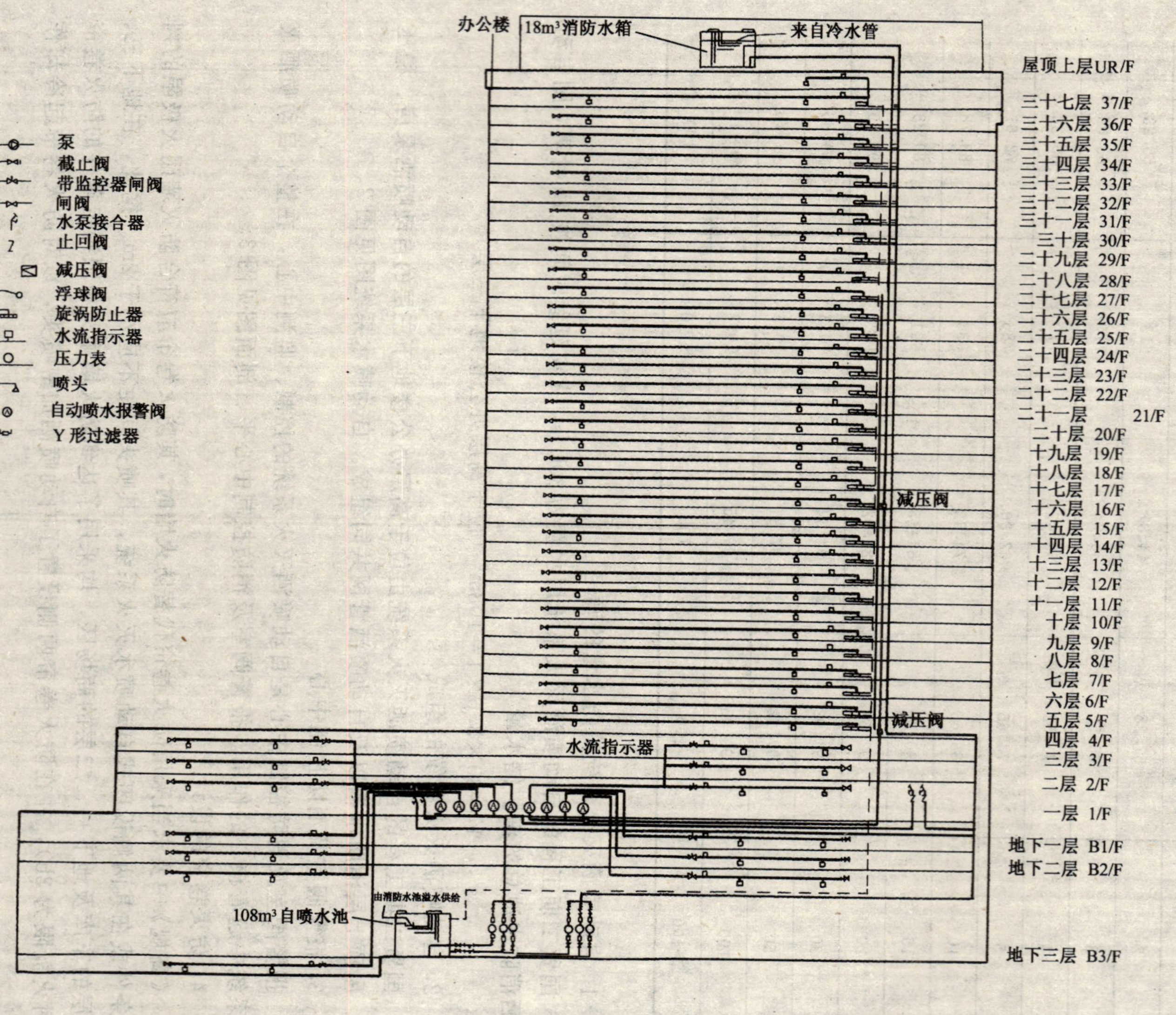

办公楼
18m³消防水箱
来自冷水管
屋顶上层UR/F
三十七层 37/F
三十六层 36/F
三十五层 35/F
三十四层 34/F
三十三层 33/F
三十二层 32/F
三十一层 31/F
三十层 30/F
二十九层 29/F
二十八层 28/F
二十七层 27/F
二十六层 26/F
二十五层 25/F
二十四层 24/F
二十三层 23/F
二十二层 22/F
二十一层 21/F
二十层 20/F
十九层 19/F
十八层 18/F
十七层 17/F
十六层 16/F
十五层 15/F
十四层 14/F
十三层 13/F
十二层 12/F
十一层 11/F
十层 10/F
九层 9/F
八层 8/F
七层 7/F
六层 6/F
五层 5/F
四层 4/F
三层 3/F
二层 2/F
一层 1/F
地下一层 B1/F
地下二层 B2/F
地下三层 B3/F
减压阀
减压阀
水流指示器
由消防水池溢水供给
108m³自喷水池
泵
截止阀
带监控器闸阀
闸阀
水泵接合器
止回阀
减压阀
浮球阀
旋涡防止器
水流指示器
压力表
喷头
自动喷水报警阀
Y形过滤器

图 2 自动喷水灭火系统

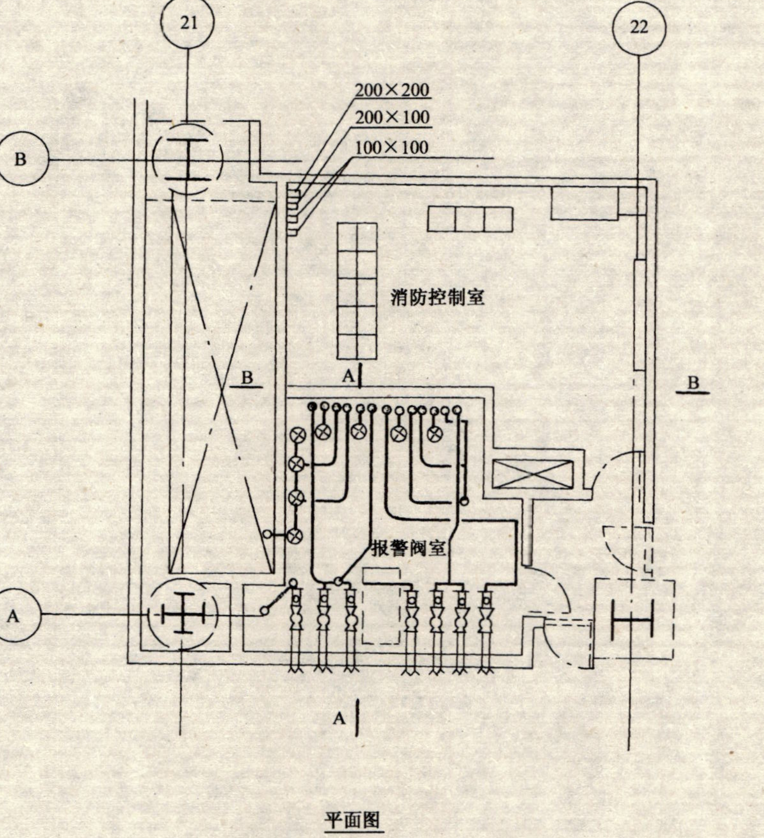

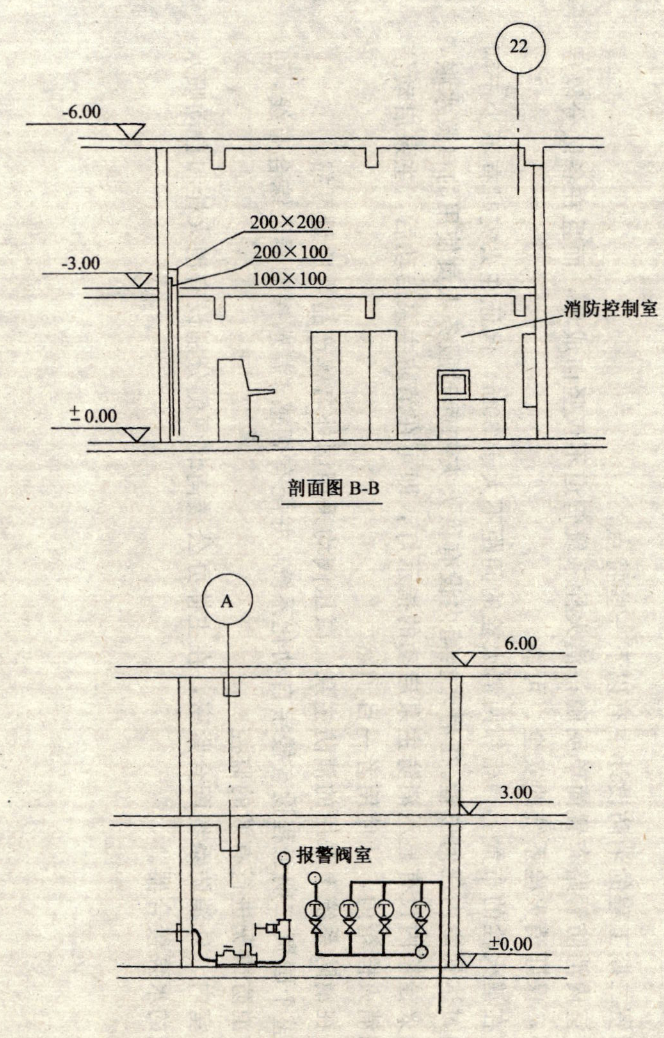

图 3 报警阀室及消防控制室平剖面图

四、设计及设备特点

在国贸二期工程的消防设计中有以下一些特点。

(1) 室内消防管路布置简单明确；消火栓系统管道不仅竖向成环，而且在各区分隔层横向成环，保证消火栓系统的安全、可靠。

(2) 在消火栓的布置上，相邻两消火栓的间距不大于 30m，保证在火灾时有不少于两支水枪同时达到室内任何位置。在消火栓箱内设有供火灾初起时服务人员使用的自救水喉，并且在消火栓箱内设有显示消防主泵启动的指示灯，即可在消防主泵启动后，主泵启动信号反馈到消火栓箱内，让使用者一目了然。

(3) 在消防系统上采用的消防主泵、减压阀均采用国外名牌产品，质量可靠。

(4) 整个国贸二期工程设有楼宇自动化系统，并配有烟感、温感探测器及综合布线，可对全楼的消防情况进行有效的监控。

(5) 室内、外消防系统配合紧密，在主体办公楼南北两侧分别设有消火栓和自动喷水灭水系统的水泵接合器。

北京富凯大厦

郭汝艳

一、工程概况

（1）富凯大厦位于北京金融街B区5号地，东临规划金融大街30m，南临广宁伯街40m，西临B区6号地建筑，北临规划金城坊南街和未来金融街标志性建筑20m。规划建设用地面积11054m²。工程性质为办公及配套项目，包括金融营业、办公及商业、餐饮、停车、后勤设备用房等。是一栋智能型5A综合写字楼。总建筑面积12.3万m²（其中：地上9.9万m²，地下2.4万m²）。地上22层，地下3层，建筑高度（檐口）为83.30m。2001年6月底完成设计。

（2）设计防火等级：一类高层建筑。耐火等级：一级。

（3）总平面图、剖面图见图1、图2。

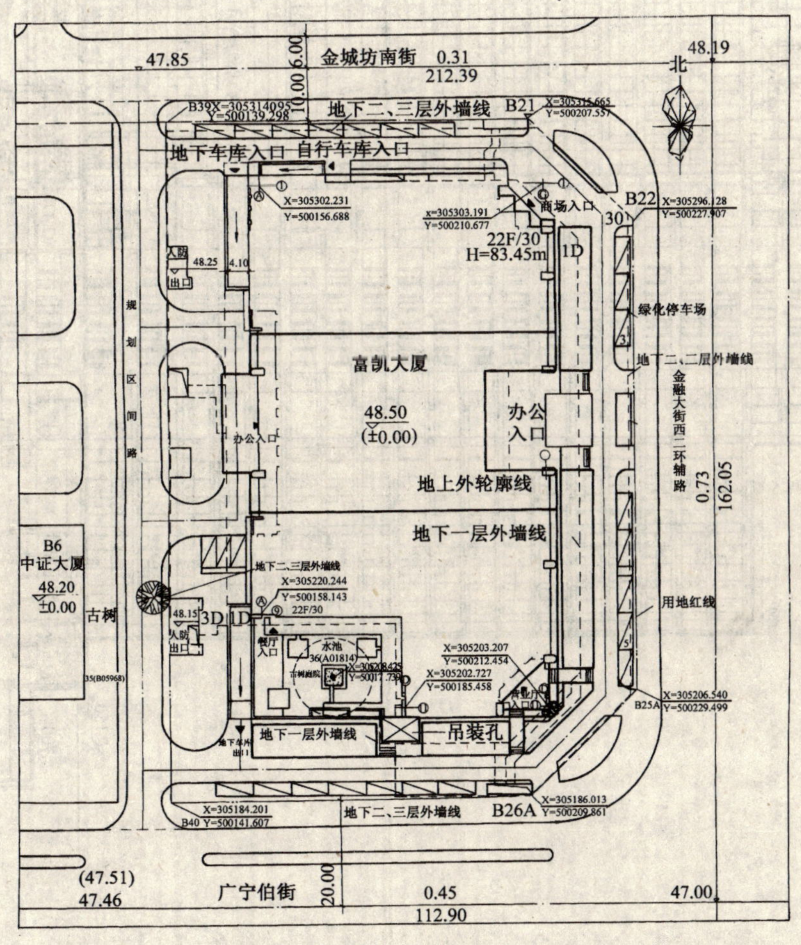

图1 总平面图

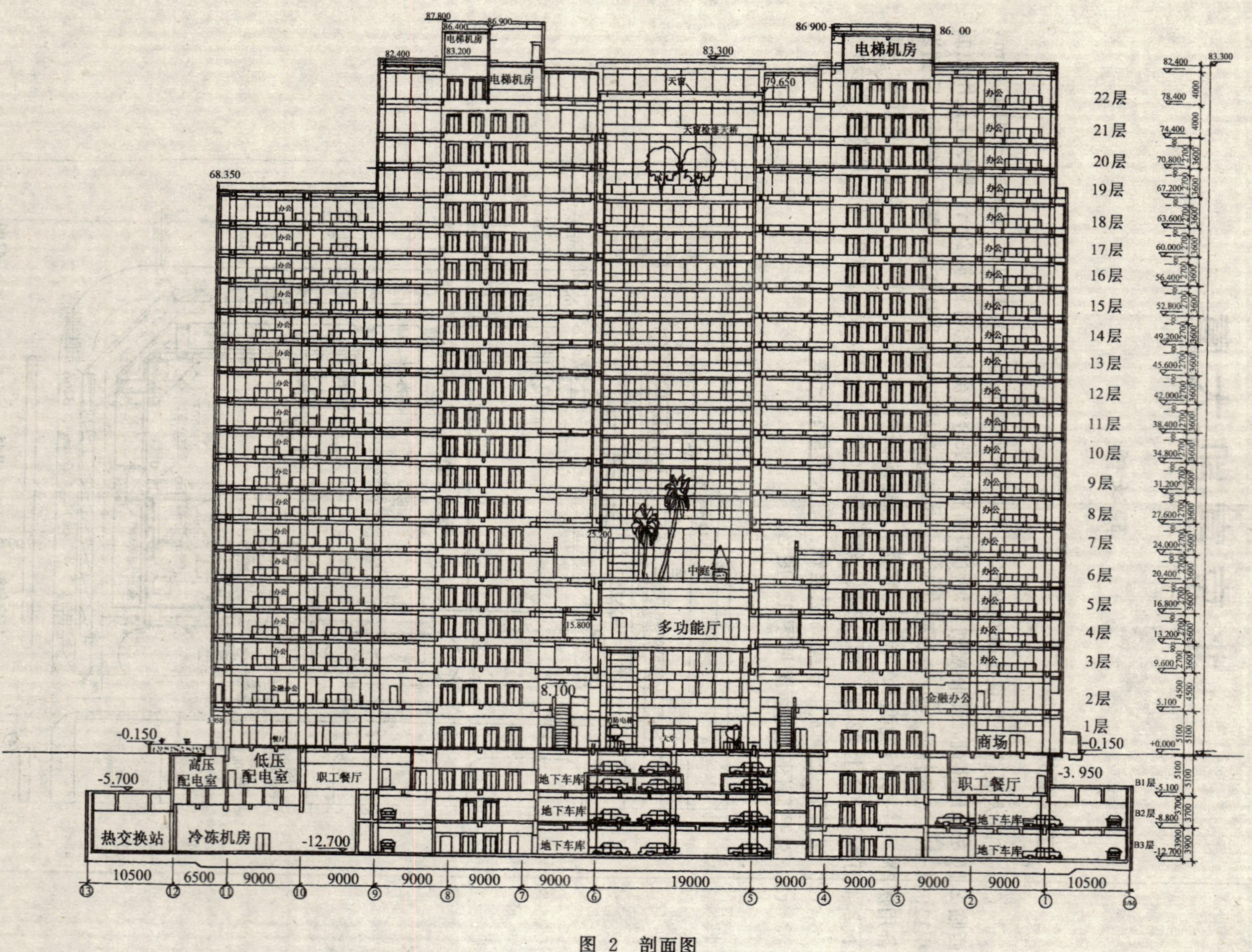

图 2 剖面图

(4) 防火分区：防火分区图见图 3。每个防火分区之间用防火墙、防火卷帘分隔。在地下车库、大堂、商场、中庭、电梯间等无法设防火墙的开敞空间采用双轨双帘无机复合防火卷帘（不需要加自动喷淋保护，耐火极限 3h 以上）。

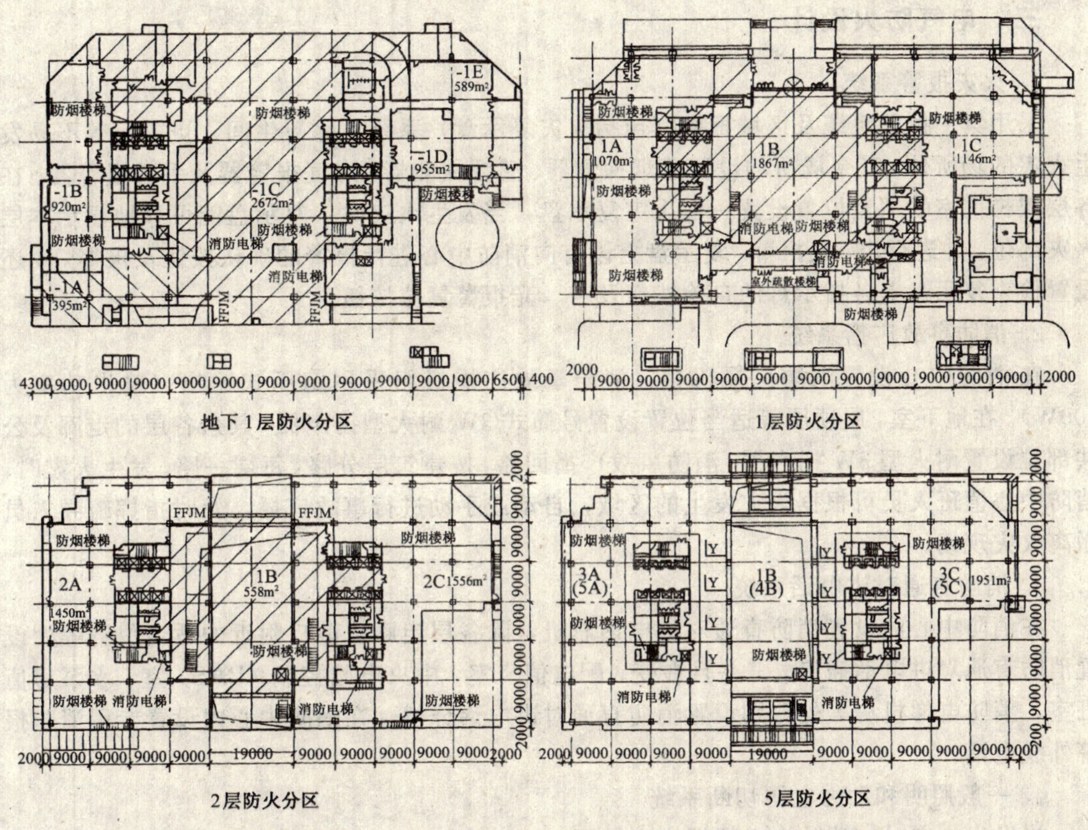

图 3 防火分区图

二、防、排烟系统

1. 防排烟系统的设置部位

本大厦地下人防疏散通道前室、地下室防烟楼梯间及其前室、核心筒防烟楼梯间及其前室、消防电梯合用前室，设正压送风系统；地下一层至地下三层的汽车库、地下一层的厨房采用排风兼排烟方式；地下核心筒走廊及其附近房间设排烟系统；三个中庭各设一个排烟系统，写字楼走廊设两个排烟系统，风机均置于屋顶。

2. 排烟，加压送风系统的控制

(1) 排烟系统：当发生火灾时，探测器报警信号送至消防中心，经确认后，可在消防中心自动或手动打开火灾层的 24V 自动排烟口，同时联锁启动该系统的排烟风机。当火灾温度超过 280℃ 时，排烟风道上的防火调节阀（在排烟风机旁边）熔丝熔断，关闭阀门；同时自动关闭该系统的排烟风机。

(2) 合用前室正压送风系统：当发生火灾时，探测器报警信号送至消防中心，经确认后，在消防中心自动或手动打开火灾层及上下层的 24V 电动送风口，同时联锁启动该系统屋顶层的正压风机。火灾后，由消防中心手动关闭电动送风口；同时，自动关闭该系统的加压风机。

(3) 消防楼梯正压送风系统：当发生火灾时，探测器报警信号送至消防中心，经确认后，在消防中心自动或手动打开正压风机前的24V常闭风阀，同时，联锁启动该系统的正压风机。火灾后，由消防中心手动关闭常闭风阀；同时，自动关闭该系统的正压风机。

三、电气防火设计

1. 火灾报警系统

采用集中报警系统及区域报警（包括火灾复示盘）系统。除卫生间、更衣室等不易发生火灾的场所外，其余场所均设置感烟探测器、感温探测器、煤气报警器及手动报警器。在各层楼梯前室的适当位置设置一台火灾复示盘，当发生火灾时，复示盘能可靠地显示本层火灾部位，并进行声、光报警。复示盘上设有向消防中心进行报警的确认按钮及报警灯，还设置检查复示盘上各指示灯的自检按钮及声、光报警复位按钮。

2. 消防事故广播系统

在消防中心设置消防广播机柜，消防事故广播机组采用定压式输出（输出功率为300W）。在地下室，屋顶层等适当位置设置号筒式3W耐火型扬声器，其余各层的走廊及公共部位设置耐火型3W扬声器。消防事故广播回路，按建筑层分路，每层一路。发生火灾时，消防中心值班人员可根据火灾发生的区域，自动或手动进行事故广播，及时指挥疏导人员撤离火灾现场。

3. 消防直通对讲电话系统

在消防中心内设置消防直通对讲电话总机，除各层走廊疏散口附近的适当位置等处设置消防直通对讲电话插口外，并且在变、配电值班室，中央电脑控制（BAS）室，水泵房值班室，消防电梯机房等处分别设置消防直通对讲电话分机。在消防中心内设置专用消防报警外线电话。

4. 一般照明和动力电源切断系统

当发生火灾时，消防中心根据火灾情况，通过中间继电器转换自动或手动切断火灾区的正常照明及动力电源。同时，通过中央电脑控制（BAS）室关闭火灾区的空调机组、回风机、排风机等。还可以通过消防直通对讲电话通知变配电所，切断其他与消防无关的电源。

应急照明在变配电所、楼梯、泵房、消防中心、电话机房等按100%设置；门厅、走道按30%设置；其他场所按10%设置。各层走道，拐角及出入口均设疏散指示灯（带电池浮充），楼梯照明灯及楼梯出口灯等处采用集中免维护电池作为备用电源，停电时自动切换为直流供电。

四、水消防系统（见表1）

1. 主要设计参数

主 要 设 计 参 数　　表1

消防系统	用水量标准	火灾延续时间	一次灭火用水量
室外消火栓系统	30L/s	3h	324m^3
室内消火栓系统	40L/s	3h	432m^3
自动喷洒系统	26L/s	1h	93.6m^3

2. 消防水源

本建筑消防水源为城市自来水，从用地南侧的广宁伯街 *DN*600 的给水管到用地东侧的金融大街 *DN*400 的给水管上分别接出 *DN*200 的给水管，在红线内构成环状管网（见图4）。

3. 室外消火栓系统

由于本建筑有两路水源，且能满足室外消防水量的要求，故室外消火栓系统采用低压制，在红线内给水环管上接出5套室外地下式消火栓，并利用广宁伯街原有市政消火栓，供城市消防车吸水，向着火楼房加压供水灭火。

4. 室内消火栓系统

（1）室内消火栓系统采用稳高压系统。市政给水管道能满足室外消防的水量水压要求，但不能满足建筑内的消防要求，为解决建筑内的消防要求，在地下三层设525.6m^3消防水池一座，其中室内消火栓用水量为432m^3，自动喷洒用水量为93.6m^3。泵房内设两台消火栓加压泵（$Q=40L/s$，$H=140m$，$N=90kW$）。南楼屋顶设18m^3的消防水箱和一套消火栓系统增压稳压设备（$Q=0.67\sim1.31L/s$，$H=52\sim38.5m$，$N=1.5kW$，增压泵2台，$V=300L$ 气压罐1台）。整栋楼为一个消火栓供水系统，竖向通过1.5：1比例减压阀分为高、低区，高区：9～22层，低区：8～地下3层。平时消火栓管网由屋顶水箱和增压稳压设备保证系统压力。

（2）大厦内除电梯机房，水箱间外其他各层各部位均设消火栓保护。室内消火栓设在明显和易于取用处，其布置保证任何一点均有两股水柱同时达到。每个消火栓箱内均配 *DN*65mm 消火栓一个，*DN*65mm，*L*25m 的麻质衬胶水带一条，*DN*65×19mm 直流水枪一支，自救卷盘小水喉一套，手提磷酸铵盐干粉灭火器二具，启泵按钮和指示灯各一个。地下3层至5层、9层～17层消火栓采用减压稳压型消火栓，保证每个消火栓栓口的出水压力不大于0.5MPa。

（3）系统控制：①稳压泵的启停由压力控制器控制，使系统压力维持在工作压力 *P*（MPa），当压力下降0.05MPa时，稳压泵启动；当压力再继续下降0.03MPa时，一台消火栓加压泵启动，同时稳压泵停止。稳压泵一用一备，交替运行。②着火时，按下消火栓启泵按钮，启动一台消火栓加压泵（备用泵自动投入），消火栓加压泵启动后，水泵运转信号反馈至消防中心及消火栓处，消火栓指示灯闪亮，该防火分区其他消火栓的指示灯也亮，消火栓加压泵也可在消防中心和水泵房中手动控制启停，消防结束后手动停泵。

5. 自动喷洒系统（见图5）

（1）大厦内除水泵房，水箱间，中水处理站，卫生间，热交换间，楼梯间，空间高度超过8米的中厅及不能用水扑救的场所外均设有自动喷洒头保护。

（2）在地下三层泵房内设两台自动喷洒加压泵（$Q=30L/s$，$H=140m$，$N=75kW$）和一套自动喷洒系统稳压设备（$Q=0.67\sim1.31L/s$，$H=52\sim38.5m$，$N=1.5kW$ 稳压泵二台，$V=150L$ 的气压罐一台）。整栋楼为一个自动喷洒供水系统，竖向通过1.5：1比例减压阀分为高、低区，高区：6～22层，低区：5～地下3层。平时自动喷洒管网由屋顶水箱和稳压设备保证系统压力。消防时，高区灭火用水由加压泵直接加压供水，低区灭火用水由加压泵经报警阀前的减压阀减压后供水。

（3）地下3层汽车库设预作用自动喷洒系统，其他地方均设湿式自动喷洒系统。

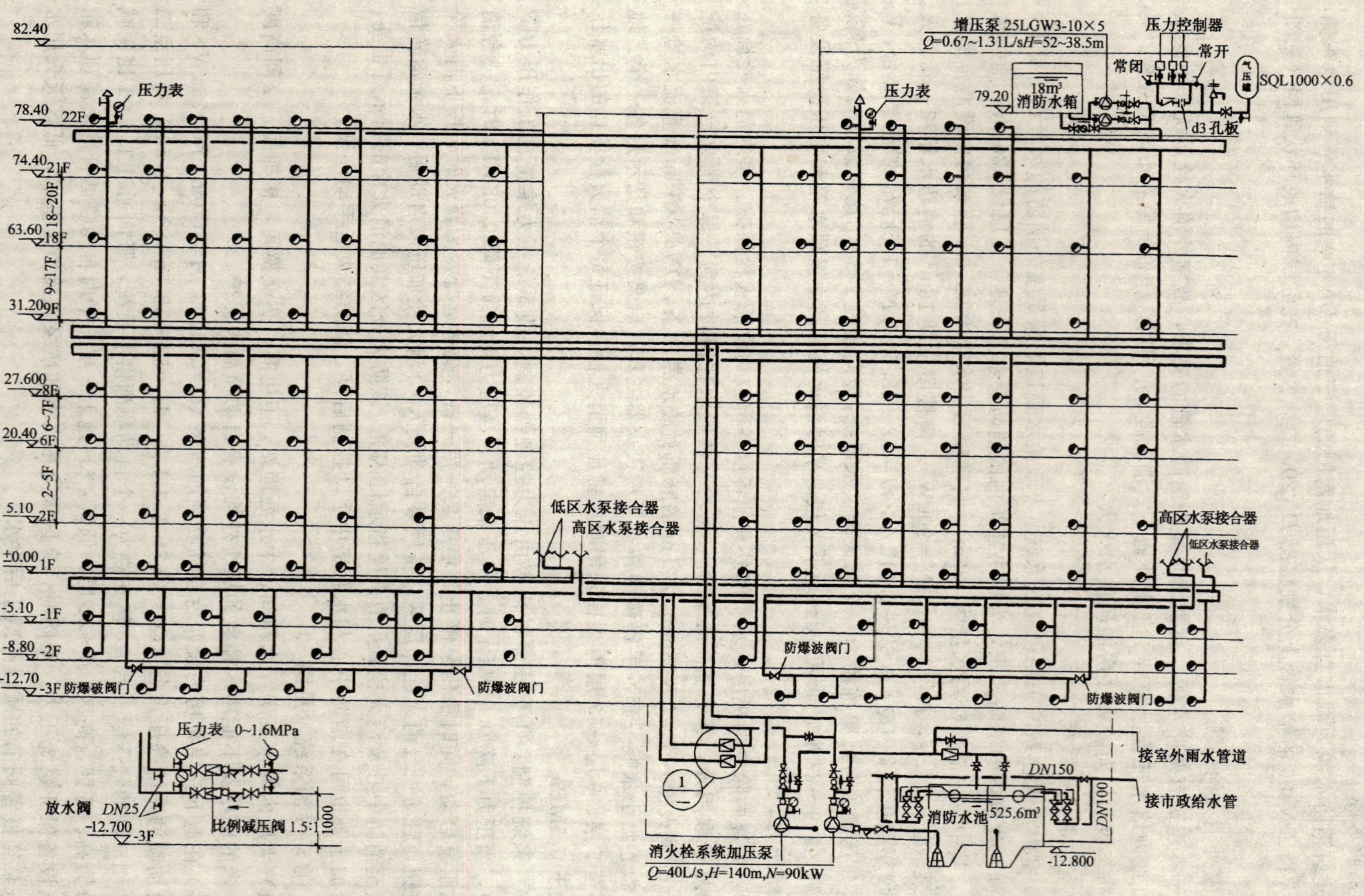

82.40
78.40
22F
压力表
74.40
21F
18~20F
63.60
18F
9~17F
31.20
9F
27.600
8F
6~7F
20.40
6F
2~5F
5.10
2F
±0.00
1F
-5.10
-1F
-8.80
-2F
-12.70
-3F
防爆破阀门
防爆波阀门
低区水泵接合器
高区水泵接合器
增压泵 25LGW3-10×5
Q=0.67~1.31L/sH=52~38.5m
压力控制器
常闭
常开
气压罐
SQL1000×0.6
79.20
18m³
消防水箱
d3 孔板
压力表 0~1.6MPa
放水阀
DN25
-12.700
比例减压阀 1.5:1
1000
消火栓系统加压泵
Q=40L/s,H=140m,N=90kW
DN150
DN100
消防水池
525.6m³
-12.800
接室外雨水管道
接市政给水管

图 4 消火栓管道系统图

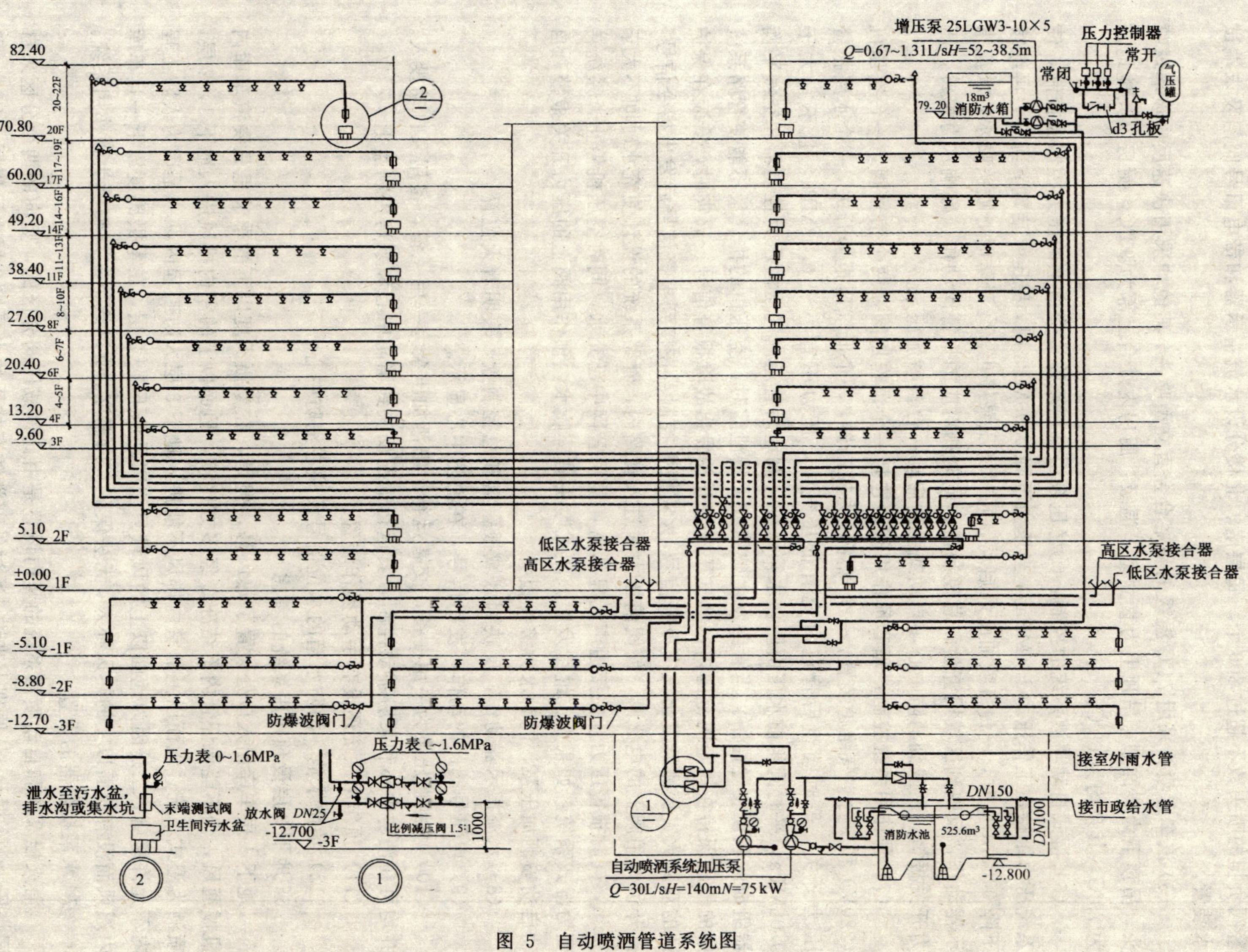

图 5　自动喷洒管道系统图

(4) 本建筑共设湿式报警阀19套，预作用报警阀1套（设在2层报警阀内），每套报警阀负担的喷头数不超过800个。每层南、北楼分设水流指示器和带电讯号阀门及末端试水装置。

(5) 汽车库喷头采用74℃温级的易熔合金直立型喷头，其他均采用快速反应玻璃球喷头，吊顶下为装饰型，吊顶上为直立型，温级：厨房内灶台上部为93℃，厨房内其他地方为79℃，其余均为68℃。

(6) 湿式自动喷洒系统的控制：①稳压泵由气压罐连接管道上的压力控制器控制，使系统压力维持在工作压力 P（MPa），当压力下降0.05MPa时，稳压泵启动；当压力再继续下降0.03MPa时，一台自喷加压泵启动，同时稳压泵停止。②消防时，喷头喷水，水流指示器动作，反映到区域报警盘和总控制盘，同时相对应的报警阀动作，敲响水力警铃，压力开关报警，反映到消防中心，自动或手动启动一台自喷加压泵。

(7) 预作用系统控制：每套预作用阀组包括一个预作用阀，两个信号阀，一台空压机（220V）和一台空气维护装置，一个气路压力控制器，一个低气压报警开关，一个水路报警压力开关。平时阀组后管道内充有低压气体，压力不宜小于0.03MPa，且不宜大于0.05MPa，平时阀组前水压由屋顶水箱保证，阀组后管道内气压由压力控制器和空气平衡器组成的联锁装置控制。当管路发生破损或大量泄露时，空压机的排气量不能使管路系统中的气压保持在规定的范围内，低气压报警开关发出故障报警信号。火灾时，安装在保护区的双路火灾探测器发出火灾报警信号，火灾报警控制器在接到报警信号后发出指令信号，打开预作用阀上的电磁阀，使阀前压力水进入管路内，管路系统的设计使充水时间不大于3min，同时报警压力开关接通声光显示盒，显示管网中已充水，同时空压机停止，系统转变为湿式系统。如果火灾继续发展，闭式喷头破碎喷水，预作用阀上的压力开关报警，自动启动喷洒加压泵，同时水力警铃报警。

(8) 水流指示器动作，反映到区域报警盘和总控制盘，表明着火位置。

(9) 电讯号阀门的动作，发出信号，在消防中心显示。

(10) 喷洒稳压泵为一用一备，交替运行。喷洒加压泵为一用一备，备用泵自动投入。并均可在消防中心和泵房手动控制，其运行情况反映到消防中心和泵房控制盘上。

(11) 预作用系统还设有手动操作装置。

(12) 消防水池、消防水箱的水位信号反映在消防中心。

6. 地下3层设预作用系统的考虑

地下1层车库出入口处设置了热风幕，但是，在零摄氏度以下的季节里只要汽车库内机械通风，仍不能保证管内不结冻。经多方比较，地面以上的室内排风进入地下1、2层，喷洒为湿式系统；地面以上的室内排风不能进入地下3层人防工程内，一是因为人防工程内不允许穿管，二是因为地面以上的风量只能满足地下1、2层，在零摄氏度以下一旦车库内通风而没有地面以上的热风补入，无法保证室内温度，所以地下三层喷洒为预作用系统。

7. 水泵接合器的设置

消火栓系统和自动喷洒系统的竖向设置是由比例减压阀分区的，竖向的两个分区来自同一压力源。据此，从原理上来讲，通过外部消防车加压的水泵接合器也可以同一压力，即高、低区合设水泵接合器。但城市消防车的压力一般是0.8MPa，北京市最大达到1.6MPa。如果来的是0.8MPa的消防车，不但在高区达不到压力要求，低区经过比例减压阀后也达不到压力要求。为了使消防车的供水压力最大范围地满足室内消防的压力要求，高、低区分设水泵接合器。如果来的是1.6MPa的消防车，向低区系统加压就会严重超压，可通过设定安全阀的泄压值来解决。

8. 报警阀的设置

《自动喷水灭火系统设计规范》(GBJ84—1985)第5.4.5条“自动喷水系统管网的压力不应大于1.2MPa”，第5.2.2条又有“报警阀应设在明显地方……”的规定。大厦一层大堂是最明显的地方，但报警阀压力大于1.2MPa，如果放在中间某层，报警阀压力满足了要求，但位置较隐蔽。权衡以后，将报警阀间放在2层，此位置与一层大堂相通。水力警铃又引到一层消防中心附近。既满足了系统压力不大于1.2MPa的规定，报警阀间又易于到达。

北京某大厦

曹善其等

一、工程概况

北京某大厦位于北京市东城区，为一综合性发展项目，其功能主要包括综合商业、公寓、写字楼及酒店式公寓等。本项目建筑面积为153782m²，建筑高度为88.8m，其设计标高±0.00相当于绝对标高值为43.20。本项目防火等级为一级，结构类型为框架剪力墙结构，抗震设防烈度为8度，其子项目：23层写字楼及酒店式公寓（包括4层裙楼）、27层公寓。

1. 设计依据

(1)《高层民用建筑设计防火规范》GB50045—1994

(2)《自动喷水灭火系统设计规范》GB50084—2001

(3)《建筑灭火器配置设计规范》GBJ140—1990

(4)《水喷雾灭火系统设计规范》GB50219—1995

(5)《汽车库、修车库、停车场设计防火规范》GB50067—1997

2. 设计内容

(1) 室外消火栓装置。

(2) 室内消火栓系统。

(3) 自动喷淋系统。

(4) 水喷雾灭火系统。

(5) 建筑灭火器。

二、水源与水量

1. 水源

(1) 市政进水管为两路供水，一根直径200mm，一根直径300mm，进水管于室内连通后供水至每一室外消火栓，并同时供水至位于地库内的600m³消防/空调补水合用水池，水池分为两座（储存消防用水570m³），然后经由安装于地下生活/消防水泵房的消火栓泵、喷淋泵及水喷雾泵组分别供水至室内消火栓系统、自动喷淋系统及水喷雾系统（消防泵房大样图见图1）。

(2) 燃油发电机房将设置水喷雾灭火系统。

(3) 高层变配电设备将采用干式变压器和干式开关，故高层变配电房只提供烟感探测器和手提式二氧化碳灭火器。

2. 消防设计水量

图例
室内单栓消火栓连消防卷盘
消防前室内单栓消火栓
室内减压稳压单栓消火栓连消防卷盘
消防前室内稳压单栓消火栓
室外消火栓
消防水泵连马达
消防稳压泵连马达
消火栓水管
减压阀组
稳压罐
闸阀
球阀
蝶阀
截止阀
无声止回阀
旋启式止回阀
Y型过滤器
可曲挠橡胶接头
安全阀
水表
比例式减压阀
减压阀组标准安装详图
消防水箱 18M³
供电层 (+86.65)
酒店式公寓层
(15至23层)
办公层
(5至14层)
公寓层
(5至27层)
27层 (+83.65)
26层 (+80.65)
25层 (+77.50)
21层 (+65.90)
20层 (+63.00)
19层 (+60.10)
7层 (+25.30)
6层 (+22.40)
5层 (+19.50)
设备层 (+55.50)
14层 (+51.90)
设备层 (+17.30)
4层 (+13.30)
3层 (+9.30)
2层 (+5.00)
首层 (+0.00)
市政供水管
d300
d200
地下一层 (-5.70)
地下二层
地下三层 (-14.10)
地下四层 (-17.50)
减压阀组
消火栓泵二用一备
Q=20L/S,h=140m
N=55kW

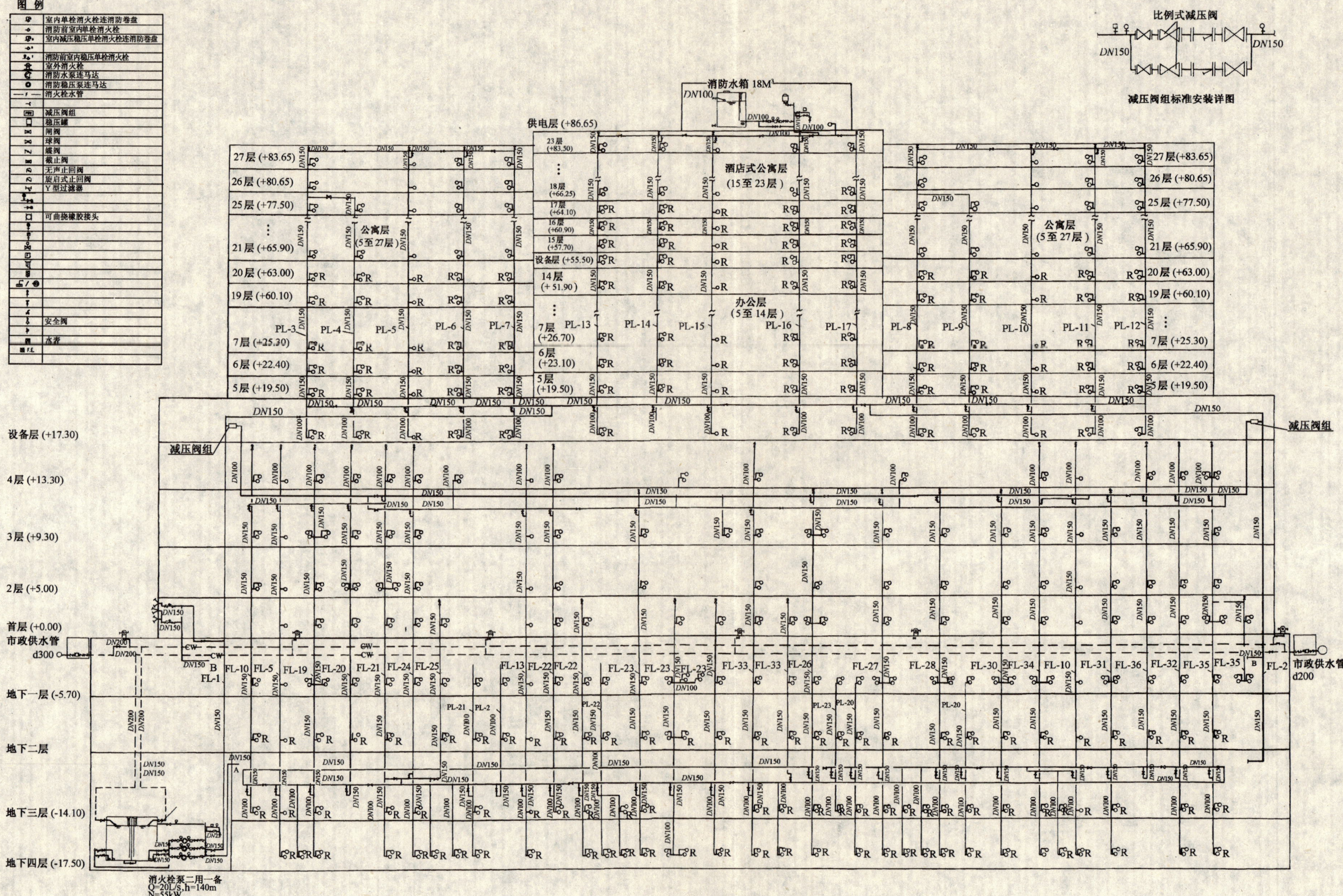

图 3 消火栓系统示意图

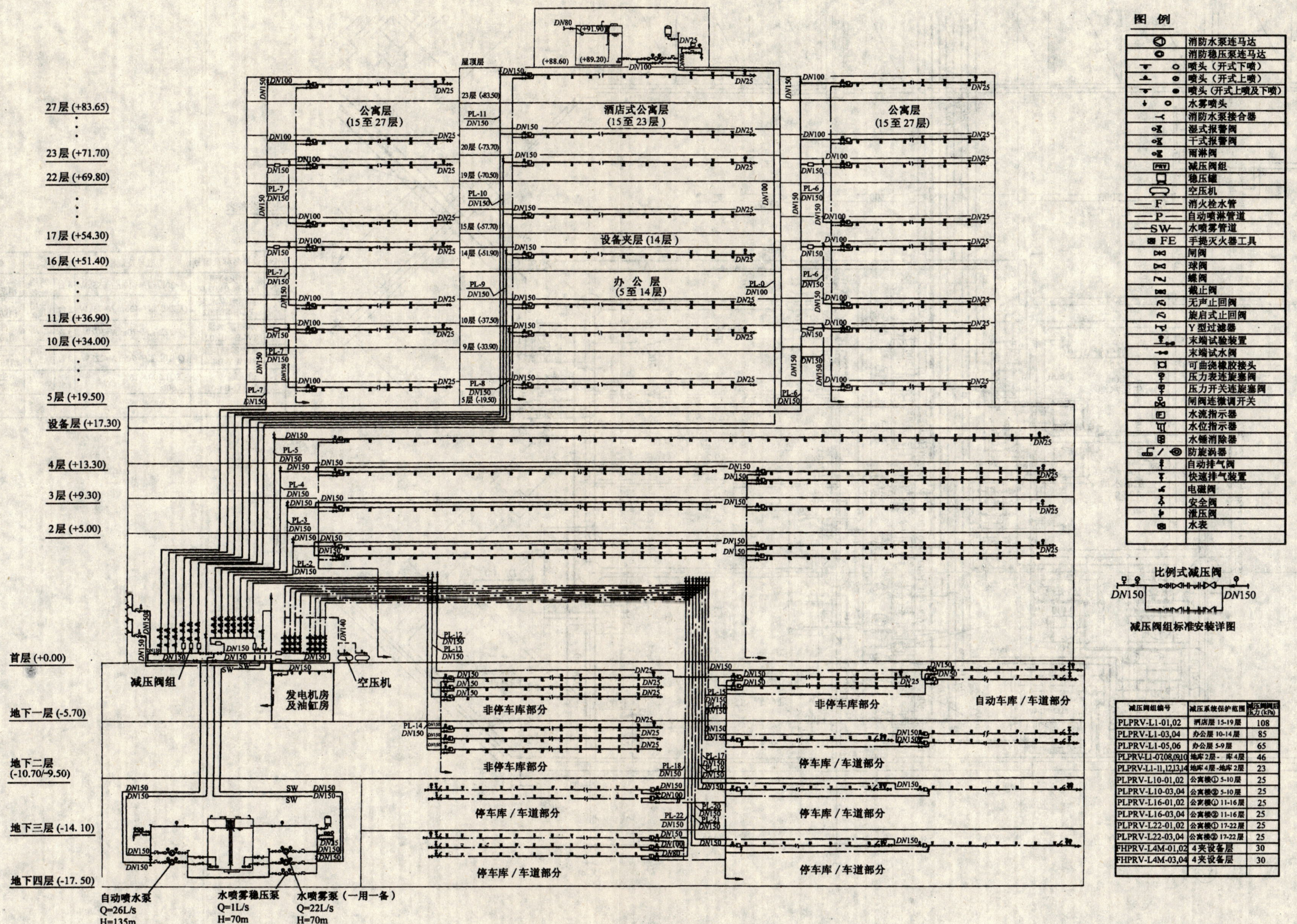

减压阀组编号	减压系统保护范围	减压阀阀后压力 (kPa)
PLPRV-L1-01,02	酒店层 15-19层	108
PLPRV-L1-03,04	办公层 10-14层	85
PLPRV-L1-05,06	办公层 5-9层	65
PLPRV-L1-07,08,09,10	地库2层- 库4层	46
PLPRV-L1-11,12,13,14	地库4层-地库2层	23
PLPRV-L10-01,02	公寓楼① 5-10层	25
PLPRV-L10-03,04	公寓楼② 5-10层	25
PLPRV-L16-01,02	公寓楼① 11-16层	25
PLPRV-L16-03,04	公寓楼② 11-16层	25
PLPRV-L22-01,02	公寓楼① 17-22层	25
PLPRV-L22-03,04	公寓楼② 17-22层	25
FHPRV-L4M-01,02	4夹设备层	30
FHPRV-L4M-03,04	4夹设备层	30

图 2 自动喷淋系统及水喷雾系统示意图

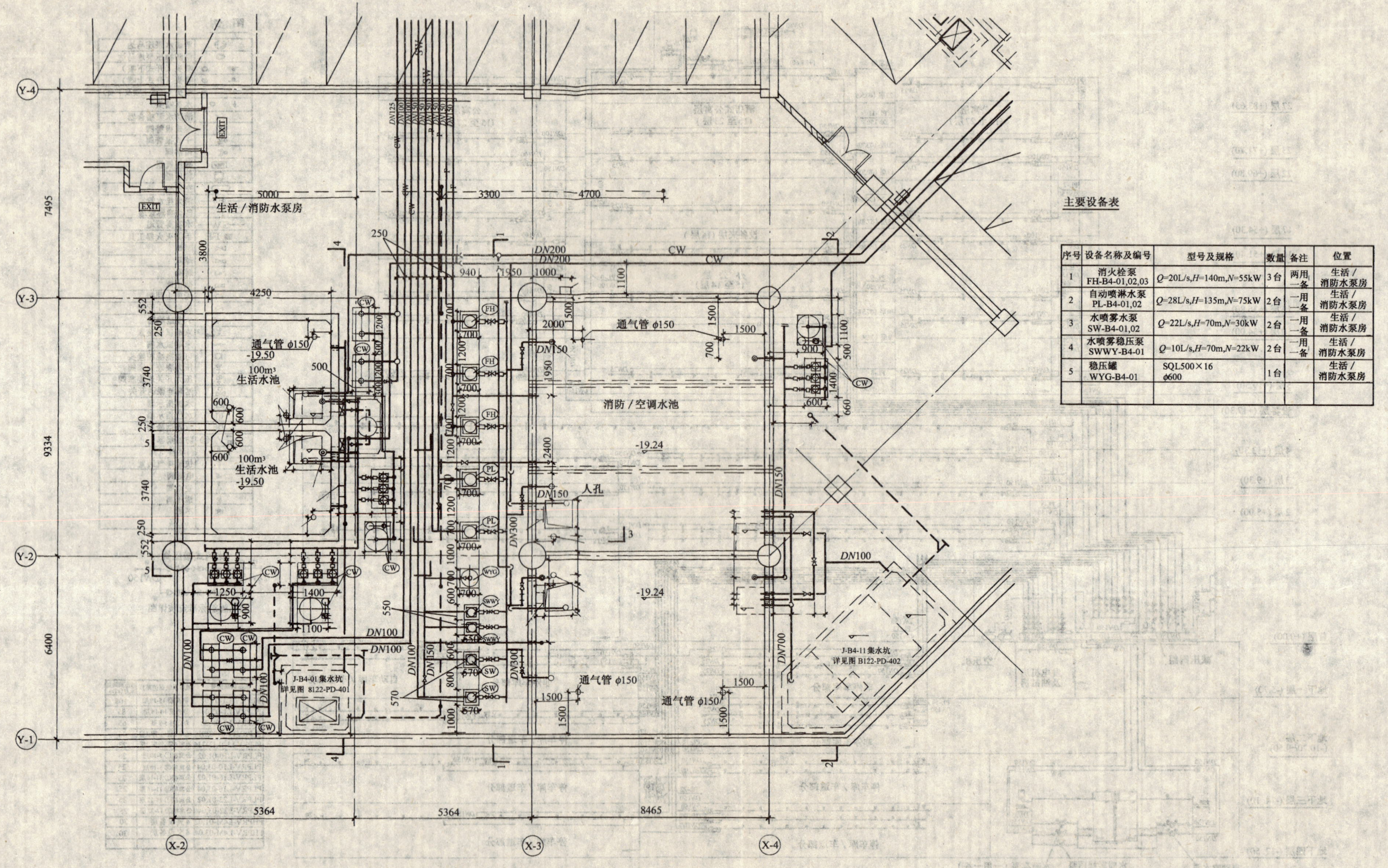

主要设备表

序号	设备名称及编号	型号及规格	数量	备注	位置
1	消火栓泵 FH-B4-01,02,03	Q=20L/s,H=140m,N=55kW	3台	两用一备	生活／消防水泵房
2	自动喷淋水泵 PL-B4-01,02	Q=28L/s,H=135m,N=75kW	2台	一用一备	生活／消防水泵房
3	水喷雾水泵 SW-B4-01,02	Q=22L/s,H=70m,N=30kW	2台	一用一备	生活／消防水泵房
4	水喷雾稳压泵 SWWY-B4-01	Q=10L/s,H=70m,N=22kW	2台	一用一备	生活／消防水泵房
5	稳压罐 WYG-B4-01	SQL500×16 φ600	1台		生活／消防水泵房

图 1　消防泵房大样图

	流量 L/s	火灾延续时间 h
(1) 自动喷淋系统	28	1
(2) 室内消火栓	40	3
(3) 室外消火栓	30	3
(4) 水喷雾系统	22	0.5

三、消防给水系统

1. 室外消火栓装置

按规范允许，将尽量利用本项目范围内的市政消火栓，如有需要，室外消火栓沿首层外围的汽车走道设置，按消防规范要求，用水量为30L/s，其用水将从两路市政供水引入管直接供给，给水管道采用环状布置，环通管管径200mm，各消火栓间距不超过100m。

2. 室内消火栓系统（系统见图2）

(1) 室内消火栓系统，按消防规范要求，用水量为40L/s，在地下4层消防水泵房内设3台消火栓主水泵（两用一备），从消防水池内抽水供入消火栓系统，塔楼屋顶设18m^{3}消防水箱（储存初期火灾前10min消防用水量），屋顶消防水箱间内设一台消火栓稳压泵及一套稳压罐，消火栓系统分高低两区，高区：顶层（公寓27层，酒店式公寓23层）至4夹设备层，低区：裙楼4层至地下4层。分区方式为减压阀减压和采用减压稳压消火栓，控制消火栓栓口静水压力不大于0.80MPa及栓口出水压力不大于0.50MPa。

(2) 消水栓按规范要求安装于各楼层及其消防电梯前室，地下室和明显便于取用的地方，消火栓的间距，能保证同层相邻两个消火栓的水枪充实水柱同时到达室内任何部位，栓口直径为65mm，每个消火栓均配置水带和水枪，水枪喷嘴口径为19mm，水带长度为25m，每支水枪流量为5L/s，水枪充实水柱不少于10m，每根消火栓立管的最小流量为15L/s。消防卷盘将设置于消火栓旁，卷盘的栓口直径为25mm，胶带内径为19mm，喷嘴口径为6mm。

(3) 系统设置3套墙壁式消防水泵接合器与地库1层室内消火栓环管相接。消火栓水泵接合器设置于裙楼首层，每套水泵接合器流量为10至15L/s。

3. 自动喷淋系统（系统见图3）

(1) 除各机电设备房、楼梯间、卫生间及公寓房间外，办公楼各层、酒店式公寓各层、公寓各层走道、裙楼商场各层及地下室非停车库区均设置漏式自动喷淋装置；地下停车库设置干式自动喷淋装置，系统按中危险级Ⅱ级设计，设计喷水强度为8L/(min·m^2)，作用面积为160m^2，用水量为28L/s，喷头水压不少于0.1MPa。

(2) 本建设项目的自动喷淋系统由设于地下4层消防水泵房内的2台喷淋水泵（一用一备）组成，从消防水池取水供入喷淋系统，屋顶水箱间内设置18m^{3}消防水箱，储存初期火灾前10min消防用水量。屋顶水箱间内设一台喷淋系统稳压水泵及一套稳压罐，用作维持平时的系统压力，喷淋水泵由设于裙楼一层的漏式或干式报警阀控制，稳压水泵由稳压罐内的压力控制，干式系统配水管充水时间不大于1min。

(3) 喷淋系统的配水管道的工作压力不大于1.2MPa，并不设置其他用水设施，配水管道的布置应使配水管入口的压力均衡，且各配水管入口的压力均不宜大于0.4MPa，超压管段采取适当减压措施。

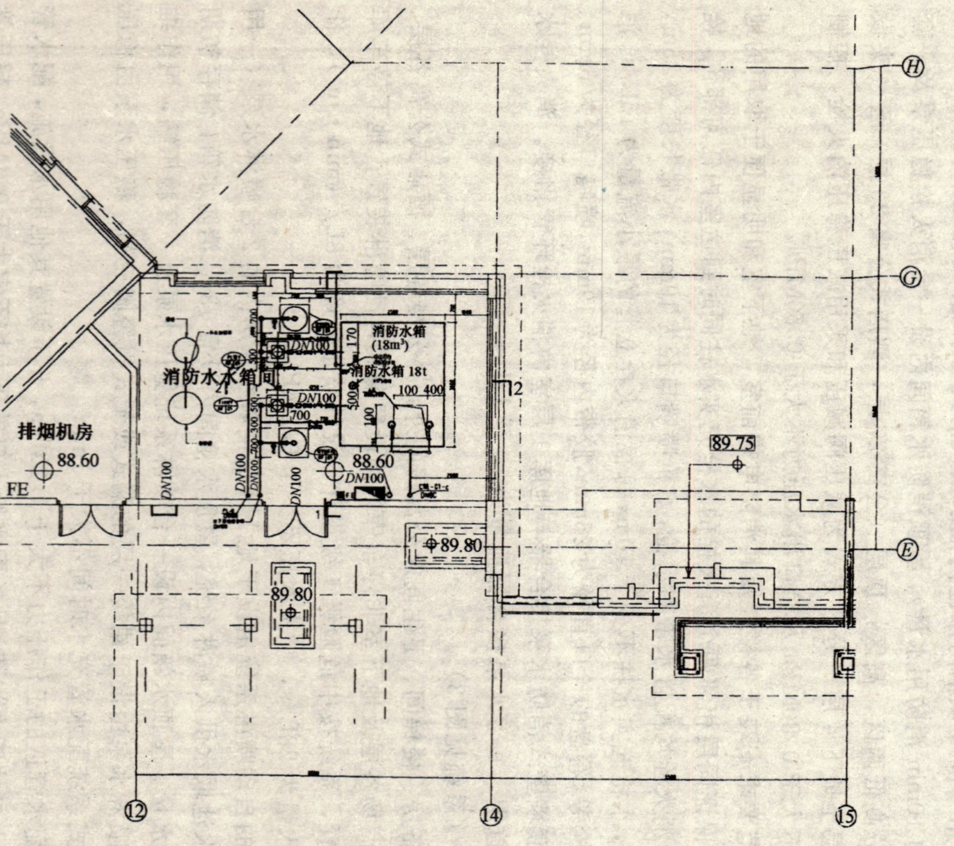

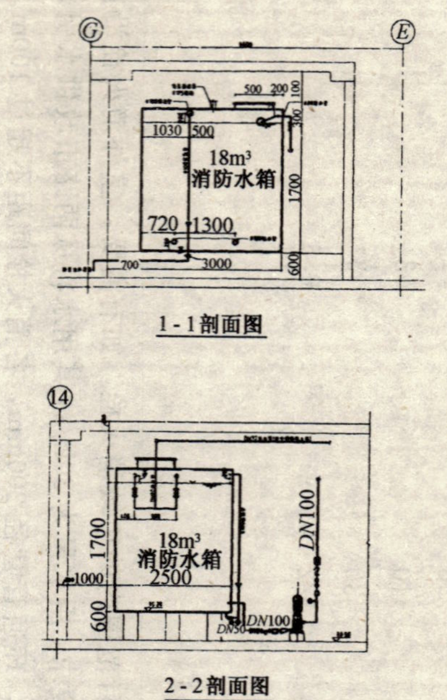

主要设备表

序号	设备名称及编号	型号及规格	数量	备注	位置
1	消火栓稳压泵 FHWY-RF-01	Q=5L/s,H=30m,N=4.0kW	1台		屋顶水箱间
2	自动喷淋稳压泵 PLWY-RF-01	Q=10L/s,H=30m,N=1.1kW	1台		屋顶水箱间
3	稳压罐 WYG(FH)-RF-01	SOL800×10 ϕ800 P1=0.3MPa P1=0.55MPa P_{s1}=0.57MPa P_{s2}=0.62MPa	1台		屋顶水箱间
4	稳压罐 WYG(PL)-RF-01	SQL800×10 ϕ800 P1=0.3MPa P1=0.39MPa P_{s1}=0.41MPa P_{s2}=0.46MPa	1台		屋顶水箱间

图 4 屋顶消防水箱间大样图

(4) 喷淋系统每个报警阀组控制的喷头数：湿式系统不超过 800 个，干式系统不超过 500 个。除报警阀组控制的喷头只保护不超过防火分区面积的同层场所外，每个防火分区、每个楼层均设水流指示器、每个水流指示器前设置信号阀。

(5) 除吊顶下设喷淋头外，高度超过 800mm 的吊顶内设上层喷淋头，而喷淋控制阀的数量则按最多一侧喷淋头的数目进行配置，不设吊顶区域采用上喷。

(6) 喷头作用温度及类型的选择，按不同建筑设计用途而定，餐饮厨房和高温作业的地方选用 93℃ 玻璃球闭式喷头；除车库以外其他区域选用 68℃ 快速响应喷头，地下停车库选用 68℃ 易熔合金闭式喷头，并向上安装。

(7) 除吊顶型喷头及吊顶下安装喷头外，直立型、下垂型标准喷头，其溅水盘与顶板的距离，不小于 75mm，且不大于 150mm。如不满足要求，则在喷头上方设置集热挡水板，集热挡水板为正方形或圆形金属板，其平面面积不宜小于 0.12m^2，周围旁边的下沿，宜与喷头的溅水盘平齐。

(8) 系统设置二套墙壁式消防水泵接合器与地库一层自动喷淋干管在湿式，干式报警阀前相接，喷淋系统水泵接合器设置于裙楼首层，每套水泵接合器流量为 10 至 15L/s。

屋顶消防水箱间大样图见图 4。

4. 水喷雾系统

燃油发电机房设置水喷雾灭火装置，在消防水泵房内设 2 台水喷雾泵（一用一备），一台稳压泵及一套稳压罐，水喷雾灭火系统将设置雨淋阀和警铃并符合《水喷雾灭火系统设计规范》(GB50219—1995)之要求，设计喷雾强度为 20L/(min·m^2)，保护面积为 65.0m^2，水喷雾系统的火灾延续时间为 0.5h，水喷雾灭火装置同时设有自动控制、手动控制和应急操作 3 种控制方式。

四、手提式灭火器

(1) 手提式灭火器按规范要求设置于各机电室、厨房及地下停车库及每一室内消火栓旁等处，以便保安人员或有关人员于发现火灾时及时扑救。

(2) 一个灭火器配置场所内的手提式灭火器不少于 2 具。

北京南馆危改小区9号楼

陈耀宗等

一、工程概况

(1) 本工程位于北京市东城区，东直门北小街路东，北临北二环北小街桥，东侧与新落成的北京市公安局签证中心相临。

(2) 本工程室内外高差0.45m，室外地坪至19层屋顶女儿墙高度为59.75m。

(3) 本楼总建筑面积57397.88m^2，地下2层，地上22层。其中，地下1、2层为地下汽车库，地下2层暂时为人防物资库（六级），1层包括商业、办公入口及住宅入口；2层至5层每层分为住宅和办公两部分；五层吊顶为设备管道转换空间；6至19层为住宅；20层为设备层及附属用房；21层为电梯机房；22层为水箱间。

(4) 根据《高层民用建筑设计防火规范》的规定，本工程为一类综合楼、耐火等级为一级。

(5)本工程给水系统由室外市政管网引入两条*DN*100的给水管进入地下2层生活消防水池，作为本建筑生活消防水源。

地下层、首层及标准层消防管道平面图见图1、图2、图3。

二、消火栓系统

消火栓及自喷系统图见图4。

(1) 室外消火栓用水量为30L/s，由室外消防管网解决。

(2) 室内消火栓用水量为40L/s，延续时间为3h。

1) 系统组成：消火栓泵（100DFL72－16×6，Q＝20L/s，H＝96M，N＝30kW，两用一备）、消火栓、水泵接合器、地下二层生活和消防水池、屋顶消防水箱及消防管网等。

2) 消火栓系统竖向不分区，整个管网水平竖向均成环状，地下一层管网上接三套水泵接合器与室内消火栓环网相连。

3) 消火栓泵控制系统包括：

(*A*) 平时消火栓系统的水压由屋顶水箱间内的消防水箱提供。

(*B*) 一旦发生火灾，接到消防按钮信号后，启动消火栓泵。

(*C*) 消火栓泵两用一备，双路电源，当一台泵发生故障，自动切换另一台泵。

(*D*) 消防控制中心可直接启、停任何一台泵；上述各泵的运行工况均在消防中心显示；泵房内设有手动启、停泵措施。

(*E*) 消火栓设备：本建筑均采用单出口消火栓，凡消火栓栓口处动压超过0.50MPa均设置减压孔板，消火栓箱内设*DN*65消火栓口一个，25m长衬胶水龙带一条，*DN*19水枪一支及消防紧急按钮一个。

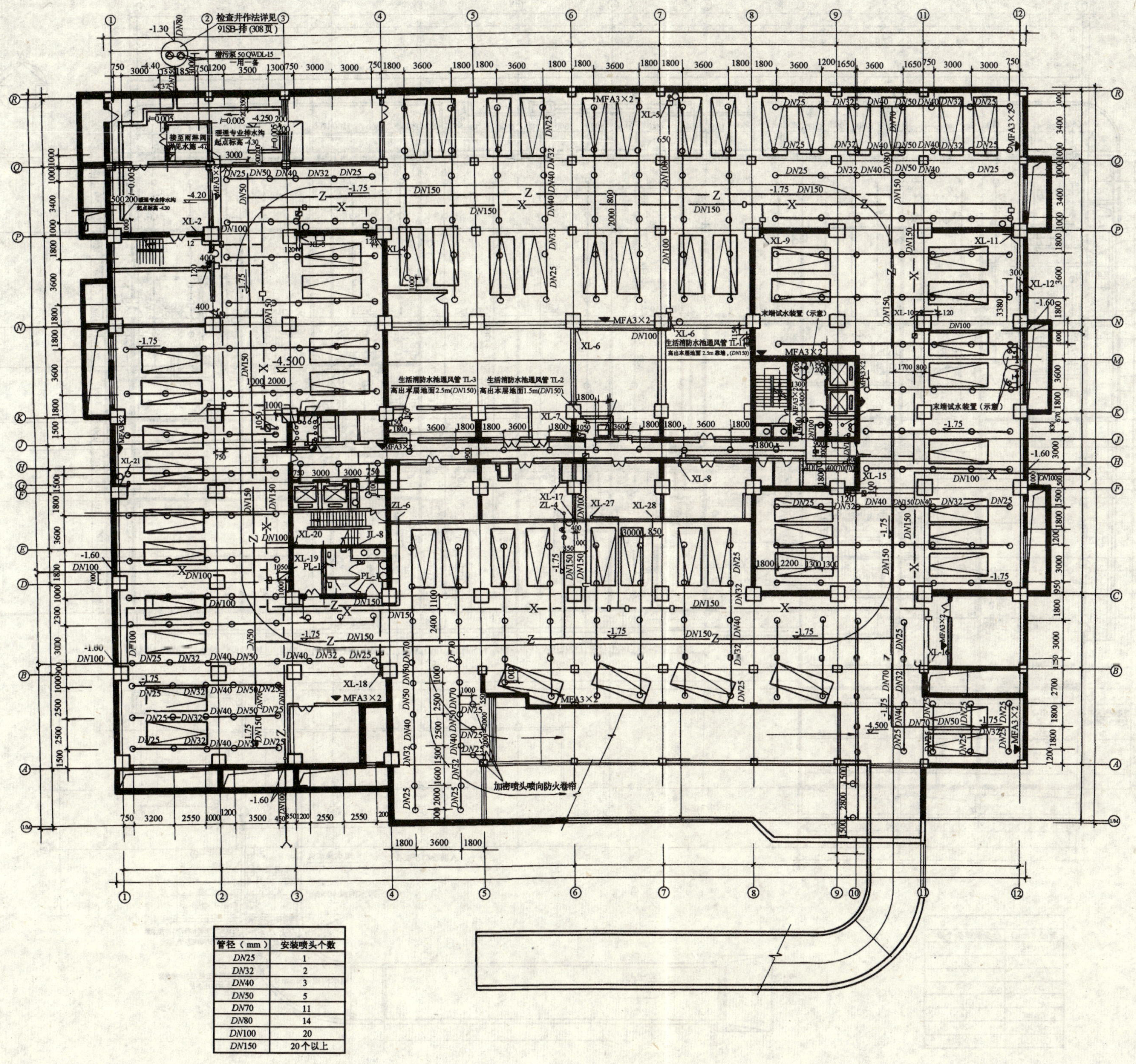

管径（mm）	安装喷头个数
DN25	1
DN32	2
DN40	3
DN50	5
DN70	11
DN80	14
DN100	20
DN150	20个以上

图 1　地下一层消防管道平面图

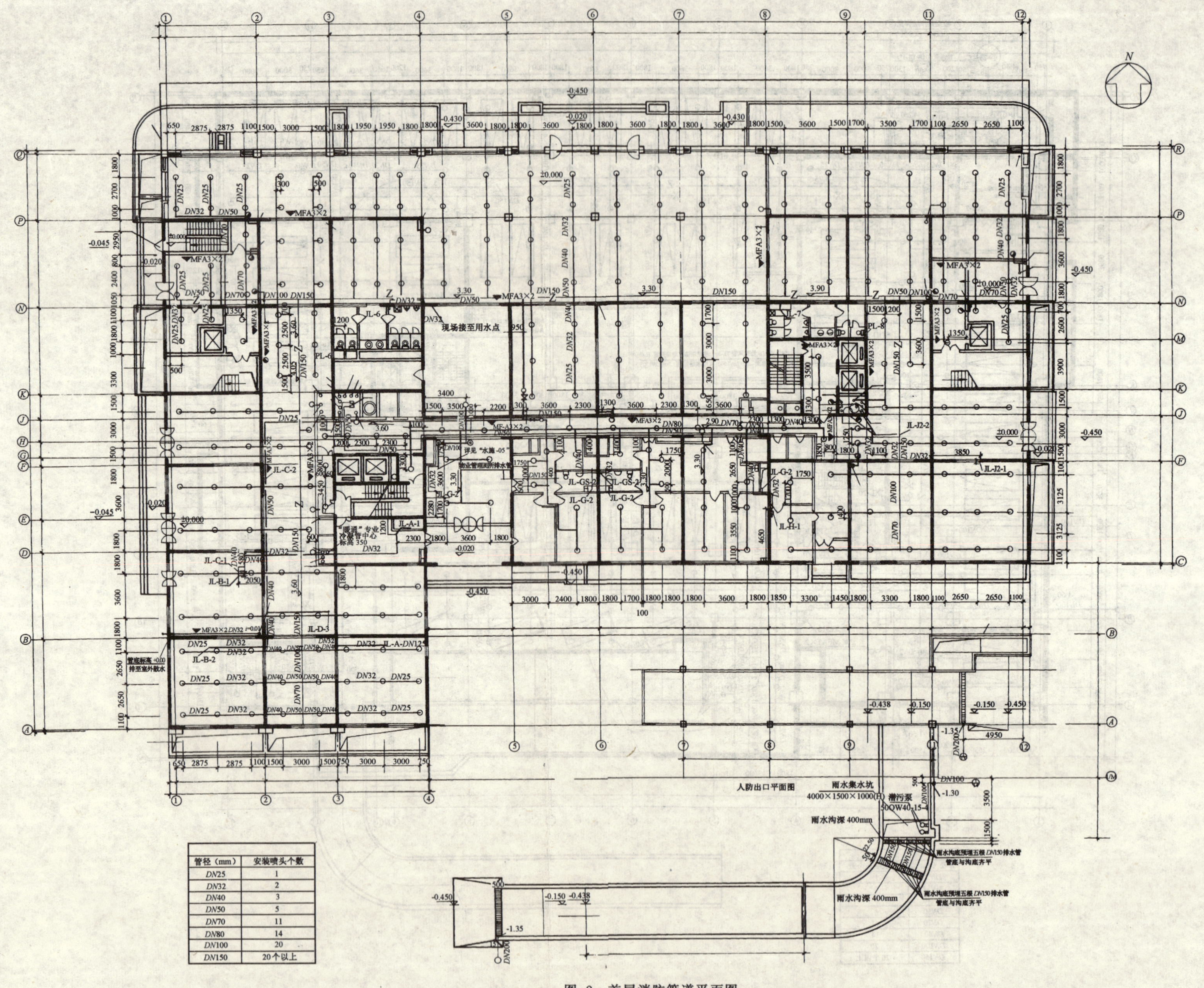

管径（mm）	安装喷头个数
DN25	1
DN32	2
DN40	3
DN50	5
DN70	11
DN80	14
DN100	20
DN150	20个以上

图 2 首层消防管道平面图

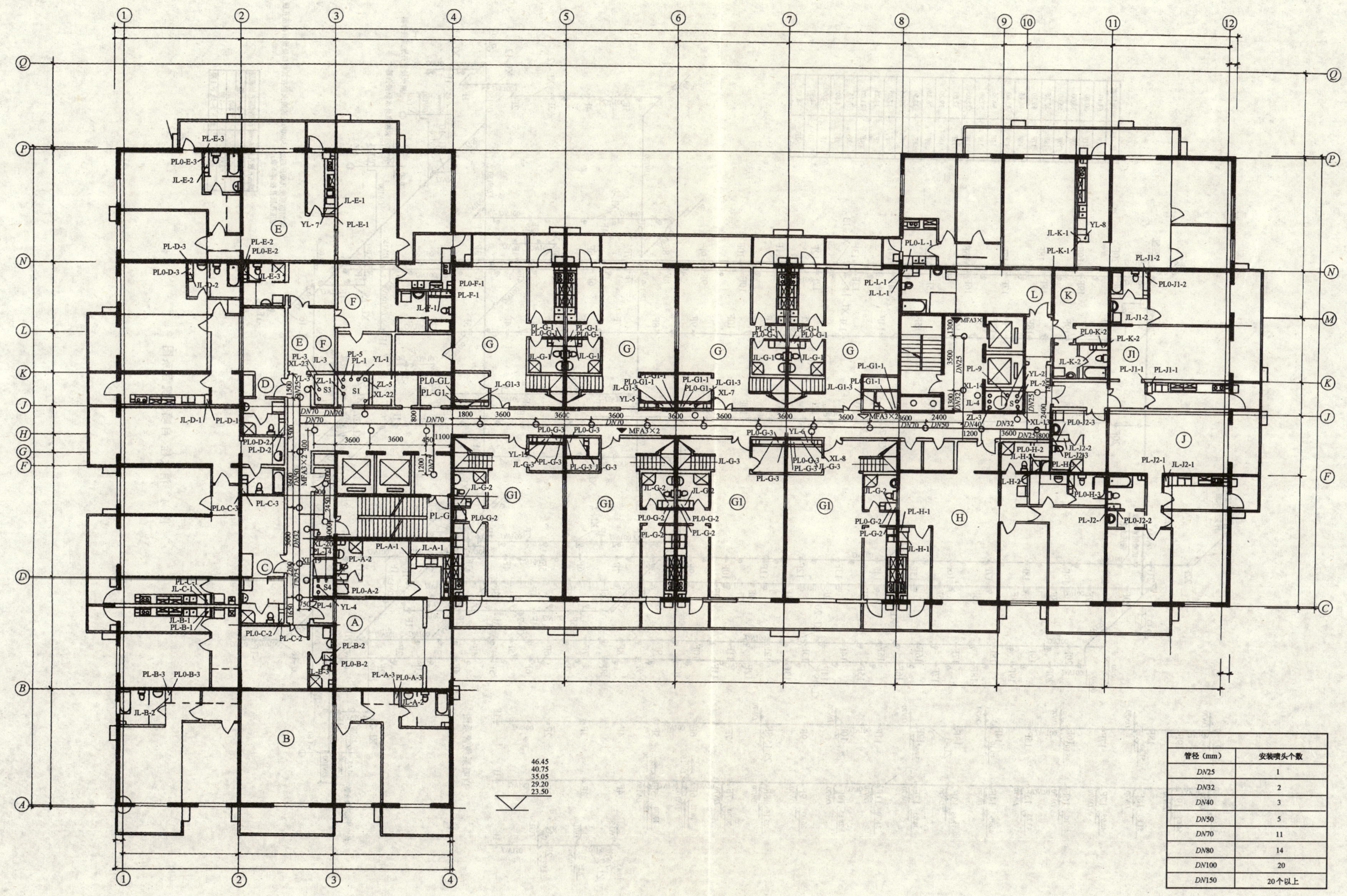

管径（mm）	安装喷头个数
*DN*25	1
*DN*32	2
*DN*40	3
*DN*50	5
*DN*70	11
*DN*80	14
*DN*100	20
*DN*150	20个以上

图 3 标准层消防平面图(有廊)

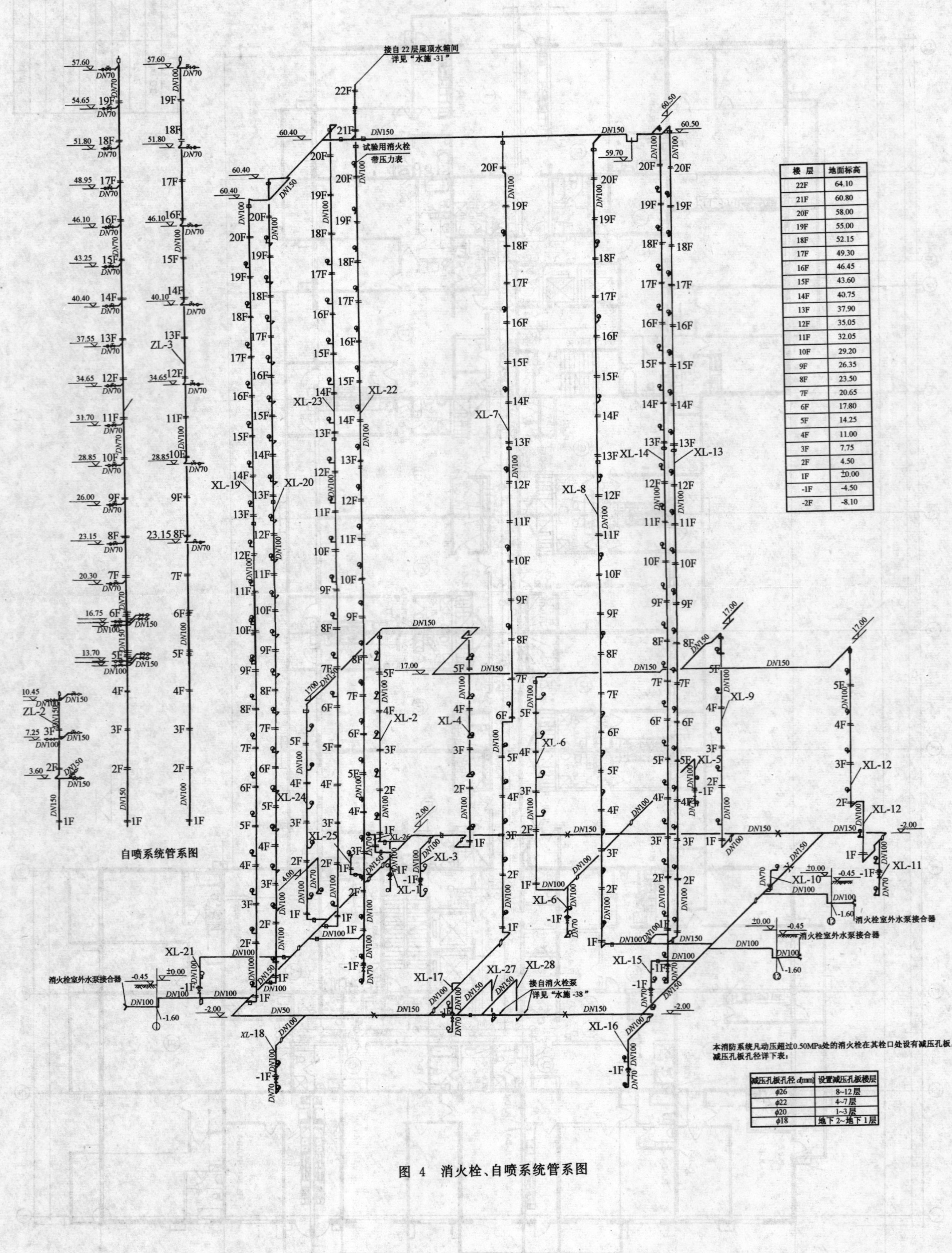

楼 层	地面标高
22F	64.10
21F	60.80
20F	58.00
19F	55.00
18F	52.15
17F	49.30
16F	46.45
15F	43.60
14F	40.75
13F	37.90
12F	35.05
11F	32.05
10F	29.20
9F	26.35
8F	23.50
7F	20.65
6F	17.80
5F	14.25
4F	11.00
3F	7.75
2F	4.50
1F	±0.00
-1F	-4.50
-2F	-8.10

本消防系统凡动压超过0.50MPa处的消火栓在其栓口处设有减压孔板，减压孔板孔径详下表：

减压孔板孔径 d(mm)	设置减压孔板楼层
φ26	8~12层
φ22	4~7层
φ20	1~3层
φ18	地下2~地下1层

图 4 消火栓、自喷系统管系图

三、自动喷水灭火系统

消防用水量 26L/s，延续时间 1h。

(1) 系统组成：自喷泵（100DFL－16×6，Q＝14L/s，H＝102m，N＝30kW，两用一备）湿式报警阀、信号阀、水流指示器、闭式喷头、水泵接合器、地下二层生活和消防水池、屋顶消防水箱及自喷系统稳压设备等。

(2) 设置范围除下列部位外均设有喷头保护：地下室泵房、配电室、机房、工具间、卫生间、住宅内部（不含走廊）等。

(3) 地下泵房内设自喷泵 3 台，两用一备，双路电源；当一台泵发生故障，自动切换到另一台泵，并将报警阀前的管道延伸至室外接两套水泵接合器，共设湿式报警阀三组。

(4) 系统平时压力由屋顶水箱间内自喷系统稳压设备保证，其管道应在地下二层泵房湿式报警阀前接入系统，保护地下 2 层至地上 4 层的两套湿式报警阀前均设置减压措施。

(5) 自喷泵控制：

1) 平时自喷系统水压由屋顶水箱间内自喷系统稳压设备保证，并将稳压设备运行状况传至消防控制室。

2) 当某防火分区水流指示器信号与相应的湿式报警阀信号相遇时，启动自喷泵，同时关闭自喷系统稳压设备。

3) 消防控制中心可直接启、停任何一台泵；上述各泵的运行工况均在消防控制中心显示；泵房内设有手动启、停泵措施。

(6) 喷头选用：地下车库采用向上直立型喷头，如风管宽度超过 800mm 时，在其下面相同平面位置再设一排喷头。其余有吊顶部位均设装饰盘闭式喷头，所有喷头温级为 68℃。

(7) 每层中信号阀的阀门开启状态传至消防控制室。

(8) 自喷系统泵在一小时后自动停泵。

四、灭火器设置

根据建筑灭火器配置设计规范规定本楼为中危险级 A 类火灾，灭火器采用磷酸胺盐干粉手提式灭火器。

五、水喷雾灭火系统

本工程设有地下燃气锅炉房，按照高层防火要求设置水喷雾灭火系统，喷雾泵二台（80LG50—20×4，Q＝40－68.4m^3/h，H＝63.4～87.2m，N＝18.5kW，一用一备）。

按同一时间两台锅炉发生火灾时所需水量确定，平时雨淋阀后消防管道呈无水状态，当探测器系统监测到锅炉顶部温度上升到 70℃ 时发出预报警，当温度再升到 80℃ 时即进行喷雾灭火。雨淋阀组包括传动配管、水力警铃、压力开关等。

消火栓、水喷雾系统给水泵管系图、自动喷水见图 5、图 6、图 7。

水喷雾管道平面及系统图见图 8、图 9。

屋顶水箱间平面图及管系图见图 10、图 11。

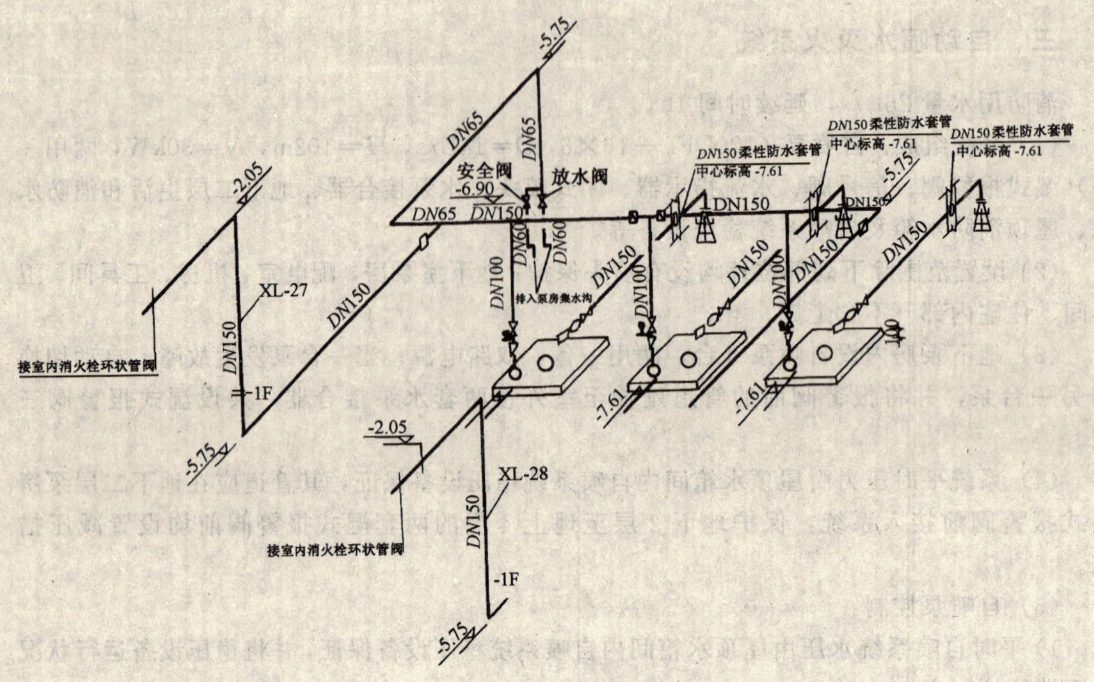

图 5 消火栓系统给水泵管系图

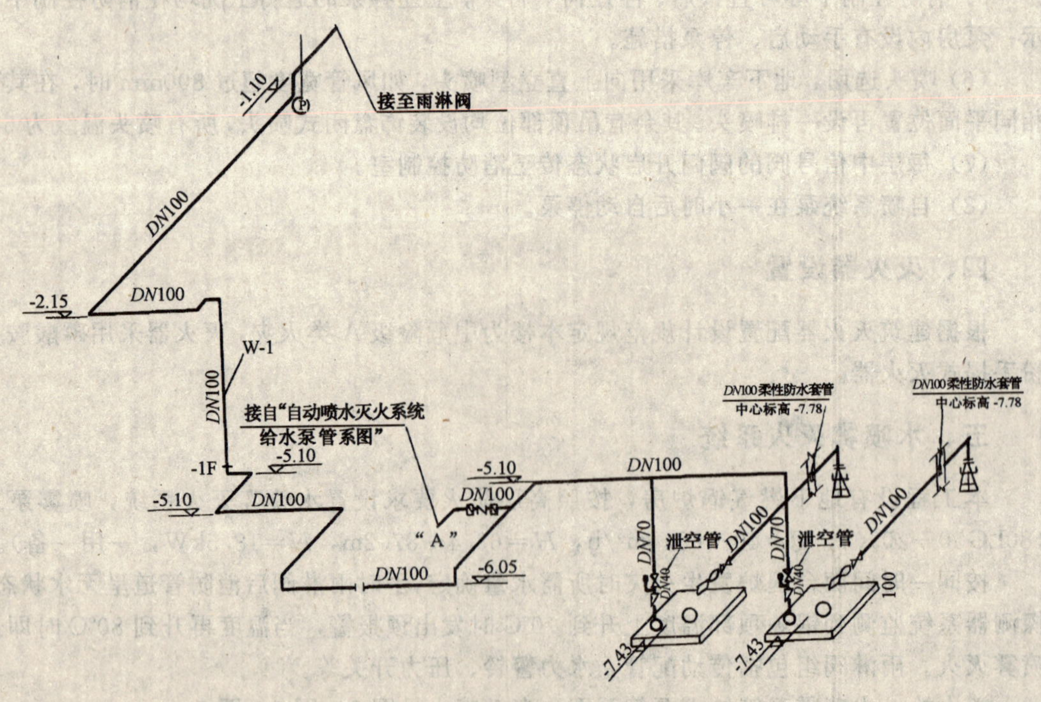

图 6 水喷雾给水泵管系图

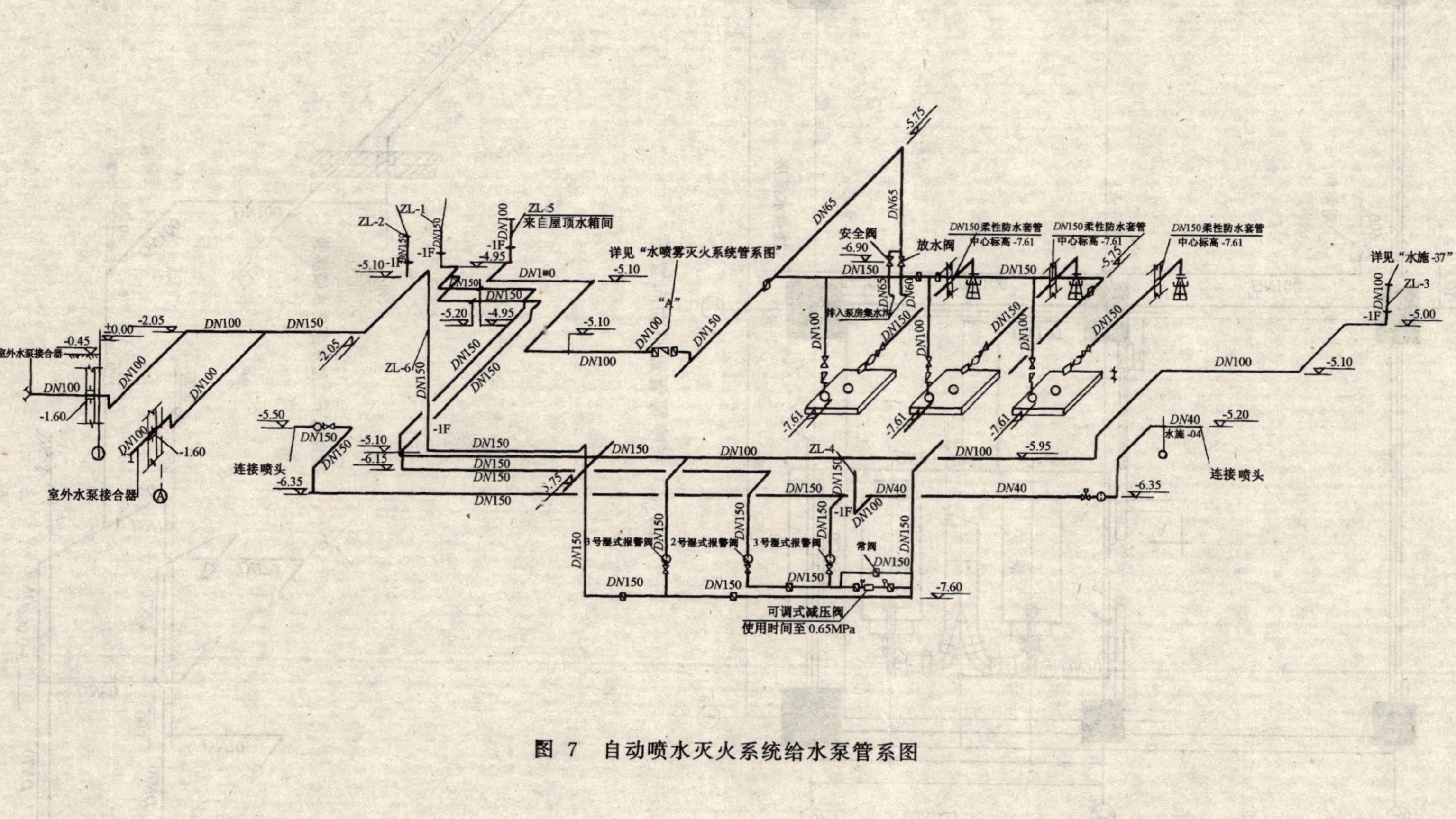

图 7 自动喷水灭火系统给水泵管系图

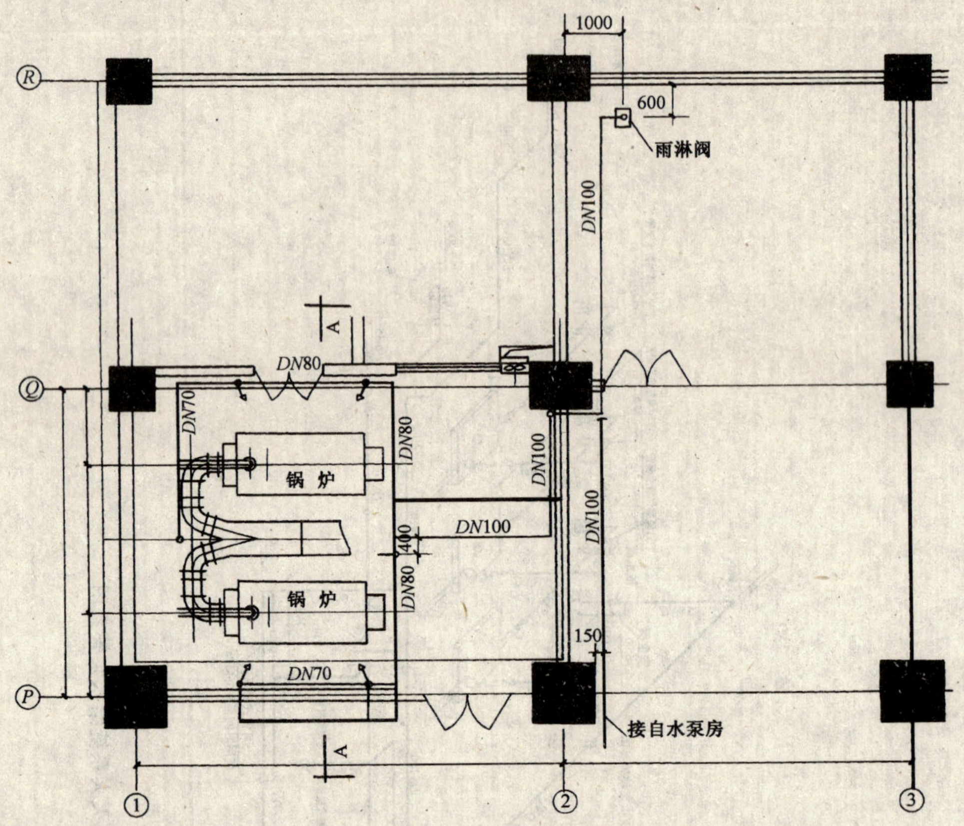

图 8 水喷雾管道平面布置图

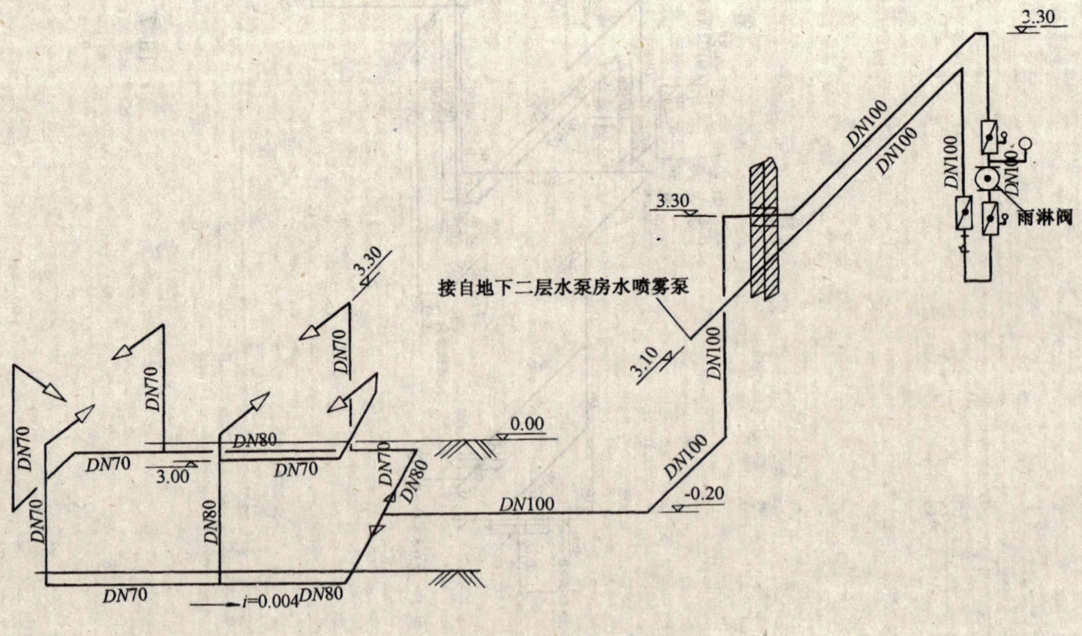

图 9 水喷雾管道系统图

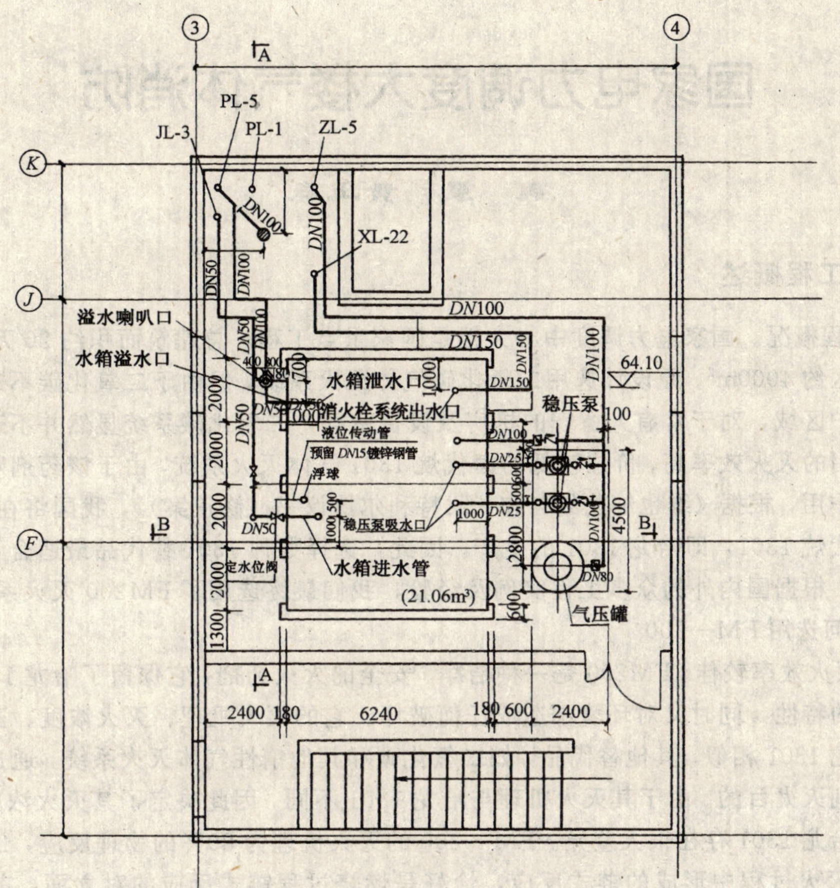

图 10　屋顶水箱间平面图

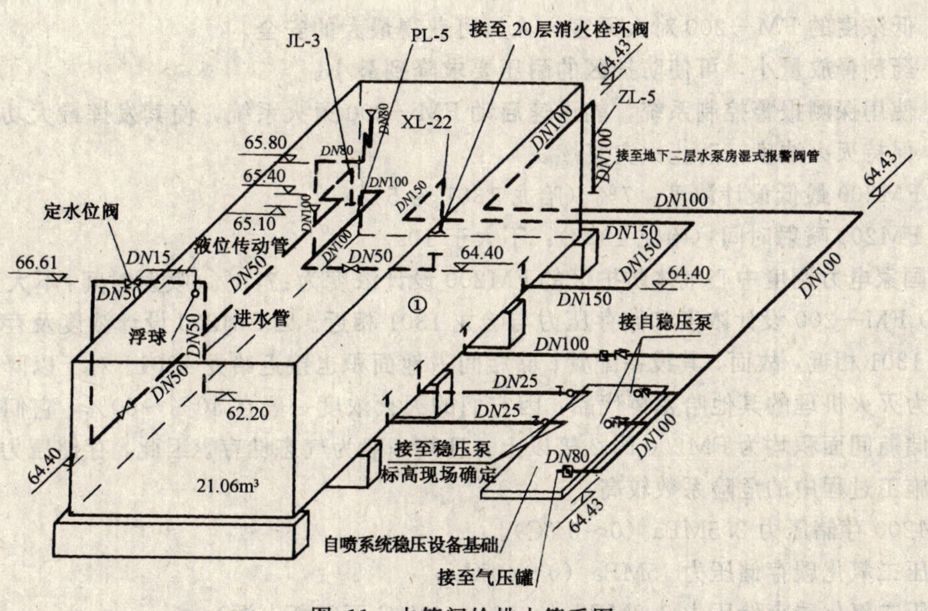

图 11　水箱间给排水管系图

国家电力调度大楼气体消防

魏　晨　黄玉森

一、工程概述

1. 工程概况。国家电力调度中心大楼是国家重点工程，总建筑面积约 20 万 m^2。其中气体防护区约 4000m^2。原设计选用二氧化碳气体灭火系统，但由于二氧化碳不适合于有人存在的防护区域，对于常有人留守的机房及设备室等，二氧化碳系统显然并不适用。而以往国内常用的灭火效率高、价位较低的卤代烷 1301 气体灭火系统，由于该药剂对大气臭氧层有破坏作用，根据《维也纳公约》和《蒙特利尔协议书（修正案）》，我国将在 2005 年完全停止卤代烷 1301，即哈龙 1301 的生产。因此，选择哪种 1301 替代品最适合，是我们的首要问题。根据国内外的众多工程实例及经验，我们最终选用了 FM200 灭火系统。

2. 为何选用 FM—200

（1）灭火效率较佳。FM200 是一种洁净、安全的灭火药剂，它保留了哈龙 1301 极佳的抑制火情的特性，同时又对环境不造成任何破坏。它的灭火机理、灭火浓度、药剂喷射时间均与哈龙 1301 相似。其他替代品，如二氧化碳和其他惰性气体灭火系统，通过产生窒息效果来达到灭火目的。由于其灭火机理与哈龙 1301 不同，因此决定了其灭火浓度，喷射时间等均与哈龙 1301 存在很大差异。FM—200 的灭火机理为 80%的物理反应，20%的化学反应（在灭火过程中形成的链式反应，恰好是燃烧过程链式反应的对立面，前一个灭火“链”打断后一个燃烧“链”，这种对燃烧反应的物理化学抑制反应历程即负催化作用）。

（2）对人体无害，使用安全：

1）低浓度的 FM—200 对人无害，人员可获得最大的安全。

2）药剂释放量小，可使防护区的耐压要求降到最小。

3）使用探测报警控制系统，能迅速启动 FM—200 灭火系统，使其发挥最大功效。

4）保持灭火浓度，防止火灾复燃。

5）FM200 最低设计浓度：7%（哈龙 1301 为 5%）。

6）FM200 喷射时间（哈龙 1301）：不大于 10s。

7）国家电力调度中心气体防护区的 FM200 设计浓度为：7.5%；喷射时间：不大于 10s。

（3）FM—200 设计浓度和储存压力与哈龙 1301 相近。因 FM200 设计浓度及存储压力与哈龙 1301 相近，故而，其设备配置、储瓶间占地面积也接近哈龙 1301。对于以降低氧气浓度作为灭火机理的其他哈龙替代品，因它们的灭火浓度一般在 40%～60%，它们的设备用量及储瓶间面积均为 FM200 的 2 倍以上。且其一般为气态储存。因此，存储压力大，在存储及施工过程中的危险系数较高。

FM200 存储压力 2.5MPa（0～54℃）。

高压二氧化碳存储压力 15MPa（0～49℃）。

低压二氧化碳存储压力 2.2MPa（－18～－20℃ 不间断电源）。

烟烙尽存储压力 15MPa（0～55℃）。

国电的 FM200 气瓶间面积约为 $41m^2$。如使用二氧化碳系统，气瓶间面积约为 $100m^2$ 以上。如使用烟烙尽系统，气瓶间面积约为 $200m^2$ 以上。

（4）对环境及设备均无影响。

1）FM—200 对大气中臭氧层无破坏作用（即 ODP＝0），具有非导电性、清洁性、灭火后不留任何残渣，不会对电气设备、磁带、资料等造成损坏，并提供有效保护的特性。FM—200 不含有固体粉尘、油渍、液态储存、气体释放。喷放后可自然排出或由通风系统迅速排出，现场无残留物，不会受到污染，善后处理方便。没有二氧化碳由干冰到气态大量吸热，而对 PC 板产生的骤冷作用。

2）FM200 可在高温中分解形成氢氟酸（HF），在最大危险暴露水平达到之前，燃烧时生成的刺鼻辛辣的气味将极易被人察觉。火灾毒性研究结果表明火灾本身燃烧会产生分解物，特别是一氧化碳、烟、热和氧气的消耗，对人员的危害更大。

3）如果 FM200 设计浓度、喷气时间足够灭火，酸性气体（HF）可减少到最小浓度，对 PC 板基本无影响。

（5）对防护区要求较低。FM200 防护区的围护构件内外压力差不小于 1.2kpa，因其设计浓度小，灭火药剂气量小，故对防护区围护构件产生的压力增值小。因此如防护区的门窗有缝时，可不另设泄压口。对二氧化碳和惰性气体系统的设计浓度高，灭火气量大，因此对防护区的围护构件的承压要求较高，且必须严格计算泄压口面积。

（6）使用期无限制。FM200 在热性与化学上是稳定的，在大气层中没有任何潜在的破坏性，其在大气中的寿命为 31 到 42 年。美国环境保护署（USEPA）认为 FM200 在释放后不是一种长期滞留物质，因此可以无限制使用。FM200 在 3000 多种候选替代品中仍然是性能最优的产品。

二、设计方案选择

1. 设计依据

国家电力调度中心所采用的 FM200 系统，药剂为美国大湖化学公司（GREATLAKES）注册产品，已经通过国家检测。灭火系统生产厂家为美国凯得-芬沃公司（KIDDE-FENWAL），设备已经经过国家固定灭火系统检测中心的检测。系统设计软件由美国 UL 及 FMRC 组织提供。我们所依据的设计依据及规范包括美国 NFPA2001 及我国深圳及上海的试行规范。以及参考我国的气体灭火施工规范《气体灭火系统施工及验收规范》GB50263—1997。

2. 保护区域

国家电力调度中心 FM200 气体灭火保护区共 51 个，分布在地下 1 层及地上 1 层至 12 层。保护区功能分别为档案库、电话机房、监控机房、计算机房、通信机房、燃料调度机房、运行监控室、UPS 及 GCS 机房等。

3. 系统工作原理

（1）此套系统可以完全独立的进行工作。当有火情发生时，烟、温两路探头把火警信号传至气体灭火控制盘及控制室，声、光自动报警并按照预定模式（一区报警时警铃响，二区报警时警笛响、闪灯报警开始延时）自动启动 FM200 储气钢瓶，喷放气体。

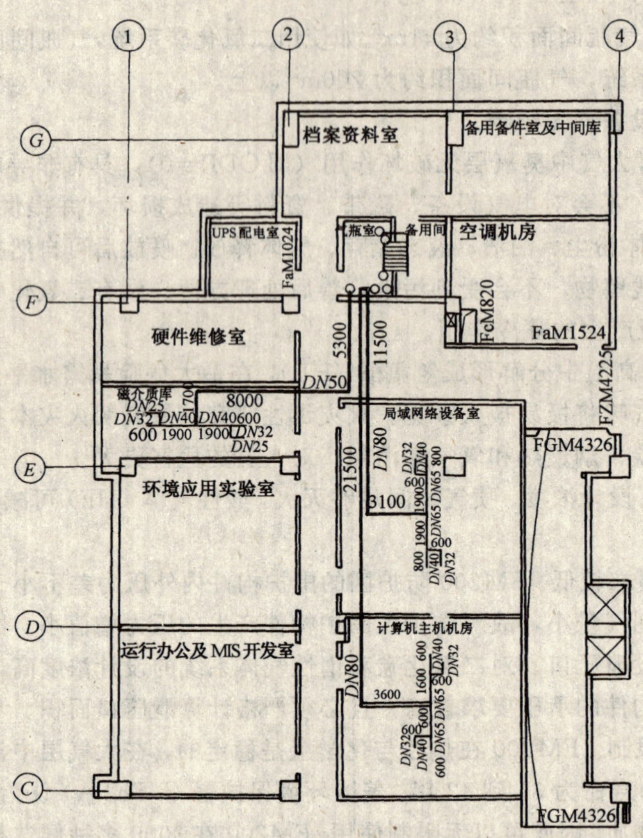

图 1 5层FM200系统平面图

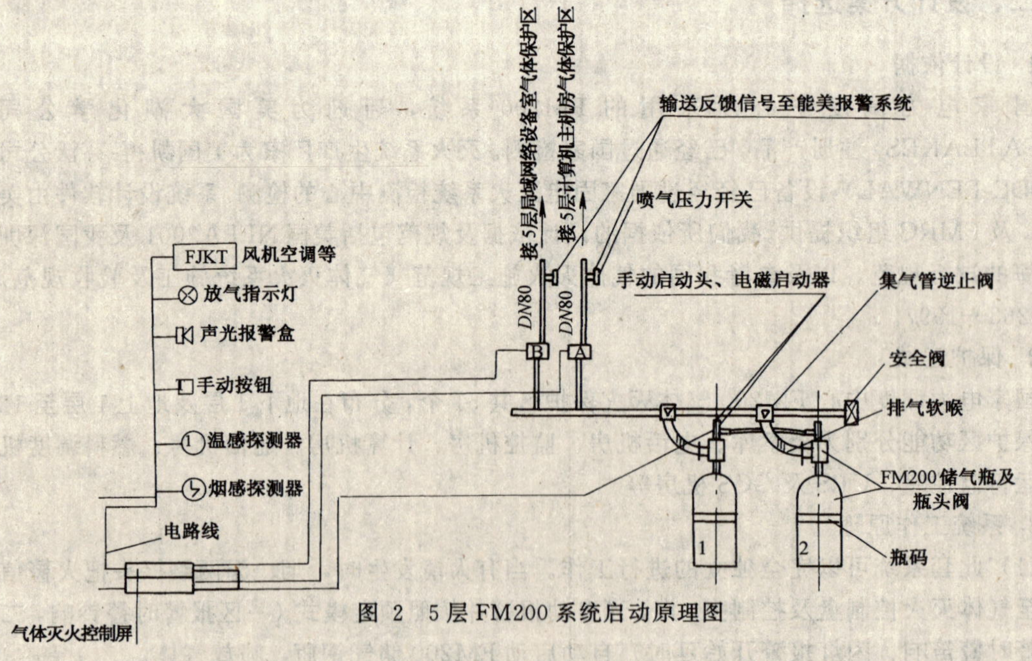

图 2 5层FM200系统启动原理图

(2) 气体灭火控制盘设有手/自动转换按钮，也可远程控制气体灭火设备的起停。控制盘还设有备用电源。

(3) 气体喷放的延迟时间为 0～30s 可调。

(4) 表示系统状态的所有信号都可以输到当地的气体灭火控制盘或传到控制室。钢瓶的瓶头阀部位设有安全阀，在超压时可以自动控制泄压，从而起到保护作用。

(5) 钢瓶的喷气启动头采用 24Vdc 电控头控制，由气体灭火控制瓶给出放气信号，启动钢瓶。在断电或紧急情况下，可通过手动启动头施行就地手动启动。手动及电动启动方式只需作用于主气瓶的瓶头阀上，不需另加氮气启动瓶，而从属钢瓶则用主气瓶的压力通过压力启动头控制启动。

(6) 系统喷放气体后，连接在管路系统上的喷气压力开关会给出放气返回信号到控制盘或控制室。

4. 备用量

参照深圳《七氟丙烷洁净气体灭火系统设计规范（建议草案）》，“超过 8 个防护区组合成的组合分配系统，需设置备用量”，而国电组合分配系统中，最多由 5 个防护区构成一个系统，因此，未设置备用量。

5. 设计浓度

档案库的最低设计浓度为 8%，其他设备机房的最低设计浓度为 7.2%，保守的系统设计浓度足以扑灭深度火灾。且各防护区的灭火药剂用量均未将吊顶内、梁柱的体积扣除，作为对门窗、阀门、吊顶板的泄露量的补充。

6. 浸渍时间

气体喷放后，需浸渍 20mim，以保证彻底灭火后再换气。

7. 气体灭火系统配置

尽量采用组合分配方式，以达到性能价格比最优化。以五层计算机主机房和局域网络设备室为例，两防护区面积相近，其中，局域网络设备室面积较大为 406m^2，以该区用气量为系统用气量，设计浓度 7.5%，选用 350 磅气瓶 2 个。总用气量为 250kg。其设计平面图详见图 1，其设计控制原理图详见图 2。

北京丰联广场大厦

叶丽影　田亦工

一、工程概况

丰联广场大厦位于北京市朝阳区，建筑高度100m。地下3层，地面裙房上分高、低两座，分别为28层和15层。地上部分为商场、餐饮娱乐及办公用房，地下部分主要为商场、车库及机电设备用房。总建筑面积近12万m^2，是集商场、餐饮、娱乐及办公为一体的大型综合商厦。该项目于1994年设计完成并于1997年验收交付使用。

二、消防给水设计

1. 消防系统中的水泵接合器

(1) 丰联广场大厦消火栓给水系统竖向分高、低两区，地下3层至地上7层为低区，8至27层为高区。自动喷水灭火系统竖向分区为地下3层至地上6层为低区，地上7层至27层为高区。

在工程施工图设计阶段，新的《高层民用建筑设计防火规范》正在制订中，还未正式出台，故设计仍按GBJ45—1982规范执行。据GBJ45—1982《高规》6.4.5条款“室内消防给水管网应设水泵接合器，其数量应按室内消防用水量确定……”的规定，本项目的消防系统采用了高、低区管网共用一套水泵接合器的设计形式，并在水泵接合器通往高区管网的连接管上设置止回阀，防止高区高压水流入低区管网而造成超压。

但在工程施工过程中，即1995年至1997年间，GB50045—1995《高规》正式发布并于1995年1月实施。新规范在7.4.5.2条款中对设置水泵接合器做了补充修改：“消防给水为竖向分区供水时，在消防车供水压力范围内的分区，应分别设置水泵接合器。”从实际情况了解到，我国消防队主要装备的大功率泵浦消防车和耐压高强度锦纶水带可协助室内消防给水管网供水至0.8MPa，装备有供水压力达到或超过1.6MPa的泵浦消防车为数不多。考虑到新《高规》要求及目前国内大多数泵浦消防车的实际现状，对已施工基本完成的消火栓及自动喷水系统中的水泵接合器与管网的连接方式进行了较大的修改，在水泵接合器通往低区管网的连接管上设置水力控制减压稳压阀，这种可调式稳压减压阀在管道进出口压力差在一定范围内（进、出口压力比为7：1或10：1），可控制主阀固定出口压力，不会因主阀上游进口压力变化而改变，亦不会因主阀下游出口用水量变化而改变其出口压力。该阀由主阀、导向阀等组合而成并配合使用。根据设计要求，事先设定导向阀的出口压力值，导向阀由导管与阀出水腔相连，当阀出水腔压力增大或缩小时，导向阀将其压力值与其设定压力值自动比较并自动控制导阀的开启度，使控制室蓄压或泄压，主阀瓣开启度增大或缩小，通过限流控制阀出口压力。

(2) 经过改进后的系统，高低区消防管网仍共用一套水泵接合器，但因增设了稳压减压阀，避免了消防车通过水泵接合器打压较高时造成的低区管网超压问题，就目前的消防车供水压力范围，不论其实际泵浦压力有多少，均不会影响高、低区消防管网的正常运行，既简化了系统，避免了工程的大拆大改，又满足了规范要求，一举两得。

改进后的消防系统已通过消防验收。

(3) 使用可调式稳压减压阀，需同时安装过滤器和蝶阀，该阀进出口腔各装有一压力表，不需另装压力表，其安装、管理及现场调试都很简便，不需经常维护，在此工程使用一年多来，效果良好。

2. 自动喷水灭火系统中的压力开关

(1) 丰联广场大厦工程在验收调试中发现，低区自动喷水管网末端试验装置试水时，压力开关并未立刻动作，约几分钟后才开始动作，启动消防喷淋泵。事实上等不到压力开关起作用，手动控制或其他传感信号已发出命令，先行启动消防喷淋泵。

事后分析发现，丰联大厦工程采用的压力开关为美国 Honeywell 公司产品，产品型号 L604A、LM。这种压力开关不同于国内常用的膜片驱动式压力开关，其内部反映压力波动的是一个内装水银泡的玻璃球，由其引出导线与触点相连。

国内常用的压力开关设在报警阀通往水力警铃的报警管上，当报警阀阀瓣开启后，一部分压力水流通过报警管进入压力开关阀体内，开关膜片受压，触点闭合，发出电信号。

(2) Honeywell 公司生产的这类压力开关通常设置在水泵出水母管上，事先对压力开关设定好压力上下限值。当管网压力下降达到压力下限值时，水银泡受压波动，触点闭合，启动消防喷淋泵。也就是说，该压力开关必须在管网产生压降并达到其设定值时才能动作。

(3) 无稳压系统的喷水管网，当少量喷头动作时，屋顶水箱通过其接至报警阀前的连接管及时补水和补压给整个喷淋管网，在没有消火栓启动的情况下，水箱内的水量足够维持少数喷头的初期用水量，只有当喷头用水量继续增大，水箱水来不及补充给喷淋管网，系统压力继续下降，达到压力开关设定值，压力开关动作，启动消防喷淋泵。这样产生的结果是，初期火灾发生时，可释放喷水的喷头数量少，由于水箱的作用，系统压力不会很快降下来，压力开关不能及时动作，造成延误报警和不能使消防喷淋泵及时投入运行的后果。

由此看出，在有水箱设置、无稳压系统的喷水系统中，使用这种形式的压力开关是不能起到及时启动消防喷水泵作用的。

那么，有没有其他报警和设置方式能准确而迅速地启动消防泵呢，我们认为方法有如下三种。

1) 改变压力开关设置的位置或压力开关的形式。压力开关不设在水泵出水母管上，设在报警阀通往警铃的报警管路上，并相应设置延时器。压力开关的压力下限值可调整得较低。一旦报警阀瓣开启后，压力水流能很快达到设定值，使其动作，发生电信号。

采用膜片驱动式压力开关，并装在报警管上，同样能起到动作迅速，及时启动消防泵的作用。

2) 水流指示器的控制。在喷淋系统每层干管或水力报警阀后与管网的连接管上设置水流指示器，利用水流指示器将水流转换成电信号报警。为防止因水压瞬时波动引起误报警，可在水流指示器上附带延时装置，延迟时间可根据设计要求调整。将水流指示器与火灾探测器配合使用。以两种装置均发生报警作为启动消防喷淋泵的控制信号，同样可起到防止误报警的作用。

3) 稳压泵控制。在稳压泵或稳压泵加气压罐的稳压系统中，利用系统压力控制稳压泵、消防泵开启、停止的方法来设置稳压泵的切换、稳压泵联动消防泵和消防泵的切换或并用。

上述的几种方法均能弥补此类压力开关的不足，而且后二种方式同样能起到压力开关启动消防泵的作用。这几种控制方式可使消防泵的启动准确及时，出现故障的环节减少，使系统更加可靠。

三、水池放空管

在设计中，水池的放空一般采用两种方法，一是利用消防泵将水池水通过排水管路打到室外雨水管网；二是在水池底部集水坑内设置放空管，通过放空管将水池水排入地面排水明沟内。在本工程交付使用时发现，在水池底部集水坑内设置放空管存在以下问题。

水池集水坑低于室内地坪，从水池集水坑接出的放空管及放水阀只能置于地面排水沟内，由于地面污水的流入，放空管及放水阀会经常处在潮湿及不洁净的环境中，时间一长，不仅仅大大影响阀门的寿命，而且当阀门关闭不严时，地沟污水及浊气会造成水池的水质污染。显然放空管设置在这个位置不太合适。改进方法是将水池连通管的位置设在齐地面以上，每个格的连通出水管用三通管件接一放空短管，并设放空阀门。因连通管位置靠近水池底部，放空时，水池的大部分水都能排走，只有连通管以下部分的少量存水需借助临时设置潜污泵排出，而剩下的这部分工作已经很简单了。

综上所述，我们认为，水池放空可采用的形式一是将放空管同连通管合二为一，既不影响功能，又简化了系统；二是直接采用消防泵机械排水方式。

上海金茂大厦

王申京

一、工程概况

金茂大厦是一幢超高层综合性大楼，总建筑面积 28 万 m^2 左右，88 层的主楼高达 421m，居世界第三。其下半段为办公部分，53 层以上系五星级酒店。其辅楼有 6 层，内设商业及游乐等多种设施。

大楼由美国 SOM 公司设计，上海建筑设计研究院为其设计顾问。

二、建筑防火设计

1. 总体布局与防火分区

大厦坐落在浦东陆家嘴金融贸易区，西临浦江，北依绿地，东、南则有大量各类高楼。修建基地四周均有道路所环绕，其长形辅楼与方形塔楼之间以厅堂相连，二者四周亦布置车道，同时基地内还设有绿化及回车场，因此消防扑救条件良好，和其他高楼都保持有充分的防火间距。

在防火分区方面，塔楼的办公部分每层约有 2000m^2 左右，通过中央核心筒四周的环形走道及防火门与周围办公用房分区（见图 1），因全设有自动喷水灭火设备，所以分区面积符合我国规定。其上部酒店平面中心设有一贯穿 30 多层的高大中庭，核心筒墙体在其四周而围成回廊，其外侧为客房区（见图 2)。对内部空间而言，显得宏大、开阔、壮丽，但在

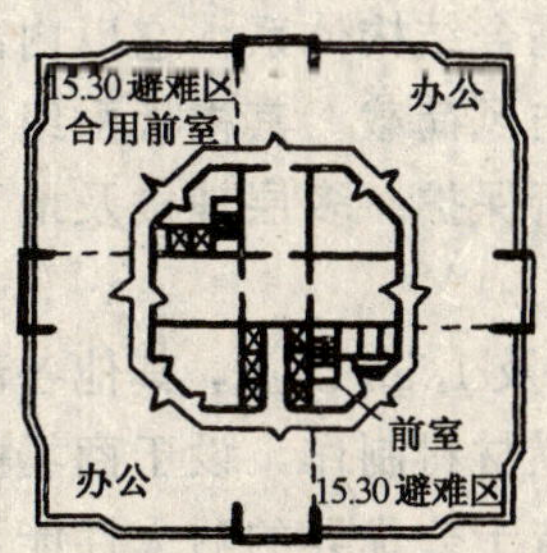

图 1　办公标准层示意

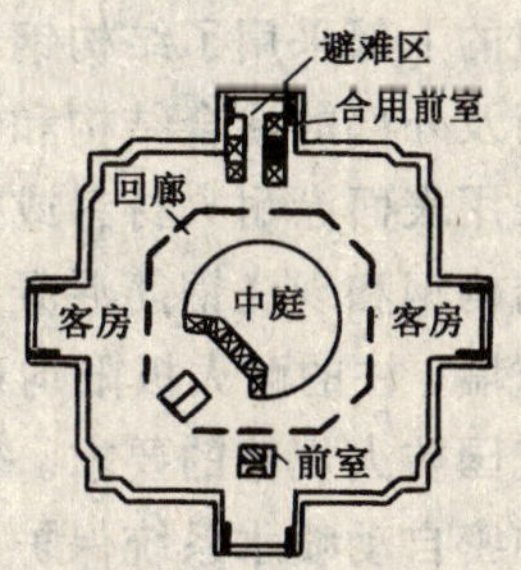

图 2　酒店标准层示意

防火上却形成了薄弱环节，一旦失火浓烟将迅速充斥其间。为此，设计者在回廊周围墙体开口处设置甲级防火门将客房与中庭分隔开，在中庭四周又设有自动喷水灭火设施（中庭挑台边缘还设有加密喷水头）及自动报警设施，其顶部设有机械排烟。这样，便能防止烟火在中庭内的肆意蔓延并满足我国消防规范的要求。但是，其 6 层辅楼被 3 个中庭所贯通，其四周又未设防火卷帘等分隔，因而存在防火分区上的问题，这将在后文中再行阐述。

2. 安全疏散与耐火构造

作为一幢超级摩天楼，其中容纳了数量庞大的办公人员，旅客及顾客，他们平时的交

通与火灾时的疏散是一个至关重要的问题。设计者安排了相当完善的疏散设施；对水平方向的疏散来说，办公及酒店二者均各自布置了环形走道和两座防烟楼梯间，其宽度都满足疏散计算要求，且环形走道的设置形成了完善的双向疏散路线。同时，二者各设有两台消防电梯，它们与一座防烟楼梯间合用前室，消防队员可通过专用的开关及钥匙将其召回到一层。办公部分消防电梯中的消防人员还可由第51层的消防通道转入酒店部分的消防电梯再上行救援。

对垂直方向的疏散，办公部分在15、30层各设有两个避难区，其位置紧靠两座防烟楼梯间而相当于扩大的前室（见图1）。避难区的面积亦经计算确定：办公总人数约7500人，按我国要求每平方米容纳5人计，共设有面积约1500m²的四个避难区。同时有周密的引入措施，向下疏散的人员必须经过避难区后再继续下行，若楼梯内发生堵塞则可在该区中暂时避难（见图3）。

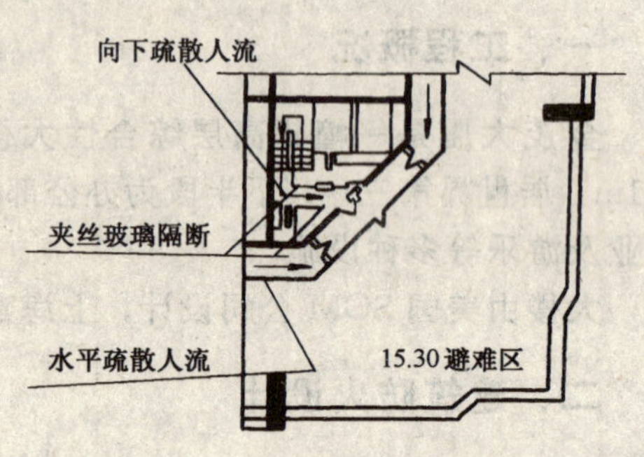

图3 办公避难区示意

为避免疏散人员误入地下室，其首层的楼梯间平台还专设了分隔措施及两樘外开的门，下行疏散人员及地下室上行疏散者可各自疏散到室外且互不干扰，其考虑可谓十分周密。酒店部分的避难区采取了另一种方式：在一座防烟楼梯间的每层合用前室中设有小型避难区，而另一座防烟楼梯间则完全无此考虑（见图2），这就造成了垂直疏散中的隐患……

其6层辅楼的屋顶高度已超过32m且每层面积庞大，属于一类高层建筑。其中共设有5座防烟楼梯间，还有两台消防电梯，与北端楼梯间合用前室，布置于两端及中部的5座楼梯使该层任一部分均能双向疏散。其中设置的多座自动扶梯及两台客用电梯，主要承担了平时的交通联系。

该大厦的上部采用了结构钢与钢筋混凝土所组成的混合结构体系，它以内部的钢筋混凝土核心筒及外部的混合结构和钢柱来承受侧向地震力与风荷载。其楼板由组合钢板及钢梁组成，采用表面涂耐火材料或抗火板材包覆等方式进行保护。多层辅楼及地下室等部位则采用了结构钢和现浇钢筋混凝土结构。

其承重墙、柱的耐火极限均达3h以上，梁、板达2h及1.5h以上，其他各部分构件亦均能满足我国防火规范的要求。内装修采用了不燃及难燃材料制作，设于商场内的全玻璃隔断还以加密自动喷水系统保护。因此，整个建筑物有着十分优异的耐火性能，这对减少火灾的发生、蔓延及保证主要结构的耐火稳定性，均大有裨益。

3. 防、排烟及报警、灭火设备

在防、排烟方面，该建筑的每个防烟楼梯间均设有正压送风系统，每隔3层设有一送风口，其压力为50Pa。当楼梯间上、下有4扇门同时开启时，还能保持38Pa的压力，它足以充分抵挡烟气的袭入。各前室则由独立的风机系统加压，发生火灾时向起火层及其上、下层加压送风。与此同时，办公第15、30层的楼梯间、前室、避难区及酒店58～85层合用前室中的避难区，也都由独立系统加压送风，从而使疏散人员得到可靠的保护。

在商场、游乐、地下车库、中庭、办公室走道等许多部位设有机械排烟系统，由火灾报警系统联动控制。同时，还采取了一个有力的措施，即对火灾层的上、下层送风造成正压，使起火的烟难以向上、下层扩散，此举已超越我国要求，可作为超高层大厦防、排烟设计借鉴的经验。不过，办公楼层的办公室未设机械排烟设备，这又形成防火上的薄弱环节且违反我国的规定。

其火灾报警系统设置完善，在建筑物的各个部位均设有火灾探测器，其中包括送、回风管道的开口处及楼梯间正压送风机的送风口，一旦报警则关闭风机以防烟气被送入楼梯间。同时，还在许多公共部位设有手动火灾报警按钮及事故广播设备。在大厦及辅楼的底层各设有一个消防控制中心，消防人员在此可鉴别火灾警报的来源和位置，并能控制、操纵所有的消防设备。在大厦的51层靠近酒店消防电梯位置也设有一个消防中心，其中配有遥控火灾报警器并与大厦一层的消防中心联网，形成对酒店进行扑救的“空中基地”。

在灭火设备方面考虑亦相当周密，其室内外消防给水系统设备齐全，并在建筑物中全面设有自动喷水灭火设施，还在酒店中庭的挑台边缘、自动扶梯洞口四周等设有加密自动喷水头。在高压变电室、开关室、发电机室配有低压二氧化碳灭火系统。在锅炉房、燃油传送泵房配有轻水泡沫灭火系统。这样，就为整个建筑物提供了可靠的保障。

三、消防给水系统

1. 消火栓和自动喷淋系统

消火栓和自动喷淋系统都采用了屋顶水箱、中间水箱重力流消防供水系统。《高规》第7.4.7.5条明文规定：除串联消防给水系统外，发生火灾时由消防水泵供给的消防用水不应进入高位消防水箱。重力消防作为永久高压制供水系统比国内常见的临时高压制消防供水系统更安全、更可靠。

具体消防分区是：地下3层～地面41层由设在51层的中间水箱提供消防用水；42层～80层由屋顶3层的水箱提供消防用水；80层以上则由增压泵从屋顶3层的水箱中吸水提供消防用水。而后由减压阀竖向分区，将以上3个区域分成6个消防分区。在地下3层设置有1600m^3的生活、消防合用水池，这其中包括了整个金茂大厦50%生活日用水量及100%的消防用水储水量（含3h的40L/s消火栓用水量及1h的30L/s自动喷淋用水量）。由水泵提升至51层生活消防合用水箱，靠重力流提供给生活、消防使用。然后再由51层的加压泵提升至屋顶机械层的屋顶水箱。在51层及屋顶机械层的高位水箱分别储存了15%的日用水量和0.5h消防储水量［（消火栓40L/s＋自动喷淋30L/s）×3 600/2＝126m^3］。考虑到顶部几层不能满足消防要求，在顶部机械层内设置了第三级消火栓、自动喷水专用泵及稳压泵，见图4、图5所示。消防用水共540m^3（432m^2消火栓用水和108m^3喷水用水）全部储在建筑物内部的地下室储水池内（初级水箱），比市政两路消防水源来得安全可靠，因为它排除了市政管网故障的可能。同样，消防用水储存在高位水箱中比储存在地下室储水池内更保险，它可以直接重力救火，免去了水泵故障的隐患。所以，在二级水箱（51层水箱）及三级水箱（屋顶水箱）中又分别储存了126m^3即30min喷水加消火栓消防用水。这样，整个系统就更加安全，相对于国内的18m^3消防水量就更加保险。

2. 有关三级水泵的运转情况

初级水泵也就是设在地下2层的消防水泵是由6台相同型号水泵组成。其中生活水泵、消防水泵各2台，另2台为备用水泵。平时由2台生活水泵工作，提供正常的生活用水。在发生火灾时，则2台消防泵也投入运行以保证足够的生活消防用水。二级水泵设在51层，

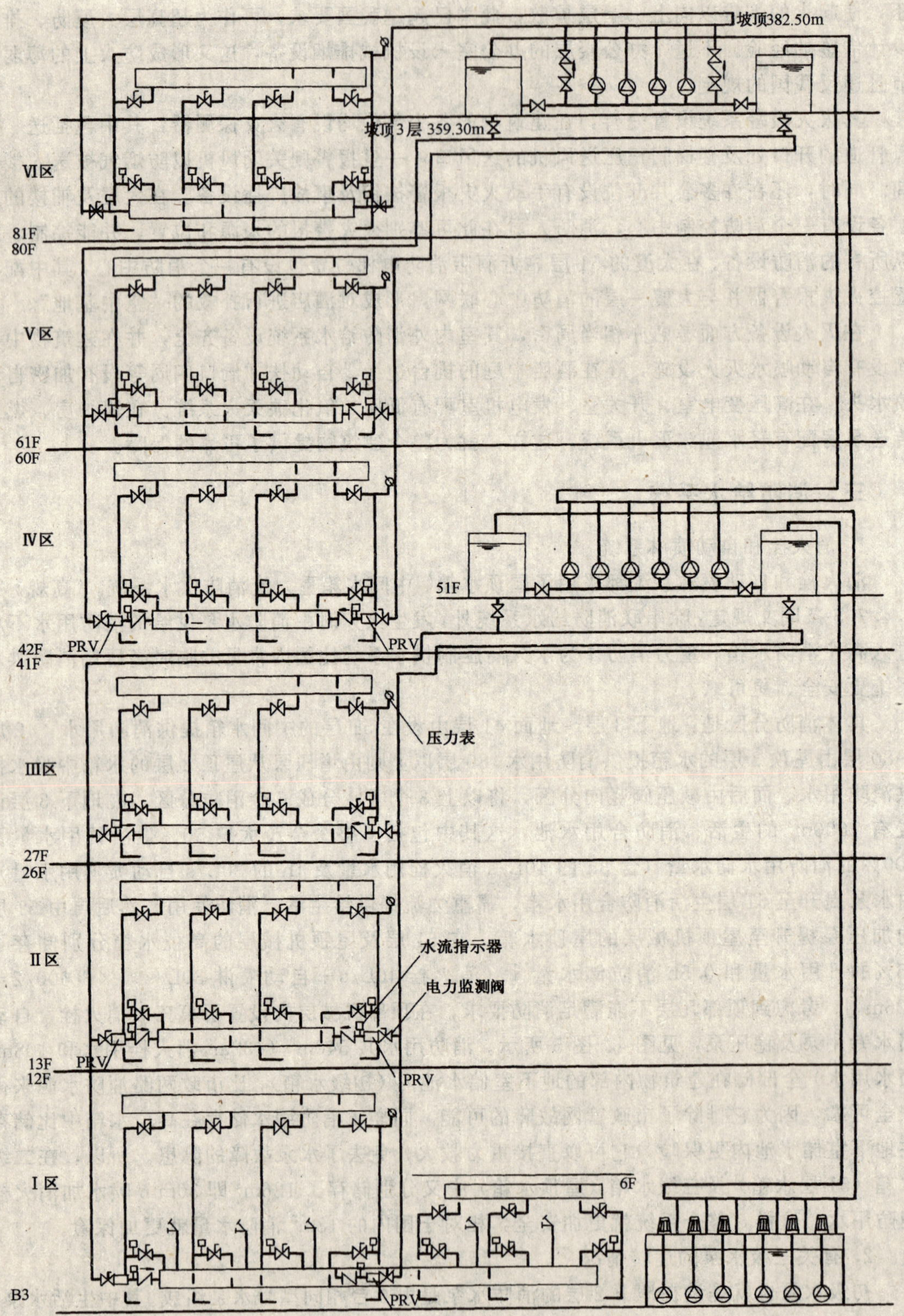

图 4 消火栓消防系统示意图

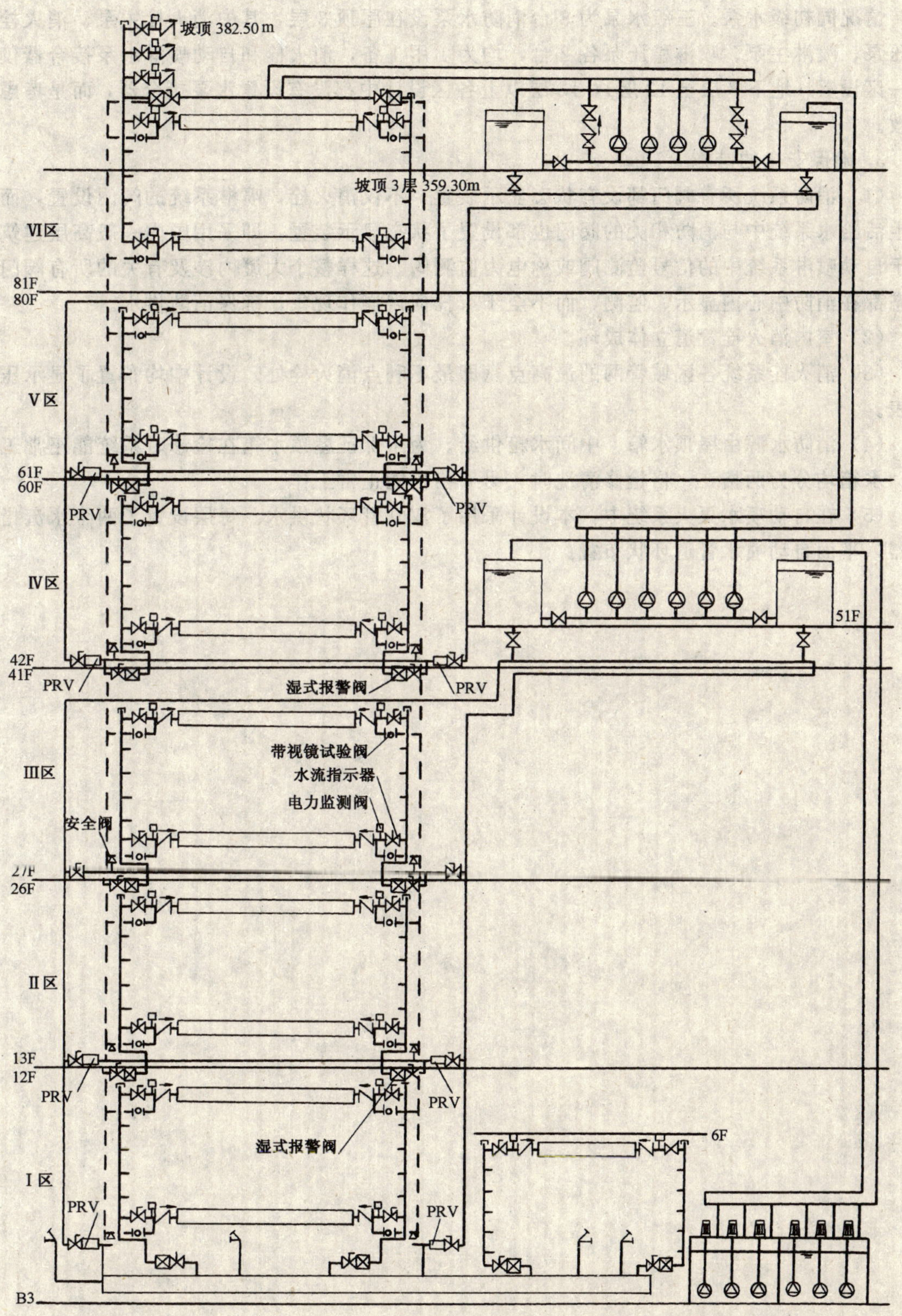

图 5　自动喷水消防系统示意图

运转情况同初级水泵。三级水泵为8台消防水泵设在屋顶3层，其中消火栓主泵、消火栓稳压泵、喷淋主泵、喷淋稳压泵各2台，均为1用1备，消火栓和自动喷淋水泵接合器仅在一区设置（地下3层至12层），13层以上各区设计中都没有设置水泵接合器，而是考虑自救。

3. 确保安全的措施

（1）消防系统所有阀门都设有状态显示装置。不仅消火栓，喷淋系统的阀门设置，而且生活给水系统中与消防相关的阀门也都设置了状态显示装置，即采用国内一般高层建筑用于自动喷淋系统中的信号监测阀或称电力监测阀。这样整个大厦内涉及有关的所有阀门状态都在消防中心内显示、监测，而不至于有任何误操作现象，确保消防供水。

（2）室内消火栓管道立体成环。

（3）消火栓系统各区域管网的最高点（即最不利点消火栓处）设计中均布置了显示压力表。

（4）消防水源由屋顶水箱、中间水箱供给。为了保证屋顶水箱在检修时系统能正常工作，水箱均分为两格，一格检修清洗时，另一格仍能正常工作。

（5）在自动喷水灭火系统中，本设计采用了双立管环状供水。每层设置了两个水流指示器，平面自动喷水管道环状布置。

上海山东齐鲁大厦

鲁俊宝　周建昌　牟灵泉

一、建筑概况

上海山东齐鲁大厦是集办公、高级宾馆、金融商贸、娱乐、餐饮等多功能为一体的现代化高级综合楼，它是山东省对外开放的一个窗口。大厦内的一切设施要求达到四星级标准（局部要求达到五星级）。大厦占地面积约为7260m²，总建筑面积为4.6万m²，建筑总高度为103.3m（室外地面以上），主楼地上30层，地下2层，裙房地上4层，地下1层。地下二层设有生活、消防泵房，生活水泵吸水池（230m³），气体和泡沫设备用房等；地下1层设有污水深度处理间、洗衣机房、配电室、锅炉房、油库、车库等；地上1至4层设有消防控制中心、共享大厅、商场、邮电、银行、证券交易所、中西餐厅及文化娱乐场所等；5至20层为写字楼；21至26层为高级客房；27、28层为豪华客房；29、30层为设备用房。其中30层内设有生活、消防合用水箱（消防储水量为18m³），大厦在20至21层、26至27层之间设有两个设备层（技术夹层）。

大厦消防设计内容为：

(1) 室内、外消火栓给水系统。

(2) 湿式自动喷洒给水系统。

(3) 水幕系统。

(4) 泡沫灭火系统。

(5) 1301气体灭火系统。

(6) 消防给水泵房。

二、消火栓给水系统

消火栓系统设计用水量室内为40L/s，室外为30L/s，火灾延续时间为3h，要求有两股水柱同时到达室内任何部位。选用胶质水龙带长25m，水枪喷嘴口径ϕ19mm，同时在消火栓箱内增设小口径自救式水枪（*DN*25），在消火栓箱处还设有直接启动消防水泵的按钮。室内消火栓给水管网竖向共分两个区：地下1层至13层为低区，14层至28层为高区，高、低两区竖向、横向各自均连成环状，其供水系统示意图如图1。

三、自动喷水给水系统

本工程室内自动喷水系统用水量为30L/s，火灾危险性等级为中危险级，火灾延续时间为1h。除各层卫生间、机房、冷库、配电室、锅炉房、消防中心等不能用水扑救的场所外，其他部位均设有全封闭湿式自动喷洒给水系统，选用进口的感温玻璃球洒水喷头，其公称动作温度：厨房、洗衣机房为93℃，其他均为68℃。自动喷水给水管网竖向共分两区：地下1层至16层为低区，17层至28层为高区，低区水力报警阀设在地下2层的泵房内，高

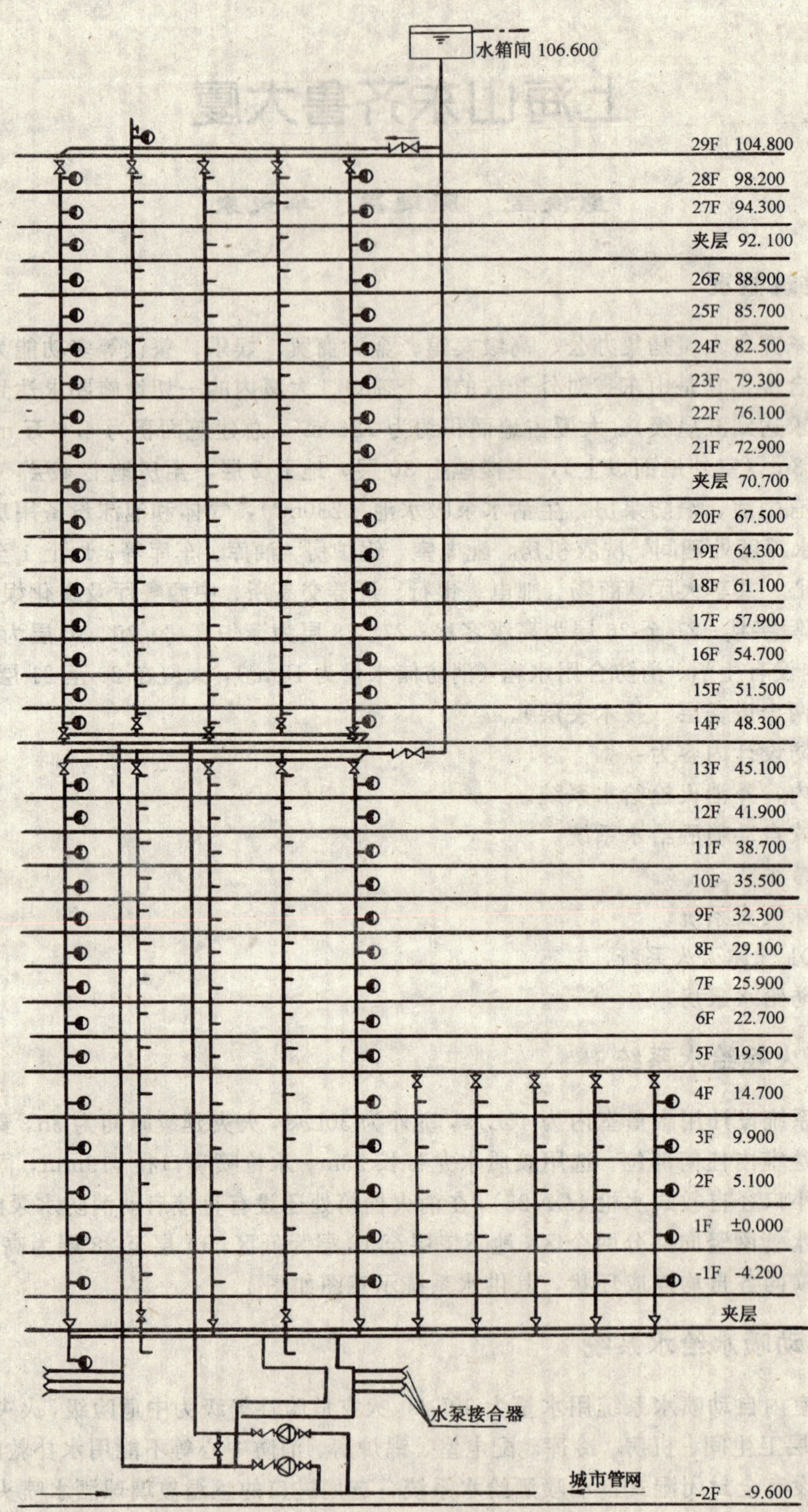

图 1 消火栓供水系统图

水箱间 106.600
29F 104.800
28F 98.200
27F 94.300
夹层 92.100
26F 88.900
25F 85.700
24F 82.500
23F 79.300
22F 76.100
21F 72.900
夹层 70.700
20F 67.500
19F 64.300
18F 61.100
17F 57.900
16F 54.700
15F 51.500
14F 48.300
13F 45.100
12F 41.900
11F 38.700
10F 35.500
9F 32.300
8F 29.100
7F 25.900
6F 22.700
5F 19.500
4F 14.700
3F 9.900
2F 5.100
1F ±0.000
-1F -4.200
夹层
水泵接合器
城市管网
-2F -9.600

区水力报警阀由于系统工作压力大于 1.2MPa，故将报警阀设在 20 至 21 层之间的技术夹层内，系统示意图如图 2。

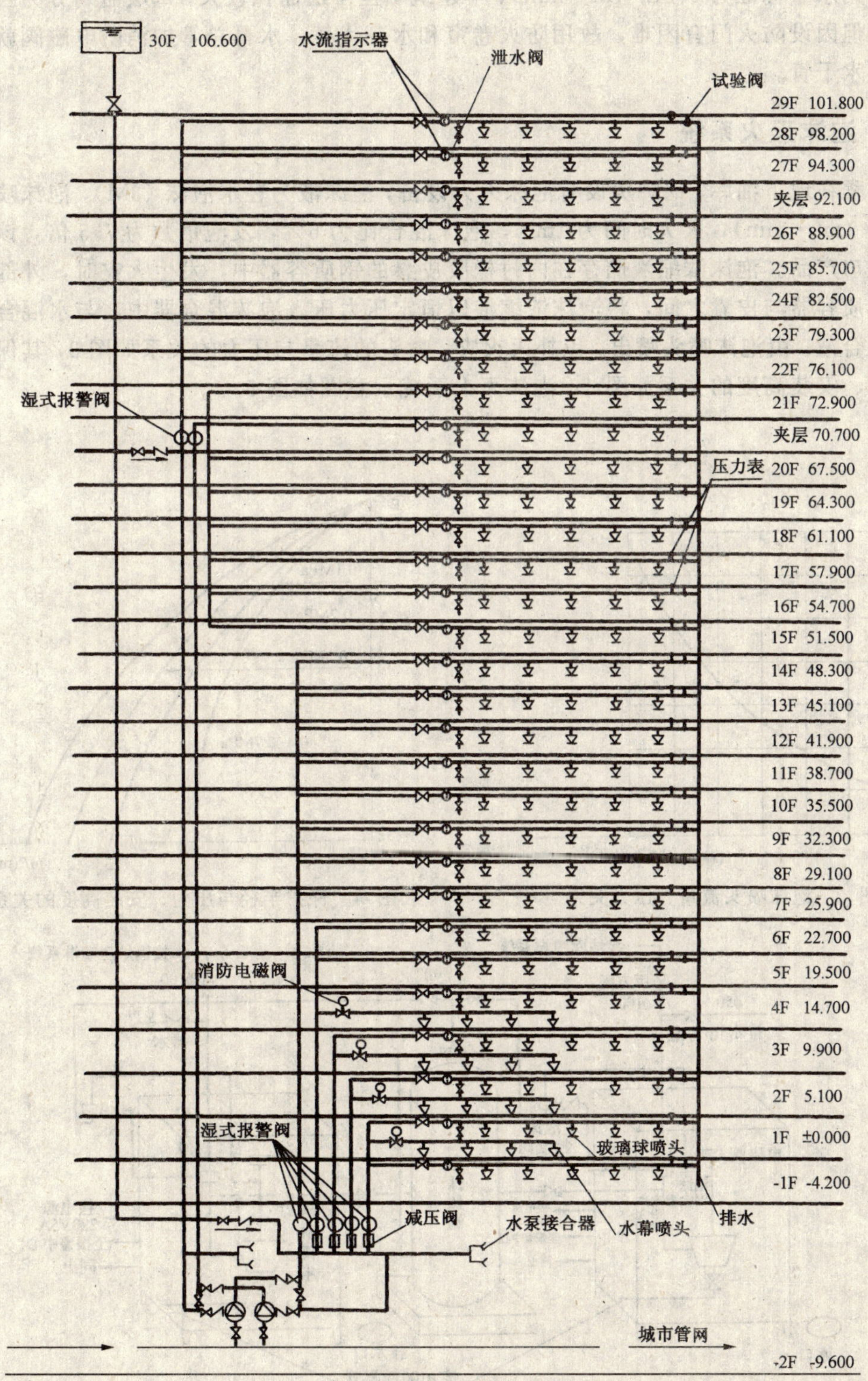

图 2　自动喷洒给水系统图

四、水幕系统

水幕用水量标准为 0.5L/（m·min），本建筑 1 至 4 层面积较大，每层需划分为三个防火分区，但因设防火门有困难，故用防火卷帘和水幕代替，水幕总管加消防电磁阀就近接至喷淋供水干管。

五、泡沫灭火系统

本工程在地下油库、锅炉房设有泡沫灭火设备，泡沫液为轻水泡沫（3M），泡沫喷射强度为 8L/（m²·min），灭火时间为 1min，泡沫混合比为 6%，发泡倍数为 7.5 倍，该设备全套为进口产品。泡沫浓缩液储存在内衬橡胶皮囊的钢质容器中，发生火灾时，外部压力水进入钢质容器与皮囊之间，将泡沫浓缩液以恒定压力压入泡沫混合器中，与水混合，形成泡沫混合液，由泡沫喷头喷出，以扑灭火灾，喷头的流量与压力的关系如图 3，其保护半径与压力、安装高度的关系如图 4，泡沫灭火系统示意图如图 5。

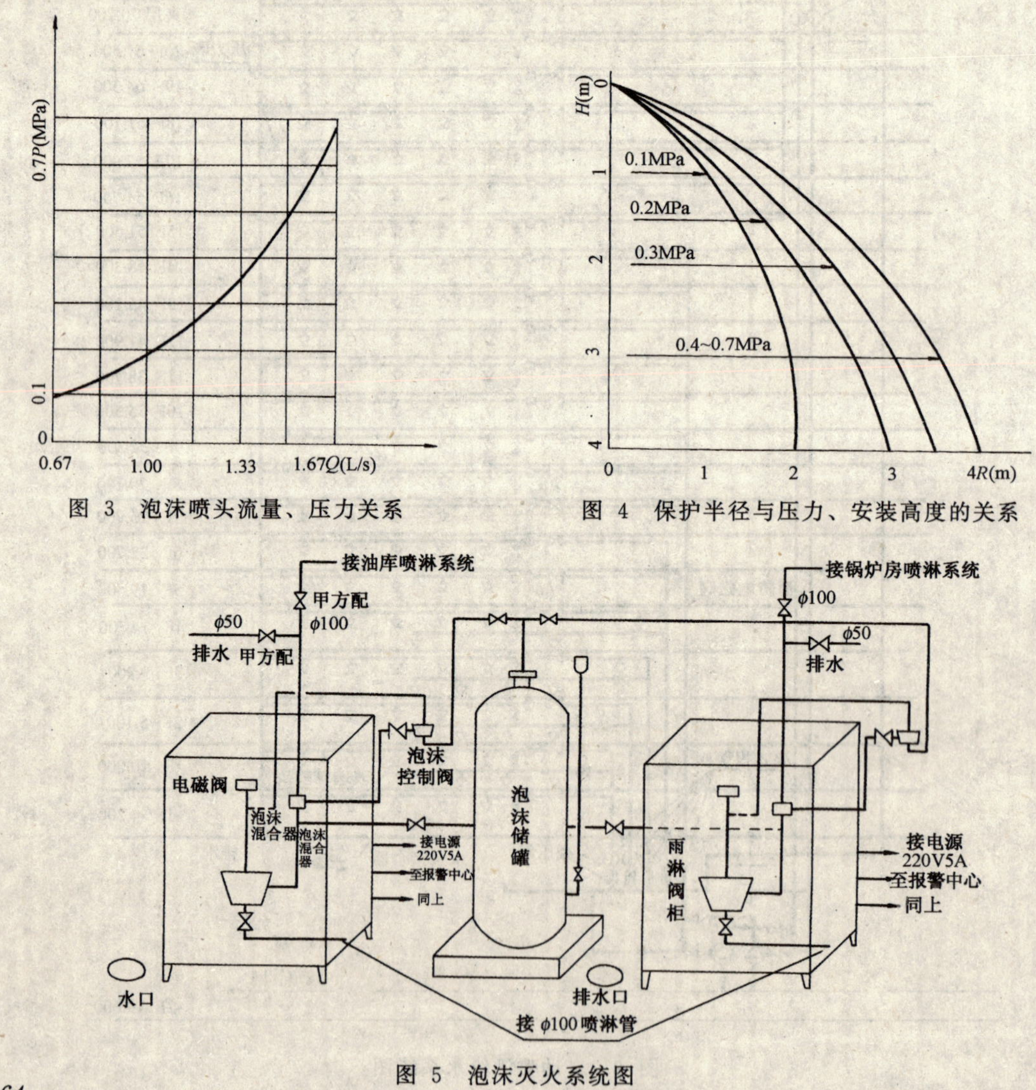

图 3　泡沫喷头流量、压力关系

图 4　保护半径与压力、安装高度的关系

图 5　泡沫灭火系统图

六、1301气体灭火系统

在地下1层配电室、变电室设有1301气体全淹没固定式区域分配灭火系统，设计灭火浓度为6%，喷射时间为15s，该系统的动作是通过消防电磁启动器（24VDC）启动主瓶来完成的，启动器的上部另外加装一个标准启动器，该启动器背面有一个入气口，主储气瓶内的气体经过其瓶头阀上的副排气口，接至副储气瓶的启动器，从而使多瓶组系统中主、副瓶可同时开放，系统图略。

七、消防泵房

大厦周围外部环境较好，街道干线设有环状的市政供水管网，管径分别为：文登路*DN*800，潍坊路*DN*400，水源来自浦东两个水厂，水量充足，常年最低水压不小于0.15MPa。经与有关部门协商，该工程不设消防水池，消防水泵直接从市政管网抽吸，从而大大节约了建筑面积。为使消防供水更加安全可靠，在大厦周围新敷设一条环状管网A，管径为*DN*400，环网A分别自潍坊路、文登路的市政环网接入，水泵吸水总管B在不同方向分别与环网A相连。为满足大厦室外消防用水量的要求，设有两组地上式室外消火栓，如图6所示。

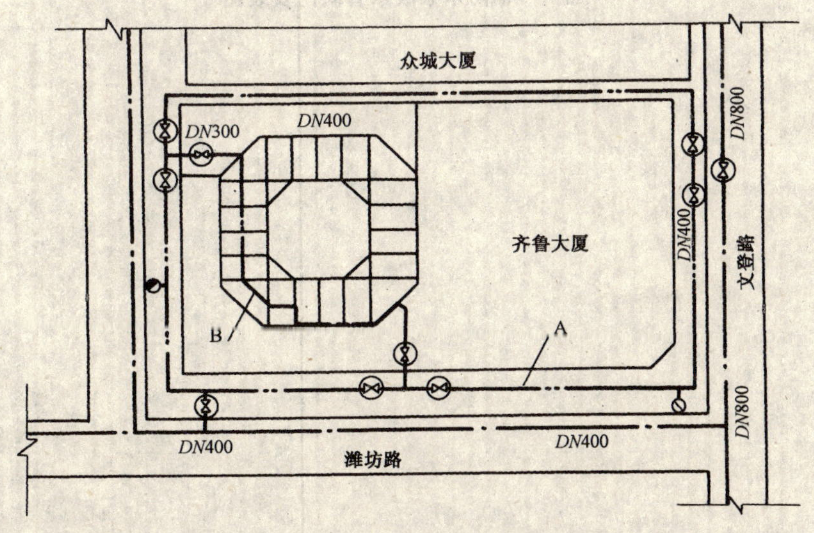

图6　大厦消防供水平面图

本工程消防泵房设在地下2层，通过经济技术比较，采用单吸双出口立式多级离心泵，该泵特点是体积小、噪声低，水泵的两个出口可以根据高、低两区消防管网不同的压力要求分别供水，而且在两出口总流量不变的情况下，同时供水。

水泵从市政管网直接抽水，为防止停泵水锤，压水管上设有缓闭止回阀。停泵时，有一部分水倒流至市政管网。同时，调查时发现，用水低峰时，本工程室外市政管网水压可升到0.5MPa，就是说，若不进行处理，在用水低峰发生火灾时，水泵的出口压力值将增加0.35MPa，会造成消防工作困难和消防设施损坏，为防止上述问题发生，本工程设计中采取措施如图 7。在水泵吸水总管 B 的每一进水侧，设有两个止回阀 1，两止回阀前设自力式压力调节阀 2，将市政来水压力稳定在 0.15MPa，两单向阀间设安全阀 3，定压为 0.16MPa。停泵时安全阀启动泄压，防止回流水进入市政管网。停泵后，由于稳压阀 2 的作用，安全阀 3 可保持常闭。同时也可避免室内水网压力过高，造成消防系统水压升高的弊端。

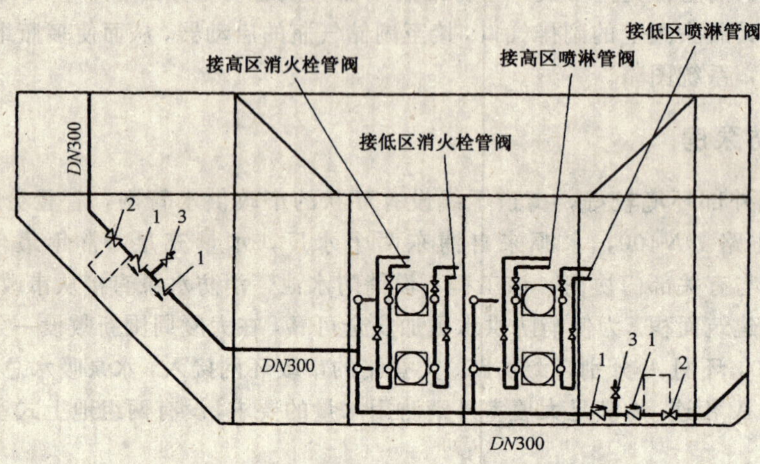

图 7　消防水泵吸水管阀门安装图

天津市城市科学大厦防排烟设计

徐 鸣 蒋一兵

一、建筑概况及防排烟计划

1. 天津市城市科学大厦概况

主楼为25层塔楼，层高3m，建筑总高约90m，面积25000m^2。该建筑兼有写字楼、宾馆双重性质，其中有游泳池、桑那浴、酒吧、舞厅等高级宾馆所包含的设施。

2. 建筑防排烟设计主要考虑的问题

(1) 在“以防为主，防消结合”的消防方针指导下，制定切实可行的高层建筑防火计划。

高层建筑防火计划主要措施如下。

火灾发生前的预防措施：选定各部分构件的耐火极限和耐火构造方式；控制火灾荷载($\not>$30kg)；尽可能使内部装修不燃化；合理安排火灾危险性大的部位；进行防火、防烟分隔；安排消防车道；消防水源。

火灾发生后的有效措施：设计可靠的疏散系统；设置阻止火灾蔓延的喷淋系统；设置防止烟气扩散的防排烟系统；设置通报火灾发生的探测和报警系统；配备初期和正规灭火的消防设施；建立消防控制中心。

(2) 制定防排烟计划。为了使发生火灾时人流疏散与烟气的流动逆向，使疏散人流可获得更多的氧气，将走道称为第三保护区，维持10Pa压差（走道压力高于客房压力）；前室为第二保护区，保持与走道间有25Pa压差；楼梯间为第一保护区，保持与走道间有50Pa压差。美国希尔顿集团100个旅馆，在20个月内发生火灾的统计数字表明，70%的火灾是由旅客、服务员引起的，并且这些人为的因素引起的火灾常在午夜0～2时之间发生，除厨房外，客房火灾发生率最高。因此，烟气控制的主要思想是将着火房间产生的烟，通过可开启的玻璃窗排向室外或因烟气气体膨胀进入走道，由排烟风机排出室外。楼梯间、电梯井、前室通常是烟气蔓延的主要通道，防排烟系统应尽力防止让烟气窜入。为此，我们制定如下防排烟计划见表1。

城市科学大厦防排烟计划 表1

分区	防烟分区	将标准层的每个防火分区，划分为四个防烟分区，以隔烟垂壁分隔。门厅为一个防烟分区，设备层为一个防烟分区
感知	客房烟感探测器 走道烟感探测器 会议室、宴会厅、库房等烟感探测器 客房温感探测器	客房烟感探测器直接将信号报向各层服务台显示器，以声、光电向着火层服务台值班员报警，值班员寻视火情，同时起火层服务台向消防中心报警 在一个防烟分区内采用“与”的方法，控制排烟阀，同时连动排烟风机及走道正压系统，控制隔烟垂壁动作，主要是向消防中心报警 $t>70$℃时直接作为对烟感探测器的进一步报警（用微机传递信息）。空调送风系统关闭，防火阀切断跨越防火分区的风道

续表

分区	防烟分区	将标准层的每个防火分区，划分为四个防烟分区，以隔烟垂壁分隔。门厅为一个防烟分区，设备层为一个防烟分区
防排烟系统	正压系统	通过加压风机向走道、楼梯间送入环境空气，一方面用来消除烟囱效应，同时提供一定的压差，阻挡烟气侵入疏散楼梯间，走道加压一方面是为了提供一定的压力，一方面是保证火灾房间一定的空气量，减少烟气排出量，对疏散人员提供充足的氧气。走道保持 10Pa 的压力，前室保持 25Pa 的压力，楼梯间保持 50Pa 的压力。同时在火灾发生时，火灾层及上下相临层前室及楼梯间门短时开启
	排烟系统	用来排除着火层房间进入走道的烟气，保证疏散条件下的烟气浓度。以烟感器控制排烟阀门，采用与走道同宽的条缝型风口
关闭	关闭系统	当排烟口到排烟风机口处的温度＞280℃，排烟风机关闭，风道切（防火阀关闭）断
其他		当火灾继续发展，进一步的消防措施则是需要对建筑未被燃烧的部分财产，及建筑本身进行合理的保护，建筑保护的防排烟发挥作用，喷水设施继续灭火，更主要的工作是要由消防员来完成扑救的工作

在进行防排烟设计方面，为保持人员疏散安全，必须保持各层用于疏散的防火门推力不超压，同时又可以阻止烟气的侵入，且保持一定的空气过剩量（空气过剩量为当量火灾载荷安全燃烧所需的空气量），减少阴燃阶段发烟量，但又必须兼顾考虑过剩空气太大会使阴燃阶段缩短，减少疏散时间。

(3) 在火灾发生前或者说火灾发生初，防排烟系统还未动作时，建筑中受着各种作用力。防排烟系统启动后，建筑中各种受力因素又会起变化。同时随着冬、夏季的不同，建筑的压力分布也将不同，要基于以上因素进行设计计算。

二、防排烟计算

1. 非火灾和火灾时，防排烟系统没有工作情况下建筑中所受各种力的计算

冬、夏季烟囱效应力计算：

依计算步骤，设计参数，冬季室内设计温度 20℃，室外设计温度－9℃，夏季室内设计温度 25℃，室外计算温度 33.2℃，烟囱效应特点见图 1，计算结果见表 2。

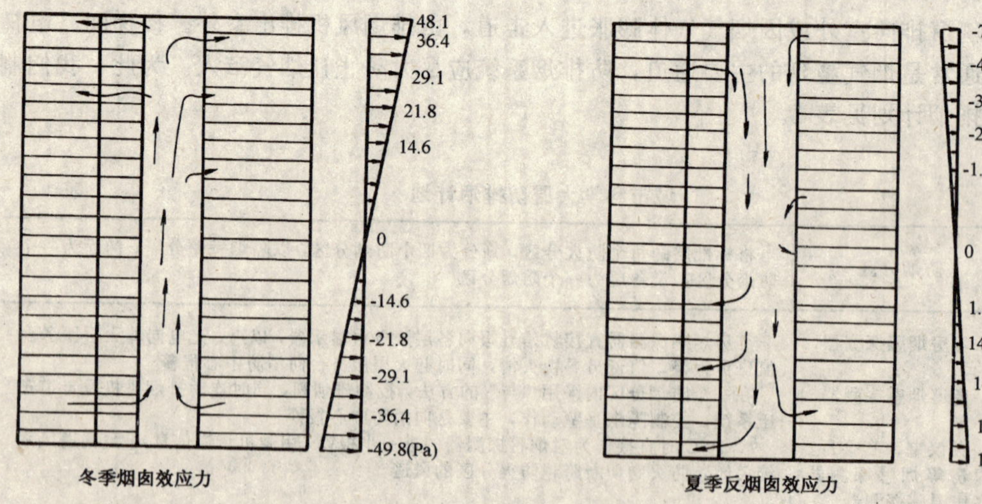

图 1 冬、夏季烟囱效应力

表 2

城市科学大厦在平时期建筑中多种作用力计算表

层数	烟囱效应力 (Pa)		空调微正压力 (Pa)		风压力 (Pa)								综合作用力 P(a)	
	冬	夏	冬	夏	冬/东	南	西	北	夏/东	南	西	北	冬	夏
25	49	−10	10	10	−1.0	5.4	5.4	−10.1	3.51	−7.06	−7.06	3.51	49	−7.06
24	45	−9.2	10	10	−9.9	5.2	5.2	−10	3.9	−6.9	−6.96	3.5	45.1	−6.1
23	41	−8.4	10	10	−9.8	5.1	5.1	−9.8	3.4	−6.8	−6.87	3.43	41.2	−5.2
22	40	−7.6	10	10	−9.6	5.0	5.0	−9.7	3.4	−6.7	−6.73	3.4	40.4	−4.3
21	38	−6.7	10	10	−9.4	4.9	4.9	−9.5	3.3	−6.6	−6.6	3.3	33.6	−3.3
20	29	−5.9	10	10	−9.3	4.8	4.86	−9.3	3.25	−6.5	−6.53	3.25	29.7	−2.4
19	25	−5.0	10	10	−9.1	4.7	4.71	−9.12	3.2	−6.3	−6.4	3.2	25.9	−1.3
18	21	−4.2	10	10	−8.9	4.6	4.6	−8.93	3.1	−6.2	−6.2	3.1	22.1	−0.4
17	16	−3.7	10	10	−8.7	4.5	4.56	−8.73	3.1	−6.1	−6.1	3.1	17.3	0.2
16	12	−2.5	10	10	−8.4	4.4	4.43	−8.45	3.0	−6.0	−6.0	3	13.6	1.5
15	8	−1.7	10	10	−8.2	4.3	4.33	−8.23	2.95	−5.9	−5.9	2.95	9.8	2.4
14	4.1	−0.8	10	10	−8.0	4.2	4.2	−8.00	2.9	−5.8	−5.8	2.9	6.1	3.4
13	0	0	10	10	−7.78	4.1	4.1	−7.8	2.7	−5.4	−5.4	2.7	2.2	4.6
12	−4.1	0.8	10	10	−7.5	3.96	3.96	−7.53	2.6	−5.2	−5.2	2.6	−6.6	5.6
11	−8	1.7	10	10	−7.2	3.8	3.8	−7.3	2.5	−5.05	−5.1	2.5	−5.2	6.7
10	−12	2.5	10	10	−7.0	3.72	3.73	−7.0	2.4	−4.78	−4.78	2.4	−9.0	7.7
9	−16	3.7	10	10	−6.7	3.6	3.6	−6.7	2.3	−4.6	−4.6	2.3	−12.7	9.1
8	−21	4.2	10	10	−6.4	3.4	3.45	−6.4	2.2	−4.42	−4.5	2.25	−17.4	9.8
7	−25	5.0	10	10	−6.1	3.3	3.3	−6.1	2.2	−4.4	−4.4	2.2	−21.5	10.6
6	−29	5.9	10	10	−5.7	3.1	3.1	−5.71	2.1	−4.16	−4.16	2.1	−24.7	11.7
5	−33	6.7	10	10	−5.3	2.98	2.98	−5.31	1.9	−3.86	−3.86	1.9	−28.3	12.9
4	−40	7.6	10	10	−4.9	2.7	2.72	−4.9	1.7	−3.5	−3.5	1.7	−34.9	14.1
3	−41	8.4	10	10	−4.32	2.42	2.43	−4.33	1.57	−3.15	−3.15	1.57	−35.3	15.2
2	−45	9.2	10	10	−4.68	2.1	2.1	−3.68	1.34	−2.7	−2.7	1.34	−38.7	16.5
1	−49	10	10	10	−2.78	1.56	1.56	−2.78	1.01	−2.03	−2.03	1.01	−41.8	18

注：正压为建筑内压力高于外面，负压则相反

风压力计算：

依计算步骤，设计参数，冬季风速 2.9m/s，迎风向东北，夏季风速 2.5m/s，迎风向西南。风力影响见图 2，计算结果见表 2。（空气密度 $\rho_{冬}=1.342kg/m^3$，$\rho_{夏}=1.173kg/m^3$）。

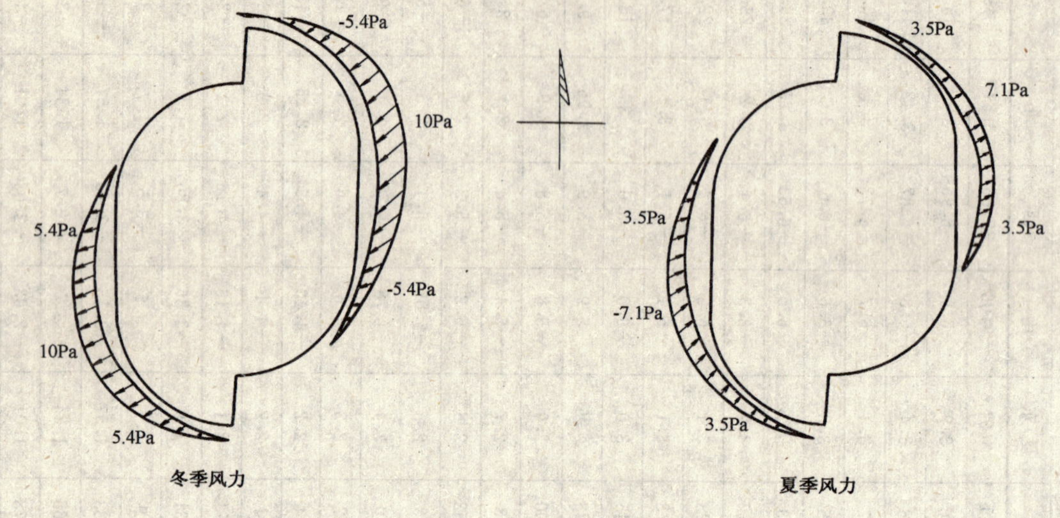

图 2　冬、夏季风力

空调系统新风量引起的作用力计算：

为保证人员的新鲜空气需要量及抵抗外界空气通过门窗的渗透，并对卫生间排气量进行补充，需保持 10Pa 正压力。计算结果见表 2，空调影响特点见图 3。

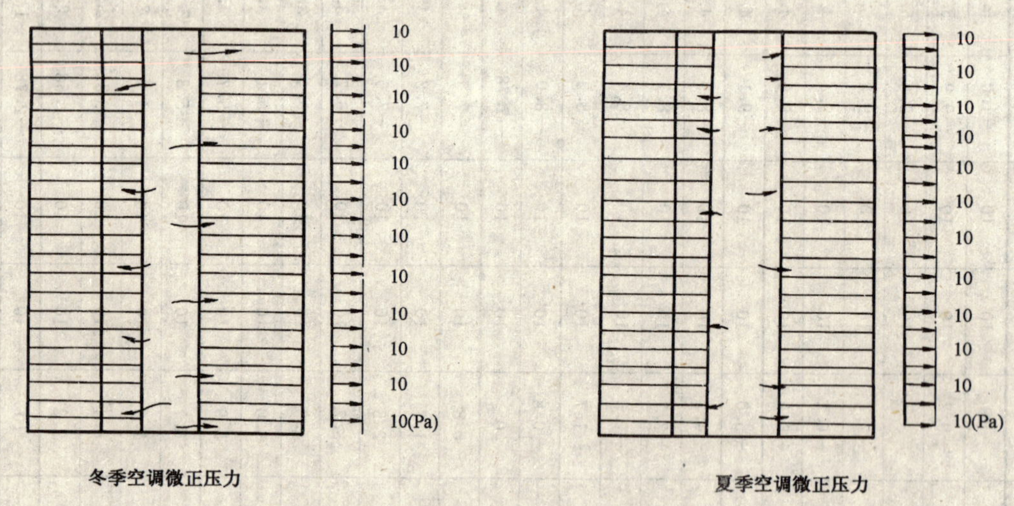

图 3　冬、夏季空调微正压力

火灾发生，但空调系统没有关闭，正压送风及排烟系统开始工作，建筑中各种力的综合结果是使烟气竖向蔓延的最恶劣条件。

假设火灾发生在任意一层的某一间客房内，并且认为火灾阴燃阶段，燃烧时间短，加之楼板和墙的阻燃保温性。因此，火灾中产生的浮力只是在燃烧层中产生，并不影响其上、下层。

浮升力：

计算条件，火灾点温度达到 280℃，如暂不考虑泄漏因素。客房火灾时压力升高为（冬季）：

$$P_1 = P\frac{T_1}{\mathrm{T}} = 101325\,\frac{553}{291} = 192552\mathrm{Pa}$$

$$\Delta P = P_1 - P_0 = 192552 - 101325 = 91227\mathrm{Pa}$$

依浮升力作用公式 $\Delta P = \left(K_S\dfrac{1}{T_0} - \dfrac{P_S \cdot g}{T_S \cdot R_S}\right)h$ 得：

$$\Delta P = \left(3460\,\frac{1}{261} - 192552\times 9.81/\ (553\times 278)\right)\times 1.5 = 1.45\mathrm{Pa}\text{（作用于窗上）}$$

$$\Delta P = \left(3460\,\frac{1}{291} - 192552\times 9.81/\ (553\times 278)\right)\times 1.5 = -1.28\text{（作用于门上）}$$

计算结果见表 3。

火灾时防排烟系统未开动建筑中总作用力 表 3

层数	综合作用力（Pa）		火灾室		火灾时窗上作用力（Pa）				火灾时客房作用力					
			压力上升（Pa）		冬		夏		冬		夏			
	冬	夏			上边	下边	上边	下边	上边	下边	上边	下边	冬	夏
25	49	−7.06	冬	夏									49	−7.06
24	45.1	−6.1	91 227		1.45	−1.45			−1.28	1.28			91 071	−6.1
23	41.2	−5.2											41.2	−5.2
22	40.4	−4.3											40.4	−4.3
21	33.6	−3.3											33.6	−3.3
20	20.7	−2.4											29.7	−2.4
19	25.9	−1.3											25.9	−1.3
18	22.1	−0.4											22.1	−0.4
17	17.3	0.2											17.3	0.2
16	13.6	1.5											13.6	1.5
15	9.8	2.4											9.8	2.4
14	6.1	3.4											6.1	3.4
13	2.02	4.6											2.02	4.6
12	−6.6	5.6											−6.6	5.6
11	−5.2	6.7											−5.2	6.7
10	−9.0	7.7											−9	7.7
9	−12.7	9.1											−12.7	9.1
8	−17.4	9.8											−17.4	9.8
7	−21.5	10.6											−21.5	10.6
6	−24.7	11.7											−24.7	11.7

续表

层数	综合作用力（Pa）		火灾室		火灾时窗上作用力（Pa）				火灾时客房作用力					
	冬	夏	压力上升（Pa）		冬		夏		冬		夏		冬	夏
					上边	下边	上边	下边	上边	下边	上边	下边		
5	－28.3	12.9											－28.3	12.9
4	－34.9	14.1											－34.9	14.1
3	－35.3	14.2											－35.3	15.2
2	－30.7	16.5		88028			－1.25	1.25			－1.01	1.01	－38.7	88046
1	－41.8	18											－41.8	18

2．确定火灾荷载

在火灾荷载的计算和规定方面，我国还没有做更多的工作。参考国外的规定。见表4。

建筑类型和部位 **表4**

建筑类型及部位	火灾荷载（kg/m^2）		
	日本	加拿大	捷克
办公室	10～35	50	40
设计、研究室	10～85		
会议室、接待室	3～10		
教室 一般教室		30	25
教室 特殊教室			45
住宅、公寓		45	40
旅馆	4～16		30
医院	10～14	20	25
食堂、餐厅			20
体育馆、舞厅			20
剧院、观众厅、夜总会			30
图书馆、书库			120

注：本文设计选用 $30kg/m^2$ 为计算参数。

3．燃烧时间及阴燃时间

按照日本屋内三朗教授的计算方法

$$T=\frac{W}{5.5}\cdot\frac{A_F}{A_B\sqrt{H}}$$

式中 W——火灾荷载（kg/m^2）；

A_F——房间地板面积（m^2）；

A_B——窗子面积（m^2）；

H——窗子高度（m）。

以每套客房 $25m^2$ 计算 $W=25\times30=750kg$

$$T=\frac{30}{5.5}\cdot\frac{25}{2.25\times1.2}=50.5min$$

阴燃阶段约10min，燃烧掉火灾荷载1/5，产烟量大约120kg。

4．客房门开启进入走道烟气计算

参照图 4 可知，产烟量及烟气浓度与空气过剩率有关。在同一种燃烧温度下，空气过剩率大，烟气浓度低，排气量大。空气过剩小，则产烟量浓度大。需要大量补充新鲜空气，才可达到疏散浓度要求。

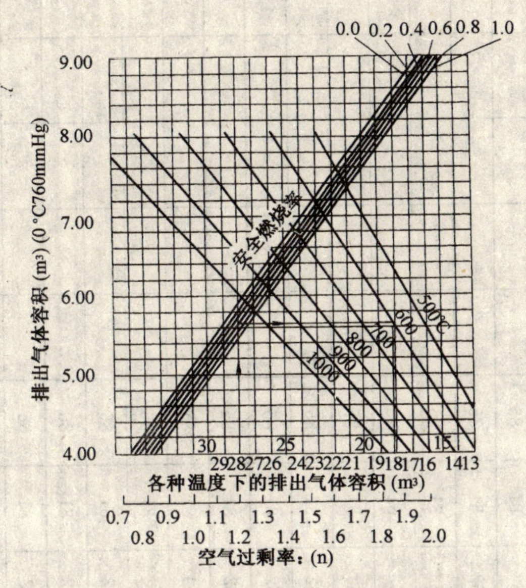

图 4 排出气体容积与过剩率

计算参数为：空气过剩率 $n=1.2$，完全燃烧率 0.8，在温度 600℃ 下燃烧。1kg 木材燃烧产气量 18m³。150kg 火灾荷载在 10min 内燃烧完毕排烟量为：

$$150\times18=2700\text{m}^3/\text{min} \qquad 16200\text{m}^3/\text{h}$$

并且根据 1kg 木材完全燃烧需要的最少空气量 $Q_{\min}=3.975\text{m}^3$，实际空气量为：

$$Q=n\times Q_{\min}\times W=150\times1.2\times3.975=715\text{m}^3/10\text{min}4293\text{m}^3/\text{h}$$

5. 进入走道的烟气使压力上升

根据理想气体状态方程：

$$PV=GRT$$

式中 V——为防火分区体积 m³；

$G=G_1+G_2$ 为走道中空气质量与进入走道烟气质量之和；

G_1=面积×γ×层高，$G_1=1000\times1213\times3=3639\text{kg}$，$G_2=120\text{kg}$；

$$T=\frac{T_1G_1+T_2G_2}{G_1+G_2}=\frac{120\times553+291\times3639}{3639+120}=299\text{K}=26℃。$$

所以：$P=GRT/V$

$$=3759\times278\times299/3\times1000=104151\text{Pa}$$

$$\Delta P=104151-103325=2826\text{Pa}$$

夏季计算结果见表 5。

6. 正压送风机械排烟量计算

设计条件：疏散门开启数为着火层及上、下层门，机械排烟在同一个防火分区内视烟气的蔓延情况而定。

送 排 风 量 计 算 表

表 5

层数	压差(Pa)						保持正压所需风量(m³/L)								排烟量(m³/L)		客房门未开时
	综合压差		火灾层压差		计算压差		电梯门漏风		楼梯间-前室-走道		竖井		走道-室外		火灾层排量		室内增加的压力
25	−10	−7.1			60	57	60	66.1	1901	462	81	85					
24	−9.9	−6.9	2826		60	57	60	66.1	1901	462	81	85	6225		16200		≈101325Pa
23	−9.8	−6.8			60	57	60	66.1	1901	462	81	85					
22	−9.6	−6.7			60	57	60	66.1	430	462	81	85					
21	−9.4	−6.6			61	57	60	66.1	430	462	81	85					
20	−9.3	−6.5			61	57	60	66.1	430	462	81	85					
19	−9.1	−6.3			61	56	60	66.1	430	462	81	85					
18	−8.9	−6.2			61	56	60	66.1	430	462	81	85					
17	−8.7	−6.1			61	56	60	66.1	430	462	81	85					
16	−8.4	−6.0			62	56	60	66.1	430	462	81	85					
15	−8.2	−5.9			62	56	60	66.1	430	462	81	85					
14	−8.0	−5.8			62	56	60	66.1	430	462	81	85					
13	−7.8	−5.4			62	55	60	66.1	430	462	81	85					
12	−7.5	−5.2			63	55	60	66.1	430	462	81	85					
11	−7.2	−5.1			63	55	60	66.1	430	462	81	85					
10	−7.0	−4.8			63	55	60	66.1	430	462	81	85					
9	−6.7	−4.6			63	55	60	66.1	430	462	81	85					
8	−6.4	−4.4			64	54	60	66.1	430	462	81	85					
7	−6.1	−4.4			64	54	60	66.1	430	462	81	85					
6	−5.7	−4.2			64	54	60	66.1	430	462	81	85					
5	−5.3	−3.8			65	54	60	66.1	430	462	81	85					
4	−4.9	−3.5			65	54	60	66.1	430	462	81	85					
3	−4.3	−3.2			66	53	60	66.1	430	931	81	85					
2	−3.7	−2.7		2994	66	53	60	66.1	430	931	81	85		6250		16200	≈101325Pa
1	−2.8	−2.0			67	52	60	66.1	430	931	81	85					
合计							1 500	1652.5	15 162	12957	2025	2125	6225	6250			

三、总送风量和漏风量计算

1. 送风量计算

$Q=\sum_{i=1}^{n}Q_i$ 为保持正压所有漏风量之和，冬季 $\rho=1.352\text{kg/m}^3$，夏季 $\rho=1.170\text{kg/m}^3$，计算结果见表 5。

2. 漏风量计算

竖井漏风：根据加拿大肖家喻博士实验在 30 层楼左右房屋结构中孔口等效面积 0.05～013m²，计算中认为竖井缝隙面积 0.1m²，依等效面积计算方法得：

$$Q=0.6\times0.1\times\sqrt{\frac{2\times60}{1.352}}=0.565\text{m}^3/\text{s}、2034\text{m}^3/\text{h}、81.4\text{m}^3/\text{h 层}$$

计算结果见表 5。

电梯门漏风：

漏风面积 $A=\dfrac{A_t\times A_F}{(A_t^2+A_F^2)^{\frac{1}{2}}}$

式中 A_t——全部楼梯门以外其余漏风面积（m²）；

A_F——电梯除门以外其余漏风面积（m²）。

$$A_t=\sum_{i=1}^{25}A_i=0.06^{[6]}\times25=1.5\text{m}^2$$

$$A_F=0.1\text{m}^2$$

$$A=\frac{0.1\times1.5}{(0.1^2+15^2)^{\frac{1}{2}}}=0.099\text{m}^2$$

$$Q_2=0.7\times0.099\times\sqrt{\frac{25\times2}{1.325}}=0.42\text{m}^3/\text{s}，1517\text{m}^3/\text{h}，61\text{m}^3/\text{h 层}$$

计算结果见表 5。

楼梯门与前室门漏风：

着火层门漏风面积 $A_1=\dfrac{2.52\times3.15}{(3.15^2+2.52^2)^{\frac{1}{2}}}=1.96\text{m}^2$

非着火层门漏风面积 $A_2=\dfrac{0.03\times0.03}{(0.03^2+0.03^2)^{\frac{1}{2}}}=0.021\text{m}^2$

着火层门，及上、下层门在保持出风速度 1.2m/s 情况下开启时风量为：

$$G_3=1.2\times1.96\times3600=8467\text{m}^3/\text{h}，三层共\ 25402\text{m}^3/\text{h}$$

非开启门漏风量：

$$Q_4=0.021\times22\times0.6\times\sqrt{\frac{2\times60}{1.34}}=2.6\text{m}^3/\text{s}，9360\text{m}^3/\text{h}$$

根据质量平衡原理求实际平均压差：

$$\Delta P=\rho/2\left(\frac{Q_3+Q_4}{A_\mu}\right)^2$$

$$\text{A}=0.021\times22+1.96\times3=6\ 342\text{m}^2$$

$$\Delta P=\frac{1.34}{2}\left(\frac{25402+9444}{6.342\times0.6}\right)=4.33\ (\text{Pa})$$

可见由于漏风太大压力损失太多，我们设法通过技术手段减少火灾门漏风面积。

保证压差仅求门开启时漏风面积：$\Delta P=40\text{Pa}$

$$A_1=\frac{Q_4-A_2C\sqrt{\frac{\Delta P\times 2}{\rho}}}{C\sqrt{\frac{\Delta P\times 2}{\rho}}-3.6}=\frac{2.6-0.021\times 22\times 0.6\sqrt{\frac{40\times 2}{1.34}}}{0.6\sqrt{\frac{40\times 2}{1.34}}-3.6}=0.44\text{m}^2\text{（冬）}$$

$A_1=0.21\text{m}^2$（夏）

计算结果见表 5。

保持着火层走道 10Pa 压差，漏风量：

为使火灾发生时有一定的空气过剩率，并且考虑到空气的泄漏影响，靠楼梯间一点正压送风很难满足，需要向走廊送风。

泄漏面积：卫生间和排气口的串联泄漏为：

$$A_1=\frac{0.02\times 0.001}{(0.02^2+0.001^2)^{\frac{1}{2}}}=0.001\text{m}^2$$

窗缝：$A_2=8\times 0.001=0.008\text{m}^2$

$A_3=A_1+A_2=0.008+0.001=0.009\text{m}^2$

A_3 与客房门串联泄漏面积为：

$$A_5=\frac{A_3\times A_4}{(A_3{}^2+A_4{}^2)^{\frac{1}{2}}}=\frac{0.009\times 0.01}{(0.009^2+0.01^2)^{\frac{1}{2}}}=0.007\text{m}^2\text{/门}\quad 0.077\text{m}^2\text{/层}$$

$$A_6=0.077+0.06\times 25=0.23\text{m}^2\text{（与电梯门并联）}$$

考虑过剩空气量 $4293\text{m}^3/\text{h}$。

总风量为：$Q=4293+0.23\times 0.6\times\sqrt{\frac{2\times 10}{1.21}}\times 3600=6225\text{m}^3/\text{h}$

计算结果见表 5。

3. 排烟量

按《高层民用建筑防火规范》为 $60\text{m}^3/\text{m}^2\text{h}$，在一个防烟分区面积中：

排烟量：$Q=60\times 250=15000\text{m}^3/\text{h}$

计算火灾室排烟量：$Q=16200\text{m}^3/\text{h}$

从 $16200\text{m}^3/\text{h}$ 的排烟量来选择风机，（要附加考虑排烟阀、风道渗漏）。

4. 门的开启力

依公式 $P_F=P_m=\frac{a\cdot A\cdot \Delta P\cdot K^1}{2(a-d)}$得：

$$P_F=20+\frac{0.75\times 1.57\times 50}{2(0.75-0.1)}=65\text{N}$$

旅馆客房门的开启力一般限制为 158N，最大允许压差 8Pa。

5. 楼梯间送风口间的距离

依前面得到的结论，对贯通楼梯间送风口的布置进行计算，计算结果认为在竖井风道中，每 3～4 层开设一个送风口，向楼梯间送风较为适宜。

深圳地王大厦

何伟嘉　方政武

一、工程概况

地王大厦位于深圳市罗湖区与福田区交界的蔡屋围三角地块上，南临深南中路，东接宝安南路，地块的斜边紧靠解放中路。基地面积 18734m²，总建筑面积 273349.10m²。

地王大厦按使用功能，可分为办公楼、公寓、商场和地下车库 4 部分。办公楼高 324.75m，塔尖高 383.75m，地面以上使用层为 68 层，加上避难层、设备层、阁楼层等共 79 层。建筑面积 16 0163.98m²，标准层面积 2162.62m²。公寓楼为 33 层钢筋混凝土结构，建筑高度 120m，除裙楼和避难层外，公寓面积 44930.01m²，平均每层 1700m²，共有 332 套公寓单元。办公楼和公寓的连接体为贯通 5 层的共享空间式商场，建筑面积34085.54m²。地下车库共 3 层，除设备用房外，大部分为停车场，面积 34169.57m²，拥有 868 个停车位。

二、消防给水

1. 设计依据

（1）高层民用建筑设计防火规范（GBJ45—1982）（目前此规范 2001 年修订版）。

（2）自动喷水灭火系统设计规范（GBJ84—1985）（目前此规范 2001 年修订版）。

（3）参照英国 1973 年第 29 版消防委员会所制定的自动喷淋装置规范和香港消防事务所 1990 年所修订之法规。

2. 用水量及水源

（1）办公楼和裙楼消防用水量（见表 1）。扣除不少于两个直径 200mm 的进水浮球阀，以 2.9m/s 流速计算实际进水量（考虑两处着火故取半数）。

办公楼和裙楼消防用水量　　表 1

项　目	用 水 标 准（L/s）	要求储水量（m³）
室外消火栓	30	324（3h）
室内消火栓	40	432（3h）
自动喷淋系统	30	108（1h）
合计		864

3 小时补水量 $3\times165m^3=495m^3$

储水量（独立消防储水缸）应为：$864m^3-495m^3=369m^3$

实际地下二层设消防水池 540m³，完全可以满足消防储水要求。

（2）公寓楼消防用水量及消防水池同办公楼。

（3）水源。消防水源来自市政给水管网，分别由解放路和宝安路的直径 800mm 给水管引入，连通成环状供水。用两条直径为 200mm 的进水管引进地下 1、2 层的消防储水池。

3. 消火栓给水系统（见图 1）

（1）消火栓供水方式。为便于管理和明确显示报警区域，消火栓供水方式采用独立分散的消防给水系统。办公楼和公寓楼分别单独设置水池、水泵和水箱。

公寓楼在第 33 层设置 $20m^3$ 水箱以满足 10min 的消防水量，并设置两台加压泵和一台稳压泵，以保证第 25～33 层的消防水压。第 5～24 层则利用水箱高度满足水压，同时设调节式减压阀，保证各区静水压力不小于 0.1MPa，不大于 0.8MPa。在地下二层设置两个消防水池，由消防水泵抽水加压供水。首层设置两个消防水泵接合器，由消防车加压泵接入管网运作。由于公寓高度高于消防车加压泵的扬程，为配合消防车救火，故在第 5 层设有消防中途加压泵，以保证高层公寓消防供水，而水泵接合器箱内亦设有中途加压泵的手动电力开关，以便消防员使用，保证消防车顺利向上供水。

办公楼的消火栓、消防管道采用串联分区，系统按最大静压 80m 水柱分成 5 个垂直分区。在第 22、41、51、66 层各设置 $20m^3$ 的高位水箱一个。其中，22、41、51 层各设置两台加压泵和两台转输泵。在第 66 层设置两台加压泵和一台稳压泵，以满足第 56～68 层的消防水压。高位水箱之水位采用电磁阀自动控制。当水位降到所设定的最低水位时，转输泵自动启动供水；当水位达到所设定的最高水位时，转输泵自动停止供水。以此类推，直至地下室 2 层转输泵启动和停止。高区发生火灾时，下面各区的消防水泵联动。上首层设有 3 个水泵接合器，以供消防车加压投入管网运作，在第 2 层设有专门加压泵，而在接合器箱内均设有中途加压泵的手动电力开关，以便消防人员使用。同时，管网中还设有减压阀，以保证各区水静压力不小于 0.1MPa，不大于 0.8MPa。

（2）消火栓给水管网。室外消火栓由市政管网直接供水。为确保供水安全，室外管网成环状，采用两条 *DN*200mm 进水管，并分别由解放路和宝安路两条市政给水管道引入。在管网上设有若干个地上式室外消火栓，分布于大厦四周，间距不大于 100m。

室内消火栓给水管网布置成竖向环网，采用两条消防竖管，每根竖管直径为 *DN*150mm。消防给水管道用阀门分成若干独立段，以便检修管道时切断水流之用。其阀门布置可保证检修时两根竖管不会同时关闭。

公寓与办公楼的水泵接合器用一根管道连接，裙楼部分共设有 10 个水泵接合器。

办公楼、裙楼和公寓楼，每层各消火栓间距不大于 30m，并保证任何点至少同时有两个消火栓可以到达。消火栓给水主管按 15L/s 计算，每个消防箱均设有击碎玻璃报警按钮，火警时通过此按钮自动开启有关消防加压泵及向消防控制中心报警。

4. 自动喷水系统（见图 2）

（1）供水方式。自动喷水系统采用无水箱分区供水方式。管网系统中的压力由稳压泵来维持，并保证管网中最不利点的喷头工作压力不小于 0.05MPa。喷水泵采用卧式多级多段加压泵（并设有备用泵），稳压泵与喷水泵全部安于地下二层的消防泵房内。自动喷水系统分为 4 个区，办公楼第 2～40 层为一区，第 41～68 层为二区，公寓大楼为三区，裙楼为四区。

公寓在下首层设有 4 个水泵接合器，办公楼（包括裙楼）在上首层设有 6 个水泵接合

避难层
商场
邮电局及商场
停车场
报警控制阀
防旋涡器
排水管
694m³喷淋及消防水池
20/F-22/F
11/F-13/F
8/F-10/F
23/F-25/F
17/F-19/F
14/F-16/F
5/F-7/F
M/F
UG/F
LG/F
B1
B2
H.W.L
P.S.L
6/F-15F=10×3.0=30m
3/F-21/F=19×3.75=71.25

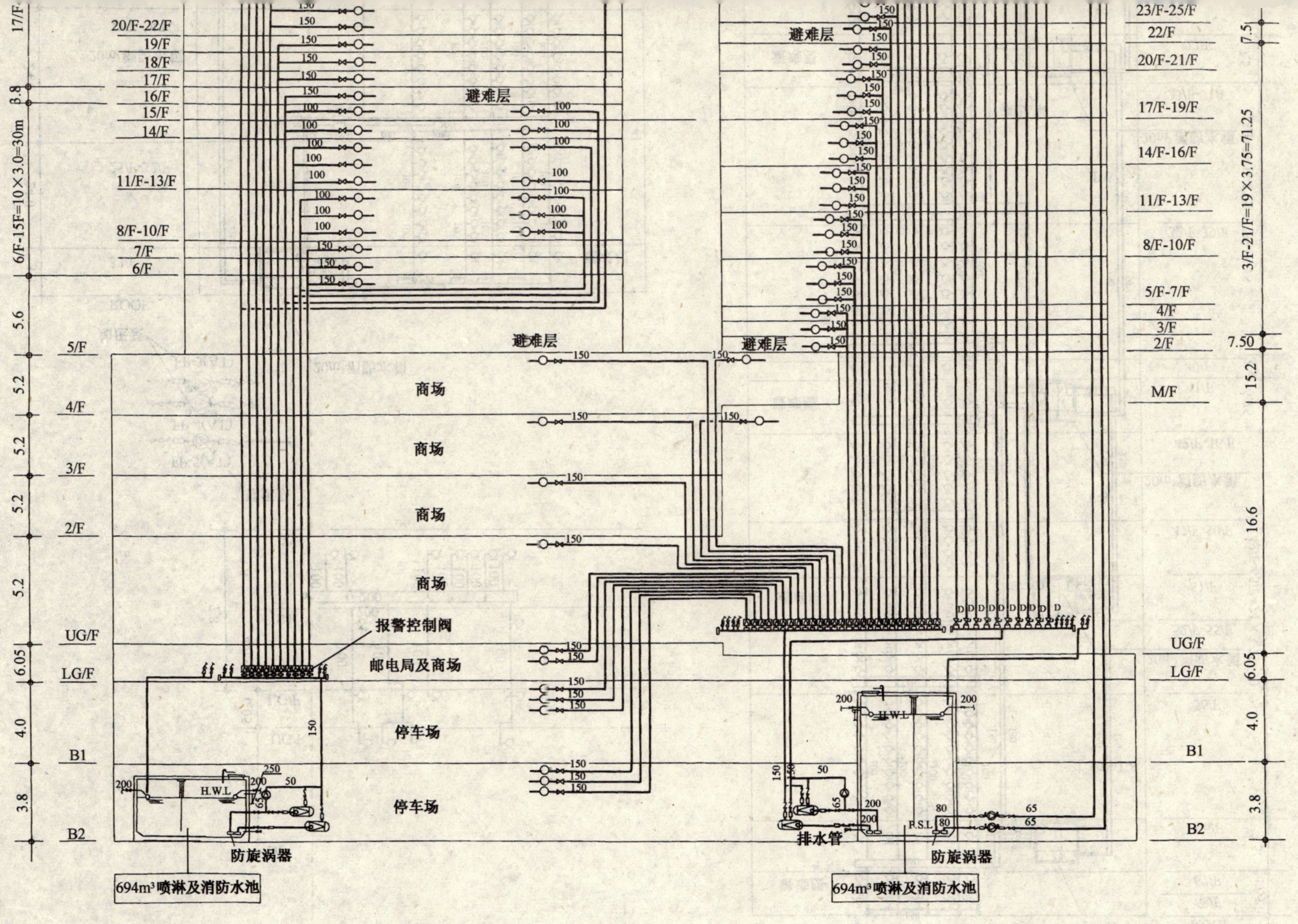

图 2 自动喷水系统图

办公大楼
20m³消防水箱
ROOF
68/F
67/F
66/F
56/F
52/F-55/F
51/F
47/F-50/F
42/F-46/F
41/F
40/F
32/F-39/F
23/F-31/F
22/F
7.5
7.5
6.75
4.5
7.5
42/F-65/F=24×3.75=90
23/F-39/F=17×3.75=63.75
避难层
T-10
T-9
T-8
T-7
T-6
T-5
加压泵
P.R.V

2/F
UG/F
LG/F
B1
B2
5.2
6.05
4.0
3.8
7.8
稳压泵
FP-5(AT)
FP-4(AT)
FP-3(AT)
加压泵
20m³消防水箱
ROOF
33/F
25/F-32/F
17/F-24/F
3.5
24.0
24.0
避难层
P.R.V

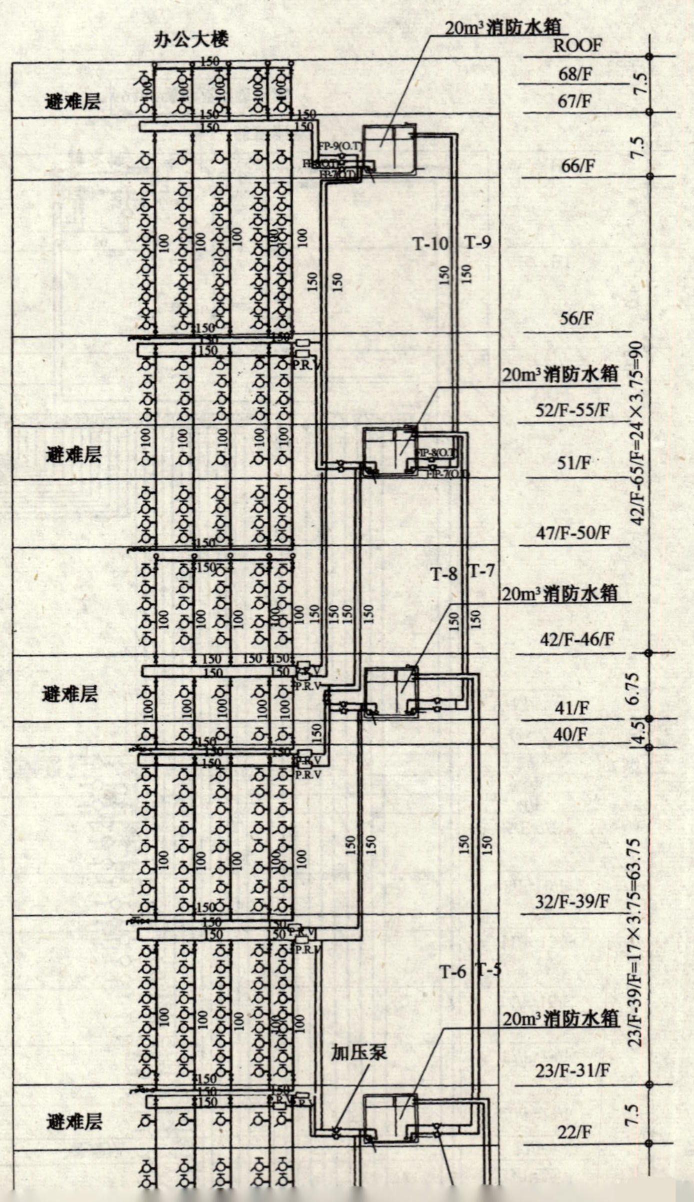

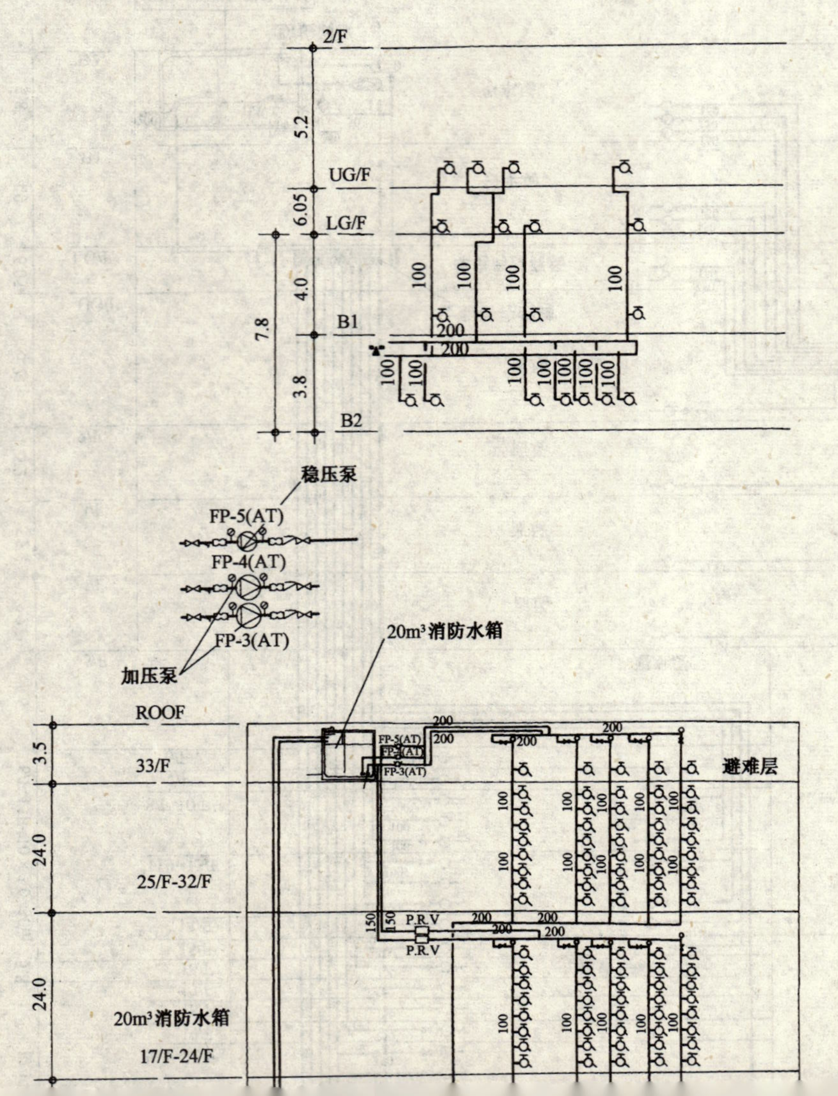

图 1

16/F
10/F-15/F
6/F-9/F
5/F
4/F
3/F
2/F
UG/F
LG/F
B1
B2
14/F-21/F
3/F-13/F
M/F
3/F-21F=19×3.75=71.25
避难层
消防水泵接合器
防旋涡器
694m³喷淋及消防水池
P.R.V
BP-2(AT)
BP-1(AT)
BP-2(O.T.)
BP-1(O.T.)
FP-2(AT)
FP-2(POD.)
FP-1(POD.)
FTP-2(O.T.)
FTP-1(O.T.)
VENT PIPE
DRAIN PIPE
H.W.L
P.S.L
H-1
H-2
T-1
T-2
T-3
T-4

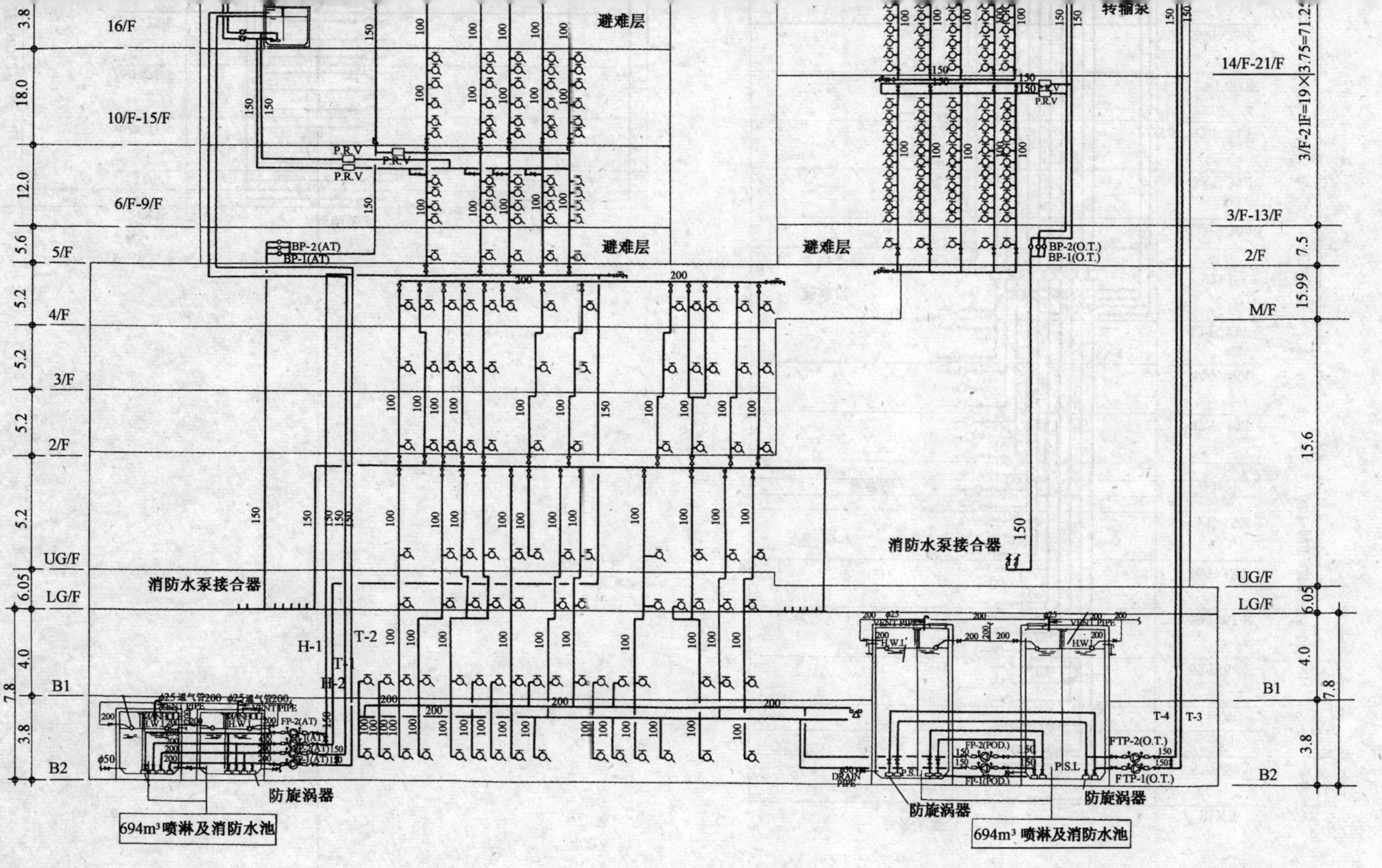

消火栓系统图

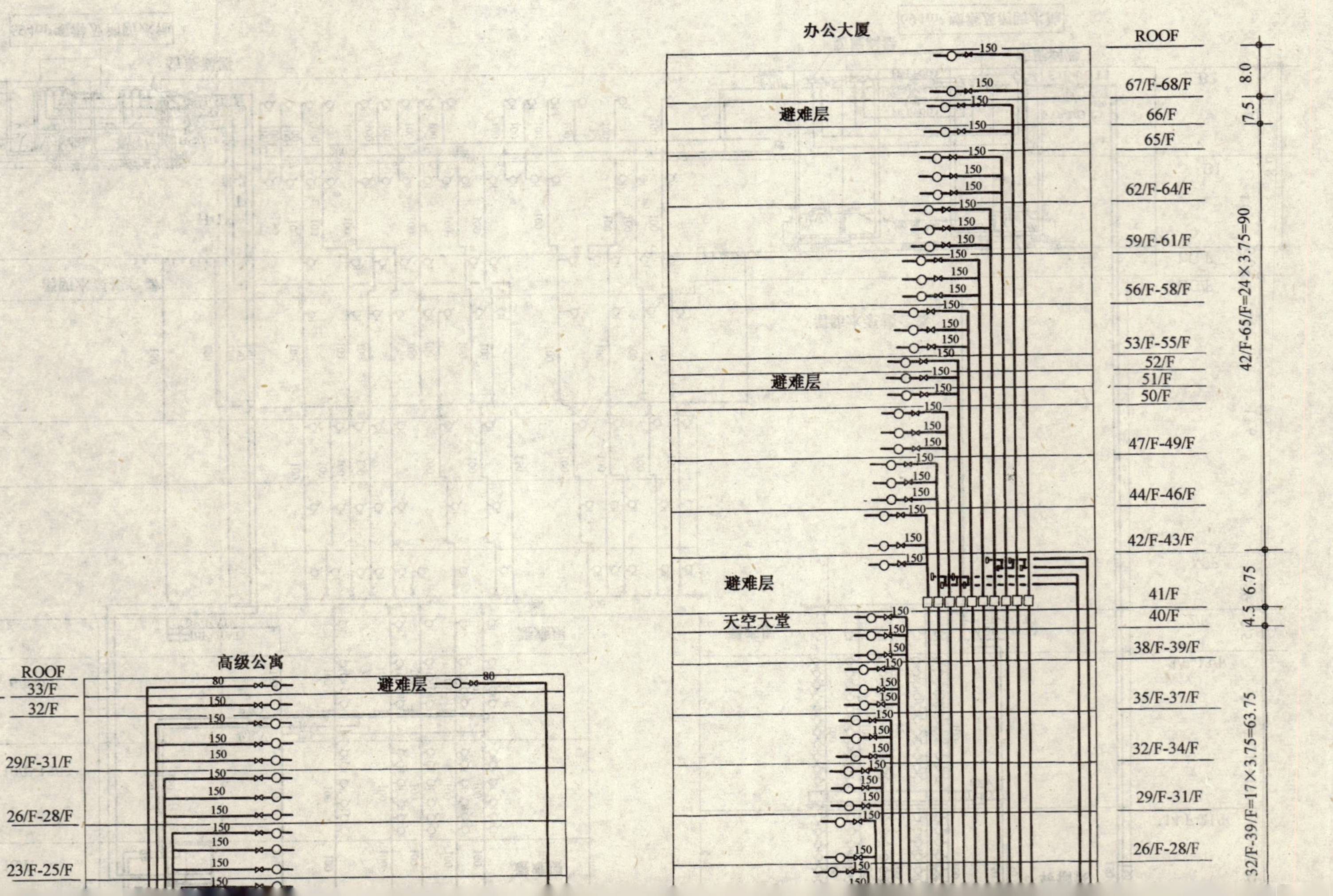

办公大厦
ROOF
67/F-68/F
66/F
65/F
62/F-64/F
59/F-61/F
56/F-58/F
53/F-55/F
52/F
51/F
50/F
47/F-49/F
44/F-46/F
42/F-43/F
41/F
40/F
38/F-39/F
35/F-37/F
32/F-34/F
29/F-31/F
26/F-28/F
8.0
7.5
42/F-65/F=24×3.75=90
6.75
4.5
32/F-39/F=17×3.75=63.75
避难层
避难层
避难层
天空大堂
150
高级公寓
避难层
80
ROOF
33/F
32/F
29/F-31/F
26/F-28/F
23/F-25/F
3.5
2F=16×3.0=48

5/F 5层
4/F 4层
3/F 3层
2/F 2层
U/G 上首层
L/G 下首层
B/M
B1 地下室一层
B2 地下室二层
机械房
商 场
停车库
8.5m³/S
6.3m³/S
6.0m³/S
16.7m³/S
2 NO.S 1.4m³ S.E.G
走廊
1200×1000
1800×800
900×900
2000×1200
1500×1500
百叶
S.E.
排烟
S.E.A
排烟口
0
5 N
5 S
9 N
9 S
13 N

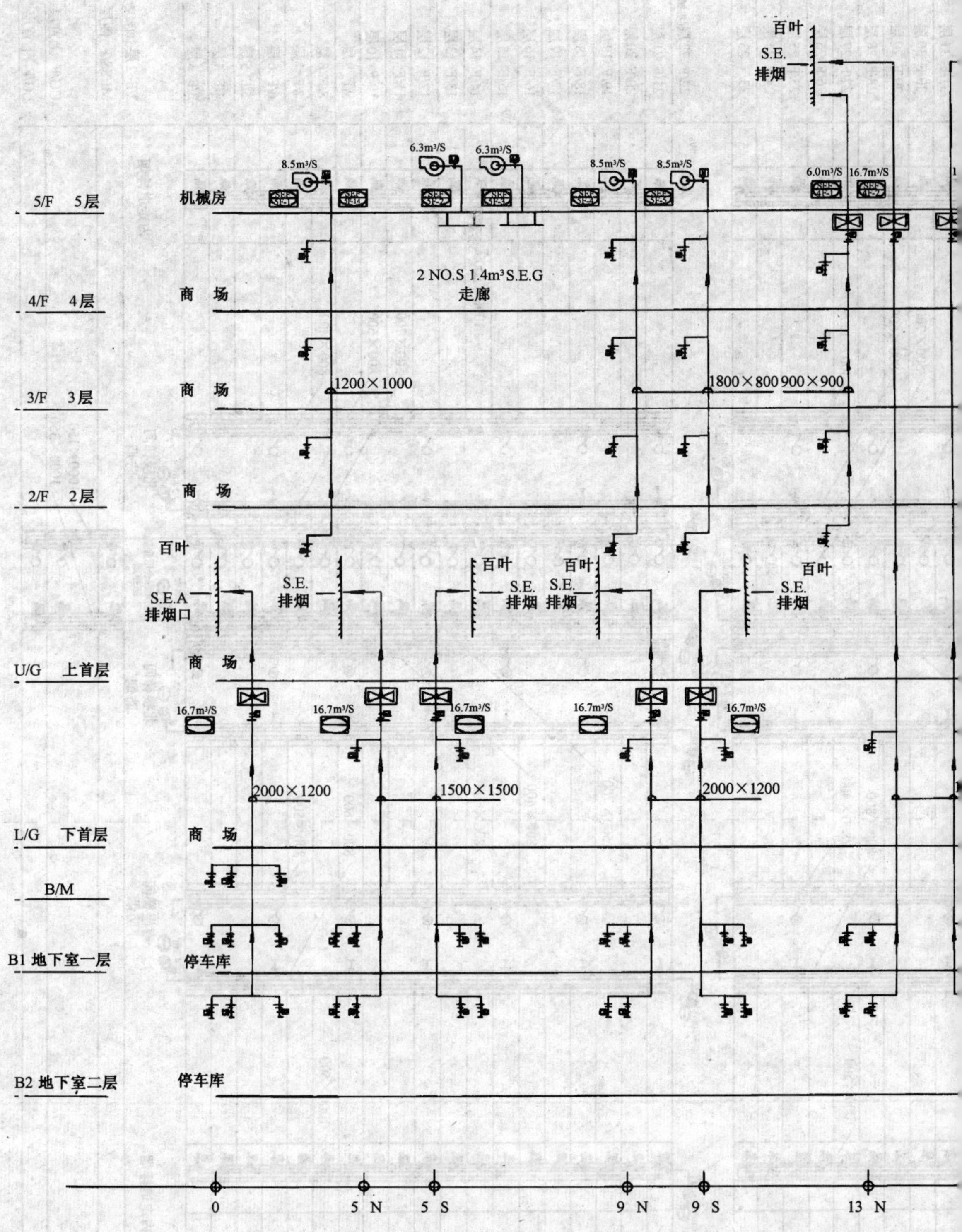

图

31/F 31层
30/F 30层
29/F 29层
28/F 28层
27/F 27层
26/F 26层
25/F 25层
24/F 24层
23/F 23层
22/F 22层(机械层)
21/F 21层
20/F 20层
19/F 19层
18/F 18层
17/F 17层
16/F 16层
15/F 15层
14/F 14层
13/F 13层
12/F 12层
11/F 11层
10/F 10层
9/F 9层
8/F 8层
7/F 7层
6/F 6层
5/F 5层
4/F 4层
3/F 3层
2/F 2层(机械层)
MESS/F 阁层
UG/F 上首层
LG/F 下首层
内走道排烟
南楼梯间防烟
北楼梯间防烟
消防电梯合用前室防排烟
北楼梯间防烟
内走道排烟
1000×500
800×800
800×500
500×700
800×600
800×400
1000×150
1000×350
6.6m³/s
4.2m³/s
2.8m³/s
2m³/s
系统图

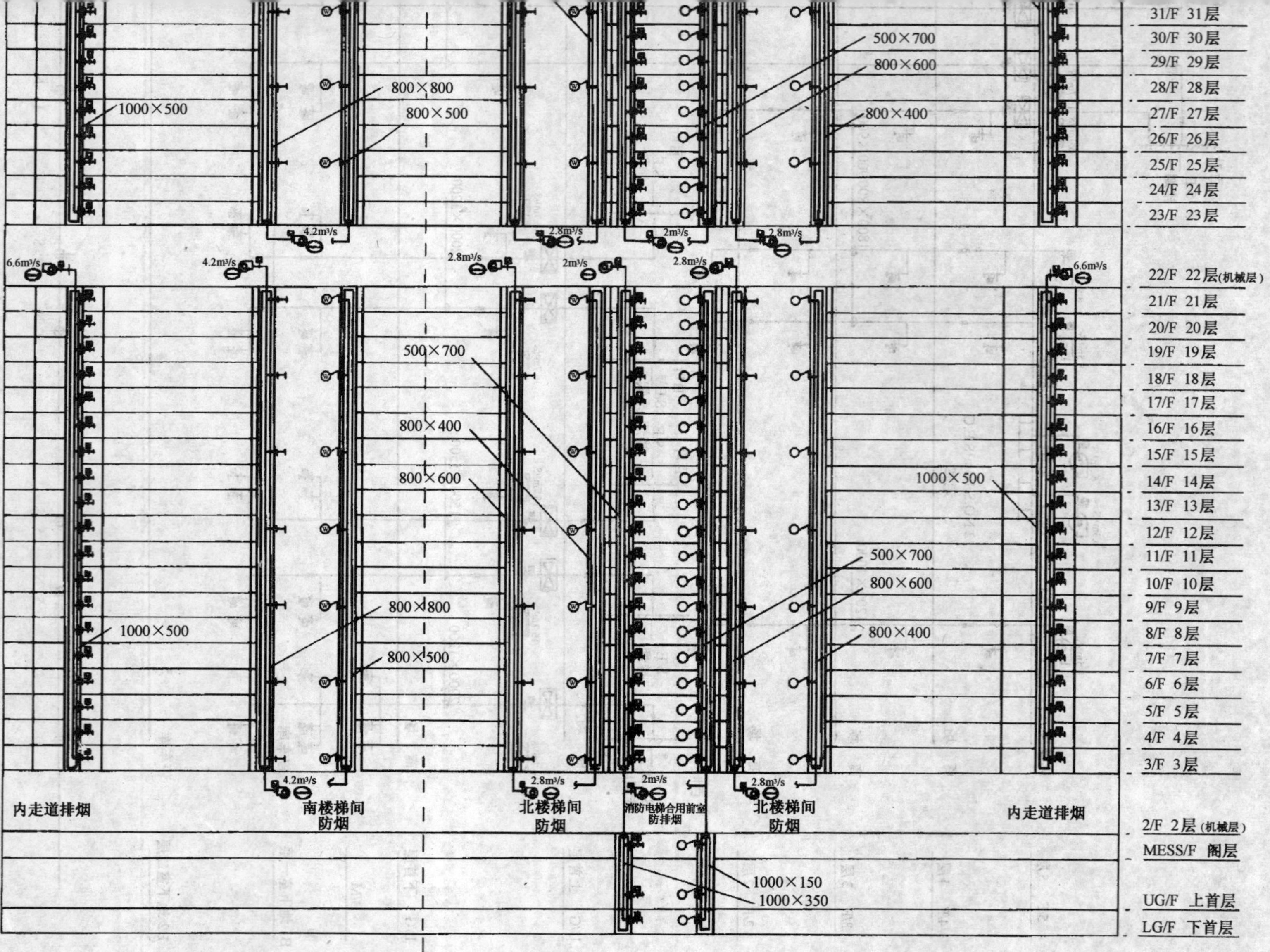

南 翼
北 翼
楼梯加压送风口
楼梯泄压风口
前室加压送风口
前室泄压风口
走道机械排烟口
500×700
800×400
800×600
1800×700
1800×400
1000×500
6.6m³/s
5m³/s
2.8m³/s
3.5m³/s
4.2m³/s
2m³/s
69/F 69层
68/F 68层
67/F 67层
66/F 66层（机械层）
65/F 65层
64/F 64层
63/F 63层
62/F 62层
61/F 61层
60/F 60层
59/F 59层
58/F 58层
57/F 57层
56/F 56层
55/F 55层
54/F 54层
53/F 53层
52/F 52层
51/F 51层
50/F 50层
49/F 49层
48/F 48层
47/F 47层
46/F 46层
45/F 45层
44/F 44层
43/F 43层
42/F 42层
41/F 41层（机械层）
40/F 40层
39/F 39层
38/F 38层
37/F 37层
36/F 36层
35/F 35层
34/F 34层
33/F 33层
32/F 32层

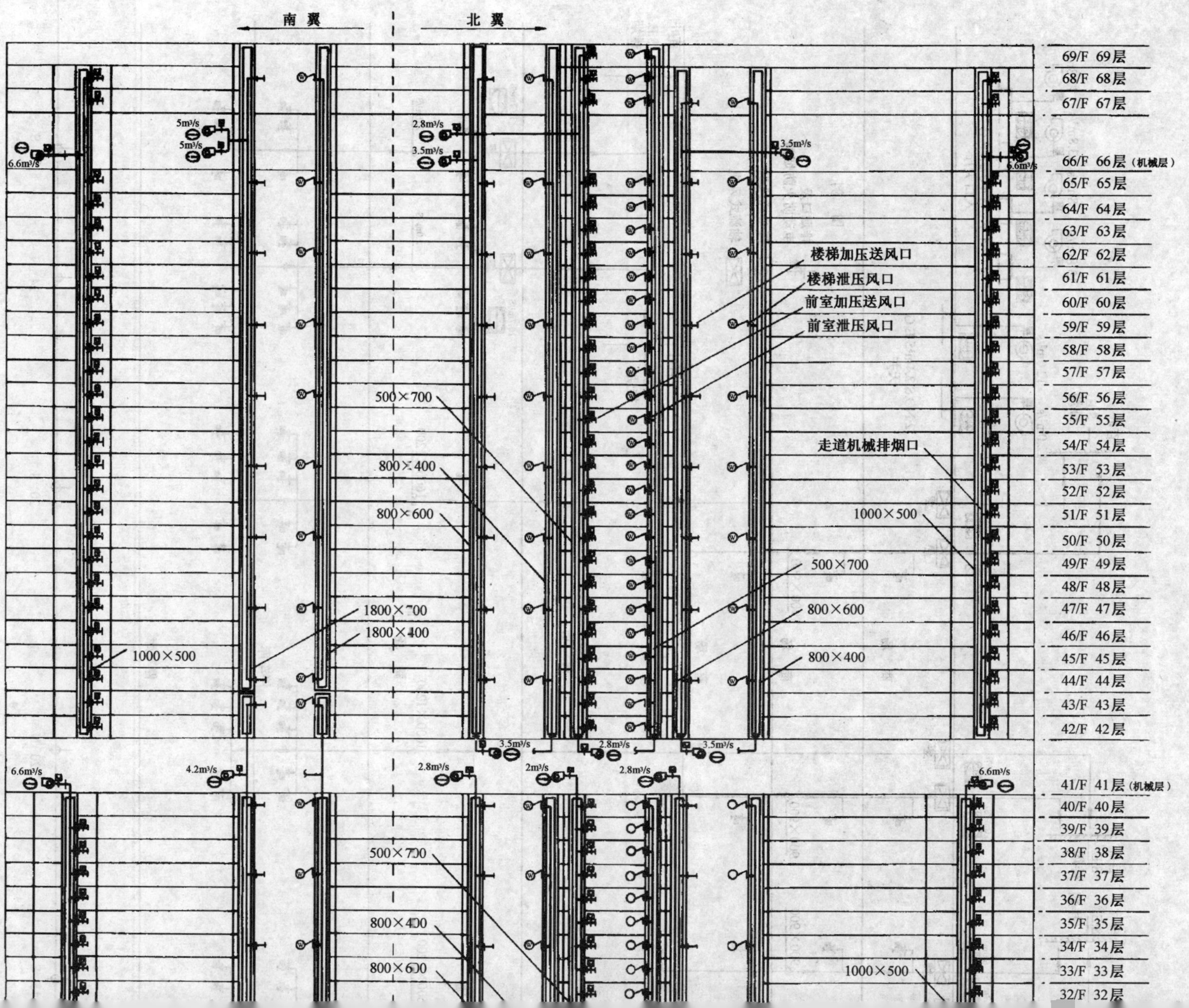

图 4 办公楼防排烟

百叶
S.E.
排烟
百叶
S.E.
排烟
百叶
S.E.
排烟
12.0m³/s
12.0m³/s
13.8m³/s
13.8m³/s
13.8m³/s
13.8m³/s
6.0m³/S
6.0m³/S
16.7m³/S
6.0m³/S
16.7m³/S
4 NO.S 4.0㎥S.E.G
入口大厅
2 NO.S 2.4m³S.E.G
天井
商 场
商 场
商 场
商 场
商 场
900×900
900×900
900×900
图 例
排烟口及
电动防火防烟阀
离心式风机
轴流式风机
百叶
S.E.
排烟
百叶
S.E.
排烟
16.7m³/S
16.7m³/S
1600×1200
1600×1200
2.0m³/S
2.0m³/S
停车库
停车库
13 S
20 N
20 S
24 N
24 S

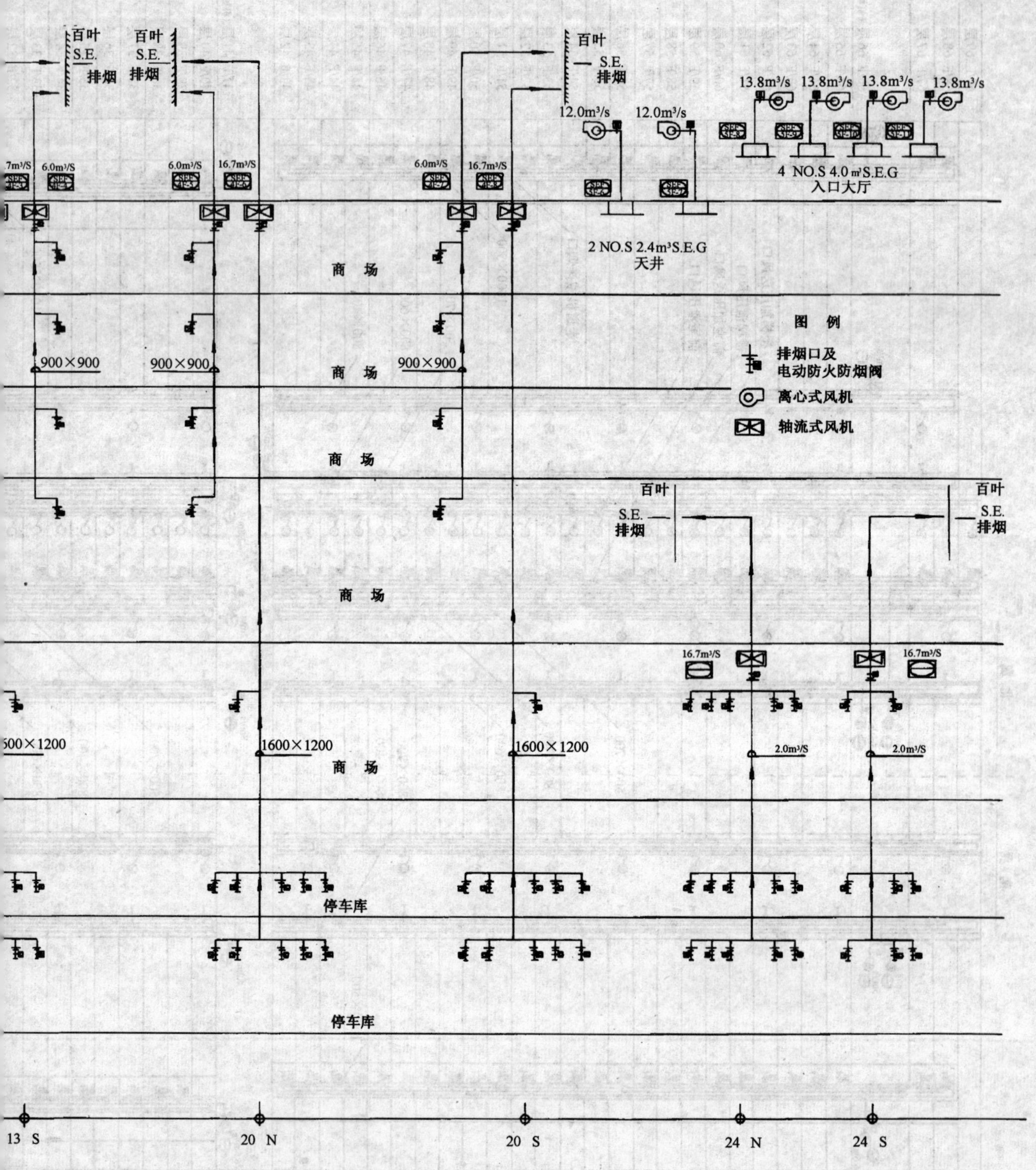

裙楼排烟系统图

12 NOS.500×400 SAG
C/W VCD
17号楼梯
A-4消防电梯前室
14号楼梯
11号楼梯
12号楼梯
A-3消防电梯前室
楼梯泄压风口
楼梯加压送风口
8 NOS. 600×500
SAG C/W VCD
利用光井
防排烟
楼梯间
防烟
消防电梯前室加压送风口
消防电梯前室泄压风口
1200×500
500×500
5 NOS. 850×700 FLPG C/W
MORORIZED DAMPER
消防电梯
合用前室防烟
13号楼梯
R-3 消防电梯 前室
消防电梯
前室防烟
7 NOS.1000×
MOTORIZ

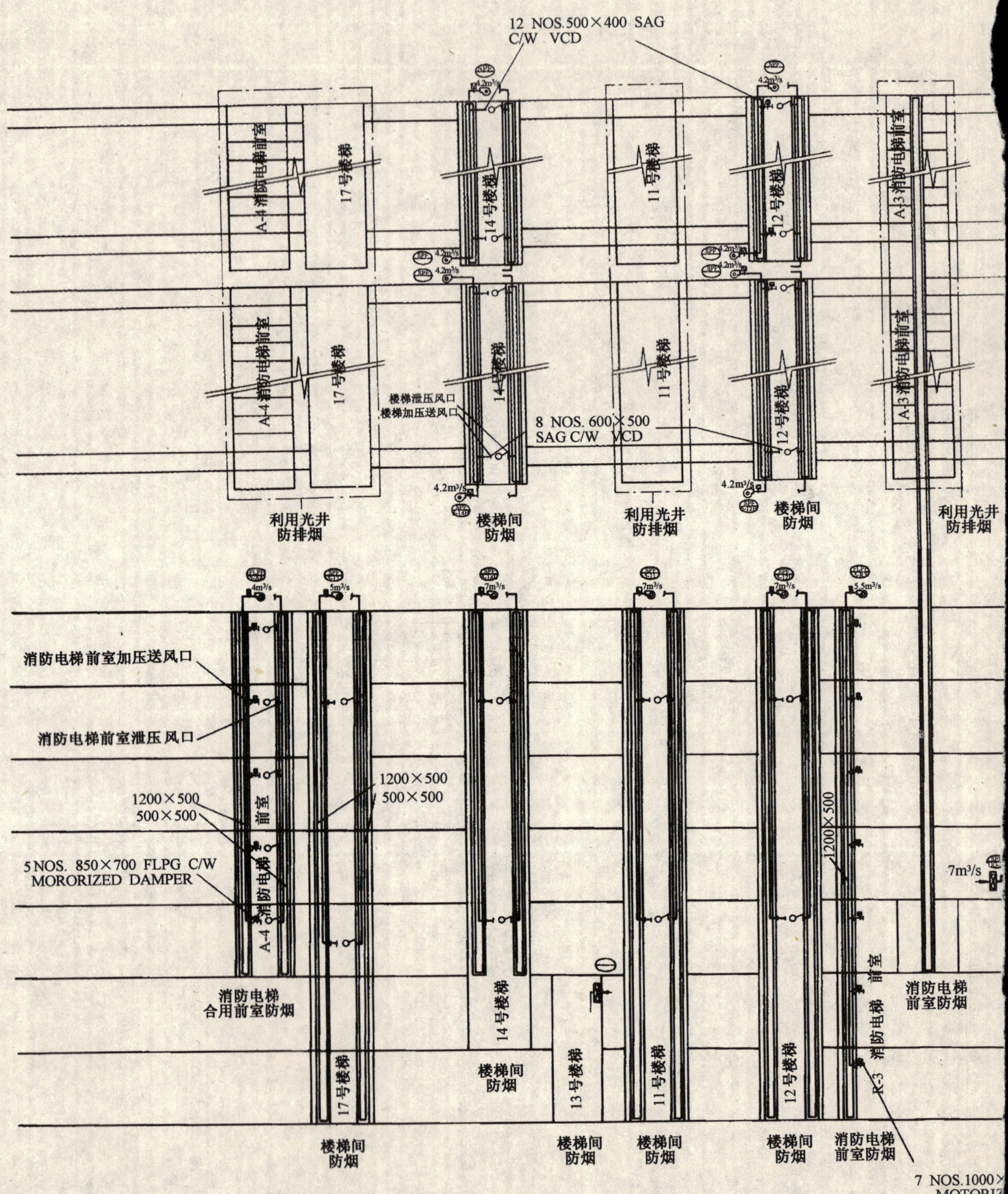

图 6 裙楼

ROOF 顶层
33/F 33层
图 例
电动阀
泄压阀
风 机
防火阀
风管调节阀
18/F 18层
17/F 17层
16/F 16层
15/F 15层
7/F 7层
6/F 6层
7 NOS. 600×700 FLPG C/W MOTORIZED DAMPER
2 NOS. 600×500 SAG C/W VCD
OFFICE TOWER
2/F 办公楼二层(避火层)
5/F 5层(避火层)
4/F 4层
3/F 3层
2/F 2层
UG 上首层
LG 下首层
B1 地下一层
B2 地下二层
7m³/s
2.8m³/s
4m³/s
800×500
1200×500
400×500
500×500
10号楼梯
9号楼梯
R-4 消防电梯合用前室
6号楼梯
5号楼梯
4号楼梯
3号楼梯
2A号楼梯
1A号楼梯
楼梯间防烟
消防电梯合用前室防烟
×800 FLPG C/W
ED DAMPER

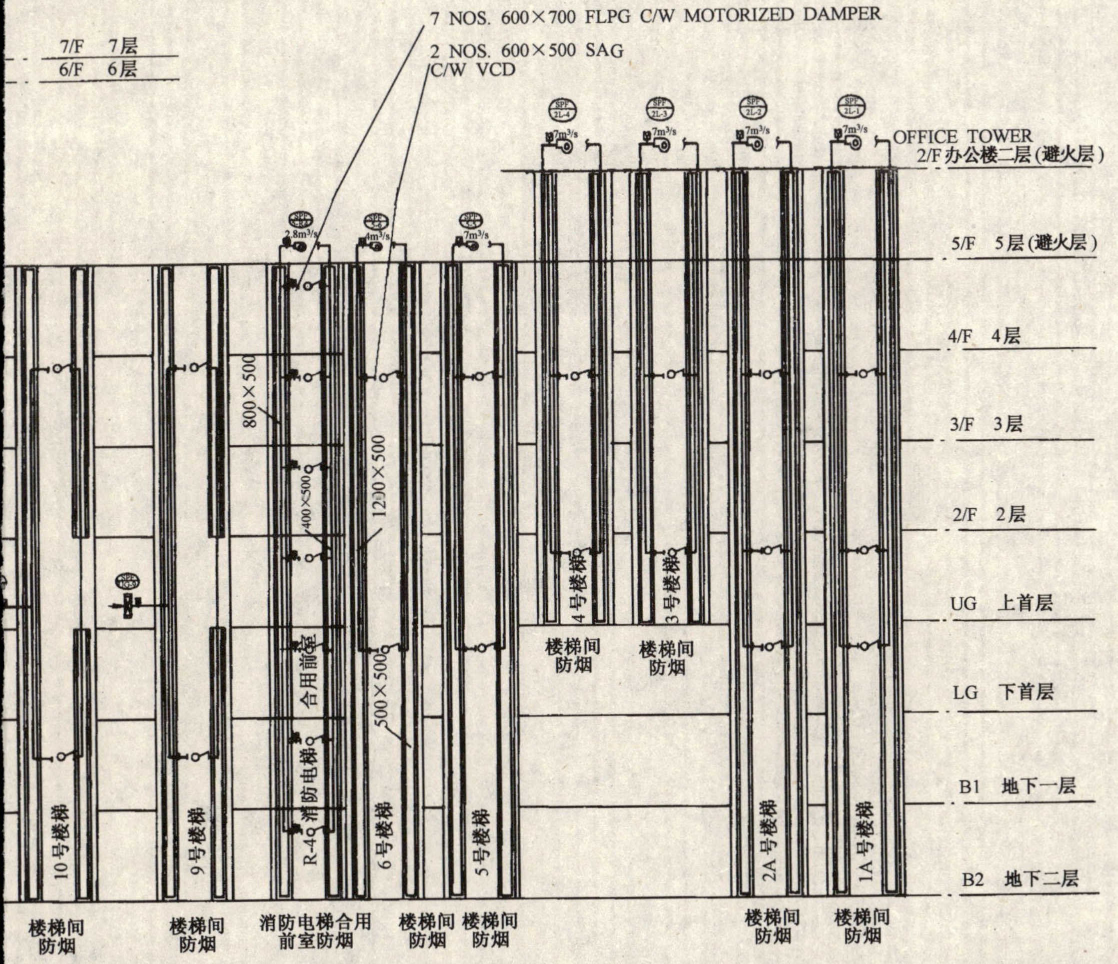

防烟系统图

器，两区的水泵接合器用一根 $DN200$mm 管相连接，水泵接合器的运行方式采用消火栓系统。

(2) 系统类型。自动喷水系统采用湿式喷水灭火系统。系统包括闭式喷头管道系统、湿式报警阀、报警装置和供水设施。喷水头采用玻璃球闭式喷头，设在办公楼、裙楼、地下室停车库和公寓楼。商场厨房喷头动作温度为 93℃，其余部分为 68℃。在地下室车库、车道及裙楼设置双排加密喷头，喷头间距为 2m。作为防火分隔设置，系统设有 50 组湿式报警阀，其中 10 组用于公寓大楼，17 组用于裙楼，13 组用于办公楼第 2～40 层，10 组用于办公楼第 41～68 层，分别控制各组喷头。每层的喷水管道采用枝状布置，并设有分层控制信号阀及水流指示器。当某层喷头动作时，水流指示器将信号传至消防控制中心，同时指令地下 2 层喷水加压泵自动开启供水。湿式喷水灭火系统工作流程如图 3 所示。

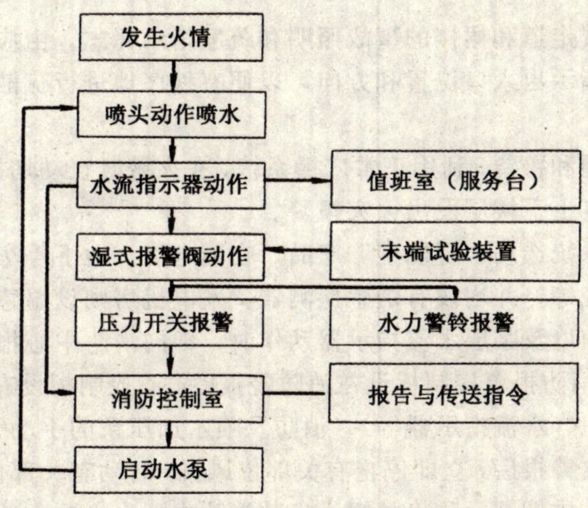

图 3 湿式喷水灭火系统工作流程

5. 气体等消防设施

(1) 二氧化碳灭火系统。高压和低压配电房、变压器房及发电机房各设有自动二氧化碳全淹没灭火系统，均可自动和手动控制，并自动向消防控制中心报警。

(2) 泡沫流动式灭火车。在地下 1、2 层共设有泡沫流动式灭火车 8 台。

三、建筑防火

1. 防火分区

地面以上按《高层民用建筑设计防火规范》执行。地下车库则按《汽车库设计防火规范》划分防火分区。用防火墙及防火卷闸分隔。在地下室车库及车道上方，以双排喷淋头(间距 2m) 作为防火分隔设施。每层的实用面积控制在 2000m² 以内，使每层适宜作为一个防火分区。

2. 避难层

消防方面另一个重要要求是设置避难层。整座大厦共设有 5 个避难层，每个避难层都直接连通疏散楼梯的进出口，并设自然排烟等消防设施。

3. 安全疏散

每层用两部货运兼消防电梯服务，可由大堂下面1层的卸货区直到顶层。两部电梯大小不一，大的一部电梯是为今后大厦维修时需搬运较重和较大型机械的要求而设立的。同时每层都有一剪刀梯和另一条安全疏散梯，分别布置在中心筒南北两端，由环绕中心筒东西两面的走廊相连，以满足每个独立单元的疏散要求。

四、消防电气

1. 负荷设计

消防用电按一类负荷设计，并备有应急柴油发电机组，以保证消防用电设备电源的可靠性。消防电梯、消防水泵及消防中心等消防用电设备均采用双电源供电，末端自投。

2. 疏散指示

设在公寓、办公楼走道和裙楼的事故照明和疏散指示标志，由应急电源供电。此类标志用于火警发生时，指示出入口位置和方向，以便有秩序地进行疏散。

3. 火灾警报

每层设有紧急广播和警铃，利用正常广播系统，在火警时自动切换以供消防广播使用，火警时仅向失火层及其上下楼层发出火灾报警。

消防报警与控制系统选用“智能型”产品。在配电房、地下停车库、风机房、水泵房均设有排烟及加压系统等，并均设有烟感探测器，发电机房则设温感探测器。当任何一个探测器或击碎玻璃按钮以及某层水流指示器动作时，即向消防中心报警。

“智能型”系统的消防报警控制板设在消防警报中心，控制板设有警报信号指示灯（如探测器、击碎玻璃按钮、水流指示器等）、消防及喷水加压泵的手动开关及启动信号等。

消防中心收到火灾警报后，立即停止有关部位风机，启动有关部位的防烟加压送风机、排烟机、加压送风及防排烟阀、防火卷闸，启动消防或喷水水泵，并接收其反馈信号。

火灾确认后，消防中心发出控制信号，强制电梯停于首层，接通火灾事故照明与疏散指示灯，并开启本层和其相邻上、下层的火灾警报装置和接通火灾事故广播，切断大厦的液化石油气供应。发电机房及高、低压配电房设温感、烟感探测器以及二氧化碳灭火系统，能自动投入工作，并向消防控制中心报警。

在每层消防电梯前室设有火警电话，直通大厦消防控制中心。

五、防排烟（见图4～图6）

1. 排烟系统设计

(1) 地下停车库、商场、办公楼内走道设置机械式排烟系统，排烟量按系统最大防烟分区 $120m^3/(h \cdot m^2)$ 计算。

(2) 由于公寓内走道有通向天井可开启的外窗，因此不设置机械排烟系统。

(3) 办公楼大堂设机械排烟系统，排烟口设在夹层之吊顶处，排烟风机分别设在建筑物之四角，总排烟量为 $198750m^3/h$（每小时4次）。

(4) 商场中庭设机械排烟系统，排烟口在第4层商场之吊顶处，共有4台排烟风机，总排烟量为 $184000m^3/h$（每小时4次），风机房设于观景电梯之机房旁边。

2. 防烟（加压送风）系统设计

办公楼、商场及公寓内的防烟楼梯间、消防电梯前室和合用前室均设置防烟加压送风系统。

(1) 有避难层的办公楼防烟楼梯间及合用前室的加压送风系统，每个系统的送风量为25000～30000m^3/h。

由于走廊设排烟系统，从而使楼梯间压力高于前室压力，前室压力高于走廊压力，在加压风机启动状态下，为防止前室压力过大，另设置有泄压管道，通过泄压阀控制室内压力。

送风机分别安装在各设备层及避难层内。

(2) 商场的防烟楼梯间及合用前室的加压每个系统总送风量分别为12000～16000m^3/h。

(3) 所有风管均采用镀锌钢板，以符合防火要求。

(4) 防、排烟风机房之墙、楼板及设于避难层之防排烟设施，均根据建筑防火规范指定的耐火极限设计及建造。

深圳电子科技大厦

赵嗣明　黄　舸　徐一青　张熙琳　殷　明　翁建华

一、工程基本概况

深圳电子科技大厦是由深圳中电投资股份有限公司开发兴建的超高层大型综合建筑群体，设计单位是深圳市电子院设计有限公司。

本大厦坐落于深圳的心脏地段——深南中路，华强北——华发商业区的黄金地段，紧邻深圳市中心区，为大型甲级商业、写字楼。大厦分为Ⅰ、Ⅱ、Ⅲ段，总建筑面积约为17.3万m^2，分二期开发，一期（Ⅰ段）和二期（Ⅱ、Ⅲ段）分别于1993年和1999年落成。

大厦功能如下：Ⅰ段地下2层为设备用房，地上38层为全中央空调写字楼，其中16层为消防避难层，地面以上建筑总高度为141m；Ⅱ段地下3层为可停250辆车的地下停车库，地上15层，其中1～10层为商场、11～15层为写字楼；Ⅲ段地下2层为设备用房，地上47层为全中央空调甲级写字楼，其中16层、29层为避难层，地面以上建筑总高度为180.6m。

根据当地消防部门对二期工程（Ⅱ、Ⅲ段）审批意见，电子科技大厦按同一时间内二次火灾设计，即Ⅱ、Ⅲ段应单独按一次火灾进行消防设计，不能与前期完成的Ⅰ段共用消防系统，因此Ⅱ、Ⅲ段消防自成系统，与已建Ⅰ段各系统完全分开（见图1总平面布置图及图2剖面图）。

二、电子科技大厦Ⅰ段消防设计

1. 建筑消防设计

（1）总平面布置。本大厦主要功能为写字楼、商场、银行，各功能大堂出入口布置合理，各种人流、车流互不干扰。大厦Ⅰ段南侧设计了占地2000m^2的电子广场，电子广场北侧紧邻深南中路。大厦四周设环形消防车道，转弯半径大于12m，可满足大型消防车转弯的要求，环形消防车道坡度小于1%，消防登高面满足规范要求，北侧道路内侧距大厦最远处不大于8m，东侧华发北路路牙离建筑超过10m，设计中考虑消防车可上人行道，人行道基础设计荷载考虑30t消防车荷重，与周围建筑间距均符合《高规》要求。

（2）建筑消防设计。本大厦为一类超高层建筑，建筑耐火等级按一级设计。

Ⅰ段塔楼地下2层，地上38层，每层约1500m^2，以每层作为一个防火分区。每层设两部防烟楼梯及2台消防电梯。第16层设避难层，楼梯在避难层采用有效措施使上下层断开，强制疏散人群进入避难层。

Ⅰ段38层屋顶设直升机停机坪，在失火情况下，可以使人员得到及时的救助。

在一层设消防控制室，对大厦消防设施实行全面监控。

2. 灭火系统设计

N
X=19310.5
Y=17776.5
A=0.00
B=0.00
X=19485.5
Y=17776.5
A=175.00
B=0.00
①
电子大厦
18
②
办公
3
③
招待所
6
④
招待所
6
⑧
5
京华公司厂房
电2
X=19315.070
Y=117824.199
京华街
电2
X=19500.790
Y=117828.577
深南中路
地下车库入口
地下车库出口
进
电子广场
Ⅰ
Ⅱ
Ⅲ
电子科技大厦
15
47
44
41
38
10
京华公司厂房
5
出
商场、餐饮入口
银行、写字楼入口
A=175.00
B=125.00
X=19310.5
Y=17901.5
A=0.00
B=125.00
华发北路
X=19485.5
Y=17901.5
桑达新村
深圳市电子院设计有限公司

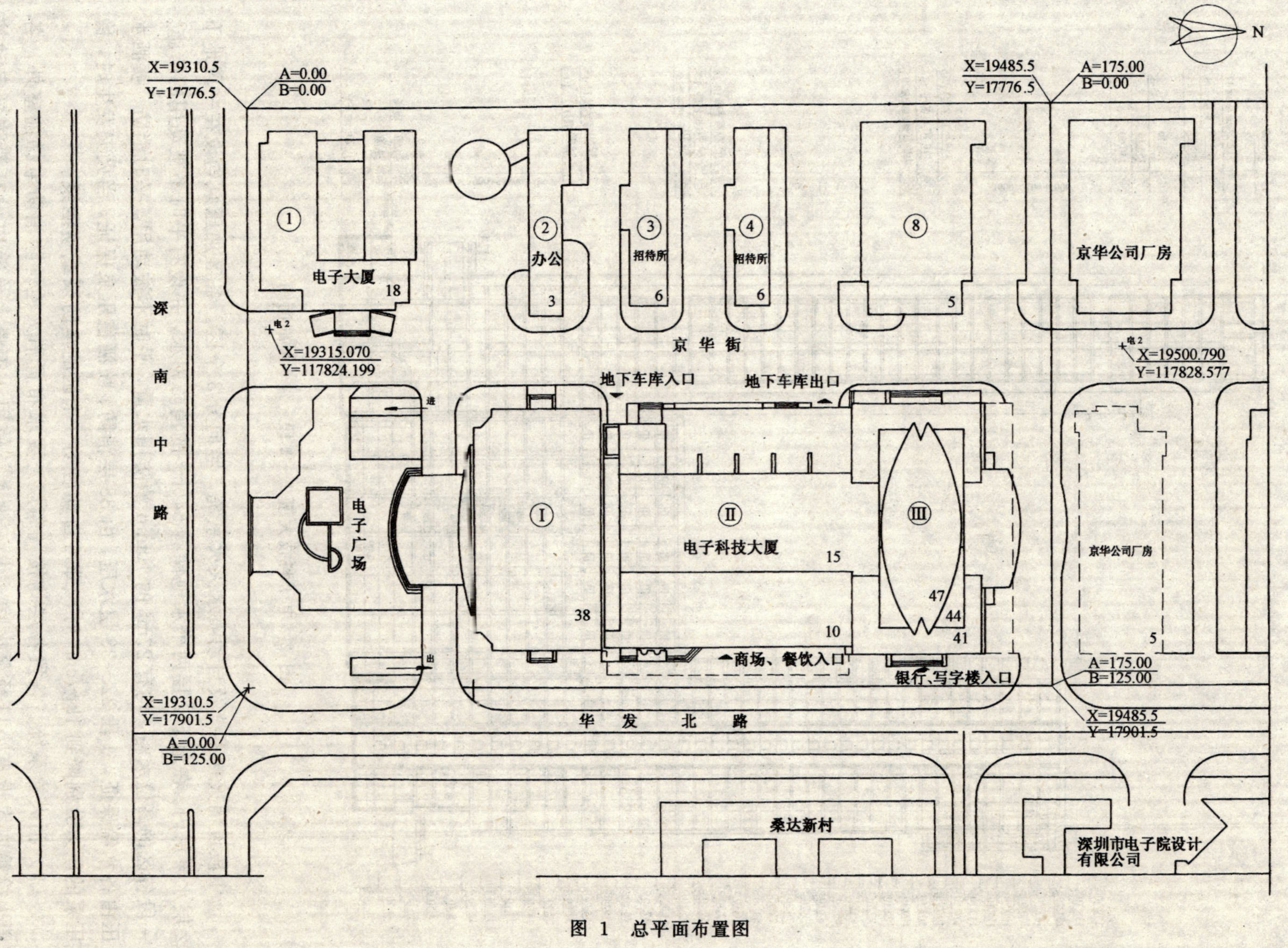

图 1 总平面布置图

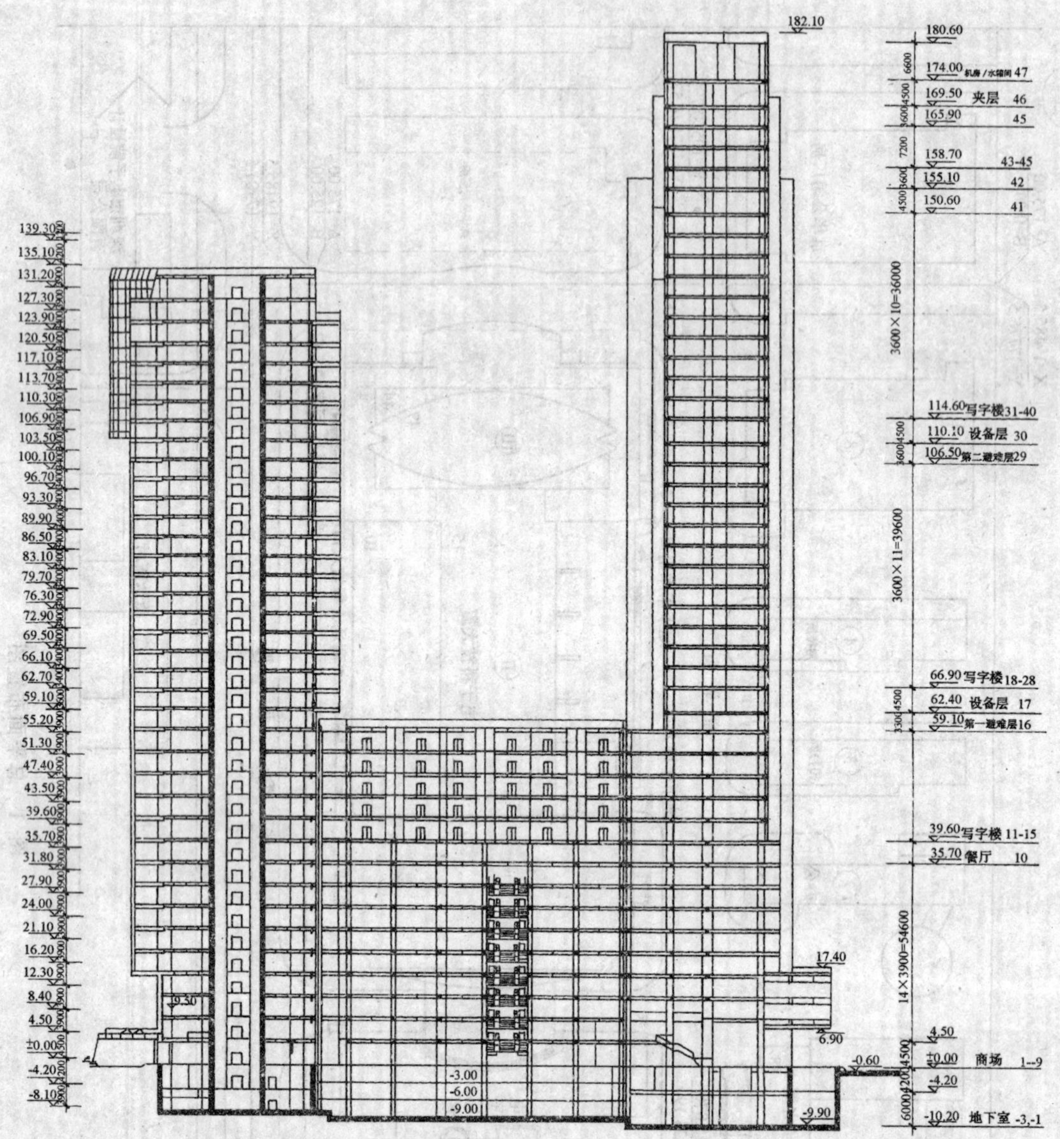

图 2　电子科技大厦 1—Ⅲ段　A—A 剖面图

Ⅰ段设消火栓系统及自动喷水灭火系统，竖向分 3 个区。各区加压泵均设在一段地下 2 层水泵房内。在地下 2 层两个水池储有 540m^3 的消防用水，并设有平时不被动用的措施。一段各区的高位水箱，均有 27m^3 的 10min 消防用水量，平时不被动用。平时消防、喷洒水压由各水箱保证，Ⅰ段 32～38 层水压，由 38 层消防、喷洒稳压泵保证。当火灾发生时，稳压泵的压力分别降到 1kg/cm^2 时，即可自动启动 3 个区的消防泵或喷洒泵。

（1）消火栓系统。各段各层均按《高规》要求布置消火栓。除消防电梯前室外，各消火栓箱内均设有小口径灭火喉，供一般人员使用。各消火栓箱内设有消防泵启动按钮、指示灯。当启动消防泵时，同时有信号通知消防中心控制室。为使各区出水量接近设计值，在各区下部消火栓前设有减压孔板，以降低消火栓处的压力，保证消防出水量正常使用。为了提高消防加压的可靠性，各区设 3 套 *DN*100 墙壁式消防水泵接合器。并且Ⅰ段水池在室内设有相应的吸水井，以备消防时由消防车从水池取水，向楼内各区消防系统供水。

(2) 自动喷水灭火系统。自动喷水灭火系统，在Ⅰ段地下 2 层加压泵房设有湿式报警阀。在Ⅰ段每层干管设一个水流指示器，当某层发生火灾时，喷头上的玻璃球自动破裂喷水。水流指示器动作，将信号传到消防中心控制室发出电铃报警，并在消防中心控制室显示出某段某层已开始喷水。同时消防中心控制室能显示水泵是否启动。

在Ⅰ段避难层的上、下两层窗口设有水幕，水幕系统均装有电磁阀及手动阀门。电磁阀由消防中心控制室接到设有窗口水幕的失火层火灾报警及接到压力开关的降压信号后自动启动。现场避难人员也可根据具体情况，开、关手动阀门。为保证喷洒水加压的可靠性，各区喷洒系统在Ⅰ段均设两套 *Dg*100 消防水泵接合器，以备消防车向楼内喷水灭火系统供水。

(3) 卤代烷灭火系统。在Ⅰ段地下一层变压器室、配电室，设有固定式 1301 灭火装置。在Ⅰ段地下一层 3 个防护区中，当某个防护区发生火灾时，消防中心控制室能在接到两个独立的火灾报警信号后，发出 30s 内人员撤离该防护区的指令，关闭房门和风机，最后由消防中心控制室自动启动 1301 储气瓶喷洒灭火。

在Ⅰ段 16 层的低压配电室、1 层消防中心控制室，设有固定式 1301 自动灭火装置。本装置配有感温元件。火灾时感温元件达到动作温度，即可启动 1301 钢瓶灭火，并发出声响报警。

在消防电梯前室、电梯机房、冷冻站、风机房等处及不宜用水灭火的房间，适当配备移动式 1301 灭火器，以备火灾初期使用。

3. 防排烟系统设计

(1) 消防楼梯间及其合用前室设加压送风系统，当大楼任何一层着火时，由消防中心控制 PSB1－1、PS16－1、PS38－1 等 7 台风机同时启动；如仅一层着火，由消防中心控制（或现场手动启动）着火层及其相邻的上下两层的前室的 PYK－2AL（Ⅰ）型多叶送风口开启；如同时有两层着火，由消防控制中心控制着火层及相邻上面一层前室的 PYK－2AL（Ⅰ）型多叶送风扇开启。

(2) PY16－1：大楼第 3 层至 15 层任何一层着火时由消防控制中心控制启动两台 HTF－6 型排烟专用轴流风机，同时启动着火层走廊排风口处的排烟阀。当排烟温度超过 280℃时，防火阀关闭。

(3) PY38－1：大楼第 17 层至 38 层任何一层着火时，由消防中心控制启动一台 4－72－11 №10℃ 离心风机排烟，同时启动着火层走廊排风口处的排烟阀。当排烟温度超过280℃时，离心风机入口处的防火阀关闭。

4. 火灾报警与监控系统

电子科技大厦火灾监控系统由电脑、火灾报警控制器和消防联动控制台组成。消防控制人员可依靠电脑自动地或通过联动控制台的手动按钮对大厦消防设备进行遥测和遥控。

所有监测、控制设备的工作、报警、故障等资料，均可通过电脑终端机以彩色图形和中文信息表达。当系统接收到火警信号后，除发出声光报警和由彩色平面图显示报警位置外，还可以调出事先编制好的应急措施，使值班人员可以快捷有效地完成消防指挥和控制。

(1) 火灾报警控制器及其监控功能。本大厦的火灾报警和控制由3台控制主机和1台80486电脑组成，通过监视模块和控制模块给各监控点赋予地址；并在彩色显示屏上显示火警或其他资料。系统监控设备及其功能包括如下内容。

1) 类比式地址码感烟探测器　1242个；

可对不同的烟雾浓度做出预报警、报警或对探测器污染提出报告。

2) 地址码式感温探测器　155个；

3) 带地址码或手动报警按钮　90个；

4) 带地址码水流指示开关　44个；

5) 带地址码压力开关　11个；

反映消防系统管网降压极限，启动喷水泵或稳压泵。

6) 带地址码防排烟风机　25台；

7) 带地址码防排烟风阀　123个；

分别以软件和硬件构成防排烟阀与风机双重联动逻辑群。

8) 分层地址警铃　45组；

9) 分层地址消火栓按钮　44组；

10) 分层地址防火门控制器　37组；

平时保持防火门开启，火警时自动关闭防火门。

11) 地址码消火栓泵、喷水泵　10台；

12) 防火卷帘控制　4个；

13) 电源切断控制　52个；

14) 新风机控制　43个；

15) 广播切换　49点；

火警时可分层将广播喇叭从背景音乐切换至紧急疏散广播。

16) 水幕启动　7组；

17) 分层复示盘　42台；

LED显示本层报警地点，LED旁有地址指示牌。

(2) 消防联动控制台。控制台以硬线连接方式，为中央控制室值班人员提供直接的状态显示及设备的手动启停控制。其功能如下。

1) 消防水泵启停，状态显示；

2) 防排烟阀开启，状态显示；

3) 风机启停，状态显示；

4) 电梯强制回归首层控制；

5) 电源切断控制；

6) 新风机控制；

7) 1301气体灭火系统的启动、报警及动作状态；

8) 广播切换控制；

9）防排烟风阀、风机启停控制，状态显示。

（3）消防紧急电话系统。此电话系统包括一台安装于消防中心的主机和部分分布于大楼内各重点位置及消防设备房间的分机，各分机可直接与主机对话，使火灾控制人员可以迅速了解火情及执行控制工作。

（4）线路敷设。所有消防报警控制线采用钢管暗敷方式，加强抗干扰及防火能力。消防电力电源采用了新型耐火电缆，在720℃火焰直接燃烧1h后，仍可保证绝缘强度无损并在12h后再次通电（IEC331标准）。

三、电子科技大厦Ⅱ、Ⅲ段消防设计

1. 建筑消防设计

Ⅱ段地下3层车库，每层约2500m²，按当时规范要求，每层为2个防火分区，设火灾报警及自动喷水灭火系统，后按新规范要求，调整为1个防火分区。

Ⅰ、Ⅱ段之间用防火墙分开。

Ⅲ段地下2层为设备用房，每层约1380m²，每层为2个防火分区，Ⅱ、Ⅲ段1～15层在交界处划分各自独立的防火分区。

Ⅱ段1～10层相通的自动扶梯位置，串通层按一个防火分区考虑，每层四周设复合防火卷帘与周围分隔。

每个防火分区均有两个或两个以上疏散口，并且Ⅱ、Ⅲ段两个防火分区之间设有甲级防火门可以互为疏散口。

在Ⅲ段一层单独设置消防控制室，与Ⅰ段消防控制室可相互联络，本大厦消防控制与深圳市消防控制中心联网，一有火灾发生，信号可及时汇报给深圳市消防局，做出快速反映。

Ⅱ、Ⅲ段共设有防烟楼梯6部，消防电梯4部，通往防烟楼梯前室及消防电梯前室的门均为乙级防火门，防烟楼梯通向地下室时，采取有效措施防止疏散人流进入地下室。通仕地下室、消防水泵控制室的楼梯在1层设有专门出入口。

Ⅲ段塔楼为47层，在16层、29层设避难层，避难层采取有效分隔措施，上、下层人流必须经避难层方能上下，除消防电梯外，其余电梯均不设出口。

Ⅲ段与Ⅰ段通过Ⅱ段16层屋面相连，由于Ⅰ段已设有停机坪，经广东省公安厅批准Ⅲ段不再设直升机停机坪。

2. 灭火系统设计

1）灭火系统。电子科技大厦Ⅱ、Ⅲ段设有室内外消火栓消防、自动喷水灭水系统、泡沫消防系统、高压CO_2气体灭火系统、手提灭火器系统。各系统消防用水量如下（见表1）。

消 防 用 水 量 表　　表1

用水名称	用水量（l/s）	灭火时间
室内消火栓	40	3h
室外消火栓	30	3h
自动喷水灭火	30	1h
泡沫消火栓	7.52	20min

Ⅲ段地下1层、30层、48层设生活消防水池（水箱）、水泵房。3h室内消火栓消防、1h自动喷水灭火、20min汽车库泡沫消防等所需的水量储存于地下1层水池及30层水箱内。地下1层水池消防储水380m³，30层水箱消防储水150m³，均设有平时不被动用的措施。30层水箱消防水由地下2层生活泵、高区消防转输泵供水，分别在该水箱生活低水位、消防低水位时先后启动。

消火栓消防、自动喷水灭火设施各自为独立系统，其用水17层以下由地下2层低区消火栓泵及自动喷水泵与30层水箱共同供给，17层以上由30层高区消火栓泵及自动喷水泵与地下2层高区消防转输泵联合供给，低、高区消防时水压分别由30层、47层水箱保证。平时设在47层的稳压装置，为顶部数层管道加压。火灾发生时，稳压泵压力下降至0.2MPa，自动启动高区消火栓泵或喷洒泵。高区消防转输泵供水至30层水箱，供水箱输水管网设3套消防水泵接合器，以备消防时该水箱供水不足时使用。3套接合器处有30层水箱高水位及消防低水位显示。各套消防泵皆为2台，一用一备，一台发生故障时，另一台自动启动。

2）消火栓消防系统（见图3）。

本系统分两大区、5小区，供水方式如下（见表2、表3）。

低区、高区供水方式 表2

区	号	供水方式
XⅠ（低区）	X1（地上2层～9层）	地下2层低区消火栓泵及30层水箱减压供水
	X2（10～17层）	地下2层低区消火栓泵及30层水箱直接供水
XⅡ（高区）	X3～X4（18层～37层）	30层高区消火栓泵减压供水
	X5（38～47层）	30层高区消火栓泵直接供水

分区及报警阀组供水如下 表3

区号	湿式报警阀配位置、编号	供水方式
SⅠ（低区）	地下1层：S1～S5（地下1层～6层）	地下2层低区喷水泵及30层水箱减压供水
	17层：S6～S10（7～17层）	地下2层低区喷水泵及30层水箱直接供水
SⅡ（高区）	30层：S11～S13（18～32层） S14～S16（33～47层）	30层高区喷水泵减压供水 30层高区喷水泵直接供水

Ⅱ、Ⅲ段各层各段皆设消火栓，各消火栓箱内皆设消防报警按钮指示灯，消防时可向中控室报警并启动相应消防泵，除消防电梯前室消火栓外，其余各箱内皆安装*DN*25卷盘灭火喉。为使各消火栓出水量接近设计值，各区下部消火栓前设减压孔板。为提高加压供水的可靠性，XⅠ、XⅡ区各设3组消防水泵接合器（见表2）。

自动喷水灭火系统（见图4）。本系统各楼层皆按中危险级（30L/s）进行设计。系统自下而上分两大区，设湿式报警阀16组，每个防火分区设水流指示器一个，每个报警阀及水

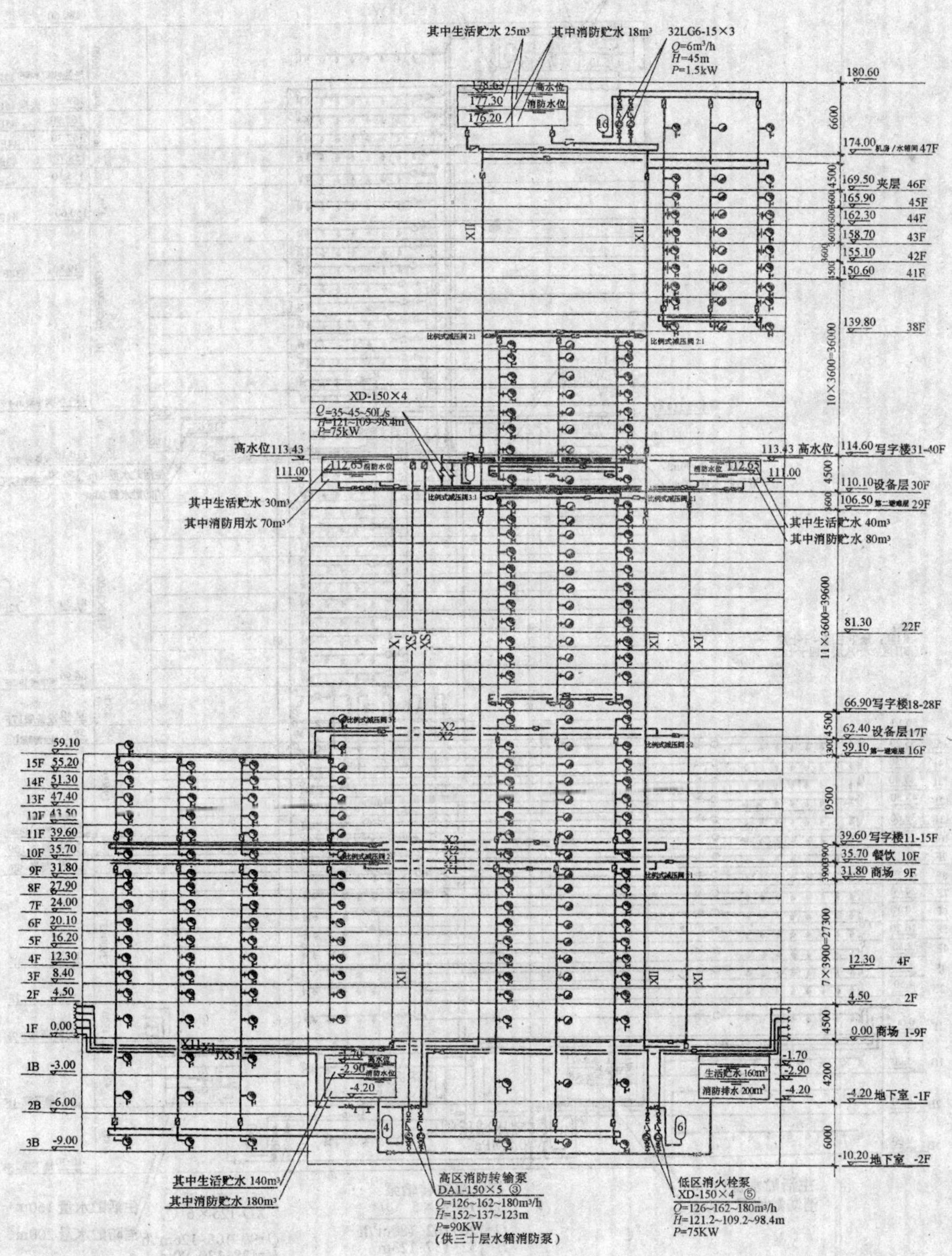

图 3　消火栓系统图

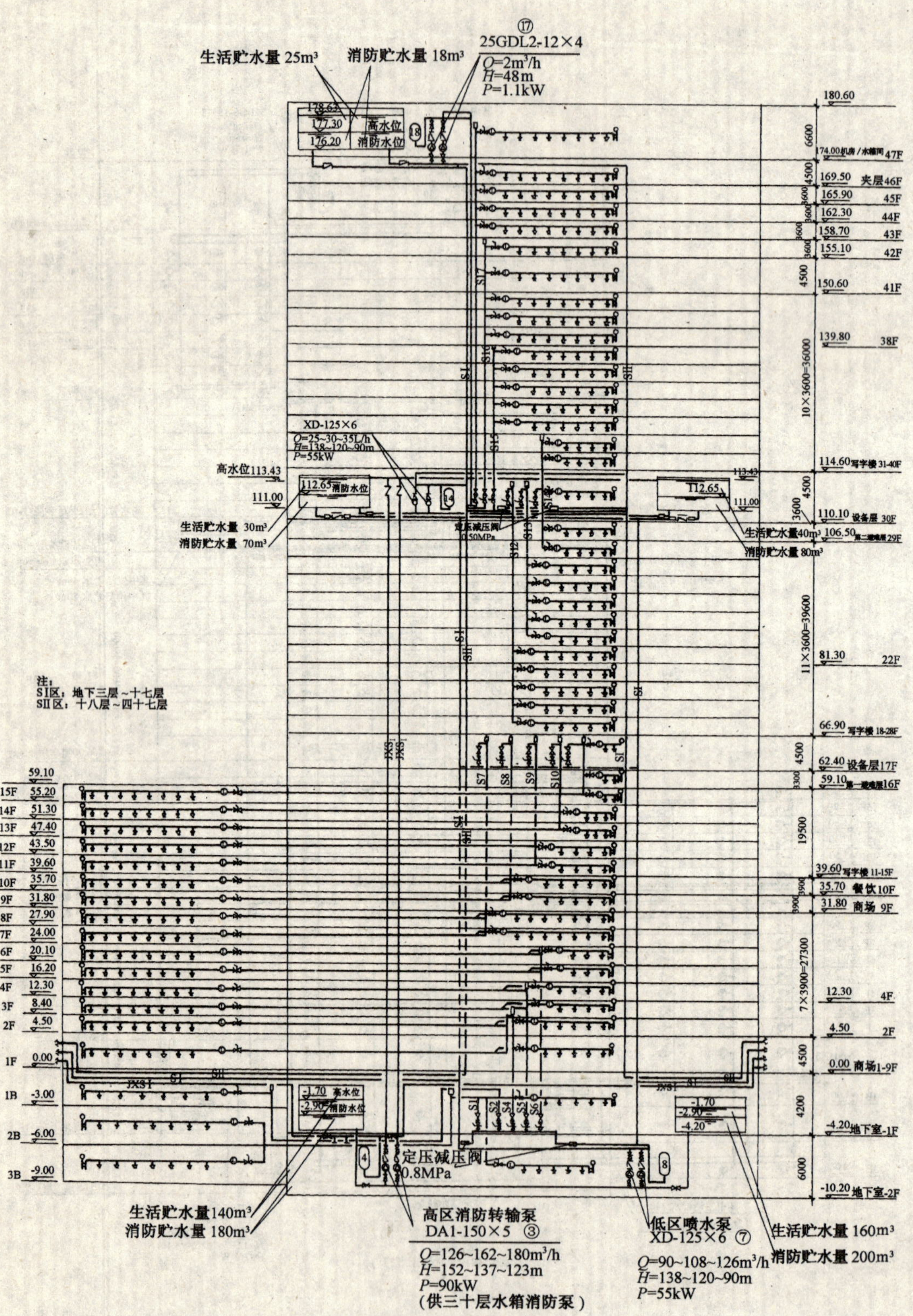

图 4 自动喷水灭火系统图

流指示器前设信号闸阀，将阀门启闭信号送到中控室。SⅠ、SⅡ区分别设置水泵接合器两组(见表3)。

3）泡沫消防系统。泡沫消防系统为地下车库服务。Ⅱ段地下各层汽车库泡沫消防与水消防共用消火栓，并保证可供泡沫消防用消火栓栓口压力≮0.70MPa。地下车库每层每个防火分区设泡沫消防器材间，每间各储MSY200移动式水成膜灭火装置6套和泡沫管枪2支。

4）高压CO_2气体灭火系统。本建筑地下1层或30层的柴油发电机房、高低压变配电室、储油间等供电系统用房设置固定式高压CO_2气体自动灭火系统。地下1层5个防护区为一套组合分配系统，30层的2个防护区为一套组合分配系统，17层PDS房为单独系统。当某个防护区发生火灾时，消防中心控制室能在接到两个独立的火灾信号后，发出30s内人员撤离该防护区的指令，关闭房门和风机，最后由消防中心控制室自动启动CO_2储气瓶喷洒灭火。

5）手提灭火器系统。本建筑门厅、走道等公共场所、中控室、电梯机房等不宜用水灭火的房间，皆设置手提式干粉灭火器。

3. 防排烟系统设计（见图5）

（1）Ⅱ段防排烟。

1）楼梯间：楼梯间F采用自然排烟；楼梯间E设加压送风系统，加压风机设于11层（PS_{HE}－1）。

2）前室：楼梯间E和F的前室均设加压送风系统PS_{BE}－1，PS_{BF}－1，设于地下1层的风机负责地下3层，地上部分由设于11层的风机送风。

3）为商场各层大空间、餐饮大厅、餐厅内走道及办公部分内走道设专门的机械排烟系统，排烟风机设于16层PY_{16}－1、PY_{16}－2，该系统途经上述各层时均设排烟口或预留排烟管接头，10层中餐厅另增设一机械排烟系统，排烟风机吊装于本层（PY_{10}－2）。

4）自动扶梯厅上空设置专门的排烟系统，排烟风机吊装于10层（PY_{10}－1）。

（2）Ⅲ段防排烟。

1）为中庭、商场各层大空间、餐饮包房及办公部分内走道设专门的机械排烟系统，排烟风机设于16层PY_{16}－3，该系统途经上述各层时均设排烟口或预留排烟管接头。

2）对3层有排烟需要的房间及内走道设机械排烟系统，排烟风机设于11层（PY_{11}－1）。

3）楼梯间：为楼梯间A和D加压送风的加压风机分别设于16和17层（PS_{16A}－1及PS_{HD}－1、PS_{HD}－2），楼梯间B和C则分二段设置加压送风系统，加压风机设于16和29层（PS_{16B}－1、PS_{29B}－1、PS_{16C}－1、PS_{29C}－1）。

4）前室：为楼梯间A和D的前室加压送风的加压风机分别设于16和17层PS_{16A}－2、PS_{17D}－2。楼梯间B的前室分3段设置加压送风系统，加压风机设于16层PS_{16B}－2，29层PS_{29B}－2和47层PS_{47B}－1，楼梯间C的前室分二段设置加压送风系统，加压风机设于16和29层PS_{16C}－2、PS_{29C}－2。

5）转换前室：当16和29层等避难层设楼梯间转换前室时，对这些层的转换前室设置独立的加压送风系统（PS_{16C}－1、PS_{16B}－3及PS_{29C}－3、PS_{29B}－3）。

（3）空调、通风系统的防火安全设计。

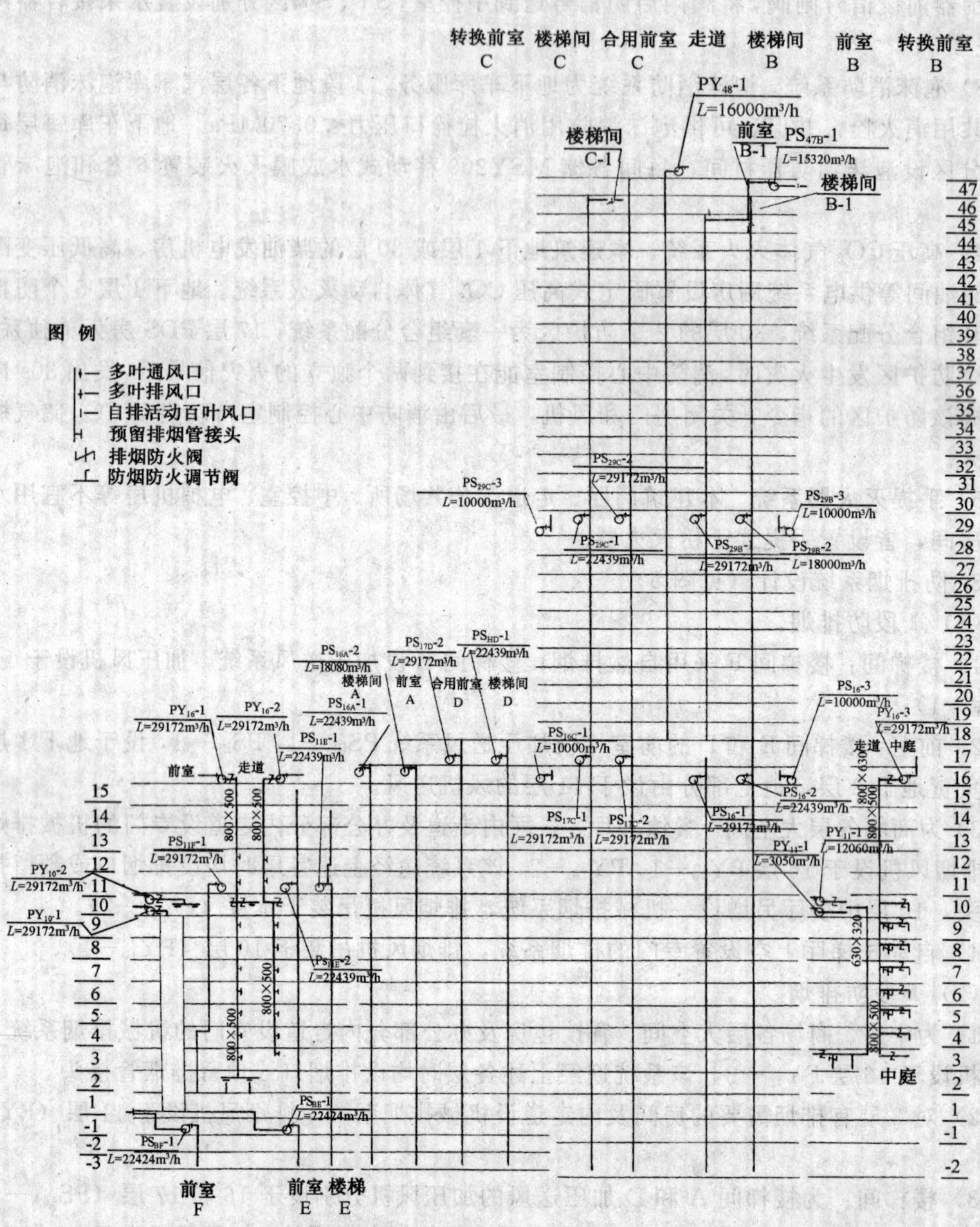

图 5 防排烟系统图

1）通风、空调系统风管均采用镀锌钢板，厚度可按表 4 选用。

镀 锌 钢 板 厚 度 **表 4**

圆形风管直径和矩形最大边长（mm）	钢板厚度（mm）
100～200	0.5
220～500	0.75
550～1120	1.0
1250 以上	1.2

2）风管法兰间的垫片：排烟系统或兼有排烟功能的排风系统采用石棉橡胶板，其余采用闭孔海绵橡胶板。

4．电气防火设计

（1）消防电源和配电。Ⅲ段地下一层设有柴油发电机房，其内设3台自起动柴油发电机组（3×1000kW/1250kVA），供大厦Ⅰ段消防备用，2、3号柴油发电机组（2×1000kW/1250kVA）并车运行，供Ⅱ、Ⅲ段消防备用。市电停电而又无消防要求时，发电机除了保证各应急照明用电外，还可保证大厦内生活泵、普通电梯、商场及办公的部分照明、大堂和银行等重要负荷的用电。

本建筑消防控制室、消防水泵、消防电梯、防排烟机、事故疏散照明、防火卷闸等消防用电由两路电源（市电源和柴油发电机）供电。且在末端自动切换。

消防用电设备采用独立供电回路，其配电设备设明显标志。

消防用电配电及控制线路采用耐火电力电缆和控制电缆。

（2）火灾自动报警控制系统。电子科技大厦二期火灾报警控制系统由电脑、火灾报警控制器和消防联动控制台组成。消防控制人员可依靠控制器自动地或通过联动控制台的手动按钮对大厦消防设备进行遥测和遥控。所有监测、控制设备的工作、报警、故障等资料也可通过电脑终端机以彩色图形和中文信息表达。当系统接收到火警信号后，除发出声光报警和由彩色平面图显示报警位置外，还可以调出事先编制好的应急措施，使值班人员可以快捷有效地完成消防指挥和控制。

电子科技大厦二期建筑高度180m，为超高层建筑，属特级保护对象。本大厦由地下室至屋顶除小于5m^{2}的卫生间外均根据房间的性质设置相应的火灾探测器（光电感烟探测器与感温探测器）。每层设有一定数量的手动报警按钮，同时系统监测消火栓按钮、湿式报警阀压力开关、水流信号器的动作信号及喷洒信号闸阀的位置信号。

火警系统对下列设备与系统进行消防联动控制：防排烟系统、加压送风系统、防火卷帘门、非消防电源、电梯、事故广播、警铃、气休灭火相关设备等。

消防控制室能手动启停各消防水泵（消火栓泵、喷洒泵）并显示其运行、故障、状态、电源等情况。设计时对防排烟风机等消防设备没有要求一定要手动来直接控制，后根据新规范补加了这方面的内容。

消防控制室设有各电梯的运行情况显示板，并能实现与电梯轿厢的对讲。

除以上按规范要求设计以外，本工程还具有如下特点。

1）由于系统规模大，需要采用多台火灾报警控制器，这时火灾报警控制器之间的通信联系就显得很重要。本工程选用的产品，火灾报警控制器之间为平等的通信网络。

2）采用了智慧型环保探测器。

3）采用环形布线，增加了线路的可靠性。环路上任一处发生断路，均不影响其他器件的工作。

4）环路上每隔一定数量的设备设置短路隔离器。这样可以将短路的影响面减小到较低的水平。

5）由消防主机接收事故广播操作盘上的开关信号，可一一对应控制每一防火分区的广播回路。

6）按规范要求在重要的房间设火警对讲电话外，对讲电话插孔的设置没有照搬规范

“宜在手动报警按钮处设置”(因数量太多，且有的产品手动报警按钮上不带电话插孔)，而是结合实际需要在消防前室设电话插孔。

7) 避难层每隔 20m 设置一个电话插孔，其为独立的电话回路。

8)位于通道上的消防电梯合用前室之防火门设置了锁定脱扣装置。平时方便人们通行，火警时又能及时将防火门关闭。

9) 用常规的消火栓按钮，通过一个转换电路，做到了既向火警系统提供消火栓按钮的动作信号(按防火分区)，又提供了接点用于直接启动消火栓泵。消火栓按钮上的指示灯亦是消火栓泵运行的真实指示，并且只在报警的防火分区有灯信号指示，这样可以节省使用直流电。

10) 设计了一个不论消火栓泵控制柜转换开关是在自动位置或是在手动位置，消防控制室均能启动消防泵的电路。这样做的原因主要是考虑到管理方面因素。当一个消火栓按钮损坏而使消火栓泵启动运行时，由于没有配件或其他装置又一时难于修复，使消火栓泵不能一直处于运行状态，这时就只有将转换开关打在手动位置。处于这种状态的时间可长可短，如这时发生火灾，就能用手动方式启动消火栓泵。

深圳新世纪广场

林培瑜　石文娟　王世杰　方政武　饶求荣　高青峰

一、工程概况

深圳新世纪广场为大型综合性超高层建筑，由4层地下室、7层裙房和两幢46层的东、西塔楼组成。东塔楼9～25层为酒店客房，27～42层为高级公寓；西塔楼均为办公用房；裙房有商业、银行、餐饮、娱乐、健身及酒店大堂等多种功能，游泳池和网球场设在8层屋面；地下室为设备用房和停车库，停车位560个。

新世纪广场占地12841m²，总建筑面积近18万m²。东西塔楼总高分别为177.1m和179.0m，裙房高37.5m（也属于高层建筑），地下室深14.2m。

设计分地下室、裙房和塔楼3个阶段进行，于1997年7月结束，1998年3月底结构封顶，目前尚处于外装修和设备安装的结尾阶段，两幢金黄色玻璃幕墙饰面的塔楼已历历在目，给过往行人留下很深的印象。

二、总体布局与防火分区

新世纪广场位于深南东路和文锦路交界的西南侧，处于高楼林立的繁荣地段，东靠200m高的鸿昌广场，相距22m，西邻华东大厦，相距14m。在红线范围内四周设环行消防通道，和深南东路之间有15m宽的城市绿化带，环行消防通道北可通向深南东路，南由锦极路通向文锦路和春风路（见图1）。

按《高规》要求，塔楼标准层面积1300m²，除中间核心筒体外为　个防火分区。裙房和地下室均按规定划分防火分区。防火分区间、中庭和自动扶梯周围以及地下车库坡道入口处以复合防火卷帘隔离，地下车库防火分区以复合防火卷帘代替防火墙时，在一旁增设甲级防火门，作为各自的第二疏散口。

三、安全疏散与耐火等级

水平方向的疏散——东、西塔楼各设两台消防电梯和两座防烟楼梯，其中一座防烟楼梯和消防电梯合用前室。办公和酒店客房标准层均布置环形走道，形成双向疏散路线。裙房共设4台消防电梯和8座防烟楼梯，以满足消防人员救护和便于人们疏散的需要。在首层的疏散楼梯平台中设分隔措施，以免疏散人员误入地下室。

垂直方向的疏散——是超高层建筑消防设计的一个重要组成部分，因为在不可能将人员全部疏散到室外的情况下，只有先将人员疏散到安全地带，再采取措施，是减少伤亡的必要条件。垂直方向主要向避难层疏散，在8、26、43层共设3个避难层（兼设备层和加强层），避难层之间相隔16～17层，略超出《高规》中15层的要求。在避难层的防烟楼梯分设上行、下行两个消防前室，以给疏散人员导引的作用；避难层为开敞式，外墙设百叶窗；避难区和设备用房间用防火墙和防火门隔离。按“高规”的要求：“建筑高度超过100m，且标准层建筑面积超过 $1000m^2$ 的公共建筑，宜设置屋顶直升机停机坪或供直升机救助的设施。”并且消防审核意见中明确指出：“新世纪广场为一类高层公共建筑，体量大、功能多、装修高档豪华，根据《高规》6.1.4 条的规定，结合深圳特区的实际，应设置屋顶直升机停机坪或供直升机救助的设施。”按设计的现实状况，决定在东塔楼顶部设直升机停机坪。在设计中理应按机身的旋翼直径和机身的全长决定停机坪的面积，由于无法取得机型依据，又碍于场地条件的限制，设计直径定为 18m（属下限），在南、北两端各设一处出入口，其他设施均符合《高规》要求。

《高规》要求，高层建筑应为一、二级耐火等级建筑。新世纪广场塔楼采用了带加强层的现浇钢筋混凝土外框架、内筒结构，加强层采用伸臂钢桁架、水平钢支撑及部分型钢钢筋混凝土柱结构；裙房为钢筋混凝土框架结构，顶层大跨度部分采用有粘结预应力钢筋混凝土大梁。伸臂钢桁架和水平钢支撑表面涂以耐火涂料，结构构件均按一级耐火等级要求进行设计。新世纪广场剖面图见图 2。

四、消防给水系统

（1）设计消防水量为：室外消防 30L/s，室内消防 40L/s，自动喷水 30L/s。

（2）市政供水管直径为 $DN300$mm，两路进水，在大厦周围形成 $DN200$ 环状管网，在管网上布置室外消火栓，以满足室外消防用水，从环网上引两根进水管至地下室生活消防储水池，水池容积 $1300m^3$，其中储存 3h 消火栓用水及 1h 自喷用水，共 $540m^3$。

（3）消火栓系统的原理图见图 3。分为低区和高区，低区为地下 4 层至地上 21 层，加压泵设在地下二层，两个塔楼只考虑一次着火，设两台消火栓增压泵，一用一备。性能为：$Q=144m^3/h$，$H=136m$，$N=90kW$，初期火灾所需的消防水量和水压由设在 26 层的低区水箱供给。由于地下室至裙房的静压较高，故在 8 层设减压阀以减静压。高区为两座塔楼的 22 层至顶层，加压泵分别设在两座塔楼的 26 层。东塔消火栓泵性能为：$Q=144m^3/h$，$H=105m$，$N=75kW$。两塔消火栓性能为：$Q=144m^3/h$，$H=90m$，$N=55kW$。初期火灾的水量、水压由 45 层水箱供给，在 26 层设减压阀以减 22 至 26 层的静压。

高区消防是串联供水系统，当高区发生火灾时，首先由 26 层消防加压泵启动，开始从消防水箱吸水，随之地下室低区加压泵自动启动（滞后时间 1～3min，可以调整），从消防储水池将水抽至高区消防泵吸水管。地上各层动压超过 0.5MPa 的消火栓处设减压孔板。地下车库按原《高规》宜设移动式泡沫灭火装置，灭火时利用消火栓的压力引射抽吸泡沫液，要求消火栓压力大于 0.7MPa。地下室为普通 65 口径消火栓，地上各层消火栓箱内除 65 口径消火栓外，还设有 25 口径消防卷盘。

（4）自动喷水系统的原理图见图 4。系统分区基本与消火栓系统相同，亦分为低区和高区，只是层数稍有区别。低区为地下 4 层至地上 19 层，由地下 2 层自动喷水，加压泵供水，两台加压泵，一用一备，水泵性能为：$Q=108m^3/h$，$H=128m$，$N=55kW$。26 层水箱维持平时供水压力，1 层以下自喷系统设减压阀减压。高区为两座塔楼的 20 层至 43 层，由 26 层自动喷水泵供水，45 层水箱维持平时供水压力。当高区发生火灾时，26 层喷水泵自动启动，从 26 层水箱抽水，随之地下 2 层自喷泵也自动投入（滞后时间可以调整），向 26 层自喷泵吸水管供水。东西塔楼自喷加压泵相同，性能为：$Q=108m^3/h$，$H=95m$，$N=45kW$。

（5）其他灭火设施。

图　例

- Ⓨ　类比感烟探测器
- Ⓦ　类比感温探测器
- 电笛
- ◎　手动报警按钮
- 3445　无源输入输出单元
- 3440　有源输入输出单元

喷淋泵 SK　消防泵 SK

喷淋泵 SK　消防泵 SK

楼层	Ⓨ	◎	3445	Ⓨ	Ⓦ	◎	3445
46F	×5	×1	×1				
45F	×8	×1	×1	×10		×2	×1
44F	×13	×1	×4	×18		×2	×4
43F	×31	×2	×5	×33		×2	×3
42F	×27	×2	×2	×41		×2	×1
41F	×27	×2	×2	×23	×6	×2	×1
40F	×29	×2	×2	×43		×2	×1
39F	×29	×2	×2	×23	×6	×2	×1
38F	×31	×2	×2	×39	×6	×2	×1
37F	×31	×2	×2	×39	×6	×2	×1
36F	×33	×2	×2	×41	×6	×2	×1
35F	×31	×2	×2	×39	×6	×2	×1
34F	×31	×2	×2	×39	×6	×2	×1
33F	×31	×2	×2	×39	×6	×2	×1
32F	×33	×2	×2	×41	×6	×2	×1
31F	×31	×2	×2	×39	×6	×2	×1
30F	×31	×2	×2	×39	×6	×2	×1
29F	×31	×2	×2	×47	×12	×2	×1
28F	×33	×2	×2	×49	×12	×2	×1
27F	×31	×2	×2	×29		×2	×1
26F	×35	×2	×8	×33		×3	×10
25F	×29	×2	×2	×41		×3	×3
24F	×31	×2	×2	×43		×3	×1
23F	×29	×2	×2	×41		×3	×1
22F	×29	×2	×2	×41		×3	×1
21F	×29	×2	×2	×41		×3	×1
20F	×31	×2	×2	×43		×3	×1
19F	×29	×2	×2	×41		×3	×1
18F	×29	×2	×2	×41		×3	×1
17F	×29	×2	×2	×41		×3	×1
16F	×31	×2	×2	×43		×3	×1

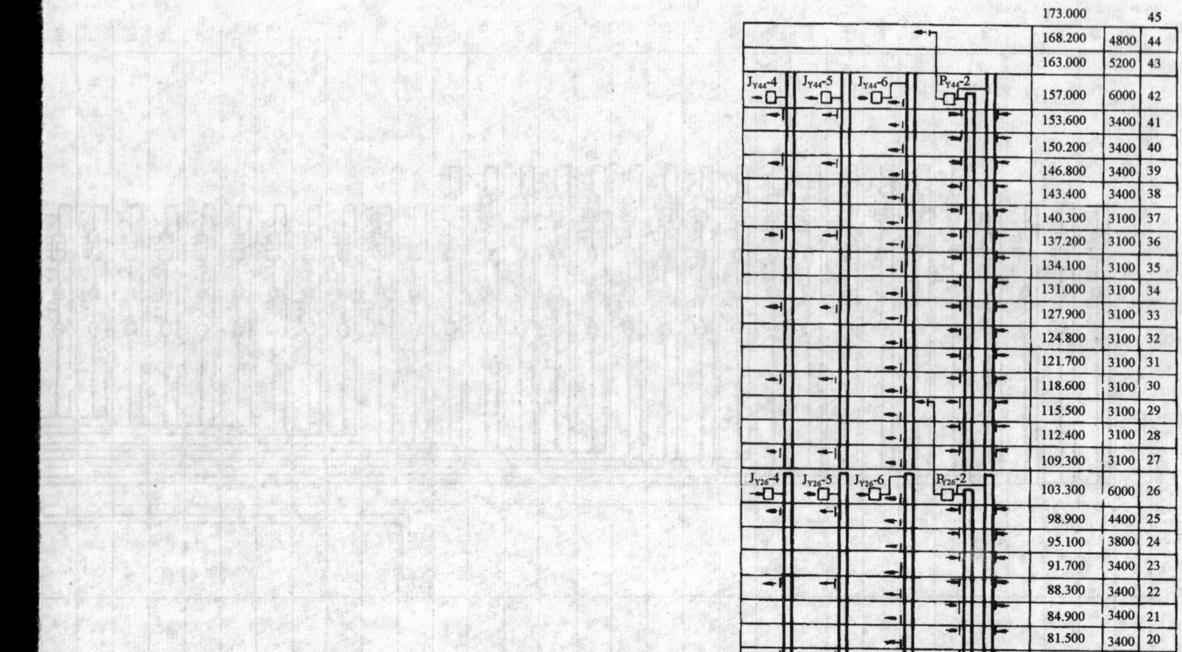

P_{Y8}-6　P_{Y8}-7　P_{Y8}-8　P_{Y8}-9　P_{Y8}-11　P_{Y8}-10　P_{Y8}-12

J_{Y44}-4　J_{Y44}-5　J_{Y44}-6　P_{Y44}-2

J_{Y26}-4　J_{Y26}-5　J_{Y26}-6　P_{Y26}-2

J_{Y8}-14　J_{Y8}-15　J_{Y8}-16　P_{Y8}-2

自动扶梯

6#楼梯间　5#楼梯间　5#合用前室　走道

东塔楼

标 高	层高	层数
173.000		45
168.200	4800	44
163.000	5200	43
157.000	6000	42
153.600	3400	41
150.200	3400	40
146.800	3400	39
143.400	3400	38
140.300	3100	37
137.200	3100	36
134.100	3100	35
131.000	3100	34
127.900	3100	33
124.800	3100	32
121.700	3100	31
118.600	3100	30
115.500	3100	29
112.400	3100	28
109.300	3100	27
103.300	6000	26
98.900	4400	25
95.100	3800	24
91.700	3400	23
88.300	3400	22
84.900	3400	21
81.500	3400	20
78.100	3400	19
74.700	3400	18
71.300	3400	17
67.900	3400	16
64.500	3400	15
61.100	3400	14
57.700	3400	13
54.300	3400	12
50.900	3400	11
47.500	3400	10
43.800	3700	9
37.800	6000	8
31.000	6800	7
26.000	5000	6
21.000	5000	5
16.000	5000	4
11.000	5000	3
6.000	5000	2
±0.000	6000	1
-4.000	4000	-1
-7.400	3400	-2
-10.800	3400	-3
-14.200	3400	-4

系统原理图

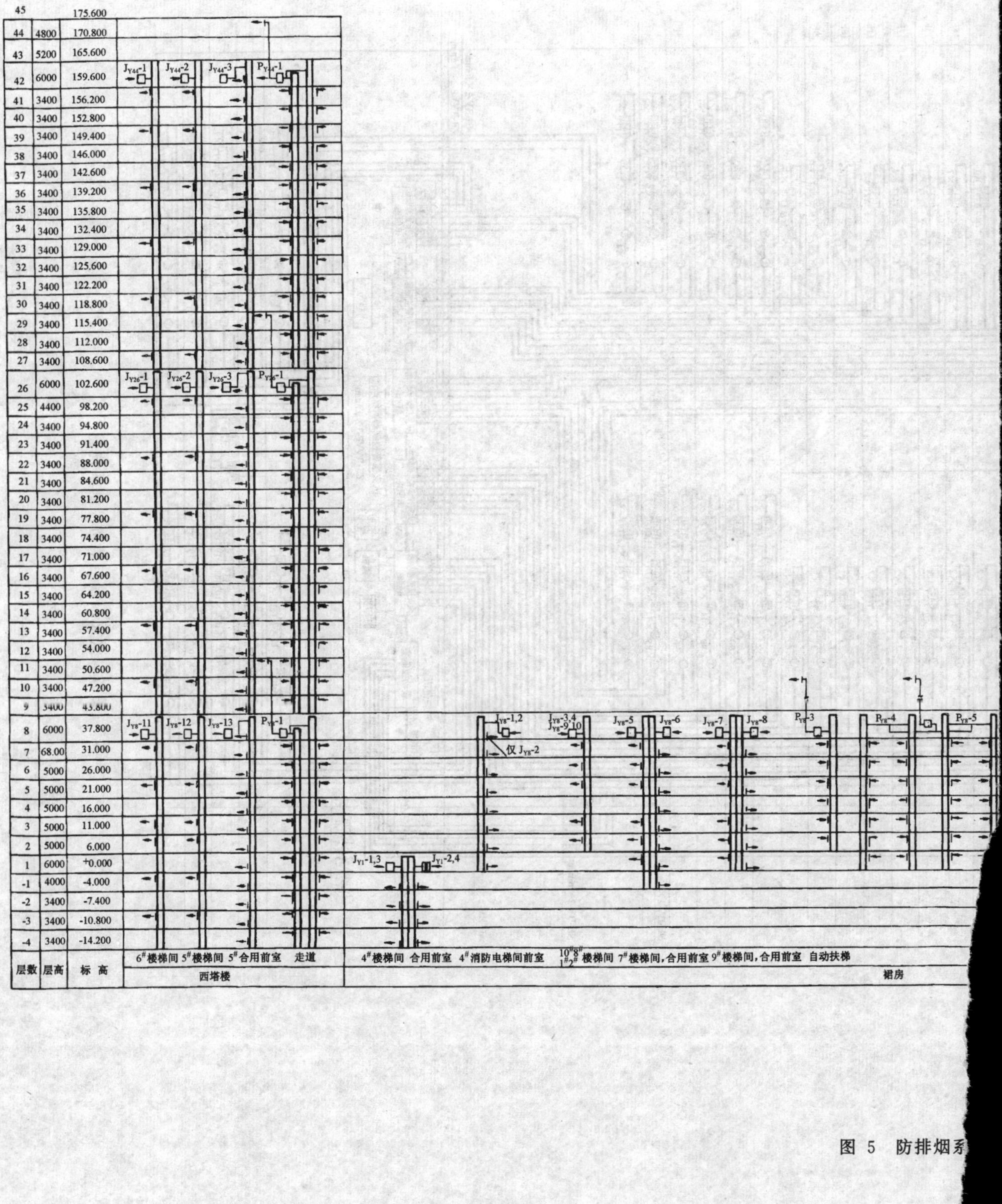

45 175.600
44 4800 170.800
43 5200 165.600
42 6000 159.600
41 3400 156.200
40 3400 152.800
39 3400 149.400
38 3400 146.000
37 3400 142.600
36 3400 139.200
35 3400 135.800
34 3400 132.400
33 3400 129.000
32 3400 125.600
31 3400 122.200
30 3400 118.800
29 3400 115.400
28 3400 112.000
27 3400 108.600
26 6000 102.600
25 4400 98.200
24 3400 94.800
23 3400 91.400
22 3400 88.000
21 3400 84.600
20 3400 81.200
19 3400 77.800
18 3400 74.400
17 3400 71.000
16 3400 67.600
15 3400 64.200
14 3400 60.800
13 3400 57.400
12 3400 54.000
11 3400 50.600
10 3400 47.200
9 3400 43.800
8 6000 37.800
7 68.00 31.000
6 5000 26.000
5 5000 21.000
4 5000 16.000
3 5000 11.000
2 5000 6.000
1 6000 +0.000
-1 4000 -4.000
-2 3400 -7.400
-3 3400 -10.800
-4 3400 -14.200
层数 层高 标 高
6#楼梯间 5#楼梯间 5#合用前室 走道
西塔楼
4#楼梯间 合用前室 4#消防电梯间前室 10#8# 1#2# 楼梯间 7#楼梯间,合用前室 9#楼梯间,合用前室 自动扶梯
裙房

图 5 防排烟系

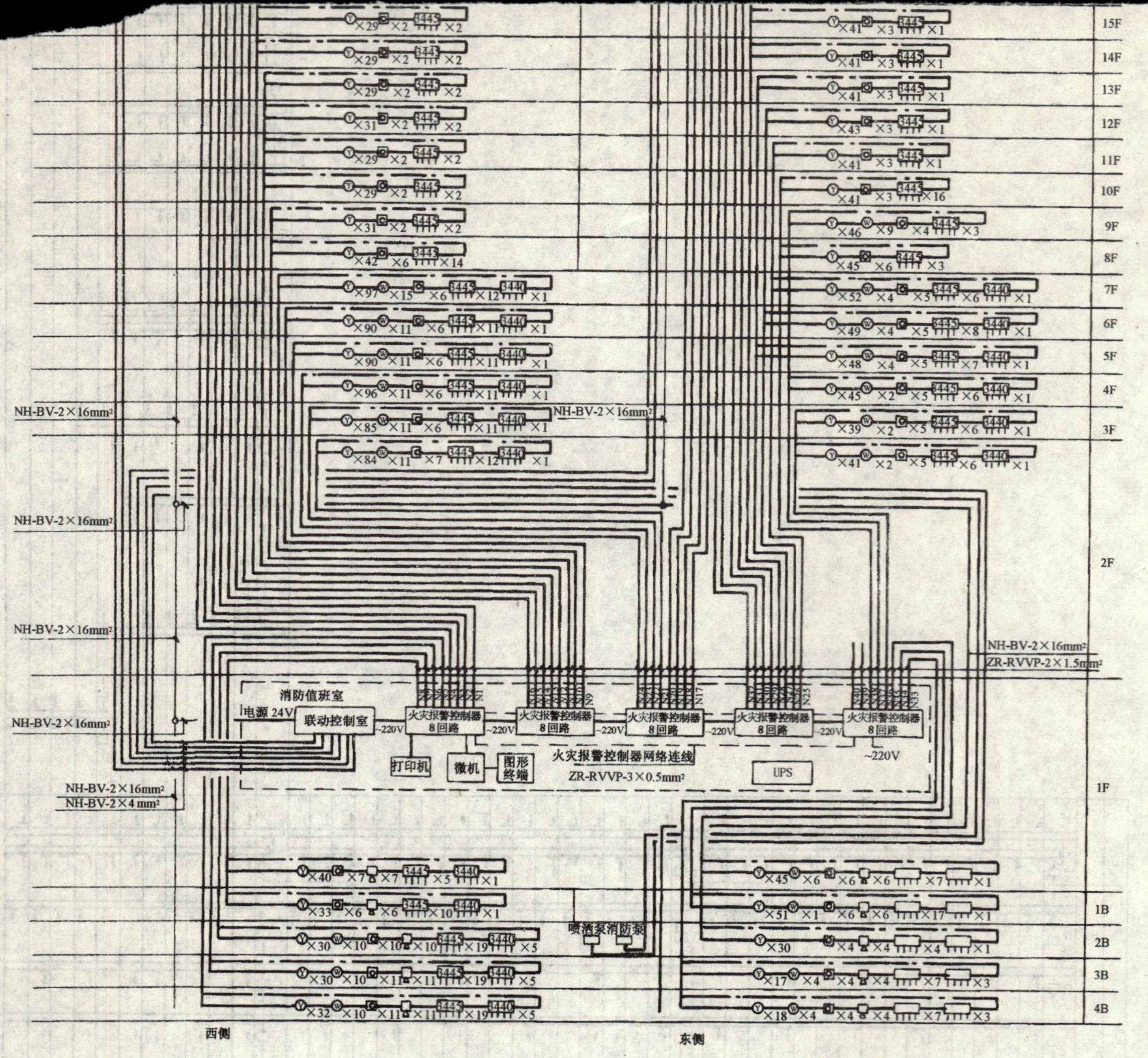

图 7　火灾报警与消防控制系统图

1）地下车库设移动式泡沫灭火装置，每层设两处消防器材间，存放两倍灭火用的泡沫液。

2）原设计在柴油发电机房及燃油锅炉房采用清水泡沫消防系统，后在施工时改为二氧化碳灭火系统，就近设气瓶间。

五、防排烟系统（原理图见图 5）

（1）地下 1～4 层汽车库、制冷机房、发电机房、水泵房按照每层防火分区设置排风兼排烟系统和机械补风系统。各层竖向合用排风和排烟管井，在每个系统的风机出口设止回阀和 280℃ 防火阀。火灾时，非着火层风机出口的 280℃ 防火阀由消防值班室远控关闭。

在地下 1～4 层汽车库中，排风（烟）的风管上设带 70℃ 防火阀的排风支管和排烟口，平时排烟口关闭，系统排风。火灾时着火层排烟口手动或消防值班室远控开启，连锁排烟风机运行。同时由消防值班室远控关闭排风支管上的 70℃ 防火阀。当排烟口或风机入口的 280℃ 防火阀熔断关闭时，连锁排烟风机停止运行，平时和火灾时的补风系统通过竖向管井由风机送入各区域。排风（烟）风机合用。

制冷机房、发电机房、水泵房的排风（烟）的风管不设排烟口，平时和火灾时都利用单层百叶风口排风（烟），风机入口的 280℃ 防火阀熔断关闭时，连锁排烟风机停止运行，排风风机和排烟风机分别设置。

（2）裙房中的银行营业厅、商场、餐厅等按照防火分区设置独立的排烟系统，系统竖向并联，风机房设在 8 层设备层。竖向系统承担两个或两个以上防火分区的排烟。事故发生时，着火层排烟口手动或消防值班室远控开启，连锁排烟风机运行，当排烟口或风机入口的 280℃ 防火阀熔断关闭时，连锁排烟风机停止运行，裙房共设 10 套排烟系统，所有排烟系统均不设进风系统。风机布置在设备层内时，排烟出口需高出设备层两层以上，避免烟气倒灌入设备避难层。

（3）东西塔楼筒体内走道设机械排烟系统，竖向共分 3 个系统，分别为地上 4～7 层、9～25 层、27～42 层，其排烟风机分别设在 8 层、26 层、43 层设备层风机房内。事故发生时，着火层排烟口手动或消防值班室远控开启，连锁排烟风机运行。当排烟口或风机入口的 280℃ 防火阀熔断关闭时，连锁排烟风机停止运行，每个系统排烟出口均高出设备层两层以上，避免烟气倒灌入设备避难层。

（4）每座塔楼筒体设有两座防烟楼梯间和两台消防电梯。其中一座防烟楼梯间和消防电梯共用前室，另外一座防烟楼梯间设独立前室。与消防电梯合用前室的防烟楼梯间，其楼梯间以及合用前室分别设置加压送风防烟系统。独立前室的防烟楼梯间，仅对楼梯间加压送风，前室由于条件限制不设加压系统。

防烟楼梯间加压送风系统每 3 层设一个单层百叶送风口。消防电梯合用前室的加压送风系统，每层设多叶送风口，着火时开启着火层及其上下两层送风口，由消防值班室控制多叶送风口开启或手动开启多叶送风口，并连锁前室和楼梯间加压风机运行。

塔楼筒体防烟楼梯间以及合用前室加压送风系统竖向共分三个系统，分别为地上 4～7 层，9～25 层、27～42 层，其加压风机分别设在 8 层、26 层、43 层设备层风机房内。

（5）裙房和地下室防烟楼梯间共设 14 套加压送风系统，加压风机设在 8 层或首层。每层设一个单层百叶送风口。

(6) 8、26、43 层为设备避难层，其中避难部分为开敞式，外墙上设百叶窗。

六、消防电源与火灾事故照明

1. 消防电源

新世纪广场为一级负荷，从市政区域变电站的不同变压器引来二路 10kV 线，并设第三电源自备发电机，低压系统采用四段母线结线型式如图 6 所示，K1、K2 与 K3 电气联锁，K4、K5 机械电气联锁，K6 设分励脱扣，保证消防设施双电源末端自投的用电。

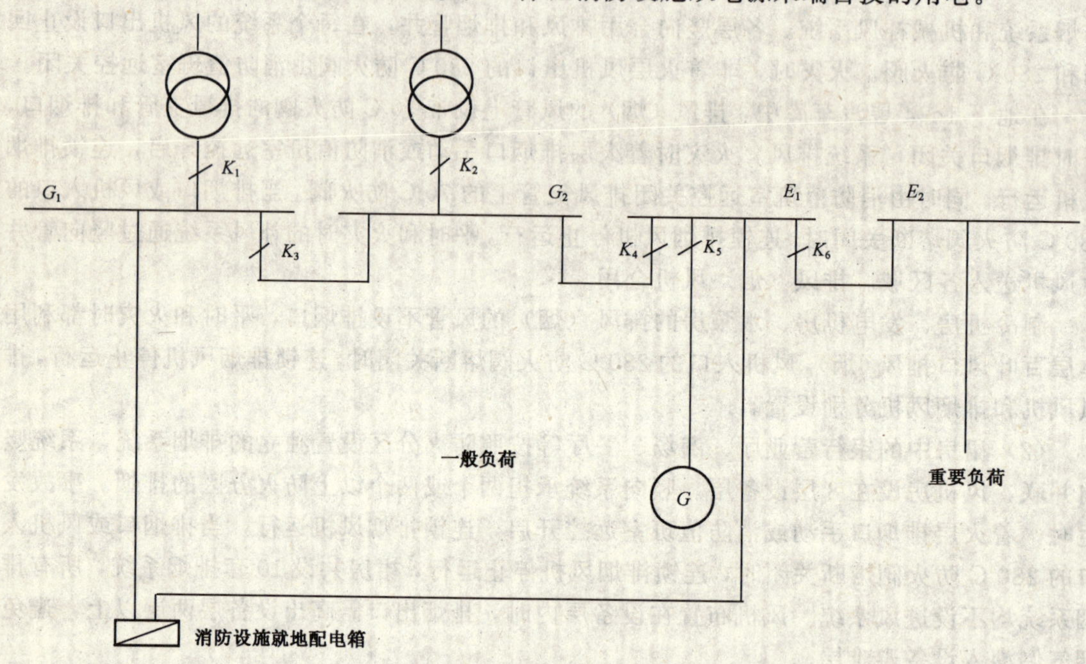

图 6 低压系统结线原理图

2. 火灾事故照明

新世纪广场在主要出入口、楼梯间、公用通道、疏散走廊、消防控制室、通信机房、设备机房、公共场所均设应急照明，该配电箱电源为双电源末端自投，应急照明灯为自带 1h 的蓄电池灯具。

七、火警及消防控制系统（系统图见图 7）

根据《高层民用建筑设计防火规范》，本建筑高度超过 100m，属于超高层建筑，火灾报警系统采用了全面保护方式。

(1) 整个系统采用控制中心报警控制系统，采用总线报警，总线与多线相结合的控制方式。全楼的报警及控制点为 7900 余点，选用了 5 台 8 回路，每回路 255 点的火灾报警控制器，设置在 1 层西侧的消防控制室内。消防控制室内还设有图形终端及打印机、消防控制台、消防紧急广播机柜、消防对讲电话机柜、消防电源柜等消防设施，并且还设有楼宇自控终端、闭路电视监控分控键盘和监视器，消防值班人员通过闭路电视监控系统可以很

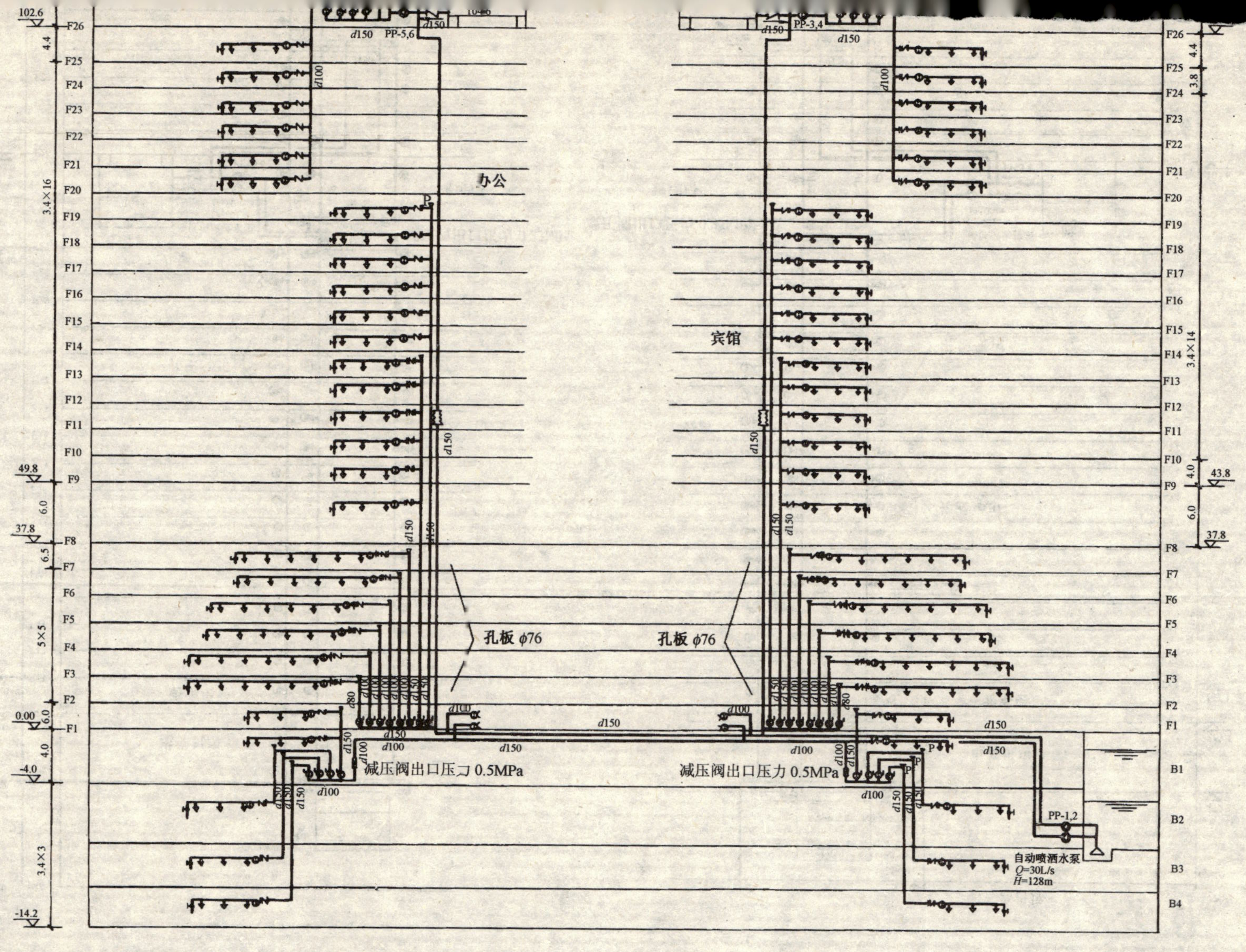

图 4　自动喷水系统原理图

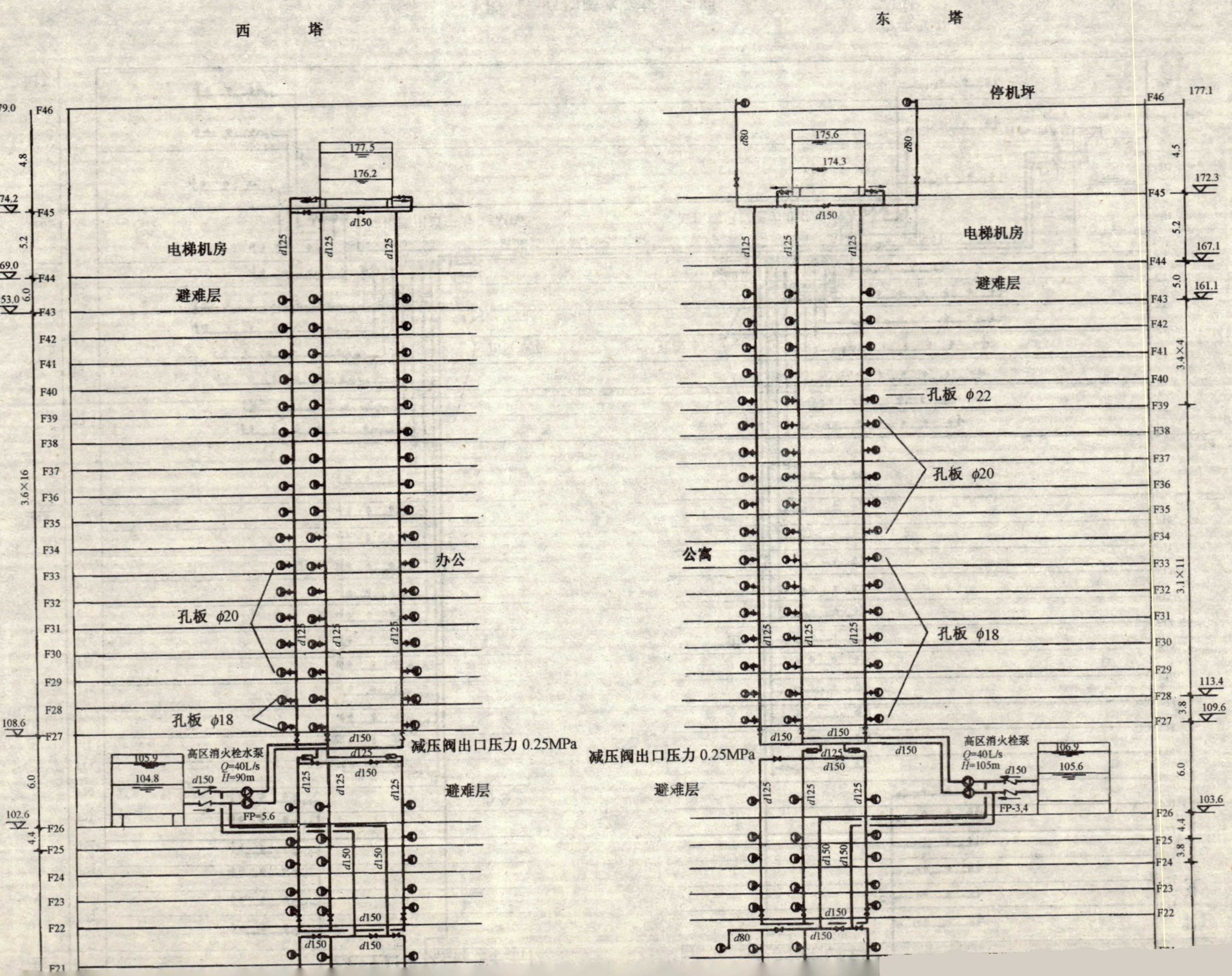

西 塔
东 塔
停机坪
电梯机房
避难层
办公
公寓
孔板 φ22
孔板 φ20
孔板 φ18
减压阀出口压力 0.25MPa
高区消火栓水泵
Q=40L/s
H=90m
FP=5.6
高区消火栓泵
Q=40L/s
H=105m
FP-3,4

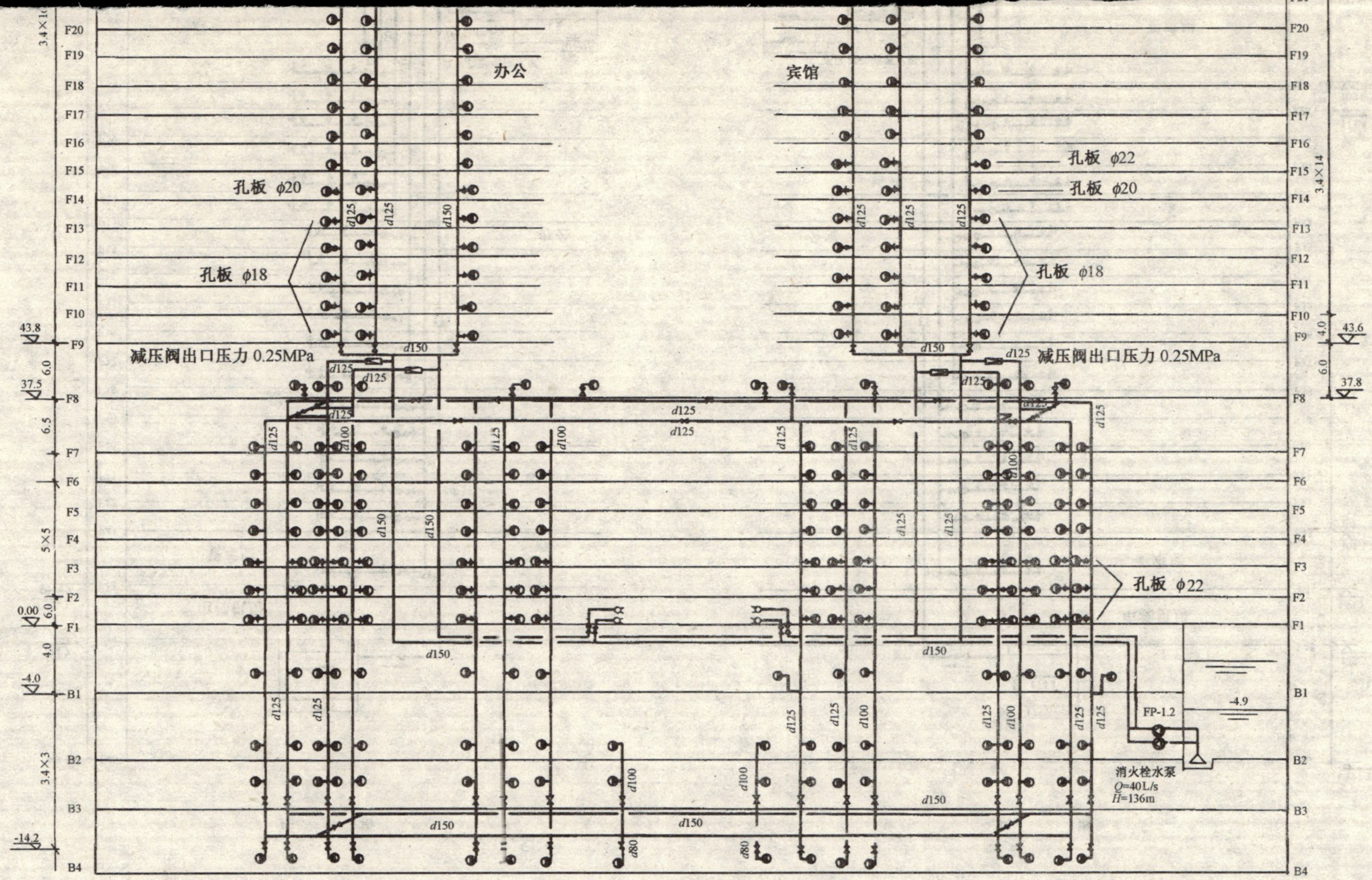

图 3　消火栓系统原理图

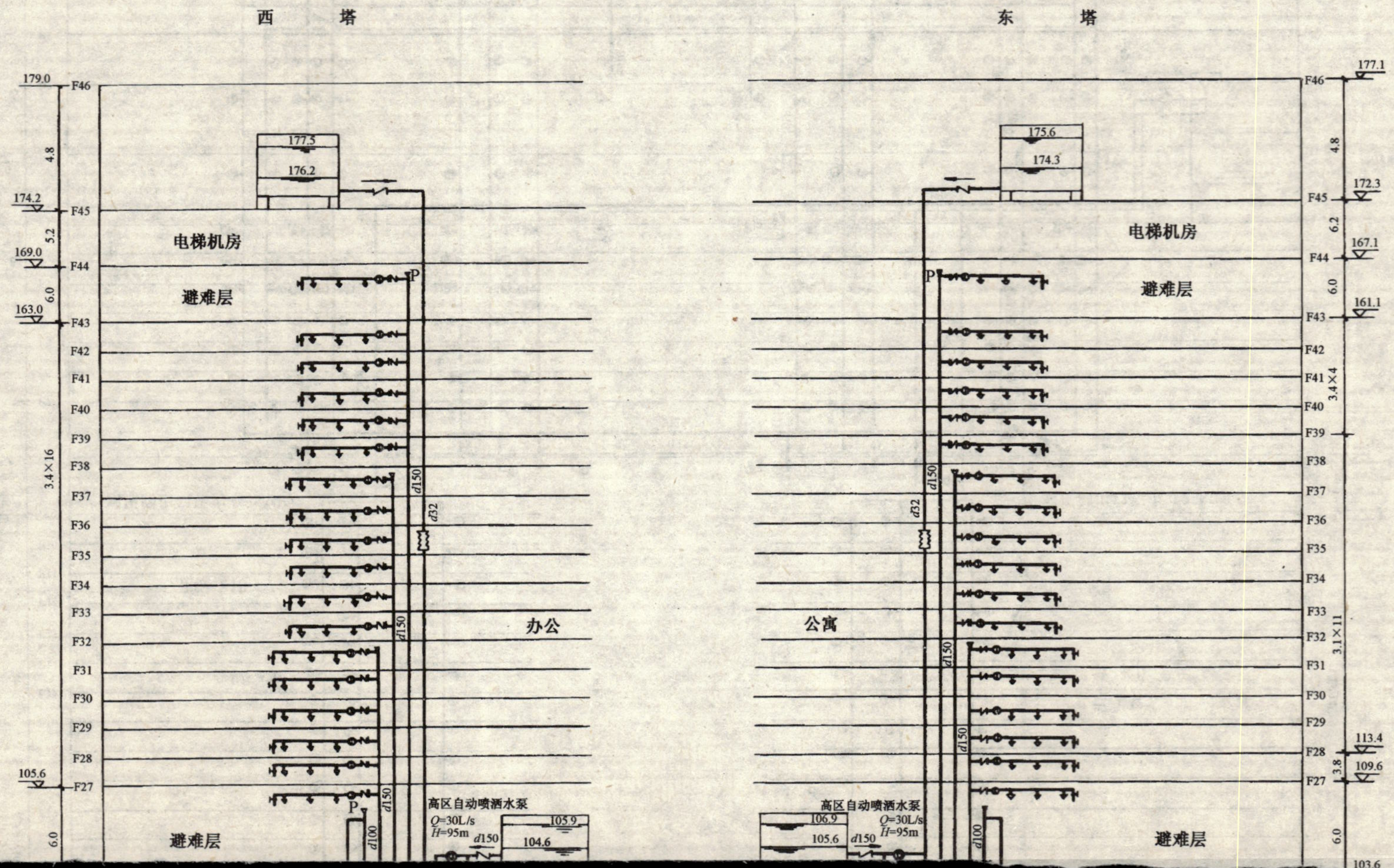

西　　塔

东　　塔

179.0
F46
4.8
174.2
F45
5.2
169.0
F44
6.0
163.0
F43
F42
F41
F40
F39
F38
F37
F36
F35
F34
F33
F32
F31
F30
F29
F28
F27
3.4×16
105.6
6.0

177.5
176.2
电梯机房
避难层
P
d150
d32
d150
办公
P
d150
d100
高区自动喷洒水泵
Q=30L/s
H=95m
d150
105.9
104.6
避难层

106.9
105.6
d150
高区自动喷洒水泵
Q=30L/s
H=95m
d100
d150
d150
公寓
d32
d150
P
175.6
174.3
电梯机房
避难层
避难层

177.1
F46
4.8
172.3
F45
6.2
167.1
F44
6.0
161.1
F43
F42
F41
F40
3.4×4
F39
F38
F37
F36
F35
F34
F33
F32
F31
F30
F29
F28
F27
3.1×11
113.4
3.8
109.6
6.0
103.6

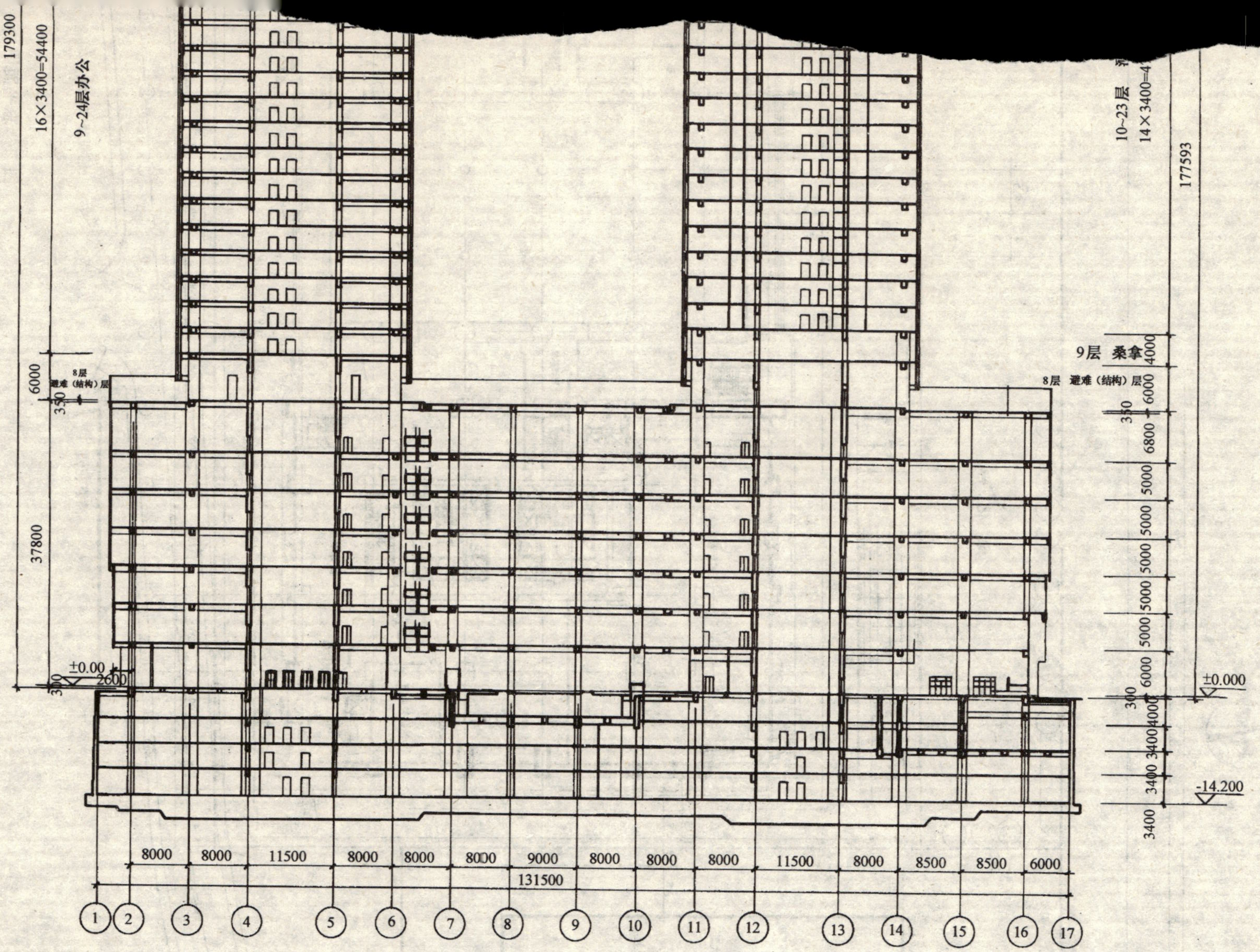
179300
16×3400=54400
9~24层办公
6000
8层 避难（结构）层
350
37800
±0.00
2600
300
10~23层
14×3400=4
177593
9层 桑拿
4000
8层 避难（结构）层
6000
350
6800
5000
5000
5000
5000
5000
6000
±0.000
300
4000
3400
3400
-14.200
3400
8000
8000
11500
8000
8000
8000
9000
8000
8000
8000
11500
8000
8500
8500
6000
131500
1
2
3
4
5
6
7
8
9
10
11
12
13
14
15
16
17

图 2 新世纪广场剖面图

N
绿化带
4.5
4.5
6.00
地下车库入口
室外停车场
华乐大厦
银行营业厅
空调机房
前室
风机房
储藏室
办公门厅
消防控制室
商务中心
办公入口
货运入口
公寓入口
高嘉花园
锦极路中心线

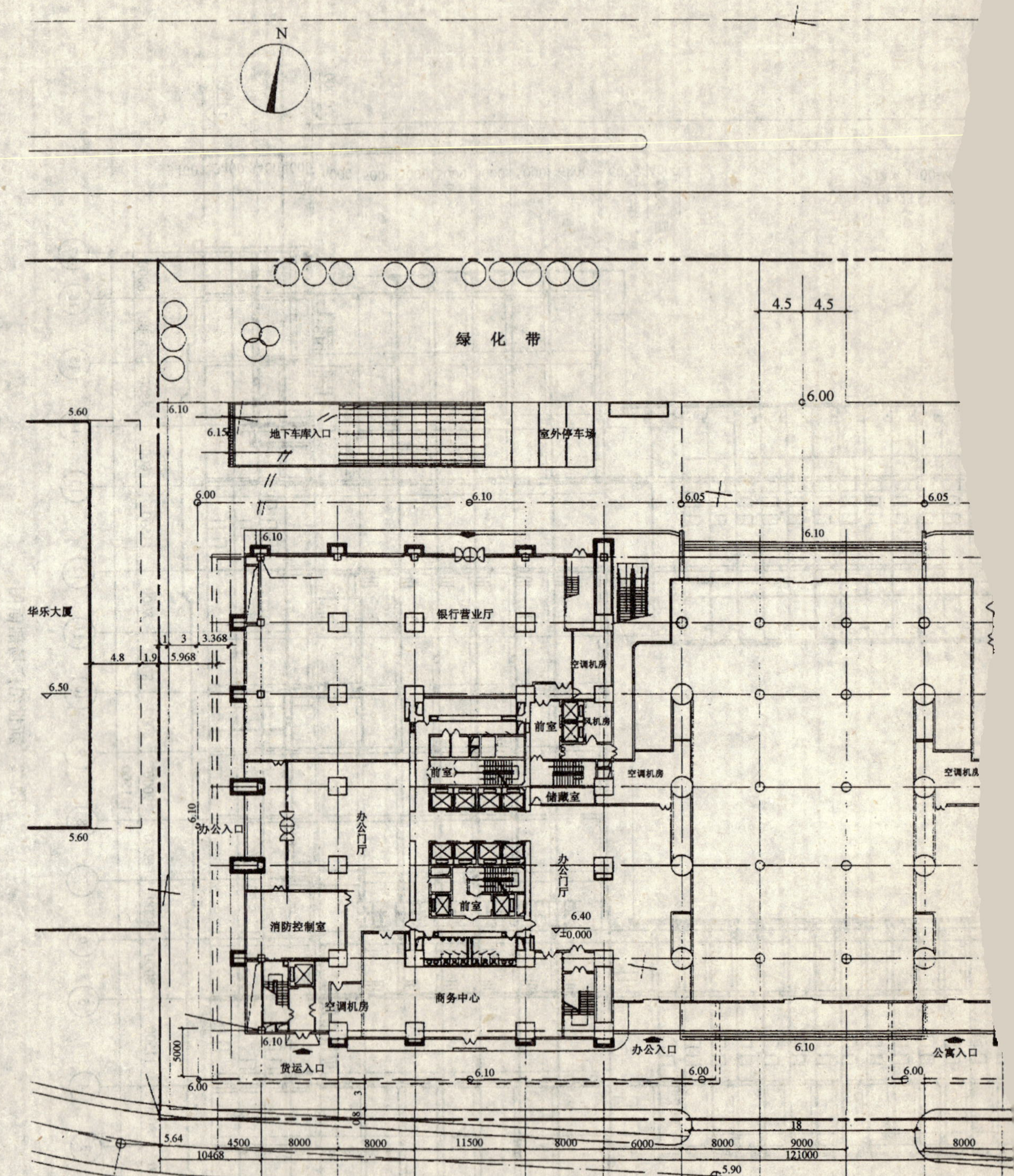

图 1　总平面图

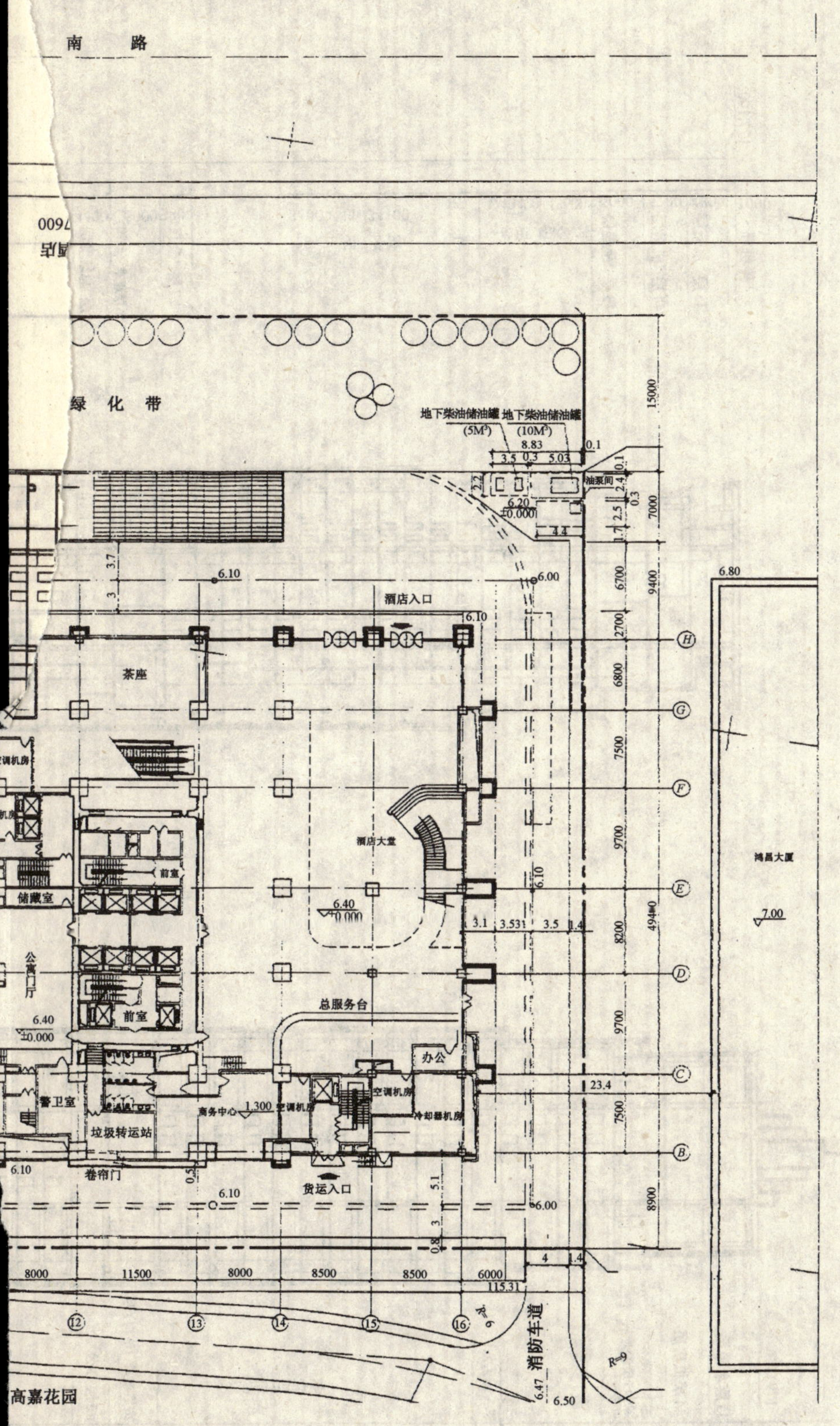

南路
绿化带
地下柴油储油罐 (5M³)
地下柴油储油罐 (10M³)
油泵间
酒店入口
茶座
酒店大堂
总服务台
办公
空调机房
冷却器机房
商务中心
货运入口
前室
储藏室
公寓门厅
警卫室
垃圾转运站
卷帘门
消防车道
高嘉花园
鸿昌大厦

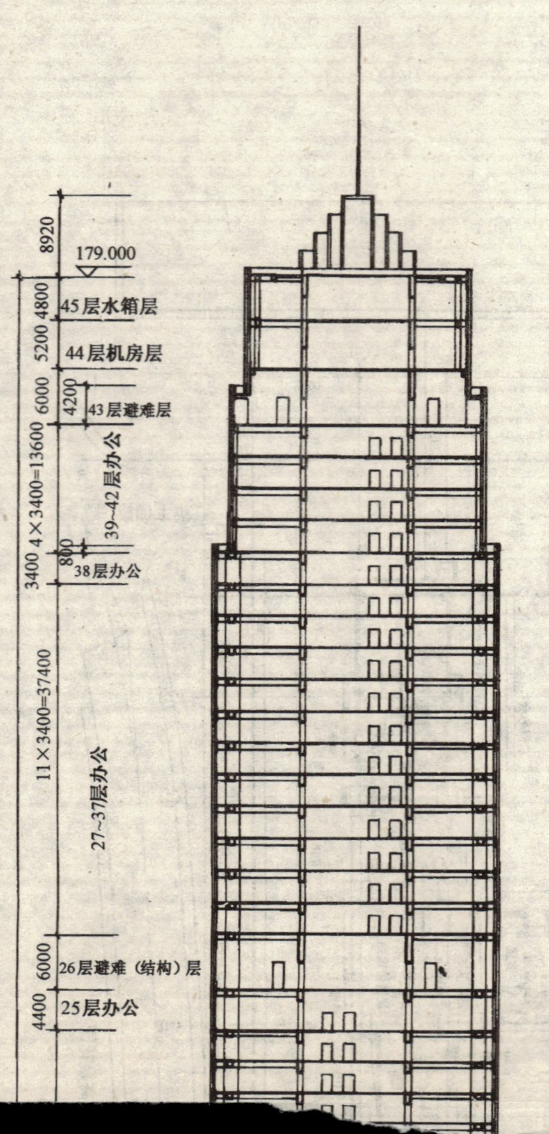

8920
179.000
4800 45层水箱层
5200 44层机房层
6000 4200 43层避难层
4×3400=13600 39~42层办公
3400 800 38层办公
11×3400=37400 27~37层办公
6000 26层避难（结构）层
4400 25层办公

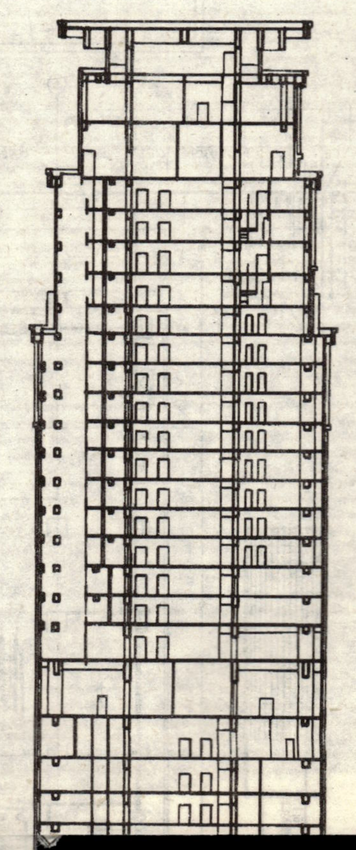

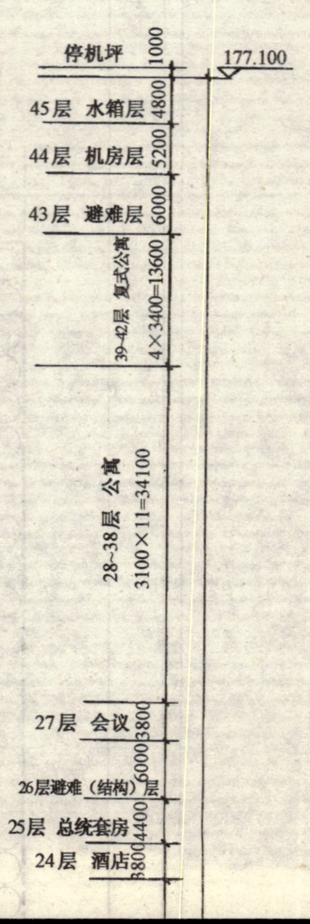

177.100
1000 停机坪
4800 45层 水箱层
5200 44层 机房层
6000 43层 避难层
4×3400=13600 39~42层 复式公寓
3100×11=34100 28~38层 公寓
3800 27层 会议
6000 26层避难（结构）层
4400 25层 总统套房
3800 24层 酒店

方便地确认火灾，通过楼宇自控系统可及时了解各机电设备的运行状况。

(2) 探测器选型和设置。在商场、办公室、银行、餐厅、多功能厅、会议室、客房、公寓、配电间、风机房、各弱电机房、楼梯前室、门厅和走道等处设置感烟探测器。在不适合安装感烟探测器的场所，如地下汽车库、厨房、锅炉房和发电机房等处安装感温探测器。在防火卷帘两侧设感烟探测器和感温探测器组。此外在使用煤气的厨房内设置煤气探测器。在各层楼梯间、电梯前室、大厅、公共活动场所出入口和主要通道等处设置手动报警按钮和警铃（或电笛）。

(3) 广播系统。广播室设在裙房 7 层，设有各种音源、功率放大器、输出控制盘等设备。消防紧急广播的音源、功率放大器、输出控制盘等设备设在 1 层消防控制室。在裙房的商场、塔楼办公和酒店各层设背景音乐，酒店客房设床头柜音响，在其余各层均设消防紧急广播。背景音乐及床头音响在火灾时均可强切至消防紧急广播。

地下室采用 10W 号筒式扬声器，客房床头音响采用 1W 扬声器，其余各处采用 3W 扬声器。

(4) 消防对讲电话系统。在消防控制室设置 200 门的消防对讲电话主机和连接消防部门的直通电话。在水泵房、变配电室、发电机房、广播室、通信机房、电梯机房、通风机房、空调机房等处设置消防对讲电话分机，在各楼梯间前室均设置了消防对讲电话插孔。

(5) 消防设备联动控制。

1) 消火栓系统。消火栓启泵按钮动作，联锁启动消火栓泵。火灾报警控制器显示按钮动作信号，消防控制台接收水泵的运行/停止信号。

2) 自动喷水灭火系统。火灾报警控制器显示水流指示器和检修信号阀的动作信号。湿式报警阀的压力开关动作，联锁启动喷淋泵，消防控制台接收水泵的运行/停止信号。

3) 防火卷帘。当卷帘两侧的感烟探测器报警后，卷帘下降到 1.5m；当感温探测器报警后，卷帘下降到底。其动作信号反馈到消防控制室。

4) 防排烟系统。火警后，联锁开启相应的排烟口，关闭 70℃ 防火阀，同时开启相应的加压风机和排烟风机。

当 280℃ 防火阀熔断关闭，联锁停相应送、排风机。以上动作信号反馈到消防控制室。

5) 通风、空调系统。火警后，联动相应通风、空调系统 70℃ 防火阀关闭，停相应通风、空调风机，并接收其反馈信号。

6) 电梯。火灾确认后，控制电梯全部停于首层，并按收其反馈信号。

7) 消防紧急广播/警铃。火灾确认后，控制接通相应区域的广播扬声器或警铃，进行人员疏散。

8) 非消防电源。火灾确认后，切断有关部位的非消防电源。

深圳国际贸易中心大厦

王克强

一、工程概况

深圳国际贸易中心大厦位于深圳市罗湖区人民南路黄金地段，是深圳市第一幢超高层标志性建筑。整个建筑物由主楼及裙楼组成。主楼地面上为48层，高度约148m，裙楼4层，高度为17.6m；地下室为一层；总建筑面积约9.7万m^2。主楼除第47层为旋转餐厅外，其余各层主要为办公用房，裙楼为商业用房，包括展销厅、营业性餐厅及超级市场；地下室为机电设备用房及停车场；空间的中庭为游人提供了宽敞舒适的休憩场所。

二、消火栓给水系统

设计消防用水量为40L/s，每层设有两根*DN*150的消防主管，并竖向成环，消火栓口最低压力为24m水柱。同时设有*DN*25小口径消防卷盘。

消火栓给水系统图见图1。整个系统分为3个区，Ⅰ区为1～4层，由城市管直接供水；Ⅱ区为5～20层，由地下室消火栓泵加压供水，也可由消防车通过消防水泵接合器供水；Ⅲ区为21～46层，由地下室消火栓泵及25层消火栓加压泵串联供水。由于水箱设在45层，不能满足39层以上消火栓的压力要求，因此在第44层设置消防增压泵，满足起始10min的消防水压，10min后此泵自动停止。

口径65mm室内消火栓的位置及数量，按能有2股水柱同时到达着火点考虑。小口径消防卷盘仅考虑有一股水柱到达着火点。在水压超过需要的几层消火栓处设置孔板节流，消防卷盘设减压阀降压。45层及26层水箱中各储存10min的消防水量，地下储水池中储存3h消火栓用水量及1h自动喷水用水量（共540m^3）。地下室及25层各设2台消火栓专用加压泵，一用一备，型号为125TSW－5，备用泵在工作泵发生故障时能自动投入工作。消防泵房隔墙的耐火极限不低于3h，并设有两路电源及单独的安全出口。

三、自动喷水系统

全楼设有湿式自动喷水灭火系统，系统简图见图2。共有6个分区，Ⅰ区为地下室至4层，由城市管网直接供水；Ⅱ区为5～11层，起始10min由16层水箱供水，10min后由地下室自动喷水泵供水；Ⅲ区为12～21层，起始10min由26层水箱供水，10min后由地下室自动喷水泵供水；Ⅳ区为22～31层由35层消防水箱减压后供水；Ⅴ区为32～38层，由44层消防水箱供水；Ⅵ区为39层以上，由44层消防水箱及自动喷水泵加压供水。

自动喷水管网最大流量30L/s，供水主管管径150mm。44层专用消防水箱容积100m^3，由生活给水泵充水。地下室自动喷水泵型号为125TSW－5型，共2台，一用一备。44层加压泵共3台，其中1台为稳压泵：$Q=2m^3/h$，$H=35m$，$N=0.75kW$。当管道压力下降时，管网中的压力控制器可以控制另两台泵自动投入工作。

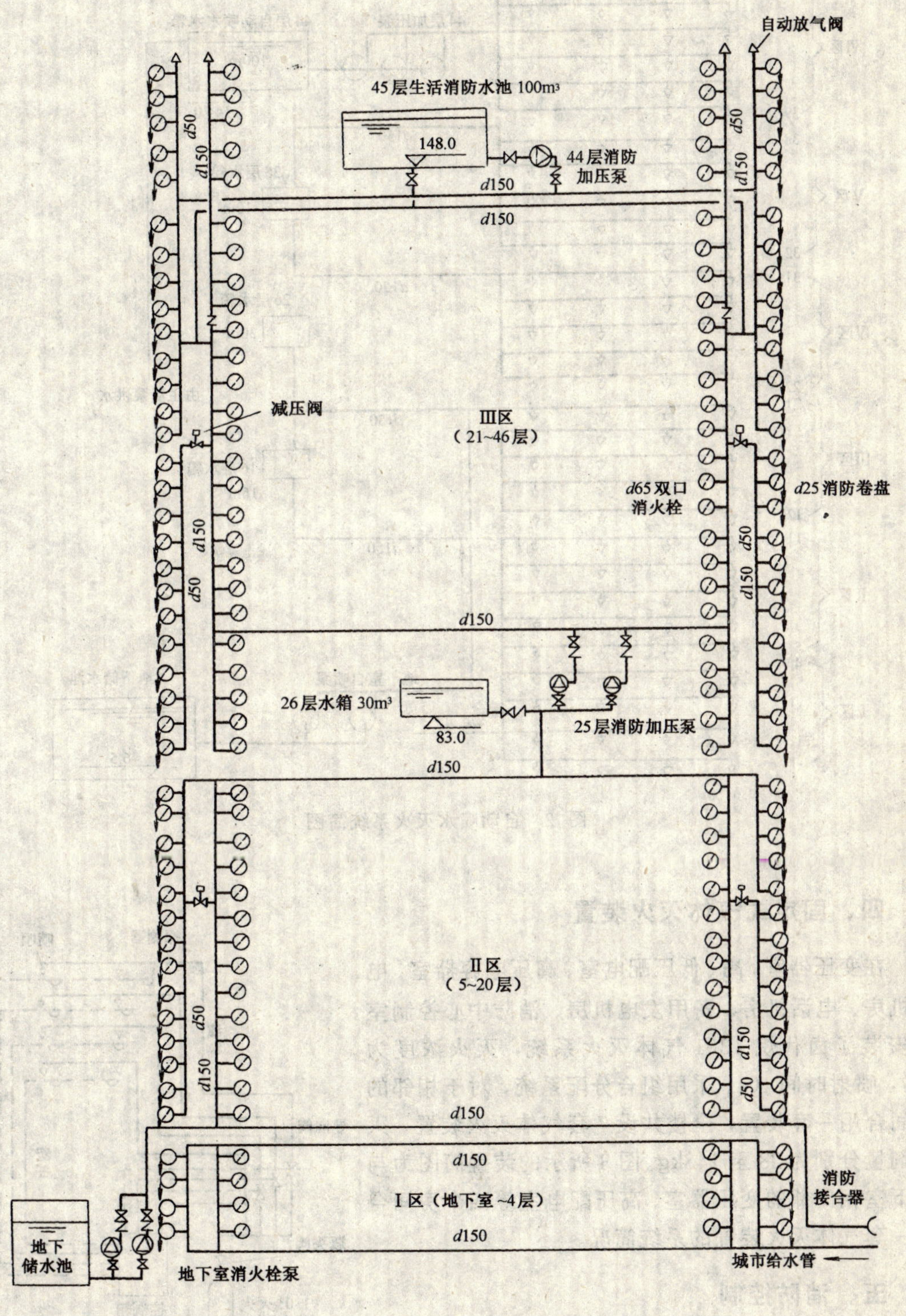

自动放气阀
45层生活消防水池 100m³
148.0
44层消防
加压泵
d150
d50
减压阀
Ⅲ区
（21~46层）
d65双口
消火栓
d25消防卷盘
26层水箱 30m³
83.0
25层消防加压泵
Ⅱ区
（5~20层）
Ⅰ区（地下室~4层）
消防
接合器
地下
储水池
地下室消火栓泵
城市给水管

图 1　消火栓给水系统图

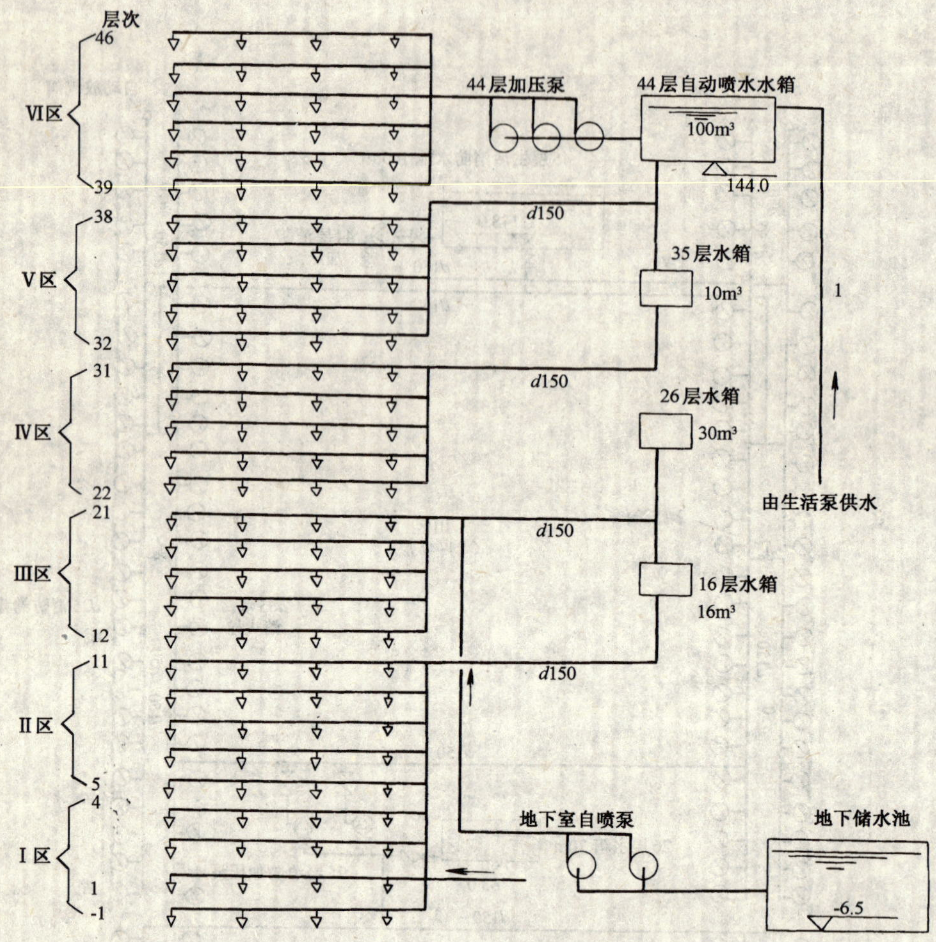

图 2 自动喷水灭火系统简图

四、固定式气体灭火装置

在变压器室、高、低压配电室、高压电容器室、电梯机房、电话机房、备用发电机房、消防中心控制室等安装了卤代烷 1301 气体灭火系统，灭火浓度为 5%，喷射时间 10s。采用组合分配系统，对于相邻的房间合用一套装置，全楼共设 7 套气体灭火装置，灭火剂量分别为 28 至 148kg。图 3 所示的装置简图为与地下室相比邻的变压器室、高压配电室等四个房间合用一套气体灭火装置的系统简况。

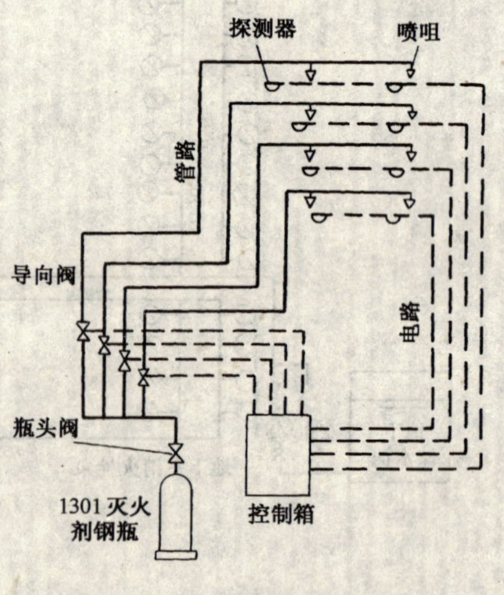

图 3 固定气体灭火装置简图

五、消防控制

1. 消火栓系统

地下室消火栓泵由Ⅰ区及Ⅱ区消防卷盘处的“打

碎玻璃”按钮直接启动。当Ⅱ区按钮动作时还直接启动44层消火栓泵，此泵在开动10min后自动停止，以上消火栓也可由消防中心控制室遥控，各层按钮按动时有信号传至消防中心控制室。

2. 自动喷水给水系统

当喷头工作时，该层水流指示器将信号传至消防中心控制室，消防中心控制室核对火警情况后，可直接遥控自动喷水泵的开停。

3. 固定气体灭火装置

当发生火灾的房间内烟/温探测器动作时，即有信号传至中心控制室。

以上信号均通过各组电脑信息收集器DGP输入电脑，通过闭路电视及电脑显示屏的平面图可判定着火地点及消防情况，图4显示消防中心控制室的工作职能。

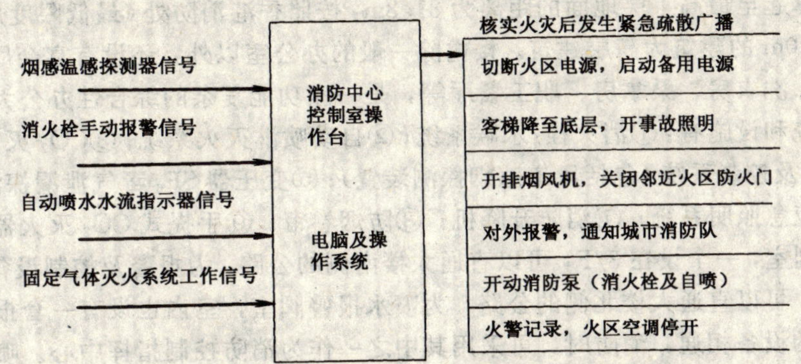

图4 消防中心控制室职能图

香港某高层办公大楼

雷志明

一、工程概况

香港某办公大楼是为香港回归祖国而兴建的几项重要工程之一，位于港岛半山区，依山而建。办公大楼占地面积为3418m²，总建筑面积为25022m²，地下1层，地上19层，从地面第1层梯级算起至最高1层地面的距离为81.8m，按照香港消防处《最低限度规则》的规定，高度大于30m的建筑为高层建筑。楼内除一般的办公室以外，还设有宴会厅、多功能厅、高级客房、洗衣房、桑拿房、职工餐厅等，是一座功能复杂的综合性办公大楼。楼内设置的消防系统和设施有：①消火栓/水喉系统；②自动喷淋灭火系统；③CO_2灭火系统；④火灾探测、报警及控制系统（包括风道感烟探测装置）；⑤变压器SF_6毒气泄漏探测系统；⑥应急发电机和应急照明系统；⑦消防升降机；⑧防烟卷帘；⑨手提式CO_2灭火器。楼内设有2个消防控制室，一个设在3/F，可以直通大楼南侧的公路，为报警及控制设备室；另外一个设在G/F，可以直通大楼北侧的公路，为喷水报警阀室，室内也设有一套报警及控制设备，与3/F的设备相通，消防时，可采用其中之一作为消防控制指挥中心。喷水泵和中途泵设在G/F的消防泵房内，固定消防泵设在19/F的消防泵房内。下面主要介绍一个消火栓/水喉系统和自动喷水灭火系统。

二、消防水源

香港大多数城区一般都设有两套给水管网：淡水管网和咸水管网，前者主要用于人们的食用和洗漱，后者主要用于冲洗厕所等。在香港，无论室内或室外消防用水，都主要依靠市政给水管网。消防水源以淡水管网为主，有些地方也采用咸水管网作为消防水源。为了区别两种设在不同管网上的室外消火栓，通常将淡水管网上的室外消火栓涂成红色，而将咸水管网上的室外消火栓涂成黄色。

办公大楼旁边的公路下目前只敷设有淡水管网（远期将敷设咸水管网），大楼周围有3个室外消火栓，能够满足室内及室外消防用水的要求。由淡水管网向办公大楼引一条*DN*100的管道作为室内消防总进水管，进水阀门井的做法如图1所示。

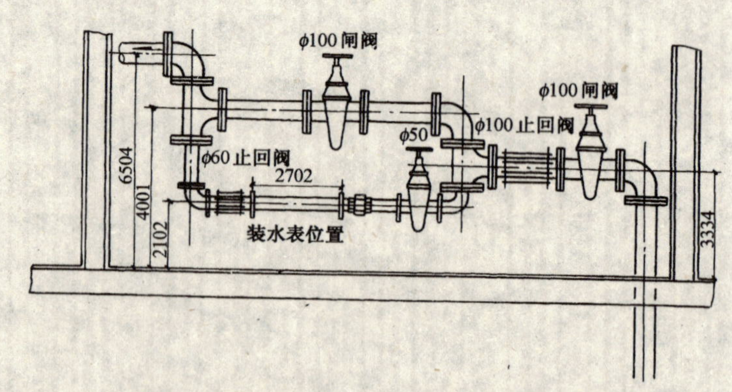

图1 消防总进水阀门井管道布置图

这种做法是香港水务署批准的做法，由于香港是一个缺水的城市，水务署对水源方面的限制比较严格，消防进水管的做法及管径的大小须事先得到水务署的批准。从图1可以看出，在进水管上设有旁通管并在旁通管上预留了安装水表的位置，这是为了便于水务署定期检查楼内的消防系统是否有漏水情况发生。在楼内各个消防水池的进水管上均有类似的做法。无论是在消防总进水管上还是在各个消防水池的进水管上用于装水表的旁通管的管径均为 *DN*50。

三、消火栓/水喉系统

根据香港有关规定，办公大楼属于综合性楼宇，应设消火栓/水喉系统。图2为办公大楼消火栓/水喉系统图。

1. 竖向分区

分为上下两个分区，1～9/F 为低区，10～19/F 为高区。

(1) 由高位消防水池供水：低区由高位消防水池靠重力直接供水：高区为补充上面几层水压之不足，增设2台固定消防泵（一备一用），从高位消防水池吸水向高区加压供水。固定消防泵由设在高区各层楼水喉处的打碎玻璃按钮启动，同时鸣响警铃，并向消防值班室发出报警信号。低区水喉处的打碎玻璃按钮只是鸣响警铃和报警、不启动固定消防泵。在固定消防泵旁设有一条旁通管，以保证即使是主泵和备用泵都不能正常工作的情况下仍然有水供应。另外在水泵出水管上设有一个回流管，回流管上设一个安全阀，当管网压力超过规定的限度时，可自动泄压，泄压出来的水回流至高位消防水池，避免浪费。

(2) 由城市淡水管网供水：当低区发生火灾时，消防车从室外消火栓处吸水通过消防水泵接合器向低区管网加压供水；当高区发生火灾时，消防车从室外消火栓吸水通过消防水泵接合器和中途泵向高区管网加压供水。中途泵是靠设在消防水泵接合器处的启动按钮来控制的。中途泵旁设有旁通管，当中途泵的主泵和备用泵均不能正常工作时，消防车仍然可以通过消防水泵接合器和旁通管向高区管网加压供水。

2. 系统减压

当高位消防水池出水管与某一消火栓的高差（高区还应加上固定消防泵所增加的压力）大于一定值时，该消火栓的压力可以超过800kPa，需要进行减压。香港消防处不允许在消防管网中采用减压孔板，通常的减压做法有两种。

(1) 分区减压：这种减压方式适用于系统进行竖向分区时的分区减压，其做法是在分区的进水口处设减压阀，参见图2和图3。设两套减压阀的目的是为了当其中一套减压阀不能正常工作时，另一套减压阀仍然能向系统供水，保证系统的安全运行。设计时，应将分区的高度控制在45m范围内，使分区内消火栓的压力介于350～800kPa之间。

(2) 采用减压式消火栓：这种减压方式适用于系统不进行竖向分区时的减压，其做法是在消火栓处直接进行减压。常用的减压式消火栓有两种：一种是自动泄压式消火栓，将消火栓设定在某一工作压力，当实际压力超过设定的工作压力时，消火栓会自动泄压。这种系统设有专门的泄压管道，将泄压出来的水送至上水水箱，避免浪费；另一种是比例减压式消火栓，这种消火栓可按照3×2的比例进行减压，亦即可以将栓口的水压减至栓前水压的2/3。

办公大楼的消火栓系统虽然进行了竖向分区，但其静压没有超过800kPa，可以不设减压装置，对个别压力接近或超过800kPa的消火栓则采用比例减压式消火栓进行减压。

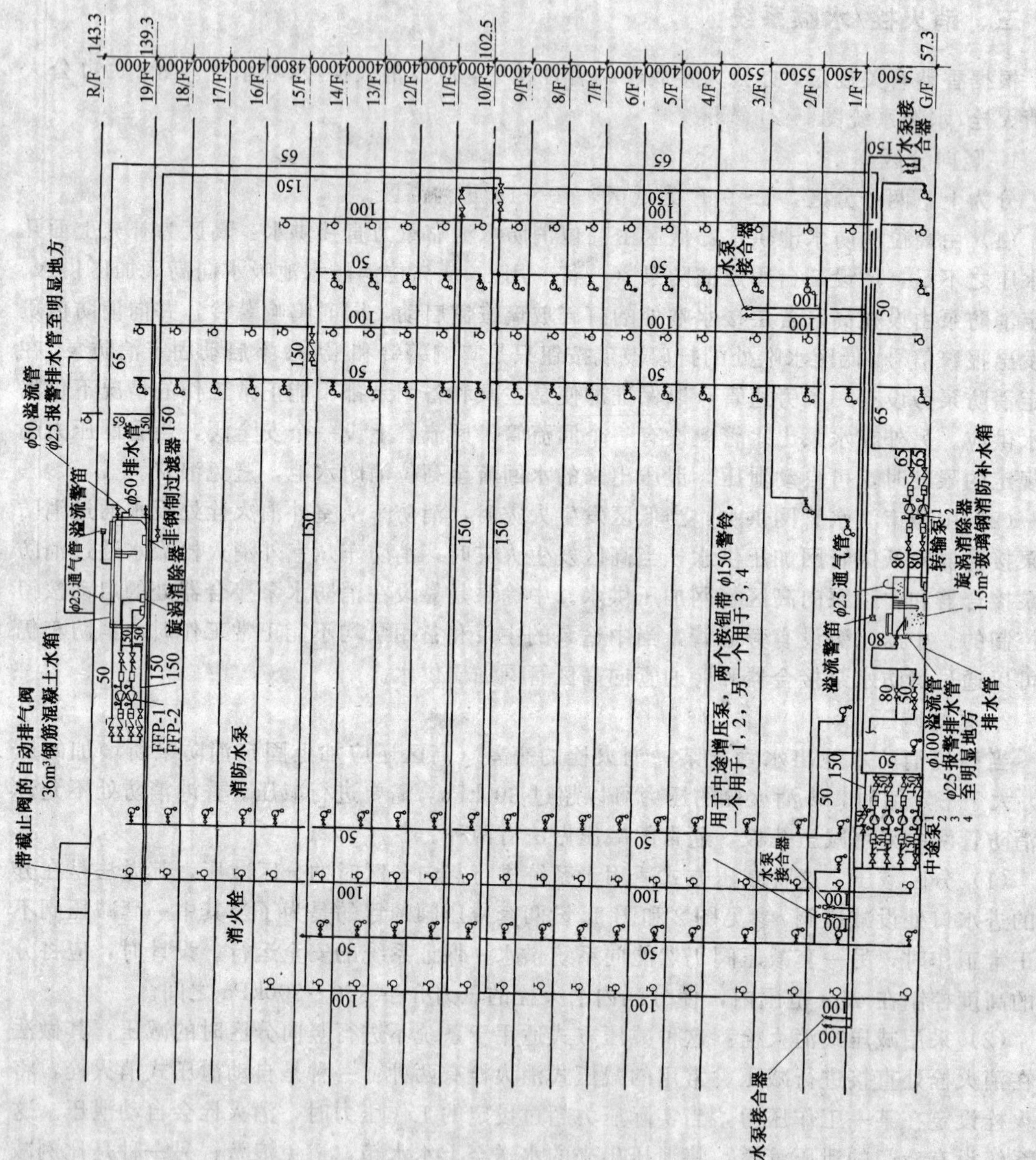

图 2 办公大楼消火栓/水喉系统图

3. 系统设备和组件

(1)消火栓/水喉。消火栓应符合 BS5041 标准，栓口为圆形阳螺纹出水口或弹簧接口式出水口，每个栓口由单独的阀门控制，栓口口径为 *DN*63.5mm，距完工地面不少于 0.8m，不大于 1.2m。消火栓宜设在靠近楼梯间的门廊或楼梯间内。

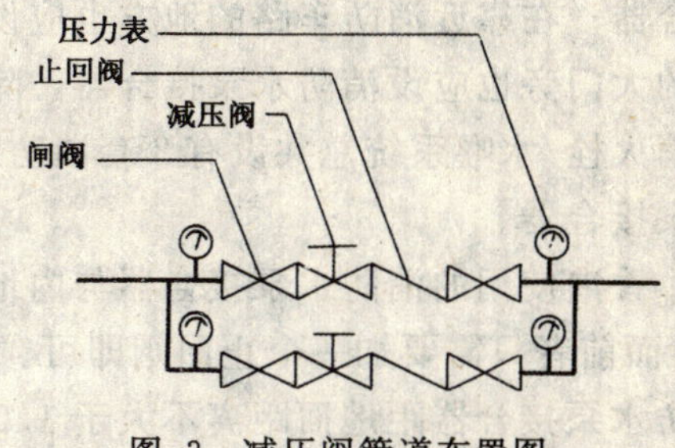

图 3 减压阀管道布置图

水喉通常设于易于取用的地方，如公共走廊等处。水枪必须用带玻璃面板的小箱锁住，以防消防用水被滥用。水枪由旋塞控制，水枪距完工地面不大于 1.35m，距墙边不大于 0.5m。水喉的消防立管管径不得小于 *DN*40mm，与水喉相连的支管管径不得小于 *DN*25mm。

在香港，消火栓只允许消防队员使用，一般人员只能用水喉灭火。消火栓处不设水龙带和水枪，发生火灾时，消防队员自身携带水龙带和水枪来使用消火栓进行灭火。

(2) 固定消防泵。固定消防泵由主泵和备用泵组成，每台水泵均应设独立的吸水管，吸水口需设旋涡消除器。在水泵出水管上设有一套水泵测试装置（见图 4），其中包括两个压力开关，用于固定消防泵的测试和自动切换。当按动按钮 15s 内主泵仍无法启动，备用泵就会自动启动。

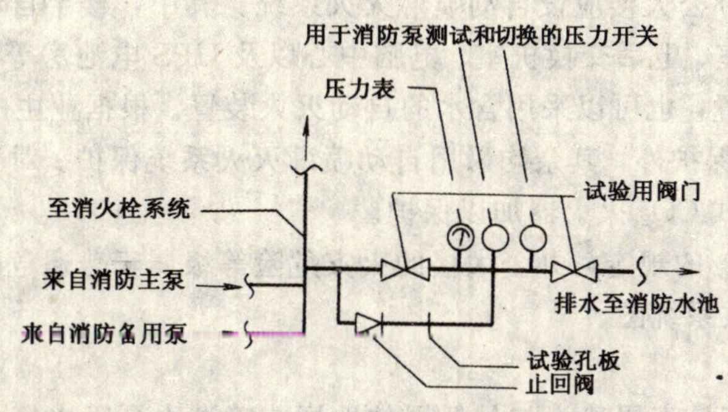

图 4 固定消防泵测试管道布置图

按消防处的规定，固定消防泵必须为卧式离心泵，不允许采用立式离心泵。水泵基础的做法与国内过去的做法相同，一般分为 2 种：一种为非减振基础，通常用于设在最下一层楼或对周围环境要求不高的地方；另外一种为减振基础，通常用于设在楼板上或对周围环境要求较高的地方。无论哪一种基础，水泵基础的重量与水泵的重量之比均不能小于 2。

(3) 中途泵。按香港的习惯做法，通常每 2 条消火栓立管设一组中途泵，每组中途泵均由主泵和备用泵组成，不同组可共用一台备用泵。如果有 4 条以上消火栓立管时，可采用两组中途泵。

办公大楼有 4 条消火栓立管，设 2 组中途泵，每组中途泵在各个消防水泵接合器处均设有启动按钮。水泵测试和水泵基础的要求和做法与固定消防泵相同。

(4) 消防水泵接合器。根据香港消防处的规定，每条消火栓立管必须设 1 个消防水泵接合器；在靠近消防车路的地方也应设消防水泵接合器；如果建筑物四周设有围墙，在围墙的大门旁也应设消防水泵接合器，除非这扇大门是电动门，而且接有应急电源。办公大楼消火栓/水喉系统总共设有8套消防水泵接合器，其中包括在围墙大门旁设置的一套消防水泵接合器。

香港使用的消防水泵接合器与内地有所不同，后者需要设止回阀、安全阀、闸阀等配件，而前者只需要加一个止回阀即可。香港通常采用口径为 *DN*100mm 的消防水泵接合器。消防水泵接合器距地面距离不大于1.00m，不小于0.6m。

（5）高位消防水池。采用钢筋混凝土水池，水池的容积为 $V=36m^3$。水池中设有水位感应器和溢流报警警笛，作为控制水泵和报警之用。从水池溢流管上引一条 *DN*25mm 的管道至明显的地方，以便于工作人员能及时发现水位控制失灵、池水外溢的情况。另外，按香港的习惯做法，室内消防水池的排水管和通气管管径均分别为 *DN*50mm 和 *DN*25mm。

（6）补水水箱及补水泵。补水水箱采用玻璃钢水箱，有效容积 $V=1.5m^3$。水箱进水由浮球阀控制，水箱的附件与高位消防水池相同。补水泵由高位消防水池的高低水位自动控制，高水位停泵，低水位开泵，补水水箱低水位时停泵。补水泵采用立式多级离心泵，水泵的吸水口需设旋涡消除器。

四、自动喷淋灭火系统

根据香港有关规定，办公大楼应设自动喷淋灭火系统。其中，楼宇自动化控制室、保安设备控制室、电话配线室、电话交换机室、电脑中心以及UPS电池房等设备用房，既可采用不含水的自动灭火装置，也可以采用含水的自动灭火装置。根据业主的要求，除UPS电池房采用 CO_2 灭火系统保护外，其余均采用自动喷淋灭火系统保护。对于一般的机械用房，则采用4.5kg的手提式 CO_2 灭火器加以保护。

按照英国《LPC规则》的规定，办公大楼的火灾危险等级属于普通危险等级Ⅱ组。图5为办公大楼自动喷淋灭火系统图。

1. 系统分区

《LPC规则》规定，当最高层喷头与最低层的地坪或喷淋水泵吸水管之间的高差超过45m时，应进行垂直分区，每个分区的最高层喷头与最低层喷头的高差不应大于45m。办公大楼最高层喷头与最低层喷头之间高差为80.3m，沿垂直方向分成两个分区（与消火栓水喉系统相同），G～9/F为低区，10～19/F为高区，每个分区的高差均小于45m，这在一定程度上保证了同一分区内的喷头喷水强度的均匀性。另外从平面上再将每一层分为两个分区，总共4个分区，由4套喷淋报警阀分别控制。

2. 系统工作方式

喷淋系统管网平时由稳压泵保持一定的压力。发生火灾时，玻璃球喷头被烧爆裂喷水，水流指示器和喷淋报警阀自动向消防值班室发出报警信号，同时自动启动喷淋泵，从喷淋水池吸水向管网加压供水。也可采用消防车从室外消火栓吸水通过消防水泵接合器向喷淋管网加压供水。

3. 喷淋水池补水

从消防总进水管上引一条 *DN*100mm 的管道至设在G/F消防泵房内的喷淋水池（$V=140m^3$）作为水池的进水管。

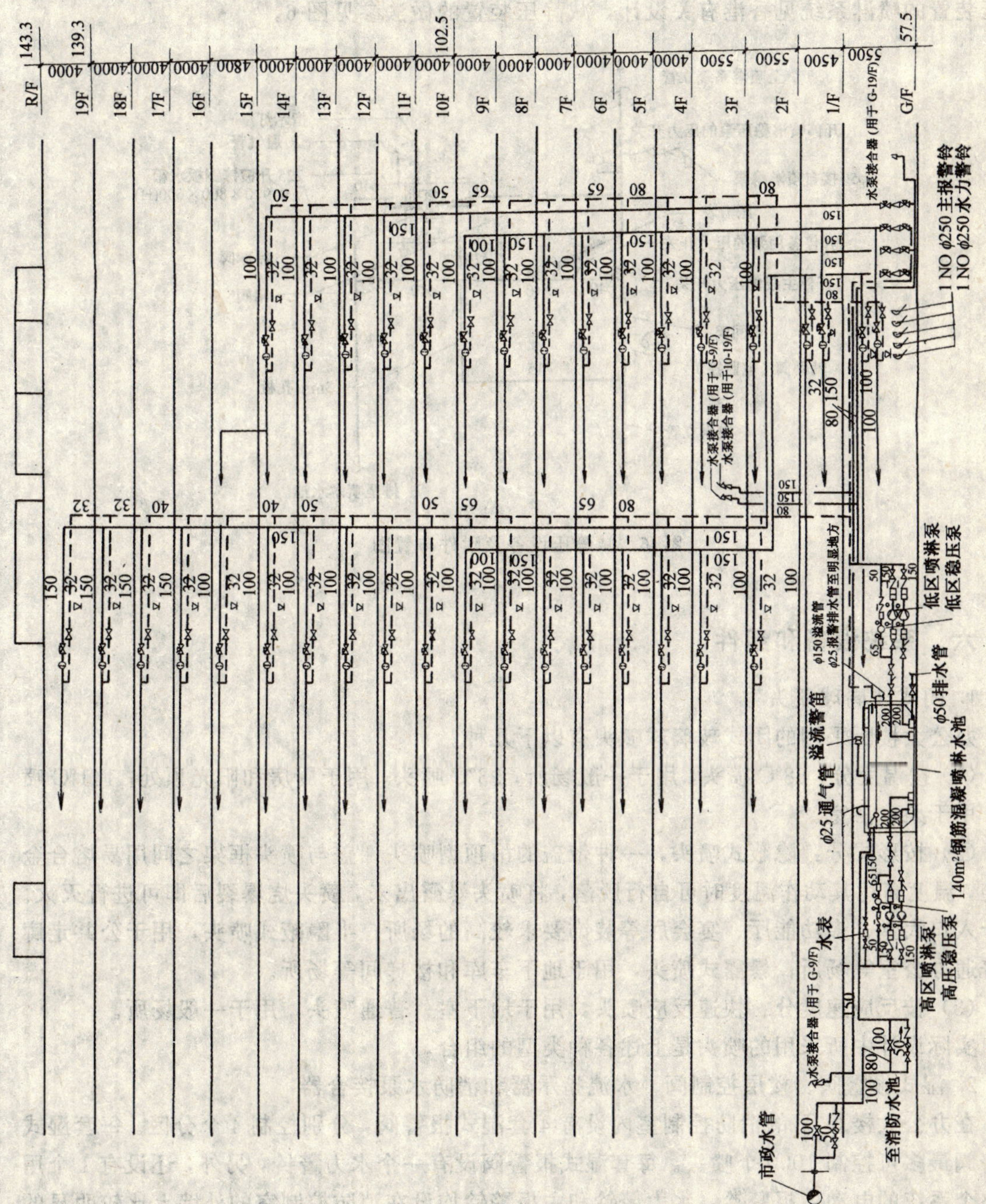

图 5 办公大楼自动喷淋系统管系图

五、系统减压

报警阀处的静压高到一定程度时会影响报警阀的动作，需要进行减压。一般当系统的竖向高度大于 90m 的情况下宜设减静压的装置，减压装置之间的间隔不宜大于 45m。设减静压装置的喷淋系统见香港有关设计，减静压装置的做法参见图 6。

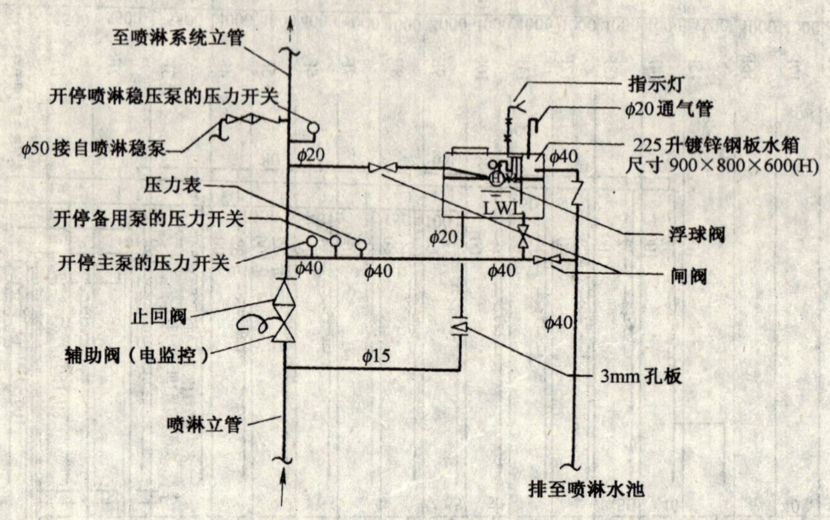

图 6　减静压设备及附件布置图

六、系统设备和组件

1. 闭式玻璃球喷头

办公大楼所采用的闭式玻璃球喷头有以下几种。

(1) 按温度分：68℃ 喷头，用于一般场所；93℃ 喷头，用于厨房和阳光顶处；141℃ 喷头，用于桑拿浴室。

(2) 按形式分：隐蔽式喷头，一种带盖的吊顶型喷头，盖与喷头框架之间用易熔合金相连，温度高达其动作温度时可自行脱落，将喷头暴露出来，喷头烧爆裂后即可进行灭火。用于入口大堂、多功能厅、宴会厅等装饰要求较高的场所；半隐蔽式喷头，用于公共走廊和普通办公室等场所；暴露式喷头，用于地下车库和楼梯间等场所。

(3) 按反应速度分：快速反应喷头，用于地下室；普通喷头，用于一般场所。

实际设计中所采用的喷头是上述各种类型的组合。

2. 湿式报警阀、楼层控制阀、水流指示器和消防水泵接合器

在办公大楼 G/F 的消防控制室内设有 4 套湿式报警阀，分别控制 4 个分区。每套湿式报警阀最多可控制 1000 个喷头。每套湿式报警阀设有一个水力警铃，另外，还设有 1 个用于整个系统的电动主报警铃，水力警铃和主报警铃均设在消防控制室的外墙上比较明显的地方。湿式报警阀的管道布置参见图 7。

楼层控制阀和水流指示器均设在各楼层系统的入口处，分别用于检修和报警。在水流指示器的出口处设有本楼层管网的试验管路，试验管路上设有一个相当于一个喷头流量的

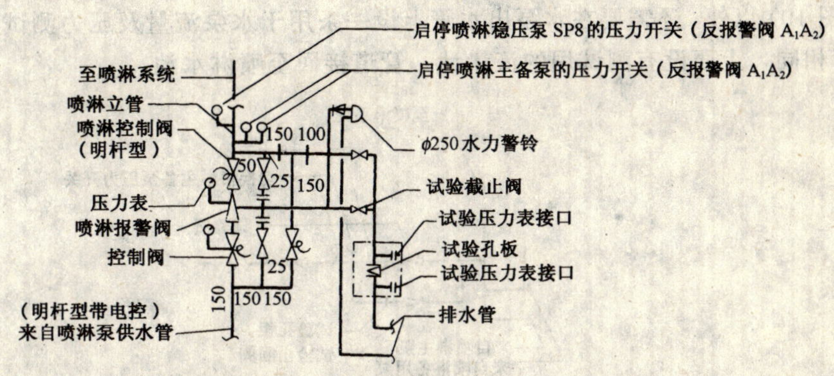

图 7　湿式报警阀管道布置图

孔板，可模拟一个喷头喷水的情况，试验管路的接法见图 8。按香港水务署的规定，将试验管路的排水管接回至喷淋水池，避免浪费。

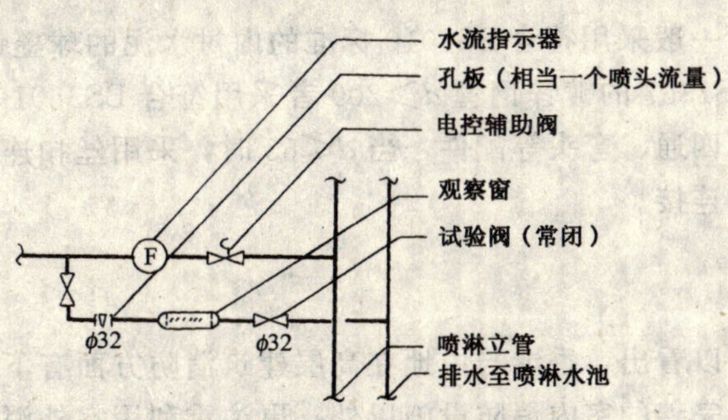

图 8　水流指示器及附件布置图

办公大楼总共设有 4 套消防水泵接合器，高区和低区各 2 套。消防水泵接合器的组件和做法与消火栓/水喉系统相同。

3. 喷淋泵和稳压泵

根据《LPC 规则》的规定，每一分区应设有独立的喷淋泵和稳压泵。香港消防处允许采用一台多出口水泵来替代各分区独立的喷淋泵（参见图 5 和图 9）。独立的喷淋泵，高区和低区各设有两台喷淋泵（一备一用）和一台稳压泵。水泵的选用和基础的做法均与前述的固定消防泵相类似办公大楼每一分区都设有，但是，除了要设一套水泵测试管路

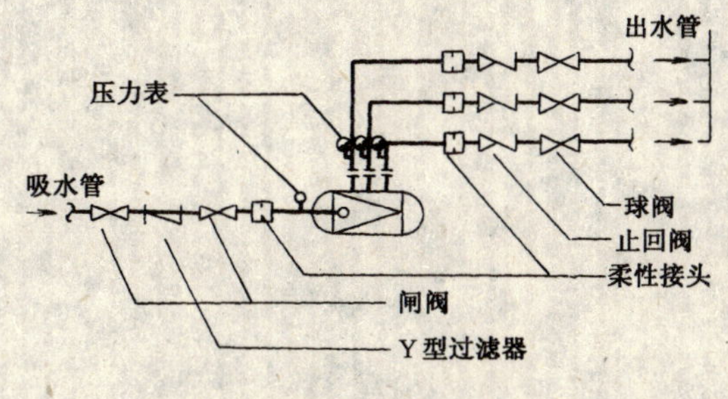

图 9　多出口喷淋泵管道布置图

(见图 10) 以外，还需要在水泵出水管上设一条用于水泵流量及压力测试的管道，管径与出水管相同，上面设有测试用的流量计，管道接回至喷淋水池。

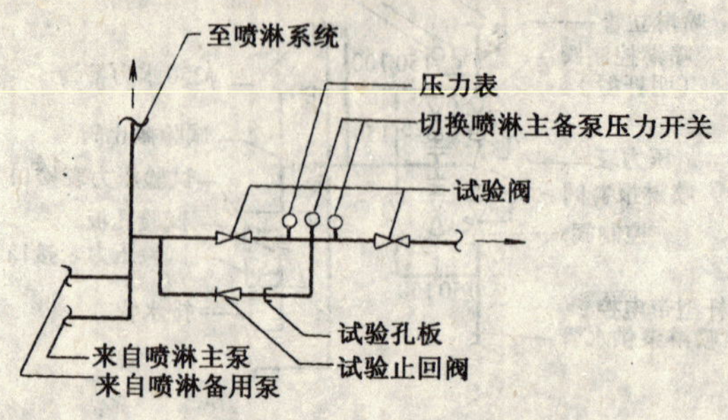

图 10　喷淋水泵测试管道平面布置图

七、管材

消防给水引入管一般采用符合 BS8010 标准的内衬水泥的球墨铸铁管；室内消防管道 $d\leqslant 150$ 者采用符合 BS1387 的镀锌钢管 $d\geqslant 200$ 者采用符合 BS3601 标准的碳钢管。镀锌钢管的管件包括三通、四通、弯头等配件，当 $d\leqslant 65$ 时，采用丝扣连接；当 $d\geqslant 80$ 时，采用先进的快速接口配件连接。

八、结束语

从上面的论述可以看出，香港与内地在高层建筑消防方面有下列几方面的差异：①香港除了强调要有一套完善的室内消防设施以外，更注重利用室外消火栓、消防水泵接合器以及中途泵等室外消防设施来扑灭火灾，最大限度地节约用地。②香港除了强调要精心设计、严格施工以外，更注重于对消防设施日常的检测和管理，每一套消防设施都配有一套调试检测装置，更有一套科学的维护管理和监察制度，使每一个消防系统或设施始终处于临战状态，一旦发生火灾，可以立即投入使用，进行灭火。内地除了要学习香港先进的消防技术，还应该学习香港先进的管理经验，使内地的消防技术水平和管理水平得以进一步的提高。

重庆市少年宫商住楼

李天荣　王春燕　罗　宁

一、工程概况

重庆少年宫临街片区改造工程由少儿科技活动楼（称A楼）和商住楼（称B楼）两部分组成，两楼连体，中间以变形缝分隔。该工程西南方向临中山二路，与重庆市文化宫和枇杷山公园毗邻。B楼建筑面积40490m²，以中山二路路面的首层楼面为±0.00m，建筑高度94.40m，共31层，其中商业用裙房3层，塔楼（普通住宅）28层；中山二路路面以下5层，为办公用房和车库，地下1层为设备用房，总建筑高度117.10m。A楼建筑面积14340m²，中山二路路面以上6层，屋面标高21.60m，中山二路路面以下5层，地下1层为设备用房。

B楼生活给水系统竖向分为4个区，分别由市政给水管网、中间水箱和屋顶水箱供水，地下水泵房设两组生活水泵，水泵出水分别进入中间水箱和屋顶水箱；消火栓给水系统竖向分两个区，火灾初期10min由屋顶水箱供水，两区之间设减压阀，地下水泵房设一组消火栓水泵，火灾时抽水供高区，通过减压阀供给低区；自动喷水灭火系统不设水泵。A楼生活给水系统竖向分为两个区，Ⅰ区由市政给水管网供水，Ⅱ区由B楼中间水箱供水；消水栓给水系统和自动喷水灭火系统竖向不分区，均由B楼消防给水设施供水。

二、无消防水泵自动喷水灭火系统方案的确定

无水泵自动喷水灭火系统，是通过放置在一定高度，且储存喷水灭火全过程（1h）用水量的水箱重力向下供水来实现的，合理选择设置水箱的位置（平面和竖向）就成了本系统方案的关键。

根据建筑布置，B楼塔楼为普通住宅，其标准层平面由4块矩形住宅组成（见图1），块

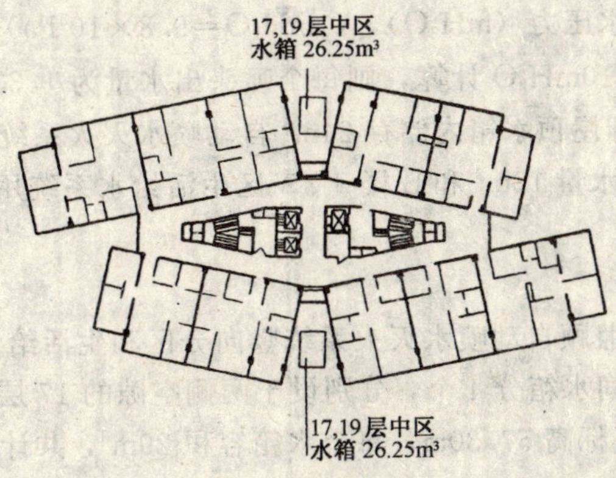

图 1　标准层平面

与块之间形成梯形空隙，此空隙位于室外，高度81.2m。若能利用两侧空隙在一定高度设置中间水箱，储存1h自动喷水灭火系统用水量，则可使建筑下部实现无消防水泵灭火系统。对称均匀布置中间水箱，对结构计算不产生影响，而且中间水箱的设置加强了住宅块与块之间的联系，提高了建筑整体刚度，丰富了建筑立面形象。经各专业协调，确定采用与生活用水合用的中间水箱，形成无消防水泵自动喷水灭火系统。塔楼为普通住宅，经计算1h自动喷水灭火系统用水量仅24m³，与屋顶生活用水水箱合并，放置在电梯机房顶上，即可形成建筑上部无消防水泵自动喷水灭火系统。

三、水箱设备

1. 系统设计流量和水箱容积的计算

无消防水泵自动喷水灭火系统的全部用水量（1h用水量）是储存在高位水箱内的，在布置水箱之前，首先计算水箱容积。

B楼3层以下裙房自动喷水灭火系统设计流量按下式计算：

$$Q_s=(1.15\sim1.30)\ Q_L$$

式中 Q_s——系统计算流量（L/s）；

Q_L——喷水强度与作用面积的乘积（L/s）。

按建筑功能，火灾危险等级为中危险级，设计喷水强度为6L/(min·m²)，作用面积为200m²。上式中取系数为1.30，则Q_s为26L/s。

自动喷水灭火系统工作1h用水量为93.6m³。即中间水箱内储存93.6m³自动喷水灭火系统用水量，加上A、B两楼Ⅱ区生活给水系统用水储量，共计116m³。

B楼塔楼（普通住宅），按《高层民用建筑设计防火规范》(GB50045—1995)（2001年版）第7.6.2条及《自动喷水灭火系统设计规范》(GBJ84—1985)（2001年版）第7.1.1条有关规定，仅在住宅走道内布置喷头，计算动作喷头数每层不宜超过5个。塔楼自动喷水灭火系统按5个喷头喷水灭火1h用水量计算水箱储水容积。

每个喷头出水量按下式计算：

$$q=K\sqrt{H_p}$$

式中 K——与喷头结构有关的特性系数，一般可采用$K=0.42$；

H_p——喷头处水压力（mH_2O），（$1mH_2O=9.8\times10^3Pa$）。

按喷头工作压力10mH_2O计算，则每个喷头出水量为1.33L/s，5个喷头喷水灭火1h用水量为23.94m³，即屋顶水箱内储存24m³自动喷水灭火系统用水量，加上消火栓给水系统火灾初期10min用水量12m³和B楼Ⅲ、Ⅳ区生活给水系统用水有效容积，屋顶水箱容积共计52m³。

2. 水箱布置

水箱设备高度应兼顾自动喷水灭火系统竖向分区和生活给水系统竖向分区。按荷载对称和分散的原则，中间水箱分4个，分别设于两侧空隙的17层和19层。17层水箱底标高51.50m，19层水箱底标高57.30m，每个水箱容积29m³，共计116m³。采用不锈钢组装水箱，其平面净空尺寸为3.5×3.0m，水箱高为3.0m，水深为2.8m。

两个17层水箱和两个19层水箱分别设水平连通管。17层水箱和19层水箱为上下串联，地下泵房生活水泵出水进入19层水箱，19层水箱溢流管为17层水箱进水管。两个19层水箱和两个17层水箱的下部储存了自动喷水灭火系统1h用水量，两个17层水箱上部储存A、B两楼Ⅱ区生活用水量。水箱采取了消防储水不被生活用水动用的措施，生活水泵的启停由17层水箱生活用水储水的低水位和高水位来控制。

屋顶水箱分为两个，每个26m³，共52m³，水箱净尺寸为4.0m×3.0m×2.5m，水深2.2m。布置在屋面电梯机房屋顶，水箱底标高102.40m。

四、自动喷水灭火系统竖向分区及供水方式

A楼竖向为一个区，由B楼中间水箱供水，共两组报警阀，设在A楼3层。

B楼竖向分高、低两个区：低区地下1层至9层，由中间水箱供水，共3组报警阀，设在地下1层；高区10层至31层，由屋顶水箱供水，一组报警阀设在28层。屋顶水箱底比31层喷头溅水盘高8.40m，31层5个喷头同时工作时，最不利喷头工作压力6.12mH_2O。

B楼自动喷水灭火系统见图2。

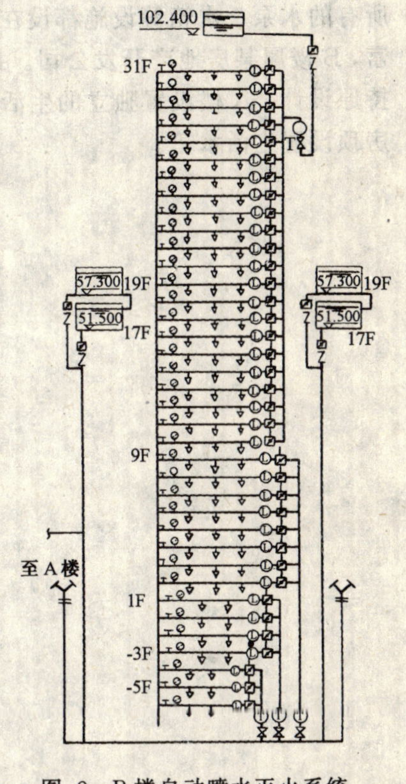

图2 B楼自动喷水灭火系统

五、系统讨论

1. 无消防水泵自动喷水灭火系统的优点

无消防水泵，由高位水箱直接供水的自动喷水灭火系统是一种常高压喷水灭火系统，与常规自动喷水灭火系统相比，具有如下优点。

(1) 水箱高度已满足系统灭火所需水压，并储存了1h用水量，火灾时只需喷水破裂喷水即可保证自动灭火和自动报警，没有启动消防水泵的控制环节，提高了灭火可靠性。

(2) 水箱内消防储水量由生活水泵供给，不设自动喷水灭火系统水泵，可减少投资和占地面积，省去了水泵的维护管理工作和费用。

(3) 灭火时由水箱重力供水，由于水箱高度不变，喷头出水压力恒定，不会出现超压现象。

(4) 水箱为消防给水和生活给水共用，水箱内采取了相应的技术措施，既能确保消防储水不被动用，又能保证循环流动。

(5) 系统简单，操作管理方便，安全可靠。

2. 存在问题及改进意见

(1) 喷头工作压力。按《自动喷水灭火系统设计规范》(GBJ84—1985)第2.0.2条，要求喷头工作压力9.8×10^4Pa (10mH_2O)，同时注明最不利点处喷头最低工作压力均不应小于4.9×10^4Pa (5mH_2O)。本系统31层走道内喷头工作压力均大于5mH_2O，而小于10mH_2O。施工图设计审查时，产生争议，最后决定在屋顶增设2台水泵（1用1备），以保证31层5个喷头同时作用时，工作压力达到10mH_2O。

（2）系统设计流量。按《高层民用建筑设计防火规范》（GB50045—1995）第 7.6.2 条和《自动喷水灭火系统设计规范》（GBJ84—1985）第 7.1.1 条有关规定，B 楼塔楼（普通住宅）仅在走道内设置一排喷头，计算动作喷头按 5 个计，设计流量（5×1.33）6.65l/s。然而就在同一规范上规定自动喷水灭火系统设计秒流量宜按 $Q_s=1.15\sim1.30Q_L$ 计算，按中危险等级计算；$Q_s=26$l/s，施工图设计审查时，产生争议，最终决定维持本设计结果。

（3）产权和管理。本工程 A、B 两楼同时设计，且同时施工，从技术先进可靠、经济方便角度出发，两楼的生活给水系统、消火栓给水系统、自动喷水灭火系统均为合用系统，且所有的水泵、水箱等设施都设在 B 楼。但是 A、B 两楼的产权不是一家所有，A 楼属少年宫，B 楼属某房地产开发公司。由于产权和管理上的问题，最后确定消防给水系统合用，维持原设计，A 楼设置独立的生活给水系统，在 A 楼设备层设置水池、生活水泵，在电梯机房顶设置生活水箱。

成都蜀都大厦

罗忠甫

一、工程概况

蜀都大厦位于成都市区商业中心地段，三面临街，占地呈梯形。主体工程由三幢建筑即东楼、南楼、北楼组成一群体。

东楼：地上31层，总高95.95m，地下二层，总深度为7.45m；其用途是，第一层为进出口门厅及小商店，第2～12层为业务办公用房，第13～25层为旅客客房，标准床位数为568个床。第26～31层为设备用房、水箱间、电梯机房等，第28层为旋转餐厅，容客量128人。地下1层为设备层及洗衣房，地下2层为人防地下室。占地面积1075m^2，地上建筑总面积28845m^2，地下室总面积2420m^2。剪力墙结构。

南楼：地上为5层，局部6层，总高27.9m；地下1层深5.0m，其用途是第1～4层为地方产品展销厅，第5层为营业性餐厅、宴会厅，屋面层为多功能厅及露天活动场地。地下1层为小汽车库（停车数为34辆）、楼上餐厅的冷藏室。此外还有560m^{2}的夹层自行车停车场。整幢建筑占地2941m^2，地上建筑总面积为15700m^2，地下室面积2318m^2。框架结构。

北楼：地上为5层，局部6层，总高27.9m，地下室1层深5.0m。其用途是，第1～4层为商业营业用房，第5层为东楼旅客餐厅、厨房，屋面层为冷饮、茶园。地下室为可停10辆小汽车的车库、水泵房、楼层餐厅的冷藏室。此外，增设一地下自行车停车夹层，建筑面积约370m^2。整幢建筑占地面积为1681m^2，地上建筑总面积8523m^2，地下室面积1840m^2。框架结构。

3幢建筑之间，有连廊串通，南、北楼同层可来往。东楼的第7、8层，有天桥通南北的5层餐厅及屋面。

附属建筑为楼层结构的冷冻机房，锅炉房及为此服务的变配电房，主体建筑的变配电房附设于东楼后部2层建筑内。

二、消防供水量及水泵选型

东楼为＞50m的一类建筑，按《高层民用建筑设计防火规范》规定，室内消防水量为30l/s，室外为20l/s，自动喷水灭火系统用水量为30L/s。因此，室内消防用水量按60l/s计。加压泵选用DA1—125型4级，Q=30L/s，H=80m，N=30kW，两用一备，用于低区；DA1—125型6级，Q=30L/s，H=120m，N=55kW，两用一备，用于高区。至于室外消防用水之供应，考虑到东风路与署袜街交叉口之东北角上，已有一城市消火栓，距东楼仅30m左右，另于东楼南侧增设—L/g150双栓口的室外消火栓，届时可依靠此二消火栓供给所需水量。因此，地下水池消防储水量及泵房的供水能力，均未考虑室外消防用水负荷。

南、北主体高为23.7m，且同东楼有相应的防火间距和防火墙分隔，故按《建筑设计防火规范》（低规）之规定，南楼为2×2.5L/s，北楼为1×2.5L/s之消防供水要求设置消火栓箱。

消防系统（消火栓及自动喷水）示意图见图1。

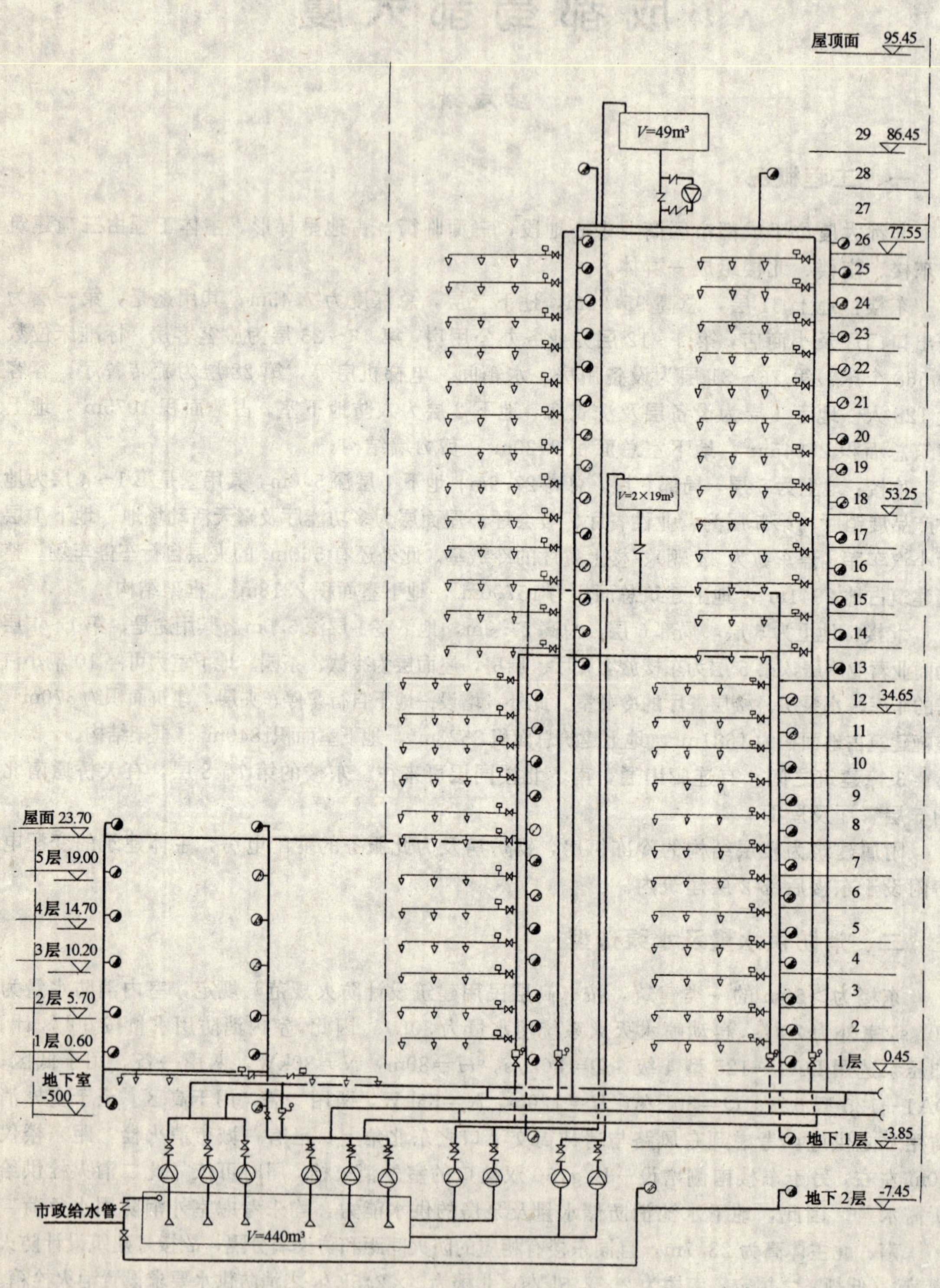

屋顶面 95.45
V=49m³
29 86.45
28
27
26 77.55
25
24
23
22
21
20
19
18 53.25
V=2×19m³
17
16
15
14
13
12 34.65
11
10
9
8
7
6
5
4
3
2
1层 0.45
地下1层 -3.85
地下2层 -7.45
屋面 23.70
5层 19.00
4层 14.70
3层 10.20
2层 5.70
1层 0.60
地下室 -500
市政给水管
V=440m³

图 1 消防系统示意图

三、消火栓系统

1. 水箱的设置

东楼地下 2 层为城市管道接管直接供给所需水量及水压。东楼地下 1 层至第 12 层及南、北楼全部为一区（低区），由东楼第 18 层水箱储备 10min 消防用水量（$18m^3$）及低区消防加压泵供给所需水压、水量。

东楼第 13 层以上，由第 29 层的水箱储备 10min 消防用水量（$18m^3$）及高区消防加压泵供给所需水量及水压。

东楼的第 24、25 层及 28 层旋转餐厅，由于水箱高度不能满足初期火灾时消火栓所需压力要求，特于第 26 层增设 4B20 型临时加压泵，$Q=30L/s$，$H=17m$，$N=10kW$，一用一备。

2. 消火栓箱的布置

东楼每层设两组 SG24/S65 型消火栓箱，每箱内有两套 D19mm 的水枪及 DN70mm×25m 的水带。每枝枪的出水量按 5.0L/s 计。此外，在消防电梯前室设一组 SG21/65 的栓箱，消防立管为 2 根，管径为 $D159\times6$。

南楼每层设三组 SG24/S50 消火栓箱，水枪口径为 D16mm，水带为 DN50mm×25m。每箱内各为两套。

北楼每层设 SG21/50 栓箱两组。

3. 消防管道

东楼高、低区消防管道，从北楼地下室泵房各引出两条 $D159\times6$ 的管道至地下一层，顺其建筑平面为环形走道的图式，两条管道在地下一层连接成环形。在各区的环管上分别接出两根消火栓供水立管及两根自动喷水供水立管高区的二根立管在第 26 层又相互连通成环。低区的两种立管，分别在第 13 层、第 15 层相接成环。消火栓系统的立管连通管，分别同 29 层水箱及 18 层水箱的消防出水管相连。从地下一层的环管上，分别向南、北两侧接出管道，同室外高、低区水泵接合器相连。水泵接合器一区两组。

南、北楼的消防管道，从水泵房的低区消防供水管上接出两根 DN100 的干管，一根供环状，且同东楼第 8 层的消火栓立管连通。这样，整个工程三幢主楼的消火栓供水管，既成平面环形，又具空间环形，并把东楼低区的环网扩大，同南、北楼连通，构成了一网笼式管道系统。

四、自动喷水灭火装置

（1）采用湿式闭式系统。其分区层别与消火栓系统相同。东楼第 1～25 层的走道、底部门厅、过厅内，均装设 BB.d15/68（吊顶型）自动喷水灭火玻璃球喷头。标准层 1 层安装 30 个喷头，一根支管连接数≤8 个，一根水平分管上≤16 个，在每层每根水平分管上，装设一个 SLZ 型水流指示器。立管为两根 $D133\times5$ 无缝管，在底层立管上安装 ZSF 型湿式自动喷水报警阀。第 28 层旋转餐厅的自动消防问题，由于水箱底同 28 层天棚之间的高差太小，水的出流水头很低，装设玻璃球喷头不能达到预期的效果。若增设气压装置以提高水头，则投资增加较大，维护管理也较麻烦。于是采取在顶棚下安装悬挂式 MyZ12 型 1211 自动灭火器来解决自动消防的要求。采用此种装置，也是根据建筑设计上所有的外窗全为密封型的为先决条件。

（2）南、北楼地下室为小汽车库及自行车停车场，南楼停车34辆，北楼停车10辆，为扑救初期火灾，防止火灾蔓延扩大，均装设ZBd15/68型（普通型）自动喷水灭火玻璃球喷头及管道系统。南、北楼的管道上分别安装SLZ型水流指示器。其自动喷水报警阀安装于水泵房内，两区合用一根出水管，一个报警阀。

（3）自动喷水灭火系统的水力计算：东楼，按照走道内一根支管上5个喷头同时作用，逐点计算其压力及流量。最顶层末端喷头出口水头，按要求最小值$P=0.05$MPa计，末端喷头流量$q_1=0.94$L/s。5个喷头的流量$Q_1=5.03$L/s。双面走道共计10个喷头，$Q_2=2Q_1=10.06$L/s。当中间层数$P=0.1$MPa时，$q_1=1.33$L/s，$Q_2=2\times8.4=16.8$L/s。南楼地下室，按中度火灾危险级考虑，同时作用面积$F=18.75\times11.25=210\text{m}^2>200\text{m}^2$的要求。在此范围内的喷头数为3×5个=15个。在管道水力计算过程中，采用逐点计算法。设末端喷头出口压力$P=0.1$MPa，则$q_1=1.33$L/s，$q_5=9$L/s，总流量$Q=26.72$L/s，平均喷水强度计算值为7.63L/（min·m^2）>6L/（min·m^2）的要求。管道所需压力为45m水头，低区水箱高度对此的剩余水头不到0.1MPa，故不再设减压装置。

五、消防报警装置

除电工房设有烟感、温感报警装置外，在消防供水系统的设计中，采用了如下的报警装置。

自动喷水灭火系统，东楼每层水平分管上装设SLZ型水流指示器，当某层支管上的玻璃球喷头在$t\geqslant68$℃的温度作用下，玻璃球即爆裂，喷头开始喷水，水流指示器立即向消防值班室发出火警灯光信号，并指明火警所在层数。此时，底层立管上的湿式自动喷水报警阀亦开始动作，水流冲击水力警铃发出铃声信号。根据警铃所在的部位，即可判定火警发生在某层的东端或西端。

若火灾扩大，值勤人员动用消火栓，可通过箱内按钮向消防值班室发出进一步的火警警报。此时，值班室可用按钮直接启动消防供水泵，或向水泵房发出启动水泵的指令。

第24、25、及28层的消火栓箱内，设有双断点的按钮。即向值班室报警，同时又直接启动第26层的临时加压泵工作，10min后加压泵自动停止运行。

南、北楼地下室自动消防的水流指示器功用，各层消水栓箱内的按钮功用，与东楼低区的相同。

广东省坪山某大厦

李姣贵　万焕堂

一、工程简况

深圳坪山某大厦是集商业、高级写字楼、高级宾馆为一体的综合性建筑。总建筑面积为 25000m^2，由一幢 24 层塔楼和左右 3 层裙楼及两层地下室 3 部分组成。

该大厦突出了消防给水设计，下面介绍火灾报警设计部分。

二、给水设计及消防给水

1. 用水量及给水水源

本工程地下室及裙楼最高日用水为 100m^3，塔楼部分为 500m^3，总计为 600m^3。水源为自来水，采用双回路进水。即从建筑物东南和西北市政自来水干管（两水源）分别引入两根 *DN*200 给水管，并于建筑物外、建筑红线内组成环状给水管网。环网上设有 6 个室外地上式消火栓为室外消防给水水源。同时由距地下储水池较近的环网上引出两根 *DN*200 给水管接入储水池为室内给水水源。

2. 给水方式

本建筑生活用水和消防用水均分开设置，其中生活给水分 3 个区。低区给水系统供应地下 2 层至地上 3 层。设水表单独计量，由城市自来水管网直接供水。高区供水由水泵从水池抽吸加压送入屋顶水箱，再供至 24 层屋顶的环状给水管网，经各个给水立管向下供给各层用户至各个用水点。系统为上行下给式。在 14 层环状管网上设一组减压阀减压后供中区使用。

3. 水泵房、水池和屋顶水箱

在地下 2 层设有生活泵和消防泵合建的水泵房。泵房内设有消火栓给水泵 IS150—100—315B 型两台、自动喷水消防给水泵 IS100—65—315B 型两台，同时设两台 IS80—50—315B 型生活给水泵。

在水泵房的侧壁设有生活与消防合建的储水池、总容量为 370m^3（中间用墙分隔），消防储水量为 285m^3，生活调节水量为 85m^3。

在 24 层的塔楼屋顶的水箱内各设有 118m^3 的钢筋混凝土水箱一个，供本楼生活用水和室内消火栓消防给水系统初期 10min 消防用水。

4. 消防给水

根据《高层民用建筑设计防火规范》，该建筑物为一类建筑，耐火等级为一级。根据规范要求，综合楼内应设消火栓灭火系统和湿式自动喷水灭火系统。

该建筑物分为低压消火栓消防给水系统和高区消火栓消防给水系统。采用 *DN*65mm 口径消火栓，尼龙夹布龙带长 25m，ϕ19mm 口径的铜质水枪。消防环状管网均采用 *DN*100mm 管径。

（1）低区消火栓消防给水系统。服务范围为 14 层以下。

消防水由高区消防泵从 370m^3 储水池加压供给，供水量 40L/s，水压为 1.45MPa。在地下 2 层，设有低区消防给水环状管网与 3 条消防立管上下相接，并在 24 层顶部两条立管互相连接构成竖向环网。消防泵有两条出水管，经减压阀后，分左右两路向地下 2 层顶部环网供水，消防初期 10min 水量由屋顶水箱供给，地下 2 层至地上 14 层消火栓处动水压力大于 0.5MPa，用 $d=34$mm 的不锈钢孔板减压，使压力降低在 0.34～0.21MPa 范围内。

(2) 高区消火栓消防给水系统。15 层至 24 层为高区消防给水系统。在 24 层顶部设有 *DN*150 的高区环状管网。消防泵有两条 *DN*150 出水管分别与环网左右两处相接，供水量 40L/s，供水压力 0.45MPa。塔楼设有两条高区消防给水立管与环网连接。并在 24 层顶部，两条立管互相连接，构成竖向环网（见图 1 和图 2）。

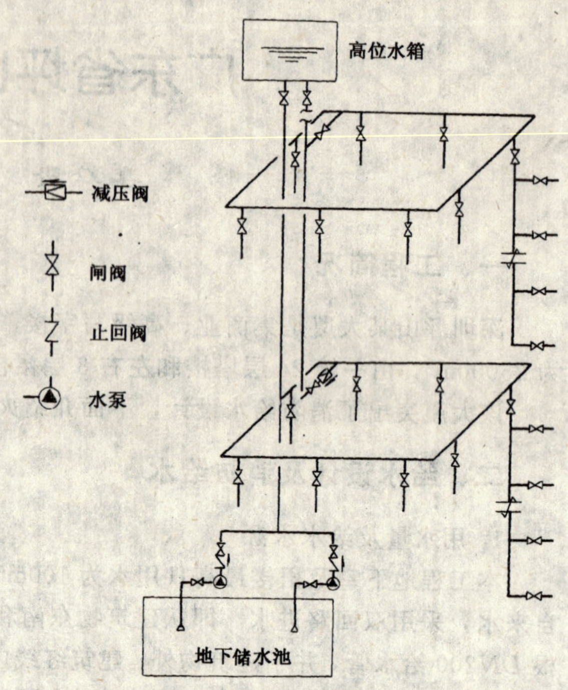

图 1 高、中区给水系统示意图

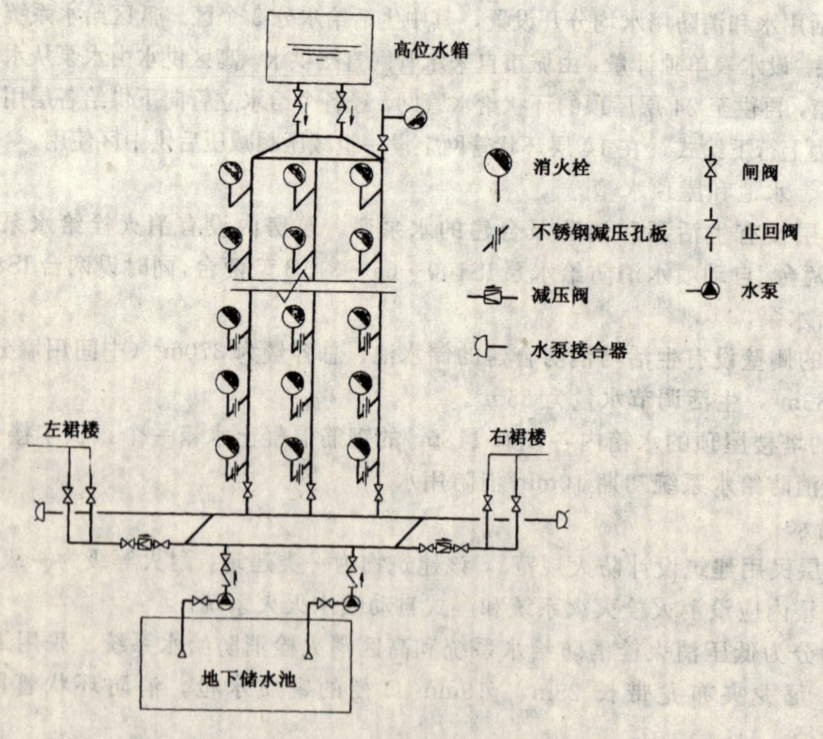

图 2 消火栓灭火系统示意图

5. 自动喷水灭火系统

自动喷水灭火系统是保证建筑物安全的重要手段，它是一种早期灭火系统，受到国内、外的高度重视。根据该建筑物的特点，在走廊、办公室、歌舞厅等公共场所设置了自动喷水灭火系统。本设计遵循以下原则。

(1) 建筑物危险等级为中危险级，作用面积 $200m^2$。设计喷水强度 $6L/(min \cdot m^2)$

(2) 自动喷水灭火系统类型为湿式喷水灭火系统，喷头动作温度为 68℃ 的红色玻璃球。

(3) 设置间距在 3～3.3m。每只喷头的最大保护面积小于 $12.5m^2$。

(4) 喷水系统消防水泵出水量按 20L/s 计，设置两台自动喷水供水泵。

(5) 在管网各层干管上均设有水流指示器，当喷头动作时将信号送往消防中心。

(6) 在高位水箱总出水管上设有湿式报警阀，该阀由下列部件组成：控制阀、报警阀、试警铃阀、放水阀、压力表、水力警铃、压力开关、延迟器、警铃等阀门。当发生火灾时，喷头打开喷水管网中水压下降，报警阀的上下腔形成较大压差，阀瓣立即抬起打开水流通道供水灭火。同时水流不断进入延迟器并很快充满后，以一定的水压冲动水力警铃发出铃声报警。与此同时接通电触点，将报警信号发往消防中心（见图 3、图 4）。

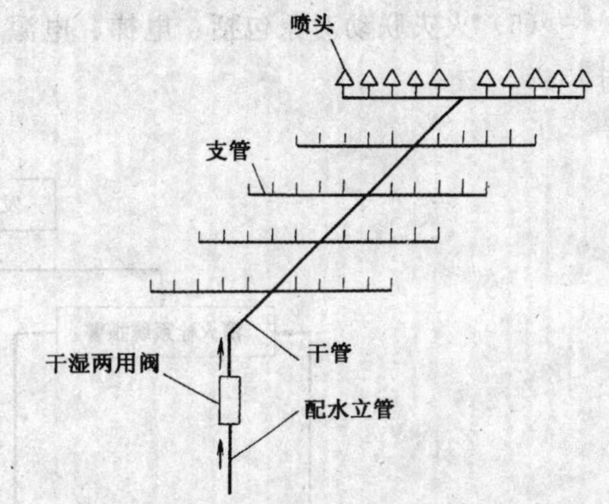

图 3 湿式自动喷水系统大样图

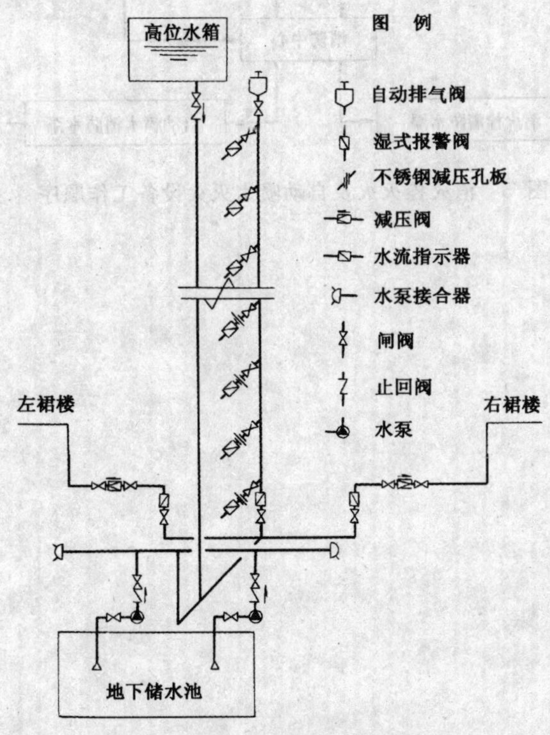

图 4 湿式自动喷水系统示意图

三、火灾自警系统

(1) 在各层房间、大厅、走廊均设感烟、感温探测器，信号送至消防中心。

(2) 消火栓系统报警。在每个消火栓箱内均设有报警按钮信号灯及直通消防中心电话插座。当工作人员发现火灾时，可以打破消火栓箱的玻璃门使用消火栓并按动报警按钮及信号灯。此信号发往消防中心，消防中心即发出启动消防水泵信号。

(3) 自动喷水灭火系统报警。当某处发生火灾喷头动作时，消防中心在接到水流指示器和湿式报警阀两个信号后，即发出启动消防水泵信号。

(4) 在各防火分区设火灾手动报警按钮。

(5) 火灾联动对象包括：电梯、电源、送风机、排烟机、事故广播、消防水泵等（见图 5）。

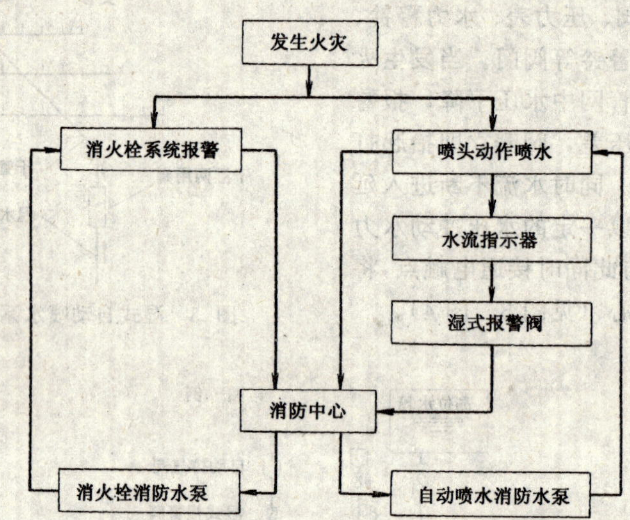

图 5 消火栓灭火及自动喷水灭火设备工作顺序

厦门外贸大厦

蔡高览

一、工程概况

本工程总占地面积为 11660.626m²（折合 17.49 市亩），建筑占地面积为 3700m²，总建筑面积为 27500m²。

主楼：功能分为对外洽谈、展销、会议等公用部分和内部办公部分。地上 17 层（局部 18 层），其中：1～2 层为公共活动用房；3～17 层为写字间；18 层为设备及办公辅助用房。高层标准层面积为 1000m²，辅助用房面积为 330.45m²。

裙房：2 层，围绕内庭布置展销厅、会议厅、通信中心及洽谈室等用房。

地下室：1 层，1000m²，作为汽车库。

附楼：7 层，属服务性建筑，其中：底层作厨房、餐厅；2～4 层作后勤办公及职工教育用房；5～7 层为招待所（有 102 个床位）；半地下室 1 层，作为车库、仓库及洗衣等用房。

建筑高度：主楼为 60.2m，附楼为 23.1m。

二、建筑类别

主楼的高度在 50m 以上，内有展销厅、大会议厅，设有集中式空调，装修标准较高，是一座重要性大的业务办公大楼。根据《高层民用建筑设计防火规范》的规定，主楼属为一类高层建筑。附楼为多层建筑。

三、总平面布局

该工程位于厦门市西小区，湖滨北路西端入口北侧，凤尾山南麓，西临湖滨西路，远眺大海。在用地总面积 11660.626m² 中，布置了主楼、附楼两幢建筑及停车场、自行车库等设施。主楼高层部分北距附楼 30m，东距 15 层的工商银行大楼 30m，西北面靠山，南临城市干道。主楼与附楼由于地形高差的条件，自然形成了两个部分，各部分有单独的对外出入口，且围绕主楼的环形消防车道将两部分自然地分开。主楼裙房距临街道 20m，留出了开阔的院庭，以利人流的集散。同时，主楼的东面留出 2000m² 的广场，为露天停车等用途的活动场所。而且主楼面对广场及环形车道，多处分别设置了内外人员办公入口、参观入口、安全入口、展销货运出入口、地下车库出入口等，使整个交通组织人车分流，一旦发生火灾事故，通畅无阻。

主楼四周为消防车道为广场所环绕，在主楼裙房和高层部分的体型组合中，将高层部分留出足有 1/2 的周边长为临空面，便于消防车登高作业，而且消防车及人员可直接停靠在主楼的消防电梯前室的门口。同时，大楼的消防指挥中心设在靠近消防电梯旁及管理人员值班室的门厅入口处，方便消防指挥。

四、建筑平面设计

主楼划分为对外洽谈、展销、会议等公用部分和内部办公两部分。设计将人流繁杂，相对集中的对外部分布置在偏西的低层裙房内，而把人流均衡，相对安静的内部办公部分布置在偏东的高层楼上，使两大部分截然地分开，又联系紧密，给使用、管理上创造了良好的条件。

裙房二层围绕内庭布置了展销厅、会议厅、通信中心及洽谈室等，这些不同功能各自独立，又互相以休息厅、过厅、廊道等相连结，给分别开放、灵活使用及节省能源创造了有利条件。

高层部分呈一字平面，南北朝向，以利争取自然采光和通风；每层设电梯 4 部（14 人，2.5m/s），其中一部为消防电梯；疏散楼梯两部。办公室除西端 $110m^2$ 外，均为 $50m^2$ 的标准办公室，且可采用轻质隔墙再作分隔为 $25m^2$ 左右的小办公室。

地下室一层为 $1000m^2$，按平战结合的人防工程 5 级设防，平时作停车库及设备用房等。

五、建筑防火设计

1. 防火防烟分区

主楼 1、2 两层为连贯空间，结合功能，采用防火墙、甲级防火门及防火卷帘等防火设施，将裙房部分和高层部分划分为两个防火分区。裙房部分由于开敞内庭院贯通两层，面积达 $3700m^2$，不仅采取了与高层主体建筑之间设防火隔断措施，又设了自动喷水灭火设备，以形成一个防火分区。主楼的高层部分 1、2 层也有封闭式内庭院贯通两层，二层环绕内庭院有走马廊，两层面积为 $1200m^2$，安装了自动喷水灭火设备，形成一个防火分区。内庭院顶部采用玻璃采光罩，支撑玻璃采光罩的钢架除了采取钢结构防火隔热材料保护外，还设有自动喷水灭火及排烟设施。

上述两个防火分区都各自设有两个不同方向的疏散出口。

高层部分每层 $1000m^2$，作为一个防火分区，设一部消防电梯。

地下室部分，将高层和裙房的地下室用于箱形基础的钢筋混凝土侧墙，门洞为甲级防火门，划分为两个防火分区。

在玻璃幕墙部分，为保证防火分区的竖向分隔，各层均设有由窗台及边梁组成的 1.5m 高的防火分隔带，其与幕墙之间的空隙采用岩棉等防火材料填实。

防排烟的场所为防烟楼梯间前室、消防电梯间前室、无自然通风的内走道及地下室。

地下室分为 3 个排烟系统，即车库分人防及非人防两个排烟区（均设有自动喷水灭火设备）；箱形基础部分的设备用房，按面积不超过 $300m^2$ 划分为 3 个排烟分区，设一个排烟系统。高层部分的标准层内走道包括着火房间面积，每层均设一个排烟系统。

2. 安全疏散

为了保证整幢大厦在失火时，安全迅速地疏散，结合环行消防车道及广场的有利条件，在主楼建筑的四周布置了 6 个不同方向的疏散出入口。室内的 6 部防烟楼梯也根据裙房及高层部分的不同使用功能均匀地布置，保证室内疏散安全距离的要求，而且每部楼梯附近均有直接对外的出入口。当火灾发生时，室内人员即可呈放射状向室外迅速撤离。同时，在高层部分的楼梯间的位置，从任何一个房间出口至安全区（防烟前室）的距离都不超过 20m。

根据国外资料：20层（本工程为17层）每层120人（本工程约100人）计算，在10min以内全部人员可安全疏散到室外。

3. 消防给水

(1) 主楼消防给水。由室内消火栓给水系统，自动喷水灭火系统和水幕系统3部分组成。

室内消火栓给水系统：消防用水量按30L/s计，消火栓间距小于30m布置，在消防电梯间的前室布置一个消火栓。消火栓给水系统的管网为环状，且在建筑外设两处水泵接合器与管网连接，在第18层设气压供水装置以保证火灾初期的水压。每个消火栓处设有远距离启动消防水泵的按钮。消防水泵设于地下泵房内，配100DL—5型消防泵，一用一备，自动切换。

自动喷水灭火系统：用水量按30L/s计，在地下车库、展销厅、办公用房、走道等公共活动用房，按中危险级设置。为了满足火灾初期所需的水量和水压的要求，在第18层设11#矩形钢板水箱供给消防用水，地下泵房配100DL—2型自动喷水灭火系统用水泵，一用一备，自动切换，配两个水泵接合器连接管网。

水幕消防系统：设在1、2层的防火分区的分隔处，配合防火卷帘进行防火分隔，用水量为10.8L/s。水幕消防系统由雨淋阀控制，手动启动，配80DL—2型水泵，一用一备。

消防水与生活水合用水箱，设在主楼的18层内，储存18m^{3}的消防水量。

(2) 室外消火栓给水。在用地范围内设置了室外地上式消火栓给水系统，环状管网布置，消火栓间距按120m设置，且距水泵接合器不大于40m。室外消火栓给水系统采用由城市市政管网直接供给的低压制。

为了保证室内消防用水量，在室外设消防水池，其容量按室内消防用水量2h火灾延续时间和1h的自动喷水灭火及水幕系统的灭火用水量计算。

(3) 气体消防系统。在柴油发电机房、电脑间、电话总机室、通信间等部位，采用悬挂电爆式“1211”自动灭火器，并配以YBQ—1型电爆自动灭火引爆器。在高低压配电室、变压器室和各层配电间，配备“1211”手提式灭火器扑救初起的火灾。

4. 防排烟及通风

主楼高层部分的防烟楼梯间前室、消防电梯前室、内走道、地下车库及设备用房、裙房的2层会议厅、阳光厅等，均设置防排烟设施。

(1) 高层部分的两部疏散楼梯均按防烟楼梯间设计，在楼梯间的入口处均设排烟前室；与消防电梯间合用的前室面积为10m^2，采用外窗面积大于3m^{2}自然排烟方式；客电梯前室，为满足候梯要求，面积为17.6m^2，凡通向前室及楼梯间的门均为乙级防火门；与客电梯合用的疏散楼梯间前室，采用机械正压送风方式，保持前室正压，防止烟气进入。正压由余压阀控制，保证前室正压维持在25～50Pa。余压阀设在前室与走道的隔墙上，自动开启的送风口则设在每层送风竖井侧壁的下部，加压通风机设在18层的机房内，其送风量为28049m^3/h，送风口开启数按着火层上下共3个送风口开启计算。

为防止走道的烟气在前室门开启时窜入前室内，走道的排烟口设在两个前室入口处的顶部，排烟量为35120m^3/h，其排烟风机设在18层排烟机房内。

(2) 地下车库及高层部分的地下设备用房内，采用独立系统的机械排烟，排烟机按系统分别设在地下室机房内。车库排烟量按60m^3/(h·m^2)计算。总排烟量：人防地下车库为43560m^3/h，非人防地下车库为49740m^3/h，排烟口设在车库上部。设备用房排烟量按最大分区120m^3/（m^2·h）计算，总排烟量为37320m^3/h，排烟口设在其上部。

排烟系统同送风或排风系统互用，并反联锁。火灾发生时，地下车库排烟风机开启，送风机及防烟、防火调节阀自动关闭；设备用房排烟口排烟分区开启，同时关闭排风机及所有排风支管上的防烟防火调节阀，以保证正常的排烟。

(3) 裙房2层会议厅及阳光厅采用自动开启排烟口排烟，排烟口设在屋顶采光罩侧部，并与感烟探测器联锁开启。

(4) 所有通风系统的送、排风机均设有70℃自动关闭防火阀，排烟风口设有280℃自动关闭防火阀，空调系统的总管及水平支管与竖井连接处，以及机组出入口处，均设有70℃自动关闭的防烟防火调节阀。

所有管道均采用非燃烧材料制作，凡需保温的管道均采用岩棉保温，所有通风管道竖井均用非燃烧材料隔层封闭，以防止烟气沿竖井蔓延。

5. 电气及报警系统

(1) 火灾自动报警系统。主楼的展销厅、会议厅、休息厅、洽谈室、电脑、电话机房、通信室、地下室的柴油发电机房、空调机房、仓库等均装设感烟探测器，高低压配电室装光电探测器。

主楼高层部分3层以上各层，在靠近消防电梯前室的办公室内装区域报警器，该办公室也兼作火灾值班室用。

1层消防控制中心装集中火灾报警器，并设一部与市消防部门直接联系的热线电话，发生火灾可立即报警。

(2) 消防控制中心。消防控制中心除了对上述火灾自动报警系统进行集中控制外，还对给排水系统、送排风系统和整个大楼的电源、备用电源进行控制及集中管理。

1) 给排水系统。当火灾发生时，为了安全、及时有效地扑救火灾，对消火栓、喷淋及污水排放等系统的水泵，采用了自动及手动、就地和集中等控制方式。为保证水泵运转正常，除污水泵按积水坑的不同位置设置外，其他各种水泵均设置两台，一用一备，当工作泵发生故障时，备用水泵自动启用。

污水泵共备8台，分散设在各积水坑处，可就地手动启动，也可由消防中心控制。

稳压泵由11～18层消火栓箱内紧急按钮启动，运转3min后经联锁装置自动启动消防水泵，消防水泵运转后停止稳压水泵。1～10层及地下室的消火栓箱内紧急按钮直接启动消防水泵。各消火栓箱内装有稳压水泵或消防水泵的运行指示灯。

2) 排送风系统。为了保证送排风系统和空调系统的正常运转及火灾发生时实施有效的控制，也采取了就地、局部和集中控制的方式。

地下室的车库和设备用房的送风、排烟风机，可在消防中心、空调控制室和就地控制，正常情况送风机运行。当地下室发生火灾时，感烟探测器报警，并通过火灾区域报警器自动停止送风机运转，关闭进风口密闭电动阀，同时启动排烟风机。

高层部分合用前室加压风机和排烟风机，可由消防中心和就地手动控制，当发生火灾时，感烟探测器报警，通过区域火灾报警器，自动启动加压风机和排烟风机，并自动打开与区域报警器对应层的加压送风口和排风口。

空调系统新风机组由消防中心、空调控制室和就地三处手动控制，当发生火灾时，通过各层的区域报警器使新风机组立即停止运转。

空调系统各风机盘管和风柜均为就地控制调节，当发生火灾时，由区域报警器通过切断对应层工作电源的方法，使该层风机盘管和风柜停止工作。

3）上述给排水系统和送排风系统的所有电机电动阀门，以及主楼工作电源和备用电源运行情况，均能在消防中心控制台上显示。

4）客电梯控制，当主楼发生火灾时，由各层区域报警器的自动灭火装置触点，使各台客电梯自动下降至1层，亦可由消防中心控制，使各台客电梯自动下降至1层。

（3）事故照明和疏散指示标志。

1）主楼下列场所设事故照明。消防控制中心，柴油发电机室、高压配电室、低压配电室、消防水泵房，地下车库和空调机房、电脑室、电话机房。

2）主楼下列场所设事故疏散照明和疏散标志。展销厅、会议厅、地下车库、长度超过20m的内走道，疏散楼梯及公共场所出口。

（4）电源。按一级负荷要求供电，除市电网供电外，在地下室设置一台3000kW柴油发电机组，以满足主楼所有消防设备用电的需要。柴油发电机组在市网停电时能自动启动，消防设备的双电源采取在末级配电箱处自动切换。

温州乐清柳市吕庄大厦

张 旗 凌 虹 柯将秀 邵 颂

一、总平面

吕庄大厦位于浙江温州乐清柳市，是一典型的商住综合楼。地下室安排小汽车、摩托车、自行车停放和设备用房；2层为商场；二层为商业用房，其功能根据出售情况而定；裙楼之上是3幢住宅楼；其中A幢、C幢为点式高层，均为一梯4户，分别为32层和23层；B幢为一梯2户的两单元并联而成，高11层，局部跃层12层。

本工程用地较不规则，通过反复的规划、设计，在保证建筑布局合理先进的同时，安排了通畅的消防环境。同时因建筑物沿街面较长（148m），在其中部辟出了一条宽5.5m，高4.2m的过街楼通道。消防登高面宽敞，十分有利消防车扑救工作的展开，A幢和B幢最小间距为15m，B幢和C幢最小间距为15.6m。与周边建筑的消防间距也都满足有关要求如图1所示。

二、地下室

乐清柳市是经济发达地区，私人小汽车、摩托车的拥有量较多。由于小汽车、摩托车均为燃油机动车，具有易燃、易爆性，所以本案将其归为一类停放（现行的一般做法是将摩托车归到自行车一类停放）。地下室设计成错层式、标高分别为－3.600m和－5.500m。－5.500m部分除了安排一部分双层升降横移式复式汽车库外，其余部分的上部设置了一夹层（－3.000m）作为自行车库，与机动车库完全隔离。自行车库面积1390m^2，分成两防火分区，平时连通，着火时口部用防火卷帘隔离。地下层面积4843m^2，分为3个防火分区：①小汽车停放区，面积为3484m^2＋283m^2（复式车库折算增加面积）；②摩托车库，面积为799m^2，平时与小汽车库连通，着火时用防火卷帘隔离；③设备用房，面积610m^2（含水池）。设备用房区虽然面积不大，使用人数不多，但因其担任着消防灭火的重要任务，且属民用性质，不宜与车库同在一个防火分区里。小汽车库可停车99辆，本案除了将其错层停放外，更在不影响使用和空气流通（送排风）的情况下，设置了一些防火、防爆挡墙，尽量把小汽车隔成小区域停放，以期最大限度地控制火灾的蔓延和扩大。每个防火分区均有2个或2个以上的疏散口，其中至少有一个疏散口直通室外（如图2所示）。

三、1、2层商业用房

房地产开发项目消防设计的一个难点，就是裙房部分的分隔、具体功能在售出前不确定。应对的设计手法是控制好最大的允许防火分区，疏散路径布置既要考虑其均匀性，又要兼顾分隔后的合理性。更重要的是待出售后分隔、功能确定时，进行二次消防设计，以确保消防要求的落实。（图3（*a*）、图3（*b*）所示）

柳江大道
104 国道线
河
河边绿化带
混 3
混 2
混 8
基
混 5
混 6
混 3
自行车入口
机动车入口
消防登高面
高层公寓
(2层)
(1层)
(11层)
B幢(12层)
39.600
A幢(32层)
99.600
C幢(23层)
72.600
层架空通道
N

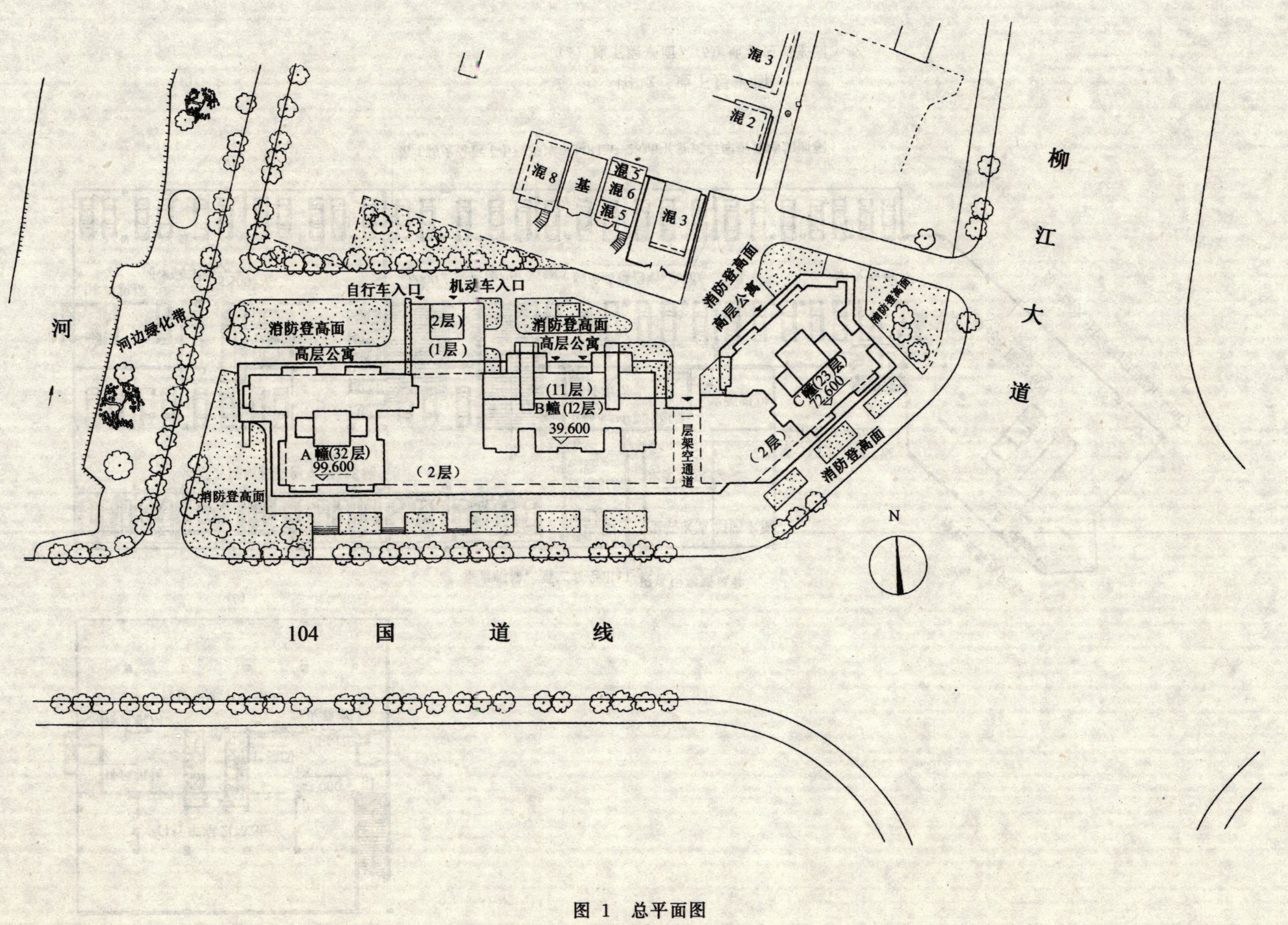

图 1 总平面图

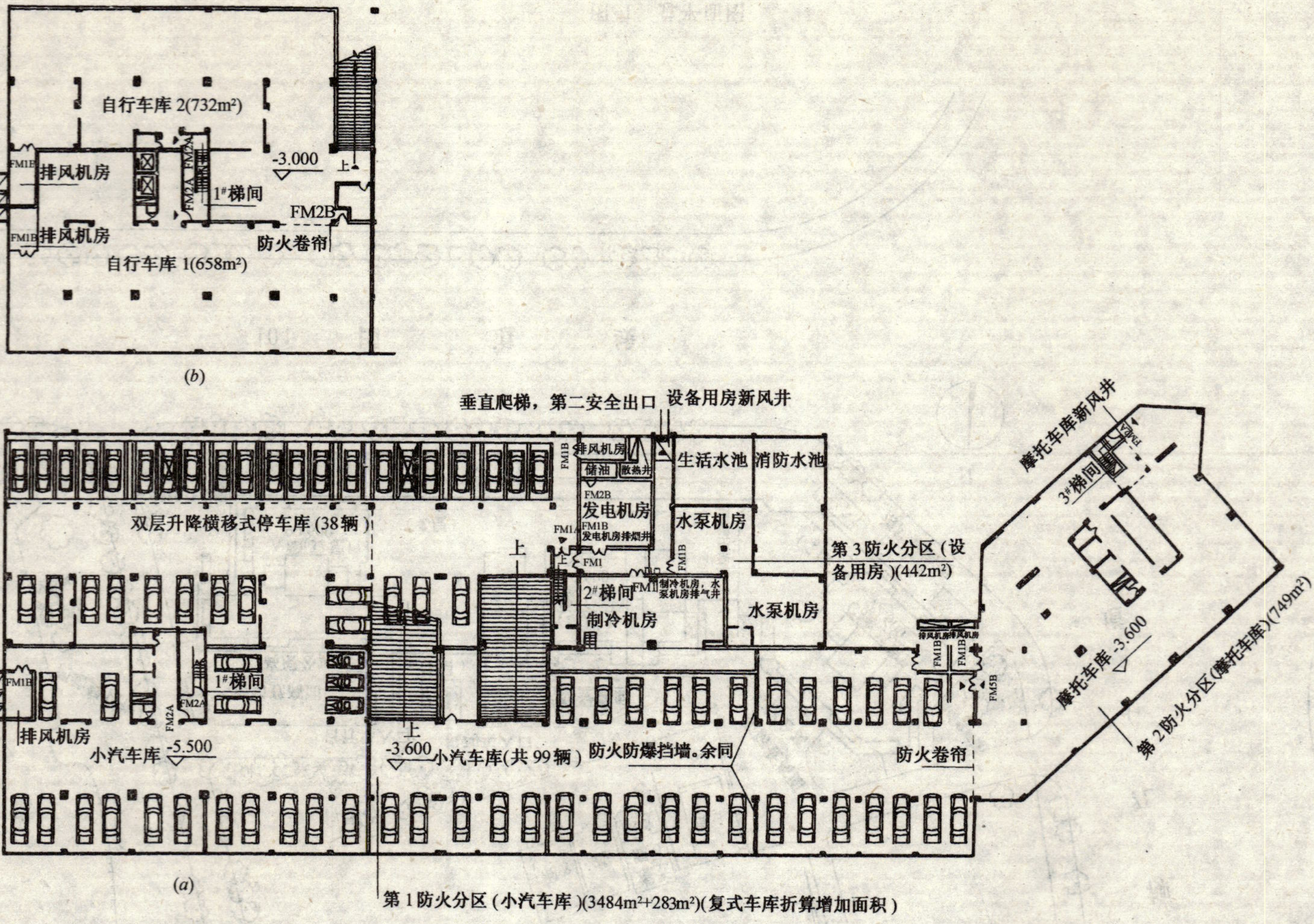

图 2　地下层平面

(a) 地下层平面；(b) 地下夹层平面

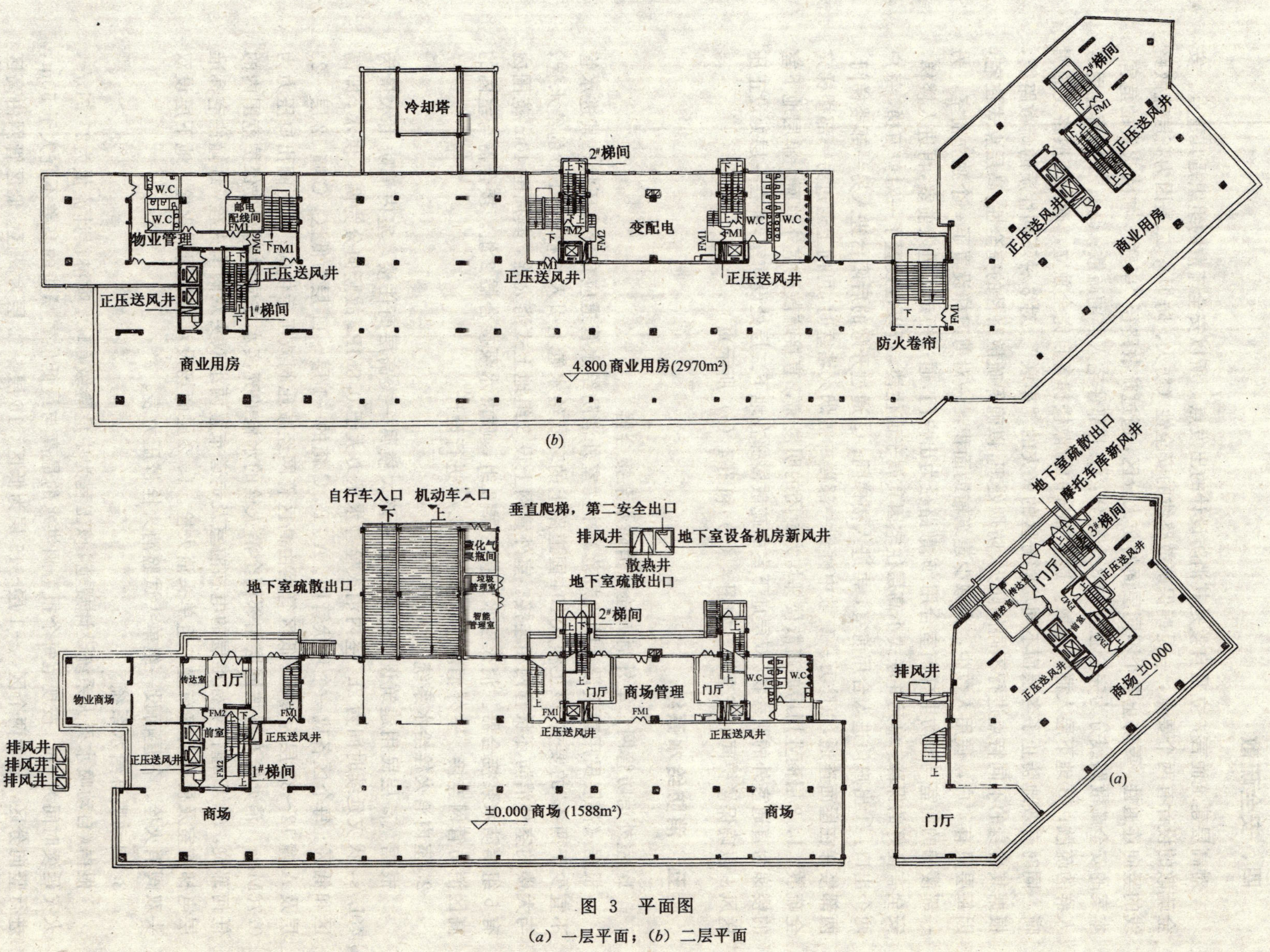

图 3 平面图

(a) 一层平面；(b) 二层平面

四、安全疏散

对高层建筑而言，立足自救是其消防设计的出发点，所以安全疏散的组织是其重点。安全疏散的设计有两个要点，一是确保疏散路线的安全性（防火、防烟）；二是因为高层疏散路线的竖向连通性，要防止各个不同层面的防火分区，通过疏散路径“串联”，扩大火灾的危害。本案的安全疏散路线分为完全独立的 3 个部分：①上部住宅人群的疏散；②1、2 层商业用房人群的疏散；③地下层人群的疏散。这 3 部分的疏散楼梯各自完全独立，确保疏散路线的明晰，同时有效地防止了各层面不同功能分区的火灾的“串联”。对 3 种不同性质的疏散路线，根据其自身的不同特点进行不同的防火、防烟处理，以确保疏散路径的完全性。高层点式住宅，因每层只有 4 户，使用人数少，为减少建筑辅助面积，一对剪刀梯设置了一个独立前室，另一部楼梯的前室与消防电梯前室合用。疏散路径为出户门，通过短走道进入前室，再进入楼梯，安全有良好的保障。单元并联式小高层住宅因其属于商住楼，所以也设置了一对剪刀梯，每户两个出口：①出户门进入合用前室，再进入楼梯间；②通过开敞的后阳台进入另一部楼梯间。两部楼梯在屋面连通，以防万一疏散中碰到一部楼梯被烟火堵塞时，可向上通过另一部楼梯完全疏散。1、2 层商业用房的疏散楼梯均为封闭的明楼梯，直接疏散至室外地面。单层地下室的楼梯为直通室外的明楼梯。双层地下室的疏散楼梯在地下二层处设前室，并在一层处设正压送风，以确保楼梯间的安全性（如图 4（*a*）和图 4（*b*）所示）。

五、消防给水系统

1. 室外消防管网、室外消火栓和消防水泵接合器

根据《高层民用建筑设计防火规范》中“室外消防给水管道应布置成环状，其进水管不宜少于两条”的要求，该工程从 104 国道路上的环状给水管上引入二根 $DN150$ 的给水管，与大楼的室外消防环状管网相连接。室外管网上设 3 组地上式消火栓，其周围 40m 范围内有 5 组消防水泵接合器。消火栓水泵接合器 3 组，喷淋水泵接合器 2 组。接合器与室内的高区消防管网连接。室外消防用水量按 30L/s 进行设计。

2. 室内消火栓给水系统

根据《高层民用建筑设计防火规范》该大楼属一类高层商住楼。室内消防用水量为 40L/s，火灾延续时间为 2h。室内消火栓静水压力大于 0.8MPa 故竖向分为两区供水，即高区和低区。每个区各成一个环状管网。A、B、C 幢的－1 层～11 层为低区，C 幢 12 层～23 层及 A 幢 12～32 层为高区。低区管网由高区管网经减压阀减压后供应。减压阀出口压力为 0.70MPa。消火栓布置按同层相邻两个消火栓的水枪的充实水柱同时到达被保护范围内的任何部位。A、C 幢住宅标准层的电梯前室及走道布置两组双头双阀消火栓，B 幢住宅标准层电梯前室及楼梯前室布置二组单头消火栓。1、2 层商场设双头双阀消火栓，地下层设双头双阀消火栓。各屋面设一组单头试验消火栓带压力表。

3. 自动喷淋给水系统

根据《自动喷水灭火系统设计规范》该工程为中危险级（Ⅱ）。喷淋设计流量为27.7L/s，火灾延续时间为 1h。按规范每个报警阀供水的最高与最低位置喷头的高差不宜大于 50m，进行竖向分区，分为两个区。－1 层～15 层为低区，16 层～32 层为高区。低区管网由高区管网经减压阀减压后供应。减压阀出口压力为 0.70MPa。各配水管入口的压力均按不大于

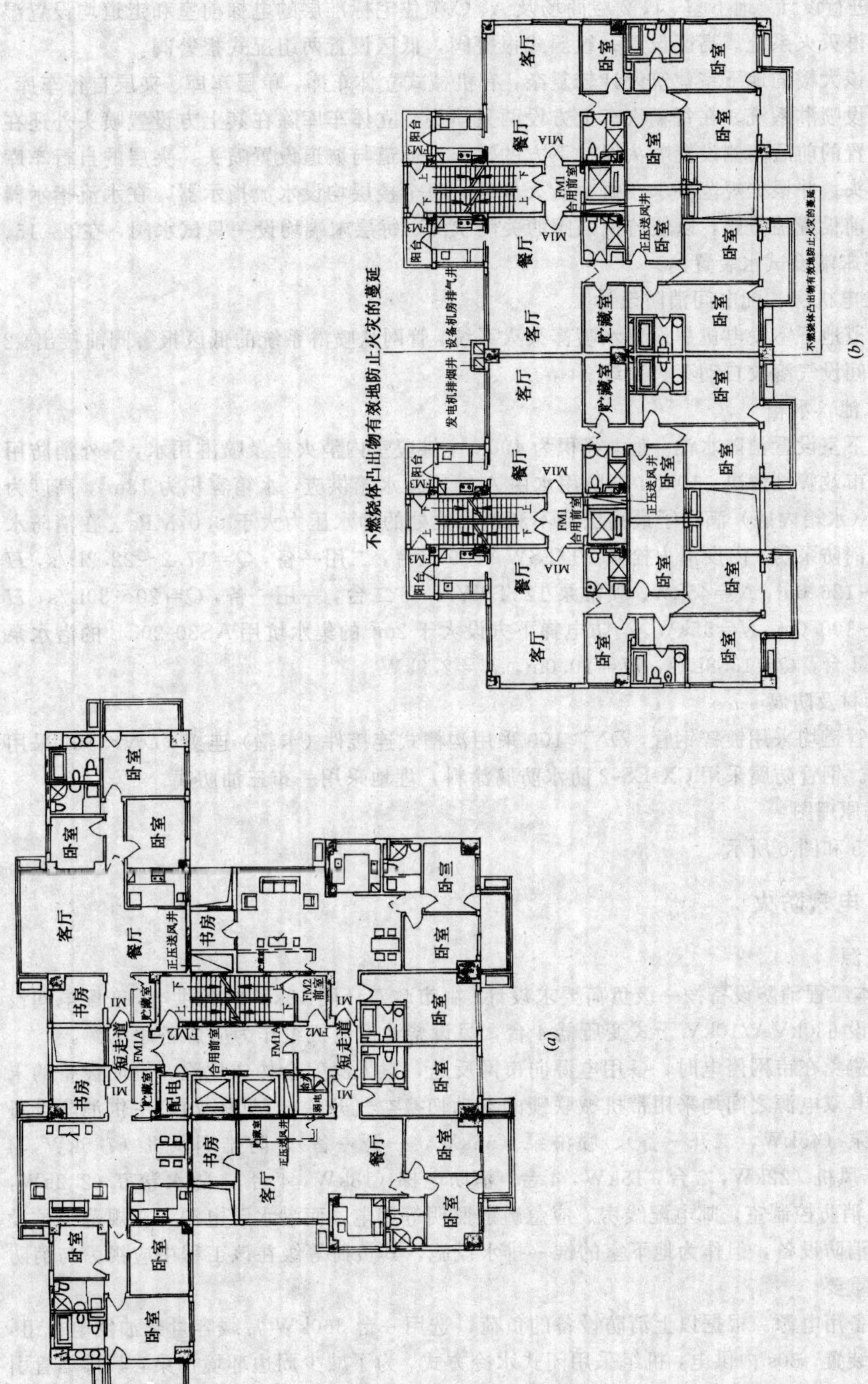

图 4 标准层平面

(a) A幢标准层平面；(b) B幢标准层平面

0.4MPa 进行设计。地下室、1、2 层商场及 A、C 幢住宅标准层的电梯前室和走道均设置湿式自动喷淋灭火系统。高区设置一组湿式报警阀，低区设置两组湿式报警阀。

由于该大楼的地下室建筑设计较复杂，有机械式立体车库、单层车库、夹层自行车库，按规范均设喷淋系统。在每辆汽车上方设两只喷头，立体车库除在其上方设置喷头外还在其分层位置的前后两侧设置喷头保护下方的汽车。通道与坡道设置喷头，夹层的自行车库顶设置喷头。并根据规范要求在每个防火分区，每个楼层均设水流指示器，在水流指示器和报警阀前设置信号阀，以便监视该阀的关闭状况。每层末端均设一只试水阀，在 2、15、23、32 层末端设试水装置。

4. 发电机房、配电间消防设计

按规范地下室发电机房设置水喷雾灭火系统，管网从喷淋系统的低区报警阀前接出。2 层变配电间设气溶胶自动灭火系统。

5. 水池，水箱

在地下室设置消防水池一座，容积为 400m^3，供应室内消火栓及喷淋用水，室外消防用水由室外市政管网解决。10min 消防用水由 A 幢屋顶水箱供应，水箱容积为 18m^3，高度为 105.30m（水箱内底）满足了最高层最不利消火栓处的静水压力大于 0.07MPa。在消防水池边设一消防泵房，内设消火栓泵 100TSWA×9 三台，二用一备，Q=17.2～22.2L/s，H=145.8～126.0m，N=45kW。喷淋泵 125TSWA×5 二台，一用一备，Q=20～30L/s，H=115.0～100.0m，N=55kW。消防电梯下方设大于 2m^3 的集水坑用 AS30-20CB 的潜水泵排水，共 4 台，Q=13.8L/s，H=10.0m，N=2.9kW。

6. 管材及防腐

消防管道均采用镀锌钢管，DN≥100 采用沟槽式连接件（卡箍）连接，DN<100 采用丝扣连接。钢管防腐采用 CX-ES-2 防水防腐涂料，埋地采用一布三油防腐。

7. 附原理图

如图 5 和图 6 所示。

六、电气防火

1. 电源

(1) 本工程消防设备按一级负荷要求设计，由市政双环网 10kV 电源供电，变配电间设二层，内设 630kVA/10kV 干式变压器 4 台，另设柴油发电机组作为应急备用电源。

为了避免在市网停电时，备用电源向市网反送，对人身安全构成危险，消防设备的末端配电箱其双电源之间均采用带机械联锁的自动切换空气开关，（见图 7），主供消防设备有：消防泵（45kW，二开一备）、喷淋泵（55kW，一开一备）、防排烟风机（7.5kW，4 台），正压风机（22kW，2 台，15kW，4 台）消防电梯（18kW，4 台），防水卷帘（2.2kW，3 台），及消防控制室，邮电配线房、应急疏散照明等用电，而潜水泵电源，在规范中虽没明确归为消防设备，但作为地下室的惟一排水设施，其负荷等级在该工程中应视为与消防设备同等重要。

(2) 备用电源。根据以上消防设备的负荷，选用一台 360kW 常载容量柴油发电机组，带自起动装置，30s 内供电，机组采用闭式水冷方式，为了减少周边环境污染，其排烟管引至高层屋面。

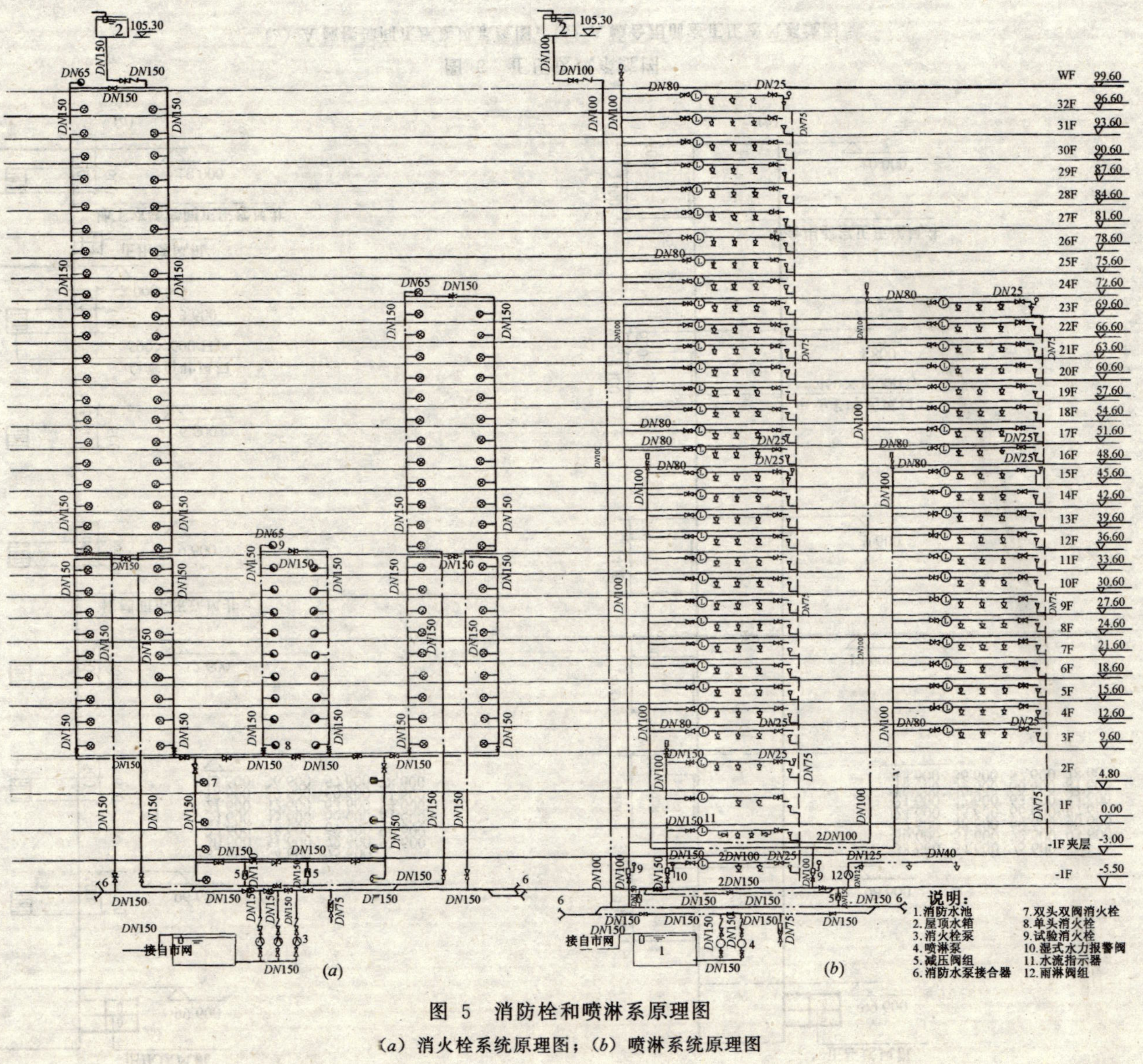

图 5 消防栓和喷淋系原理图

（a）消火栓系统原理图；（b）喷淋系统原理图

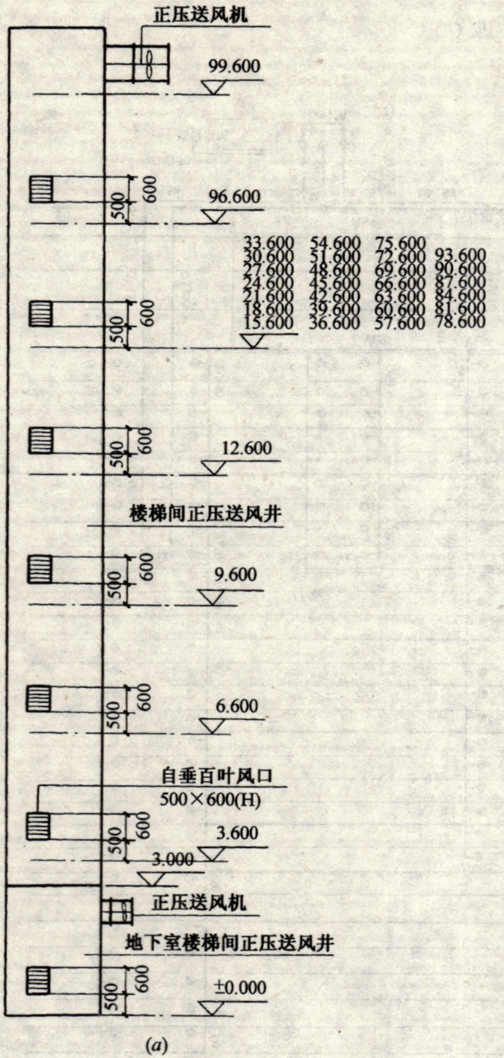

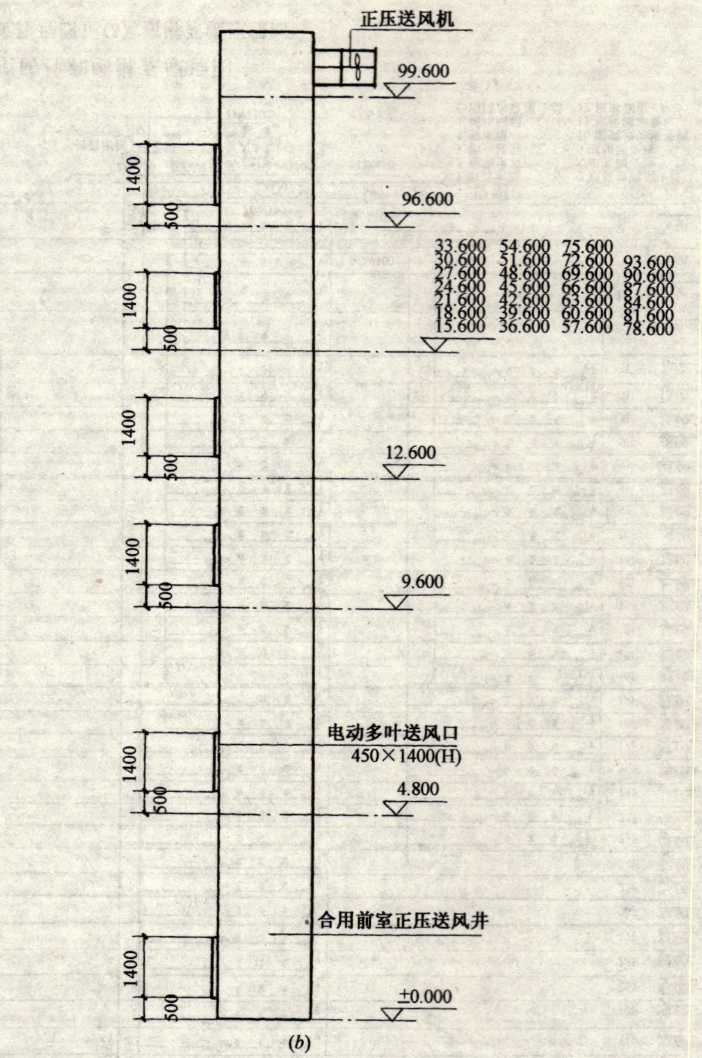

图 6 正压送风系统图

(*a*) A 幢楼梯间正压送风系统图；(*b*) A 幢合用前室正压送风系统图

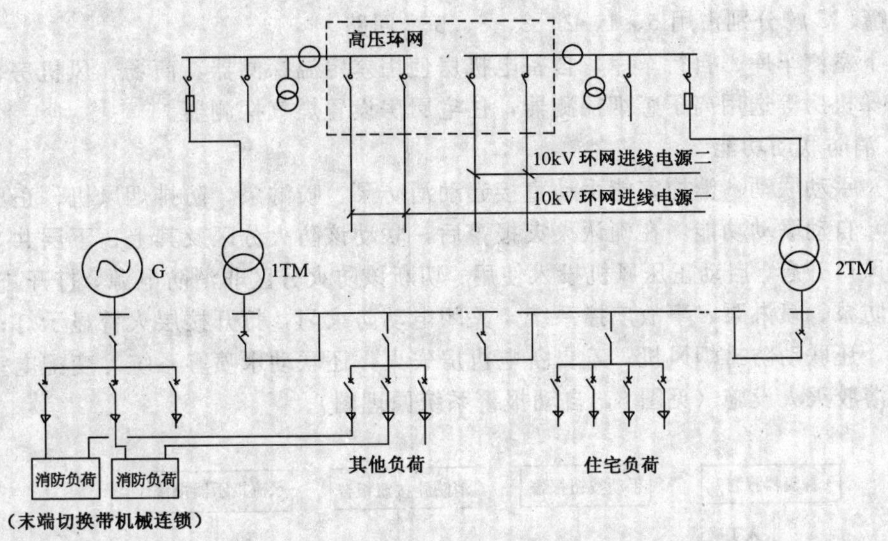

图 7　供电原理示意图

2. 消防配线

消防线路采用阻燃型电缆，从 2 层变配电间或地下室自备电机房引出，沿耐火型电缆桥架，电气竖井通各用电设备处。线路在桥架、竖井外敷设时，均穿镀锌钢管。暗敷时，要求埋设不燃烧体结构，其保护层不少于 30mm；明敷时，外涂防火涂料保护。电气竖井的预留孔在电缆敷设完毕后，用非燃烧材料封堵好，防止火灾时烟雾蔓延。

3. 火灾应急照明和疏散指标标志

在变配电间、自备电机房、消防水泵房、防排烟机房、消控室、邮电配线房、消防电梯机房、正压风机房设自带蓄电池的应急照明灯，在地下室、走道、楼梯口、楼梯间、消防电梯间及其前室、安全出口处、屋面疏散出口等处设自带蓄电池的疏散指示灯，应急、疏散灯连续供电时间要求大于 30min

4. 防雷措施

（1）屋面设置避雷带，利用建筑物柱内的两根通长主筋相互焊接作为避雷引下线；楼层的外墙圈梁内二根通长主筋相互间焊接作为均压环，15 层及其以上楼层，其外墙的金属门窗、阳台金属栏杆等与均压环连接，防止侧击雷的侵入。避雷带、均压环、避雷引下线与接地装置连成一体，构成避雷接地的外部措施。

（2）等电位联结：建筑物内的 PE 干线，电气装置接地极的接地干线、建筑物内的金属水管、煤气管、空调管及条件许可的建筑物构件等导电体相互连接与总等电位联结、凸出屋面的金属构件也均与避雷线作等电位连接。

（3）浪涌保护：为有效防止浪涌电源侵入配电系统，在 10kV 电源引入处，低压配电侧，末端设备处设浪涌保护器。

七、火灾自动报警系统

1. 消防控制室

消防控制室设在1层，选用一台24回路区域火灾报警控制器，地下室、1层、2层、A幢、B幢、C幢分别占用5、1、2、8、3、5个回路。

地下室汽车库、自行车库、自备电机房使用差定温探测器，商场、风机房、走道、前室、电梯机房等选用离子感烟探测器，住宅厨房设置煤气探测器。

2. 消防联动功能

(1) 手动联动：消控室能手动直接起动消防泵、喷淋泵、防排烟风机、正压风机。

(2) 自动联动功能：在确认火灾报警后，联动该防火分区及其上、下层共3层电梯前室的送风口开启，启动正压风机投入使用；切断该防火分区非消防电源，打开疏散指示灯，启动消防泵、喷淋泵、事故广播系统，关闭电动防火门，打开楼层火警显示灯；若是地下室失火，还联动防排烟风机；若自备电机房失火，还联动水喷雾系统。变配电室失火，还联动气溶胶灭火设施（见图8，自动报警系统原理图）。

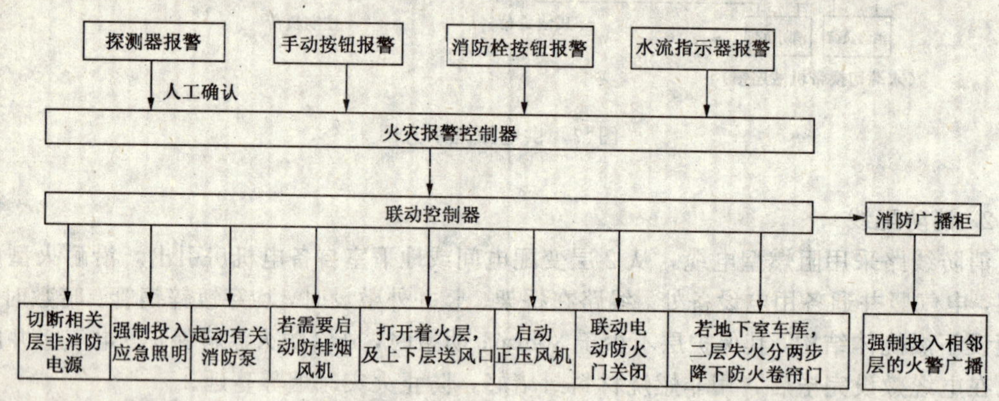

图8 自动报警系统原理图

3. 事故广播系统

在自备电机房、水泵房、空调制冷机房、各楼层、前室、电梯机房、正压风机房设事故广播。广播线路按楼层功能直接从消控室广播柜引出，如地下室、1层、2层、住宅（A、B、C楼）共分6回路，这样既可在火灾发生时，消控室将事故广播强制转入应急广播状态，平常按功能需要又可作些其他广播功能。

4. 消防通信系统

(1) 消控室设直接报警的外线电话。

(2) 消防水泵房、自备电机房、变配电室、空调机房、防排烟机房、消防电梯机房、正压风机房等设电话分机。

(3) 楼层前室设电话塞孔。

八、通风防排烟系统

1. 防排烟系统概要

防排烟系统见表1。

防排烟系统 表1

	防排烟系统	设计标准	风口控制
A幢剪刀楼梯间	正压送风	45Pa	自垂百叶风口
A幢合用前室	正压送风	27Pa	电动多叶送风口
B幢合用前室	正压送风	27Pa	电动多叶送风口
B幢剪刀楼梯间	正压送风	45Pa	自垂百叶风口
B幢合用前室	正压送风	27Pa	电动多叶送风口
地下室车库	排烟兼排风	6次/h	常开风口

2. 防排烟系统设计

地下车库采取机械排烟和机械通风相结合，平时采取机械排风，失火时采取机械排烟，排风量与排烟量均按6次/小时计算。选用消防排烟风机。车库内无直接通向室外的汽车疏散口的防火分区设置机械进风系统，有直接通向室外的汽车疏散口的防火分区采用自然进风。

高层的防烟楼梯间以及消防电梯前室均设置机械加压送风的防烟设施。

其中A幢地下室的楼梯间在一层与地上楼梯间隔开且直通室外，不具备自然排烟的条件，因此根据新规范在地下室的楼梯间设置单独的正压送风系统，并在地下室设压差调节装置，确保楼梯间的正压值为40～50Pa，楼梯间前室保持25～30Pa。

3. 联动

汽车库通风与排烟相结合，平时运行通风，失火时由消防信号联锁开启排烟风机运行排烟。

正压送风机和消防信号联锁，失火时由消防信号联锁开启正压送风机正压送风。

合用前室电动多页送风口与消防信号联锁，失火时开启着火层及其上、下层送风口送风（见图9（*a*）、图9（*b*））。

九、存在的问题及改进意见

(1) 本案地下室汽车疏散坡道净宽为6.5m，但因直线行坡道与曲线行坡道疏散能力不同（汽车库规范分别定为宽5.5m和7m），所以认为是可以满足要求的。防火规范中只笼统规定为宜大于7m，似应根据直线、曲线坡道分别规定为好。

(2) 2层的变配电房的人员疏散是通过单元式住宅的两部剪刀梯进行，形成与住宅人员合用的情形。但由于变配电间本身的防火要求较高（现都为箱式变压柜），且进入楼梯前加设了前室，所以设计者认为是可以接受的。变配电房超过8.0m距离要求有二个疏散口的要求过高，给设计造成很大的难度。

(3) 小高层住宅是目前较常见的住宅形式，而房地产开发项目裙楼一般均为2、3层，按现行消防规范归为商住楼，每单元应设两部楼梯。一则造成了较大的面积浪费，二则因为小高层的楼梯利用率较高，而剪刀梯在单元式住宅中，使用起来极为不便（隔层到达户门）。按规范若设一部楼梯但10层以上各梯间连通的做法，因为连通的走道对住户干扰很大，且大大降低了居住质量，所以现在少有采用。曾经看到每单元只设一部楼梯，但两单元间住户分户墙上（或分户墙两边）开门作为第二疏散口的设计。在强调以人为本的今天，在私密性、安全性（防盗）要求日益提高的今天，此种设计只是自欺欺人之举，现实上是

控制区域	控制器	隔离器	温度探测器	离子感烟探测器	手动报警讯响器	编码接口水流指示	编码接口水力警铃	编码接口监视阀	消火栓开关	切换控制电源切换	切换控制应急灯投入	切换控制排烟风机	切换控制电磁阀	切换控制气熔胶灭火	切换控制广播	切换控制送风口打开	切换控制喷淋泵	切换控制消防泵	切换控制防火门切换	切换控制火警灯光	编码接口煤气报警器	切换控制防火卷帘
手动切换线	h1~h3 h4,h5 h6,h7 h8,h9	3(KW-7×1.0) 2(KW-7×1.0) 2(KW-7×1.0) 2(ZRBVR-7×1.0)																				
地下室一	火灾自动报警系统图 24回路 S1	+24V 0V S1 S2 ZRBVR-4×1.5	43只	5只	3只	1只		1只	2只	AL0-2 1只	AL0-2 1只	AP0-6 1只			1只				1只			
地下室二	S2	+24V 0V S1 S2 ZRBVR-4×1.5	86只	5只	3只	1只		1只	3只			h8 AP0-5 1只										2只
地下室三	S3	+24V 0V S1 S2 ZRBVR-4×1.5	21只	12只	1只		3只	3只	1只	AP0-7 AP0-8 AP0-21 3只		h6 AP0-3 1只	1只				AP0-2 1只	AP0-1 1只	1只			
地下室四	S4	+24V 0V S1 S2 ZRBVR-4×1.5	83只	5只	2只	1只		1只	2只	AL0-1 AP0-4 2只	AL0-1 1只	h7 AP0-4 2只							3只			
地下室夹层一	S5a	+24V 0V S1 S2 ZRBVR-4×1.5	37只	4只	2只	1只		1只	1只										1只			2只
地下室夹层二	S5b	+24V 0V S1 S2 ZRBVR-4×1.5	37只	2只	2只	1只		1只	1只										1只			
一层	S6	+24V 0V S1 S2 ZRBVR-4×1.5		61只	11只	3只		3只	7只	AL1-1 AL1-3 3只					1只	4只					2只	
二层一	S7	+24V 0V S1 S2 ZRBVR-4×1.5	4只	50只	5只	2只		2只	2只	AL2-2-3 AL2-2-3 4只				1只	1只							2只

(*a*)

图 9 火灾自动报警系统图（一）

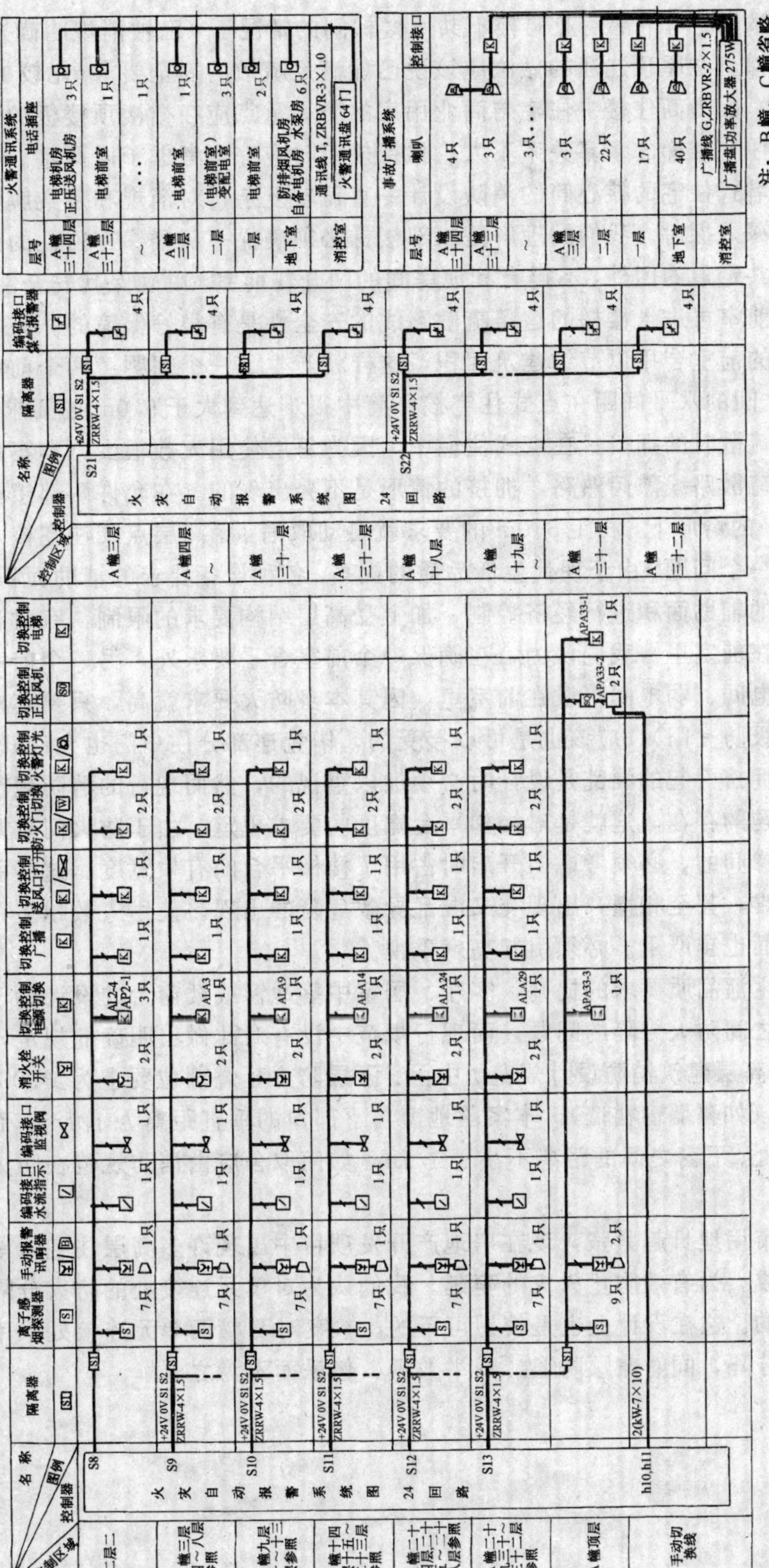

注：B幢、C幢省略

(b)

图 9 火灾自动报警系统图（二）

不可行的。在上部住宅与下部商业裙楼不共用楼梯间的情况下（已被消规明确），小高层的商住楼设一部楼梯且在屋顶连通的做法应该说已能满足疏散的安全要求（比较18层塔式住宅可设一部楼梯）。因为商住楼中住宅与商业用房的防火重点应在裙楼顶楼板的防火能力和隔火设计上，与住宅楼梯的多寡关系不大。执行规范时应综合考虑予以调整。

（4）点式、塔式住宅的核心筒的消防设计一直比较复杂，对消规和条文解释的理解又各有不同，值得深入探讨。我们的理解是二部楼梯必须确保一部楼梯有独立的前室。这个前室除了开向公共走道的门外，不得有其他房间的门开在前室，以确保其安全性。这样，经过公共走道进入前室再进入楼梯的这条疏散路线的安全性是有很好保障的。另一部楼梯的前室与消防电梯的前室合用以节约建筑面积，这样就产生了一个问题：两个前室的门（即2个安全出口）之间的水平间距在点式住宅核心筒中很难达到大于5.0m的要求。此条规定是为了防止人群疏散时的拥挤。在点式住宅中，因为每层使用人数很少（本案每层人数少于20人），且对疏散路线熟门熟路，拥挤的情形是不会出现的。在允许两部楼梯只设一个前室（条文解释）的情形下，相距5.0m的要求就自动取消了。高层点式住宅核心筒设计经常还会碰到的另一个问题，由于现代生活品质的提高，各种设备要求的辅助面积不断增加，同时为了对建筑的辅助面积进行经济控制，加上受高层结构要求的限制，有时有些辅助小间就不得不设置在前室里。我们认为，在确保一个前室合乎要求外，另一个前室的要求可适当放宽。如配电间、弱电间等设在前室里，因其本身防火要求就高，只要其检修门为防火门（本案为甲级防火门），应该也是可以接受的，毕竟连部分住户门也允许开向前室。

（5）疏散时拥挤引起的混乱是设计时必须加以重视的，然而现行的消防规范在有些方面忽视了这一问题的存在。这就是对楼梯平台宽度的要求规定。由于防火门是开向疏散方向的，即开向楼梯间的，必须考虑门开启时占用了楼梯平台的有效宽度。这将引起上层疏散人员通过的困难，甚至相撞，出现交叉混乱导致危险的出现。使用人数越多，火灾危险性越大，混乱局面也越严重。必须引起高度重视。

（6）由于对生活品质要求的提高，客厅、居室中落地窗或矮窗台的设计趋于流行。这引起了上、下层之间防火分隔的问题。而现行规范中没有对此做出明确的规定，不能不说是一重大疏忽。《高层建筑消防设计规范》中上、下层防火延烧部位要求为≥900mm。有些资料为≥800mm（如幕墙窗槛墙）。本案落地窗与下部窗的垂直距离为1.1m。而作为垂直防火分区则要求上、下窗之间的距离不小于1.2m。如何取舍应由消防规范在防火分区章节里做出统一规定。

（7）由于城市用地日趋紧张，现在房地产开发项目中出现许多高层住宅由单元式甚至塔式单元并联而成。为有效防止火灾的蔓延。我们认为对单元连接处的防火分隔做出明确的规定是有必要的。这在设计上也是较易可行的。本案对B幢两单元连接处采用不燃烧体凸出物进行防火分隔，同时兼顾防盗，一举数得，何乐而不为之。

广播电视、科技展览及其他建筑

天津广播电视国际新闻中心

徐 鸣

一、具有多种功能

天津广播电视国际新闻中心，是一栋具有国内先进水平的广播电视建筑，有以下多方面的功能。

（1）具有对各种新闻、信息进行采集、录制、编辑、播出的先进设施和能力。并明显增加了天津电视台和广播电台节目制作和播出的能力。每天能够播出自办的4套电视和10套广播节目，从而大大丰富天津人民的精神文化生活。

（2）具有先进完整的节目和信息传输手段。由微波、光纤、卫星地面站、移动通信构成的传输系统，具有高速准确的特性，能够对四十三届世乒赛（或市内其他大型活动）进行面向全国和全世界的实况转播。能为各国记者和编播人员提供丰富的国内外广播电视节目的素材。还能利用国际卫星上的多套广播电视节目为天津人民服务。

（3）能为国内外广播电视记者提供先进的节目制作、转播的设施和通信手段。国内外记者可以在这里向全国和全世界发送文字和图像的稿件。同时还能为国内外记者提供舒适的生活服务设施。

（4）具有设施先进的现代化的国际会议厅，能举行260人的大型国际会议，或400人的新闻发布会和大型电视会议。为在天津举行大型国际会议提供了必备的条件。

（5）备有先进的计算机信息处理系统和信息传输网络。采用光纤网络和多媒体技术，不仅能够对各类信息进行高速处理，对节目播出实时监控和对管理实施自动化，而且也为今后广播电视的高技术发展和实现智能大厦创造了条件。

以上诸多的功能和具有不同要求的设施，要通过设计组织在一栋大楼之中，本身就具有一定难度，设计还是首先从搞好功能分区入手，根据不同的使用功能要求将天津广播电视国际新闻中心这栋建筑分成3个区，即主楼（A区）、公共区（B区）、电视区（C区）。3个区是既相对独立，又紧密联系的一个整体的3个部分。

主楼共28层。9层以上为新闻中心的各类技术用房，如小型电视演播室、语言录音室、编辑机房等，还设有计算机房、微波机房、有线电视机房等技术用房。各类用房配备有先进的技术设备，有宽敞舒适的工作环境。3至8层是为记者服务的宾馆客房，共设144套，280床位，备有齐全的设施和舒适的环境。1、2层是宾馆的大堂，为2层通高形式，后面分别设有咖啡厅、喷水池及金融、邮电、商场等服务设施。

公共区为3层，毗连于主楼北侧，1、2层与主楼大厅相通。1层为中、西餐厅，均设有小包间，装修各有特色。1层有两部自动扶梯与2楼国际会议厅的休息厅相通。国际会议厅是世乒赛期间举行国际会议的地方，设有258个席位。是天津市惟一可举行国际性会议的场所，具有标准很高的环境、设施和建筑声学要求。为此，会议厅内设有现代化的红外线同声传译系统（有6种语言）、电子表决系统、超大电视屏幕等先进设施。厅内装修采用白色基调，形成开朗安静的环境。顶部为逐层收退的圆形灯槽形式，明亮而有韵律。八边形墙面和顶部都作了必要的声学处理，满足了音质要求。国际会议厅，不设固定座椅，既可作会议厅，也可变作其他用途，具有多种功能。公共区3层设有游泳池、桑拿浴、卡拉OK歌厅、KTV包间、健身房、美发室等生活及娱乐设施。

电视区毗连于主楼南侧，共4层，为电视节目制作用房，设有多间大小演播室和录音室，以及节目的编辑、办公用房，这些专业用房的设置和内部的技术装备，将使天津电视台的节目制作能力大大增强。此外电视演播室外面还设有供群众参观的通道，天津市民可以到此亲眼目睹电视节目的制作实况。

二、总体构思

天津广播电视国际新闻中心面积45000m^{2}左右，建造地点为现天津广播电视局大院，东侧有80m×186m空地（见总平面图图1）。该区由主楼、（A区）、公共区（B区）、电视区（C区）和附属用房（冷冻机房、锅炉房、洗衣机房等）（D、E、F区）组成。

主楼（A区）±0.000以下2层（人防地下室及设备层），±0.000以上30层，檐口标高126.800m，结构顶标高137.800m。楼顶架设一座30m高的钢塔架，顶标高167.800m。主楼人防地下室按6级人防设计。基础采用0.45m×0.45m预制钢筋混凝土方桩。上部结构采用钢筋混凝土框架—剪力墙结构体系。

公共区（B区）地下1层地下室及夹层；地上3层，采用框架结构，柱网尺寸8m×8m内设24m×24m八边形多功能厅；屋盖采用钢网架上现浇钢筋混凝土板。电视区（C区）3层，采用框架结构，公共区和电视区的基础均采用0.35m×0.35m截面的钢筋混凝土预制柱，桩尖落在大沽标高－17.20m处的粉质黏土层上，取单桩承载力标准值R_R＝700～800kN。

三、消防灭火系统

城市自来水通过两根*DN*150进水管与场区环状管网相接，室外消防用水量为30L/s，由城市自来水供给，室外消火栓从环状管网上接出。

在室内消防给水系统的设计过程中，天津市消防局考虑到长期养护、年检及管理等诸方面因素，推荐采用变频供水系统来维持管网压力及保证消防供水。考虑到大功率水泵变频造价相当高，系统运行方面又没有成熟的经验，在综合分析各种方案在技术、经济上的可行性及实际比较后，经与该局及甲方多次研讨、协商，最终按我们确定的系统方案实施。

室内消火栓系统设计流量为40L/s，系统的初期水量由屋顶水箱与增压罐保证，泵房设2台消防泵，一用一备。为保证所有消火栓的安全使用，通过减压装置将系统分为4个区：A区13层以上为高区，不减压，由消防泵直接供水；A区12层以下为一区；B区为一区；C区为一区。系统为立体环状管网，所有消防立管均从环状管网接出，在建筑物的顶部（A

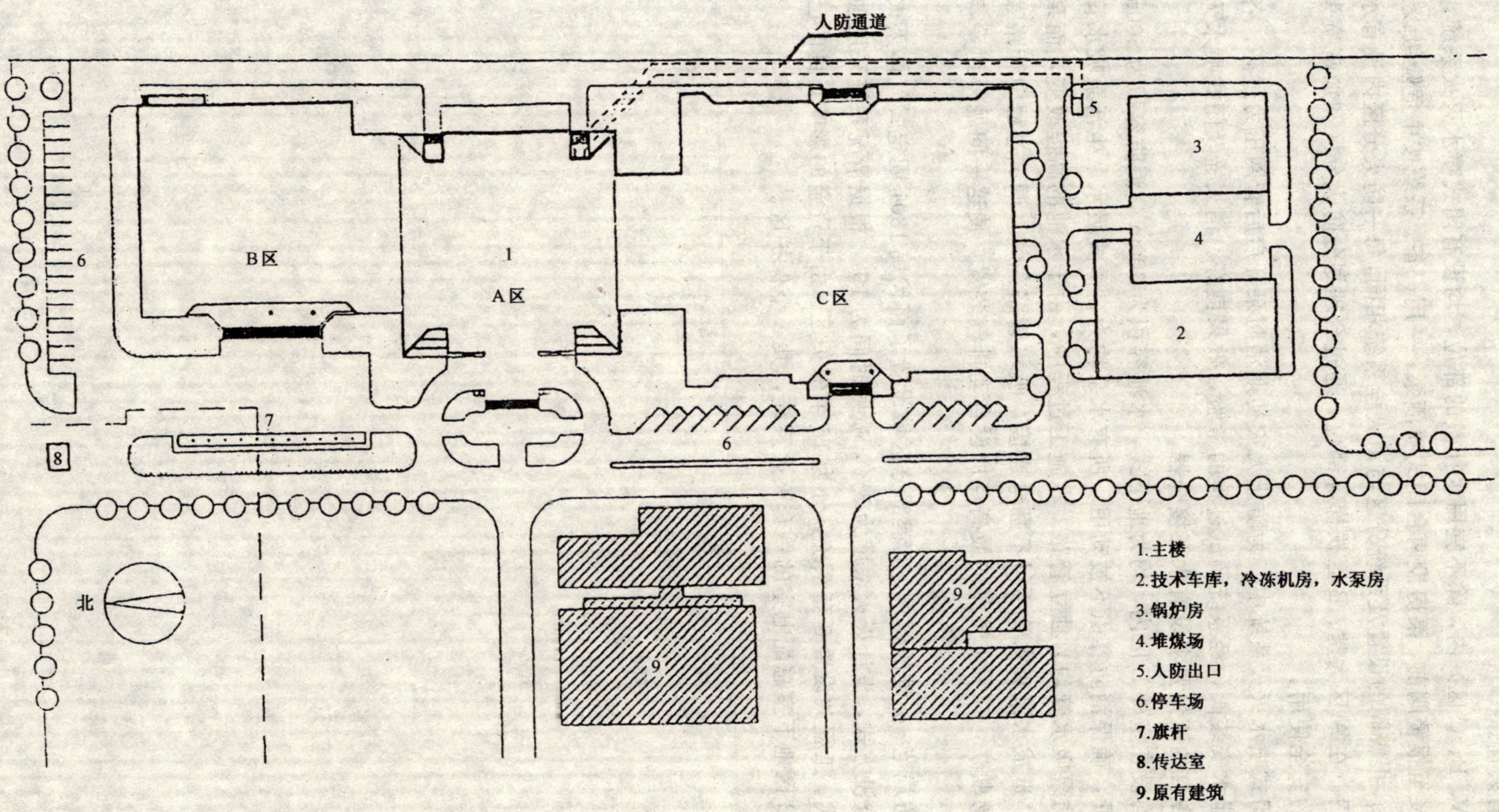

人防通道

A区

B区

C区

北

1.主楼
2.技术车库，冷冻机房，水泵房
3.锅炉房
4.堆煤场
5.人防出口
6.停车场
7.旗杆
8.传达室
9.原有建筑

图 1　天津广播电视国际新闻中心平面图

区）设有试验用消火栓。

工程主楼（A、B、C区）内，除不宜用水扑救的部位，均设有闭式喷水灭火系统，初期用水由水箱间接至报警阀前，泵房设两台闭式喷洒泵，一用一备。系统按中危险级设计，设计流量为26L/s，报警阀的设置及系统分区与消火栓系统相同，每一防火分区内设有水流指示器及控制阀门。在A区大堂、B区扶梯等部位，通过合理划分防火分区和加密喷头等措施，确保工程的安全使用。

在消火栓和闭式喷水灭火系统中，为防止火灾初期消防泵开启后管网压力过高，各系统顶部，均设有泄水安装阀，经系统调试过程的考验，效果良好。消火栓及闭式喷水灭火系统在室外均按各自的流量要求设有水泵接合器。

泵房与水池均设在室外E区内，均为地下式，水池容积为$600m^3$，消防容积为$500m^3$，通过水位控制装置，确保消防容积不被动用。所有水泵均为自灌式吸水，生活泵吸水管为环状网并联，消防泵吸水管均为独立管路。在施工过程中，由于水池的高程改变，而泵房土建已施工完成，造成水泵吸水管不得不翻弯连接，吸水管路存气，调试过程中管路噪声相当大，后经现场勘察，在吸水管路的最高点加设自动排气装置，使这一问题得到妥善解决。

根据有关消防规范、标准的要求，工程部分区域设置了卤代烷1301固定式气体灭火系统，系统采用全淹没方式，设计灭火浓度为5%，喷射时间为10s，根据情况系统采用独立式或组合分配方式。工程共设置8套系统，分为16个保护区。由于资金的影响，目前已经安装设防的只有B区地下室总配电室的一套灭火系统，共3个保护区。

黑龙江省广播电视塔工程

苏 丹 刘润泽

一、工程概况

黑龙江省广播电视塔是一座集广播电视发射和旅游观光、科普展览等多功能于一体的钢结构多功能广播电视塔。该工程于1998年4月破土动工，由上海同济规划建筑设计研究总院设计，2000年10月经消防竣工验收合格投入使用，命名为“龙塔”。该塔总高度336m，总建筑面积15991m^2，属超高层建一构筑物的混合体，系亚洲第一高钢塔（见图1）。

整塔自下而上由塔座、塔身和筒体、塔楼及天线段4部分组成。

塔座为环冠形建筑，高26m，底直径70m。其主体为钢筋混凝土结构，拱顶采用钢结构。塔座分为半地下一层（设备用房）、地上4层（展览、发射、办公用房），地上4层中心部分以半径为20m的圆柱形共享空间将4层连通，形成总叠加面积为8270m^{2}的中厅区域。

塔身部分标高在6m至180m之间，为钢管空间桁架结构。其水平断面成正八边形，塔身基部在6m以下固定于8个与塔座结构相连的钢筋混凝土脚墩内。塔身中心部位上下贯通以一直径为8.5m的封闭圆柱体、轻型钢结构井道（又称筒体），内设电梯、楼梯井（间）和管道井。

塔楼主体为钢平面桁架结构，可分为上、下塔楼两部分，标高在180m至218m之间。下塔楼呈碟状，以标高186m处直径40m的旋转观光平台为主，其建筑面积1257m^2。上塔楼近似于球体，直径20m，设有通信、发射机房及水箱间等。

天线段标高在218m至336m之间，其间均匀设置了4层工作平台。

二、工程消防设计情况介绍

近年来，钢结构多功能广播电视塔以其造价低廉、施工便利和颇具现代感等特点而广受青睐。由于钢结构多功能广播电视塔工程结构特殊、功能复杂、性质重要，且国家现有消防技术标准对其要求尚不明确，故对该类工程的消防设计及其实施在技术、工艺、材料等诸多方面存在着新问题。经过对国内多个电视塔工程的广泛考察、调研，组织了多次专家论证，该工程的消防设计几经修改、完善。在目前国内同类电视塔工程中，黑龙江省广播电视塔工程的消防安全性能是相对趋于完善的。

该工程定性为一类建筑，耐火等级为一级。

1. 建筑结构防火设计

(1) 钢结构的防火措施。黑龙江省广播电视塔含塔座屋面结构、筒体及其内部结构、塔身结构、塔楼结构等几个钢结构部分须作防火保护。为了避免受力状态的钢结构火灾状态受热坍塌，钢结构防火设计是保障该工程消防安全的核心问题，摆在了重中之重的位置。对于钢结构而言，隔离型、包覆型防火保护措施较之涂料型防火保护措施更为有效。本工程

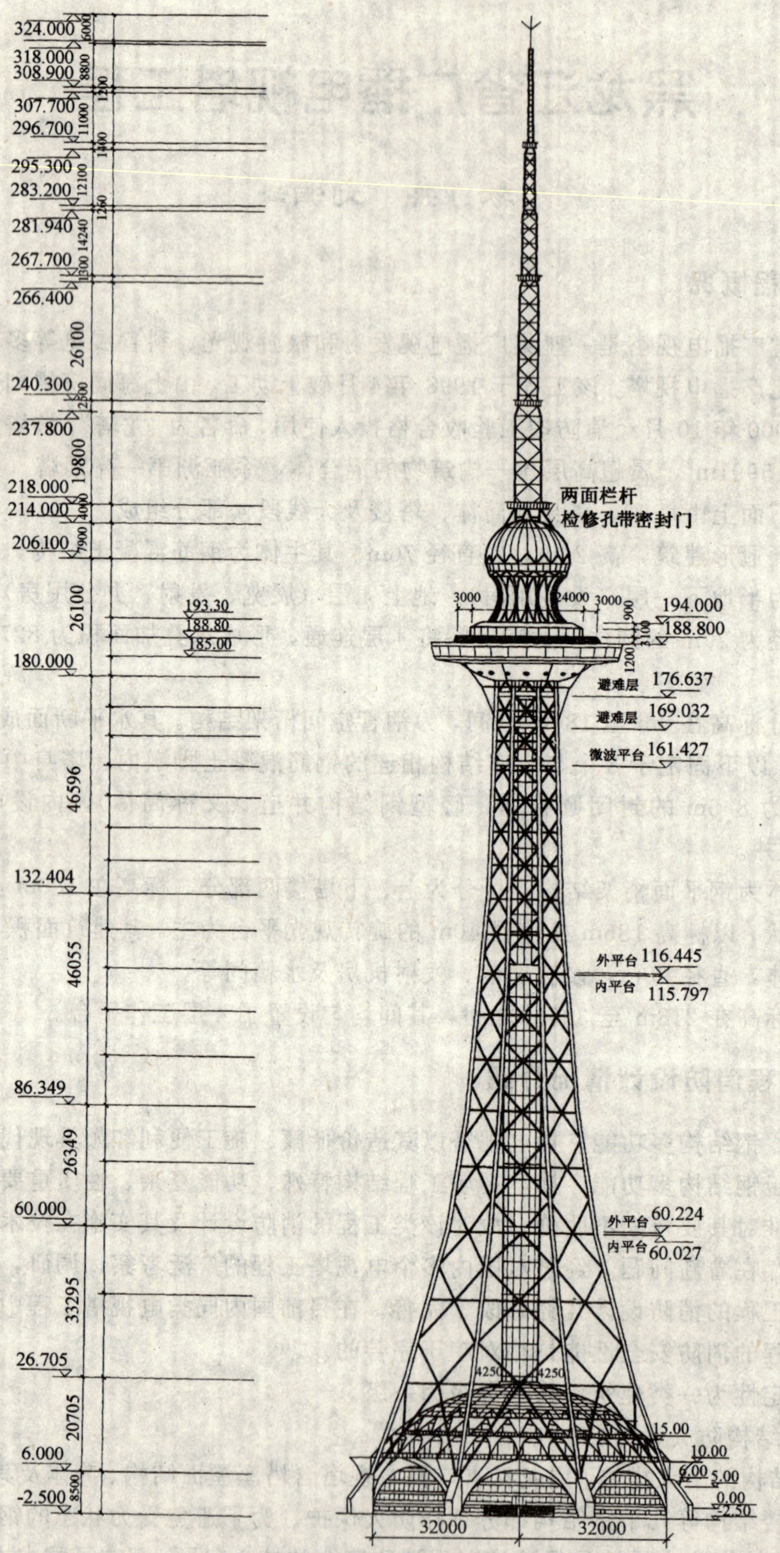

图 1 黑龙江省广播电视塔立面图

的钢结构防火设计多采用了上述双重防火保护措施。

塔座钢质拱形耐火屋面采用上表面压型彩钢板内衬75mm厚岩棉，下设薄型彩钢板（内喷防火涂料）的设计方案，其耐火极限可达3.00h以上；屋面上设置的数个用于内中庭自然采光的圆形窗，采用双层甲级防火玻璃固定防火窗。

筒体内壁防火设计，采用对筒体内壁钢构件喷涂防火涂料，再以75mm厚岩棉包覆，最后用轻钢龙骨防火纸面石膏板装饰内面的方法，其设计耐火极限可达到2.00h以上；井道内隔墙采用双层厚型石膏板内夹75mm厚岩棉（岩棉内包覆有已经防火涂料喷涂处理的钢构件）的设计，耐火极限可达到3.00h。

内部塔身结构喷涂厚涂型钢结构防火涂料，喷涂厚度50mm，其耐火极限可达3.00h。考虑到塔座外窗门会对26m高程上下范围内的外部塔身基部存在暴露危险，借鉴石化企业常用防火措施，采用加密设置的高压室外消火栓（远控消防水炮）对钢结构塔身基部实施可靠有效的冷却保护。其设计有效射程建议达到50m。并借鉴防冻式地上消火栓（即消防上水鹤）技术妥善解决北方冬季防冻问题。

塔楼结构设计，采用厚涂型钢结构防火涂料，外部以防火墙或防火吊顶隔离、包覆（既保护了防火涂料涂层又延长耐火时间）的方式。

（2）防火分区及防火分隔：

1）塔座地下及塔楼各层在依据规范划分防火分区的同时，应满足《高规》安全疏散出口和安全疏散距离的相应要求。

2）塔座中庭的防火分隔。鉴于《高规》第5.1.5条已对中庭超防火分区面积状况下的加强防火措施作了明确规定，本工程消防设计中比照《高规》还做了下述加强要求。

（A）房间与中庭回廊间的隔墙尽可能采用防火墙或替代防火墙的防火卷帘。

（B）房间与回廊相通的门、窗，为自行关闭的甲级防火门、窗。

（C）与中庭相通的过庭、通道等，采用替代防火墙的防火卷帘分隔。

3）筒体内电缆井、管道井的防火分隔。

（A）电缆及管道井在塔楼和塔座高度范围内每层以不低于楼板耐火极限的非燃烧体加以分隔。

（B）电缆及管道井其他部分每隔10～15m，以不低于楼板耐火极限的非燃烧体加以分隔。

（C）电缆及管道井内过管后的纵向和横向孔隙均应用不低于楼板耐火极限的非燃烧材料填塞密实；

（D）井道检修门提高为甲级防火门（见图2、图3、图4）。

黑龙江省广播电视塔工程井道防火分隔措施参见：

（3）安全疏散设计：

1）严格执行《高规》第6.1.1条规定，每个防火分区设置两个安全出口。

2）塔楼安全疏散应以防烟疏散楼梯为主，在保证安全的前提下，依《广电标准》消防电梯可作为辅助疏散手段。

3）鉴于该工程具有塔式高层建筑的特点，故塔楼安全疏散设计中，依据《高规》第6.1.2条规定设置剪刀式防烟疏散楼梯，并满足了《高规》第6.1.5条规定。剪刀梯的底部出口开在半地下室，并设有专用的双向疏散通道，引导游人疏散到室外地坪。而钢质剪刀式疏

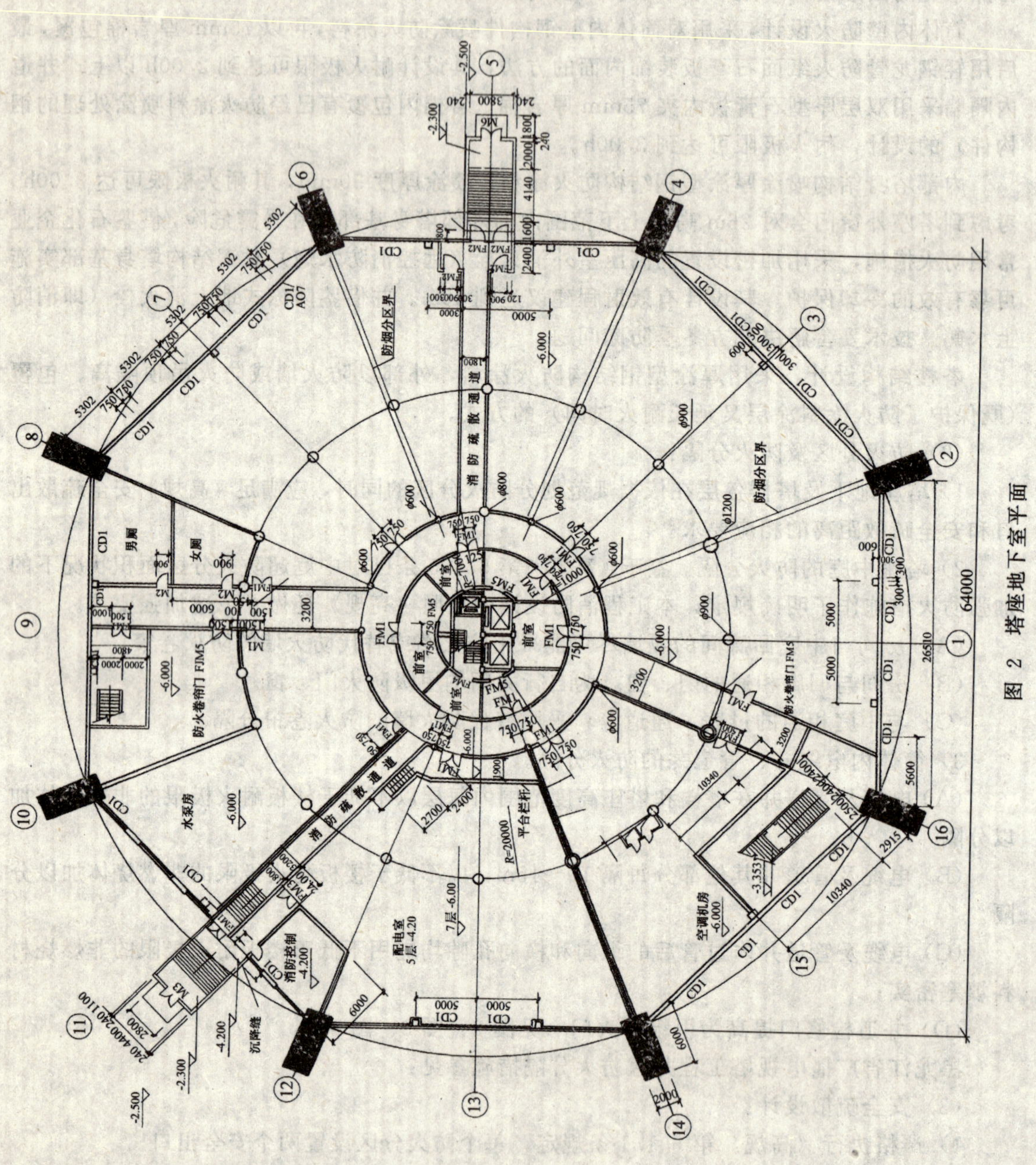

图 2 塔座地下室平面

玻璃隔断
防火卷帘
玻璃隔断及防火卷帘位置示意
不锈钢栏杆
男厕
女厕
盥洗
管道间
双层窗
防烟分区界
自动楼梯
内防火卷帘
外玻璃隔断
喷水池
栏杆高 600
门框线
空调机房
展厅
电缆井及风井？参见详图？
防火卷帘
防火卷帘 FJM2
此楼梯间
防火卷帘
φ159/6 钢丝
玻璃隔断
地下室顶板出口
车道
花坛

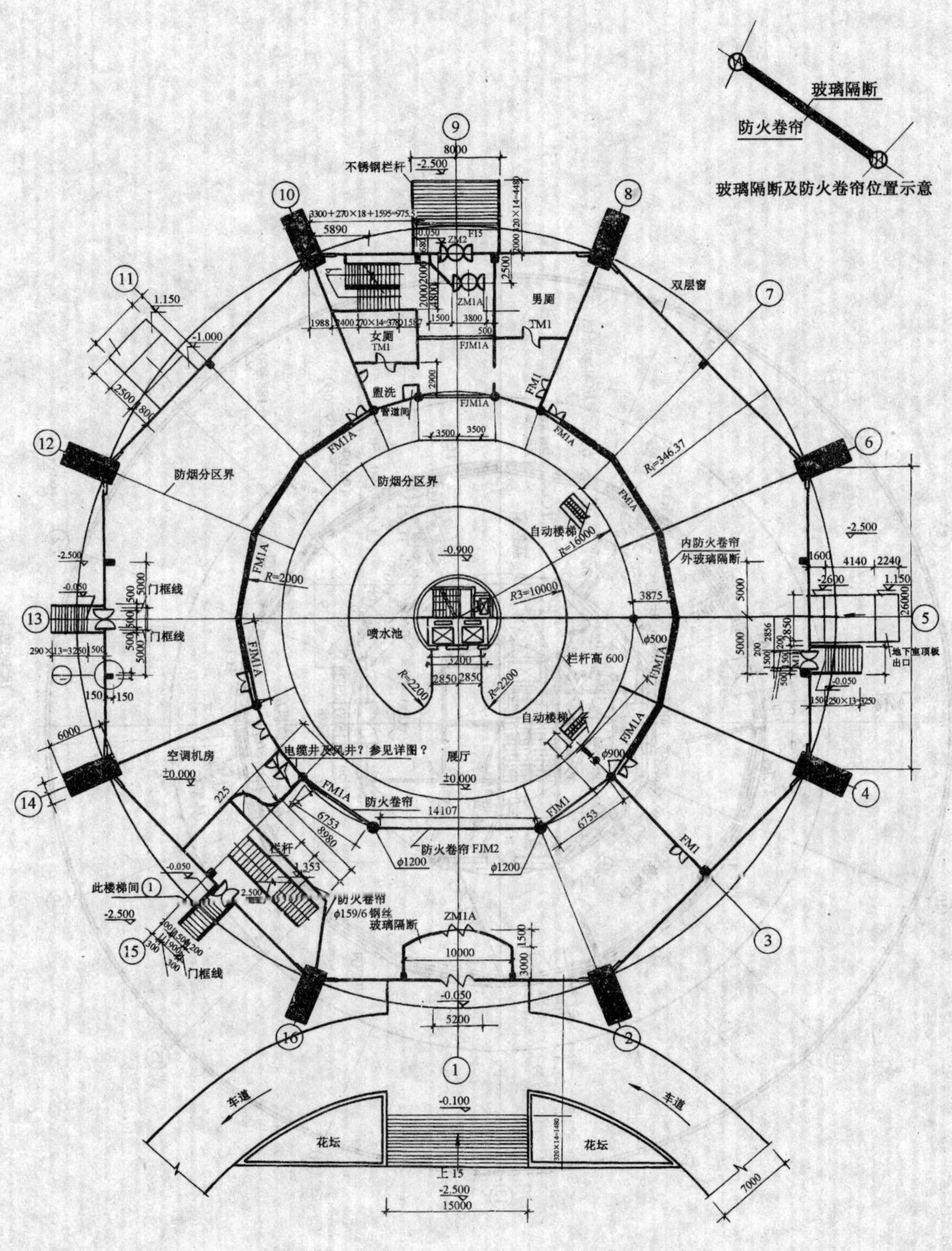

图 3 塔座一层平面图

监控室
休息厅
办公室
省微波机房
市微波机房
外平台
前室
男厕
女厕
R=20000
R=16000
R=12000
190.200
188.800
190.000
21%
2%

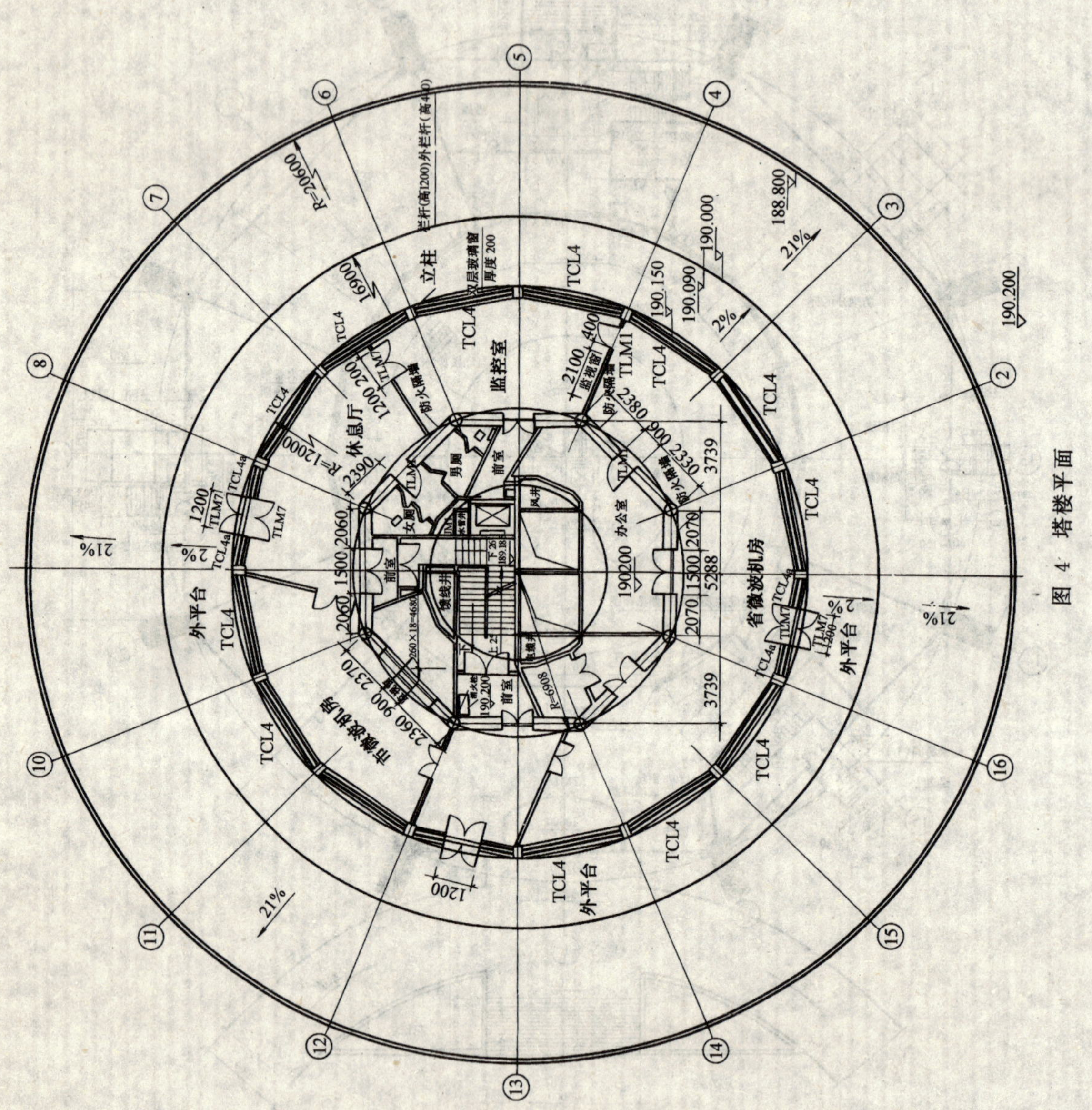

图 4 塔楼平面

散楼梯本身的防火处理，则采用钢板喷涂防火涂料下加防火隔板方式实现，其耐火极限可达 2.00h。

4）塔座地上部分采用防火墙、替代防火墙的防火卷帘形成的扩大的封闭楼梯间。

5）在标高 169.03m 和 176.637m 处设有两层敞开式专用避难层，面积 178m²。

2. 消防设施系统设计

（1）火灾自动报警及联动控制系统。在电缆井（沟）及有可燃物的井道内设置线型火灾探测器；竖井内敷设的电缆（线）应选用阻燃电缆，可靠固定，加密固定点且未有中间接头（见图 5）。

（2）消火栓及自动喷水灭火系统（见图 6）。

1）采用塔楼、塔座分高、低区的供水方式，系统前期供水分设独立的高、低区高位水箱，并辅以增压设施。

2）塔楼部位选用快速响应喷淋头，并适当加密喷头间距（但不应小于 2m），以减小或防止火灾状况下塔楼外层玻璃窗爆裂后，高空强风吹飘喷头所洒出的灭火用水而对灭火效力造成的影响。

3）由于该工程地处高寒地带的北方地区，筒体内设计了伴管加热保温措施，以保证冬季最寒冷季节筒体内温度达 5℃ 以上，满足消防给水系统的正常运行的需要。

（3）防排烟系统。依据《高规》第 8.3.3 条规定，筒体采用分段正压送风系统设计，在风道井内加设镀锌钢板的内衬风道，以减小风阻和解决漏风量大的问题。

（4）气体灭火系统。在技术用房和重要设备间设置了二氧化碳、1301 气体灭火系统。

3. 室内装修防火设计

根据《高规》第 3.0.9 条规定，以及《建筑内部装修设计防火规范》GB500222—1995 第3.3.3条规定，广播电视塔类特殊高层建筑，其内部装修应严格按全 A 级标准执行。本工程装修设计，除塔楼旋转平台机械面材选用了 B1 级装饰材料之外，其他部位的室内装修设计均满足了 A 级要求。其塔楼内装修设计方案如下。

（1）墙壁：在已经防火涂料处理的钢结构墙体内侧饰以两层防火纸面石膏板（中填 75mm 厚岩棉）外加喷涂。

（2）吊顶：在已经防火涂料处理的钢结构梁、板下用轻钢龙骨双层石膏板吊顶，石膏板上铺 50mm 厚岩棉。

（3）地面：采用在压型钢板上铺钢筋网浇细石混凝土面层，然后贴轻质地砖。

三、现存问题及建议

1. 塔座地上中庭大空间的平面防火分区的划分和补救

原设计按照外环抱合内中庭的方式，将塔座地上各层的外环部分划分为 8 个防火分区，内中庭加环廊为 1 个单独的防火分区。按照这种划分逻辑，在防火分区面积的量的方面似乎迎合了规范的规定，但各防火分区安全出口等的合理性方面距规范的要求还有一定差距。

按照《高规》第 5.1.5 条规定，高层建筑因设计功能的需要设计中庭时，中庭防火分区的开口叠加面积超出规范允许的防火分区面积的特定情况，在依照规定强化和落实了防火技术措施的条件下，是允许存在的。因此，该工程中庭开口叠加面积超大，设计中在该空间采取了防火分隔措施，应作为中庭面积超出规范界定的防火分区面积规定状况下的加

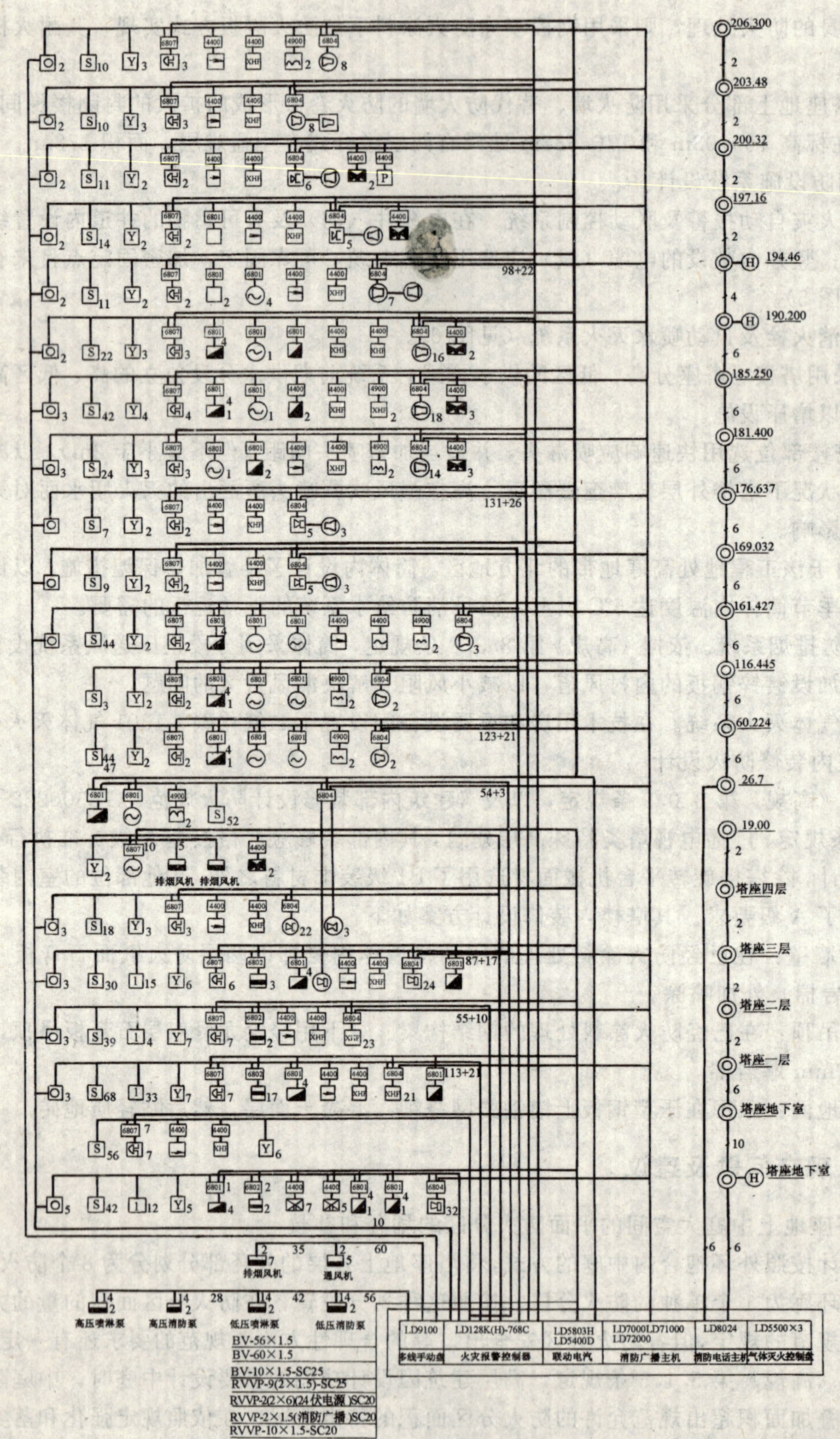

图 5 火灾自动报警控制系统图

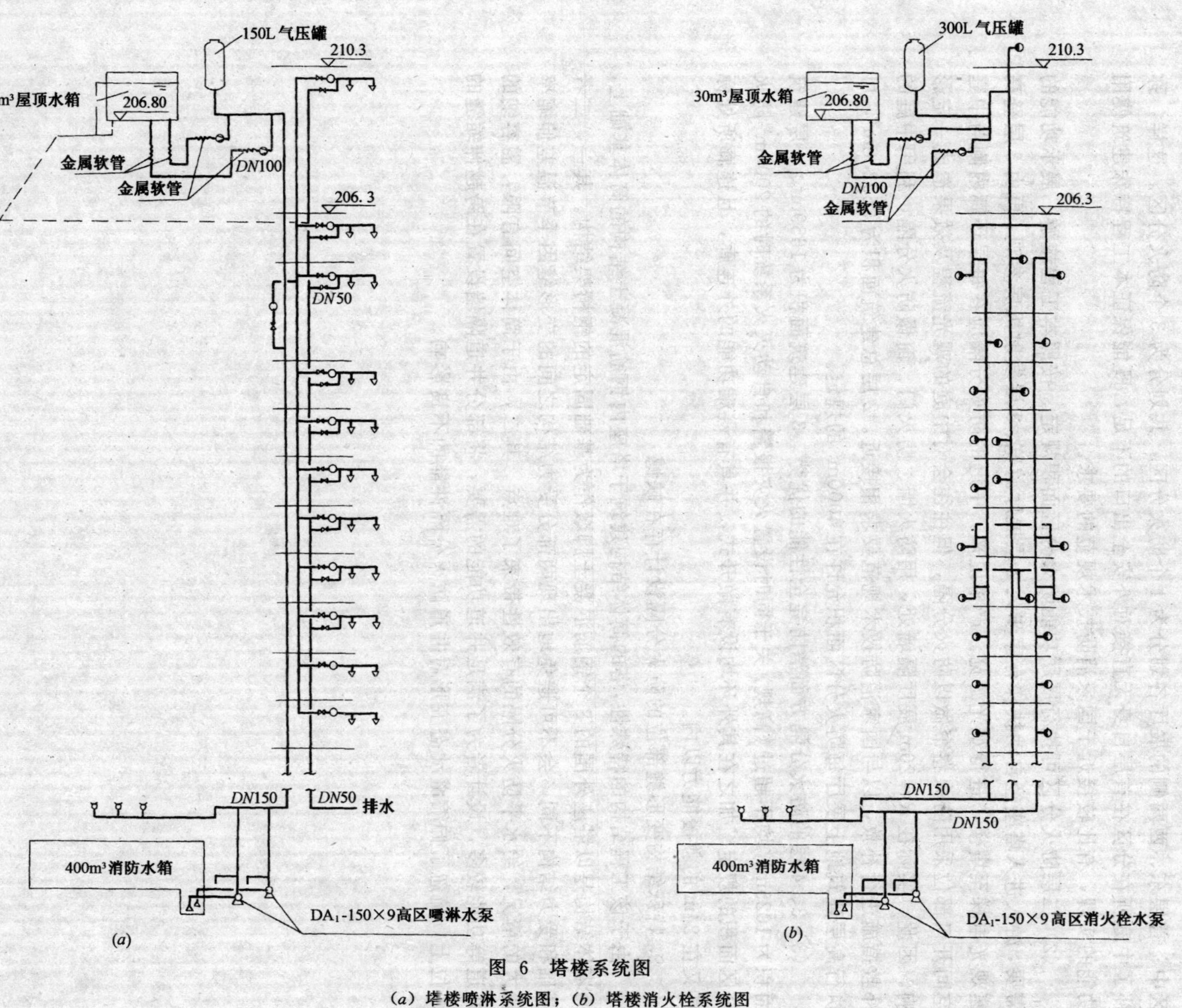

图 6 塔楼系统图

(a) 塔楼喷淋系统图；(b) 塔楼消火栓系统图

强和补救措施。

建议对设计理念做如下调整和完善。

(1) 重新划分首层防火分区。将首层的①轴、⑨轴处的两主入口划入原内中庭防火分区中；首层东、西两侧的展厅各划分为1个防火分区，共划分为3个防火分区。这样，弥补了中庭所在分区在首层自身无直接对外安全出口的不足，既能保证本工程特殊建筑使用功能的实现，有比较接近于国家消防技术规范的要求。

(2) 二层防火分区可执行展厅功能防火分区面积规定。按照本工程旅游、展示功能的需要，游人进入塔座经自动扶梯有序步入2层展厅游览、3层发射机房参观，再由3层登高速观光电梯至塔楼，进行观光游览。严格说来，中庭的防火分隔应在每层环廊内侧与中庭空间开口部位采用防火卷帘做以防火分隔，但往往会对中庭的观光流程及效果造成一定影响。因此，实际在 $R=20$m 展厅隔墙处，用防火墙、防火门、窗做防火分隔，利用中庭的补救措施进行补救，以与国家消防技术规范要求相接近。2层总建筑面积为2592.8m^2，可执行高层建筑地上展厅每防火分区面积允许在4000m^2 的规定。

(3) 3、4层的防火分隔方面消防完全性能的优势。3层建筑面积为1659m^2、4层建筑面积为1025m^2，均不超过《高规》关于同时设置火灾报警和自动灭火系统时的2000m^2 防火分区面积的规定。加之在其外环均设有敞开式，并具有避难功能的外连廊，且连廊所处标高又在24m的救援能力以内。

2. 特殊结构变形缝部位的防火分隔设计存在缺憾

由于该工程结构的特殊性，塔的筒体结构建筑于塔座内钢筋混凝土结构的筒体基础上，而塔体结构是以塔座外围的8个钢筋混凝土脚墩作为基础固定的钢桁架结构。其一，二者基础和受力结构不同，会不可避免地出现两部分受力结构之间的变形缝因季节温差伸缩率较大的情况，给水平防火分隔的有效性带来了难点。其二，由于筒体空间有限，需容纳的井道等功能较多，设计者为了满足井道功能的需要，将部分井道隔墙设置在跨越伸缩缝的部位上，疏忽了伸缩缝动态变形对井道防火分隔性能的不良影响。

中国科技馆（二期工程）

韩光宗　聂学东等七人

一、工程概况

中国科技馆二期工程系中国科技馆的主体工程，为科技展览建筑，于1999年9月17日建成，2000年5月1日正式向社会开放。二期工程自开馆以来，产生了巨大的社会效益和经济效益，受到了社会各界的普遍关注和好评，其防火设计在1999年北京市勘探设计管理处组织的专项检查中受到通报表扬。

中国科技馆位于北京市西城区北三环中路1号，总建筑面积约7万m^2，规划分三期进行建设，在进行二期工程设计时，一期工程已建成，二、三期工程要求一次规划，分期实施。因此，在总平面规划中，将二、三期贴临布置，与一期工程脱开，设环形消防车道（见图1总平面图）。

本工程为二期工程，建筑面积22352m^2，建筑高度45m，地上5层，地下1层。地上均为展厅，1层设有序厅、能和能源展区、交通展区，2层为力学和制造技术、生命科学展区，3、4层为信息技术展区及光学、数学展区，5层为中国古代科学技术成就展区。1～3层展厅通过21m高的中庭相连。地下一层包括对外培训、展品制作和设备用房3部分，其中包括一个200人教室和两个50人的教室（见图2剖面图）。

二、建筑防火设计

1. 建筑物耐火等级

本工程属于一类高层建筑，耐火等级为一级。

2. 防火分区

地下一层，面积4308m^2，分为4个防火分区，对外培训部分1694m^2，为一个防火分区，其余部分分为3个防火分区，每个防火分区面积不超过1000m^2，相邻防火分区以甲级防火门和防火墙分隔。

一层建筑面积3920m^2，中心部分2450m^2，与2、3层交通廊组成中庭，共3层，3822m^2为一个防火分区，其余部分为两个防火分区，2、3层建筑面积除中庭外分别为3750m^2和3614m^2，根据使用要求，并设有火灾自动报警系统和自动喷淋灭火系统，分别划分为一个防火分区，4、5层为分别独立的防火分区，1～3层与中庭相临的防火分区为了满足使用功能的需要和空间流通的要求，采用了较多的防火卷帘，较大距离时用侧向防火卷帘，宽度约为12m，共4樘，其余大部分采用垂直防火卷帘，最大宽度约为6m，共47樘，其中2、3层还分别设有带逃生门的防火卷帘各4樘。

3. 完全疏散

根据圆形建筑体型的特点，沿各层平面的外环设有4部防烟楼梯间，基本均匀布置，以利人员疏散。展厅内任意一点的疏散距离不超过30m，中庭部分设置一部弧形楼梯，两部

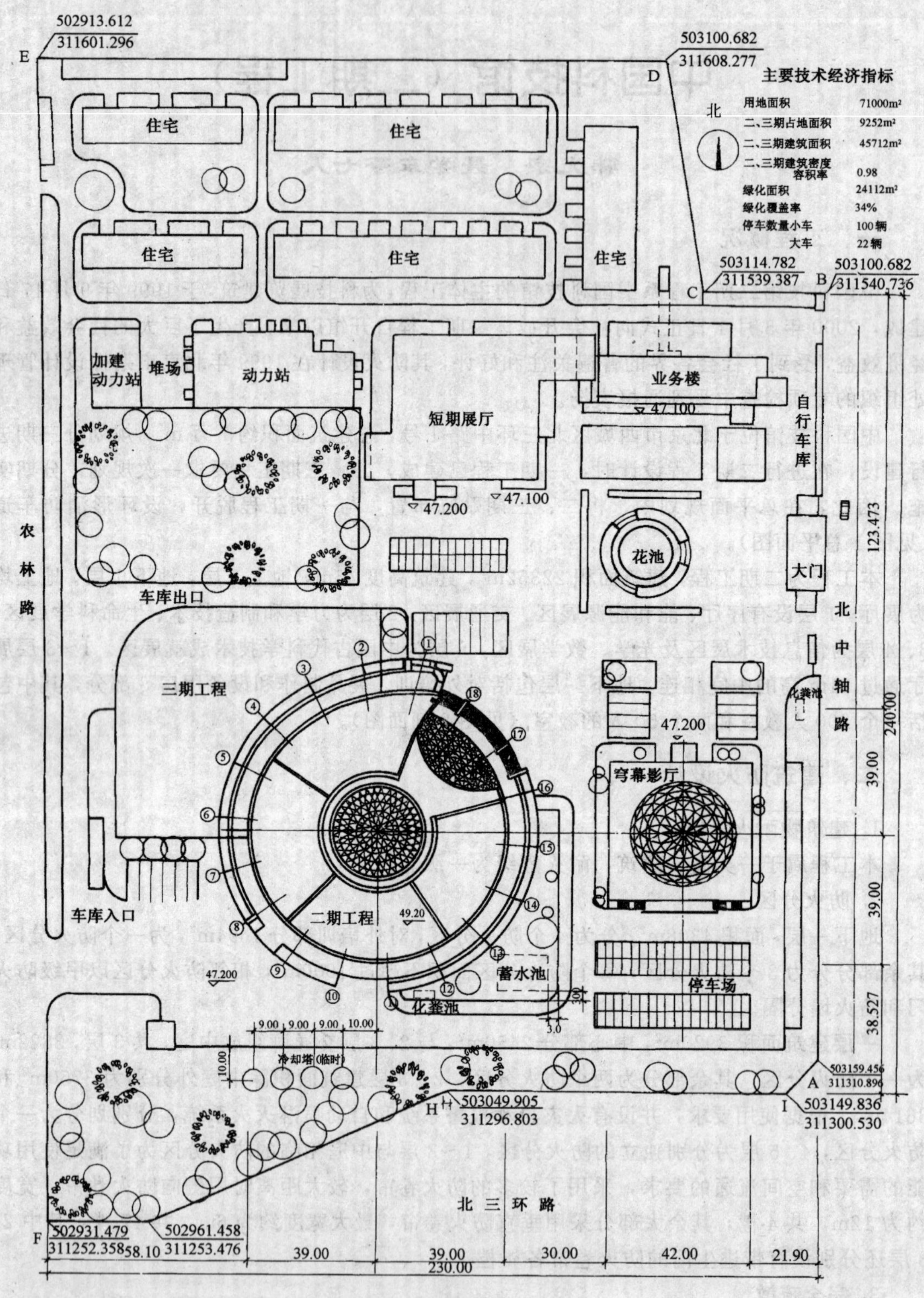

图 1 总平面图

主要技术经济指标
用地面积 71000m²
二、三期占地面积 9252m²
二、三期建筑面积 45712m²
二、三期建筑密度
容积率 0.98
绿化面积 24112m²
绿化覆盖率 34%
停车数量小车 100辆
大车 22辆
住宅
加建动力站
堆场
动力站
短期展厅
业务楼
自行车库
花池
大门
三期工程
二期工程
穹幕影厅
蓄水池
化粪池
停车场
冷却塔(临时)
车库出口
车库入口
农林路
北中轴路
北三环路
230.00

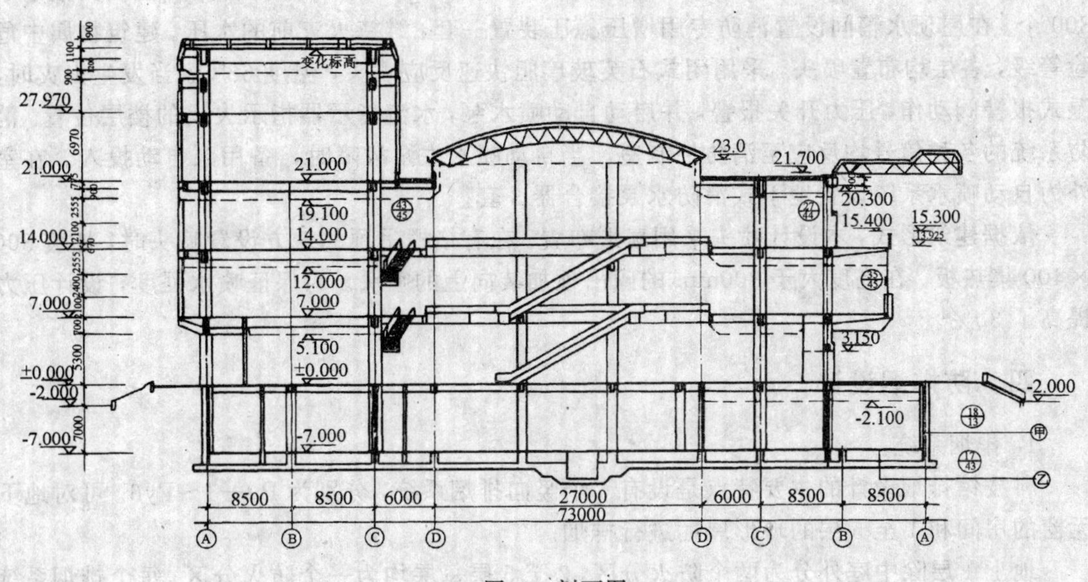

图 2 剖面图

自动扶梯，均可通至 3 层。消防电梯 2 部，兼作货梯，结合防烟楼梯，独立设置，载重量为 2t，层层停靠，并均可到达地下室。

三、消防给水设计

1. 室外消火栓系统

室外消火栓用水量为 30L/s。采用低压制消防给水系统，由 *DN*150 和 *DN*250 两路供水，在室外形成环状管网。室外设一座 $V=600\text{m}^3$ 的生活消防合用水池，储水池分成能独立使用的两格，并有保证消防用水不作它用的技术措施。在室外沿建筑物布置了 3 套地下式消火栓，以保证建筑物消防时所需的用水量。地下式消火栓有直径为 *DN*100mm 和 *DN*65mm 的栓口各一个，并有明显的标志。

2. 室内消火栓系统

室内消火栓用水量为 30L/s，室内消火栓灭火系统为临时高压给水系统。在水箱间设一座 $V=30\text{m}^3$ 生活消防合用水箱，储存前 10min 的消防水量。在地下一层水泵房内，设消火栓泵两台，流量 30L/s，扬程 78.7m，功率 55kW，一用一备。消火栓泵从室外储水池吸水供消火栓系统使用。室内消火栓给水管设置成环状，每一个消火栓设置有直接启动消火栓泵的按钮。当火灾发生时，可由消火栓旁的按钮直接启动消火栓泵，也可由消防值班室直接启动消火栓泵。当消火栓主泵故障时，备用泵自动投入。在室外为室内消火栓系统设置地下式消防水泵接合器 3 套。

科技馆二期工程标准层高 7m，顶层层高由 7m 渐变至 15m，设计时对充实水柱、保护高度、栓口压力进行了反复的水力计算，为保护屋面，在初步设计时，增设了马道。

3. 自动喷水灭火系统

在地下 1 层水泵房内，设有自动喷水泵两台，流量 34L/s，扬程 88.7m，功率 55kW，一用一备。由储水池吸水供系统使用。设置湿式报警阀4套，每个报警阀负担喷头数小于800个。在屋顶水箱间设置消防专用增压稳压装置一套，维持火灾前的水压。建筑物属中危险等级，各层均布置喷头，采用闭式石英玻璃胆快速反应喷头，温度68℃。当发生火灾时，湿式报警阀动作，压力开关报警，并启动自动喷水泵，水流指示器指示失火的楼层位置。消防系统的各种信号均反应至消防控制室。当自动喷水主泵故障时，备用泵自动投入。在室外为自动喷水系统设置地下式消防水泵接合器3套。

依据建筑形式，本设计喷头采用扇形布置。在有格栅吊顶的地方设置喷头时，加装300×400集热板。在高度大于800mm的闷吊顶加装向上的喷头。为保证喷水强度，设计压力提高了30%。

四、防排烟设计

1. 排烟系统

科技馆排烟设计的主要特点是设有6个竖向排烟系统，分别为Py－1～Py6。可对地下无窗的房间和1至5层的环形展厅进行排烟。

地上1层除中庭外分为两个防火分区，2至5层每层均为一个防火分区，每个排烟系统和风机按最大防烟分区计算排烟量，即$L=60000m^3/h$。一旦发生火灾，除局部对其中一层某防烟分区排烟外，还可将本层6个排烟防火阀全部打开，可满足每平方米$60m^3/h$的排烟量。总排烟量可达$L=180000m^3/h$。Py－1～Py6风机为XGZ－12，$L=60000m^3/h$，$n=1450r/min$，$H=840Pa$，$N=22kW$。排烟风机设置在顶层的夹层机房内，在风机吸入端和连接竖向的风管处设有排烟防火阀。当火灾发生时，排烟防火阀打开，联锁排烟风机运行，当烟气温度超过280℃时，排烟防火阀关闭，联锁排烟风机关闭（见图3）。

对于无窗的地下室，设计了平时排风和进风系统，火灾时补风系统。地下室共分4个防火分区，排烟量按$60m^3/h\cdot m^2$。由Py－1～Py6，6个排烟系统排出。

地上1层中庭为一防火分区，设有平时排风火灾时排烟的通风系统。因为中庭体积大于$17000m^3$，其排烟量按4次/h换气计算，选4台双速风机，XGZ－9S，$L=36700/24000m^3/h$，$n=1450/960r/min$，$H=570/246Pa$，$N=12/4kW$。风机设置在中庭顶部室外，平时作低速运转，换气次数为2.6次/h。火灾发生时高速排烟，当烟气温度达到280℃时，防火阀关闭，并连锁风机停止运行。4台双速风机对应Py－7～Py－10系统。其他两个防火分区按每平米$60m^3/h$计算排烟量。

空调系统风管在穿防火分区和机房处，均设有70℃防火阀。公共卫生间设有竖向排风系统，废气通过竖井顶部的管道风机排至室外。每层与竖井相接的排风口处设有70℃防火阀。

2. 防烟系统

防烟楼梯间、消防电梯及合用前室设有6个正压送风系统，Jy－1～Jy6。Jy－1～Jy6为XLG－8.0S，$L=31490m^3/h$，$n=960r/min$，$H=1199Pa$，$N=5.5kW$；Jy－2～Jy5为XLG－7.0S，$L=20531m^3/h$，$n=960r/min$，$H=954Pa$，$N=4kW$（见图4）。

五、电气防火设计

本工程为一类民用建筑，其消防应急负荷总共为555kW，按一级负荷供电。消防用电

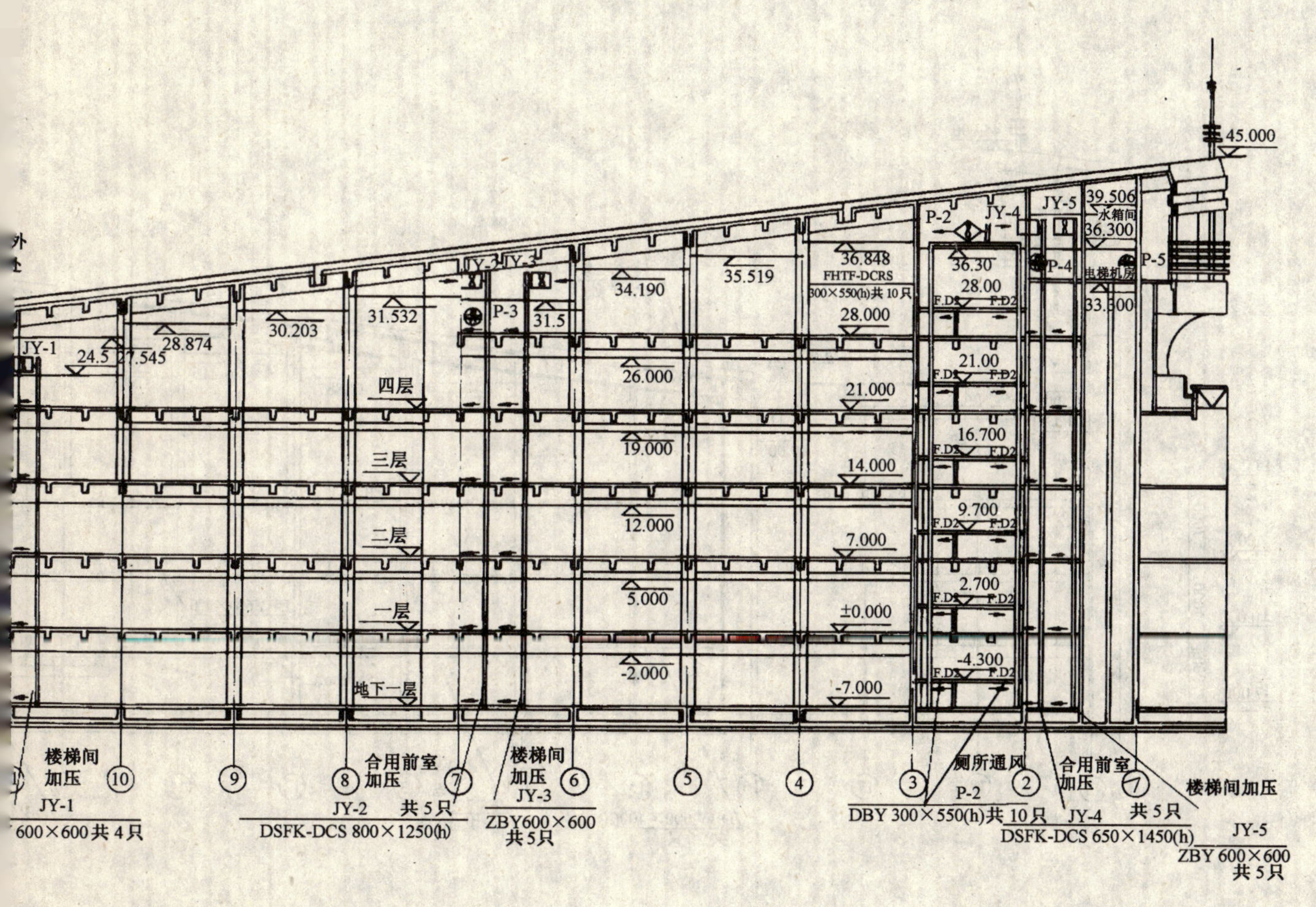

（接上页图题）送风及排风系统原理图

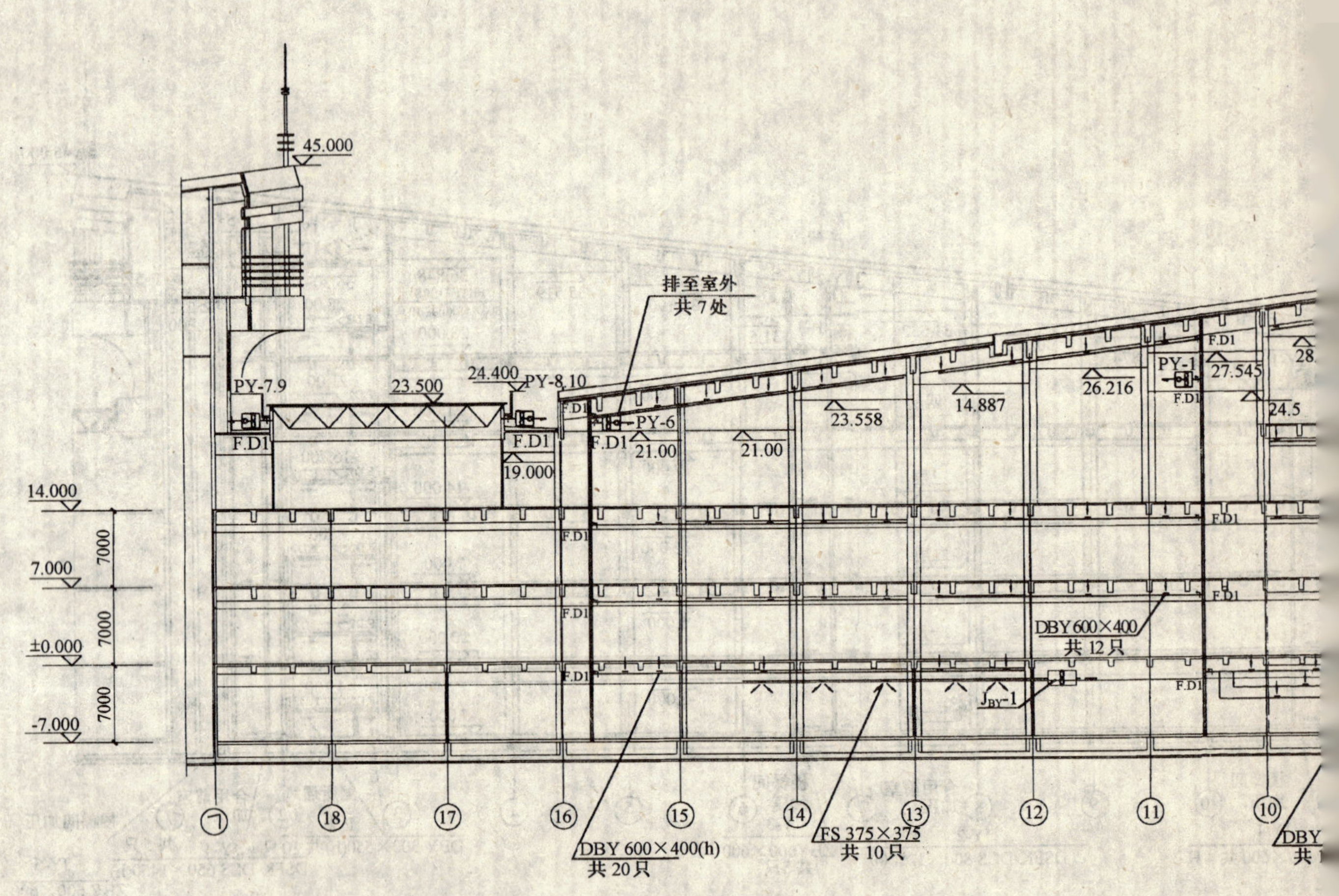

图 3 排烟及补风系统原理

45.000
39.506
F.D1
PY-5
36.300
33.300
电梯机房
PY-4
36.30
36.30
35.519
34.190
PY-3
31.5
PY-2
31.5
F.D1
30.203
874
28.000
26.000
21.00
四层
21.000
19.000
16.700
三层
14.000
12.000
9.700
二层
7.000
5.000
2.700
一层
±0.000
-2.000
-4.300
地下一层
-7.000
9
8
7
6
5
4
3
2
500×300(h)
DBY 600×400(h)
共16只
DBY 600×400(h)
共25只
DBY 600×400(h)
共21只
DBY 600×400(h)
共12只

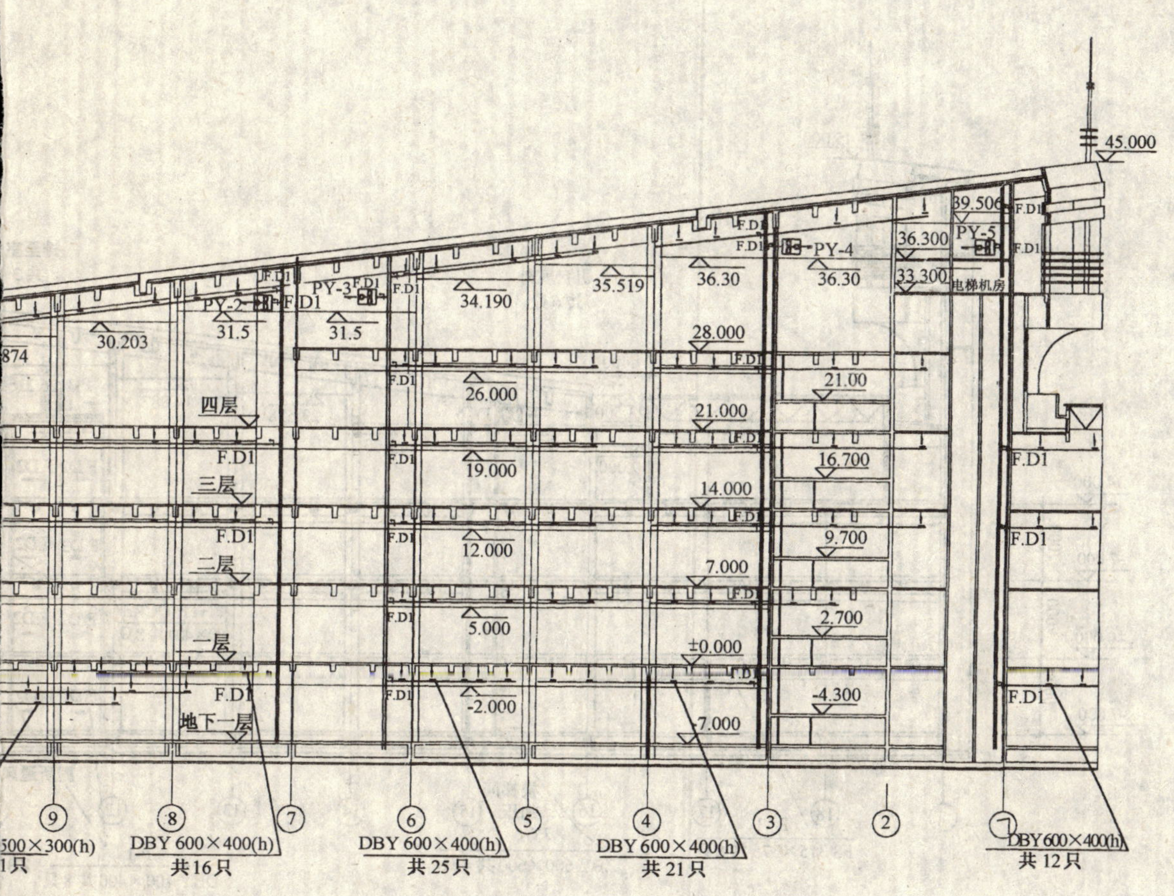

图

45.000
引自室外
共6处
排至室
共3处
24.400
23.500
19.000
21.00
JY-6
21.00
23.558
14.887
P-1
26.216
21.0
F.D2
FHTF-DCRS
400×400共8只
14.000
7.000
±0.000
-7.000
7000
F_B-1
厕所通风
楼梯间
加压
JY-6
P_B-1
FS 375×375共8只
ZBY 600×600共4只
P-1
DBY 400×400共8只

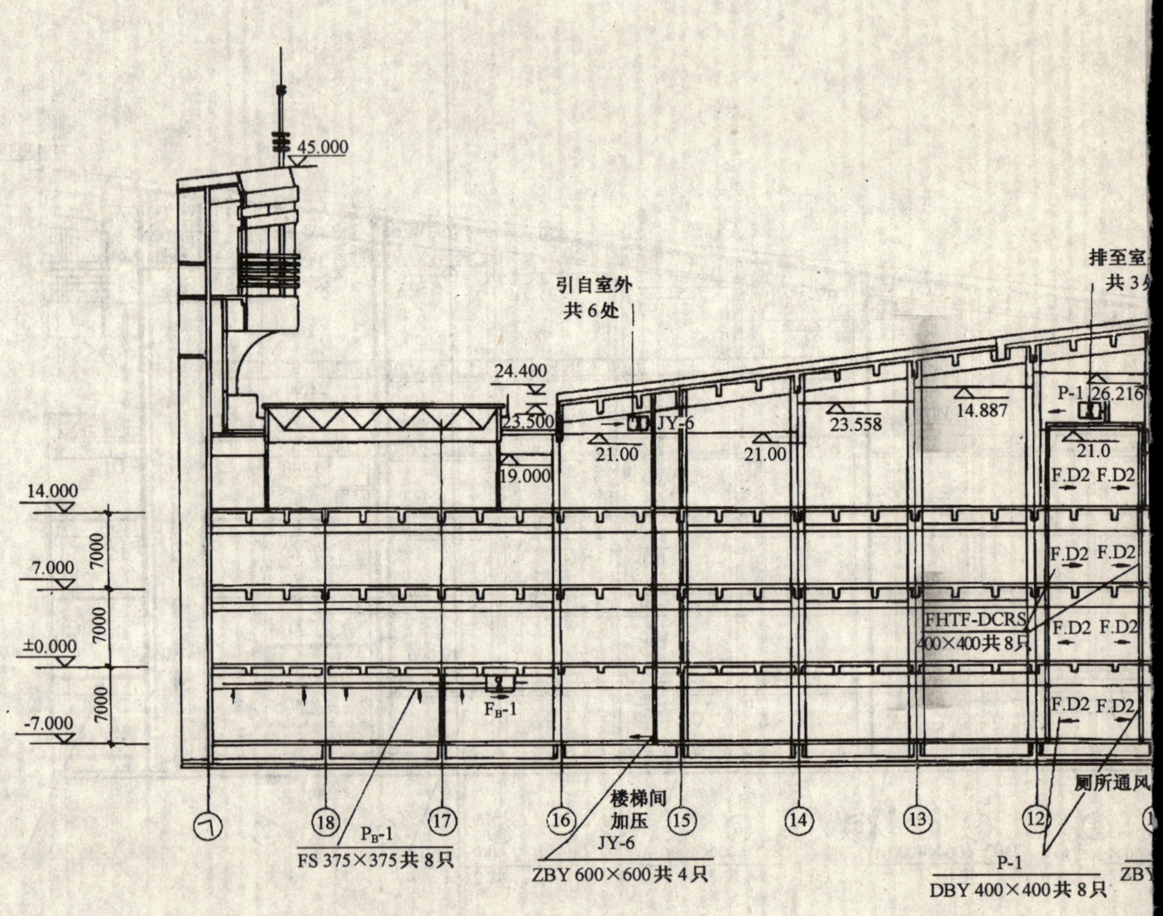

图 4　正压送

设备有消防水泵、防排烟风机、消防电梯、电动防火卷帘、消防控制室、应急照明、疏散指示标志等。

1. 供电

从科技馆原有10kV变电站的10kV配电间两段不同母线各引出一路10kV供电电源，电缆引入。地下室设10kV变电所一座，面积约200m^2，内设环氧树脂浇注的干式变压器800kVA和630kVA各两台，RGC型10kV环网开关柜和GCS型低压抽屉柜。低压配电系统留有自备电源引入回路，其单线配电系统图见图5。

2. 配电

该馆平面呈圆形，周长约245m。沿外墙径向3、10、15轴旁设3个电气竖井兼小室。备用电源自投配电箱和应急照明配电箱与同层一般配电箱布置在同一配电小室。地下室有消防泵和风机，首层设有消防控制室，顶层和中庭屋面有防排烟风机和电梯机房，1～3层中庭和周边展厅之间均设有电动防火卷帘。电动防火卷帘采用分区树干式配电，其余采用自变电所低压配电柜放射供电，备用电源自投箱双路电源均由接在Ⅰ段和Ⅲ段母线上的低压柜引出（见图6）。

3. 照明

地下室每个配电小室设备用电源自投配电箱，由该配电箱放射供电至每层末端应急照明配电箱，配电系统图见图7。楼梯间、消防电梯间及其前室、地下疏散通道、变电所、消防值班室、消防泵房及控制室、防排烟机房、展厅均设有应急照明，安全出口处、疏散通道、展厅均设有灯光疏散指示灯，楼梯间还设有层号灯。应急灯和疏散指示灯均带有30min的蓄电池，失去市电时，由蓄电池供电。

4. 控制

本馆设有火灾自动报警及联动控制。消防泵、防排烟风机、防火卷帘除就地可手动控制外，消防值班室可强制接通电源，自动启动投入运行。空调机组及非消防电源均可在消防值班室强制切断，接通和切断电源后均有信号返回至值班室。展厅的应急照明和标志灯平时在配电室可手动控制，也可由“BAS”集中控制。强制接通，火灾发生时由消防控制室控制。楼梯、电梯前室、疏散通道的应急灯平时就地控制，火灾发生时强制接通。

5. 线路敷设

竖向配电线路沿电气竖井敷设，吊顶内和地下室水平明敷，线路采用NHBV、NHYJV型耐火铜导线和电缆，沿桥架敷设部分，桥架涂防火涂料，暗敷线路采用BV、YJV型导线，电缆套管埋地、埋墙。

六、火警控制系统设计

科技馆新馆造型独特，中间设有高大的圆形共享大厅，4层呈螺旋式上升态势，楼层错落不等高，这些给火灾报警与消防控制系统的设计带来了一定的困难。火警控制系统设计如下。

1. 火灾报警系统

在各层展厅、报告厅、电梯前室、空调机房、变电站、配电间、办公室等处设置了智能型感烟探测器。在各个出入口处设置了带消防电话插孔的手动报警按钮。

为维修及安装方便，在共享大厅上空和4层高大展厅设置了红外光束感烟探测器，进

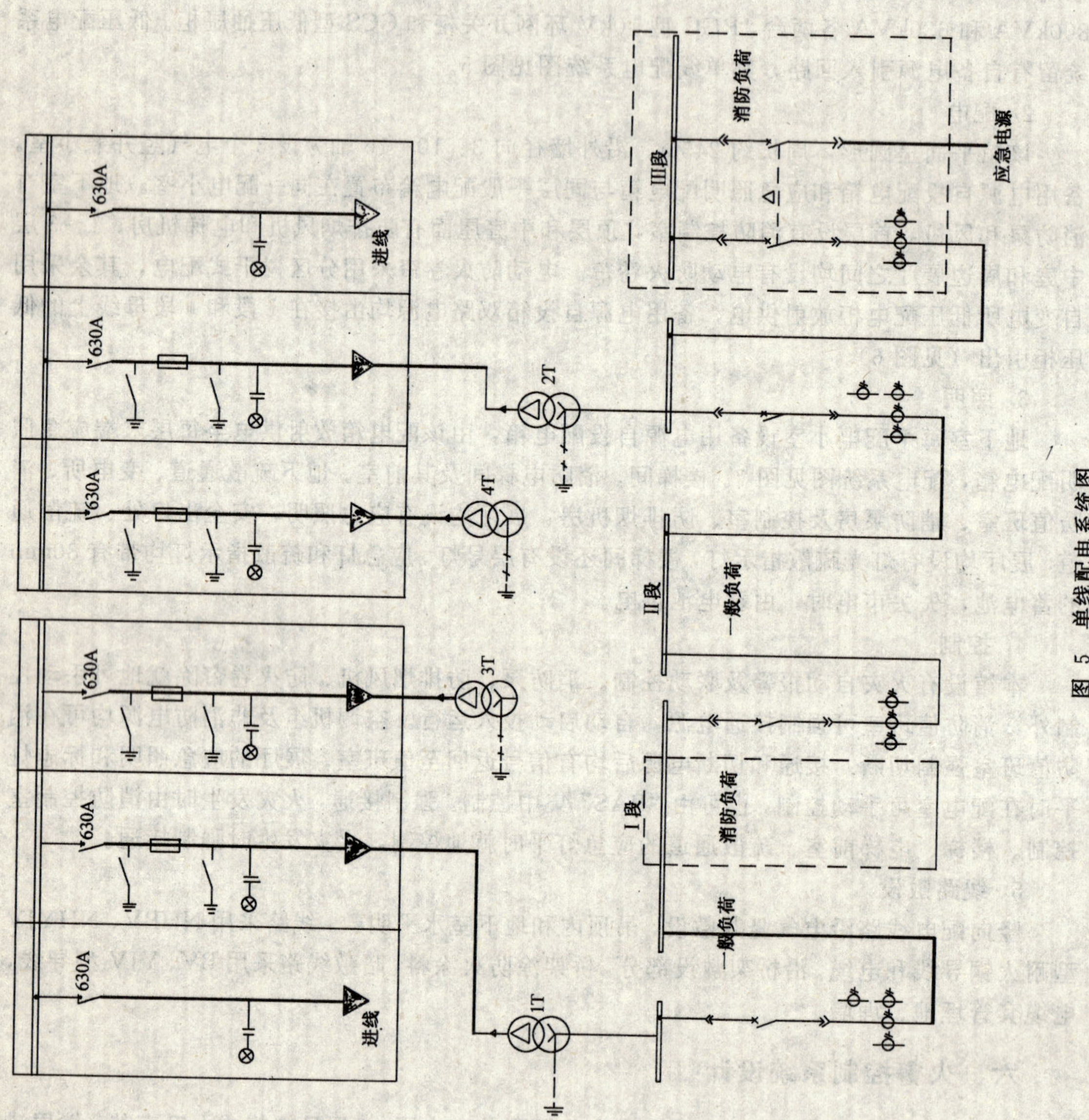

图 5 单线配电系统图

4AEP5
4AEP4
4AEP3
4AEP2
4AEP1
3AEP6
3AEP5
2AEP3
1AEP4
01AEP6
01AP3
01AEP7
3AEP4
3AT1
3AEP3
2AEP2
1AEP2
1AEP3
3AEP2
3AEP1
2AEP1
1AEP1
01AEP4
01AEP5
01AC41
01AC42
4层
3层
2层
1层
01层
变配电所
来自Ⅰ段
来自Ⅲ段
AEP——双电源配电箱

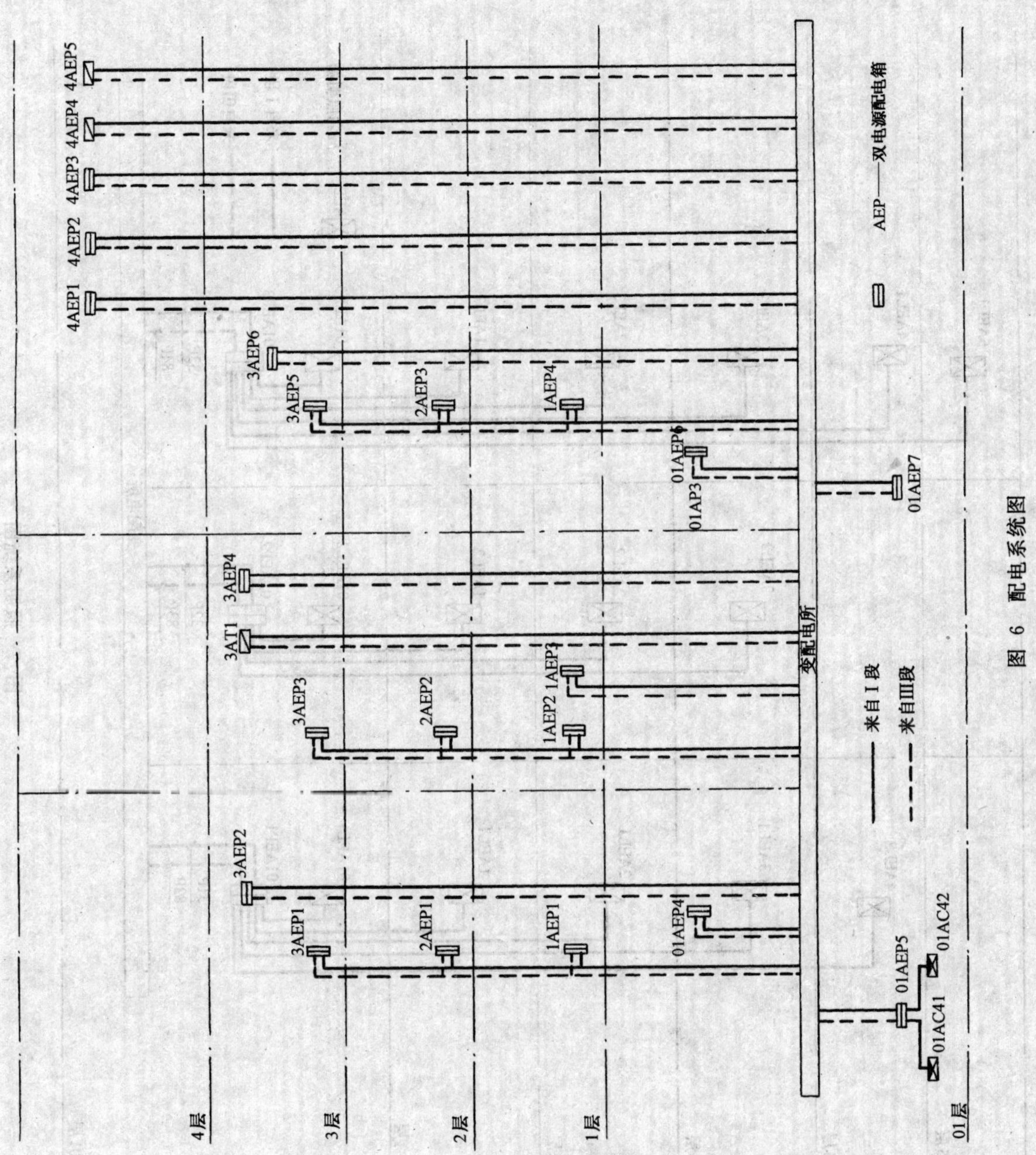

图 6 配电系统图

5层
4层
3层
2层
1层
01层
5AEL1
4AEL1
3AEL3
2AEL3
1AEL3
01AEL3
01AEP3
33P
84P
3AEL2
2AEL2
1AEL2
01AEL2
01AEP2
32P
83P
4AEL2
3AEL1
2AEL1
1AEL1
01AEL1
01AEP1
31P
82P
变配电所
AEL— 应急照明箱
— 来自Ⅰ段
- - 来自Ⅲ段

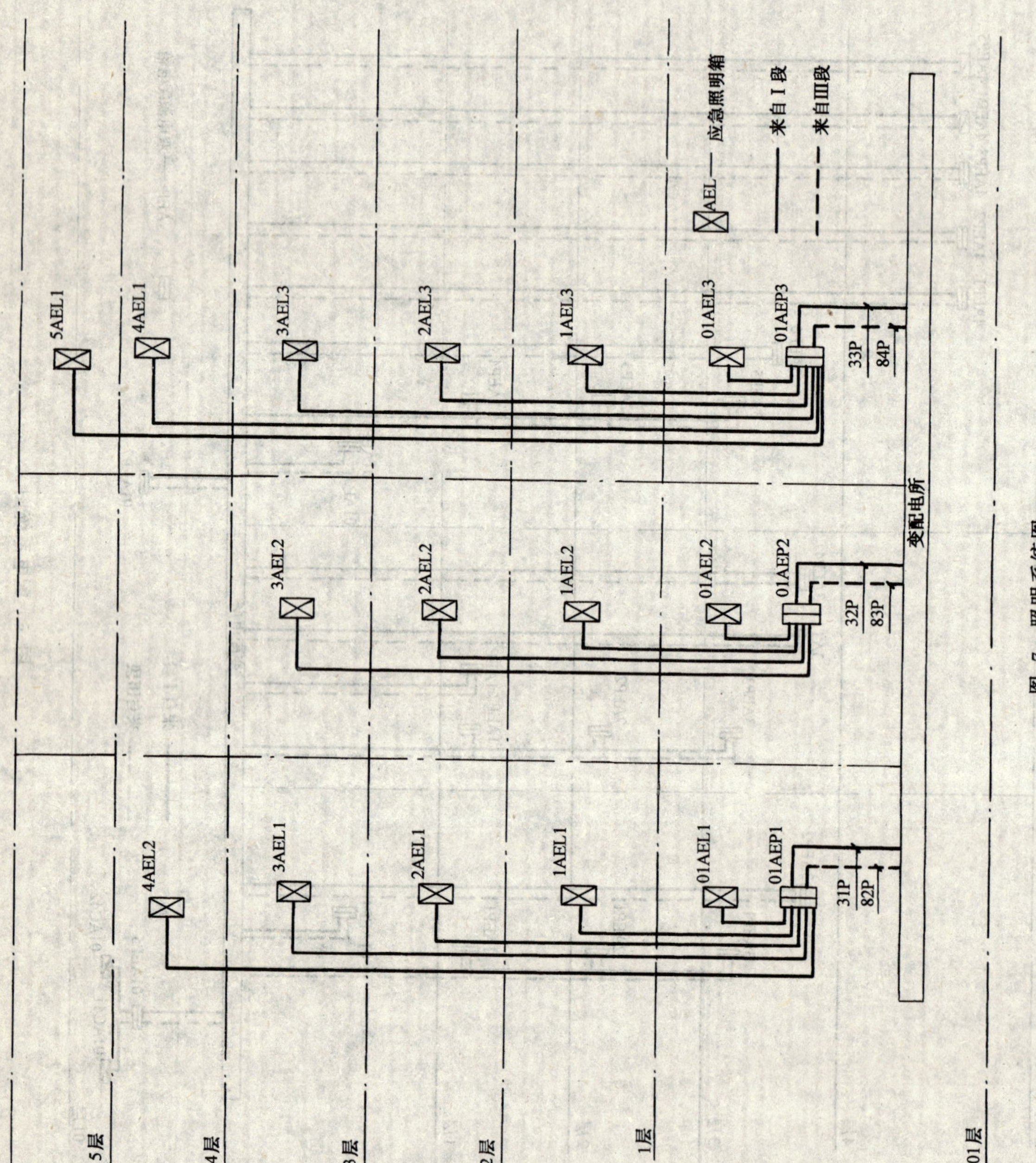

图 7 照明系统图

图例

符号	名称	符号	名称	符号	名称	符号	名称
	智能感烟探测器	DZX	端子（模块）箱		水流指示器	F_e	排烟防火阀
	智能感温探测器		消防电话插孔		检修阀	F_d	正压送风阀
	智能手动报警按钮		消防电话挂机		压力开关	R	卷帘门控制箱
	标准感烟探测器		消防广播扬声器（吸顶）	∅70°C	防火阀	D	电动门控制箱
	标准感温探测器		消防广播扬声器（挂墙）	∅280°C	防火阀		空调，水泵，风机，电梯动力，照明配电盘
8613	四输入／二输出模块		红外对射烟感探测器		消火栓按钮		
8611	32LED输出模块／复示盘						

统图

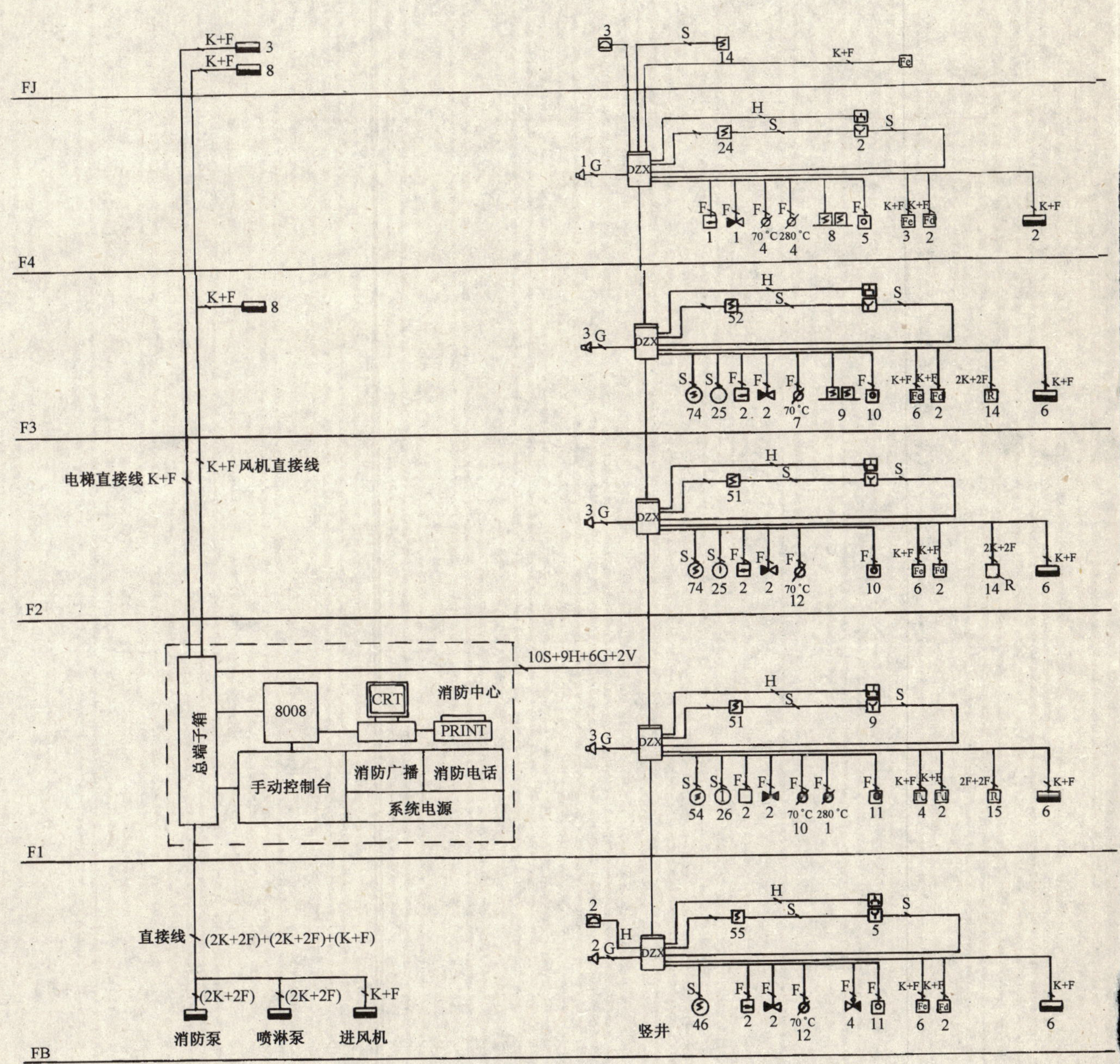

图 8 消防报警及联动控制

行大面积保护。

在共享大厅周围设置了防火卷帘门，考虑到部分卷帘门是作为防火墙使用，可以同时下降，为节省控制模块，对卷帘门采用了分组控制的方式。

2. 广播系统

在各展厅、报告厅、走廊、电梯前室、卫生间等处设置了扬声器，在监控中心设置了广播主机和分路控制盘。平时可进行展品介绍，播送通知等，火灾发生时可分层进行紧急广播，指导人员疏散。

一般场所采用3W扬声器，在4层等高大空间采用6W扬声器，以保证达到一定的声压级和清晰度。

3. 消防通信系统

在监控中心设置了消防专用电话总机和可接至消防部门的直拨电话；在变电站、消防水泵房、冷冻站、大的空调机房等处设置了消防电话分机；在主要出入口处与手动报警按钮一起设置了消防电话插孔。

4. 消防联动控制关系

本馆设有空调系统和完善的防排烟系统。当某处烟感报警后，通过编程可联锁控制关闭有关区域的空调机组及防火阀，打开有关区域的排烟风机、正压送风机及排烟口、送风口等。

消火栓按钮、水流指示器、检修信号阀、压力开关等信号纳入火灾自动报警系统，报警后自动启动消火栓泵、喷淋泵。监控中心亦可手动控制启、停消火栓泵和喷淋泵，并可接受其反馈信号。

确认起火后，监控中心可手动控制分区进行消防广播，指挥人员疏散。同时可经编程自动或手动切断非消防电源、接通应急照明等（见图8）。

5. 监控中心

设计中将消防控制、广播、保安监控、楼宇自控等弱电各系统合并设置消防监控中心，节省了机房面积，节约了值班人员，而且各系统功能互补，通过CCTV系统可以很方便地确认火灾是否发生，通过楼宇自控系统可以及时了解各机电设备的详细情况。

沈阳科学宫球幕电影区

李宏业　杨立红　何　敏　陈英华　鲁　民　岳　笛

一、工程概况

沈阳科学宫坐落在沈阳市科普公园内，建筑群由3部分组成：科学宫主体、培训娱乐中心、球幕电影区。球幕电影区位于用地的西北，与培训娱乐中心相连，该建筑集动感影院、球幕电影放映和天象放映于一体，为国内首例，建筑层数为6层，建筑高度自室外地坪计31.9m，总建筑面积4242.7m^2，（立面见图1）。建筑首层布置门厅、动感影院（二层通高）、消防控制中心及程控交换机房和部分设备用房（一层平面见图2）。2、3层均为休息厅和部分设备用房；由4层进入球幕电影厅（兼天象放映），影厅贯通4～6层，看台下部布置球幕电影放映间、设备间，6层布置投影室（六层平面见图3，剖面见图4）。

二、建筑防火

球幕电影区消防设计执行《高层民用建筑防火规范》，耐火等级为二级，设计将整体高度控制在32m以内。整体建筑为一个防火分区。按照动感影院每场容纳观众24人，球幕影厅容纳坐席279个，并适当考虑候场人数，以此为依据设计疏散楼梯宽度和出入口总宽度。根据当地消防部门要求，设置两个自上而下贯通的封闭楼梯间，这在当时国内已经建成的同类建筑中尚属首例。这两个楼梯间在各层平面以乙级防火门分隔，首层为扩大的封闭楼梯间，其余房间均设置防火门，消防控制中心及程控交换机房以甲级防火门分隔，空调机房在各层平面均以甲级防火门与其他部位分开。球幕影厅的内装修采用阻燃材料，工艺条件虽由设备厂家提供，但是座椅排列数量和疏散走道宽度均经过复核，满足国内相关规范要求。

三、消防给水系统原理见图5

1. 消火栓给水系统

室内消防用水量为25L/s。室外消防用水量25L/s。

因本系统将科学宫、培训娱乐中心、球幕电影馆3座建筑单体设计为统一的临时高压消火栓给水系统，并与生活给水系统共用水池和泵房，故球幕电影馆的消防供水量均与科学宫一致。

科学宫地下室设生活、消防合用水池，有效容积800m^3，储存消防用水648m^3（3h室内、外消火栓和1h自动喷水系统的用水量）。

前10min消防用水量由设于科学宫的高位水箱供给（内储18m^{3}消防用水）。

消火栓主泵型号QPG－80－250（I），共两台（一用一备）。本系统火灾延续时间3h。

2. 自动喷水灭火系统

球幕电影馆的1、2、3层走廊和3层的休息厅、咖啡厅等，设有自动喷水灭火系统，其

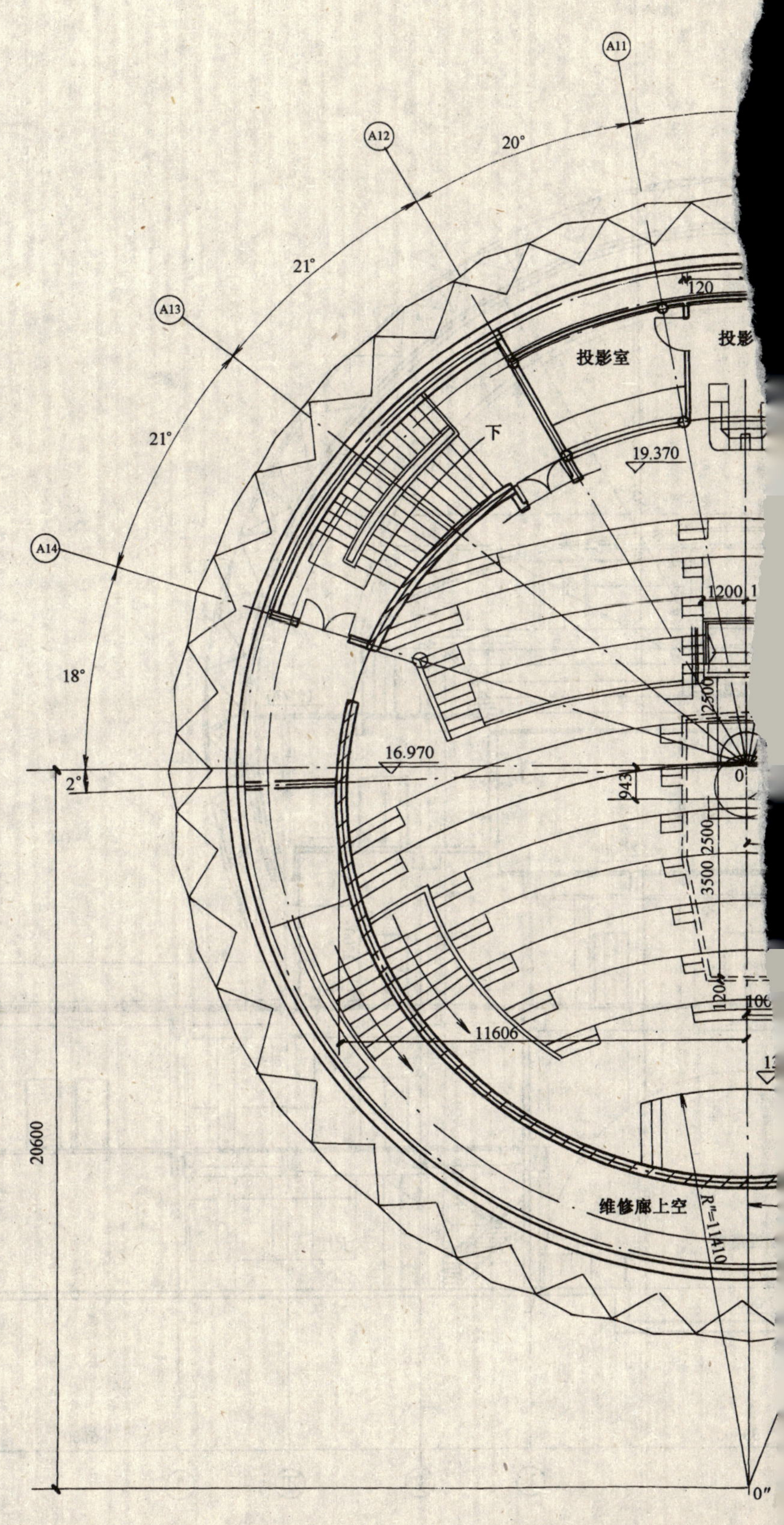

图 3 沈阳科学宫球幕电影

幕影厅
R=14500
16.970
16.800
13.050
12.300
2500
12.900
4200
2100
8.700
4.500
4500
±0.000
银幕
动感影院
大厅
1.000
33600
6000
I
II
III
2
3
宫球幕电影区剖面图

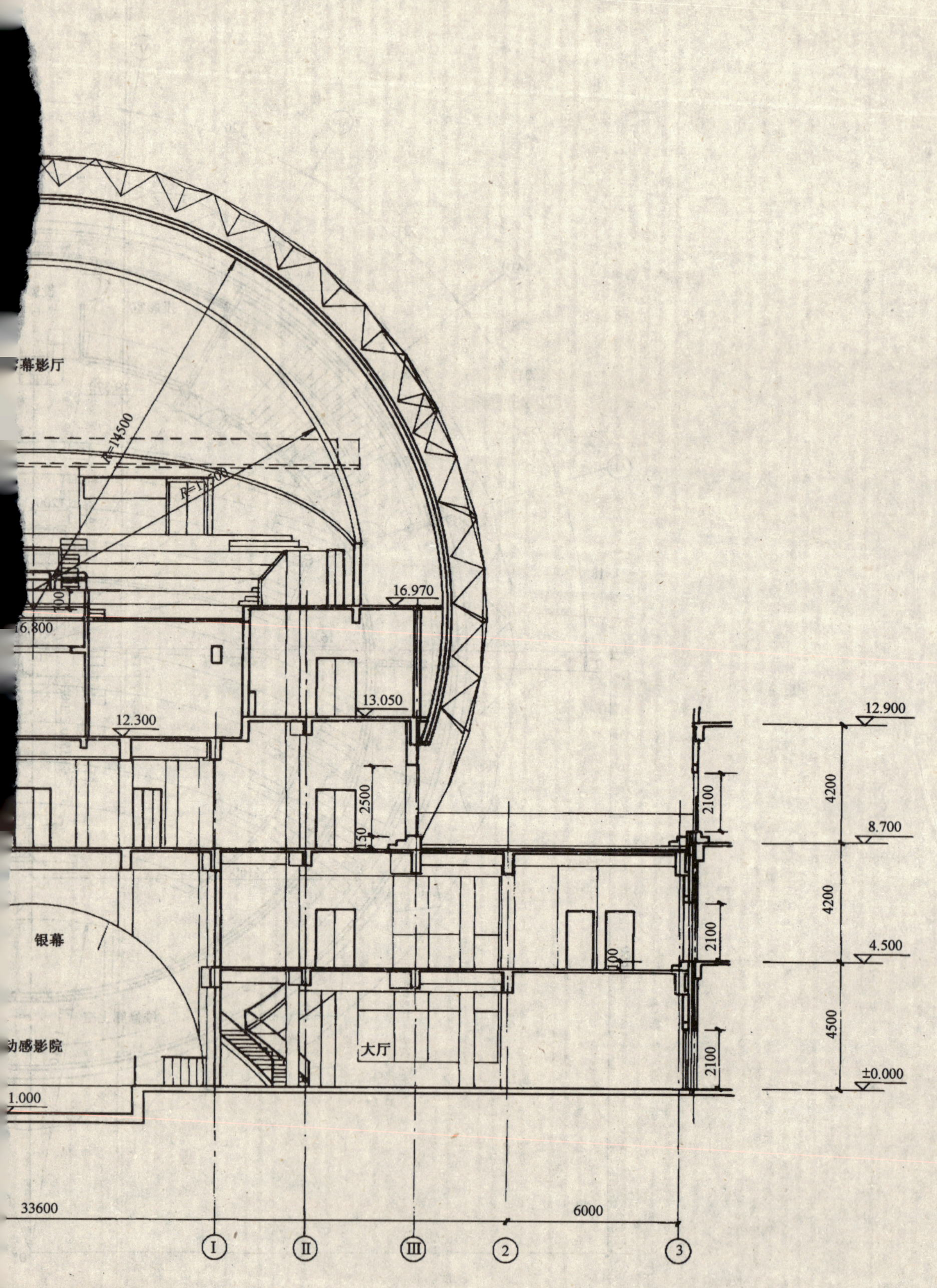

A10
A9
A8
A7
20°
20°
21°
21°
20°
3200
642
120
室
下
200
R=13600
建筑屋面中心
16.970
银幕中心
1700
120
10915
610
21.53°

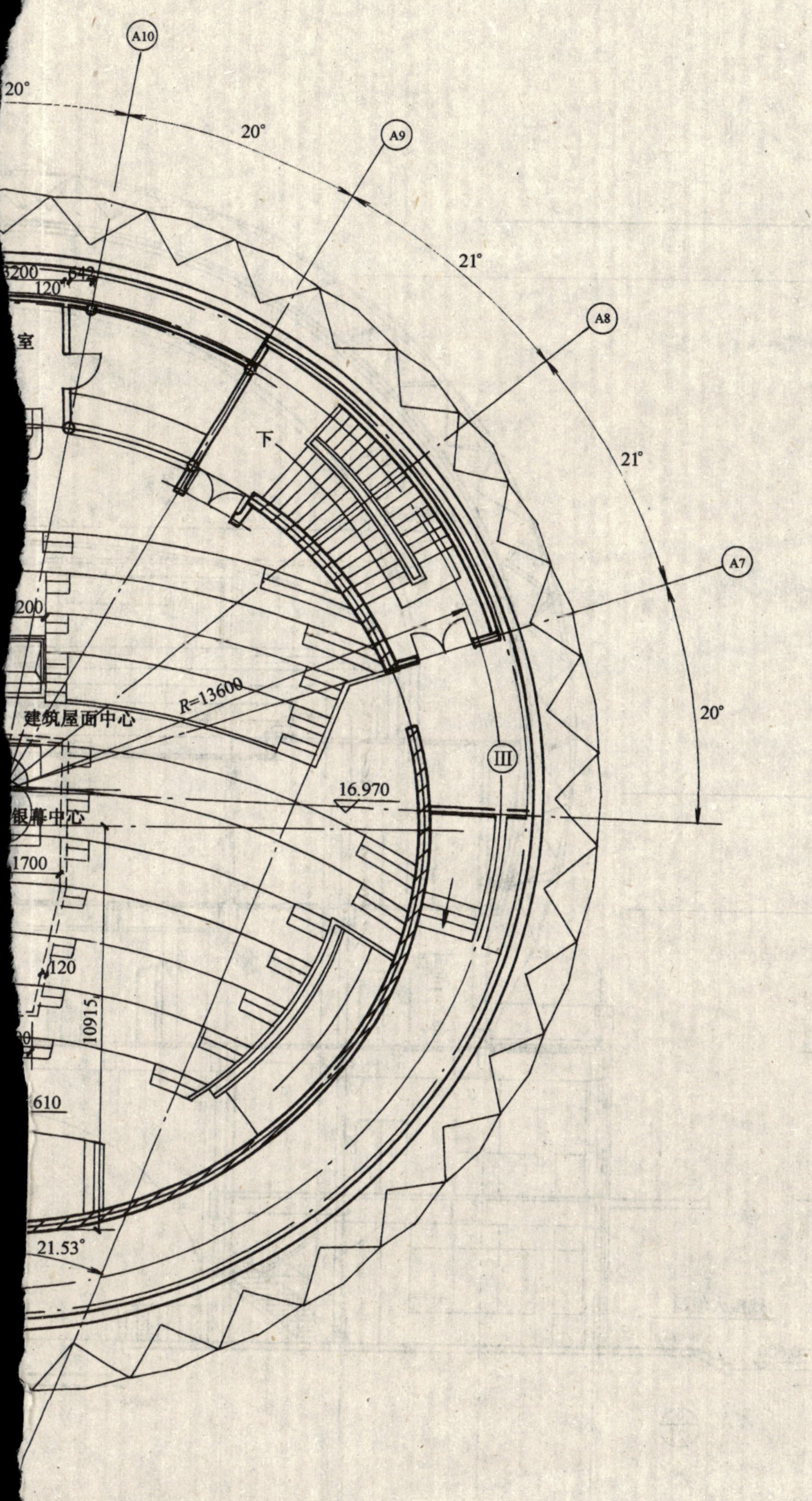

…六层平面图

31.300
1500
15770
R=16000
检修马道
16.970
15.530
3230
12.300
3900
2100
150
8.400
4200
4.200
4200
大厅
残疾人坡道
±0.000
-1.000
600
400
-0.600
9
21
1
III
II
I

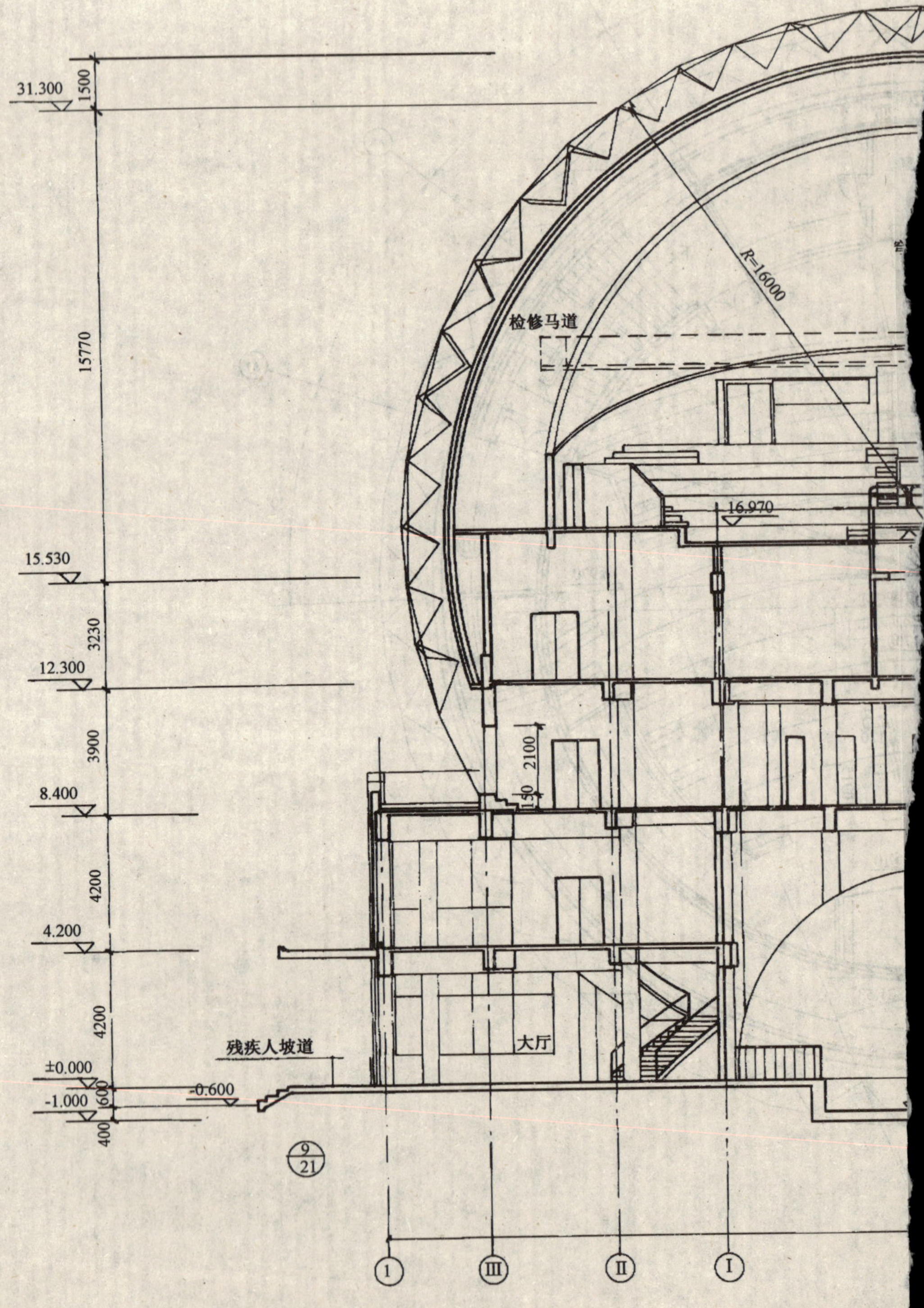

图 4 沈阳科学

宫球幕电影区一层平面图

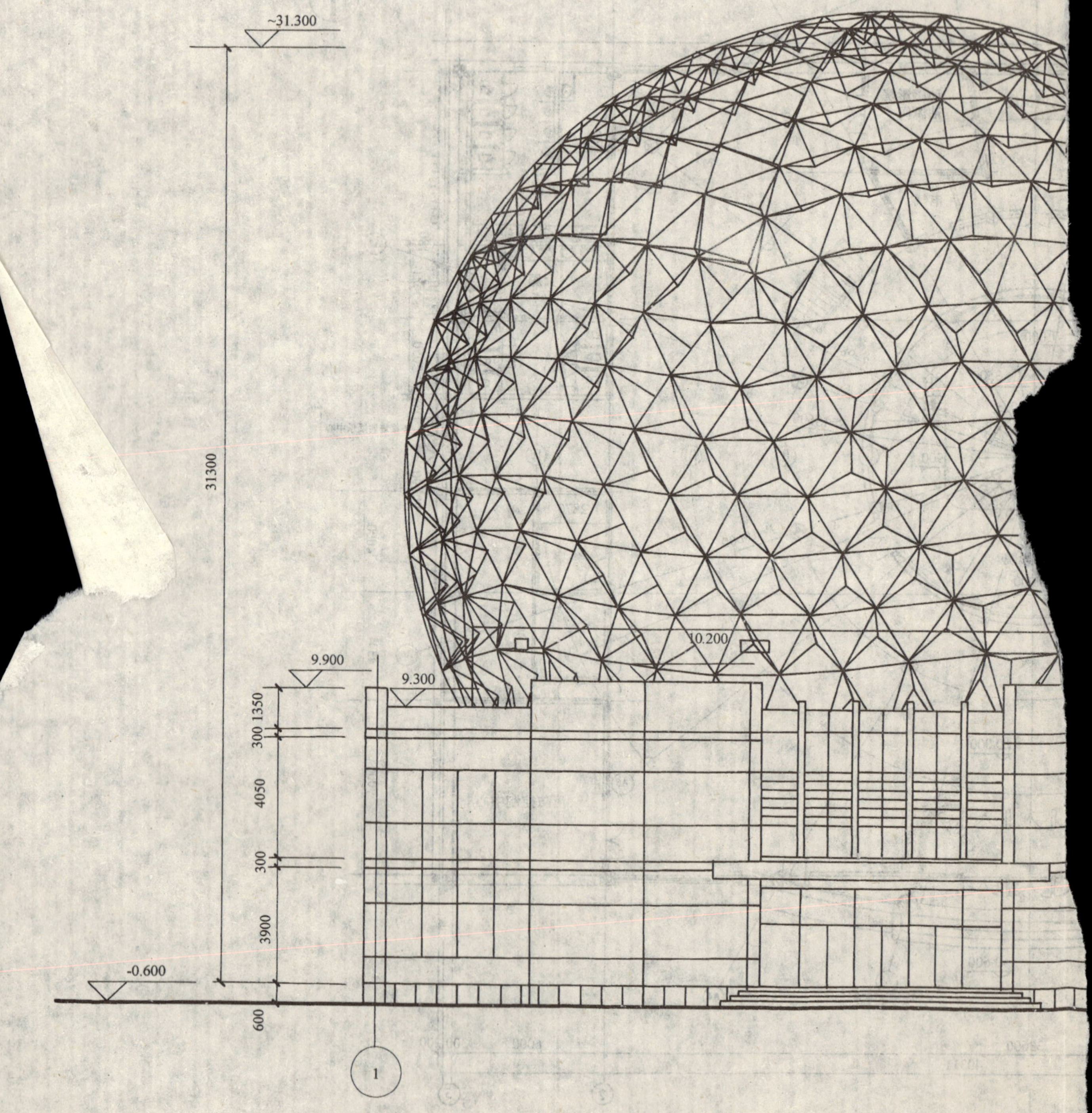

图 1　沈阳科学宫球幕电影区立

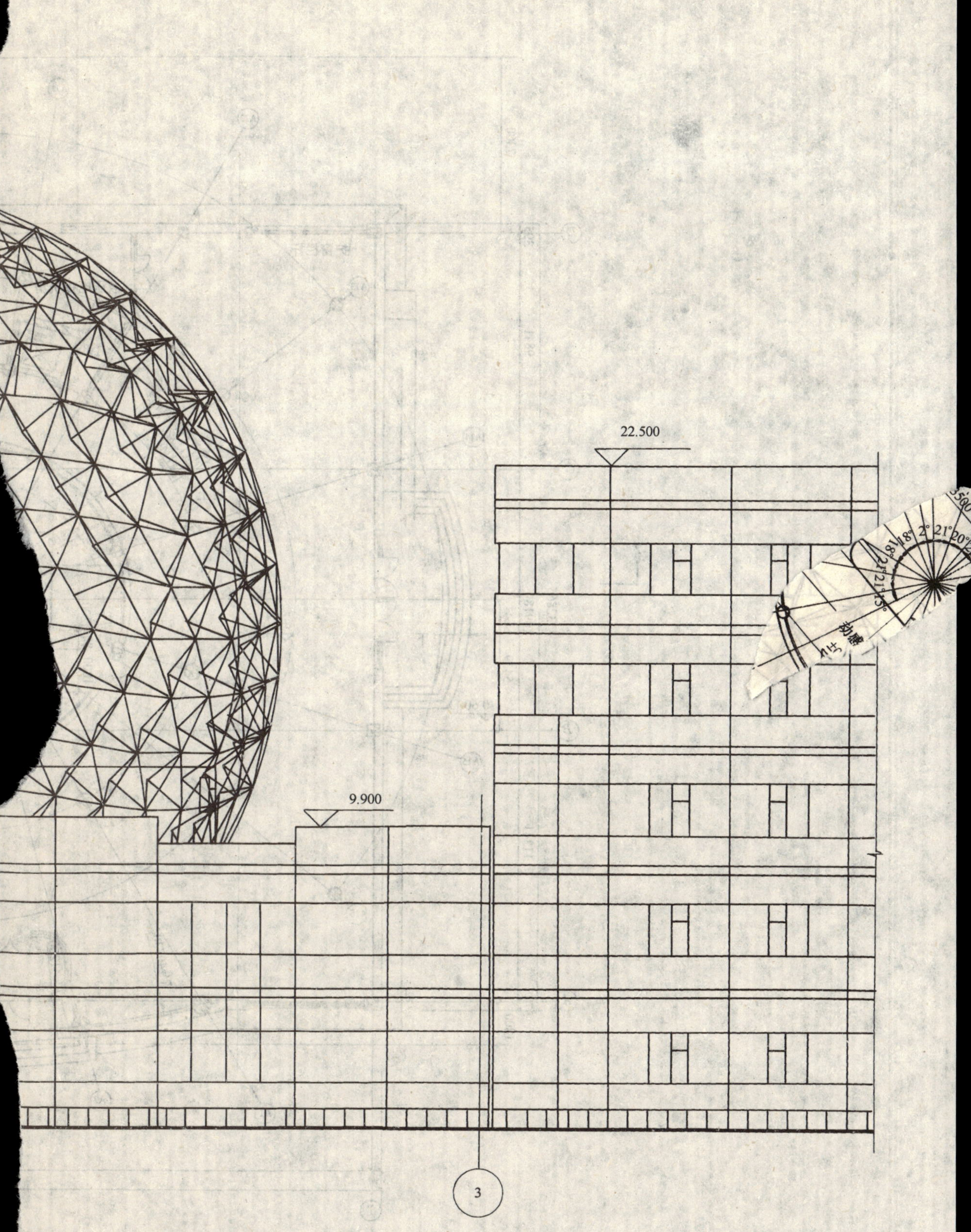

立面图

护窗栏杆
液压电梯机房
电讯
上
下
±0.000
-0.600
R=6500
R=40730
R=41200
7300
395
9841
32865
10918
5459
11341
370
1800
380

图 2　沈阳科学宫

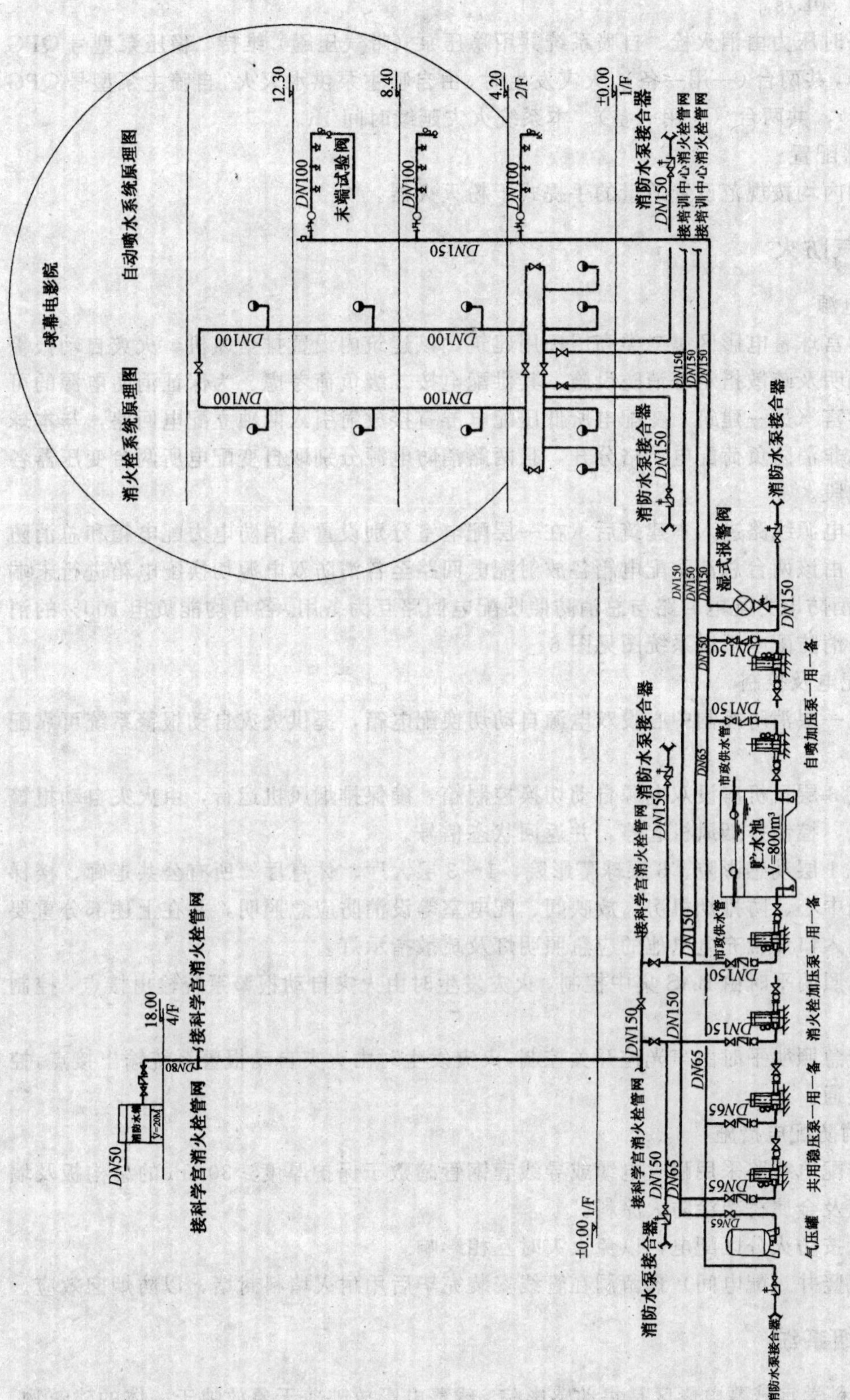

图 5　消防给水系统原理图

设计用水量为 30L/s。

本系统平时压力由消火栓、自喷系统共用稳压泵（带气压罐）维持，稳压泵型号 QPG－50－200(I)，共两台(一用一备)。火灾发生时，由自喷主泵供水灭火。自喷主泵型号 QPG－80－250 (I)，共两台（一用一备）。本系统火灾延续时间 1h。

3. 灭火器配置

在建筑物内均按规范设置适量的手提式干粉灭火器。

四、电气防火

1. 消防电源

沈阳科学宫球幕电影区属二类高层民用建筑，该建筑内设置排烟风机、火灾自动报警系统、应急照明及疏散指示等消防设施，其供配电按二级负荷考虑。为保证消防电源的可靠性，由科学宫（另一建筑）变配电所低压配电屏直接放射引入两独立配电回路，与本球幕电影区其他非消防负荷配电严格分开，且两路消防电源分别取自变配电所两台变压器各自的低压母线段。

两路消防电源线路进入本建筑后，在一层配电室分别设置总消防电力配电箱和总消防照明配电箱，由该两台总消防配电箱各放射配电回路至各消防双电源切换配电箱进行末端自动切换，总消防电力配电回路与总消防照明配电回路互为备用，各自均能负担 100%的消防负荷用电。消防配电干线系统图见图 6。

2. 消防配电及控制

在本建筑一层消防控制中心设双电源自动切换配电箱，提供火灾自动报警系统可靠配电。

在本建筑 3 层风机房设双电源自动切换控制箱，确保排烟风机运行，由火灾自动报警系统输出接点，控制排烟风机起停，并返回状态信号。

在本建筑 1 层动感影院、6 层球幕影院、1～3 层大厅、休息厅、所有公共走廊、楼梯间及消防控制中心、防排烟机房、放映间、配电室等设消防应急照明，并在上述部分重要部位及主要出入口设带充电电池的应急照明灯及疏散指示灯。

公共应急照明平时由 BAS 集中控制，火灾发生时由火灾自动报警系统输出接点，控制强制接通。

楼梯间应急照明平时由声光控开关控制，火灾发生时由火灾自动报警系统输出接点，控制强制触发接通。

3. 其他消防配电措施

(1) 消防配电线路采用耐火电缆或导线套钢管暗敷于保护厚度≥30mm 的结构板及墙内，明敷钢管及金属桥架涂防火涂料。

(2) 尽量按防火分区配电，以免火灾时互相影响。

(3) 电气竖井（配电间）预留洞在管线安装完毕后用耐火堵料封堵，以防烟囱效应。

五、排烟系统

(1) 沈阳科学宫球幕电影区是集动感影院、球幕电影放映兼天象放映于一体的建筑物。动感影院每场容纳观众 24 人，球幕影厅容纳观众 279 人，人员密集又无外窗，且由于座椅

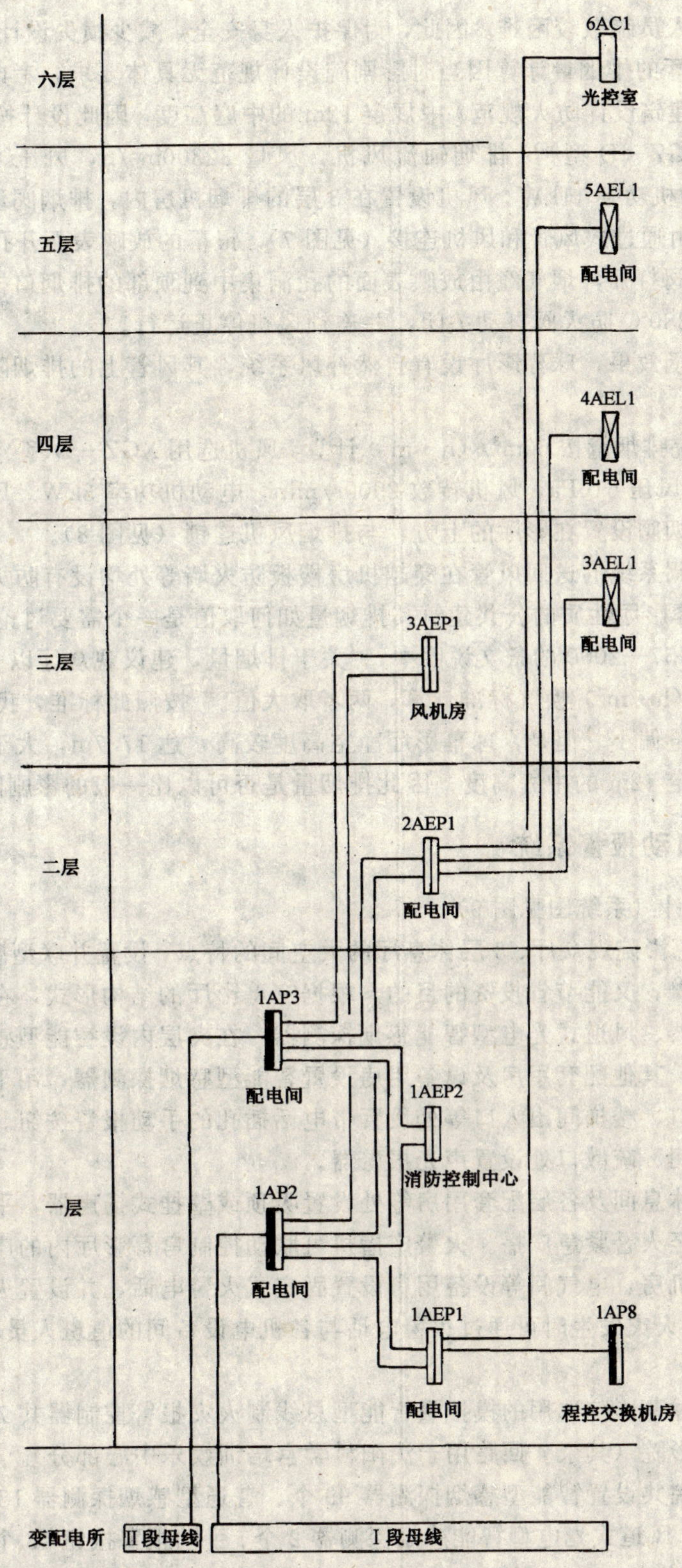

图 6 消防配电干线系统图

的障碍，火灾时人员疏散较困难。因此，为保护人身安全，减少损失设计了机械排烟系统。

(2) 球幕影厅的排烟量计算因当时影剧院设计规范无具体要求，考虑到其高度 17.7m 大于《高层民用建筑设计防火规范》中规定 12m 的中庭高度，因此设计按 6 次/h 计算排烟量。风机选用 XGZ－D 型№9 排烟轴流风机，风量 32300m³/h，风压 668Pa，风机转数 1450r/min，电动机功率 11kW。风机设置在 3 层的排烟机房内，排烟阀设置在影厅顶部网架与银幕之间，由通过式风管和风机连接（见图 7）。银幕的放映表面开孔率为 22%。当火灾发生时，排烟阀打开，烟气经由放映表面的孔洞集中到顶部的排烟口排出。当烟气温度超过 280℃ 时，280℃ 防火阀自动关闭，并连锁风机停止运行。

为了增加排烟效果，球幕影厅设有自然补风系统，其风管上的排烟防火阀与排烟系统连锁工作。

(3) 动感影院排烟量按 60m³/(h·m²) 计算，风机选用 XGZ－D 型№5 排烟轴流风机，风量 8861m³/h，风压 610Pa，风机转数 2900r/min，电动机功率 3kW。风机设置在 3 层的排烟机房内，排烟阀设置在影厅的上方，与排烟风机连锁（见图 8）。

(4) 通风空调系统的送回风管在穿越机房楼板防火墙等处均设有防火阀。

(5) 对于球幕影厅性质的公共建筑其排烟量如何取值是一个需要讨论的问题。《剧场建筑设计规范》JGJ57—2000 的条文说明中，“关于排烟量，建议观众厅以 13 次/h 换气标准计算，或 90m³/(h·m²) 换气标准计算，两者取大值。”按照此标准，我们的 6 次/h 换气标准计算的排烟量偏小。但是，球幕影厅净空高度较高，达 17.7m，大于高层民用建筑设计防火规范中规定 12m 的中庭高度，因此排烟量是否可以比一般的影剧院少？

六、火灾自动报警系统

1. 系统的设计（系统图见图 9）

(1) 根据动感影院观众厅、3 层休息厅的大空间的特点，设置并联型感烟探测器，达到既能进行火灾报警，又能节省投资的目的。根据穹幕影厅的结构形式，在观众厅设置红外对射式感烟探测器、风道式光电型智能感烟探测器，在夹层内设智能型感烟探测器，达到全面监控的目的。其他配套用房及设备用房设置智能型感烟探测器，用于探测早期火灾。

(2) 在出入口、楼梯间出入口等处设置带电话插孔的手动报警按钮。

(3) 在楼梯间、疏散口处设置声光报警器。

(4) 在 3 层休息间及各层配套用房等处设置吸顶或壁挂式扬声器，平时可播放背景音乐，火警时强切至火警紧急广播。火警广播机可联动控制穹幕影厅内的广播扩声系统。

(5) 在空调机房、电气间等设备用房设置固定式火警电话，并设置火警电话插孔（手动报警按钮处）。火灾发生时可通过火警电话与各机电设备间的值班人员联系。

2. 系统组成

沈阳科学宫球幕影院选用的模拟量智能型总线制火灾报警控制器共 7 回路，其中 5、6 回路用于该球幕影院（其余 4 回路用于沈阳科学宫培训娱乐中心部分）。

在该球幕影院共设置智能型感烟探测器 99 个、普通型感烟探测器 18 个、红外对射式感烟探测器 2 个、风道式光电型智能感烟探测器 2 个、手动报警按钮 13 个、声光报警器 10 个、四入二出控制模块 34 个（除一个设置于一层消防值班室外，其余均设置于弱电竖井内，便于集中管理和维护检修）、扬声器 43 个、固定式火警电话 9 部、火警电话插孔 13 个。

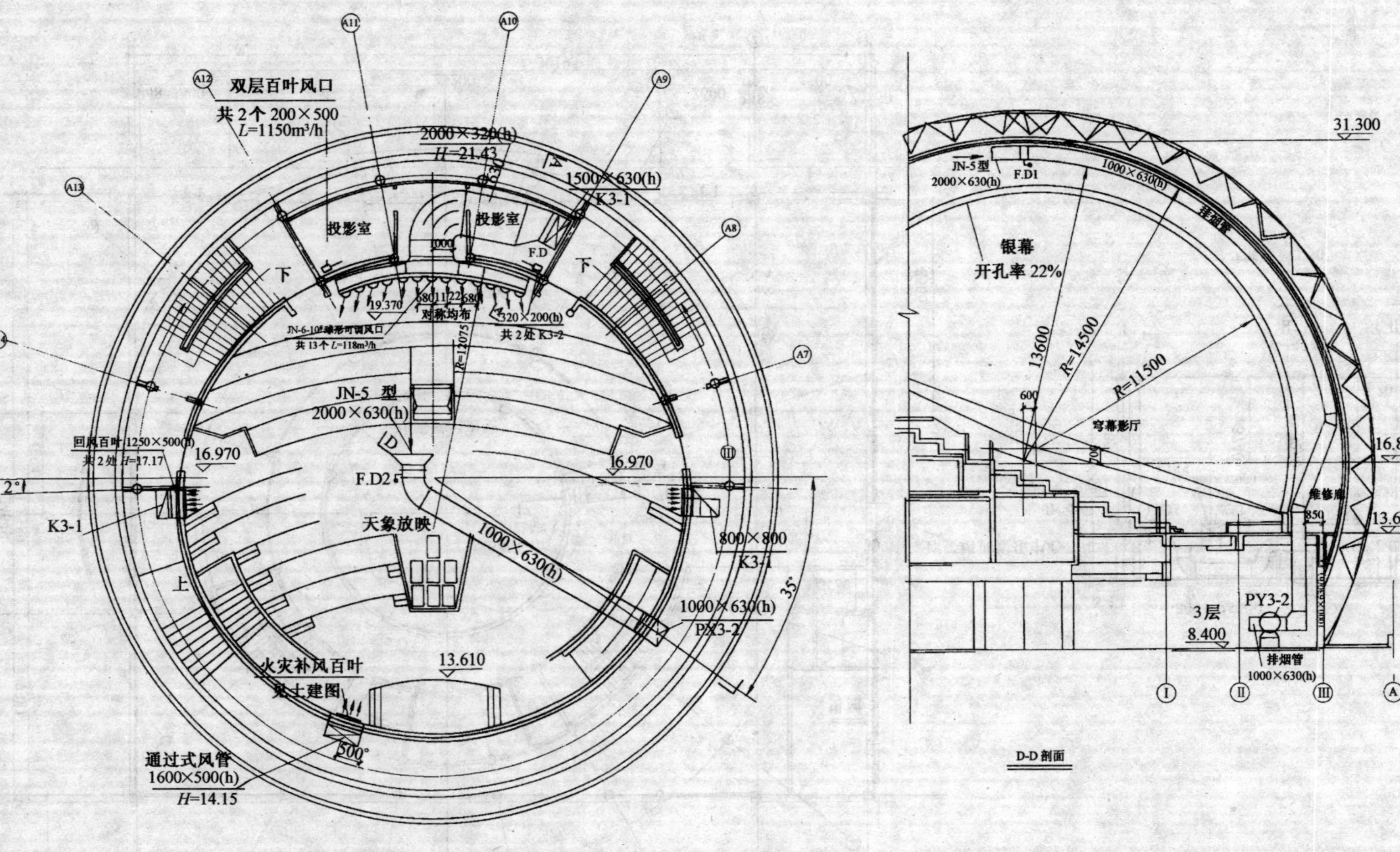

图 7　穹幕影厅排烟布置图

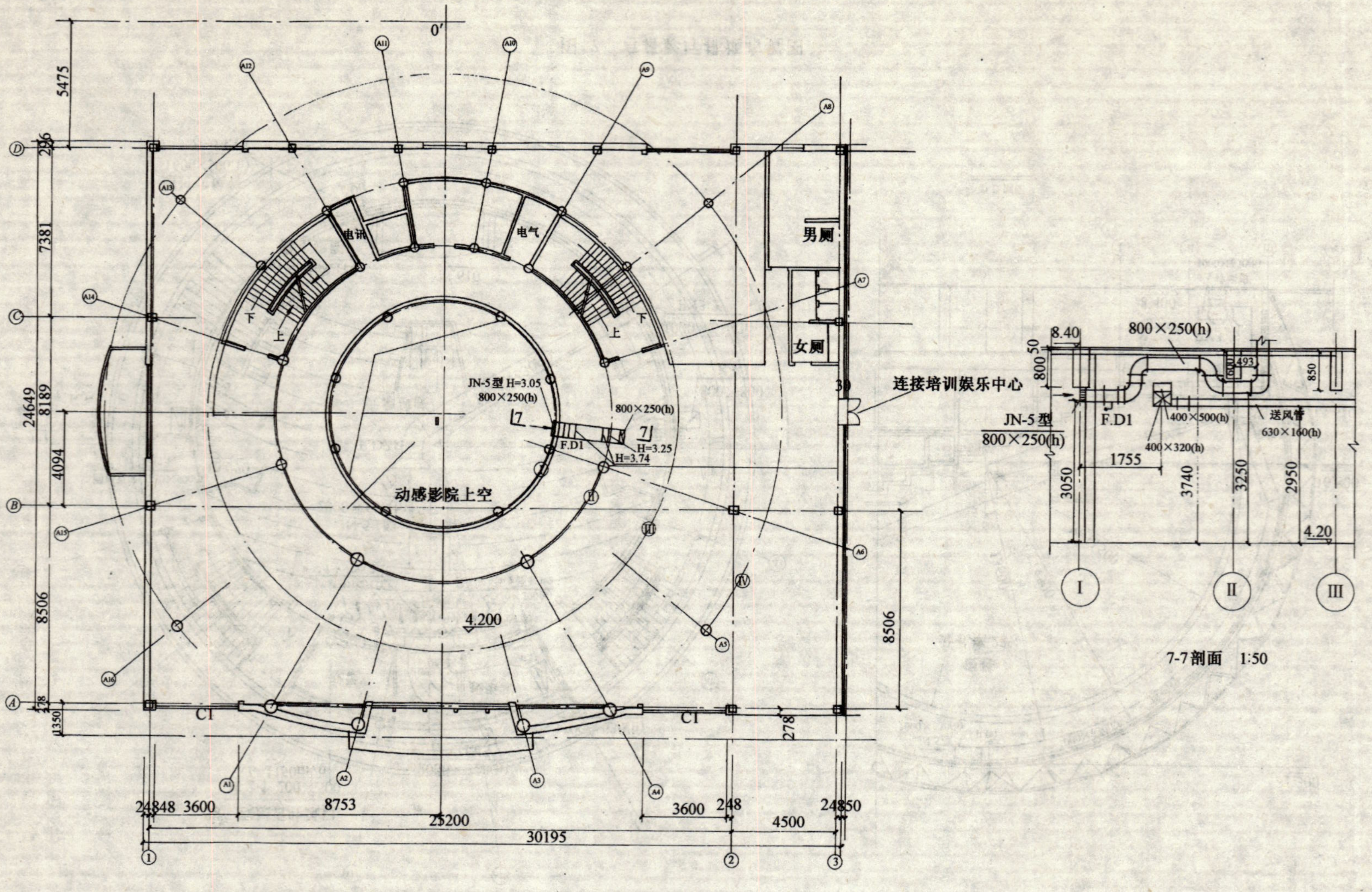

图 8 动感影院排烟布置图

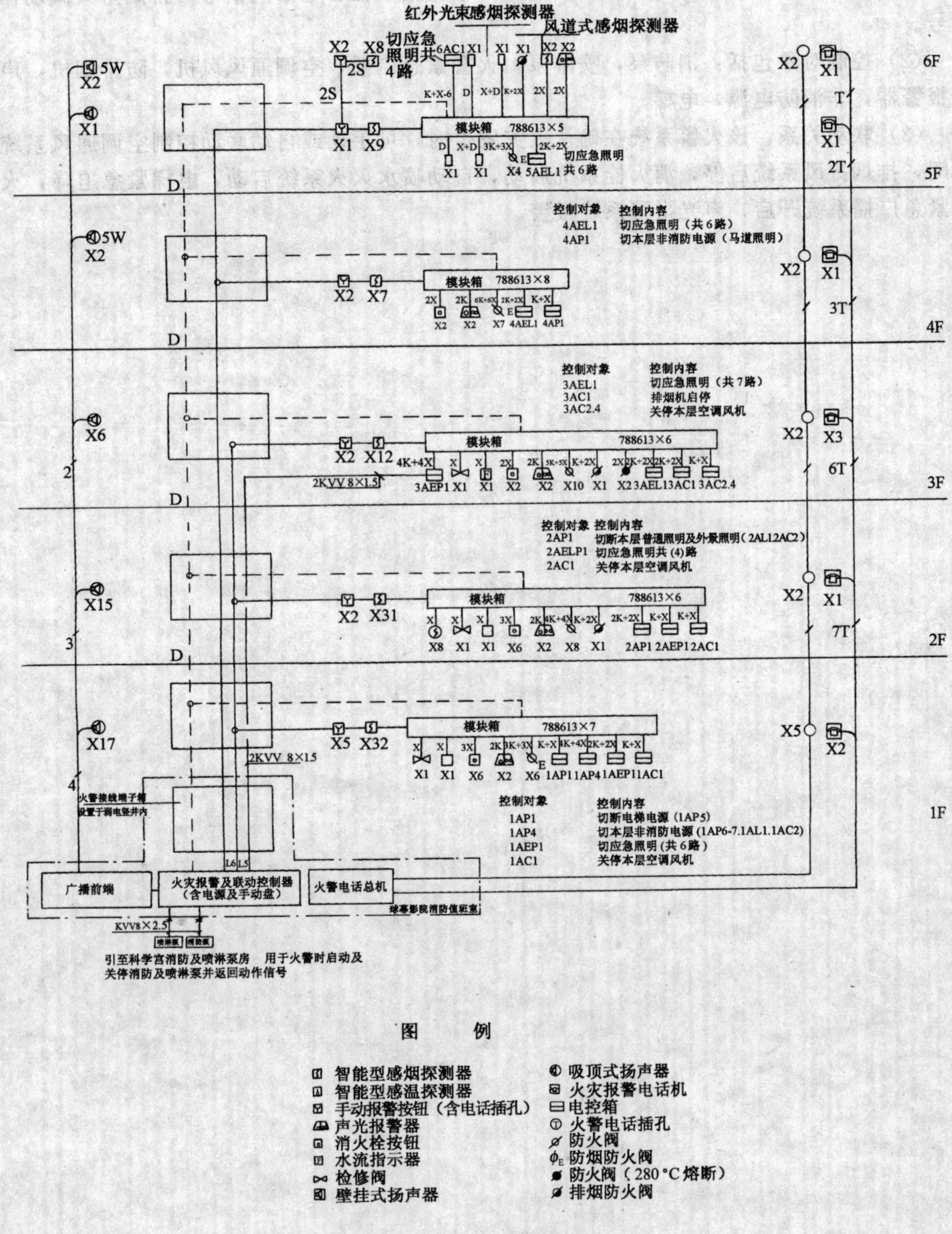

红外光束感烟探测器

风道式感烟探测器

切应急照明共4路

切应急照明共6路

控制对象	控制内容
4AEL1	切应急照明（共6路）
4AP1	切本层非消防电源（马道照明）

控制对象	控制内容
3AEL1	切应急照明（共7路）
3AC1	排烟机启停
3AC2.4	关停本层空调风机

控制对象	控制内容
2AP1	切断本层普通照明及外景照明（2AL12AC2）
2AELP1	切应急照明共(4)路
2AC1	关停本层空调风机

控制对象	控制内容
1AP1	切断电梯电源（1AP5）
1AP4	切本层非消防电源（1AP6-7.1AL1.1AC2）
1AEP1	切应急照明（共6路）
1AC1	关停本层空调风机

火警接线端子箱设置于弱电竖井内

广播前端

火灾报警及联动控制器（含电源及手动盘）

火警电话总机

球幕影院消防值班室

引至科学宫消防及喷淋泵房　用于火警时启动及关停消防及喷淋泵并返回动作信号

图　　例

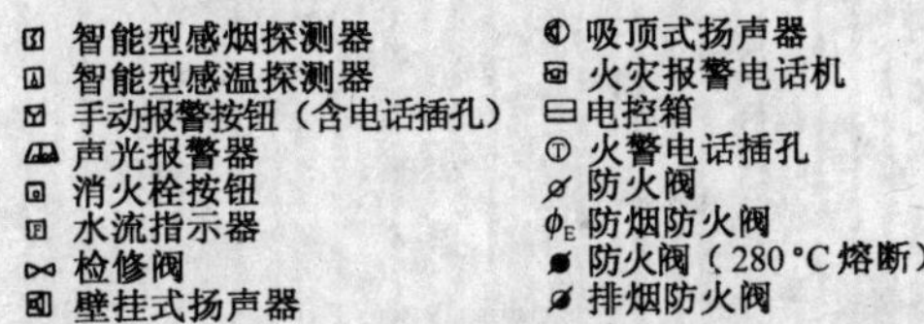

图 9　火灾报警系统图

3. 球幕影院系统功能

（1）火灾报警控制器接收下列报警信号：火灾探测器信号，消火栓按钮启泵信号，电控防火阀动作信号，手动报警按钮触发信号，水流指示器、检修阀信号，排烟防火阀动作信号。

（2）控制对象包括：消防泵，喷淋泵，火警紧急广播，空调通风风机，防排烟机，声光报警器，非消防电源，电梯。

（3）联动关系。该火警系统在确认火灾发生时，可手动或自动联动控制空调通风系统关闭，排烟排风系统启停，消火栓系统启动，自动喷水灭火系统启动，电梯紧急迫降，火警紧急广播系统开启，声光报警系统报警。

涿州石油物探局技术发展中心科技楼

王烽华

一、工程概述

该建筑属一类高层建筑，是重要的科研楼，建筑高度 42.80m，按规范设普通消防灭火系统、自动喷水灭火系统、气体灭火系统，并在建筑各层走道配置手提式干粉灭火器。建筑外 15m 处设有 436m^3 地下消防水池，地下室设两台消火栓水泵、两台自动喷水水泵、两台生活水泵及供生活水泵吸水的 16m^3 调节水箱，屋顶（11 层）设 25m^3 高位消防水箱及其增压装置。

二、消火栓及自动喷水系统

1. 消火栓灭火系统

室内消火栓用水量 30L/s，室外消火栓用水量 30L/s，火灾延续时间 3h。室内除 1、2、3 层为防地板层进水，两端楼梯间采用双阀双出口型室内消火栓外，其余均采用单栓室内消火栓，各消火栓箱内均配有启动普通消防水泵的消防按钮。设有两套墙壁式消防水泵接合器，以便火灾发生时因泵检修、停电、发生故障或室内消火栓用水量不足时，消防车通过室外消防水池检修孔取水，经水泵接合器送至室内消防管道，供灭火使用。因楼内两部电梯均为无机房电梯，屋顶消防水箱很难满足楼层最不利点消火栓 0.07MPa 静水压力，故屋顶水箱间设有一套 1 立罐 2 立泵增压装置，系统详见图 1 消防给水管系统图。

2. 自动喷水灭火系统

根据《自动喷水灭火系统设计规范》，本建筑的办公楼、综合楼可定为中危险级 I 级，自动喷水用水量 16L/s，火灾延续时间 1h。按规范在公共活动用房、走道、办公室等部位设闭式自动喷水，并设墙壁式消防水泵接合器。依据规范湿式系统的一个报警阀组控制的喷头数不宜超过 800 只，设计中将地下室至 6 层分为一组，喷头数 682 只；7 层至 10 层分为一组，喷头数 603 只。建筑每层设水流指示器，火灾发生时环境温度升高，喷头玻璃球爆破脱落，产生水流动，引起水流指示器动作发出电信号，并送到消防值班室电控箱，操纵接通电警铃或电、声、光报警器，并显示某层发生火灾。地下室两组报警阀水力警铃前装有压力开关，水力警铃打响的同时，发出电信号向消防值班室报警或经控制台切换启动自动喷水水泵。屋顶增压装置气压罐上方设压力开关以控制增压水泵启停，系统图详见图 2 自动喷水给水管系统图。

三、气体灭火系统

1. 依据《电子计算机机房设计规范》，大楼 1 层、2 层计算机房、3 层软件开发机房及地下室 UPS 电源间、高低压配电间等性质重要的部位，采用洁净灭火剂——烟烙尽气体全淹没系统防护，烟烙尽气体瓶站位于地下室水泵房一侧。按防护区情况，系统设定为 6 区组合分配系统。

2. 动作原理

当防护区内其中一个分区的探测器报警时，警铃发声，控制台区域的盘中相应的灯会亮，但烟烙尽气体不会喷出。

当防护区内两个分区之探测器报警时，手动状态下，警铃发声，警笛、闪灯不会动作，气体不会喷出。自动状态下，警铃、警笛、闪灯均会动作，延迟 30s 后，释放装置动作，打开钢瓶阀门，烟烙尽气体会在 1min 内从喷头全部喷出，继之压力开关动作，灭火指示灯亮。见图 3 烟烙尽气体灭火钢瓶间管路系统图和图 4 烟烙尽气体灭火一层计算机房（小）管路系统图。

四、建筑灭火器配置

建筑灭火器是火灾初起时的重要消防器材之一，目前替代品主要为：ABC 干粉（磷酸铵盐干粉），CO_2 和 AFFF（轻水泡沫）灭火器，项目设计采用磷酸铵盐干粉灭火器，并在建筑各层合理配置。

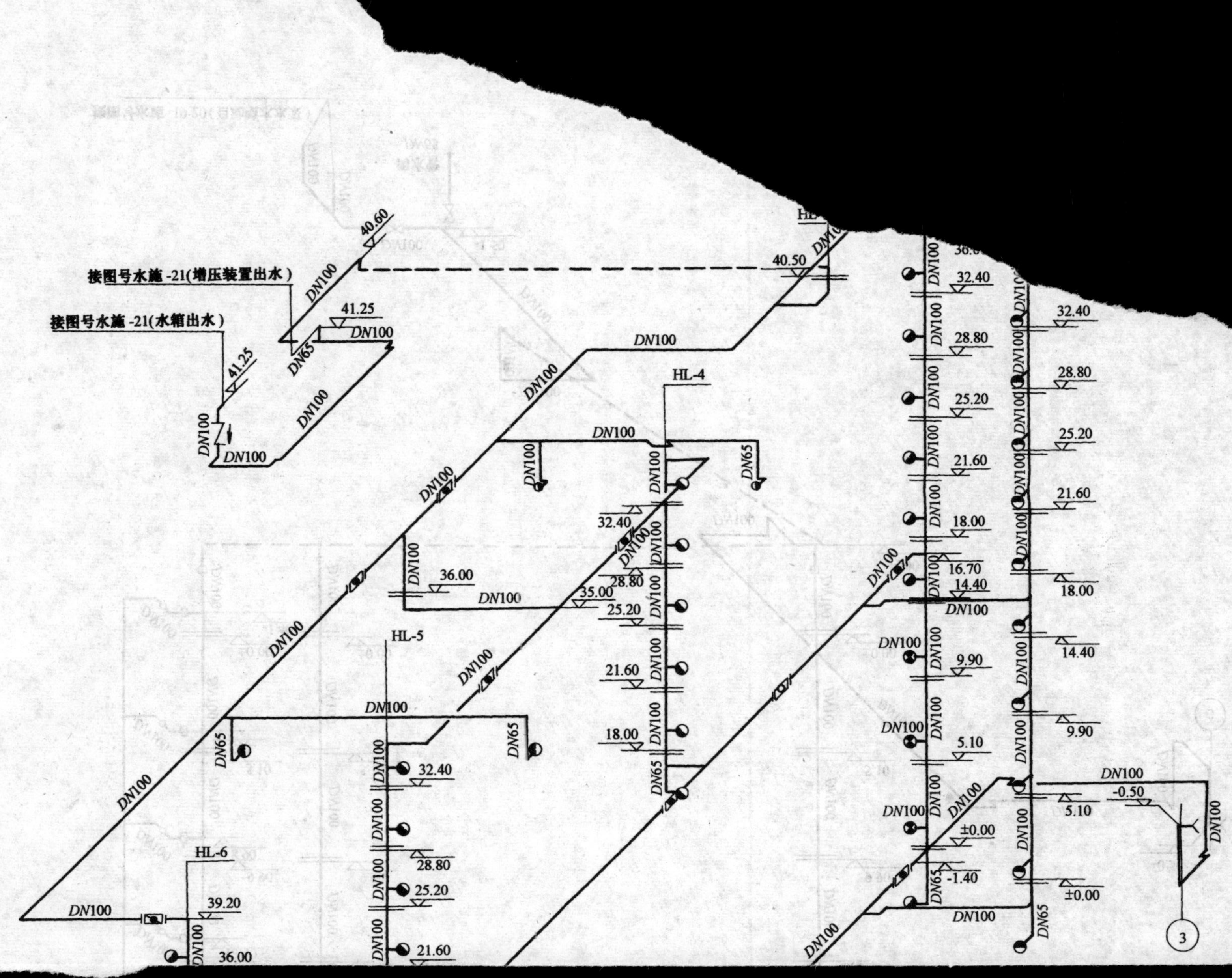

图 1 消防给水管系统

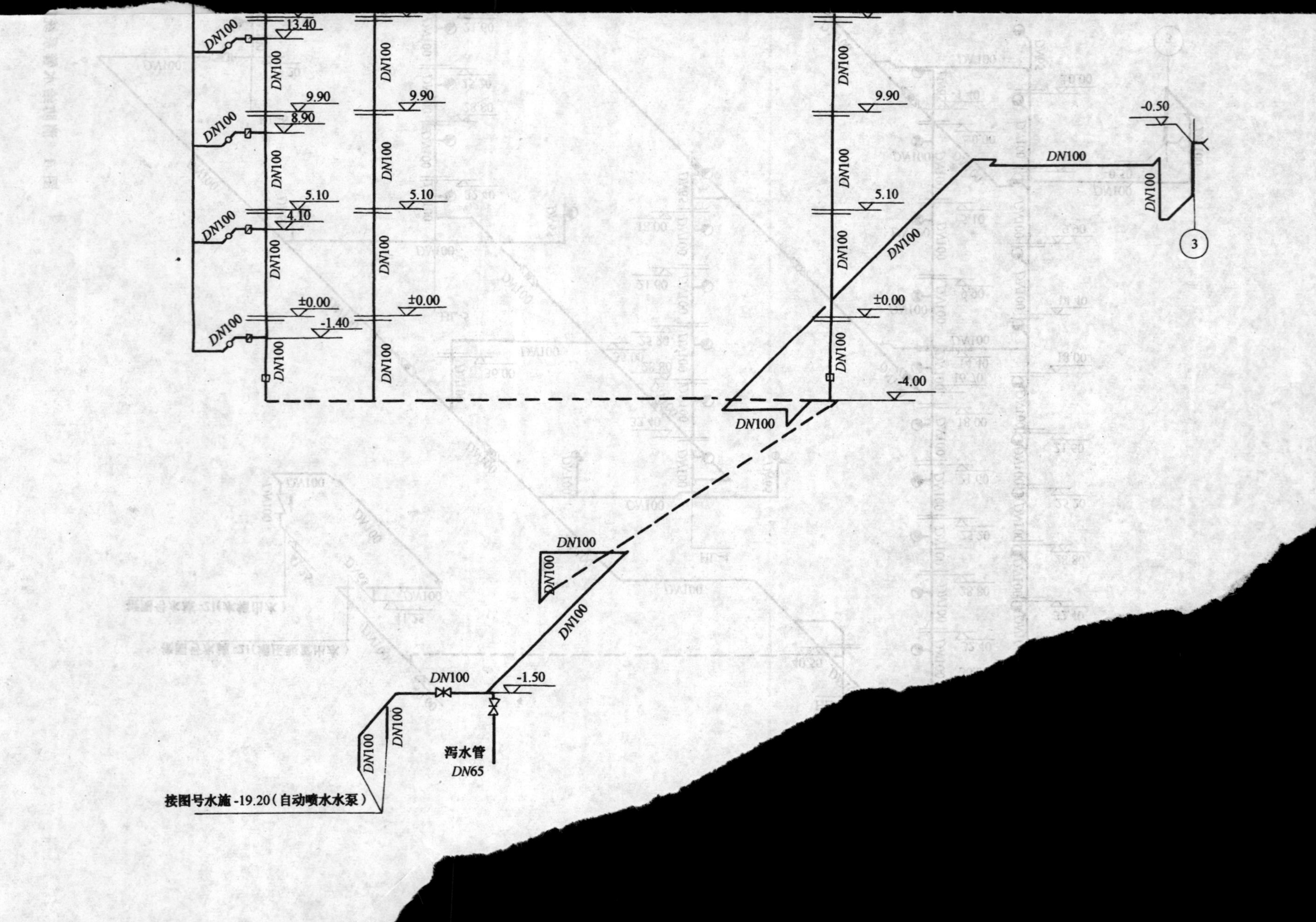

DN100
13.40
9.90
8.90
5.10
4.10
±0.00
-1.40
-4.00
-0.50
3
-1.50
泄水管
DN65
接图号水施-19.20（自动喷水水泵）

DN100
32.40
28.80
25.20
21.60
18.00
16.70
14.40
9.90
5.10
±0.000
-1.40
-0.50
DN65
3
污水管
接图号水施-19.20(普通消防水泵)

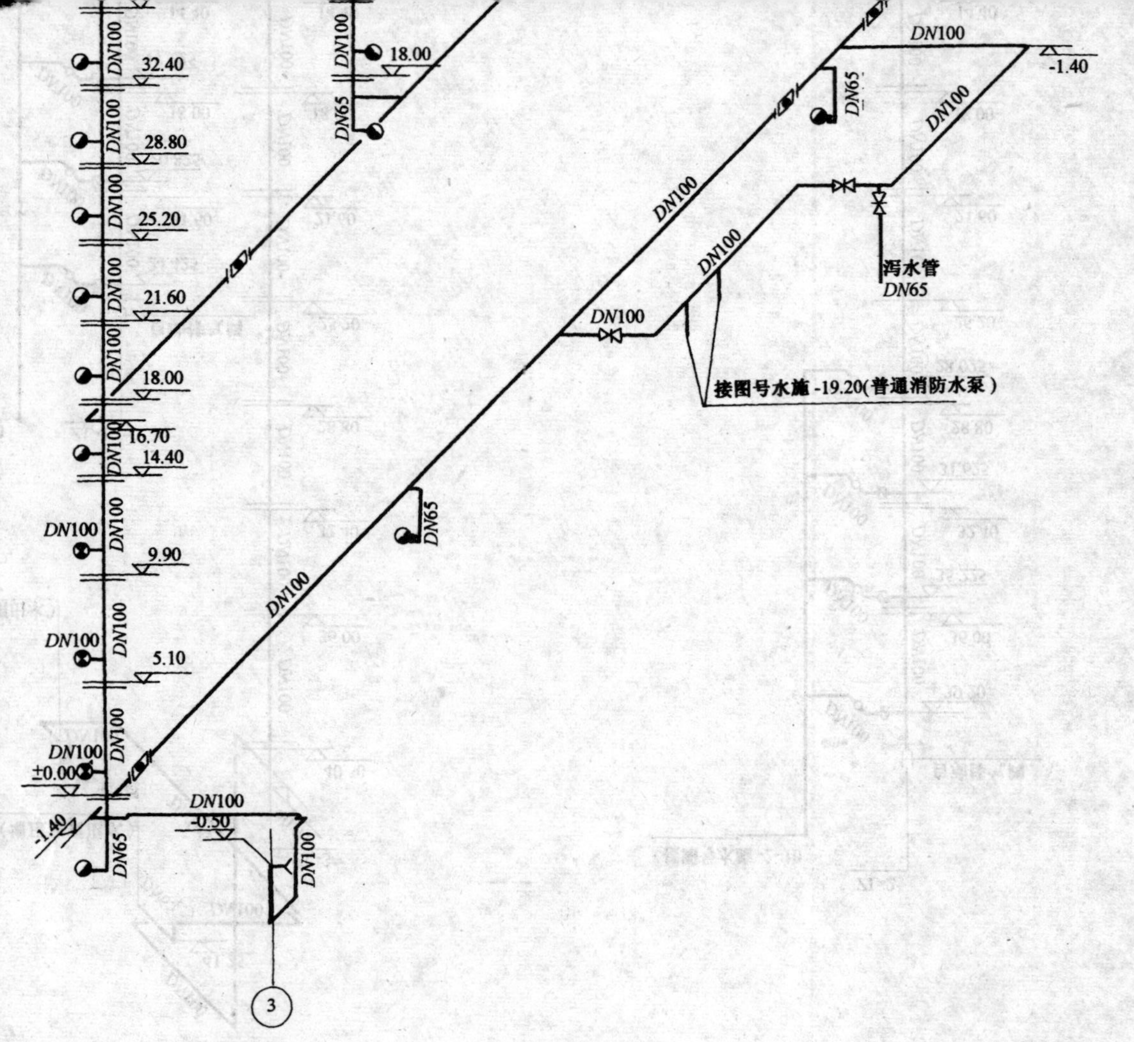

图

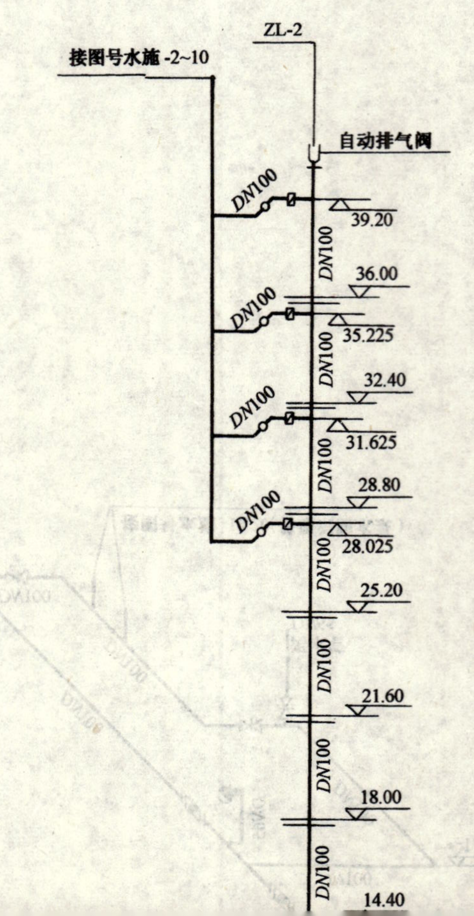

ZL-2
接图号水施-2~10
自动排气阀
DN100
39.20
36.00
35.225
32.40
31.625
28.80
28.025
25.20
21.60
18.00
14.40

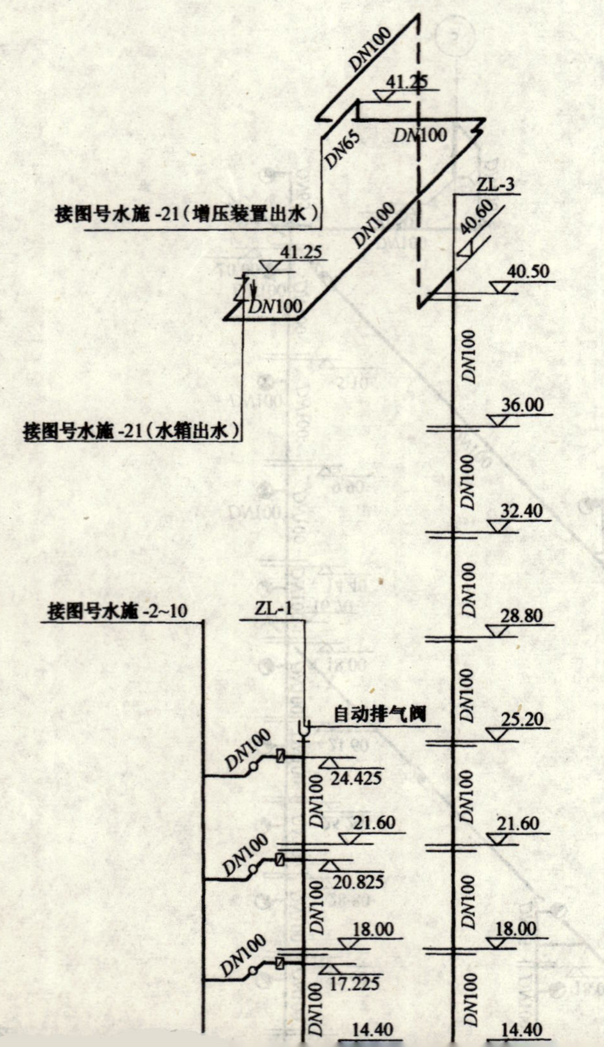

接图号水施-21(增压装置出水)
接图号水施-21(水箱出水)
DN100
DN65
41.25
ZL-3
40.60
40.50
36.00
32.40
28.80
25.20
21.60
18.00
14.40
接图号水施-2~10
ZL-1
自动排气阀
24.425
20.825
17.225

甘肃省博物馆展览大楼

吴永明　孟　晶　程绍颐

一、工程概况

甘肃省博物馆是兰州地区建国初期具有广泛影响的代表性建筑之一，始建于1958年，次年基本建成，并在此成功地举办了“甘肃省十年建筑成就展览”，40年来，它在活跃和丰富人民文化生活，对广大群众进行爱国主义教育，加强我省精神文明建设方面，发挥了很大的作用，取得了十分突出的社会效益。

甘肃省博物馆工程由我省著名建筑师于典章先生组织设计，整个设计严谨精细，主要功能考虑比较成熟，但限于当时条件，使工程在建筑抗震和湿陷性黄土地基处理方面，未能给予足够考虑，加上开工不久就遇到了三年困难时期，给工程的全面施工安装带来不少困难，直到1964年才最后建成。文化大革命期间，它曾是武斗的主要受害建筑之一，文物丢失现象多次发生，1967年因暖气管道破坏，引起地基湿陷，造成大楼西翼大面积沉陷，已严重影响了正常使用。数十年来，博物馆历届领导多方奔走，为使大楼能早日进行加固改造，确保安全使用，做了大量工作，在有关部门的大力支持下，博物馆的加固改造工程终于得以启动（见图1）。

本次加固改造设计主要目的如下。

（1）对两翼地基基础进行加固处理，消除地基沉陷量，保证建筑物的安全和正常使用。

（2）通过抗震加固设计和采取可靠措施，提高建筑物抗地震能力。

（3）根据使用要求，对整座建筑进行局部改造，新建完善功能，改善环境，使之更适合于保存、展出甘肃省丰富的古文物。

（4）改造加固后的博物馆，整体轮廓不变，基本上维护原有的独特的建筑风貌。

（5）改造工程功能简介：将原中部展览大厅及门厅拆除，重新改建，两翼只做加固，改造后中部形成门厅5层，展厅3层，1层为门厅、展厅及学术报告厅，2层为门厅上空、珍品展厅及精品展厅，3层为国宝文物、精品展厅及计算机房，4至5层为办公用房，两翼为原3层展厅（见图2）。

（6）防火分区简介：

1）根据原建筑情况，把全建筑分为9个防火分区，即中央大厅㉑轴～㊳轴为一个防火分区，展厅Ⓓ轴～Ⓙ轴为一个防火分区，圆形报告厅Ⓙ轴～Ⓤ轴为一个防火分区，中央大厅两侧⑪轴～⑳轴、㊴轴～㊽轴各为一个防火分区，东段、西段Ⓒ轴～Ⓥ轴、Ⓦ轴～ⓁⓁ轴各为一个防火区分。各分区之间设防火门或防火卷帘分隔，防火卷帘手动、电动并存，中央控制室可以遥控。

2）为保护文物和使各层厅空气清新洁净，增加了新风机房、制冷站、气体消防站及配电室等设备用房。

北
展览大楼
5F
4F
3F
2F
1F
111.99
67.27
17.3
15.6
31.2
-1.050
±0.000
-0.450
A
U
15
2

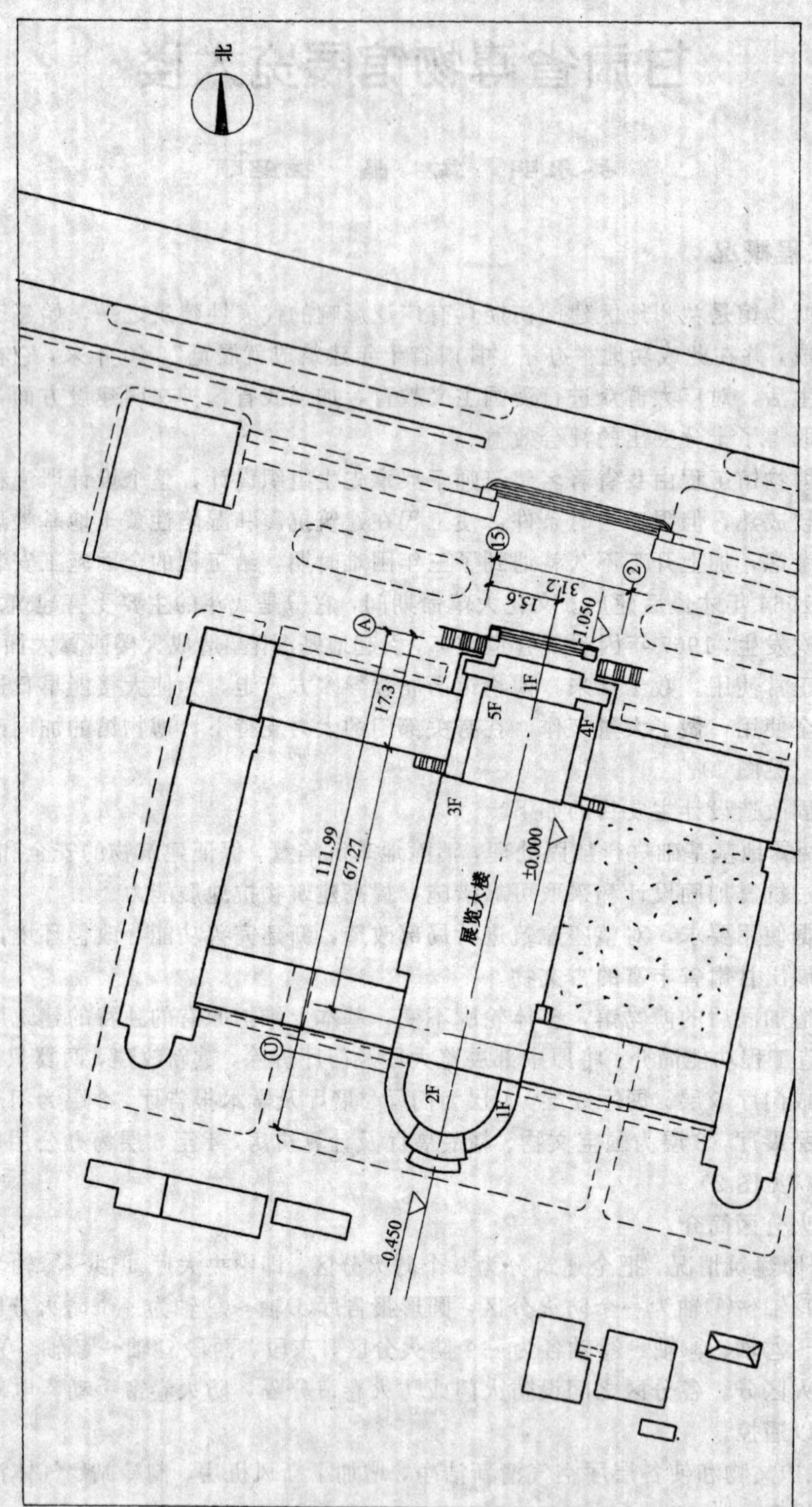

图 1 总平面图

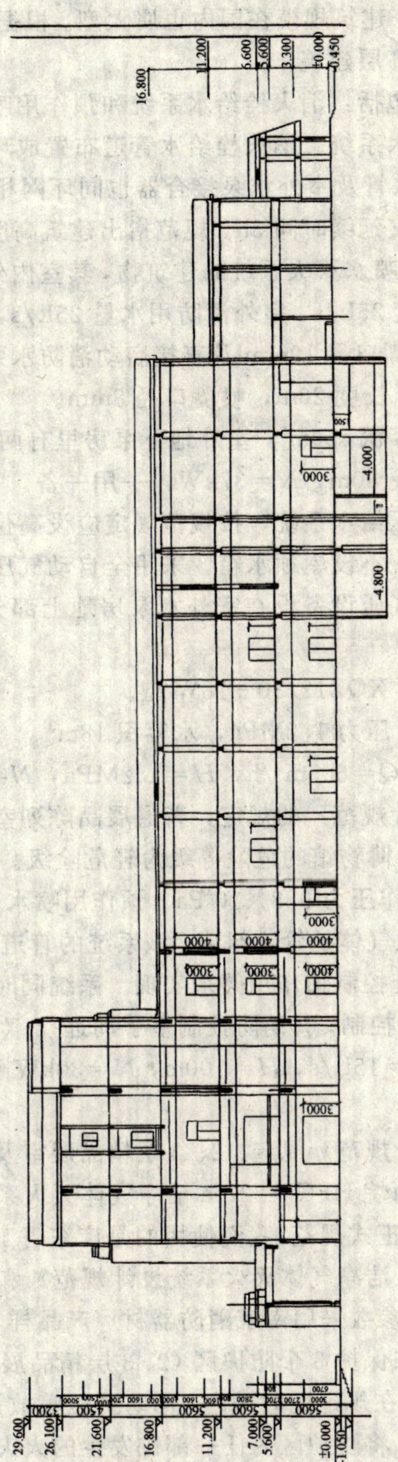

1-1剖面

图 2 剖面图

二、消防给水及气体灭火系统设计

省博物馆的馆藏文物丰富，建筑规模在国内也属大型。根据其使用性质、火灾危险性，其疏散和扑救难度也属于一类高层建筑。

（1）该建筑物的消防给水包括：消火栓给水系统和预作用喷水灭火系统。

展览楼各层均设消火栓给水系统。消火栓给水管道布置成环状，同两翼和中厅的环状管道相连。消火栓供水泵的出水管及室外水泵接合器也同环网相连。室内消防用水量 30L/s，室外消防用水量 30L/s，火灾延续时间 3h。规范指出建筑高度不超过 50m，室内消火栓用水量超过 20L/s，且设有自动喷水灭火系统的建筑物，其室内外消防用水量可减少 5L/s。因此，设计中取室内消防用水量 25L/s，室外消防用水量 25L/s，室内消火栓箱内栓口直径 65mm，水带长度 20m，水枪喷嘴口径 19mm 及直接启动消防水泵的按钮。消防箱内设有消防卷盘，其中软管口径 19mm，长度 20m，喷嘴口径 8mm。

室外设有专用消防水池，容积 450m^3，室外地下泵房里有两台 125XB8/20 型消火栓给水系统供水泵，Q=30L/s，H=80m，N=37kW，一用一备。

消防给水系统采用临时高压给水系统，按规范规定应设高位消防水箱，但出于原有建筑物的结构和建筑立面的需要，不设屋顶水箱。采用全自动气压消防设备，满足火灾初期 10min 消防用水和压力要求（气压设备设在室外水泵房地上部分，气压罐内储有 18m^3 水量）。

全自动气压应急消防设备：XQZ12/30－18W 型。

气压罐 2×ϕ2.6　L=5.8，压力 1.2MPa，水容积 18m^3。

补水泵 32LG6.5－15×8　Q=6.5m^3/h，H=1.2MPa，N=5.5kW 两台。

（2）根据《博物馆建筑设计规范》的规定，普通展品陈列室、办公室、走道设预作用喷水灭火系统。设计基本数据：博物馆的危险等级为轻危险级。设计喷水强度 3L/（min·m^2），作用面积 180m^2，喷头工作压力 9.8×10^{4}Pa。预作用喷水灭火系统由火灾探测系统、闭式喷头、预作用阀和充以有压气体的管道组成。该系统的管道中平时无水，发生火灾时，管道内给水是通过火灾探测系统控制预作用阀来实现。系统同时具备 3 种启动供水泵和开启预作用阀的控制方式：①自动控制；②消防控制室手动远控；③水泵房现场应急操作。系统供水泵选用 80XB10/15 型 Q=15L/s，H=100m，N=30kW 两台，一用一备（见图 3～图 7）。

（3）根据《博物馆建筑设计规范》规定。2、3 层精品展室及地下配电室设置气体灭火装置。我们采用了环保型七氟丙烷 HFC－227ea 洁净气体灭火系统。

目前，国家还没有这方面的正式规范。我们使用的是广东省工程建设地方标准 DBJ15—23—99《七氟丙烷 HFC—227ea 洁净气体灭火系统设计规范》和 GB50263—1997《气体灭火系统施工及验收规范》，计算参数采用南京消防器材厂产品样本。

应用组合分配系统由一组来保护 3 个防护区（2、3 层精品展室及地下配电室）。灭火方式为：采用全淹没灭火系统，即在规定的时间内，向防护区喷放设计规定用量的七氟丙烷，并使其均匀地充满整个防护区，将防护区内任一部位发生的火灾扑灭。

灭火系统的控制方式为：自动控制、手动控制和机械应急操作 3 种启动方式。即在有人值班时采用手动控制，在无人的情况下，采用自动控制位。自动、手动控制方式的转换，

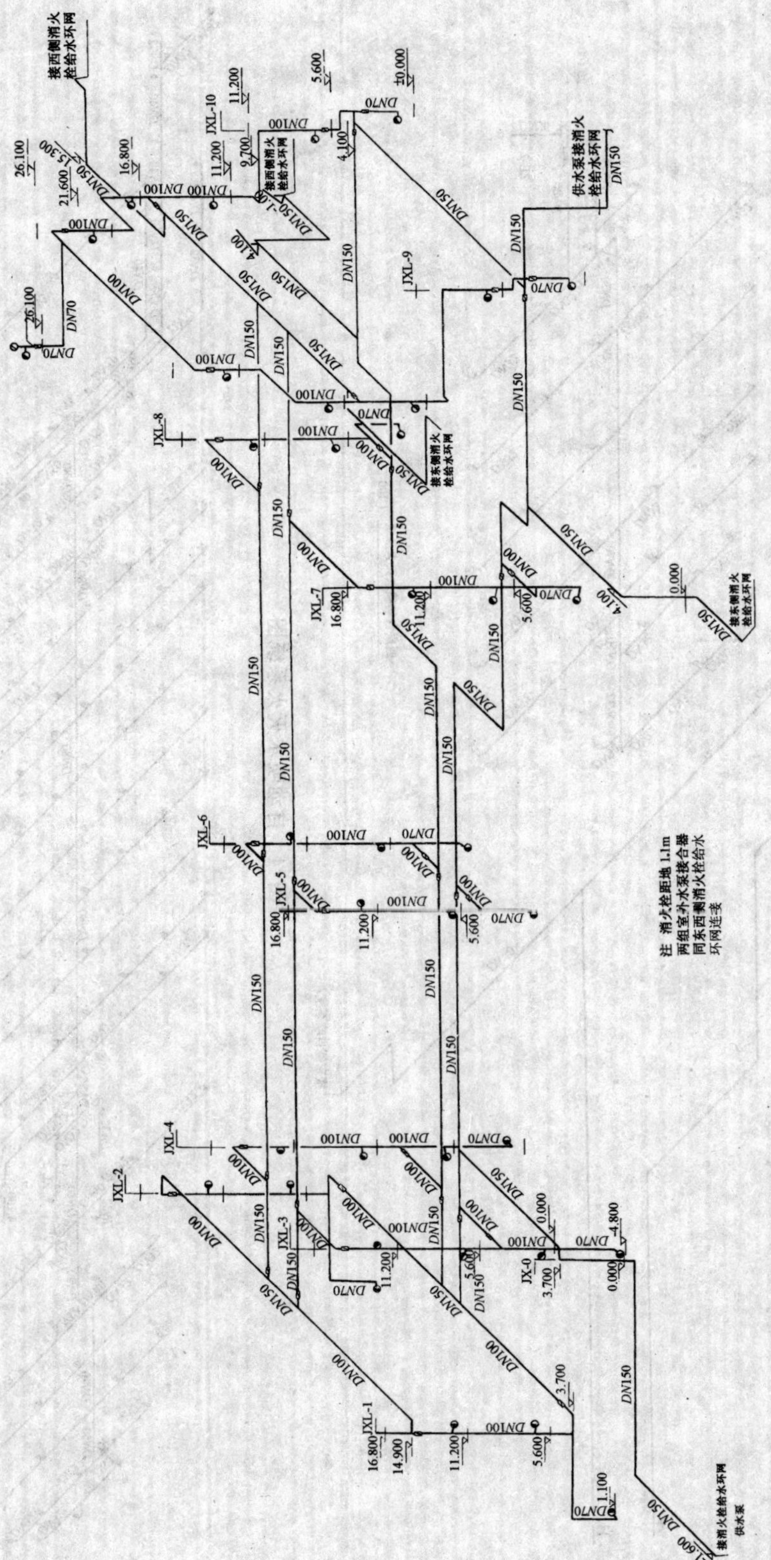

注 消火栓距地 1.1m
两组室外水泵接合器
同东西侧消火栓给水
环网连接

图 3 消火栓给水系统图

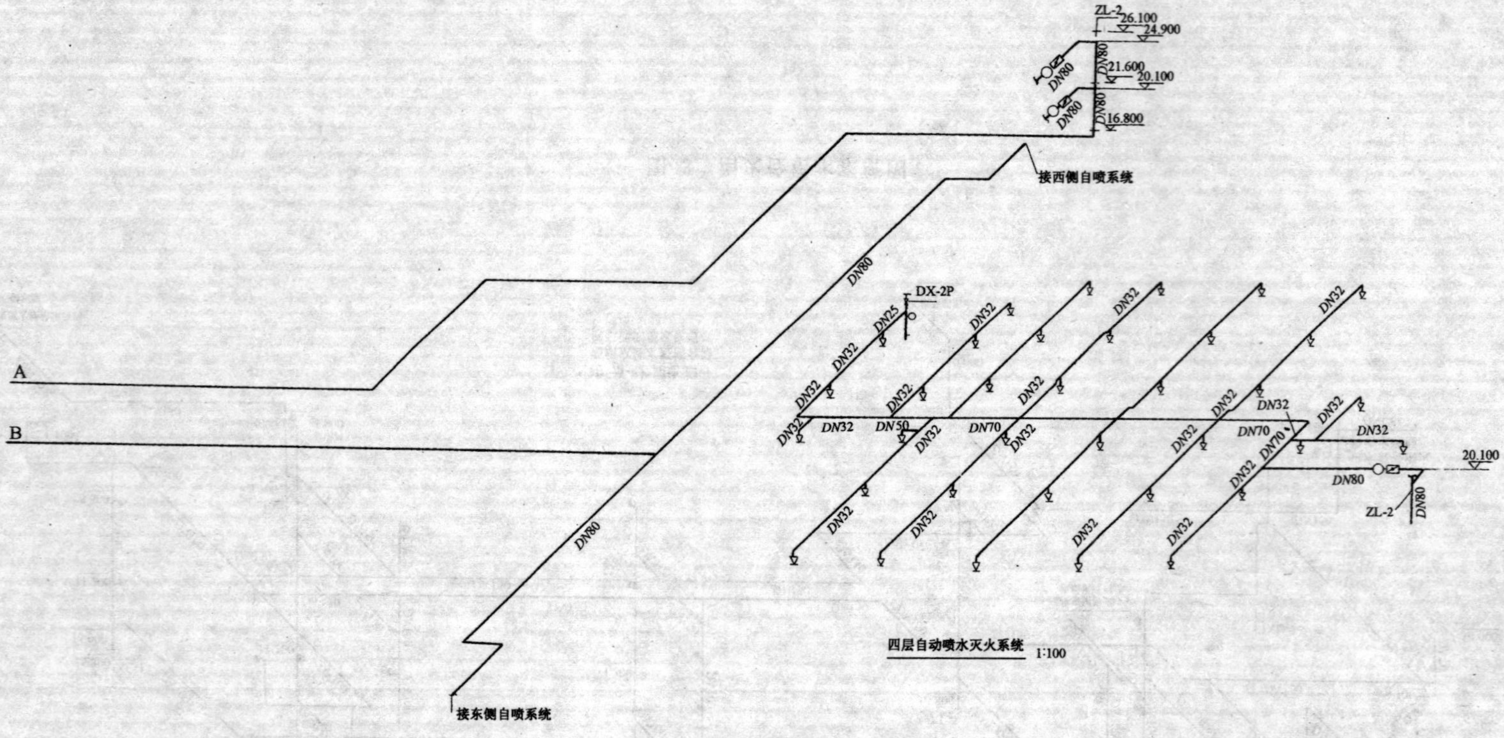

A

B

ZL-2

26.100

24.900

21.600

20.100

16.800

接西侧自喷系统

DX-2P

接东侧自喷系统

四层自动喷水灭火系统 1:100

图 4 自动喷水灭火系统图

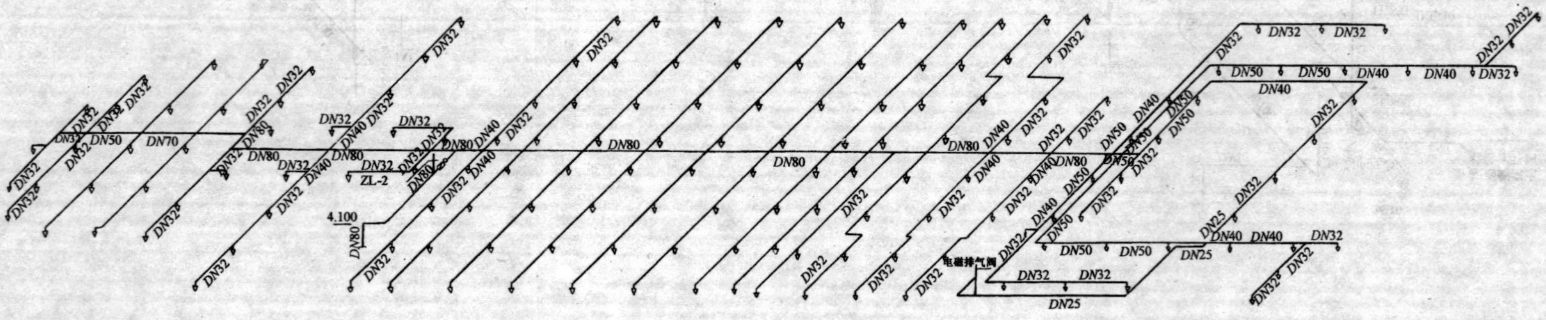

4.100

电磁排气阀

图 5 一层自动喷水灭火系统图

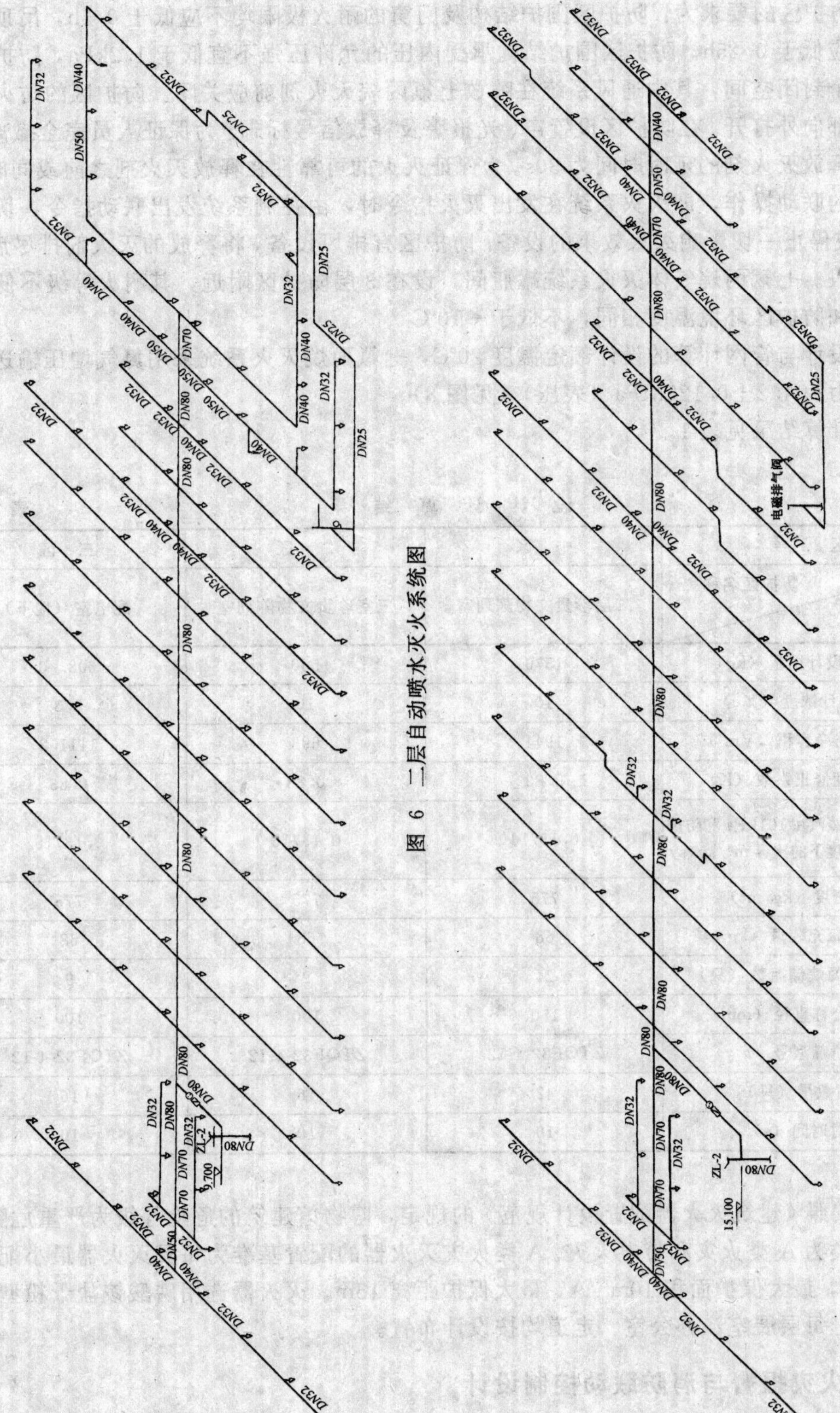

图 6 二层自动喷水灭火系统图

图 7 三层自动喷水灭火系统图

可在灭火控制盘上实现。在防护区的门外设置手动控制盒，盒内设有紧急停止和紧急启动按钮。对防护区的要求为：防护区围护结构及门窗的耐火极限均不应低于0.5h，吊顶的耐火极限不应低于0.25h。防护区围护结构承受内压的允许压强不宜低于1.2kPa，防护区是固定的单个封闭空间，其中通风系统在喷放七氟丙烷灭火剂前应关闭。防护区的防火门任何情况下都向外打开。在防护区设置声、光报警及释放信号标志。为保证人员完全撤离，火灾报警至释放灭火剂的延时时间为30s。为保证灭火的可靠性在释放灭火剂之前或同时，应保证必要的联动操作，即灭火系统在发出灭火指令时，由控制系统发出联动指令，切断电源，关闭或停止一切影响灭火效果的设备。防护区有排风设备，将释放的灭火剂排尽后，人员才能进入。七氟丙烷气体灭火系统罐瓶间，设在3层防护区附近，其耐火等级不低于二级。室温和防护区环境温度相同，不低于－10℃

系统设计与管网计算的设计额定温度20℃，七氟丙烷灭火系统采用氮气增压输送，额定增压压力为4.2±0.125MPa（表压）（见图8）。

设计计算结果见表1。

设 计 计 算 结 果 **表1**

区　号	一　区	二　区	三　区
防护区名称 / 设计参数	二层珍贵文物陈列室	三室珍贵文物陈列室	配电室（地下）
灭火剂设计用量（kg）	1570	560	608.6
灭火设计浓度（%c）	10	10	8.3
防护区的净容积（Vm³）	1944	693	1111.2
海拔高度修正系数（K）	0.83	0.83	0.83
七氟丙烷过热蒸汽在101kPa和防护区最低环境温度下的比容m³/kg(s)	0.13716	0.13716	0.13716
充装密度（kg/m³）	775	775	775
90L每瓶充装量（kg）	68	68	68
90L七氟丙烷储瓶数（只）	24	9	9
主管道公称直径（mm）	150	100	100
喷嘴型号	ZTQF32-4-12	ZTQF32-4-12	ZTQF32-4-12
喷嘴数量（只）	42	16	16
喷射时间（s）	10	10	10

（4）按照《建筑灭火器配置设计规范》的规定，博物馆建筑的危险等级为严重危险级，其火灾种类为A类火灾和带电火灾。A类火灾灭火器的配置基准为每具灭火器最小配置灭火级别5A，最大保护面积10m²/A，最大保护距离15m。灭火器选用磷酸铵盐干粉型手提式灭火器。每层展室、办公室、走道均按设计布置。

三、火灾报警与消防联动控制设计

（1）系统设计采用集中控制一级管理总线方式，对于建筑物中东、西部划片总线干线

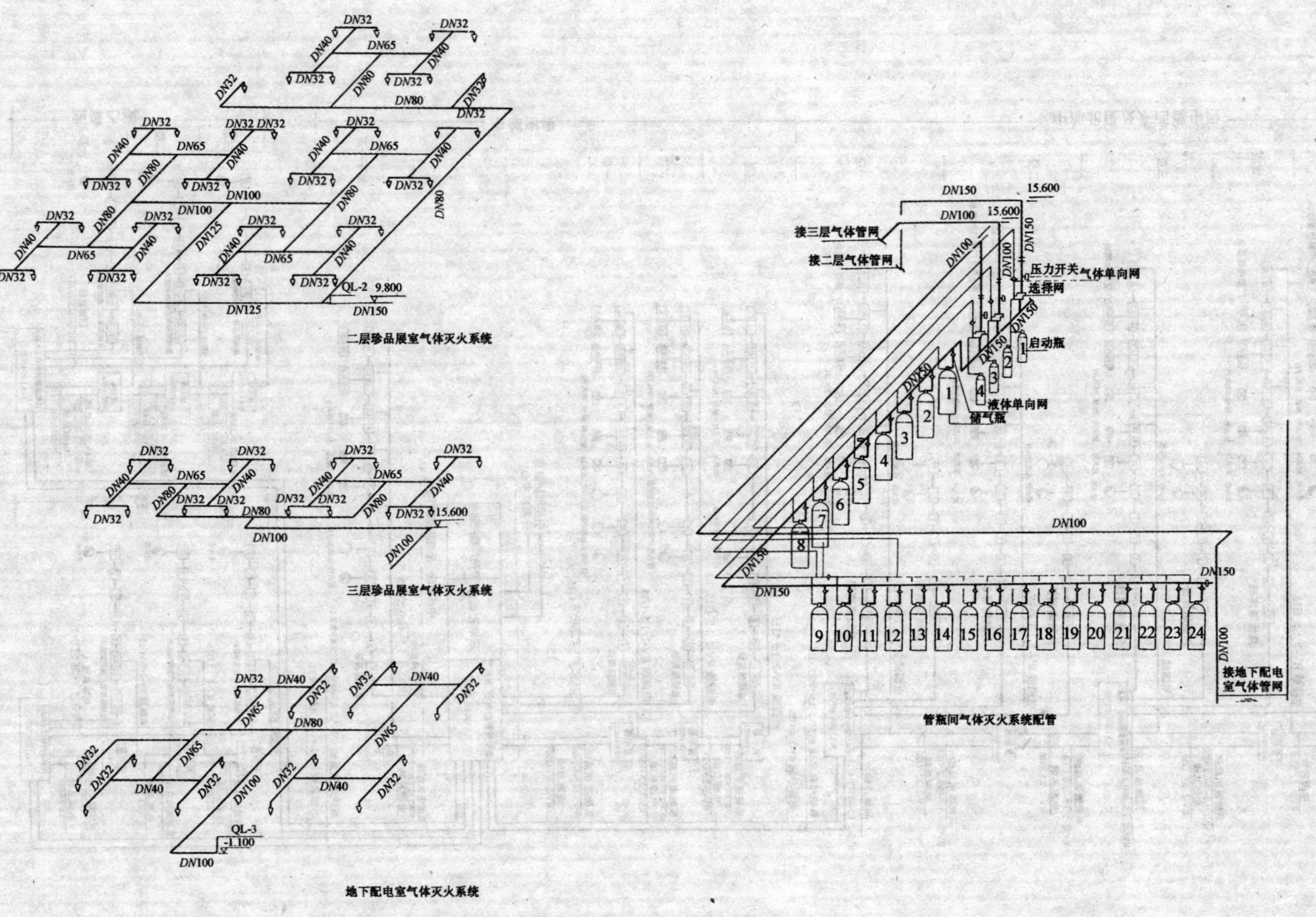

图 8　七氟丙烷 HFC－227ea 洁净气体灭火系统图

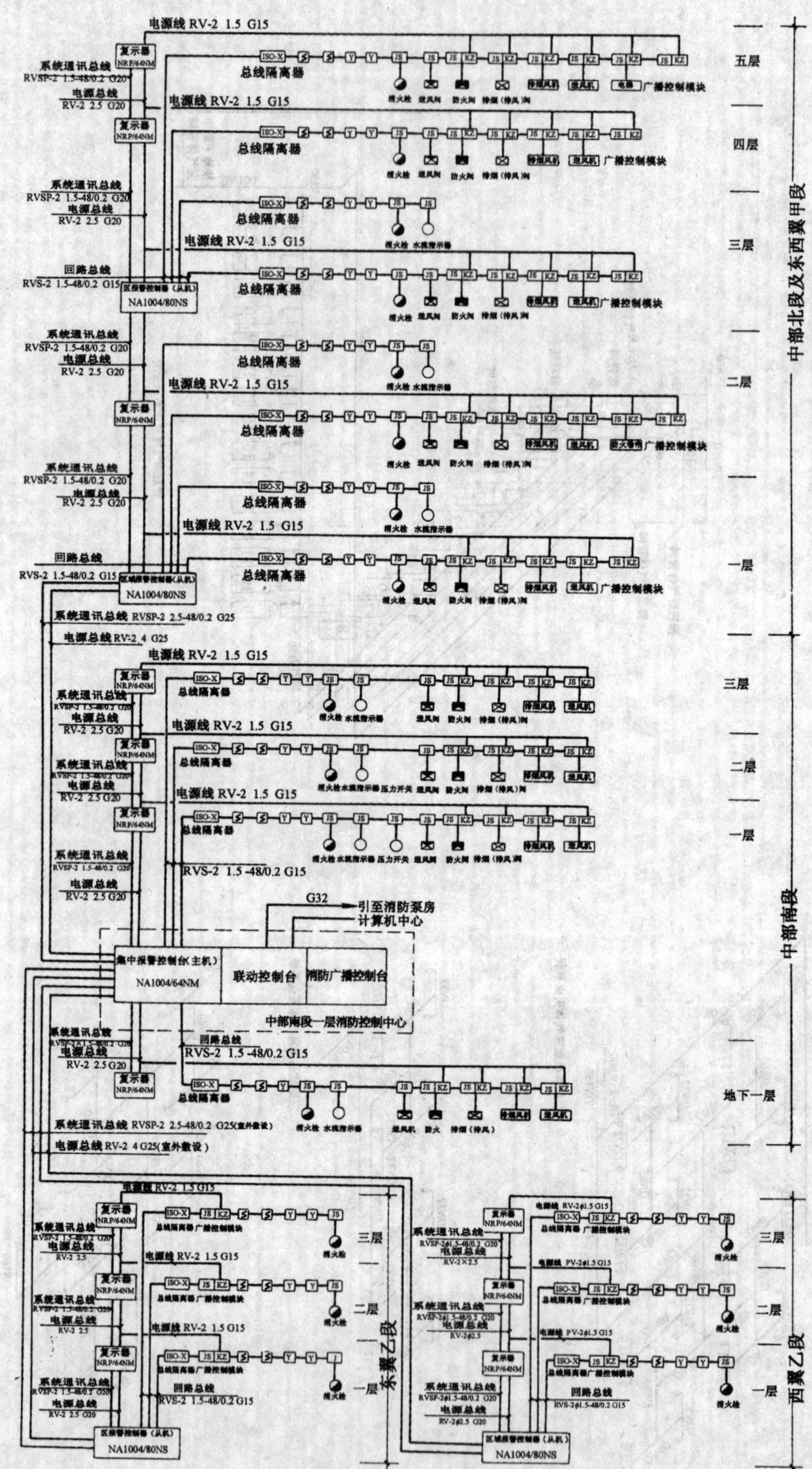

图 9　火灾自动报警与消防联动系统图

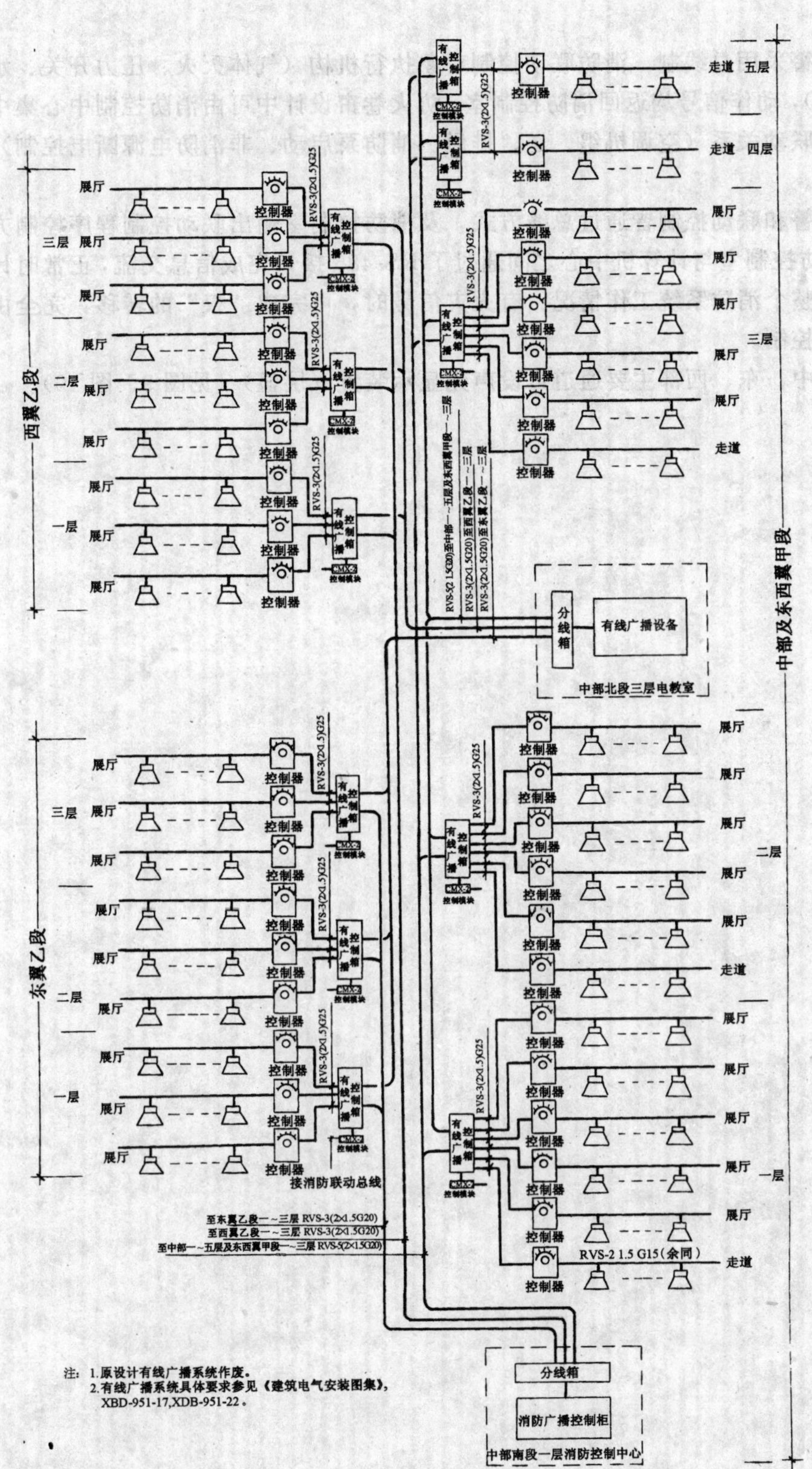

西翼乙段
三层
二层
一层
展厅
控制器
有线广播控制箱
CMX-2 控制模块
RVS-3(2×1.5)G25
中部及东西翼甲段
五层
四层
三层
二层
一层
走道
RVS-5(2 1.5G20)至中部一～五层及东西翼甲段一～三层
RVS-3(2×1.5G20)至西翼乙段一～三层
RVS-3(2×1.5G20)至东翼乙段一～三层
分线箱
有线广播设备
中部北段三层电教室
东翼乙段
接消防联动总线
至东翼乙段一～三层 RVS-3(2×1.5G20)
至西翼乙段一～三层 RVS-3(2×1.5G20)
至中部一～五层及东西翼甲段一～三层 RVS-5(2×1.5G20)
RVS-2 1.5 G15(余同)
消防广播控制柜
中部南段一层消防控制中心
注：1.原设计有线广播系统作废。
2.有线广播系统具体要求参见《建筑电气安装图集》，XBD-951-17,XDB-951-22。

图 10 有线广播系统图

控制输出。

（2）报警采用总线制。消防联动控制对象执行机构（气体灭火、压力开关、水流指示器及防火阀），动作信号均返回消防控制室，防火卷帘设计中可由消防控制中心集中与分散控制，设备联动关系（空调机组、送、排风、消防泵启动、非消防电源断电控制）由逻辑控制盘控制。

（3）报警和联动控制皆通过总线方式，及消防控制室输出联动控制程序控制方式。

（4）消防控制室与计算机中心之间通过了RS-485接口完成信息交流，正常时计算机中心也可观察整个消防系统工作情况。有火灾信号时，可完成“权”的转移，完全由消防控制室指挥与控制。

（5）在中、东、西部主要通道口设声光显示装置（层显）（见图9、图10）。

北京中国电影资料馆

吴奕

一、工程概况

1. 简介

本资料馆档案室，存放着珍贵的档案资料，属国家级重点防护对象。为保护人类赖以生存的空间，并根据国家有关政策法规，选用清洁的惰性气体（INERGEN）进行设防。按封闭空间划分为两个防护区，所以采用组合分配系统。

2. 分为A、B两个防护区

(1) 防护区净容积：

A区：吊顶 1130ft^3（32m^3），工作间 4236ft^3（120m^3），合计 5366ft^3（152m^3）。

B区：吊顶 1800ft^3（51m^3），工作间 6672ft^3（189m^3），合计 8472ft^3（240m^3）。

(2) 可移动实体体积：

<25%防护区净容积，对浓度影响不大，故无须从净容积中减去。

(3) 最小设计浓度（37.5%）。

(4) 需要的最小药剂量。据（英制）全淹没系统用量表1估算。最低环境温度70°F，浓度37.5%，按内插法求得淹没系数 0.470ft^3/ft^3，据此求：1990.92ft^3，合计 2522ft^3。

A 区 表1

起点	终点	管长	高差	管径—钢管系列	弯头	三通（直）	三通（分）		集流管编号及喷头实际释放的药剂量	当量长度
1	2	0.0	0	0.50—40T	0	0	0	0	501.0	38
2	3	1.0	0	1.25—80T	1	0	0	0	501.0	0
3	4	1.0	0	1.25—80T	0	1	0	0	502.0	0
4	5	1.0	0	1.25—80T	0	1	0	0	503.0	0
5	6	1.0	0	1.25—80T	0	1	0	0	504.0	0
6	7	1.0	0	1.25—80T	0	1	0	0	505.0	0
7	8	7.0	−5	2.00—80T	2	1	0	0	506.0	0
8	9	1.0	1	2.00—80T	1	0	0	0	506.0	0
9	10	900.0	1000		0	0	0	0	0.0	0
10	11	1.5	2	2.00—80T	0	0	0	0	0.0	80
11	12	30.8	4	0—40T	2	0	0	0	0.0	0
12	301	1.8	0	0—40T	1	1	0	0	2079.0	0
12	401	2.3	2	0—40T	2	0	1	0	555.0	0

注：11—12管段与10—11管段管径应该一致；

管内容积占钢瓶容积4.0%；

版本编号1.07/17/96P。

B区：吊顶 $0.47\times1800=846.00ft^3$，工作间 $0.47\times6672=3\,135.84ft^3$，合计 $3982ft^3$。

按（英制）计算：

A区：

吊项 $x=2.303\times\dfrac{1130}{11.2093}\times\left[\log\left(\dfrac{100}{100-37.5}\right)\right]\times11.2093=531.20ft^3$

工作间 $x=2.303\times\dfrac{4236}{11.2093}\times\left[\log\left(\dfrac{100}{100-37.5}\right)\right]\times11.2093=1991.29ft^3$

合计 $2522ft^3$

B区：

吊顶 $x=2.303\times\dfrac{1800}{11.2093}\times\left[\log\left(\dfrac{100}{100-37.5}\right)\right]\times11.2093=846.16ft^3$

工作间 $x=2.303\times\dfrac{6672}{11.2093}\times\left[\log\left(\dfrac{100}{100-37.5}\right)\right]\times11.2093=3136.43ft^3$

合计 $3982ft^3$

采用按式计算数据。

(5) 海拔高度修正（修正后称最少药剂量)。该地海拔高度 0.05km，查表 2 知气压修正系数近似为 1.00。

水头损失计算 表2

起点	终点	管径—钢管系列	管长	当量长度	高差	管件形式	起点压力	终点压力	管段流量
1	2	1/2—40T	0	38.0	0	M FLD	1018	931	794
2	3	$1\frac{1}{4}$—80T	1	4.2	0	M FLD	931	936	794
3	4	$1\frac{1}{4}$—80T	1	3.1	0	M FLD	936	935	1589
4	5	$1\frac{1}{4}$—80T	1	3.1	0	M FLD	935	933	2383
5	6	$1\frac{1}{4}$—80T	1	3.1	0	M FLD	933	929	3178
6	7	$1\frac{1}{4}$—80T	1	3.1	0	M FLD	929	922	3922
7	8	2—80T	7	19.9	−5	M FLD	922	923	4766
8	9	2—80T	1	5.8	1	M FLD	923	922	4766
9	10	减压孔板开孔直径 0.6406in 开孔编号 41/64					922	452	4766
10	11	2—80T	2	81.5	2		452	544	4766
11	12	2—80T	31	41.1	4		544	535	4766
12	301	$1\frac{1}{2}$—40T	2	8.5	0	T HRU	535	528	3770
12	401	3/4—40T	2	10.5	2	S IDE	535	516	997

注：减压孔板后的最高压力 1207psi；

在 70°F 下设计结果。

A 区：吊顶 531.20ft^3，工作间 1991.29ft^3，合计 2522ft^3。

B 区：吊顶 846.16ft^3，工作间 3136.43ft^3，合计 3982ft^3。

（6）最终药剂总量。采用组合分配系统。A 区最终药剂总量 2522ft^3；B 区最终药剂总量 3982ft^3。

（7）所需钢瓶数。采用货号 418327 钢瓶（容量 439ft^3，直径 11.3in）。A 区需要［（2522÷439＝5.7），5＋1＝］6瓶；B 区需要［（3982÷439＝9），9＋1＝］10 瓶。

（8）实际药剂量：

A 区：439×6＝2634ft^3

B 区：439×10＝4390ft^3

（9）每个防护区实际释放的药剂量：

A 区：

吊顶　531.20÷2522×2634＝555ft^3

工作间 1991.29÷2522×2634＝2079ft^3

合计　2634ft^3

B 区：

吊顶　846.16÷3982×4390＝933ft^3

工作间 3136.43÷3982×4390＝3457ft^3

合计　4390ft^3

（10）实际的淹没系数：

A 区：2634÷5366＝0.491ft^3/ft^3

B 区：4390÷8472＝0.518ft^3/ft^3

（11）实际的药剂浓度。据最高预期温度 77°F（25℃）和各自防护区实际的淹没系数由表 1 得知：A 区：39.1%；B 区：40.7%。均处于可接受的范围内。

（12）系统喷放时间。先据环境温度 70°F 和各自防护区实际的淹没系数由表 2 查得实际设计浓度（A 区：38.8%；B 区：40.5%）。再据实际设计温度由表 1 查取喷放时间：

A 区：40.8÷60＝0.68min

B 区：55÷60＝0.92min

（13）估算的系统流量：

A 区：

吊顶　555×0.9÷0.68＝735ft^3/min

工作间 2079×0.9÷0.68＝2751ft^3/min

合计　2634×0.9÷0.68＝3486ft^3/min

B 区：

吊顶　933×0.9÷0.92＝913ft^3/min

工作间 3457×0.9÷0.92＝3382ft^3/min

合计　4390×0.9÷0.92＝4295ft^3/min

（14）所需的孔板尺寸

据系统流量由表 2 确定孔板尺寸（短管道）：A 区 11/2″；B 区 2″。

（15）喷嘴数量：

A 区（吊顶和工作间）：

［（7.6÷9.7536＝0.78）“1”×（6.11÷9.7536＝0.63）“1”＝］1 个

B 区（吊顶和工作间）：

［（15.21÷9.7536＝1.56）“2”×（5.21÷9.7536＝0.53）“1”＝］2 个

（16）每个防护区的喷嘴流量：

A 区：

吊顶　735÷1＝735ft³/min

工作间 2751÷1＝2751ft³/min

B 区：

吊顶　913÷2＝457ft³/min

工作间 3382÷2＝1691ft³/min

（17）管网系统图见图 1，管网平面图见图 2。

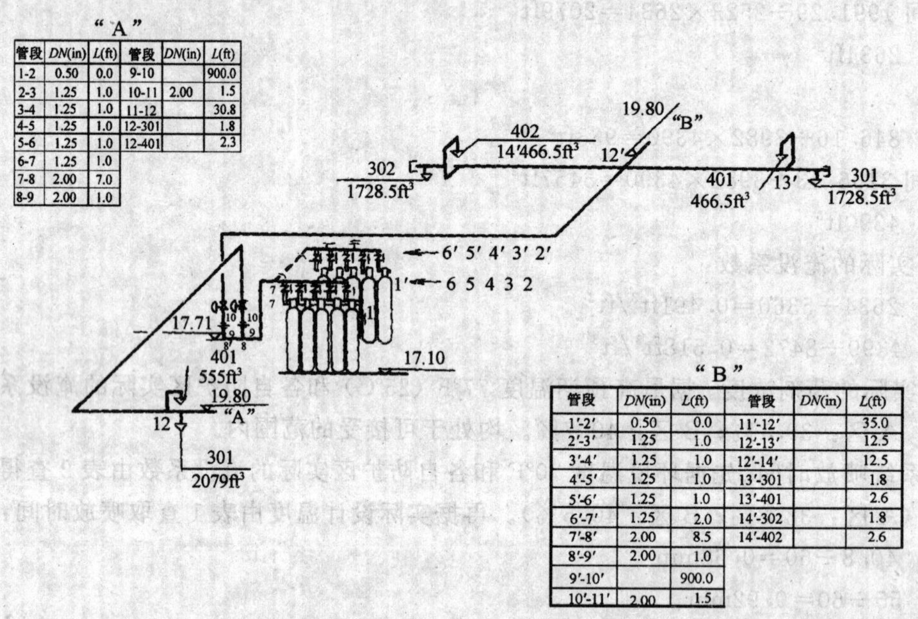

“A”

管段	DN(in)	L(ft)	管段	DN(in)	L(ft)
1-2	0.50	0.0	9-10		900.0
2-3	1.25	1.0	10-11	2.00	1.5
3-4	1.25	1.0	11-12		30.8
4-5	1.25	1.0	12-301		1.8
5-6	1.25	1.0	12-401		2.3
6-7	1.25	1.0			
7-8	2.00	7.0			
8-9	2.00	1.0			

“B”

管段	DN(in)	L(ft)	管段	DN(in)	L(ft)
1′-2′	0.50	0.0	11′-12′		35.0
2′-3′	1.25	1.0	12′-13′		12.5
3′-4′	1.25	1.0	12′-14′		12.5
4′-5′	1.25	1.0	13′-301		1.8
5′-6′	1.25	1.0	13′-401		2.6
6′-7′	1.25	2.0	14′-302		1.8
7′-8′	2.00	8.5	14′-402		2.6
8′-9′	2.00	1.0			
9′-10′		900.0			
10′-11′	2.00	1.5			

图 1　管网系统图

（18）管道尺寸，详见表 3、表 4。

A 区 喷 头 形 式　　　　表 3

起点	终点	标准管径	喷头开孔直径	喷头开孔编号	喷头流量
12	301	$1\frac{1}{2}$—40T	0.7813	25/32	2081.45
13	401	3/4—40T	0.4062	13/32	552.55

注：喷射 90％时的喷射时间 44.08s；

喷射 90％时的喷头压力 195psi。

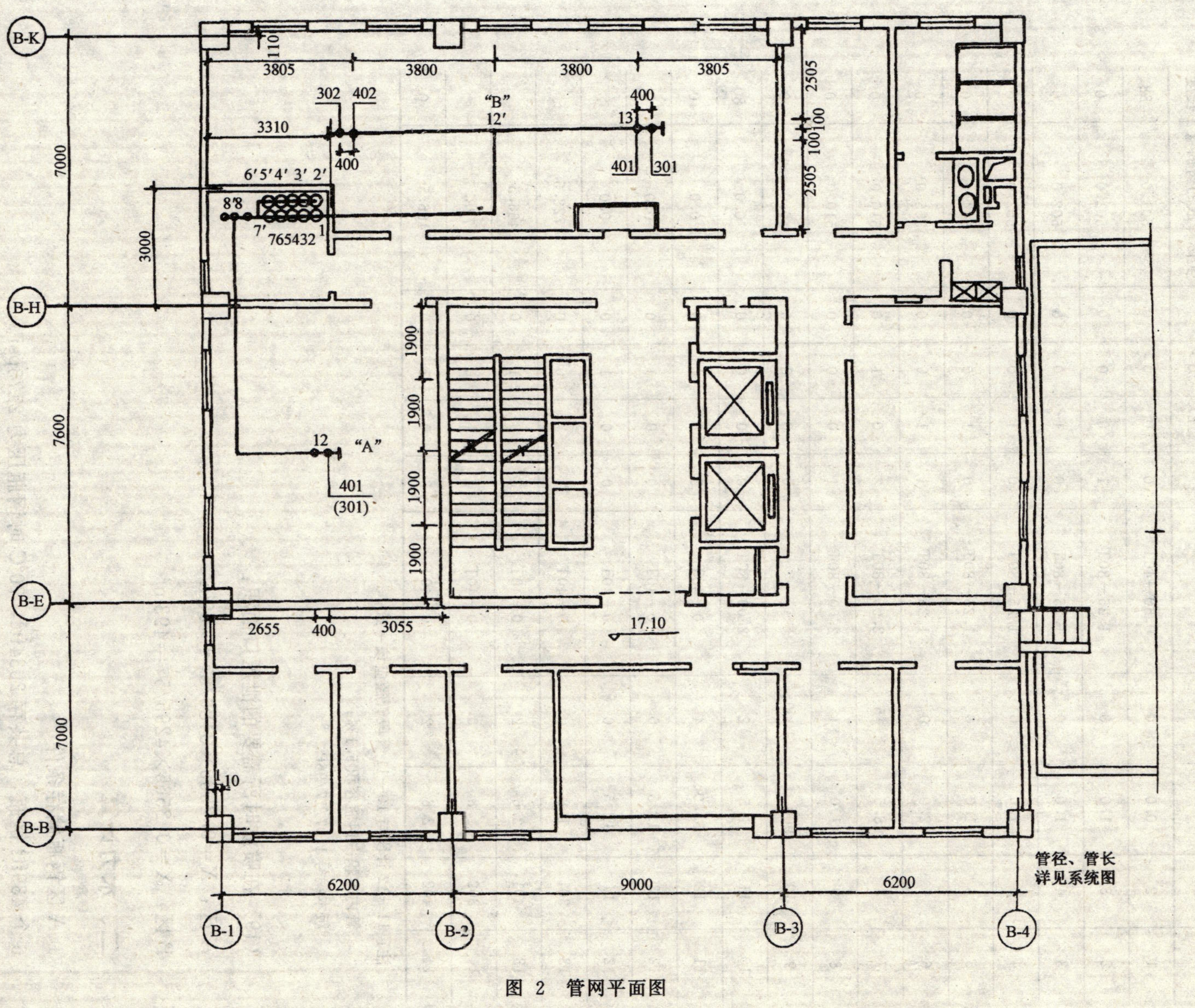

B-K
B-H
B-E
B-B
B-1
B-2
B-3
B-4
110
3805
3800
3800
3805
2505
100
100
2505
302
402
"B"
12'
400
13'
3310
400
401
301
6'5'4' 3' 2'
8'8
7'
765432
1
7000
3000
7600
7000
1900
1900
1900
1900
12
"A"
401
(301)
2655
400
3055
17.10
10
管径、管长
详见系统图
6200
9000
6200

图 2 管网平面图

B 区 喷 头 形 式　　　　表 4

起点	终点	管长	高差	管径—钢管系列	弯头	三通（直）	三通（分）		集流管编号及喷头实际释放的药剂量	当量长度
1	2	0.0	0	0.50—40T	0	0	0	0	501.0	38
2	3	1.0	0	1.25—80T	1	0	0	0	501.0	0
3	4	1.0	0	1.25—80T	0	1	0	0	502.0	0
4	5	1.0	0	1.25—80T	0	1	0	0	503.0	0
5	6	1.0	0	1.25—80T	0	1	0	0	504.0	0
6	7	2.0	0	1.25—80T	1	1	0	0	505.0	0
7	8	8.5	−5	2.00—80T	2	0	1	0	510.0	0
8	9	1.0	1	2.00—80T	1	0	0	0	510.0	0
9	10	900.0	1000		0	0	0	0	0.0	0
10	11	1.5	2	2.00—80T	0	0	0	0	0.0	80
11	12	35.0	4	0—40T	2	0	0	0	0.0	0
12	13	12.5	0	0—40T	0	0	1	0	0.0	0
12	14	12.5	0	0—40T	0	0	1	0	0.0	
13	301	1.8	0	0—40T	1	1	0	0	1728.5	
13	401	2.6	2	0—40T	3	0	1	0	466.5	
14	302	1.8	0	0—40T	1	1	0	0	1728.5	
14	402	2.6	2	0—40T	3	0	1	0	466.5	0

注：11—12 管段与 10—11 管段管径应该一致；
管内容积占钢瓶容积 5.1%；
版本编号 1.07/17/96P。

（19）在喷放时所需要的泄压口面积：

A 区：$X=0.2565\times3486/5^{\frac{1}{2}}=400\text{in}^2$

B 区：$X=0.2565\times4295/5^{\frac{1}{2}}=493\text{in}^2$

二、水力计算

1. A 区钢瓶储存条件

6 个 439ft³ 钢瓶，总共存 2634ft³，70℃ 时钢瓶压力 2175psi。

2. B 区钢瓶储存条件

10 个 439ft³ 钢瓶，总共存 4390ft³，70℃ 时钢瓶压力 2175psi。水头损失计算见表 5，B 区喷头形式见表 6。

水头损失计算 表5

起点	终点	管径一钢管系列	管长	当量长度	高差	管件形式	起点压力	终点压力	管段流量
1	2	1/2—40T	0	38.0	0	M FLD	1018	933	785
2	3	$1\frac{1}{4}$—80T	1	4.2	0	M FLD	933	938	785
3	4	$1\frac{1}{4}$—80T	1	3.1	0	M FLD	938	937	1569
4	5	$1\frac{1}{4}$—80T	1	3.1	0	M FLD	937	935	2354
5	6	$1\frac{1}{4}$—80T	1	46.1	0	M FLD	935	895	3138
6	7	$1\frac{1}{4}$—80T	2	7.3	0	M FLD	895	883	3923
7	8	2—80T	9	27.9	−5	M FLD	883	868	7845
8	9	2—80T	1	5.8	1	M FLD	868	865	7845
9	10	减压孔板开孔直径 0.8594in 开孔编号 55/64					865	483	7845
10	11	2—80T	2	81.5	2		483	499	7845
11	12	2—40T	35	45.4	4		499	464	7845
12	13	$1\frac{1}{2}$—40T	12	20.5	0	B ULL	464	451	3923
12	14	$1\frac{1}{2}$—40T1	12	20.5	0	B ULL	464	451	3923
13	301	$1\frac{1}{4}$—40T	2	7.5	0	T HRU	451	442	3091
13	401	3/4—40T	3	12.9	2	S IDE	451	433	832
14	302	$1\frac{1}{4}$—40T	2	7.5	0	T HRU	451	442	3091
14	402	3/4—40T	3	12.9	2	S IDE	451	433	832

注：减压孔板后的最高压力 1036psi；
在 70°F 下设计结果。

B 区 喷 头 形 式 表6

起点	终点	标准管径	喷头开孔直径	喷头开孔编号	喷头流量
13	301	$1\frac{1}{4}$—40T	0.7656	49/64	1728.4
13	401	3/4—40T	0.4040	Y	466.6
14	302	$1\frac{1}{4}$—40T	0.7656	49/64	1728.4
14	402	3/4—40T	0.4040	Y	466.6

注：喷射 90%时的喷射时间 44.4s；
喷射 90%时的喷头压力 195psi。

三、修改和校核

1. 修改计算表

依据喷头形式部分喷头流量，每个防护区实际释放的药剂量为：A 区吊顶由 555ft^3 改变为 552.55ft^3，工作间由 2079ft^3 改变为 2081.45ft^3，合计仍为 2634ft^3；B 区吊顶由 933ft^3 改变为 933.2ft^3，工作间由 3457ft^3 改变为 3456.8ft^3，合计仍为 4390ft^3。实际的淹没系数和实际的药剂浓度均不起变化。系统喷放时间为：A 区由 40.8s 改变为 44.08s；B 区由 55s 改变为 44.4s。

2. 校核实际的系统性能

A 区药剂浓度 39.1%，B 区药剂浓度 40.7%，均处于允许的范围（37.5%～42.8%之内）。

A 区实际药剂富余量（2634－2522＝）112ft^3，B 区实际药剂富余量（4390－3982＝）408ft^3。

A 区水力计算所得的喷放时间大于计算中所列出的喷放时间，B 区水力计算所得的喷放时间小于计算中所列出的喷放时间，但均小于安素公司烟烙尽灭火系统最佳喷放时间 45s。

以表 1（最小和最大流量）评估，各管段管径、流量基本匹配。

北京图书馆

王铭珍

一、北京图书馆的历史沿革

(1) 北京图书馆是中华人民共和国的国家图书馆，是综合性研究图书馆，是国家总书库和书目中心。在国际交往中使用中国国家图书馆（THE NATIONAL LIBRARY OF CHINA）的称谓。

(2) 北京图书馆的前身是1909年4月24日清末学部奏请筹建的京师图书馆。辛亥革命后由北京政府教育部接管，1912年8月27日开馆，正式接待读者。1929年8月并入中华教育文化基金会建立的北海图书馆，仍称国立北平图书馆，与其后（1933年）在南京建立的国立中央图书馆都作为国家图书馆受南京政府教育部领导。1931年落成文津街新馆舍，1949年新中国成立后，改名为北京图书馆，并成为中华人民共和国惟一的国家图书馆。

(3) 北京图书馆的馆藏基础可追溯到清内阁大库、明文渊阁、南宋辑熙殿的旧藏。从1929年开始，接受当时内务部注册出版图书的缴送本。1929年北海图书馆并入后，开始大量收集外文书刊。到1949年北平解放时为止，全馆藏书140万册。到20世纪70年代，藏书量已达1400万册，猛增10倍。馆舍已显得格外狭小，难以容纳。在这种情况下，北京图书馆向国家申请重建的要求。党和国家对公共图书馆事业的发展极为重视。国务院总理周恩来亲自批准了这项建设工程。并指定新馆馆址设在北京西直门外白石桥紫竹院北侧（见图1）。

图1 主立面

二、建筑防火设计的初步设想

(1) 当时，国务院副总理万里曾指出："中国应该有一个世界第一流的图书馆。"其建筑防火设计自然也应该是世界第一流的。

业主的委托。在一次由设计院建筑设计师参加的会议上，业主的代表，就图书馆建筑设计防火问题，提出了严格的要求。

图书馆，无论古今中外，都怕着火。因为藏书亿卷，卷卷易燃。一旦失火，火毁水渍，其损失之大可想而知。我国清代官办藏书阁有7个：文渊阁（在紫禁城内）、文源阁（在圆明园内）、文津阁（在承德避暑山庄内）、文溯阁（在沈阳故宫内）、文宗阁（在镇江金山寺内）、文汇阁（在扬州大观堂内）、文澜阁（在杭州圣因寺内）。原来7阁主要用于珍藏《四库全书》之用。然而，历史上7阁之中有3阁被毁于大火。《四库全书》是缮抄本，总共7部，分7阁珍藏，3阁被毁，3部《四库全书》被毁于火。现仅存4部，而且也多不全了。

当今世界上最大的百科全书是《永乐大典》，著于明永乐年间，全书正文22877万卷，凡例和目录60卷，共22937卷，装成11095册，字数共3700万左右。可惜明末遇火，全部被毁。幸在嘉靖、隆庆年间、另摹副本一份。而今人们所看到的《永乐大典》就是《永乐大典》的另摹副本，其正本早已被火烧成灰烬了。

当今世界上最大的图书馆是美国国会图书馆，创建于1800年，坐落在美国首都华盛顿市中心的国会山上，与美国国会大厦毗邻。建馆100多年来，它至少发生了两次火灾，馆藏几乎全部被毁于火。一次是1814年，另一次是1851年，两场大火使美国国会图书馆遭受了毁灭性的损失。美国第三届总统托马斯·杰弗逊通过火灾知道了藏书防火的重要。他曾把自己收藏的6400多卷珍贵典籍，献给国会图书馆，并告戒他的馆长要格外留心做好防火工作。

(2) 提起图书馆防火，人们都推崇我国的范氏天一阁藏书楼。这是世界上最古老的藏书楼。创办于明朝嘉靖年间，到今天已有400多年历史，从无火患。其主要经验是：建筑构件尽量少用可燃材料，书楼位置坐落在宁波近水之处，夜不登阁，登阁禁烟。400多年来，这项规定一直坚持了下来，这就是永无火患的原因。

随着现代工业的发展，图书馆的电气化程度也在发生变化，电子计算机、复印机、缩微设备、空调设备、照明设备、除尘设备和吸潮设备等不断增多，火灾因素也在增多，这就要求设计师对这些设备采取相应的防火措施。现代化图书馆就要采用现代化的消防设备，以保证图书典籍的安全。

业主为了图书馆的消防安全的需要，委托设计师在整体建筑造型方面，要仿效紫禁城文渊阁，蓝色琉璃瓦的传统式样，象征海水之碧波，以水克火。在馆舍周围，修筑一条宽度不小于4m的环形的消防车道，在高梁河北岸，修筑一个消防码头，在离主体建筑100m的范围内留出防火空间，使之与外界全然隔开。以防万一发生火灾时，互相干扰。

三、先进的防灾系统

北京图书馆是世界6大图书馆之一，总建筑面积175000m^2，藏书量为1600多万册，在亚洲为藏书之冠。主楼地上19层，地下3层，垂直高度为58m。建造时用于防火系统的经费是40万美金，占全部工程造价的2%。根据消防要求整个建筑为一级防火保护，划分为

14 个防火单元。中间用防火墙、防火卷帘门分隔。为了减少建筑物内部的火灾荷载量，装饰材料采用轻钢龙骨、石膏板、阻燃性贴墙纸、阻燃性地毯等。书架、书桌、书柜也采用金属或钢木结构的。全馆的消防工作是由电脑控制的，防灾的中心有 6 个分区控制室，3000 多个火灾探测器遍布全馆，只要任何一个地方发生火险，防灾中心就立即作出反应。当发生火灾时，防灾中心的计算机可以按照执行程序实施警钟、警号、卷帘门、排烟风机、空调系统、消防供水系统、紧急疏散广播系统和电梯运行系统的合理联动，还可以手动或自动开启灭火系统，实施喷放卤代烷 1301 灭火剂等。

（1）北京图书馆防灾自动报警系统的设计，是按照《高层民用建筑设计防火规范》的要求实施的，消防控制室的设备由下列部分组成。

1）集中报警控制器；

2）室内消火栓控制装置；

3）自动喷水灭火系统控制装置；

4）泡沫、干粉灭火系统的控制装置；

5）卤代烷、二氧化碳等管网灭火系统的控制装置；

6）电动防火门、防火卷帘门的控制装置；

7）通风空调、防排烟设备及电动防火阀的控制装置；

8）电梯的控制装置；

9）火灾事故广播设备的控制装置；

10）消防通信设备等。

CERBERUS CO 公司生产的 CS100 火灾自动报警系统，是我国引进的首套消防控制系统，该系统的技术等级是以先进国家 70 年代的计算机技术水平为基础开发的，属技术密集型产品。

（2）北京图书馆的火灾报警系统主要由以下几部分组成。

CZ10－01/1——区域火灾报警控制器。

CD100－11——数据采集器（与 CZ10 进行通信连接）；

RACK CT100－11——中央数据处理单元（CPU）；

CT100－11——系统显示和控制终端；

CP100－02——系统状态打印机；

CP100－03——系统火灾报警打印机；

CDC——消防控制台；

PAS——有线广播系统；

ICS——内部通信系统（火灾报警电话）。

由于其硬件部分的生产是建立在一整套完备而先进的生产工艺基础之上，因此产品质量是相当稳定可靠的，在过去十几年的应用过程中真正起到了防患于未然的作用。例如 1994 年 2 月 25 日早晨，职工食堂油炸食品起火，消防控制室人员反应迅速，立即奔赴现场及时报警，扑灭了一场火灾。同年 11 月的一天 C 栋电梯机房由于电路老化引起火险，又是消防控制室人员及时赶到奋力扑救，排除险情。2000 年 4 月 4 日 D 栋某层复印室电器着火，消防控制室人员跑步去现场消除火险。类似的情况从 1987 年北京图书馆新馆开馆以来发生过十余起，差不多平均每年一起，每起都及时显示，化险为夷。

实践证明，安装自动化的防灾系统，达到了确保安全、万无一失的目的。北京图书馆工程总造价为33000万元。其中用于防灾工程的开支是40万美元，相当于工程总造价的2%。其中不包括下列经费。

防地震费用：要求工程按能抗八度地震设计。

人防费用：要求工程按常规战争条件下其珍藏善本安然无恙。

防静电费用：要求所有地面地板、地毯必须是阻燃型的、防静电的。

防雷费用：要求全楼接地电阻不大于4Ω，每个分区消雷电位相等。

耐火等级建材费用：要求全楼为一级耐火等级，减少火灾荷载。

四、消防供水系统和气体灭火系统

根据消防要求，按《高层民用建筑设计防火规范》设计。因为建筑面积大，建筑将钢筋混凝土结构的建筑，划分为14个防火单元，中间以防火墙、防火门分隔。防火门大多是采用国家鉴定认可的卷帘式防火门，既可以电动，也可以手动。

为了减少建筑物内部的火灾荷载量，装修材料多采用非燃性质的，如轻钢龙骨、石膏板、阻燃性贴墙纸、阻燃性地毯等。书桌、书架、书柜也有许多是采用金属的，或钢木结构的。

建筑周围安装有11座地下消火栓，室内安装有304座室内消火栓。楼下设有300m³的储水池和75kW的消防高压水泵，楼上设有储备水箱，楼外还设有消火栓结合器。每座室内消火栓处都有一个遥控按钮，遇有火警，可使水泵自动加压。全馆消防工作是由电脑控制的，这里有1个620m²的电子计算机房，昼夜连续运行。有1个防灾中心和6个分控室，有数以千计的火灾自动报警器的烟感探头，分别设置在各角落，只要任何一个地方冒烟，防灾中心的指示盘上就立刻作出反应。有一套完整的自动灭火系统，灭火剂为卤代烷1301，它可以自控，也可以手动。

五、排烟系统和闭路电视系统

在图书馆藏书楼上安装了两部消防电梯和两套排烟系统。当火灾发生时，该处电源是有保证的，排烟系统将能够自动开启，排除烟雾毒气。

为了安全疏散，还设有事故照明诱导灯系统及事故广播系统。这套事故广播系统，设在中心控制台上，发生火灾时，将能够自动接通火灾地段的广播回路，广播内容是先录制在磁带上的，无须发生火灾时临时呼吁。

闭路电视防灾系统也是很重要的。有19台电视摄像机安置在关键的部位，中心控制台上的荧光屏可以随时接收和记录各处情况，这是及时发现火情和指挥安全疏散的利器，

在每个楼梯的每层楼梯口处，均设有一个紧急电话插孔，还有一个报警电话。消防人员平时巡逻检查时，或遇事赶到现场时，随身携带一个袖珍话筒耳机往该插孔内一插便可以与中心控制台通话，报告情况，听取命令，十分方便。

六、空调和电气照明的防火设计

空调防火设计的关键，一是合理选型，二是管道保温材料的正确选材。用于制热的空调，必须具备有相应的温度控制装置。否则，温度失控，就将会引起火灾。北京图书馆首

批购入的空调不是十分理想的，其制冷功能尚佳，但制热时，温控装置不灵，曾发生过两次险情。后来，技术人员又将其改造，加装了温控器，才能保障安全运行。北京图书馆的集中式空调机有数10台，送风管道总长度有数千米。按《高层民用建筑设计防火规范》规定：空调管道“必须采用不燃保温材料”。设计师为施工单位指定了珍珠岩、矿渣棉、玻璃纤维等不燃保温材料。这就为空调运行安全创造了有利条件。在现代工程中，如果设计师忽略了这一点，施工单位就往往采用聚氨酯泡沫海绵、聚苯乙烯泡沫塑料作保温材料，这是很危险的。

北京图书馆共安装有50000盏电灯，其中白炽灯有15000盏，日光灯有35000盏。这些灯具多分布在书库与阅览室之内。设计之初，业主同设计部门之间的具体勾通不够，尽管也采取了不少防火安全措施，如每盏日光灯都有一个保险器，每盏白炽灯都同书架等可燃物保持适当距离等。但也有考虑不周之处。例如书库的书架走向与日光灯管的走向不统一，势必就出现灯管位置不在走道之上，而在书架正上方的情况。为防止日光灯镇流器着火，只好将每个书架上层加装一个金属的顶盖，并告知书库管理员不许在顶层盖板上放书，以保持灯具同藏书的安全距离，保障消防安全。

七、消防庭院设计

鉴于北京图书馆建筑面积较大。建筑设计师设计了若干个消防庭院，旨在万一高层建筑失火时，消防车、云梯车可以驶入该庭院，升起云梯救火、救人，开展各项救援活动。这个创意无疑是好的。不过，在施工过程中，出现了一些差错。主要有二：一是美化设计师在庭院入口处安排了一个走马廊，其高度太低，云梯车过不去。二是绿化设计师看着消防庭院空荡，就在其中筑砌石头假山，栽上了苍松翠柏。《高层民用建筑设计防火规范》规定：“消防车道上空4m以下范围内不应有障碍物”，又规定：“尽头式消防车道应设回车场，回车场不宜小于15m×15m。大型消防车回车场不宜小于18m×18m。”“消防车道与高层建筑之间，不应设置妨碍登高消防车操作的树木、架空管线”。很显然，施工过程中出现的这些差错，是违背规范的。后来又作了相应的改正。惟报告厅西侧消防车道与工程外墙之间的几株泡桐树，工程验收时，该泡桐只有擀面杖那么粗，没人注意它，十多年过后的今天，它已长得与其建筑等高，其枝干已覆盖外墙整体，也盖上了消防车道的上方。万一此处发生火灾，它将张牙舞爪，拒绝消防云梯车举高救援。应该说北京图书馆的绿化是成功的，四季常青，环境幽静。只是对消防而言，颇有喧宾夺主之势。这也许是我们的消防专业人员对绿化设计师宣传不够的结果吧。《高规》规定：“消防车道距高层建筑外墙宜大于5m。”而在这5m的范围之内，是不宜种植高大树种的。

优美的绿化环境，可以使建筑设计锦上添花。但是，在靠近建筑物外墙5m的范围之间不要种植高大的速生树。理由是：第一，树大招雷，雷雨时树上招来的雷电压会感应到建筑内的电气设备产生过电压，导致火灾。第二，万一建筑发生火灾时，消防云梯来了，高大的树木会阻碍云梯升高，影响救火救生作业。

八、合理的网络布局

北京图书馆的整体防灾系统网络布局是合理的，其成功之处已如上述，但是，也存在部分区域线路上防火探测器设置不合理的问题。根据《高层民用建筑设计防火规范》第五章，第 5.1.15 条的规定：有下列情形的场所不宜选用离子感烟探测器。

(1) 相对湿度长期大于 75%；

(2) 气流速度大于 5m/s；

(3) 有大量粉尘、水雾滞留；

(4) 可能产生腐蚀性气体；

(5) 在正常情况下有烟滞留；

(6) 产生醇类、醚类、酮类等有机物质。

在主楼地上 6～18 层的东、西侧露天走廊上安装有数十个防火探测器，并且选用的是离子感烟型探测器，由于其容易受到环境温度、气流、振动、空气湿度、大气压力等变化的影响，时常产生误报，导致探测器及其模块坏损率增高，造成不必要的资金浪费（探测器售价每件 80 美元）。后来，在实际运行中，技术人员对此类地区进行了全面研究、分析，考虑到其不具备引起火险的条件，且反复出现误报及故障，将影响相关线路的室内探测器的正常工作，分析利弊并将改造意见呈报，批准之后，又对该区进行线路改造——取消了室外走廊的全部探测器点，并对控制区域的软件进行了相应修改。此举不仅减少约 24 点次的故障率和误报率，还有效地节约了系统的维护资金，而且使 CS100 系统大大地降低了误报率，运行质量较线路改造前明显提高。

对现代化的防灾系统，人们总要有一个认识过程，要逐步加以完善。对于设计者和业主都是如此。北京图书馆原设计有 100 多个防火门都安装有遥控闭门器，都是由德国进口的，每具造价 30 美元，仅这项开支，大约耗用 3000 美元。但安装好之后，一天也未能采用遥控方式自动启闭。因为在实际运行中尚有许多未确定的复杂的因素。事实上防火门的闭门器，是十分必要的，但是，是否都需要遥控，则不一定。有个普通的防火门闭门器也是可以的，只要它能够处于随时将该门关闭的状态就能起到阻隔烟火的作用。怕得是，遥控闭门器失灵，工作人员下班时，也不把防火门关闭，万一发生火灾时，则会迅速扩大蔓延。由此可见，有了先进的防灾设备，还得经常维修保养，使其保持完好有效。对于工作人员来说，提高防灾意识，努力做好火灾预防工作也是很重要的。

上海大剧院

孙正魁

一、大剧院概况

上海大剧院位于人民广场西北侧，建筑面积62000m²，地下2层，地上7层（局部机房8层），建筑物总高度为40余米。大剧院大剧场1800个座位，主要演出功能为西洋歌剧、芭蕾、交响乐。设有主舞台、左、右侧舞台及后舞台，另有580座的中剧场及250座的小剧场。地下室设有整套舞台布景、道具、服装、音像制品等制作车间及仓库用房。剧院配有大量演员化妆、排练用房及设施。剧院拱顶设有大型宴会厅，平时也可作为多功能演出厅用。除此以外大剧院还具有咖啡厅、酒吧、商场、办公室、停车库等功能，为一综合性的高层剧院建筑。

二、大面积、大空间自动喷水消防设计探讨

1. 系统设计水量如何确定？

随着建筑业的发展，一些建筑不仅面积、空间越来越大，而且建筑功能也非常复杂。这些建筑如何合理确定其自动喷水消防系统的设计水量是消防设计面临的一个新的问题。上海大剧院就是这类建筑之一。根据防火规范，建筑物内许多区域防火所要求的消防设计喷水强度不一样，危险等级不一样，作用面积不一样，具体情况可在表1中反映出来。

大剧院自动喷水消防系统设置一览表 表1

自动喷水消防设置地点	系统类型	危险等级	喷水强度	作用面积(长度)	设计流量
地下室、可燃物仓库为布景服装、材料、布景安装等	湿式喷淋	严重危险级	15L/(min·m²)	300m²	$Q_{理}$(75L/s) 97.5L/s
地下室生产车间如木工、服装道具、多功能车间	湿式喷淋	严重危险级	10L/(min·m²)	300m²	$Q_{理}$(50L/s) 65L/s
主舞台葡萄棚下方	雨淋	严重危险级	10L/(min·m²)	300m²	$Q_{理}$(50L/s) 65L/s
后舞台、两侧舞台	雨淋	严重危险级	10L/(min·m²)	300m²	$Q_{理}$(50L/s) 65L/s
主舞台与观众厅金属防火幕	水幕	(降温)	0.5L/(s·m)	18m (台口宽度)	$Q_{理}$(9L/s) 12L/s
主舞台与侧舞台金属防火幕	水幕	(降温)	0.5L/(s·m)	14m	$Q_{理}$(7L/s) 9.1L/s
主舞台与后舞台金属防火幕	水幕	(降温)	0.5L/(s·m)	23m	$Q_{理}$(11.5L/s) 15L/s
观众厅、办公室、餐厅、厨房、商场、车库等	湿式喷淋	普通危险级	6L/(min·m²)	200m²	$Q_{理}$(20L/s) 26L/s
地下室建筑防火分区	水幕	防火隔断	2L/(s·m)	6m	$Q_{理}$(12L/s) 15.6L/s

对大剧院的自动喷水消防设置情况综合分析后，如何来决定系统设计流量呢？如果盲目地将所有水量叠加起来显然是不合理的，会增加不必要的消防投资。笔者认为决定系统设计流量必须基于两点。①首先确定建筑物内同时火灾发生次数为一次，即不考虑建筑物内不同地方同时发生两次及以上火灾；②然后对建筑物内可能发生的各种火灾情况组合分析，选择最不利情况时所需的消防流量（即可能发生的最大的消防流量）作为该建筑的自动喷水设计流量。经过分析，大剧院如果主舞台发生火灾时，所需要的消防喷水量最大，此时所需的主舞台、雨淋及金属防火门降温水幕等水量之和作为大剧院的自动喷水系统设计流量。

2. 喷淋管网及喷头布置特点

由于大剧院建筑平面面积大，底层及地下室面积都已超过 $10000m^2$，如何来保证大剧院自动喷水系统供水安全、可靠，火灾发生时能迅速地将水输送到扑救点？喷淋管网合理设置是非常重要的，大剧院的设计采用了双报警阀，环状管网供水系统。笔者认为此系统非常适合单层面积大的建筑物，双报警阀满足了防火规范关于单个湿式报警阀控制喷头数不宜超过 800 个的规定；环状管网供水可以提高安全程度，均衡管网压力，并且缩短了喷淋泵至最不利火灾扑救点的管道长度，从而缩短了输水距离。同样地在舞台喷淋系统中采用环状管道布置，可以使管网压力均匀，喷淋效果分布均匀，有利于及早地扑灭火灾。

大面积的喷淋系统如何考虑系统放空，这是消防施工图设计中面临的一个具体问题。一般的喷淋设计，每层楼设置一个检验放空阀，然后管网坡向放水阀以利整个系统放空。但在实际施工时由于现场情况变更等等因素。难免会发生管道碰撞打架现象，一般是本着小管让大管（风管），压力管让重力管的原则，喷淋管往往委曲求全弯绕避让，结果造成系统放水不全的问题。在大剧院设计中，由于建筑层高要求非常苛刻，再加上喷淋面积大，设计中采用了多段放水技术措施。即有意识地在喷淋管网需要放水的区域增加放水点，尽力使系统有放空的可能，有利于日后业主对喷淋管网的维修保养工作。

由于大面积、大空间、建筑功能复杂的原因，设计师应该注意根据其特点选择不同种类的喷头应用于不同的场合，做到各类喷头、各尽所能、各尽其责。大剧院设计中，喷淋喷头用于舞台葡萄棚下，水幕喷头用于舞台防火门降温及防火分区分隔水幕。高级装饰区域设计中采用了较昂贵的隐蔽式喷头以示美观。普通装饰及其他区域则采用普通玻璃泡闭式喷头，以求节约。对某些喷头装在上空，会影响建筑要求的部位，设计中选择了大覆盖侧向喷淋头。在大剧院地下室一些布景制作、安装、储存区域，其建筑层高为 9m，一般喷头已难以发挥作用（根据防火规范一般情况大于 8m 的空间可不设喷淋），考虑到这些区域均为火灾危险区域，为了确保安全，设计中采用了国外快反应、大水滴、适合此类高度的喷淋头。

3. 观众厅大空间要不要设自动喷淋

在此顺带讨论一下观众厅要不要设自动喷淋灭火消防，这个问题我国的防火规范规定得很明白，必须设置。此问题的由来是在大剧院方案设计阶段法国建筑师提出了大剧院观众厅不设自动喷淋。理由是当火灾发生时，自动喷淋喷洒时容易引起人群不必要的惊慌，而产生骚动，影响有序疏散，造成人员伤亡。同时他们还认为，大剧院观看演出的观众都是较有素养的，观众厅本身不会发生火灾。在以后的进一步设计和施工阶段，我们也确实碰到某些情况，譬如由于设置自动喷淋，观众厅楼座之间建筑吊顶厚度增加，这个问题处理不当会影响观众视线。另外在施工过程及日后的运营中，如果管理不当，万一发生喷头漏水，会给观众厅内豪华的装饰及座椅等带来损失。究竟要不要在大剧院观众厅等豪华高级场所设置喷淋？笔者认为根据目前的国情必须按照防火规范在观众厅内除了大于 8m 之处可以不设外其余部位均设置自动喷淋消防。但是以后若干年，当我们的国民素质、管理水平进一步提高，像大剧院观众厅这类高档区域是否设喷淋，可以作为一个问题留给我们日后进一步研究、确定。

三、完善、安全的舞台消防设计探讨

1. 建立完善、安全的舞台消防体系

舞台是剧院的核心，舞台消防更是剧院消防的重点、要害部位。舞台上空一般都有大量幕布、布景、照明灯具；舞台上并有可燃道具、演出时常有烟火效果，故舞台容易引起火灾，舞台一旦发生火灾其危害性极大。第一、火灾蔓延速度极快，根据资料介绍 12m 高的幕布不到 10s 就完全烧光。第二、它直接面对观众厅，对观众造成很大威胁。对于上海大剧院来说舞台消防更为重要，该舞台规模属于特大型，大剧场舞台总面积达 1800m^2，分为 4 个舞台；舞台上空有 51 道吊杆，还有许多吊点，舞台灯光用电量接近 1400kW 之多。从舞台布景、道具来看，大剧院今后将会接纳具有世界先进水准的剧团来演出，而国外一些剧团非常追求逼真的演出效果。由于舞台大，也允许摆放一些大型的布景道具，如木制的真的马车、木制的二层楼作为布景。综合这些因素，大剧院舞台更具火灾危险性，消防安全更为重要，必须建立一个完善、安全的舞台消防体系。

2. 当舞台面积超过规范要求的喷淋保护面积时如何处置

根据消防规范要求在舞台的葡萄棚下部设置喷淋喷水灭火系统，以快速扑灭可能发生的火灾。由于大剧院舞台上部有大量的幕布、布景、照明灯具等设备，火灾时蔓延速度快，因此定为严重危险级。考虑到火灾多半可能发生在舞台演出时，并参考国外资料将火灾类别定为生产建筑物型。设计喷水强度为 10L/(min·m^2)，规范中规定保护面积为 300m^2。大剧院的主舞台面积为 780m^2，大大超过了规范要求的保护面积。方案设计阶段法国建筑师曾提出舞台喷淋应该在着火时整个舞台同时喷洒。但请示上海市消防处领导的意见是“上海大剧院消防设计应根据国内现行消防规范执行”。如果根据法国规范设计，火灾时整个舞台同时处在喷淋系统保护下，肯定是最安全的做法，但毫无疑问将增加消防设计水量，增加投资。如何根据国内防火规范要求的保护范围内设计安全可靠的舞台雨淋系统？经过分析研究最终妥善解决了这个问题。大剧院主舞台长 30m，宽 26m。设计中沿吊置幕布方向将其均分成 A、B、C、D4 个区域，每个区域 195m^2。详见图 1 所示。

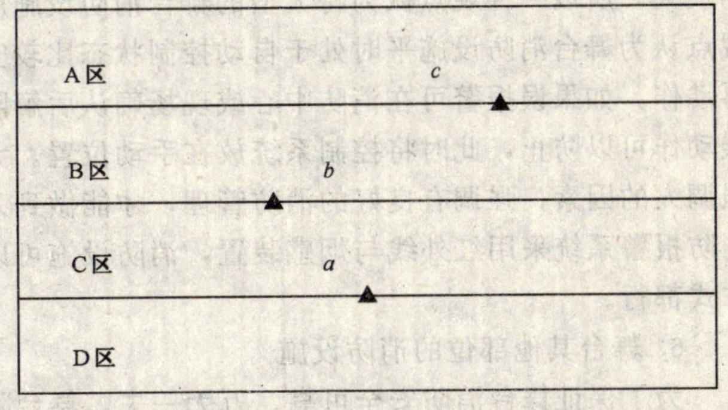

图 1　舞台着火点分析图

设计考虑舞台着火时保证两个区域的喷淋系统同时开启，达到迅速扑救的目的。设想最不利的着火点分别为 a、b、c 点，则可以分别开启 AB、BC 或 CD 区域喷淋系统来扑灭火灾。着火点位置如何判别？可以由在舞台现场的消防人员当场判定，也可以由舞台区域火灾探测报警信号来帮助判别。

3. 钢制防火幕与降温水幕

大剧院的主舞台与观众厅相连的台口以及与左、右侧舞台及后舞台交界处都设有钢制防火幕（门），这是非常必要的。一旦舞台发生火灾可迅速降下防火幕，有效隔断火势向四周，尤其是向观众厅方向蔓延。另外，降下防火幕还可以阻挡观众视线，减少观众恐慌心理，有利于观众厅的秩序及疏散。

为了防止火灾时钢制防火幕高温变形，在防火幕的上空设有降温水幕管，根据国内现行防火规范设计水量不小于 0.5L/（s·m）。水幕管的布置位置往往会受到舞台工艺的制约，所以在设计中应该根据不同情况选择不同类型不同 K 值的水幕喷头。另外应该考虑的一个问题是消防水量的平衡。为了控制水幕喷头的出流量，在设计范围内，必须采用减压阀调整喷头压力，以防止水幕流量过大而影响到舞台雨淋消防水量。

4. 舞台消防阀站的合理位置

由于火灾一般发生时都比较突然，再加上舞台火灾往往又来势凶猛，作为扑灭舞台火灾的有效手段，喷淋、水幕系统的控制阀站的合理位置就显得十分重要。舞台消防控制阀必须设在靠近舞台易于寻找并方便操作的地方。当然阀站的位置必须不影响舞台的演出功能。一般舞台的消防阀组往往设在主舞台两侧，笔者曾在国内外许多舞台上注意到此点。大剧院舞台消防阀组也曾设想设在侧舞台及主舞台后侧，最后在与舞台工艺的结合中，将主舞台后侧通道入口处的两个小房间作为舞台阀站，此位置既方便操作、管理又不影响舞台工艺。笔者认为一般舞台的消防阀组可设在主舞台两侧。而特大型舞台由于消防阀组数量较多，可选择靠近主舞台入口处小间作为阀站，这样的做法较为妥当。

5. 舞台消防设施控制

舞台消防的喷淋、水幕系统平时究竟是处于手动开启还是自动控制开启状态？笔者认为这与剧院的消防管理水平有关，是值得研究探讨的。因为大剧院的主舞台高度为 30m，设置的消防报警装置能否准确无误地发出火灾信号，控制舞台消防阀组，有效扑灭火灾，令人担心。再加上演出时常常有烟火效果，易发生误报；如果误动作，舞台上空大量消防用水哗哗而下会损坏舞台上的布景、幕布、照明灯具，甚至舞台底部机械设备，造成不必要的损失，所以一种观点认为特大型的舞台消防设施应处于手动控制状态比较稳妥。另一种观点认为舞台消防设施平时处于自动控制状态比较安全。消防报警信号可延迟若干分钟后再动作，如果误报警可在消防中心或现场确认后解除动作信号，另外，演出时烟火效果的误动作可以防止，此时将控制系统放在手动位置。无论是手动控制还是自动控制，都要求强调人的因素，强调有良好的消防管理，才能做到万无一失。上海大剧院目前的设计舞台消防报警系统采用红外线与烟感装置，消防设施可以自动控制，也可手动功能，两种控制方式都行。

6. 舞台其他部位的消防设施

为了保证舞台消防安全可靠、万无一失，舞台除了设置喷淋、防火幕、水幕系统外还需要加强舞台其他部位的消防设施，要保证做到能够及时扑灭或消除舞台任何部位可能存在的早期火苗或其他隐患。大致上有以下几个方面：①首先应重视在舞台各个入口（不限于±0.00 层平面）设置消火栓，自救水龙带及手提式灭火器等；②在舞台葡萄棚上空钢屋架处设自动喷淋，以在火灾发生时，保护钢屋架，维护舞台安全；③在主舞台上空工作夹层及走道处设置自动喷淋以及时扑灭可能发生的火灾隐患；④舞台底部往往有大量的舞台移动机械设备，这些区域往往难以布置自动喷淋，但是不应忽略在舞台非移动区域及乐池区域布置自动喷淋；⑤在舞台灯光可控硅房间，由于可控硅设备发热量大，应该配合工艺设置 CO_2、FM200 或其他气体消防设施；⑥在舞台有特殊演出要求时，可以根据需要临时配备一些特殊的消防器材，如砂桶、推车式灭火机等。

7. 完善的舞台消防设计概念

以上已经比较完整地讨论了舞台消防硬件设计方面的诸多问题。归纳起来舞台消防的硬件大致有：①钢制防火幕；②喷淋消防系统；③水幕系统；④舞台消防阀站；⑤消防报警和控制设施；⑥消火栓消防；⑦自动喷淋消防；⑧气体消防；⑨手提式灭火器。要确保大剧院舞台消防万无一失，舞台消防硬件设计是前提和基础。如何管理好这些硬件，或者说是尽量避免使用某些硬件，舞台消防的软件设计是十分重要的，像上海大剧院这么重要的建筑，必须建立一套完整的舞台消防管理制度。大致有以下几个方面：①配置训练有素的专业消防人员，根据国外大剧院舞台消防管理经验，舞台在演出时必须配备 2 名专业消防人员值班，监视舞台演出情况，管理和控制舞台消防设施，随时处理可能发生的火灾情况。②建立钢制防火幕升降管理制度。舞台在不演出时应将主舞台上的四道金属防火幕降下，作为防火隔断，并可防止外界火种侵入舞台造成隐患。③建立舞台消防安全定时巡视检查制度。④有关防火安全的其他规章细则。

厦门大型机库群

林启森　蒋亦兵

一、发展趋势和引起火灾原因

1. 飞机库发展趋势

飞机库是用于停放和维修飞机的建筑物，包括飞机停放和维修区及其贴邻建造的生产辅助用房。有时多个飞机库集中建设在一个区域，形成飞机库群。近年来，我国各地建设了为数不少的机库，在某些地区，例如厦门太古，由中国航天建筑设计研究院设计的由多座机库组成的大型机库群已经建成，能够对国内外的各类大型飞机实行D级检修。

2. 引起火灾的多种原因

飞机进库维修时，可能产生多种不安全因素引起火灾。

(1) 飞机进库维修时油箱和系统内不可避免地带有燃油，有时多达上百吨，在维修过程中有泄漏现象，出现易燃油流散火灾。相关实验证明，当散流火面积为85～120m²，平均油层厚度2～3cm，泄漏量2～3t，火舌气浪的上升流速可达22m/s，18.5m高处屋顶处的温度3min可达425～650℃以上。

(2) 机舱的顶棚、地板、沙发采用有一定燃烧性的化学纤维或塑料制品，特别是用溶剂清洗和用粘结剂、油漆维修时有易燃气体挥发出来，易形成火灾。1991年11月14日，美国得克萨斯的一座机库检修一架DC—7飞机时，维修人员用丙酮清洗壁板和座位，并用可燃性粘结剂修地毯，静电火花引燃了丙酮，火焰迅速扩大至整个机舱。10min后机内氧气瓶的减压阀漏气，更使火焰加剧。此次火灾共有两套喷淋系统的220个喷头动作，配合用消火栓最后扑灭了火灾。飞机损失127.5万美元，机库损失2万美元，3人受轻伤。

(3) 飞机维修时，电焊、气割作业以及用电设备漏电引发火灾。国外一大型机库，机械师拆换燃油增压泵时，电火花引燃了油箱中的11.3t残油的挥发气体，引起爆炸，正在检修的DC—8飞机被毁，屋顶炸开了一个100m²的大洞，同时停放在机库内的另外两架DC—8飞机也受到破坏，大火持续了30min。

(4) 违反安全规程及误操作引起的火灾。

3. 火灾特点

国内飞机库的火灾案例不多，但国外多有报导，从已有的数十例火灾中可以分析飞机库的火灾有如下特点。

(1) 飞机维修过程中会挥发出可燃气体，与空气混合，形成一定的浓度后，一遇火就会产生爆燃。

(2) 机舱内可燃材料多，一旦发生火灾，火势易蔓延，而且散放有毒气体和浓烟，危及人体安全。

(3) 一旦氧气系统泄漏，在发生火灾时会加大燃烧和爆炸的烈度。

(4) 用电设备及电路打火，可能形成阴燃，不易察觉。

飞机库作为维修飞机的专用场所，是一个高大的空间，屋架采用大跨度的钢结构，用以承担屋面荷载，吊车和悬挂维修机坞的附加荷载，造价很高。一座两机位的波音 747 飞机库总造价约 4 亿人民币，一座四机位的波音 747 飞机库总造价约为 6 亿人民币。在发生火灾时，由于钢结构耐火性能低，当温度达到 300℃ 时应力下降 20%，温度达到 600℃ 时，应力下降 50%，屋架会有倒塌的危险。而飞机本身是现代高科技的产物，价值昂贵，一架波音 747-400 的大型客机，价值 12 亿人民币。一座大型机库往往同时检修几架飞机，一旦发生火灾，未能及时扑灭，造成的损失是难以估量的。因此，飞机库应严格按国家标准设计，保证机库和飞机的安全。

二、预防措施

1. 正确执行标准

(1) 严格按照国家标准《飞机库设计防火规范》(GB50284—1998) 中的各项规定执行，一旦发生火灾，将损失减少到最低程度。

(2) 耐火等级要满足要求。Ⅰ类飞机库耐火等级应为一级。Ⅱ、Ⅲ类飞机库耐火等级不应低于二级。飞机库地下室的耐火等级应为一级（见表 1)。

建筑构件均应为不燃烧体，其耐火极限不应低于表 1 规定。

建筑构件的耐火极限 表 1

构件名称 \ 耐火极限 (h)		耐火等级 一级	耐火等级 二级
防火墙		3.00	3.00
墙	承重墙、楼梯间、电梯井的墙	2.00	2.00
墙	非承重墙、疏散走道两侧的隔墙	1.00	1.00
墙	房间隔墙	0.75	0.50
柱	支承多层的柱	3.00	2.50
柱	支承单层的柱	2.50	2.00
梁		2.00	1.50
楼板、疏散楼梯、屋顶承重构件、柱间支撑		1.50	1.00
吊顶		0.25	0.25

1) 在飞机停放和维修区内，支承屋顶承重构件的钢柱和柱间钢支撑应采取防火隔热保护措施，并应符合表 1 规范所规定的耐火极限。

2) Ⅰ类飞机库采用泡沫—喷淋系统后，其屋顶金属承重构件可不采取外包防火隔热板或喷涂防火隔热涂料措施。

3) Ⅱ、Ⅲ类飞机库飞机停放和维修区屋顶金属承重构件应采取外包防火隔热板或喷涂防火隔热涂料等措施，或设置自动喷水灭火系统保护。

2. 合理划分防火分区

(1) 飞机库应分为 3 类。其飞机停放和维修区的防火分区允许最大建筑面积应符合表 2 规定。

防火分区允许最大建筑面积 表 2

类　别	防火分区允许最大建筑面积（m^2）
Ⅰ	30000
Ⅱ	5000
Ⅲ	3000

注：与飞机停放和维修区贴邻建造的生产辅助用房，其允许最多层数和防火分区允许最大建筑面积应符合现行国家标准《建筑设计防火规范》GBJ16 的有关规定。

（2）按表 1 规定面积计算举例。一类机库允许最大建筑面积为 5000～30000m^3，用于停放修理大型飞机。以当前最大的运输商业飞机 B747-400 为例，一个机位需要的维修面积约 7500m^2，两个机位的面积为 15000m^2，4 个机位的面积约 30000m^2。

二类机场的允许最大建筑面积 5000m^2，用于停放修理 1～2 架中型飞机。

三类机库的允许最大建筑面积 3000m^2，只能停放修理小型飞机。

高度要求为：

一类机库一般为 36.50m，跨度 $n\times51.5$m；

二类机库一般为 26～29m；

三类机库一般为＜22m。

3. 各类机库应设置的灭火设备

（1）在飞机维修区和停放区设置的消火栓宜与泡沫枪合用给水系统。消火栓的用水量和水压按同时使用两股水柱和充实水柱 13.0m 计算。

（2）对于一类机库，规定采用泡沫—喷淋自动灭火系统是为了有效的扑灭初期火灾，保护飞机和机库，免受重大损失。翼下泡沫灭火系统是泡沫—喷淋系统的辅助灭火系统，作用是把泡沫直接喷射到机翼和中央翼下部的地面，控制和扑灭泄漏燃油发生的流散火，当飞机机翼面积大于和等于 280m^2 时，泡沫—喷淋系统喷出的泡沫受机翼的遮挡，影响灭火效果，是需要翼下泡沫灭火系统与之配合进行灭火的。飞机机翼面积较小，影响也小一些，在机翼面积小于 280m^2 时，规定可不设翼下泡沫灭火系统。翼下泡沫灭火系统的释放装置可采用自动摆动的泡沫炮和泡沫喷嘴，当条件允许时也可用设在地面下的弹射喷头。二类机库火灾损失更小，仅设泡沫枪和消火栓。

设有泡沫—喷淋系统的一类机库，由于有该系统的有效保护，不需要再用防火隔热涂料等措施保护屋架承重构件。二、三类机库如不采用屋架防火涂料的保护措施时，也可以采用自动喷水灭火系统（见表 3）。

机库防火分区允许最大面积与应采用的灭火设备 表 3

机库类别	防火分区允许最大建筑面积 m^2	灭火设备
Ⅰ类	30000	泡沫—喷淋灭火系统翼下泡沫灭火系统和泡沫枪（当飞机机翼面积小于 280m^2 时可不设翼下泡沫灭火系统）消火栓
Ⅱ类	5000	远控泡沫炮灭火系统和泡沫枪或高倍数泡沫灭火系统之一种消火栓
Ⅲ类	3000	泡沫枪消火栓

(3) 稳高压消防给水几个主要技术问题。

1) 消防主泵的设置。大型机库的消防用水量很大，每小时可达上千立方米，宜采用多台水泵并联工作。水泵的总出水量应满足同一时间内给水系统辖区内最大一处火灾的用水量。水泵的出水压力应满足任何一种消防设备需要的水压。当电机功率大于100kW时，宜选用柴油机泵，以保证停电时的安全运行。柴油机泵没有电气设备费，节约投资，数台泵可以同时启动，缩减了灭火系统的启动时间。当消防水泵功率较小时，宜由电动机驱动，此时需将应急柴油发电机适当加大，以满足消防泵的用电。设计中选用流量—扬程特性曲线平缓的水泵，有利于并联工作。

2) 管网设计。机库采用稳高压消防给水系统，主管路承担了所有各分消防给水系统的用水量，宜将消防水泵房设在用水量最大的消防设备附近；这种给水泵系统平时承受高压，对管材和施工的要求较高，否则容易造成整个系统的泄漏。管材宜采用高压的球墨铸铁管或经过严格防腐处理的钢管。管网的稳压值宜定在1.0MPa以下，试验压力至少达到1.4MPa，维持时间应在2.0h以上，以避免稳压泵的频繁启动；管网的水力计算，当环状管网的其中一根发生故障时，其他管网仍能通过全部消防用水量的情况下，系统管网的水头损失宜在0.2MPa以下，管道内的水流速度一般控制在3.0m/s以内；消防水泵的出水管与消防水池之间必须设泄压装置以防止水泵试运行时水泵过热以及消防用水较少时导致管网超压破损；由于该系统具有统一的输出压力值，各分系统需要的压力不尽相同，应设减压装置；稳高压消防给水系统必须设消防水池，储存消防水量，为消防泵和增压稳压水泵提供稳定的进水压力，但无消防专用或消防与生活共用的高位水箱，管网不与任何高位水箱相连接；当室外消火栓纳入系统的供水范围时，必须在消火栓处标明“高压”字样，以避免灭火时仍使用消防车加压，造成吸水管破裂，延误战机。

3) 稳压装置的设计。稳压装置由水泵、隔膜式气压罐、电控柜及管道、管件和水表组成。水泵的作用是补充消防给水系统的渗漏水，补充和维持系统的压力；气压罐应储存一定的补充水量，减少水泵的启动次数。

P_b——消防泵的启动压力（MPa）；

P_1——增压稳压水泵的启动压力（MPa）；

P_2——增压稳压水泵的停泵压力（MPa）。

平时，增压稳压水泵在 P_1～P_2 之间运行，P_1～P_2 之间的容积称为稳压容积，其水量称为稳压水量。当消防给水系统渗漏水压下降时，稳压水量向管网补水，同时气压罐内的压力不断下降。当压力下降到 P_1 时，增压稳压水泵启动，直至罐内压力达到 P_2 停泵……，由于增压稳压泵的循环运行，消防给水系统的管网压力得以保持在 P_1～P_2 之间。发生火灾时，消防用水设备开启，小流量高扬程的增压稳压水泵的工作水量远远不能满足消防用水的要求，气压罐内的压力迅速下降到 P_b，消防主泵启动，增压稳压水泵退出工作。P_a～P_b 之间的容积是为保证气压罐正常工作的安全容积。V_0 是气压罐的总容积（见图1）。

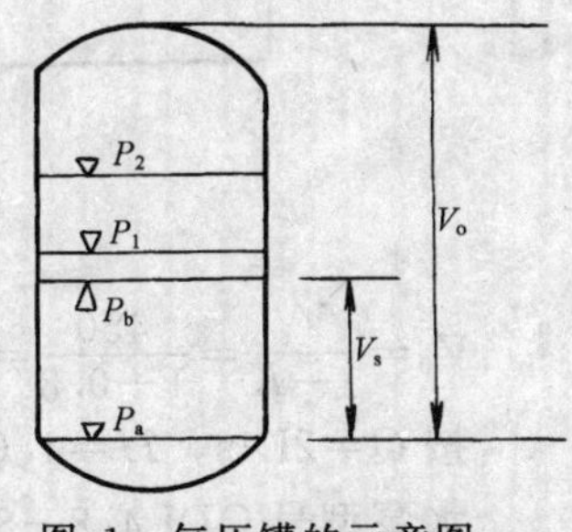

图1　气压罐的示意图

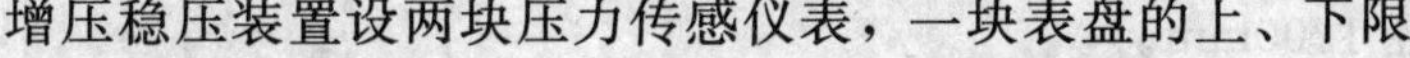

增压稳压装置设两块压力传感仪表，一块表盘的上、下限

为 P_1 和 P_2，用以发出增压稳压泵的启、停信号；另一块压力表的上、下限为 P_b 和 P_a，主要由 P_b 发出启动消防泵的信号。增压稳压水泵的扬程可略低于消防泵的扬程，但最小扬程不得小于消防设备所需要的静压头，增压稳压水泵的流量选在 1～2L/s，宜选流量—扬程特性曲线较陡的水泵。增压稳压装置的安装图见图 2。

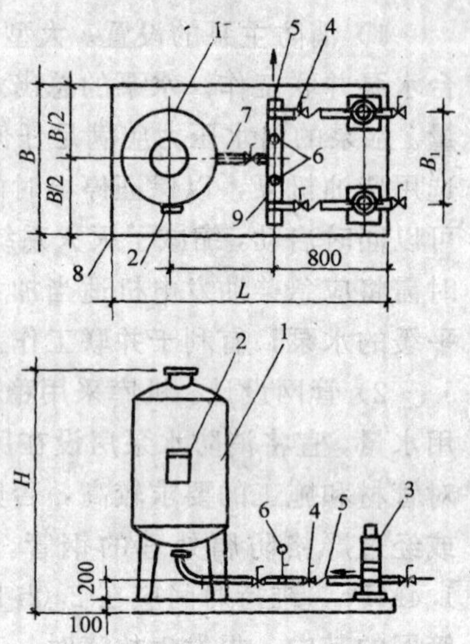

图 2 增压稳压装置安装图

1. 隔膜式气压罐 2. 电控箱 3. 增压泵 4. 碟阀 5. 梭式止回阀 6. 电接点压力表 7. *DN* 泄水阀 8. 底座 9. *DN*100 短管

设计实例

某一类机库采用稳高压消防给水系统，消防泵工作压力为 1.0MPa，试设计该系统的增压稳压装置（见图 3）。

采用 $P_2=1.0\text{MPa}$

$P_1=P_2-0.05\text{MPa}=0.95\text{MPa}$

$P_b=P_1-0.03\text{MPa}=0.92\text{MPa}$

采用 $V_s=450\text{L}$

$P_a=[K(P_b+0.1)-0.1]$

式中 K 为容积调节系统，$K=0.6-0.8$。

取 $K=0.8$ 时；

$P_a=[0.8(0.92+0.1)-0.1]=0.72\text{MPa}$

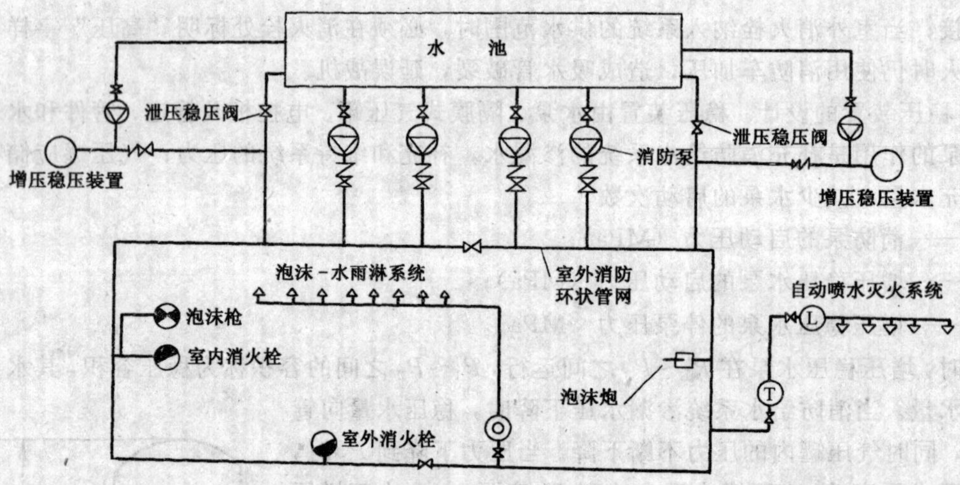

图 3 稳高压消防给水系统示意图

$V_0=\dfrac{V_s}{1-K}=\dfrac{450}{1-0.8}=2250\text{L}$

按 $Q=2\text{L/s}$，$H=1.0\text{MPa}$ 选用水泵。

水泵型号 QDL4.8－8×14，$Q=1.3\text{L/s}$

$H=112\text{m}$，$N=4\text{kW}$

气压罐容积 2250L，直径 1200mm。

北京昆仑饭店

黄志青

一、工程概况

昆仑饭店位于北京市三环东路与亮马桥路转角处，建筑面积为79800m^2，地下2层，地上28层（不包括技术层），地面上总高度99.7m。

地下室设有洗衣房、冷库、厨房、储藏室、职工更衣室、淋浴室、职工食堂、空调机房、冷冻机房、热交换站和泵房。地上1～2层为裙房，以公共用房为主，设有休息大厅、大宴会厅、多功能厅、各种风味餐厅、四季厅、商店、游泳池、健身房、美容室以及厨房、电话总机房、消防控制中心和内部办公用房等。

主楼呈“S”形，3～24层为客房（塔楼东侧为24层，西侧为21层），标准房高2.9m，设有单间、双套间、三套间和五套间等多种形式的客房，共计978间，设计床位1899个。客房卫生间设有坐式大便器、浴盆、洗脸盆和饮用水嘴。

24夹层及25层为通风机房，26层为电梯机房，27层为圆餐厅，28层为水箱间和设备机房。

在主楼的2层与3层之间（称2夹层）和东西两侧的顶房（称21夹层及24夹层）有两个层高为2.2m的设备层。

二、消防系统（见图1）

地下一层设150m^{3}消防储水池1座，为消火栓系统与自动喷洒系统共用。消防泵吸水管除与水池连接外，还直接与外网引入管连接，必要时可直接由外网供水。

1. 自动灭火采用湿式喷洒系统

喷头安装范围包括除游泳池以外的所有公共用房、客房层的过道以及储藏室、厨房、洗衣房、职工更衣室等处。

喷洒系统竖向分为3个区：12～27层为高区，1～11层为低区，地下1～2层为直接供水区。后者的管线由生活给水管线接出。喷洒系统基本上按建筑防火分区布置，各组喷洒管线原则上不跨防火分区。管路起点设水流报警阀一组，末端设检查装置。电气信号均与消防控制中心相连接，用以实现自动启泵。喷洒系统总水量按30L/s计算。

2. 消火栓系统

竖向划分为3个区：13～28层为高区，1～12层为低区，地下1～2层消火栓给水管路

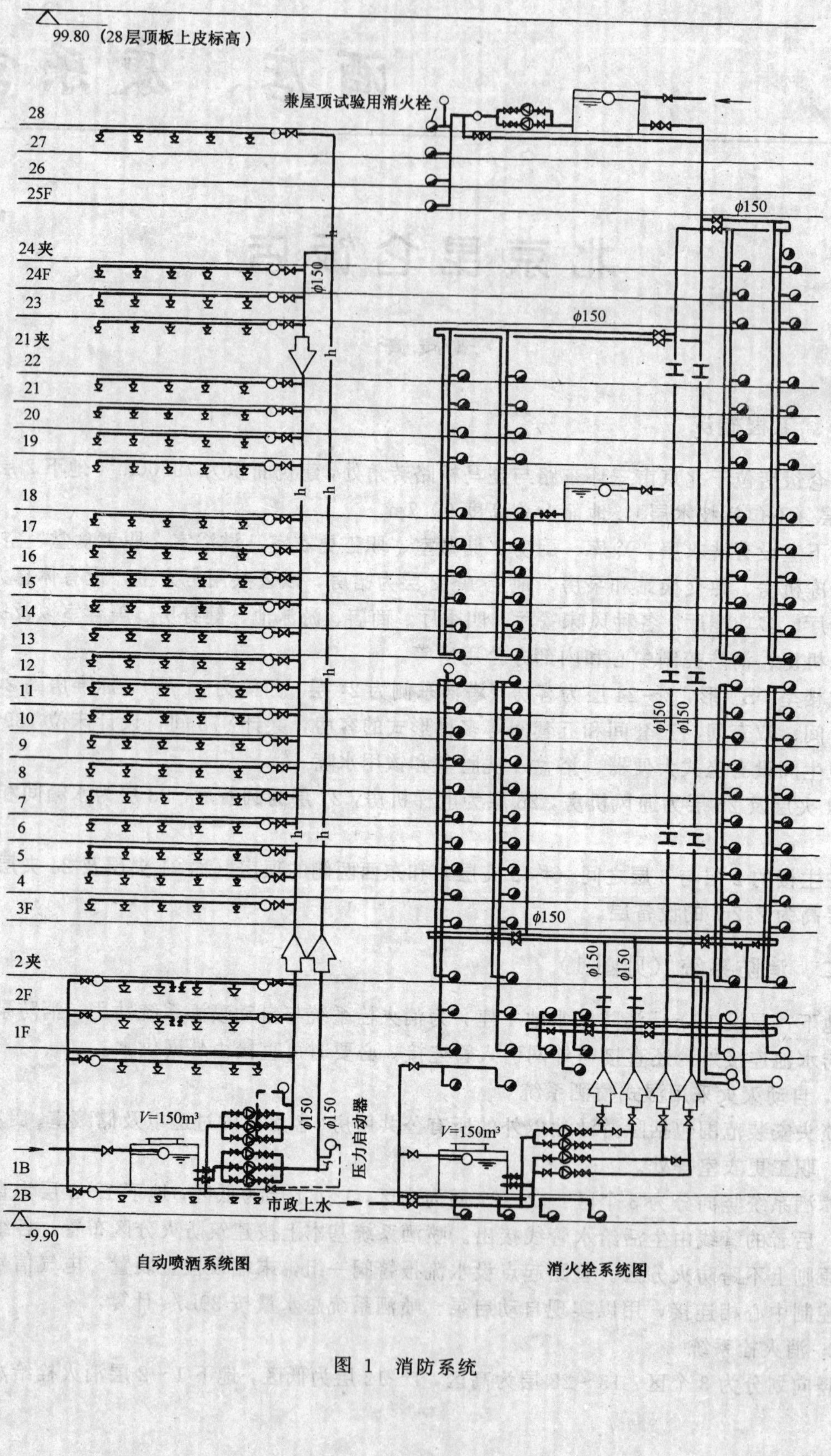

99.80（28层顶板上皮标高）

兼屋顶试验用消火栓

28
27
26
25F
24夹
24F
23
21夹
22
21
20
19
18
17
16
15
14
13
12
11
10
9
8
7
6
5
4
3F
2夹
2F
1F
1B
2B

-9.90

$\phi150$

V=150m³

压力启动器

市政上水

自动喷洒系统图

消火栓系统图

图 1　消防系统

直接与生活给水管连接。10min 消防储水由生活用高位水箱供给，故高低区水箱均储有 $18m^3$ 的消防水量。由于 28 层的水箱不能满足园餐厅消防水压，所以在 28 层又专门设置 2 台为 25～28 层消火栓增压的水泵。

由水泵接至消防环状管网采用两根引入管，同时在室外设置消防水泵接合器。在主楼部分的室内消火栓采用双出口型，裙房部分采用单出口型。在不能用水作为灭火手段的部分，如发电机室、电容器室和油库等处，采用了 1301 气体灭火系统。计算机房和电话总机房采用了悬挂定温式 1211 气体自动灭火器。

北京西苑饭店

赵晨

一、工程概况

老西苑饭店改建为新西苑饭店，总建筑面积 62100m²，709 间客房，饭店地下 3 层，地上 27 层，建筑总高 91.2m。3 层与 4 层之间，13 层与 14 层之间和 24 层与 25 层之间设有管道夹层，客房标准层层高 2.9m。饭店内设 1500 个座位的中餐厅（包括宴会厅），800 个座位的西餐厅。还设有咖啡馆，对外清真餐厅，建筑最高层设有旋转餐厅。饭店内还设有洗衣房、健身房、室内游泳池、观赏水池等。

该建筑由香港某建筑事务所设计，当时，由于我国高层民用建筑设计防火规范尚未制定，因此消防系统的设计标准系按香港及英国的有关规定进行。

二、消火栓和消防卷盘系统（见图 1）

主楼分成两个消防给水区，由储水池（箱）、消防泵、消火栓和消防卷盘组成系统。地下室至 13 层为低区，14～27 层为高区。地下室设有专供消火栓和消防卷盘用的 36m³ 专用消防水池，并在 15 层设置一个中继消防供水箱。每层设置有 65mm 的消火栓和管径为 20mm、长度为 30m 的消防卷盘，按香港消防局所认可的标准安装。消防卷盘接在经减压后的主管上，压力保持在 0.2～0.27MPa 每个消防箱内设有启动消防水泵的按钮。消火栓和消防卷盘的消防用水直接由消防水泵供给。如果启动消防工作泵后，在一个预定时间内仍不启动，则备用泵即投入运行。消防泵由人工关闭，并设减压装置，在消防管道不通水的情况下起减压作用。消防水泵除正常供电外，还设置柴油备用发电机组供电。

在按动消防箱内的启动消防水泵的按钮的同时，在服务区内发出火警信号，并传到地下室机房消防显示屏上。

在每根消防立管顶端设有自动排气阀。在大楼外墙上设有两组双接头的消防水泵接合器。

三、自动喷水灭火系统（见图 2）

在饭店的公用部分，如走廊、商店、办公室、休息室、客房走廊和舞厅以及厨房和地下仓库，均设有自动喷水灭火装置。喷头为玻璃球型，温级为 73℃。自动喷水灭火系统的给水分区与消火栓系统同，是由储水池（箱）、消防泵＋恒压泵、喷头组成。地下室设有一个 185m³ 的储水箱，并在 15 层设置一个泄压水箱以减轻补压水泵突然停泵时产生的水锤现象。补压泵昼夜运行，使自动喷水灭火系统始终保持在有压状态。每层装有水流指示器，一旦发生火情，管道内水压下降水流指示器自动启动消防水泵，并将信号传递至消防总控制柜。

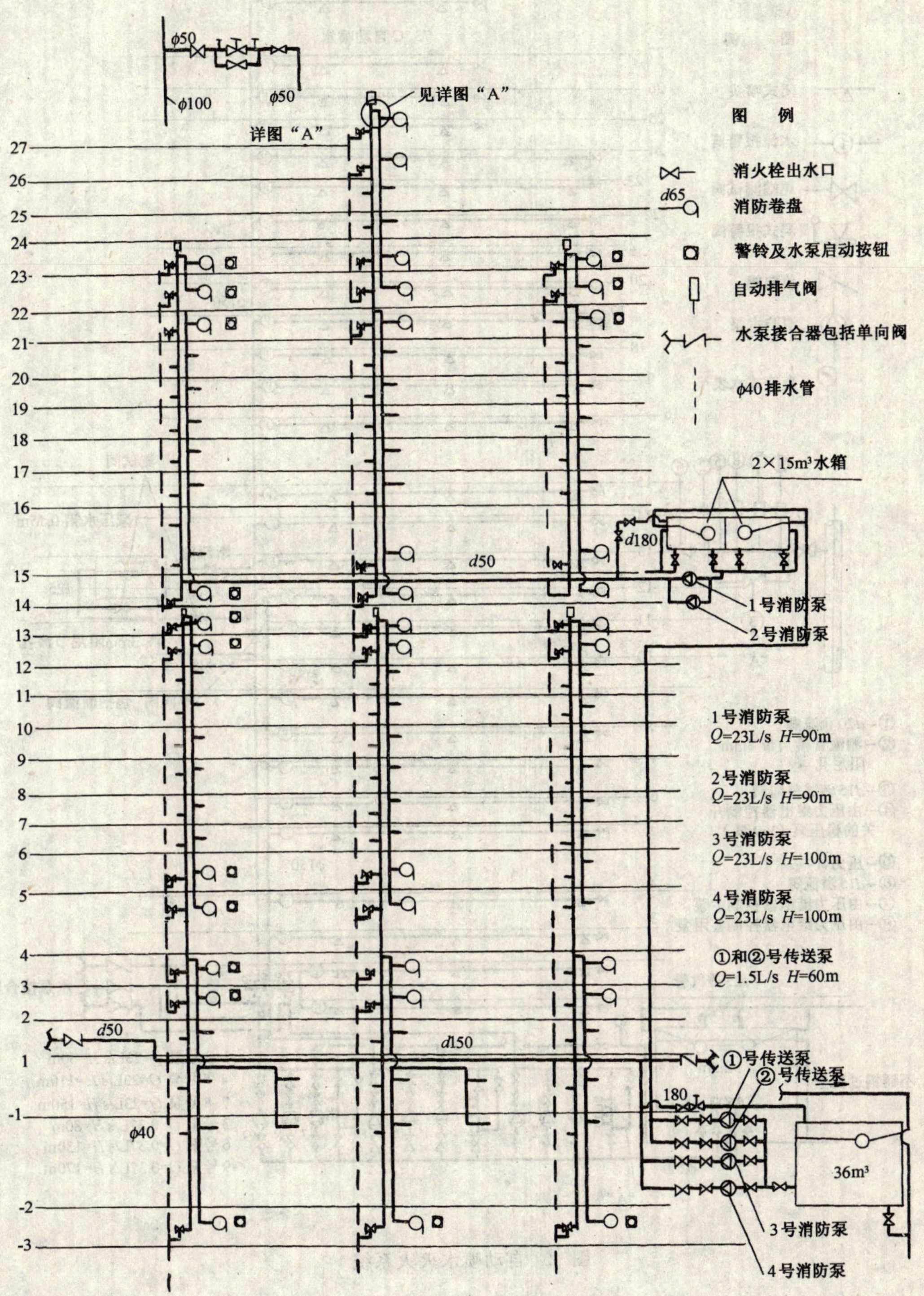

图 1 消火栓和消防卷盘系统

屋顶
73 °C 自动喷水
图 例
闭式喷头
水流报警阀
尾端测试阀
湿式报警阀
单向阀
消防水泵
直读式水表
27
26
25
24
23
22
21
20
19
18
17
16
15
14
13
12
11
10
9
8
7
6
5
4
3
2
1
ϕ150
测试阀
减压水箱 0.15m³
断流阀
ϕ25
压力表
ϕ25
3mm阻尼节流孔
ϕ25
单向阀 包括断流阀
"A"
①–d20 止流阀
②–测流管接头带 3mm 阻尼孔
③–d15 转试单向阀
④–由压力继电器控制开关的稳压泵（369 泵）
⑤–压力计
⑥–d15 溢流阀
⑦–由压力继电器控制主泵
⑧–由压力继电器控制备用泵
ϕ150
水泵接合器
ϕ25 透气管
2×92.5m³
不锈钢过滤器
ϕ200
"A"
1~2 号泵 Q=23L/s H=60m
4~5 号泵 Q=23L/s H=110m
7~8 号泵 Q=23L/s H=150m
3 号泵 Q=0.37L/s H=80m
6 号泵 Q=0.37L/s H=130m
9 号泵 Q=0.37L/s H=170m

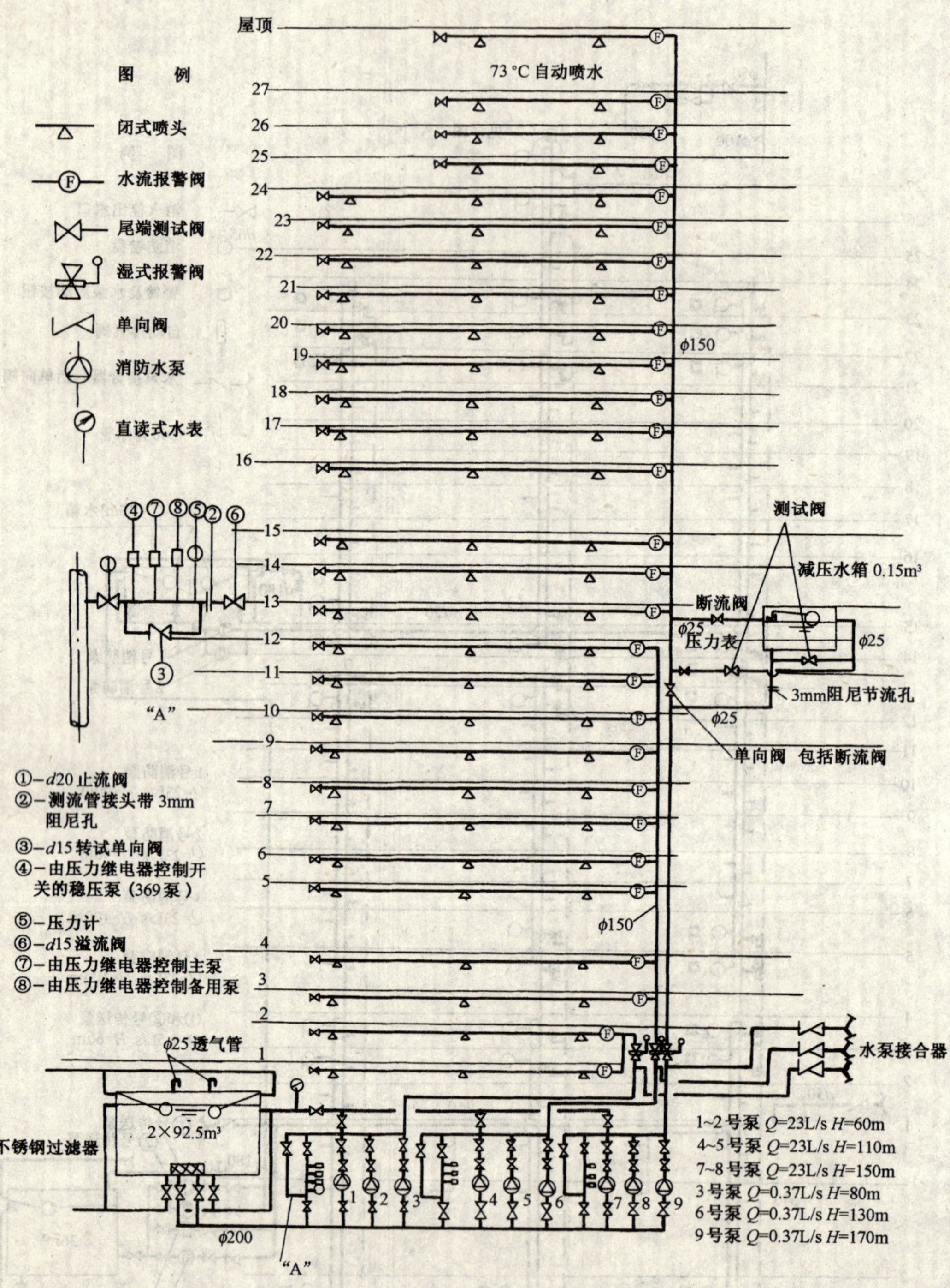

图 2 自动喷水灭火系统

四、气体消防系统

在地下室高低压配电室、电容器室、发电机控制室设有 CO_2 气体灭火系统，见图 3。

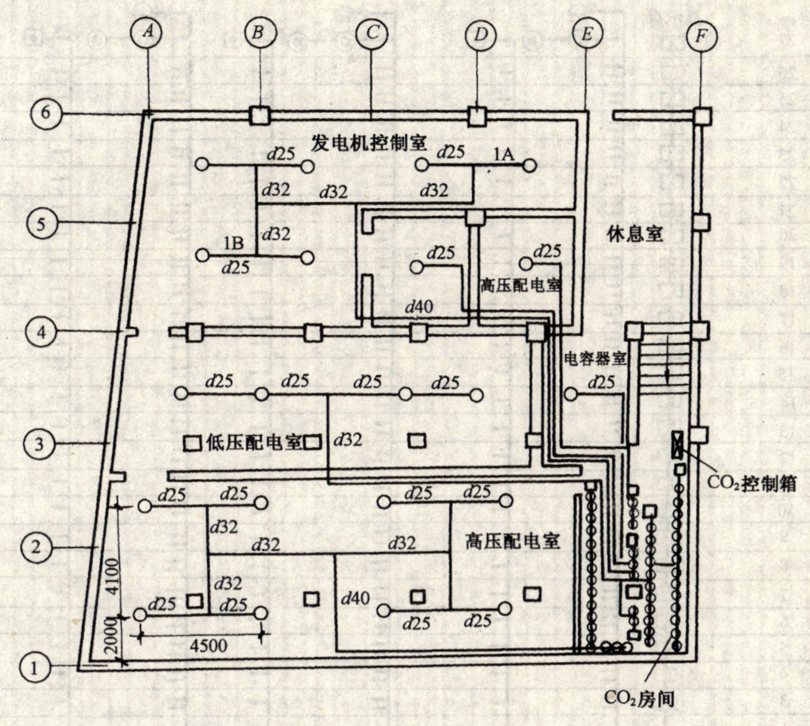

图 3　CO_2 灭火平面图

当一个烟感器发出信号时，只有警铃报警，而不喷 CO_2 气体。当有两个烟感器发出信号时，则系统控制屏将按下列程序动作：①关闭所有空调系统的防火阀，并关闭所有通风设备；②启动警铃；③30s 后，控制阀开启，CO_2 气体通过管道，喷头进入房间；④消防控制屏上同时显示 CO_2 喷放的情况。

设计灭火剂用量为 1.3349kg/m³，喷放时间不超过 3.3min，控制系统为自动和手动，设计备用量为 100%。

五、火警讯号及探测系统（见图 4）

客房内设有温感探测器，走廊、大厅入口、电梯机房、餐厅等没有安装自动喷水灭火喷头的地方则安装一组烟感和温感探测器和警铃。一个烟感探测器探到火情时，会在消防火警信号盘上有显示，只有两个烟感探测器同时探测到火情时，警铃方会作响。每一层服务台设有火灾信号显示盘。在饭店接待处设有全饭店火灾信号显示的总控制柜，并与市内消防队有直线电话联系。一旦火灾发生，总控制柜发出信号，使电梯回到底层，并自动启动消防泵。

饭店内设有两种火灾警铃。在电话服务员房、厨房、配电房等直接由火警信号使火灾警铃在服务区域内作响；而在客房、会议厅等则由电话服务员操作后方才作响。火警信号和感应系统的电源由常规电源和发电机紧急电源供给，并设有能连续供电 72h 的镍镉电池作为备用电源。系统的全部供电线路均用镀锌钢管护套保护。

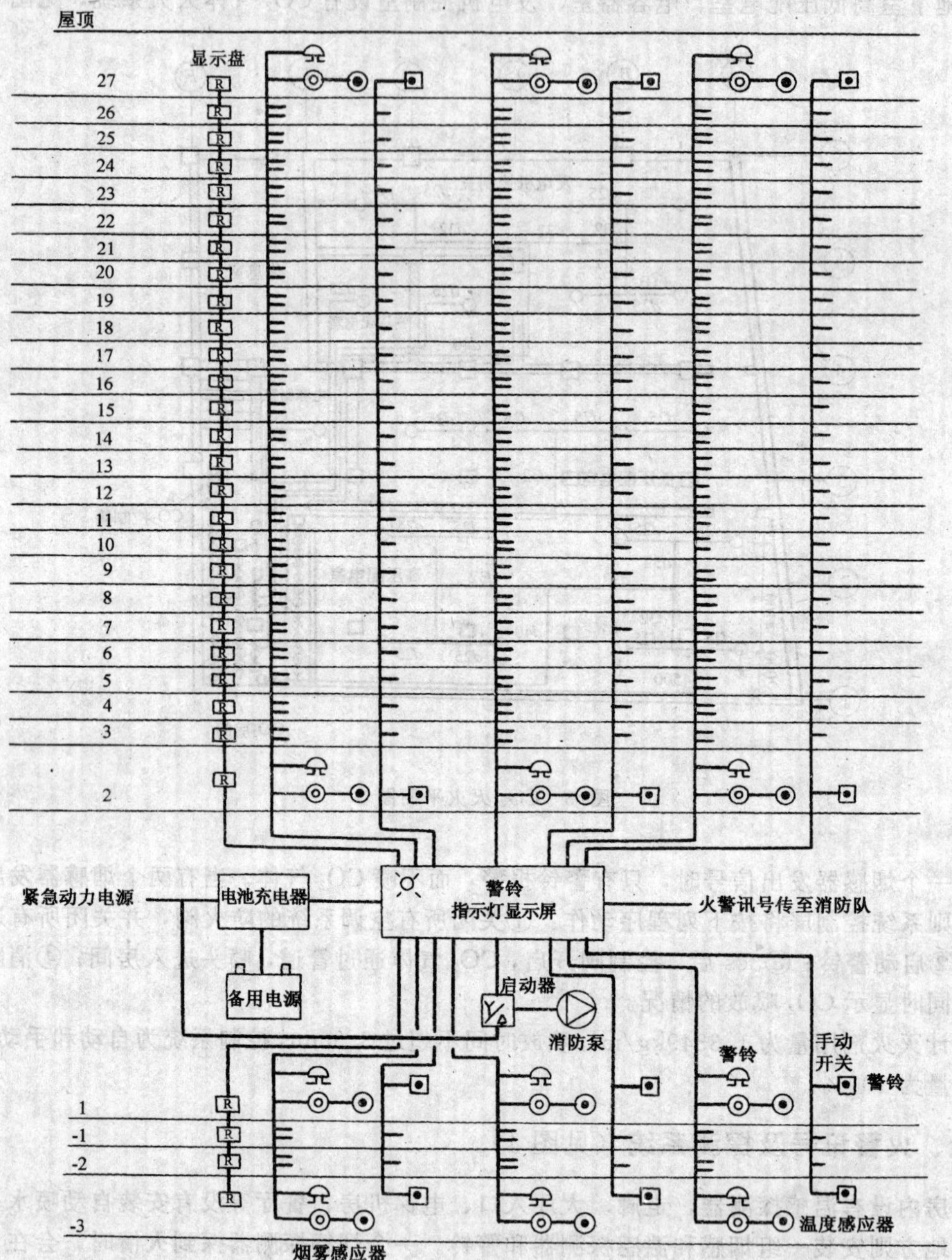

图 4 火警信号及探测系统

上海花园饭店

王世杰

一、工程概况

上海花园饭店是在上海原锦江俱乐部的位置新建的宾馆客房主楼，由改扩建部分和原有建筑组合而成，地下1层，地上34层，总高度120m。

地下室主要为车库并布置给水净化站、污水处理站、储水池、水泵房、备用发电机房、库房等；1～3层的裙房为商场、咖啡厅、厨房、各种宴会厅、健身房、桑拿浴、游泳池、设备间等；4、5层为美容、职工更衣室、职工餐厅、变配电间、设备间等；6层为办公室；7层为职工宿舍；8～30层为各种形式的客房，包括单套间、双套间、四套间、六套间及八套间等；31、32层为总统套房的宴会厅、厨房；33、34层为设备间、水箱间；屋顶设有直升机停机坪和擦窗机轨道。

二、消防给水

1. 消防水量

室内消火栓为40L/s，室外消火栓为30L/s，自动喷水为30L/s。地下室储水池储存3h室内消火栓用水及1h自动喷水的水量。室外消防由市政自来水管道供给。屋顶水箱中储存供初期火灾使用的消防用水量18m^3。

2. 室内消火栓系统

加压泵设在地下室，消防管道竖向分为3个区：低区经减压阀后供地下1层至地上6层；中区经减压阀后供7层至20层；高区供21层至34层。由于高位水箱也设在34层，故在顶层设有气压供水的稳压装置。稳压泵流量10L/s，对于动压高于0.5MPa的消火栓，在栓前设减压装置。在消火栓箱内设有对讲电话、指示灯、启动消火栓泵的按钮、水枪、水带、需减压的还带有减压头子。系统原理图见图1。

3. 自动喷水系统

除机房外，所有客房、办公室、走道、公共场所等处均设置喷水头。自动扶梯开口及中厅采取加密喷头处理。压力较高的立管上设置了减压阀。稳压泵设在地下室、流量2L/s，由管网压力控制开停，每层自动喷水支管上设置开闭信号阀，原理见图2。

4. 卤化烷气体灭火系统

在柴油发电机房、油锅炉房、变配电站、电脑房设置1301气体灭火系统。

三、消防控制

1. 消防控制中心

在一层设有消防控制中心，平时监控各系统运行情况，发现火情及时通知消防部门及大厦人员疏散，可自动或手动执行各种命令。

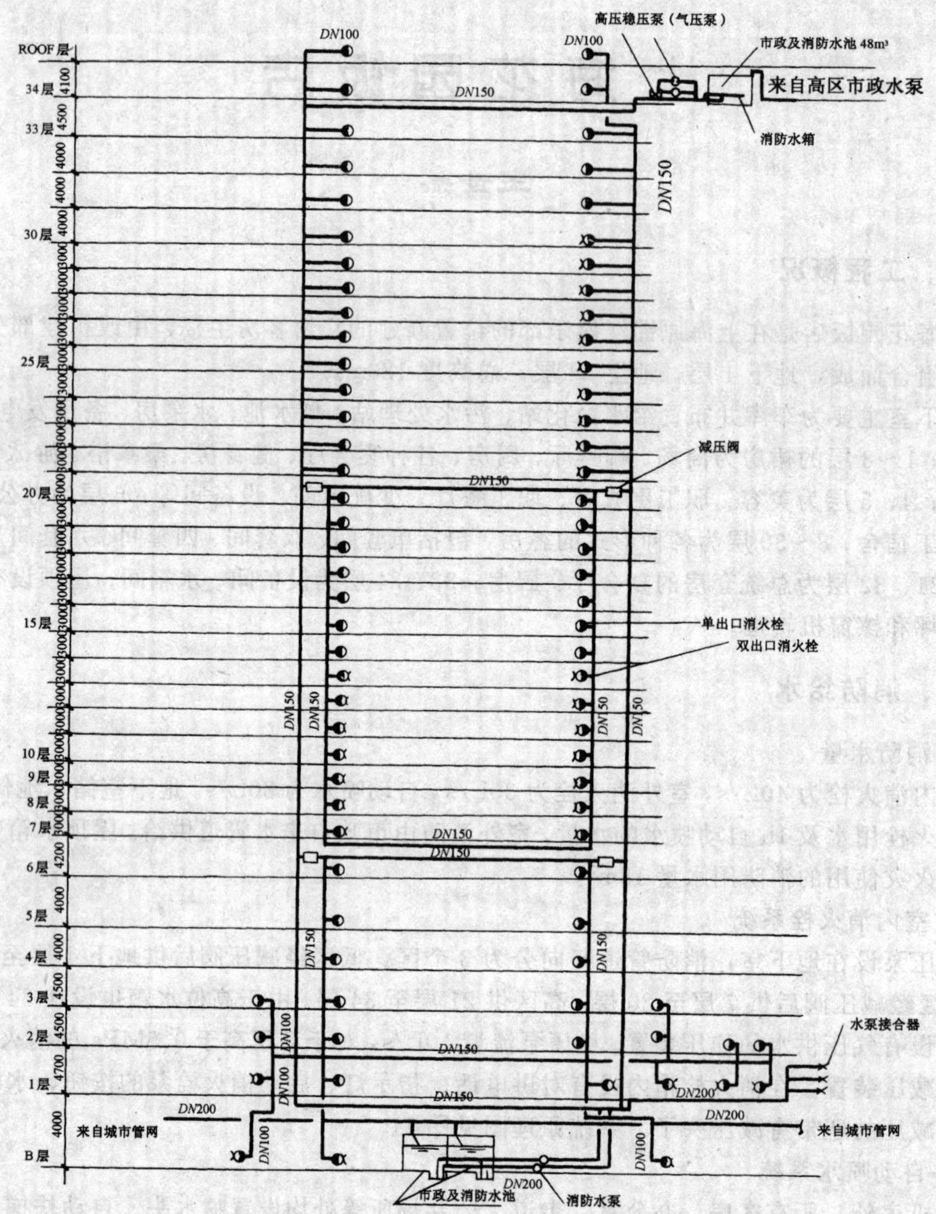

图 1 消火栓系统原理图

2. 大厦内设有火灾自动报警系统

全楼设置温感及烟感传感器，火灾初期即可在显示屏上发现信号及所处位置。

3. 紧急广播系统

火灾发生后，自动停止一般广播和背景音乐，而进行火灾紧急广播，在火灾发生的楼层以上，警铃自动敲响。

4. 紧急电话系统

每层楼的适当位置均有电话直接和消防控制中心相连，以便火灾发生时及时联系。

5. 应急电源系统

一旦发生火灾，市政电源切断时，备用发电机自动启动以供所有消防设备使用。自动火灾报警、紧急广播及安全出口照明均有蓄电池自动供电。

控制系统见图 3。

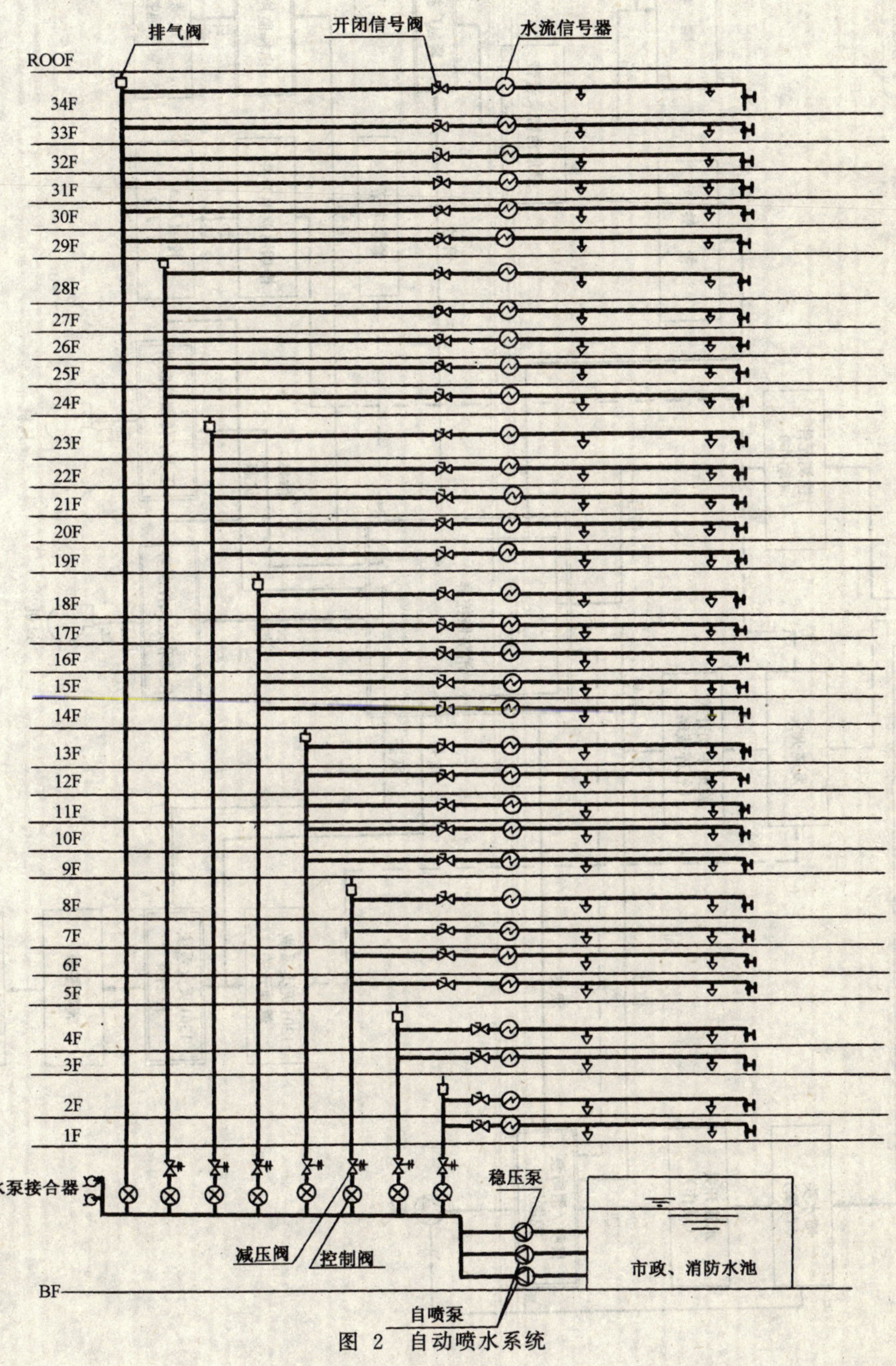

图 2 自动喷水系统

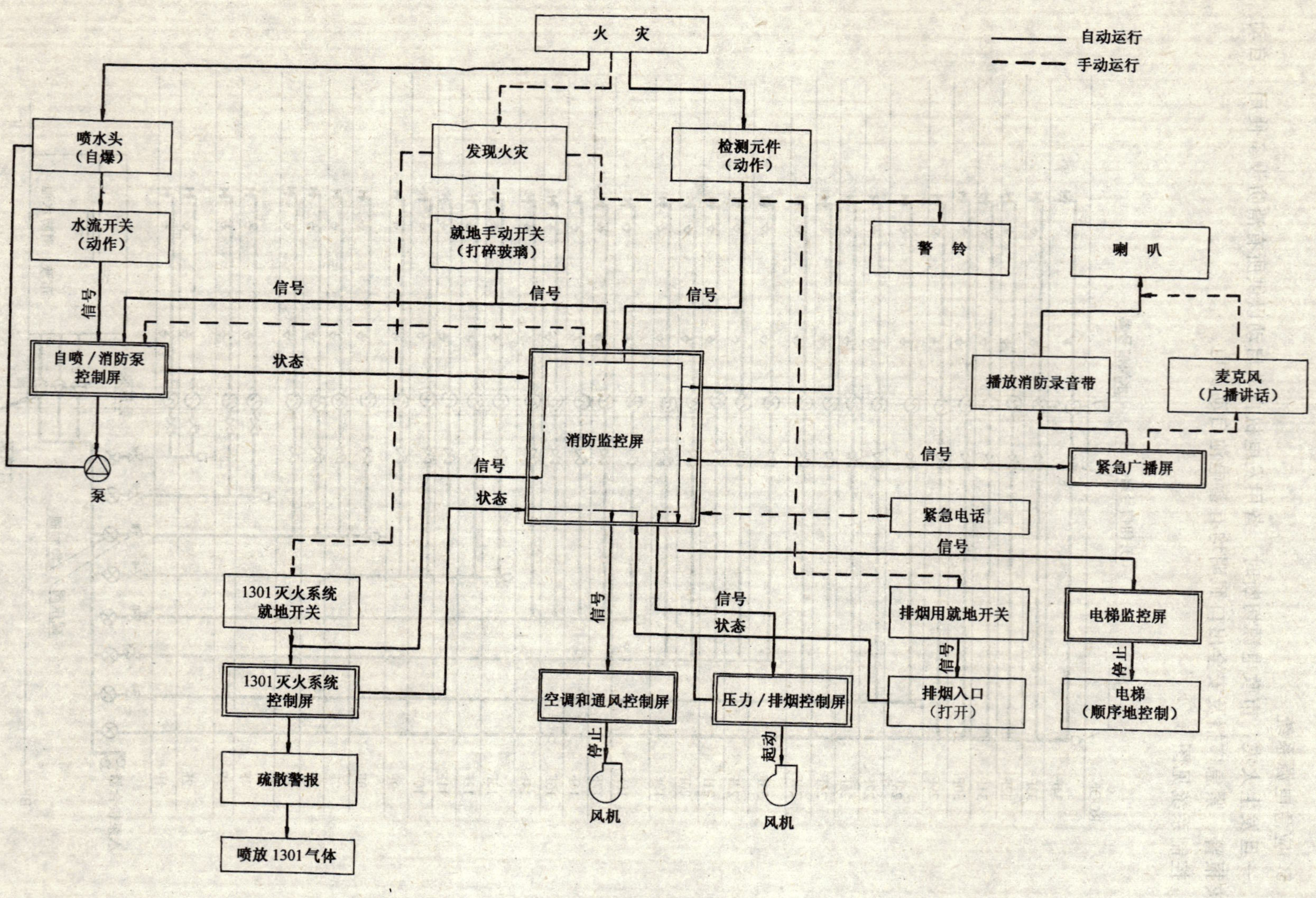

图 3　消防控制系统图

上海新锦江大酒店

吴　晓

一、工程概况

本大厦位于上海市瑞金路及长乐路交界处，为地下 1 层，地上 43 层。地下室有停车库、机房、职工食堂等。1～4 层为裙房，设有大堂、商务中心、商店、餐厅、宴会厅、厨房等；5 层为游泳池；6 层为结构层；8～38 层为各类客房、套房；7、23、39 层为机电设备层；41、42 层为旋转餐厅。设计方案系根据香港及英国防火条例进行，并符合中国有关防火规范。

二、消防给水

1. 水源

由瑞金路及长乐路市政自来水管两路进水，引进 *DN*200mm 水管作为本建筑给水水源。室外消防水量由市政管网保证，室内消防及自动喷水储水量按香港和英国规范应不小于 36m^3 及 75m^3。此容量按我国消防规范来核算，考虑用水量与补给水量之差，能分别维持 3h 和 1h 的要求。

2. 消防水量

室外消火栓为 30L/s，室内消火栓为 40L/s，自动喷水灭火为 30L/s。

3. 室内消火栓系统

在安全疏散的楼梯间及公共走廊，除设有供消防人员专用的消火栓外，还在每层走廊安装供一般人员使用的小口径消防卷盘，供水系统图见图 1。整个大厦分为两个垂直分区：地下室至 23 层为 1 区，24 至 43 层为 2 区。市政供水管接至地下室 12m^3 的储水箱，用水泵将水送到 7 层 36m^3 消防水箱，在 1 层有消防水泵接合器与此送水管相接。7 层的消防加压泵保证 1 区消火栓的出口压力不小于 0.4MPa。同时将水注入 23 层的中间水箱，23 层的消防加压泵保证 2 区消火栓的出口压力。为了避免某些层的消火栓超压（按 0.7MPa 考虑），在消火栓处设有安全泄压管，压力较高的小口径卷盘总支管处设减压阀。各分区加压泵的启动，由各分区消防按钮发出信号加以控制。

4. 自动喷水灭火系统

供水系统图见图 2。

按英国有关规定，自动喷水系统垂直分区不超过 45m，共分为 4 个分区：1 区——地下室至 6 层；2 区——7 层至 19 层；3 区——20 层至 32 层；4 区——33 层至 43 层。

地下室储水池容积为 75m^3，由两台（一用一备）多级多出口水泵分别将水送至 4 个分区。为保证各分区平时的压力，每个分区有 1 台小型稳压泵，当火灾发生时喷头出水，管道压力降低，多级泵自动启动供水，超过 45m 的立管上设静压隔离水箱进行减压。

当天花板吊顶以上距离超过 800mm 时安装双层喷头，一般喷头动作温度为 68℃。厨房内温度较高，动作温度定为 100℃。

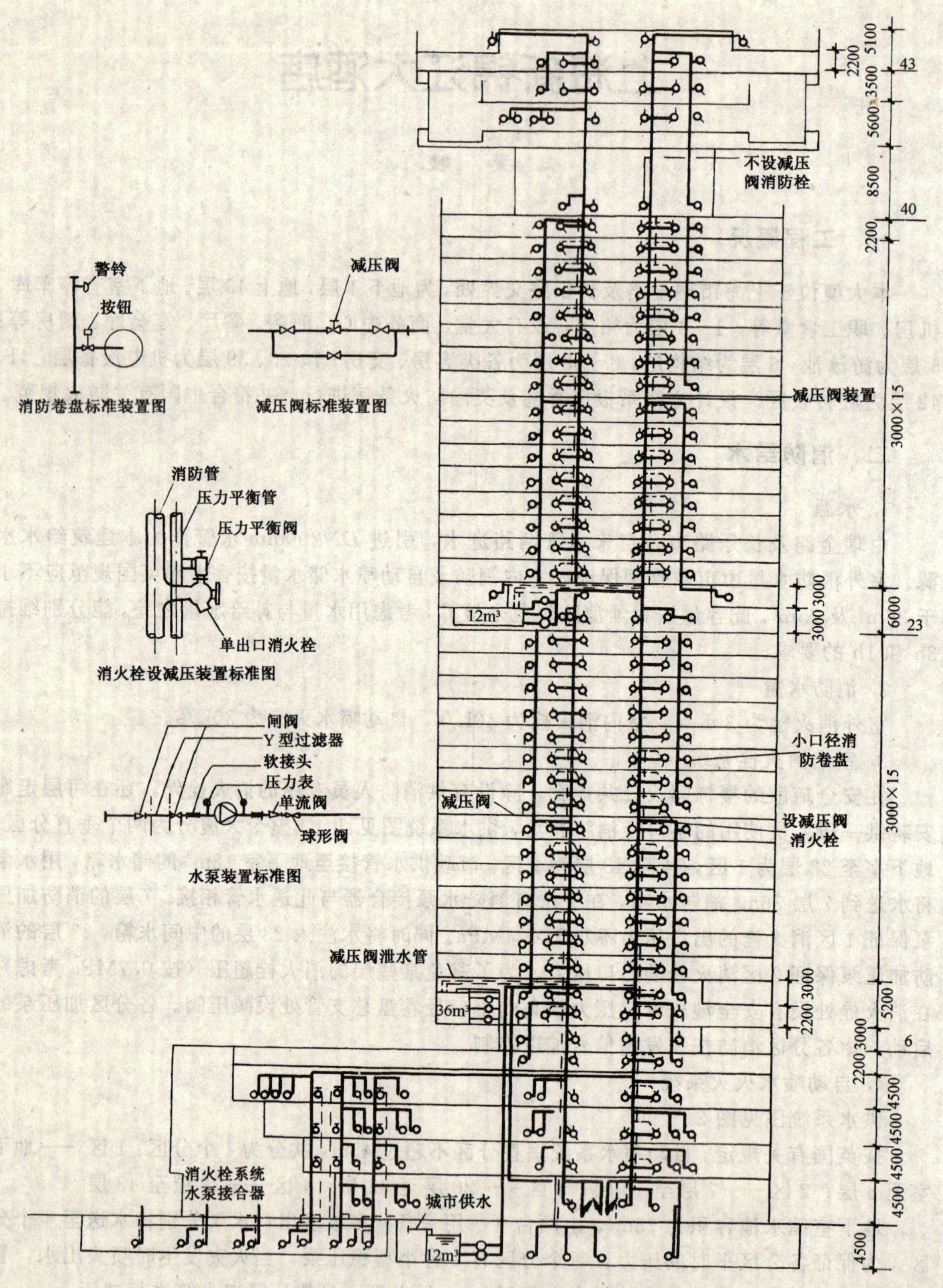

警铃
按钮
消防卷盘标准装置图
减压阀
减压阀标准装置图
消防管
压力平衡管
压力平衡阀
单出口消火栓
消火栓设减压装置标准图
闸阀
Y型过滤器
软接头
压力表
单流阀
球形阀
水泵装置标准图
不设减压
阀消防栓
减压阀装置
12m³
小口径消
防卷盘
减压阀
设减压阀
消火栓
减压阀泄水管
36m³
消火栓系统
水泵接合器
城市供水
12m³
43
40
23
6
3000×15
3000×15

图 1 消火栓系统图

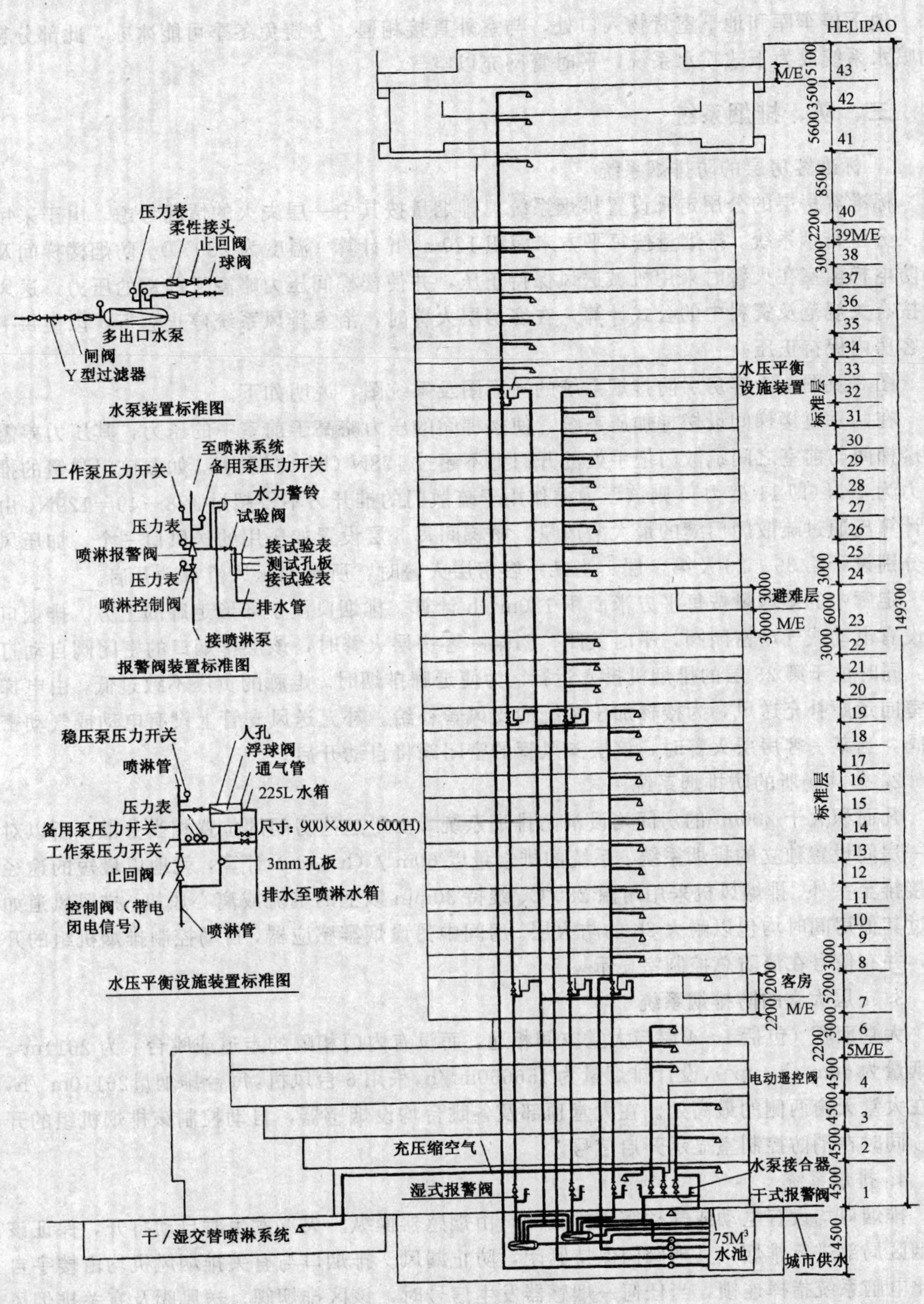

图 2 自动喷水灭火供水系统图

地下停车库和地下室货物入口处，与室外直接相通。为避免冬季可能冰冻，此部分自动喷水系统改为干式喷水系统，平时管网充以空气。

三、防、排烟系统

1. 标准客房层的防排烟系统

标准客房层的公用走廊设置排烟系统。排烟量按其中一层失火的情况考虑。由于采用中央分区排烟系统，排烟量按每平方米面积 $120m^3/h$ 计算（温度为 280℃）。防烟楼梯间及消防电梯前室在火警时采用机械送风保持正压，并使楼梯间压力略高于前室的压力。送风量按有关规范及资料中的公式计算，在客房层火警时，浴室排风系统停止运行，以便每一个客房内保持正压。

图 3 及图 4 为客房层防排烟系统的平面图及系统图，说明如下。

在两垂直楼梯间设楼梯加压系统，使楼梯间的压力略高于前室中的压力，其压力差需使楼梯间与前室之间疏散门把手处的开门力不超过 178N（即 40 磅力）。如取该门弹簧的推开力为 49N（即 11 磅力），则该压力差作用于疏散门的推开力不得超过 178－49＝129N。由此计算出通过疏散门门缝的最大漏风量。楼梯间每 3 层设置加压用的送风口一个，加压风机分别设于第 39、23 及第 7 层。当某一客房层火警时，所有加压风机自动开启。

走廊中的排烟量按每平方米面积 $120m^3/h$ 计算。排烟口设于环形走廊的上方。排烟口均设有电动或气动密闭阀，平时关闭；当某一客房层火警时，该层排烟口的密闭阀自动打开，同时位于第 23 层的排烟机投入运行。为使走廊排烟时，走廊的负压不致过低，由电梯前室向走廊补充送风，为楼梯加压系统的支风管补给。补充送风支管上设有电动或气动密闭阀，当某一客房层火警时，该层支风管的密闭阀将自动开启。

2. 公共场所的防排烟系统

凡面积大于 $200m^2$ 的房间均设消防排烟系统。由于这些房间的位置相当分散，所以对每一房间设置独立的排烟系统。系统的排烟量以 $60m^3/(h·m^2)$ 计算，就地以最短的途径直接排至室外。排烟风机采用耐温 280℃、维持 30min 以上的轴流或离心风机。排风风道如穿过其他房间时均包以耐火 2h 的防火层。房间中另设烟雾感应器，自动控制排烟机组的开启，并有信号在消防总控制室显示。

3. 1 层大堂的防排烟系统

大堂面积（包括 1～4 层与大堂空间相通，而没有内门相隔的走道或眺台）为 $2611m^2$。排烟量为 $60m^3(h·m^2)$，设计排烟量为 $156660m^3/h$，采用 6 台风机，每台排烟量 $26110m^3/h$，设在大堂天窗两侧的最高处。在大堂顶部及各眺台均设烟感器，自动控制该排烟机组的开启，同时在消防控制室显示开启信号。

4. 排烟系统

排烟口均设有电动或气动密闭排烟阀，由烟感器操纵。火灾发生时自动打开，保证该防烟区局部进行排烟，其他阀门保持紧闭，防止漏风。排烟口与有关排烟风机均由楼宇自动化电脑系统指挥连锁，当任何一烟感器发生信号时，该区排烟阀、送风阀及有关排烟风机、送风风机将投入工作状态。排烟风机入口处有过热感应装置，当温度超过 280℃ 时，入口处的防火阀将自动关闭，风机亦停止运行。

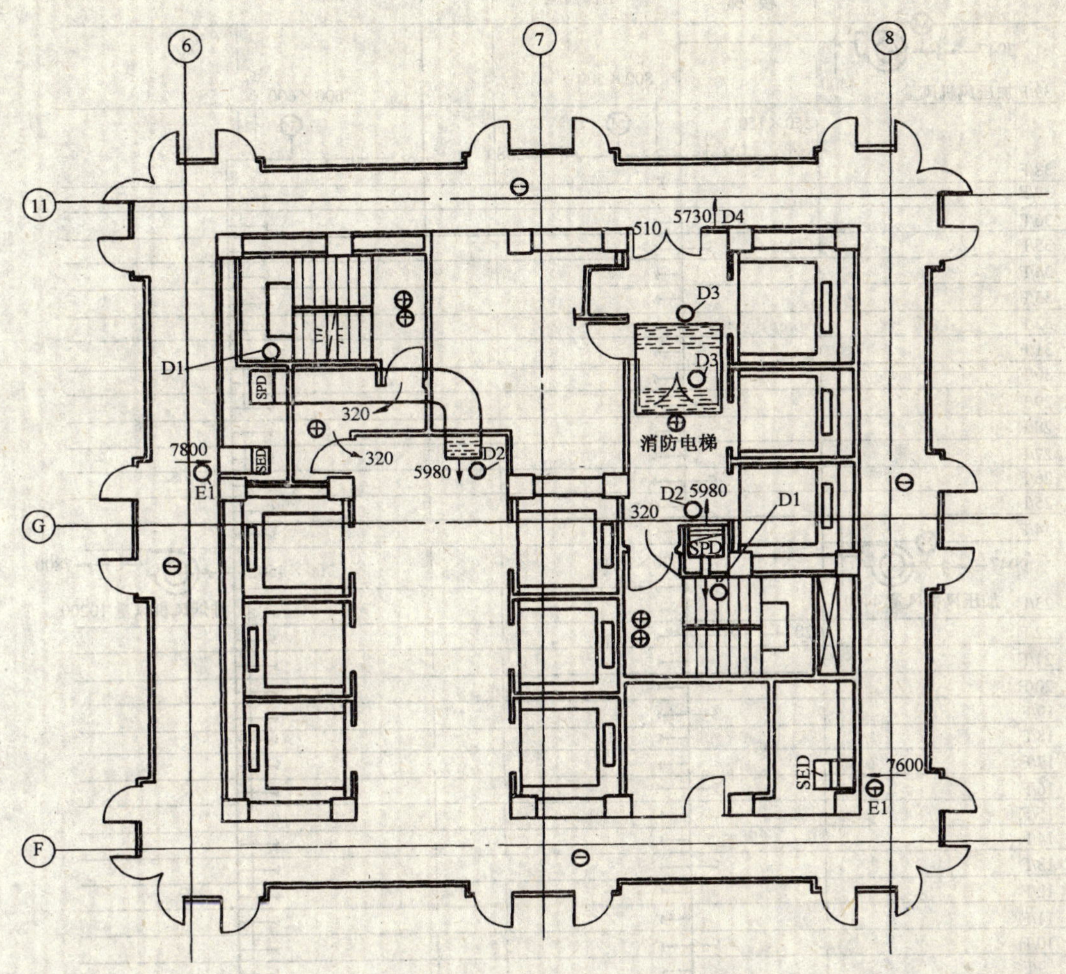

图 3 客房层防排烟措施平面示意图

注：1）SPD—加压送风风口

2）SED—排烟风道

3）⊕⊖—正压及负压表示

4）ⒹⒺ—送风风咀及排烟口

其尺寸为：

D1—250×250，D2—800×500

D3—2000×600，D4—400×1500

E1—600×600

5）走廊中所有缝隙漏风量设为 3000m^3/h

6）风量单位为 m^1/h

7）楼梯加压风风量：

第 23 层以上－960

第 23 层以下－920

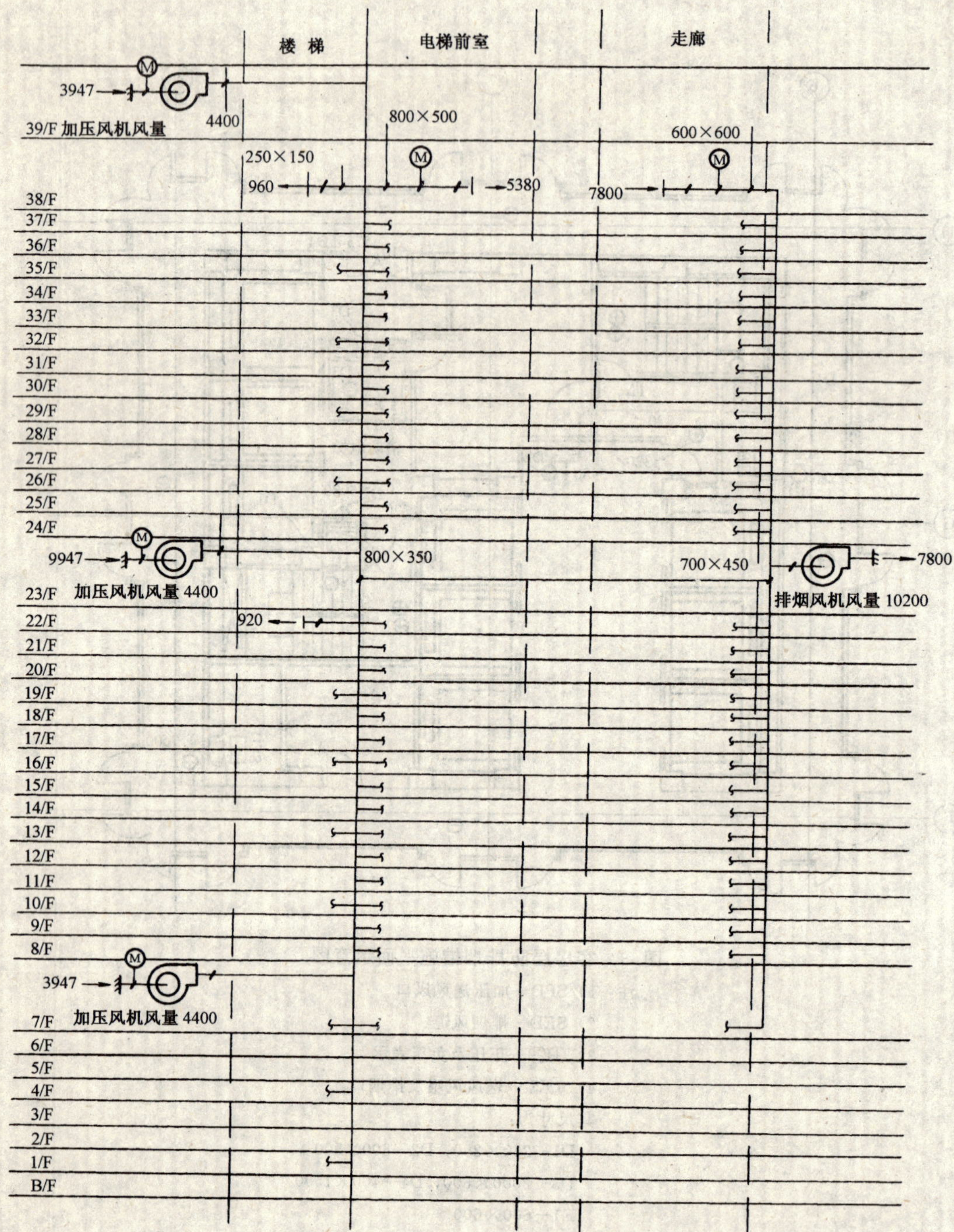

图 4 客房层防排烟系统示意图

注：1） 调节阀

2） 电动或气动密闭阀

3）风量单位为 m^3/h

4）楼梯加压风咀之风量：

第 23 层以上－960

第 23 层以下－920

上海华亭宾馆

吴克山

一、工程概况

华亭宾馆建于上海市漕溪北路与中山北路交叉路口，与圆形上海体育馆相对。宾馆拥有1000间客房，主楼呈圆弧“S”形，北端为阶梯式屋顶花园，地下室拥有100辆车位的车库、洗衣房及职工生活设施等。总建筑面积为78800m^2，共29层，其中地下室1层，总高为90m，占地面积1.96hm^2。

客房分总统房、高级套房、三套房、双套房、双人房、单人房等多种形式，以双人房为主。标准层每层设有服务台。宾馆底层至3层为公共设施和康乐场所，如荷花池、舞厅、室内温水游泳池、室外网球场、健身房和蒸汽浴室等。

水泵房及水处理站设在北端地下室。冷冻机房、锅炉房单独建造在西南面。

由于城市污水工程暂不完善，在基地内设地下污水处理站一座。

二、消防系统

主楼分成两个消防给水区，上区为4～25层，下区为4层以下，分别设置室内消火栓及自动喷水灭火系统。在地下室设置专用消防水泵加压，消防泵从市政自来水管网直接抽水，不另设消防水池（见图1）。

在商场、餐厅、厨房及客房走道、地下车库等处设自动喷水灭火设备，采用玻璃球喷头，除厨房采用93℃外，其余爆破温度选用68℃。喷头保护面积一般小于12m^2，汽车库小于9m^2，并在每层喷水系统干管上装有水流指示器。当任何一个喷头动作时喷水系统的加压泵立即开动，并发出信号至消防中心报警。每一自动喷水灭火系统装有一套湿式水力报警控制阀。

主楼主要入口及走道内设消火栓箱，间距小于30m，箱内配有ϕ19×65水枪一支、ϕ65mm×25m麻质龙带（并在低层设减压泄水阀）及ϕ25mm胶质卷盘带、ϕ25mm水枪（供消防人员未来时使用），在箱内设有手动按钮控制消防泵开启及报警。

为了保证高层消防初期供水压力，室内采用高压制，设置辅助泵，保证管网需要的压力。当管网压力由于泄漏而降低时，由压力控制器自动开启辅助泵增压，当有一喷头喷水或消火栓启用管网压力猛降时，立即自动启动消防泵。在室外设置地下式消防水泵接合器，并在适当位置设置室外地下式消火栓。

在不能用水灭火场所，例如变配电室、电脑、电视、电信、电话机房设置卤代烷自动灭火装置，按淹没式、体积比0.35kg/m^{3}设计。

柴油机房设有CO_2灭火设备。

地下车库除设有消火栓系统和自动喷水灭火系统外，还设有移动式空气泡沫枪，并储存一定量的泡沫液。

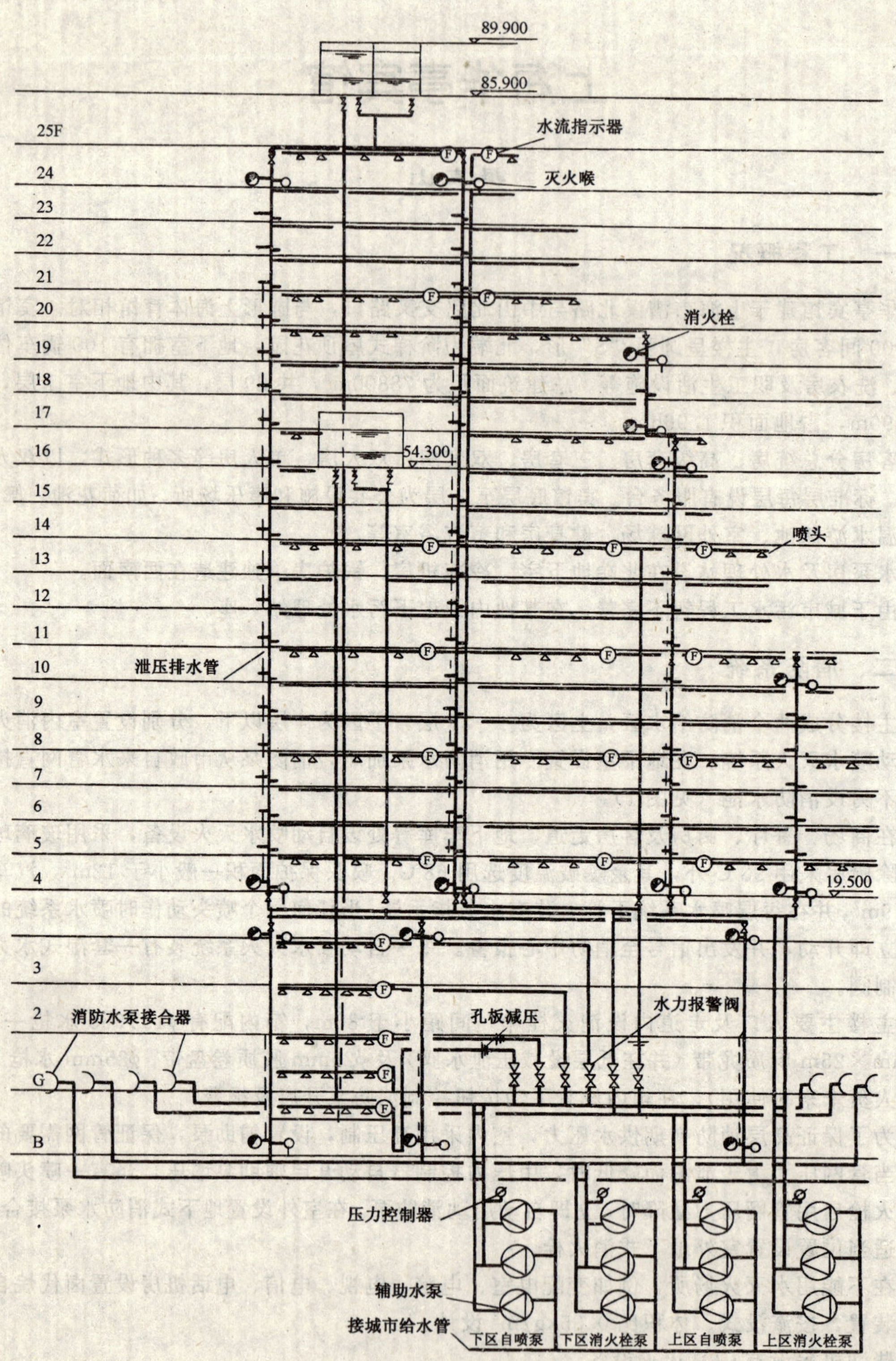

89.900
85.900
25F
24
23
22
21
20
19
18
17
16
15
14
13
12
11
10
9
8
7
6
5
4
3
2
B
水流指示器
灭火喉
消火栓
54.300
喷头
泄压排水管
19.500
孔板减压
水力报警阀
消防水泵接合器
压力控制器
辅助水泵
接城市给水管
下区自喷泵
下区消火栓泵
上区自喷泵
上区消火栓泵

图 1 消防系统图

西安建国饭店自动喷水

王烽华　田亦工

一、工程概况

西安建国饭店呈矩形群体布置，主要建筑有高层客房楼，多层客房楼，中、西餐厅，宴会厅及舞厅等，中庭设有喷泉、凉亭等景观。建筑标准高，功能复杂，并均装空调设施，故设计按一类高层中危险级进行设防。客房楼、餐厅、宴会厅、舞厅以及门厅均设自动喷水灭火系统。以下介绍本建筑高层客房楼自动喷水部分，其建筑高度 36.60m。地下 1 层（−4m）。按照规范在其走道、客房和地下室设自动喷水。自动喷水与消火栓消防分开设置。自喷水泵为成组进口设备，附有稳压水泵。走道、客房无吊顶，采用玻璃球边墙型喷头，地下室采用玻璃球下垂型喷头。

最不利作用面积和最不利点位于 13 层。喷头作用面积平面图见图 1，管道系统图见图 2。

二、自动喷水的三种计算方法

同一命题分别采用管道简化计算，面积计算法，沿途计算法等三种方法求解（见表 1）。

1. 管道简化计算

表 1

管　段	①～②	②～③	③～④	④～⑤	⑤～⑥	⑥～⑦	⑦～⑧	⑧～⑨	⑨～⑩	⑩～⑪	⑩～㉔	㉔～㊂
喷头数	2	4	5	7	8	9	13	14	18	20	20	20
管　径	32	40	50	50	50	50	70	70	80	放大为 100	放大为 100	放大为 150

注：为了减少水头损失，进而降低自喷水泵扬程，节点⑩～㉔、㉔～㊂分别放大为 100mm 和 150mm。

2. 面积计算法

（1）喷头作用面积平面图及管道系统图分别见图 1、图 2。

（2）最不利作用面积位于 13 层，$194m^2 < 200m^2$。因系工程设计实例，作用面积近似呈长方形或正方形布置。作用面积内共设 20 个喷头。

（3）节点①为系统设计最不利点。以下作用面积内喷头处、管道分支连接处按序进行节点编号直至自喷水泵。

（4）中危险级假定作用面积内各喷头处水压和喷水量相等（即按节点①的水压 $7mH_2O$，喷水量 1.12L/s）。从节点①开始进行水力计算，直至作用面积内最末两个喷头（节点 h）为止。管段累计流量 20×1.12＝22.40L/s。从节点⑪开始至自喷水泵，管段累计流量不再增加，仅按 22.40L/s 计算管道沿程局部水头损失。计算结果见表 3。

（5）校核各管段流速（见表 2）。

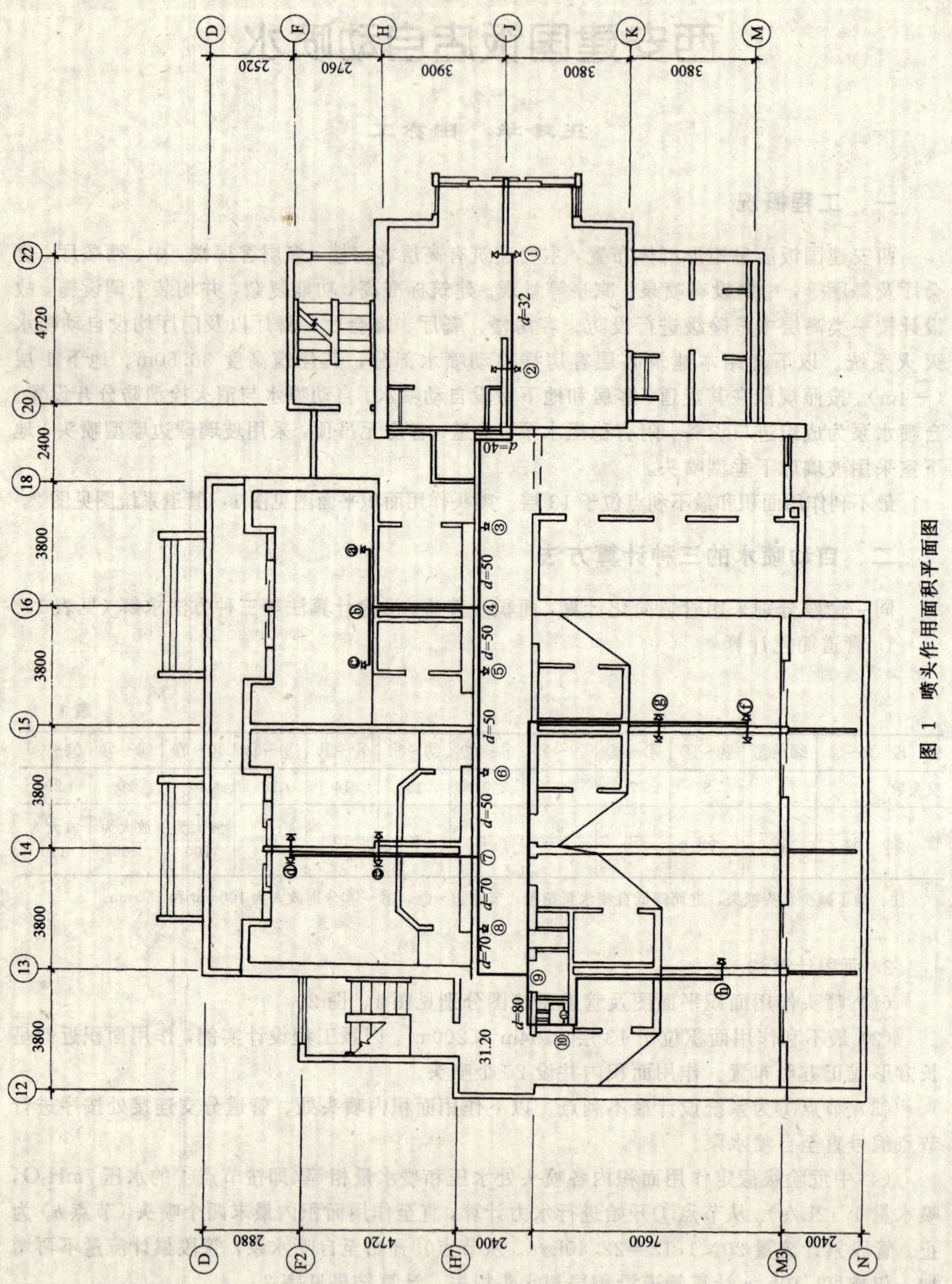

图 1 喷头作用面积平面图

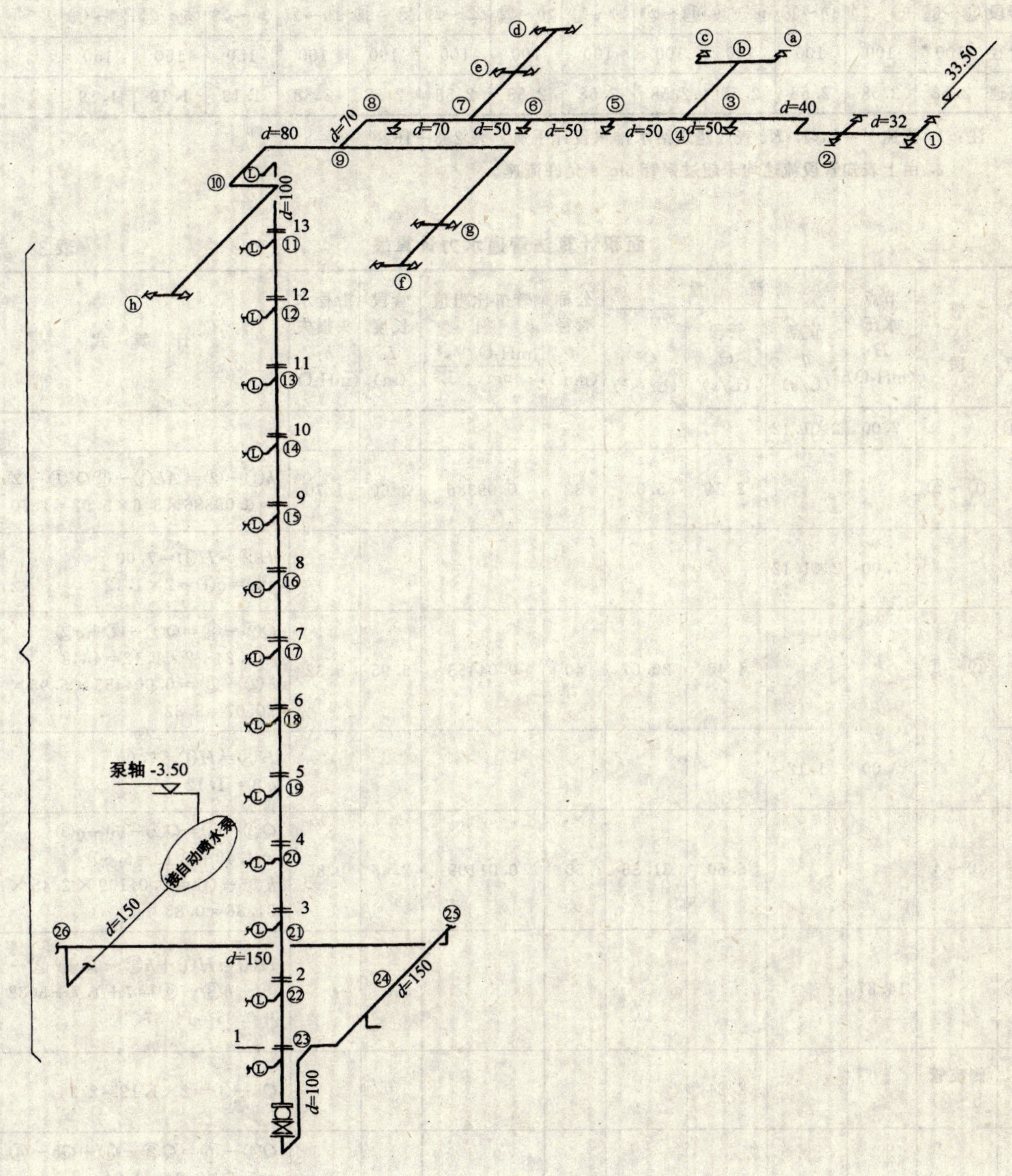

注：管段长度见管道水力计算表

图 2 管道系统图

校核各管段流速 表 2

管段	①～②	②～③	③～④	④～⑤	⑤～⑥	⑥～⑦	⑦～⑧	⑧～⑨	⑨～⑩	⑩～⑪	⑪～⑫	⑫～⑬	⑬～⑭	⑭～⑮
管径	32	40	50	50	50	50	70	70	80	100	100	100	100	100
流速	2.35	3.58	2.63	3.68	4.21	4.77	4.12	4.44	4.11	2.58	2.58	2.58	2.58	2.58
管段	⑮～⑯	⑯～⑰	⑰～⑱	⑱～⑲	⑲～⑳	⑳～㉑	㉑～㉒	㉒～㉓	㉓～报	报～㉔	㉔～㉕	㉕～㉖	㉖～自	
管径	100	100	100	100	100	100	100	100	100	100	150	150	150	
流速	2.58	2.58	2.58	2.58	2.58	2.58	2.58	2.58	2.58	2.58	1.19	1.19	1.19	

注：1. 流速 $V=KcQ$，Kc 查《建筑给水排水设计手册》表 2.3－16。

2. 由上表知管段流速均未超过钢管 5m/s 允许流速。

面积计算法管道水力计算表 表 3

节点	管段	节点水压 H (mH_2O)	流量 节点 q (L/s)	管段 Q (L/s)	Q^2 (L^2/s^2)	公称管径 d (mm)	管道比阻值 A $(\frac{mH_2O}{m}\cdot\frac{s^2}{L^2})$	管段长度 L (m)	沿程水头损失 h_1 (mH_2O)	计算式
①		7.00	2×1.12							
	①～②			2.24	5.02	32	0.09386	3.60	1.70	h①－②$=AL$①－②$Q^2$①－② ＝0.09386×3.6×5.02＝1.70
②		7.00	2×1.12							H②＝H①＝7.00 q②＝q①＝2×1.12
	②～③			4.48	20.07	40	0.04453	5.95	5.32	Q②－③＝Q①－②＋q② ＝2.24＋2×1.12＝4.48 h②－③＝0.004453×5.95× 20.07＝5.32
③		7.00	1.12							H③＝H①＝7.00 q③＝1.12
	③～④			5.60	31.36	50	0.01109	2.45	0.85	Q③－④＝Q②－③＋q③ ＝4.48＋1.12＝5.60 h③－④＝0.01109×2.45× 31.36＝0.85
④		14.87								H④＝H①＋h①－②＋h②－ ③＋h③－④＝7＋1.7＋5.32 ＋0.85＝14.87
	侧支管 b～④			2.24						Qb－④＝2×1.12＝2.24
	④～⑤			7.84	61.47	50	0.01109	2.15	1.47	Q④－⑤＝Q③－④＋Qb－④ ＝5.6＋2.24＝7.84 h④－⑤＝0.01109×2.15× 61.47＝1.47
⑤		7.00	1.12							H⑤＝H①＝7.00 q⑤＝1.12

续表

节点	管段	节点水压 H (mH_2O)	流量 节点 q (L/s)	管段 Q (L/s)	Q^2 (L^2/s^2)	公称管径 d (mm)	管道比阻值 A ($\frac{mH_2O}{m}\cdot\frac{s^2}{L^2}$)	管段长度 L (m)	沿程水头损失 h_1 (mH_2O)	计算式
⑤	⑤～⑥			8.96	80.28	50	0.01109	3.10	2.76	Q⑤－⑥＝Q④－⑤＋q⑤＝7.84＋1.12＝8.96 h⑤－⑥＝0.01109×3.1×80.28＝2.76
⑥		7.00	1.12							H⑥＝H①＝7.00　q⑥＝1.12
	⑥～⑦			10.08	101.61	50	0.01109	2.50	2.82	Q⑥－⑦＝Q⑤－⑥＋q⑥＝8.96＋1.12＝10.08 h⑥－⑦＝0.01109×2.5×101.61＝2.82
⑦		21.92								H⑦＝H④＋h④－⑤＋h⑤－⑥＋h⑥－⑦＝14.87＋1.47＋2.76＋2.82＝21.92
	侧支管 e－⑦			4.48						Qe－⑦＝4×1.12＝4.48
	⑦～⑧			14.56	211.99	70	0.002893	2.40	1.47	Q⑦－⑧＝Q⑥－⑦＋Qe－⑦＝10.08＋4.48＝14.56 h⑦－⑧＝0.002893×2.4×211.99＝1.47
⑧		7.00	1.12							H⑧＝H①＝7.00 q⑧＝1.12
	⑧～⑨			15.68	245.86	70	0.002893	2.90	2.06	Q⑧－⑨＝Q⑦－⑧＋q(8)＝14.56＋1.12＝15.68 h⑧－⑨＝0.002893×2.9×245.86＝2.06
⑨		25.45								H⑨＝H⑦＋h⑦－⑧＋h⑧－⑨＝21.92＋1.47＋2.06＝25.45
	侧支管 ⓖ－⑨			4.48						Qⓖ－⑨＝4×1.12＝4.48
	⑨－⑩			20.16	406.43	80	0.001168	2.60	1.23	Q⑨－⑩＝Q⑧－⑨＋Qⓖ－⑨＝15.68＋4.48＝20.16 h⑨－⑩＝0.001168×2.6×406.43＝1.23
⑩		26.68								H⑩＝H⑨＋h⑨－⑩＝25.45＋1.23＝26.68
	侧支管 ⓗ－⑩			2.24						Qⓗ－⑩＝2×1.12＝2.24
	⑩－⑪			22.40	501.76	100	0.0002675	3.80	0.51	Q⑩－⑪＝Q⑨－⑩＋Qⓗ－⑩＝20.16＋2.24＝22.40 h⑩－⑪＝0.0002675×3.8×501.76＝0.51

续表

节点	管段	节点水压 H (mH_2O)	流量			公称管径 d (mm)	管道比阻值 A $(\frac{mH_2O}{m}\cdot\frac{s^2}{L^2})$	管段长度 L (m)	沿程水头损失 h_1 (mH_2O)	计算式
			节点 q (L/s)	管段 Q (L/s)	Q^2 (L^2/s^2)					
⑪		27.19								H⑪$=H$⑩$+h$⑩$-$⑪ $=26.68+0.51=27.19$
	⑪－⑫			22.40	501.76	100	0.0002675	2.60	0.35	Q⑪$-$⑫$=Q$⑩$-$⑪$=22.40$ h⑪$-$⑫$=0.0002675\times2.6\times$ $501.76=0.35$
⑫		27.54								H⑫$=H$⑪$+h$⑪$-$⑫ $=27.19+0.35=27.54$
	⑫－⑬			22.40	501.76	100	0.0002675	2.60	0.35	Q⑫$-$⑬$=Q$⑩$-$⑪$=22.40$ h⑫$-$⑬$=h$⑪$-$⑫$=0.35$
⑬		27.89								H⑬$=H$⑫$+h$⑫$-$⑬ $=27.54+0.35=27.89$
	⑬－⑭			22.40	501.76	100	0.0002675	2.60	0.35	Q⑬$-$⑭$=Q$⑩$-$⑪$=22.40$ h⑬$-$⑭$=h$⑪$-$⑫$=0.35$
⑭		28.24								H⑭$=H$⑬$+h$⑬$-$⑭ $=27.89+0.35=28.24$
	⑭－⑮			22.40	501.76	100	0.0002675	2.60	0.35	Q⑭$-$⑮$=Q$⑩$-$⑪$=22.40$ h⑭$-$⑮$=h$⑪$-$⑫$=0.35$
⑮		28.59								H⑮$=H$⑭$+h$⑭$-$⑮ $=28.24+0.35=28.59$
	⑮－⑯			22.40	501.76	100	0.0002675	2.60	0.35	Q⑮$-$⑯$=Q$⑩$-$⑪$=22.40$ h⑮$-$⑯$=Q$⑪$-$⑫$=0.35$
⑯		28.94								H⑯$=H$⑮$+h$⑮$-$⑯ $=28.59+0.35=28.94$
	⑯－⑰			22.40	501.76	100	0.0002675	2.60	0.35	Q⑯$-$⑰$=Q$⑩$-$⑪$=22.40$ h⑯$-$⑰$=Q$⑪$-$⑫$=0.35$
⑰		29.29								H⑰$=H$⑯$+h$⑯$-$⑰ $=28.94+0.35=29.29$
	⑰－⑱			22.40	501.76	100	0.0002675	2.60	0.35	Q⑰$-$⑱$=Q$⑩$-$⑪$=22.40$ h⑰$-$⑱$=Q$⑪$-$⑫$=0.35$
⑱		29.64								H⑱$=H$⑰$+h$⑰$-$⑱ $=29.29+0.35=29.64$
	⑱－⑲			22.40	501.76	100	0.0002675	2.60	0.35	Q⑱$-$⑲$=Q$⑩$-$⑪$=22.40$ h⑱$-$⑲$=Q$⑪$-$⑫$=0.35$

续表

节点	管段	节点水压 H (mH_2O)	流量			公称管径 d (mm)	管道比阻值 A ($\frac{mH_2O}{m}\cdot\frac{s^2}{L^2}$)	管段长度 L (m)	沿程水头损失 h_1 (mH_2O)	计算式
			节点 q (L/s)	管段 Q (L/s)	Q^2 (L^2/s^2)					
⑲		29.99								H⑲=H⑱+h⑱−⑲ =29.64+0.35=29.99
	⑲−⑳			22.40	501.76	100	0.0002675	2.60	0.35	Q⑲−⑳=Q⑩−⑪=22.40 h⑲−⑳=Q⑪−⑫=0.35
⑳		30.34								H⑳=H⑲+h⑲−⑳ =29.99+0.35=30.34
	⑳−㉑			22.40	501.76	100	0.0002675	2.60	0.35	Q⑳−㉑=Q⑩−⑪=22.40 h⑳−㉑=Q⑪−⑫=0.35
㉑		30.69								H㉑=H⑳+h⑳−㉑ =30.34+0.35=30.69
	㉑−㉒			22.40	501.76	100	0.0002675	2.60	0.35	Q㉑−㉒=Q⑩−⑪=22.40 h㉑−㉒=Q⑪−⑫=0.35
㉒		31.04								H㉒=H㉑+h㉑−㉒ =30.69+0.35=31.04
	㉒−㉓			22.40	501.76	100	0.0002675	2.60	0.35	Q㉒−㉓=Q⑩−⑪=22.40 h㉒−㉓=Q⑪−⑫=0.35
㉓		31.39								H㉓=H㉒+h㉒−㉓ =31.04+0.35=31.39
	㉓−报			22.40	501.76	100	0.0002675	3.15	0.42	Q㉓−报=Q⑩−⑪=22.40 h㉓−报=0.0002675×3.15×501.76=0.42
报		31.81								H报=H㉓+h㉓−报 =31.39+0.42=31.81 hr=BkQ=0.00302×501.76 =1.52
	报−㉔			22.40	501.76	100	0.0002675	7.20	0.97	Q报−㉔=Q⑩−⑪=22.40 h报−㉔=0.0002675×7.2×501.76=0.97
㉔		34.30								H㉔=H报+hr+h报−㉔ =31.81+1.52+0.97=34.30
	㉔−㉕			22.40	501.76	150	0.00003395	4.00	0.07	Q㉔−㉕=Q⑩−⑪=22.40 h㉔−㉕=0.00003395×4×501.76=0.07
㉕		34.37								H㉕=H㉔+h㉔−㉕ =34.30+0.07=34.37

续表

节点	管段	节点水压 H (mH₂O)	流量			公称管径 d (mm)	管道比阻值 A ($\frac{mH_2O}{m}\cdot\frac{s^2}{L^2}$)	管段长度 L (m)	沿程水头损失 h_1 (mH₂O)	计算式
			节点 q (L/s)	管段 Q (L/s)	Q^2 (L^2/s^2)					
㉕	㉕—㉖			22.40	501.76	150	0.00003395	14.70	0.25	Q㉕—㉖=Q⑩—⑪=22.40 h㉕—㉖=0.00003395×14.7×501.76=0.25
㉖		34.62								H㉖=H㉕+h㉕—㉖=34.37+0.25=34.62
	㉖—自			22.40	501.76	150	0.00003395	14.50	0.25	Q㉖—自=Q⑩—⑪=22.40 h㉖—自=0.00003395×14.5×501.76=0.25
自		34.87								H自=H㉖+h㉖—自=34.62+0.25=34.87
				$h_o=7.00$			$\Sigma h_1=26.35$		$h_r=1.52$	

(6) 系统秒流量和自喷水泵所需扬程。

1) 系统秒流量：

作用面积内系统设计秒流量 $Q_s=22.40L/s$；

理论秒流量（即喷水强度与作用面积的乘积） $Q_L=\frac{6\times194}{60}=19.40L/s$；

$\frac{Q_s}{Q_L}=\frac{22.4}{19.4}=1.15$ 基本符合规范要求。

2) 自喷水泵所需扬程

$H=h_1+h_2+h_r+h_o+Z=1.2h_1+h_r+h_o+Z=1.2\times26.35+1.52+7+(33.55+3.5)=77m$

(7) 验算下列限值。

1) 作用面积之长边边长宜为作用面积值平方根的 1.2 倍。

因系工程设计实例，受建筑体型制约，此项限值很难实现并省略求算。

2) 中危险级应保证作用面积内的平均喷水强度不小于 6L/（min・m²）。

$\frac{22.4\times60}{194}=6.93L/min\cdot m^2>6L/(min\cdot m^2)$

3)中危险级作用面积内任意 4 个喷头组成的保护面积内的平均喷水强度不应大于也不应小于 6L/（min・m²）的 20%。

如喷头作用面积平面图所示，节点①和节点②两处 4 个喷头组成一个连通的保护面积，其值 52m² 平均喷水强度$=\frac{1.12\times4\times60}{52}=5.17L/(min\cdot m^2)$，小于 6L/（min・m²）的 $[\frac{6-5.17}{6}\times100\%]=14\%$，符合规范要求。

3. 沿途计算法

（1）系统为枝状管网，管道系统图见图 2。

（2）13 层节点①处喷头最高最远为系统设计最不利点，从该点开始在喷头处，管道分支连接处按序进行节点编号直至自喷水泵。

（3）采用玻璃球喷头，除节点⑥和⑧按喷头特性系数计算喷头出水量外，其余均查表确定；因各支管水力条件不完全相同，所以未用管系特性系数计算管段流量，而以水力条件不完全相同之 $Q_{a-5}=Q_{b-5}\sqrt{\dfrac{H_5}{H_5}}$ 方式计算向支管输出的流量。

节点①水压 $7mH_2O$，单个喷头出水量 1.12L/s，两喷头共喷出水量 2.2L/s。从该两喷头开始进行水力计算，至节点⑩管段累计流量增加到 28.49L/s，达到并略超过中危险级设计秒流量。从节点⑩开始到自喷水泵止，其间管段流量不再增加，仅按 28.49L/s 计算水头损失。计算结果见表 4 和表 5“沿途计算法管道水力计算表”。

校核各管段流速 表 4

管段	①～②	②～③	③～④	④～⑤	⑤～⑥	⑥～⑦	⑦～⑧	⑧～⑨	⑨～⑩	⑩～⑪	⑪～⑫	⑫～⑬	⑬～⑭	⑭～⑮
管径	32	40	50	50	50	50	70	70	80	100	100	100	100	100
流速	2.35	3.78	2.98	4.32	5.16*	6.09*	5.70*	6.34*	5.81*	3.28	3.28	3.28	3.28	3.28
管段	⑮～⑯	⑯～⑰	⑰～⑱	⑱～⑲	⑲～⑳	⑳～㉑	㉑～㉒	㉒～㉓	㉓～报	报～㉔	㉔～㉕	㉕～㉖	㉖～自	
管径	100	100	100	100	100	100	100	100	100	100	150	150	150	
流速	3.28	3.28	3.28	3.28	3.28	3.28	3.28	3.28	3.28	3.28	1.51	1.51	1.51	

注：1. 流速 $V=KcQ$，Kc 查表同前。

2. 带＊者超过钢管允许流速，但超过不多，为使三种计算方法管径保持一致具有可比性，修改计算从略。

沿途计算法管道水力计算表 表 5

节点	管段	特性系数 k	节点水压 H (mH_2O)	流量 节点 q (L/s)	流量 管段 Q (L/s)	流量 Q^2 (L^2/s^2)	公称管径 d (mm)	管道比阻值 A $(\frac{mH_2O}{m}\cdot\frac{s^2}{L^2})$	管段长度 L (m)	沿程水头损失 h_1 (mH_2O)	计算式
①			7.00	2×1.12							
	①～②				2.24	5.02	32	0.09386	3.60	1.70	h①－②＝AL①－②$Q^2$①－②＝0.09386×3.6×5.02＝1.70
②			8.70	2×1.24							H②＝H①＋h①－②＝7＋1.7＝8.70
	②～③				4.72	22.28	40	0.04453	5.95	5.90	Q②－③＝Q①－②＋q②＝2.24＋2×1.24＝4.72 h②－③＝0.04453×5.95×22.28＝5.90
③			14.60	1.61							H③＝H②＋h②－③＝8.7＋5.9＝14.60

续表

节点	管段	特性系数 k	节点水压 H (mH_2O)	流量			公称管径 d (mm)	管道比阻值 A ($\frac{mH_2O}{m}\cdot\frac{s^2}{L^2}$)	管段长度 L (m)	沿程水头损失 h_1 (mH_2O)	计算式
				节点 q (L/s)	管段 Q (L/s)	Q^2 (L^2/s^2)					
③	③～④				6.33	40.07	50	0.01109	2.80	1.24	Q③－④＝Q②－③＋q③ ＝4.72＋1.61＝6.33 h③－④＝0.01109×2.8× 40.07＝1.24
④			15.84								H④＝H③＋h③－④ ＝14.6＋1.24＝15.84
	侧支管 a～b				1.13	1.28	25	0.4367	1.80	1.01	假定 Ha＝7.20 ha－b＝0.4367×1.8×1.28 ＝1.01
	侧支管 b～④				2.26	5.11	32	0.09386	3.40	1.63	Q_b－④＝qa＋qc＝2qa ＝2×1.13＝2.26 h_b－④＝0.09386×3.4× 5.11＝1.63 H4′＝Ha＋ha－b＋hb－④ ＝7.2＋1.01＋1.63＝9.84 故 b－④流量应为 $Q_b-4\sqrt{\frac{H④}{H④'}}$ $=2.26\times\sqrt{\frac{15.84}{9.84}}=2.87$
	④～⑤				9.20	84.64	50	0.01109	2.15	2.02	Q④－⑤＝Q③－④＋Q_b－ ④＝6.33＋2.87＝9.20 h④－⑤＝0.01109×2.15× 84.64＝2.02
⑤			17.86	1.78							H⑤＝H④＋h④－⑤ ＝15.84＋2.02＝17.86
	⑤～⑥				10.98	120.56	50	0.01109	3.10	4.14	Q⑤－⑥＝Q④－⑤＋q⑤ ＝9.2＋1.78＝10.98 h⑤－⑥＝0.01109×3.1× 120.56＝4.14
⑥		1.33	22.00	1.97							H⑥＝H⑤＋h⑤－⑥ ＝17.86＋4.14＝22.00 $q⑥=1.33\times\sqrt{\frac{22}{10}}=1.97$
	⑥～⑦				12.95	167.70	50	0.01109	2.50	4.65	Q⑥－⑦＝Q⑤－⑥＋q⑥ ＝10.98＋1.97＝12.95 h⑥－⑦＝0.01109×2.5× 167.7＝4.65
⑦			26.65								H⑦＝H⑥＋h⑥－⑦ ＝22＋4.65＝26.65

续表

节点	管段	特性系数 k	节点水压 H (mH_2O)	流量			公称管径 d (mm)	管道比阻值 A ($\frac{mH_2O}{m}\cdot\frac{s^2}{L^2}$)	管段长度 L (m)	沿程水头损失 h_1 (mH_2O)	计算式
				节点 q (L/s)	管段 Q (L/s)	Q^2 (L^2/s^2)					
⑦	侧支管 ⓓ～ⓔ				2.30	5.29	32	0.09386	2.70	1.34	假定 H ⓓ＝7.40 h ⓓ－ⓔ＝0.09386×2.7×5.29＝1.34
	侧支管 ⓔ～⑦				4.78	22.85	40	0.04453	3.00	3.05	H ⓔ＝H ⓓ＋h ⓓ－ⓔ ＝7.4＋1.34＝8.74 q ⓔ＝2×1.24＝2.48 Q ⓔ－⑦＝Q ⓓ－ⓔ＋q ⓔ ＝2.3＋2.48＝4.78 H ⓔ－⑦＝0.04453×3×22.85＝3.05 H ⑦'＝H ⓔ＋h ⓔ－⑦ ＝8.74＋3.05＝11.79 故ⓔ－⑦流量应为 Q ⓔ－⑦$\sqrt{\frac{H⑦}{H⑦'}}$ ＝4.78×$\sqrt{\frac{26.65}{11.79}}$＝7.19
	⑦～⑧				20.14	405.62	70	0.002893	2.40	2.82	Q⑦－⑧＝Q⑥－⑦＋Q ⓔ－⑦＝12.95＋7.19＝20.14 h⑦－⑧＝0.002893×2.4×405.62＝2.82
⑧		1.33	29.47	2.28							H⑧＝H⑦＋h⑦－⑧ ＝26.65＋2.82＝29.47 q⑧＝1.33×$\sqrt{\frac{29.47}{10}}$ ＝2.28
	⑧～⑨				22.42	502.66	70	0.002893	2.90	4.22	Q⑧～⑨＝Q⑦－⑧＋q⑧ ＝20.14＋2.28＝22.42 h⑧－⑨＝0.002893×2.9×502.66＝4.22
⑨			33.69								H⑨＝H⑧＋h⑧－⑨ ＝29.47＋4.22＝33.69
	侧支管 ⓕ～ⓖ				2.30	5.29	32	0.09386	2.70	1.34	假定 H ⓕ＝7.50 h ⓕ－ⓖ＝0.09386×2.7×5.29＝1.34

续表

节点	管段	特性系数 k	节点水压 H (mH₂O)	流量 节点 q (L/s)	管段 Q (L/s)	Q^2 (L^2/s^2)	公称管径 d (mm)	管道比阻值 A ($\frac{mH_2O}{m}\cdot\frac{s^2}{L^2}$)	管段长度 L (m)	沿程水头损失 h_1 (mH₂O)	计算式
⑨	侧支管 ⓖ～⑨				4.80	23.04	40	0.04453	11.90	12.21	Hⓖ$=H$ⓕ$+h$ⓕ$-$ⓖ $=7.5+1.34=8.84$ qⓖ$=2\times1.25=2.50$ Qⓖ$-$⑨$=Q$ⓕ$-$ⓖ$+q$ⓖ $=2.3+2.5=4.80$ hⓖ$-$⑨$=0.04453\times11.9\times23.04=12.21$ H⑨'$=H$ⓖ$+h$ⓖ$-$⑨ $=8.84+12.21=21.05$ 故ⓖ－⑨流量应为 Qⓖ－⑨$\sqrt{\frac{H⑨}{H⑨'}}$ $=4.8\times\sqrt{\frac{33.69}{21.05}}=6.07$
	⑨～⑩				28.49	811.68	80	0.001168	2.60	2.46	Q⑨－⑩$=Q$⑧－⑨－Qⓖ－⑨$=22.42+6.07=28.49$ h⑨－⑩$=0.001168\times2.6\times811.68=2.46$
⑩			36.15								H⑩$=H$⑨$+h$⑨－⑩ $=33.69+2.46=36.15$
	⑩－⑪				28.49	811.68	100	0.0002675	3.80	0.83	Q⑩－⑪$=Q$⑨－⑩$=28.49$ "下同" h⑩－⑪$=0.0002675\times3.8\times811.68=0.83$
⑪			36.98								H⑪$=H$⑩$+h$⑩－⑪ $=36.15+0.83=36.98$
	⑪－⑫				28.49	811.68	100	0.0002675	2.60	0.56	h⑪－⑫$=0.0002675\times2.6\times811.68=0.56$"下同"
⑫			37.54								H⑫$=H$⑪$+h$⑪－⑫ $=36.98+0.56=37.54$
	⑫－⑬				28.49	811.68	100	0.0002675	2.60	0.56	h⑫－⑬$=0.56$
⑬			38.10								H⑬$=H$⑫$+h$⑫－⑬ $=37.54+0.56=38.10$
	⑬－⑭				28.49	811.68	100	0.0002675	2.60	0.56	h⑬－⑭$=0.56$
⑭			38.66								H⑭$=H$⑬$+h$⑬－⑭ $=38.10+0.56=38.66$

续表

节点	管段	特性系数 k	节点水压 H (mH_2O)	流量 节点 q (L/s)	流量 管段 Q (L/s)	流量 Q^2 (L^2/s^2)	公称管径 d (mm)	管道比阻值 A ($\frac{mH_2O}{m}\cdot\frac{s^2}{L^2}$)	管段长度 L (m)	沿程水头损失 h_1 (mH_2O)	计算式
⑭	⑭—⑮				28.49	811.68	100	0.0002675	2.60	0.56	h⑭—⑮=0.56
⑮			39.22								H⑮=H⑭+h⑭—⑮ =38.66+0.56=39.22
	⑮—⑯				28.49	811.68	100	0.0002675	2.60	0.56	h⑮—⑯=0.56
⑯			39.78								H⑯=H⑮+h⑮—⑯ =39.22+0.56=39.78
	⑯—⑰				28.49	811.68	100	0.0002675	2.60	0.56	h⑯—⑰=0.56
⑰			40.34								H⑰=H⑯+h⑯—⑰ =39.78+0.56=40.34
	⑰—⑱				28.49	811.68	100	0.0002675	2.60	0.56	h⑰—⑱=0.56
⑱			40.90								H⑱=H⑰+h⑰—⑱ =40.34+0.56=40.90
	⑱—⑲				28.49	811.68	100	0.0002675	2.60	0.56	h⑱—⑲=0.56
⑲			41.46								H⑲=H⑱+h⑱—⑲ =40.90+0.56=41.46
	⑲—⑳				28.49	811.68	100	0.0002675	2.60	0.56	h⑲—⑳=0.56
⑳			42.02								H⑳=H⑲+h⑲—⑳ =41.46+0.56=42.02
	⑳—㉑				28.49	811.68	100	0.0002675	2.60	0.56	h⑳—㉑=0.56
㉑			42.58								H㉑=H⑳+h⑳—㉑ =42.02+0.56=42.58
	㉑—㉒				28.49	811.68	100	0.0002675	2.60	0.56	h㉑—㉒=0.56
㉒			43.14								H㉒=H㉑+h㉑—㉒ =42.58+0.56=43.14
	㉒—㉓				28.49	811.68	100	0.0002675	2.60	0.56	h㉒—㉓=0.0002675×2.6 ×811.68=0.56
㉓			43.70								H㉓=H㉒+h㉒—㉓ =43.14+0.56=43.70
	㉓—报				28.49	811.68	100	0.0002675	3.15	0.68	h㉓—报=0.0002675×3.15 ×811.68=0.68
报			44.38								H报=H㉓+h㉓—报 =43.70+0.68=44.38 hr=0.00302×811.68 =2.45

续表

节点	管段	特性系数 k	节点水压 H (mH_2O)	流量 节点 q (L/s)	管段 Q (L/s)	Q^2 (L^2/s^2)	公称管径 d (mm)	管道比阻值 A ($\frac{mH_2O}{m}\cdot\frac{s^2}{L^2}$)	管段长度 L (m)	沿程水头损失 h_1 (mH_2O)	计算式
报	报－㉔				28.49	811.68	100	0.0002675	7.20	1.56	h 报－㉔＝0.0002675×7.2×811.68＝1.56
㉔			48.39								H㉔＝H 报＋hr＋h 报－24＝44.38＋2.45＋1.56＝48.39
	㉔－㉕				28.49	811.68	150	0.00003395	4.00	0.11	h㉔－㉕＝0.00003395×4×811.68＝0.11
㉕			48.50								H㉕＝H㉔＋h㉔－㉕＝48.39＋0.11＝48.50
	㉕－㉖				28.49	811.68	150	0.00003395	14.70	0.41	h ㉕ － ㉖ ＝ 0.00003395 ×14.7×811.68＝0.41
㉖			48.91								H㉖＝H㉕＋h㉕－㉖＝48.50＋0.41＝48.91
	㉖－自				28.49	811.68	150	0.00003395	14.50	0.40	h ㉖ － 自 ＝ 0.00003395 ×14.5×811.68＝0.40
自			49.31								H 自＝H㉖＋h㉖－自＝48.91＋0.4＝49.31
					h_o＝7.00		$\sum h_1$＝39.86		h_r＝2.45		

注：为了和管道比阻值，沿程水头损失及报警阀水头损失等单位保持一致，节点水压单位采用（mH_2O），喷头出水量公式相应为 $q=k\sqrt{\frac{p}{10}}$，式中 $p/10$ 单位仍为 kg/cm^2。

（4）校核各管段流速

（5）系统秒流量和自喷水泵所需扬程。

1）系统秒流量：

系统设计秒流量为：

Qs＝28.49L/s

理论秒流量（即喷水强度与作用面积的乘积）：

$$L=\frac{6\times200}{60}=20L/s$$

$\frac{Qs}{Q_L}=\frac{28.49}{20}=1.42$ 略超过规范限值。

2）自喷水泵所需扬程为：

$$\begin{aligned}H&=h_1+h_2+h_r+h_o+Z\\&=1.2h_1+h_r+h_o+Z\\&=1.2\times39.86+2.45+7+（33.55+3.5）\\&=94m\end{aligned}$$

哈尔滨康乐宫

李玉华

一、建筑概况

康乐宫为辰龙俱乐部一期工程的项目之一。该建筑位于哈尔滨市南岗区赣水路南侧，西邻衡山路，东邻华山路，北邻湘江公园。建筑面积为 28720m²，是集戏水、健身、娱乐、餐饮为一体的大型综合性建筑，是我国目前规模较大的室内人工浴场之一。建筑等级为一级，耐火等级一级。裙房部分设有保龄球、壁球室、网球室、美容厅、卡拉 OK 厅、餐饮厅、桑拿浴室、按摩间等用房，设备用房均设于主体的地下室内。

二、消防给水系统

1. 水源

本工程水源由城市管网供水，两路引入建筑，戏水池兼做消防储水池，该建筑火灾延续时间为 3h，自动喷淋供水时间为 1h，故消防储水量为 864m³，戏水池容积为 4 180m³，其容积可以满足消防储水量的需要。为防止戏水池检修、清洗或放空时，发生火灾影响供水，消防水泵吸水管均考虑分别从戏水池及漫流河两个水池吸水，并在管理上严禁两者同时放空。消防水泵均设在地下室消防泵房内，其中包括两台室内消火栓泵、两台自动喷淋泵、两台室外消火栓泵。火灾初期 10min 供水由设于消防泵房内的气压给水装置来保证，储水容积 18m³。

2. 消火栓灭火系统

康乐宫与辰龙大酒店相邻，辰龙大酒店的消防加压设施均由康乐宫统一考虑。康乐宫建筑总高度为 53.5m，辰龙大酒店建筑总高度为 75.15m，消防给水设计按《高层建筑防火规范》(GBJ45—1982) 有关规定执行：室内消火栓系统用水量为 40L/s，每支水枪最小流量为 5L/s，充实水柱 13m。

消火栓系统选用 125MS-5 型水泵两台，一用一备。气压给水装置罐体为 ϕ2400mm，罐长 5800mm，两台储水容积为 18m³，罐总容积 52m³，解决了高层建筑最高几层的消防水压不足问题，满足了消防要求。消火栓给水管网的布置结合建筑设计，其竖向及水平均为环状，以确保安全供水。为减少检修时停水管段，在水平及立管上设置了分隔检修阀门，采用手柄式蝶阀。由于消防泵压力需满足辰龙大酒店消火栓系统所需压力，故对康乐宫消火栓系统而言，各消火栓处承受的水压偏高。为此在系统中设置了减压阀组，经减压后的管道与康乐宫及辰龙大酒店低区消火栓系统相连接，有效地解决了栓口压力过高，水流过大等问题。在每个消火栓箱内设置远距离启动消防水泵按钮。我们注意到，水泵启动为闭闸启动，即在水泵启动且运转平稳后，压水管路闸门才逐渐打开。如若将压力管路上的闸门设计成普通闸阀，在火灾发生时，则需要工作人员手动开闸，这势必会延误消防供水时间，不利于火灾扑救。因此，我们将此阀门设计为电动闸门，以利于水泵的自动联锁启动。

3. 自动喷水灭火系统

根据《自动喷水灭火系统设计规范》(GBJ84—1985)，康乐宫及大酒店应按“中危险级”考虑，即设计喷水强度：6L/(min·m²)；作用面积：200m²；喷头工作压力：0.1MPa。湿式自动喷水灭火系统由储水池、专用喷淋泵、报警控制阀、水流指示器、气压给水装置(与消火栓系统共用)和独立的喷淋管网所组成。喷淋管网按建筑防火分区设置，每个分区设置了水流指示器。水流指示器前设置检修用阀门，该阀门平时为常开状态。

自动喷淋选用125MS-6型水泵两台，一用一备。虽然自动喷淋灭火系统管网可承受1.2MPa的压力，但为了避免发生渗漏及减少维修工作，对供给康乐宫及大酒店低区的喷淋管网仍采用了减压阀减压措施。喷头选用通用闭式玻璃球喷头，其动作温度按比环境温度高30℃来确定。一般房间喷头动作温度为68℃，厨房按114℃。接管直径ZG15mm，通水口径12mm。

喷头布置根据《自动喷水灭火系统设计规范》中危险级的规定，并结合本工程的建筑结构的柱网和梁板布置。喷头采用正方形均匀布置，间距3.3～3.6m，与墙、柱距离在1.2～1.8m。

在自动喷淋系统的计算中，参照给水排水设计手册所推荐的特性系数法进行，以辰龙大酒店最高最远点为最不利点。从该处喷头满足规定的压力和流量算起，假设喷头自此沿管网系统布置的方向逐个打开，沿线喷头的出流量随管道损失的递增而增大，直至计算到规定的流量为止(即理论流量的1.3倍)；以后管段的流量不变，只计管路损失，从而得到全系统各管段的管径和系统的总扬程。采用这种方法计算对称布置的配水支管上各喷头的工作压力、出流量和各管段间的损失，较容易确定；而不对称布置的配水管段的上述计算，需要进行流量调整，以使配水管各交叉节点处的压力取得平衡。总结计算过程，我们认为在实际工程中，配水管两则支管上所设的喷头数和间距，往往不全相同，因而计算起来较复杂。如果采用加阻力隔板的方法平衡压力，可以起到简化计算的作用(见图1)。

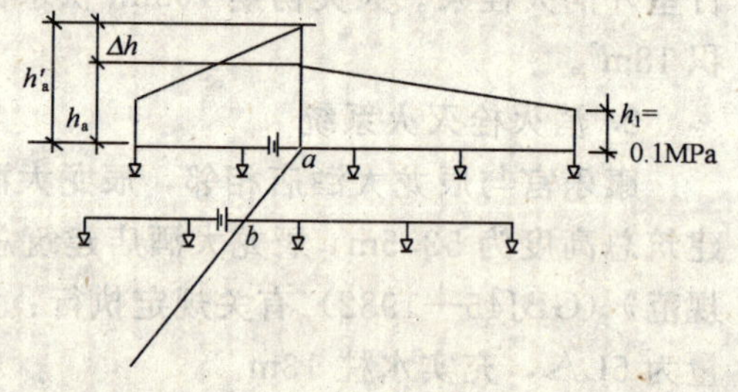

图1

$\Delta h=\xi v^2/(2g)$；

式中 Δh——交叉点处的压力差(mH_2O)；

ξ——局部阻力系数；

v——孔板孔口处水流速度(m/s)；

g——重力加速度(m/s^2)。

现行的《自动喷水灭火系统设计规范》(GBJ84—1985)中对喷淋系统水力计算的主要基本数据，是要求满足在作用面积范围内平均喷水强度和喷头工作压力，即采用作用面积法进行系统的水力计算。按作用面积法是符合实际情况的，因为火灾初起时，只有在灭火区(即作用面积范围内)的喷头才会打开。另外，在一般情况下，火灾起始燃烧面积较小，喷头的开启数也必然较少，而消防泵的容量是按设计消防用水量确定的，一旦启动，对少量动作喷头的工作压力与出水量必然较大地超出设计值，这是有利于加强喷头扑救初期火灾能力的。

在本工程喷淋系统的水力计算上，我们除按特性系数法进行计算外，还采取上述原则的计算方法作了复核计算，即取在作用面积内各配水支管上各喷头的工作压力与出流量为一定值，喷头压力按 0.1MPa，出流量按 1.33L/s 计，系统的局部水头损失按沿程损失的 20%计。以上两种方法计算结果相差不大，对配水支管管径则前者稍大，后者略小。因此，可以认为只要遵循规范中有关基本数据，不论采取哪种计算方法，都是满足要求的。

4. 室外消防给水系统

室外消防管网将康乐宫及辰龙大酒店统一考虑。室外消防水量 30L/s，环状布置，设地下式消火栓 4 组，每个消火栓出水量按 10L/s 计。设消防水泵接合器 8 组（消火栓、喷淋系统各 4 组）。

5. 卤代烷 1211 灭火系统

康乐宫在柴油发电机房、变电所分别设固定式 1211 灭火装置，系统采用组合分配系统。设 3 个防护区，防护区均无开口，设计灭火浓度为 5%，灭火剂浸渍时间为 10s，康乐宫最大防护面积为 $170m^2$，净容积为 $850m^3$，设计灭火剂用量 314.1kg，储瓶间设在地下一层。系统采用自动、手动和应急 3 种启动方式，每个防护区设一个选择阀。1211 系统采用无缝镀锌钢管，在电话机房、消防控制中心等分散且不宜用水灭火房间采用移动手提式 CO_2 灭火器。

三、存在问题

（1）在大型及高层民用建筑防火设计中，对设有中庭的大面积裙楼，由于使用功能要求敞开明亮通透，在平面上难以分隔；而各层之间又常有自动扶梯或回马廊相通，层与层之间进行防火分隔也很困难，如何做到符合规范规定的防火分区面积要求，建筑上有难度。水专业若采取水幕系统配合防火卷帘以实现防火分区效果是肯定的，但其投资势必增加很多。是否有必要在所有大型及高层建筑的防火分区设置水幕系统，我们认为有待磋商。征得当地消防管理部门同意后，我们在康乐宫消防给水设计中，对防火分隔区采用了加密洒水喷头的措施，其喷头采用边墙式喷头，使水流喷向防火卷帘及防火隔断玻璃。其效果如何，尚有待于检验。

（2）火灾初期，消防泵启动后系统内压力超高。消防泵均是按设计流量选定的，如消火栓泵流量在 30～40L/s 之间，自动喷淋泵按 20～30L/s 选定，而火灾初期，使用水枪数仅为 1～2 支，喷头开放也仅为几个喷头洒水，其流量小于设计流量，此时系统内压力过高会造成一些不良影响，如水流速过大，严重者会造成管道破裂。因此消防管道的材质应选用承受压力较高的无缝钢管。同时，消防泵的选择上，如若设备用房面积允许，选择多台水泵并联要优于选用一台大流量消防泵。多台水泵可以相继启动，避免超压问题。

北京藏医院

陆新生　詹泰益

一、工程概况

北京藏医院位于北京朝阳区西藏大厦南亚运村小营小区内。用地东邻小区主干道，南侧为待建小区规划路，道路南侧为8层办公楼，西侧为高层住宅，北邻惠新小区供热厂。

用地面积为15031m²，总建筑面积约为12000m²，地上7层，地下1层，建筑高度为27.3m。

地下一层为消防水池，供应中心，变配电站，直燃机房，水泵房和柴油发电机房等设备用房。1层为门诊部、厨房、餐厅。2层为药浴中心、心脑电图室。3层有民族医学报告厅、手术部住院部。4～7层为住院部病房。屋顶为水箱间及消防电梯机房。

二、消防给水系统

1. 设计参数

室内消火栓用水量20L/s，延续时间2h。室外消火栓用水量20L/s，延续时间2h。自动喷水用水量11.7L/s，延续时间1h。地下一层设置消防专用水池，消防水池容积190m³储有2h消火栓用水量和1h自动喷水用水量。

2. 消火栓给水系统（见图1）

（1）室外消火栓给水系统：采用低压制消防给水系统，在室外环状管网上设置适量室外地下式消火栓。

（2）室内消火栓给水系统：本系统为临时高压系统，在地下室消防水泵房内设消火栓泵。火警时，利用消火栓箱内消防按钮直接启动消火栓主泵进行灭火，为保证消火栓栓口动压不大于0.5MPa，地下1层～地上1层采用减压稳压消火栓，其余各层采用普通消火栓，系统设地下式消防水泵接合器两套。

屋顶水箱间设有容积18m³的水箱，并在水箱出水管上设置带气压罐的消防专用增压稳压装置，以保证最不利点消火栓处水压不低于7mH$_2$O。

3. 自动喷水灭火系统（见图2）

地下1层～7层均设置湿式自动喷水灭火系统，由地下室消防水泵房内的自喷泵加压供水，并设置自喷增压泵以维持平时压力。地下室设一套湿式报警阀，并于各层管路起端处设有信号阀和水流指示器，其声、光信号显示在消防值班室及水泵房，系统设地下式消防水泵接合器一套。

地下1层～7层均设置玻璃球闭式喷头，喷头设置的部位：病房的走廊、诊室、报告厅、资料室、厨房餐厅等部位。有吊顶处采用装饰型喷头，喷头动作温度为68℃，厨房部分动作温度93℃。

4. 柴油发电机房和直燃机房

柴油发电机房和直燃机房设置水喷雾灭火系统，柴油发电机房的设计喷水强度为12L/（min・m²）。直燃机房的设计喷水强度为10.2L/（min・m²）。

5. 灭火器配置

本建筑在每个消火栓处配置两具磷酸铵盐干粉灭火器，另在配电间设置推车式二氧化碳灭火器一台。

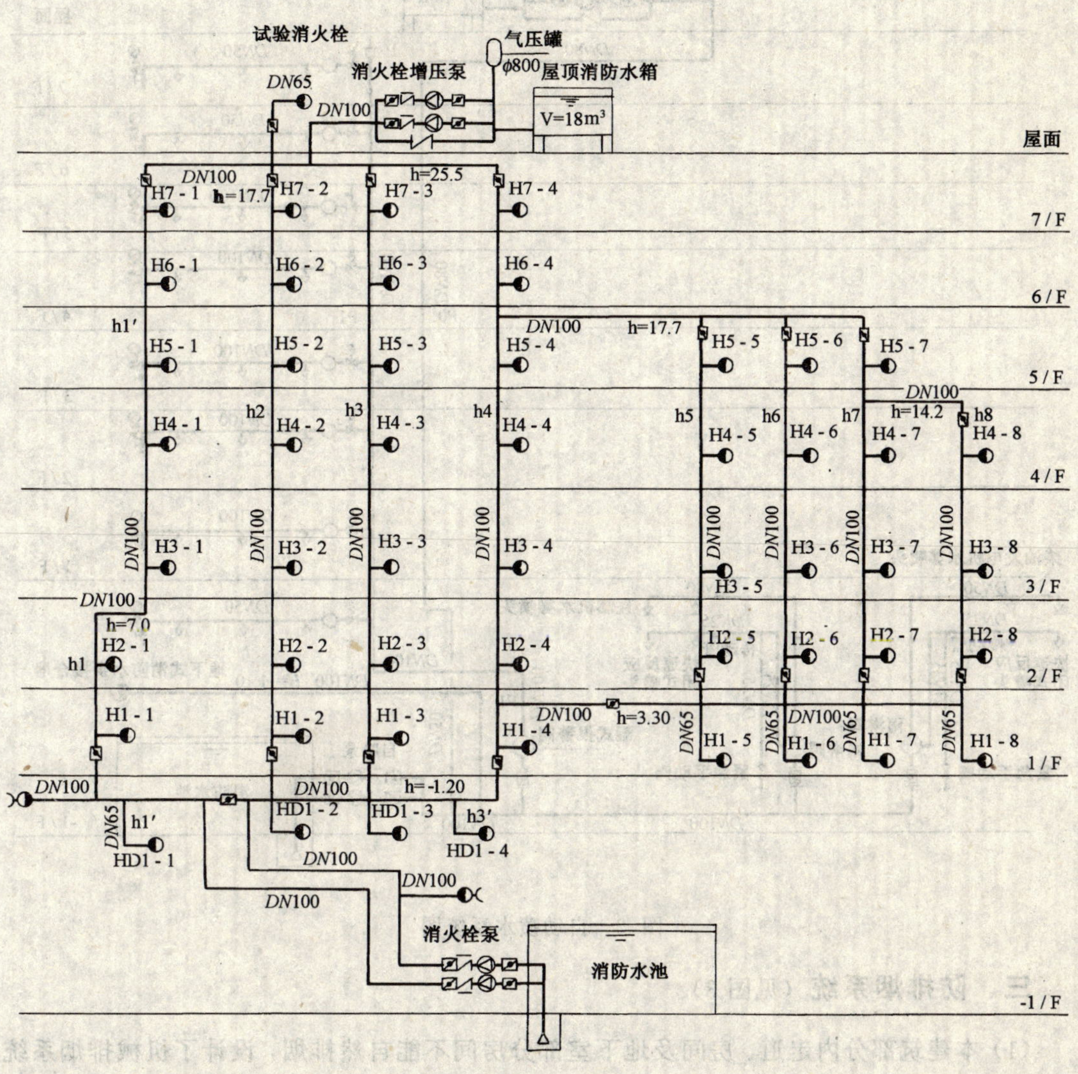

图 1　消火栓系统图

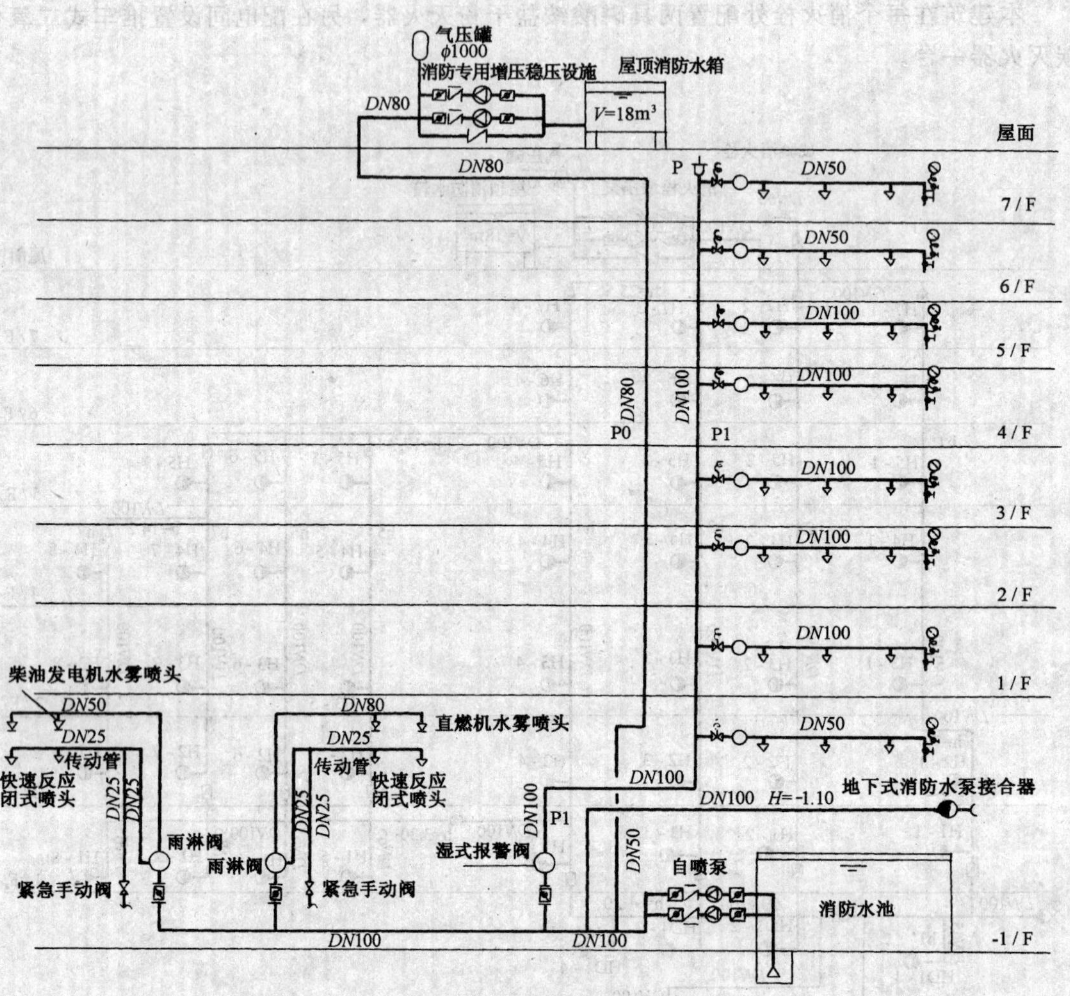

图 2　自动喷水系统图

三、防排烟系统（见图 3）

（1）本建筑部分内走道、房间及地下室部分房间不能自然排烟，设计了机械排烟系统，合用排烟竖井和排烟风机。火灾时，着火房间或走道的排烟口打开，连锁排烟风机开启排烟。排烟量以最大排烟分区每平方米 $120m^3/h$ 计算。风机选用柜式离心风机。

（2）门诊部合用前室设计了加压送风系统。每层设加压送风口，火灾时，开启着火层及其上层送风口，连锁风机开启。加压送风量 $22000m^3/h$。风机选用斜流式风机。

（3）不具备自然排烟的地下室电梯前室单独设计了加压送风系统。加压送风量由保证前室正压值不低于 25Pa 计算确定。风机选用斜流式风机。

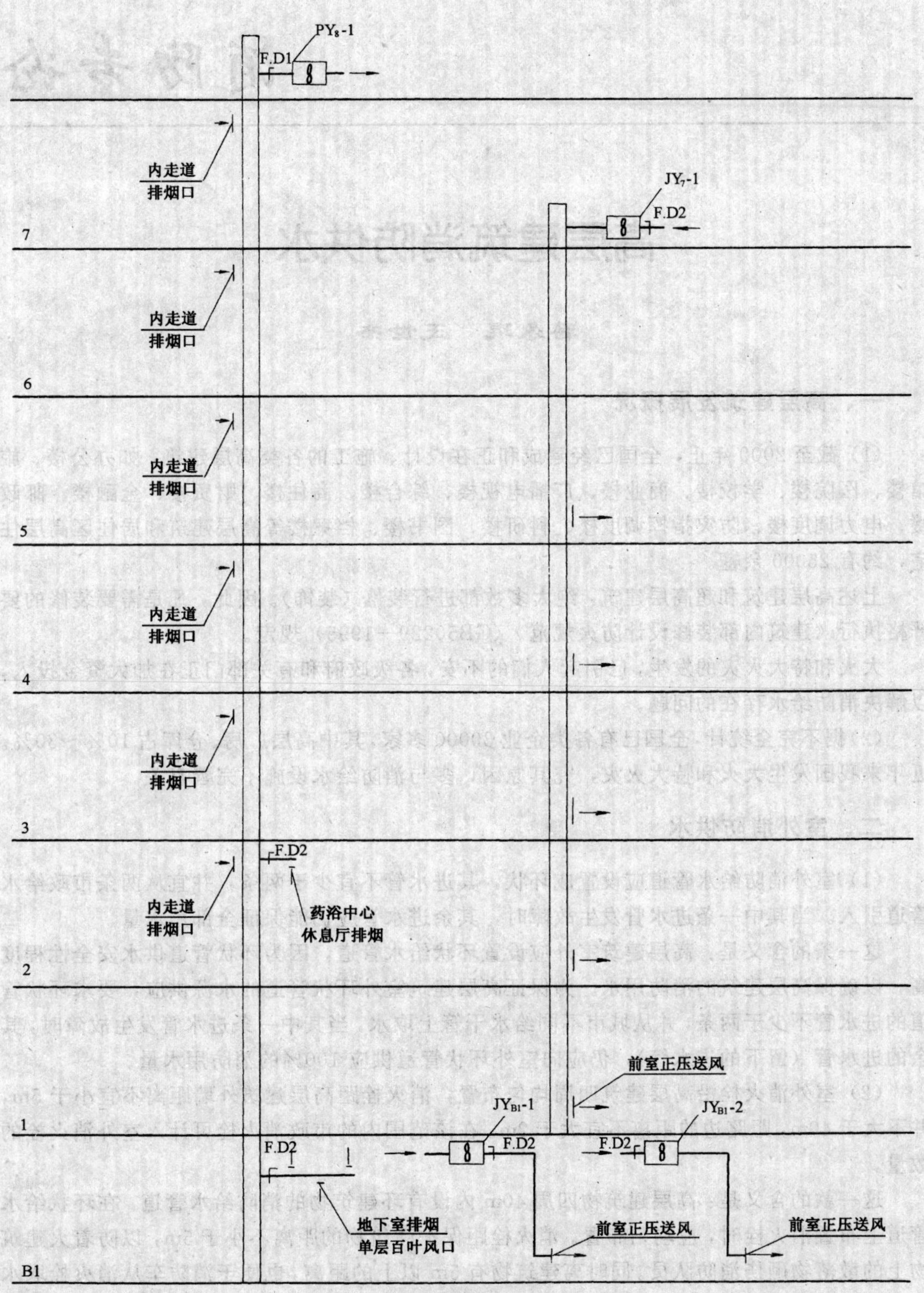

PY8-1
F.D1
内走道
排烟口
JY7-1
F.D2
7
内走道
排烟口
6
内走道
排烟口
5
内走道
排烟口
4
内走道
排烟口
3
F.D2
内走道
排烟口
药浴中心
休息厅排烟
2
前室正压送风
JYB1-1
JYB1-2
1
F.D2
F.D2
F.D2
地下室排烟
单层百叶风口
前室正压送风
前室正压送风
B1

图 3　防排烟系统原理图

高层建筑消防供水

蒋永琨　王世杰

一、高层建筑发展概况

（1）截至 2000 年止，全国已经建成和正在设计、施工的各类高层建筑，如办公楼、旅馆楼、医院楼、学校楼、商业楼、广播电视楼、综合楼、商住楼、财贸楼、金融楼、邮政楼、电力调度楼、防灾指挥调度楼、科研楼、图书楼、档案楼等高层建筑和居住区高层住宅，约有 25000 余幢。

上述高层建筑和超高层建筑，绝大多数都进行装修（装饰）。因此，凡是需要装修的要严格执行《建筑内部装修设计防火规范》（GB50229—1995）规定。

大火和特大火灾的发生，已引起人们的不安，各级政府和有关部门正在加大资金投入，以解决消防给水存在的问题。

（2）据不完全统计，全国已有各类企业 30000 多家，其中高层厂房、仓库占 10%～30%。近年来我国发生大火和特大火灾，究其原因，多与消防给水设施不完善有关。

二、室外消防供水

（1）室外消防给水管道应设置成环状，其进水管不宜少于两条，并宜从两条市政给水管道引入。当其中一条进水管发生故障时，其余进水管应仍能保证全部用水量。

这一条的含义是：高层建筑室外应设置环状给水管道，因为环状管道供水安全性程度高，以确保高层建筑的消防用水。为保证高层建筑室外环状管道的水源供应，要求环状管道的进水管不少于两条，并从城市不同给水干管上取水，当其中一条进水管发生故障时，其余的进水管（留下的进水管），仍应向室外环状管道供应 100%的消防用水量。

（2）室外消火栓沿高层建筑四周均匀布置，消火栓距高层建筑外墙距离不宜小于 5m，并不大于 40m，距路边的距离不宜大于 2m。在该范围内的市政消火栓可计入室外消火栓的数量。

这一款的含义是：高层建筑物四周 40m 内设有环建筑物的消防给水管道，在环状给水管道上布置消火栓时，应均匀布置。消火栓距保护建筑物的距离不小于 5m，以防着火建筑物上的散落物砸伤消防队员。同时离建筑物有 5m 以上的距离，也便于消防车从消火栓取水时，消防队员有操作的场地。但消火栓离被保护高层建筑物的距离也不超过 40m，以利消防车靠近被保护建筑物（一般不超过 2 条水带的长度），及时出水扑灭初期火灾，利于消防指挥员在火场上的指挥供水。消火栓距离路边不宜大于 2m，以利使用吸水管从消火栓取水的操作。

高层建筑若靠近城市主干道，主干道上设有较大口径的管道，且水压较高，设在该干管上的市政消火栓，一般水量大、水压高、供水量较大，该消火栓离被保护的高层建筑物的距离不超过 40m 时，可作为该高层建筑物的室外消火栓。

(3) 第 7.3.7 条规定：室外消火栓宜采用地上式。当采用地下式消火栓时，应有明显标志。

这一条款的含义是：高层建筑物四周应设有环高层建筑的消防管道，在该环状管道上设置地上式消火栓，因为地上消火栓使用方便，若采用地下式消火栓，应该有指示消火栓所在位置的明显的标志，以利消防队在火场迅速发现和及时出水。

(4) 高层民用建筑室外消火栓的布置，应符合《高层民用建筑设计防火规范》的规定。

《建规》对城镇街道消火栓作了规定，而《高规》对高层民用建筑室外消火栓作了规定，《高规》第 7.3.6 条和 7.3.7 条对室外消火栓的规定如下。

第 7.3.6 条规定室外消火栓的数量应按本规范第 7.2.2 条规定的室外消火栓用水量经计算确定，每个消火栓的用水量为 10～15L/s，其含义是：

高层建筑室外消火栓的数量可按公式 (1) 计算。

$$N=\frac{q}{10\sim15} \qquad (1)$$

式中 N——高层建筑室外消火栓数量（个）；

q——高层建筑室外消火栓用水量，见高规第 7.2.2 条的规定水量 (L/s)；

10～15——每一个室外消火栓计算的流量 (L/s)。

举例：有一幢建筑高度超过 50m 的商住楼外应设多少消火栓？

解：查《高规》第 7.2.2 条消火栓系统的用水量表，建筑高度超过 50m 的商住楼室外消火栓用水量为 30L/s。

则该商住楼四周 40m 内应有室外消火栓为：

$$N=\frac{q}{10\sim15}=\frac{30}{10\sim15}=3\sim2\text{ 个，采用 3 个。}$$

三、室内消防供水

(1)《高规》的第 7.4.1 条规定室内消防给水系统应与生活、生产给水系统分开独立设置。室内消防给水管道应布置成环状。室内消防给水环状管网的进水管和区域高压或临时高压给水系统的引入管不应少于两根，当其中一根发生故障时，其余的进水管或引入管应能保证消防用水量和水压的要求。

这一条的含义是：

(A) 高层建筑室内消防给水系统是扑救高层建筑火灾的主要灭火设施。因为高层建筑主要立足于室内消防，立足于室内消防给水设备自救，室内消防给水系统一般是流量大、水压高。高层建筑物内的生活、生产给水系统水压较低，且卫生设备的耐压强度也较低。因而高层建筑物消防给水系统不应与生活、生产给水系统合并，否则消防水压增大时（发生火灾后消防水泵启动，水压较大），增加生活、生产设备用水量，占用消防用水量。消防时水压增大，会引起卫生设备的损坏，损坏的卫生设备增加漏水量，也减少火场消防用水量，这都会引起火场用水量不足，造成火灾范围扩大的严重后果。同时生活、生产给水系统与消防给水系统合并，需提高生活、生产设备的耐压强度，增加投资。因此，消防给水系统应独立设置，确保高层建筑消防用水的安全。

(*B*) 为提高室内消防管网供水的安全性程度，高层建筑室内消防管网应采用环状管网。

(*C*) 高层建筑室内环状管网、区域（或建筑小区）的高压或临时高压给水系统，都应有两条或两条以上供水管（进水管或引入管）。为确保管网供水安全，当其中1条供水管（或称进水管或引入管）发生故障时，其余（留下）的进水管或引入管仍应保证100%的消防用水量和要求的消防水压。

(2)《高规》第7.4.2条规定消防竖管的布置，应保证同层相邻两个消火栓的水枪的充实水柱同时到达被保护范围内的任何部位。每根消防竖管的直径应按通过的流量经计算确定，但不应小于100mm。

18层及18层以下，每层不超过8户，建筑面积不超过650m^{2}的塔式住宅，当设两根消防竖管有困难时，可设一根竖管，但必须采用双阀双出口型消火栓。

这一款的含义是：

(*A*) 高层建筑物内任何部位均有两支水枪的充实水柱同时到达。

(*B*) 每根竖管直径可按公式2确定，即

$$D=\sqrt{\frac{2Q}{V}} \tag{2}$$

式中D为直径，以英寸为单位，1英寸＝25.4mm；Q为每根竖管流量，以L/s为单位，见《高规》表7.2.2；V为流速，以m/s为单位，一般情况下，设计流速V＝1.5m/s。从表7.2.2可见，每根竖管流量均在10～15L/s之间。因此，计算出来的直径一般为100mm或125mm。故均大于或等于100mm。

18层及18层以下，每层不超过8户，建筑面积不超过650m^{2}的塔式住宅，由于每层面积较小，且往往仅有一个楼梯间，设二根竖管有困难者，允许设1根竖管。为及时可靠地扑灭火灾仍需要有两支水枪的充实水柱到达任何部位，因此，设一根竖管时每层均应设双出口消火栓。

(3)《高规》第7.4.3条规定室内消火栓给水系统应与自动喷水灭火系统分开设置，有困难时，可合用消防泵，但在自动喷水灭火系统的报警阀前（沿水流方向）必须分开设置。

此条的含义与《建规》第8.6.1条第八款含义相同，不再重复。

(4)《高规》第7.4.4条规定室内消防给水管道应采用阀门分成若干独立段。阀门的布置，应保证检修管道时关闭停用的竖管不超过一根。当竖管超过4根时，可关闭不相邻的两根。

裙房内消防给水管道的阀门布置可按现行《建筑设计防火规范》的有关规定执行。

阀门应有明显的启闭标志。

本条的含义与《建规》第8.6.1条第五款相同（见前述），只不过比高层工业建筑室内消防给水管道上阀门布置稍为严格而已。

(5)《高规》第7.4.5条规定室内消火栓给水系统和自动喷水灭火系统应设水泵接合器，并应符合下列规定。

(*A*) 水泵接合器的数量应按室内消防用水量经计算确定。每个水泵接合器的流量应按10～15L/s 计算。

本条水泵接合器数量的计算方法与《建规》第 8.6.1 条第四款的计算方法相同，见前述。

(*B*) 消防给水为竖向分区给水时，在消防车供水压力范围内的分区，应分别设置水泵接合器。

本条的含义是：消防车出口压力有多大，则水泵接合器的保护范围就有多高。我国目前大功率的消防车出口压力可达 1.6～2.4MPa，也就是说通过水泵接合器的供水高度可达160～240m。因此，高层建筑物的高度不超过 240m 时，各分区均应设消防水泵接合器。

(*C*) 水泵接合器应设在室外便于消防车使用的地点，距室外消火栓或消防水池的距离宜为 15～40m。

本条的含义是：消防水泵接合器是供消防车从室外消火栓（或消防水池）取水，向室内管网送水的接口。因此，水泵接合器应设在便于消防车到达，且便于消防队员操作的地方。为便于消防车操作，消防水泵接合器离水源的距离不应小于 15m，为便于取水和及时供水，离水源的距离也不宜大于 40m（2 条水带长度）。

(*D*) 水泵接合器宜采用地下式水泵接合器时，应有明显的标志。

本条的含义是：地上式水泵接合器便于火场发现和使用，若条件许可，宜优先采用地上式水泵接合器。在某些地段，由于交通或市政上有特殊要求，不便于设置地上式水泵接合器，而需采用地下式水泵接合器。由于地下式水泵接合器比较隐蔽，火场难以及时发现，因此在设有地下式水泵接合器处应有明显的标志，指示水泵接合器所在地点，以利消防队在火场能及时发现和使用水泵接合器。

(6) 室内消火栓的布置应保证有两支水枪的充实水柱同时到达室内任何部位。《建规》第 8.6.2 条规定建筑高度小于或等于 24m 时，且体积小于或等于 5000m 的库房，可采用 1 支水枪充实水柱到达室内任何部位。水枪的充实水柱长度应由计算确定，一般不应小于 7m，但甲、乙类厂房，超过 6 层的民用建筑，超过 4 层的厂房和库房内，不应小于 10m；高层工业建筑、高架库房内，水枪的充实水柱不应小于 13m。

本条款的含义如下。

(*A*) 室内消火栓的布置应保证有两支水枪的充实水柱到达室内任何部位。

要求相邻两支水枪的充实水柱同时到达室内任何部位，消火栓的间距应按公式 (3) 计算：

$$S=\sqrt{R^2-b^2} \tag{3}$$

式中 S——消火栓间距（m）；

R——消火栓保护半径（m）；

b——消火栓最大保护宽度，m。

$$R=L+h \tag{4}$$

式中 R——消火栓保护半径（m）；

L——水带铺设长度，室内消火栓配备的水带长度为 25m，铺设长度为配备长度的 90%（水带弯曲系数），则水带铺设长度为 25×0.9=22.5m；

h——当水枪射流上倾角为 45°时，h 为地板面至最高点的高度（m）。

（B）建筑高度小于或等于 24m 时，且体积小于或等于 $5000m^3$ 的库房，可采用 1 支水枪的充实水柱到达室内任何部位。

仅要求 1 支水枪的充实水柱到达室内任何部位，消火栓的间距，应按公式（5）计算：

$$S=2\sqrt{R^2-b^2} \tag{5}$$

式中符号的意义同公式（3）

(7)《高规》第 7.4.6.2 条规定，消火栓的充实水柱应通过水力计算确定，且建筑高度不超过 100m 的高层建筑不应小于 10m；建筑高度超过 100m 的高层建筑不应小于 13m。同时，第 7.4.6.3 条规定，消火栓的间距应由计算确定，且高层建筑不应大于 30m，裙房不应大于 50m。

本条款的含义和《建规》是一样的。消火栓的布置示意如图（1)。

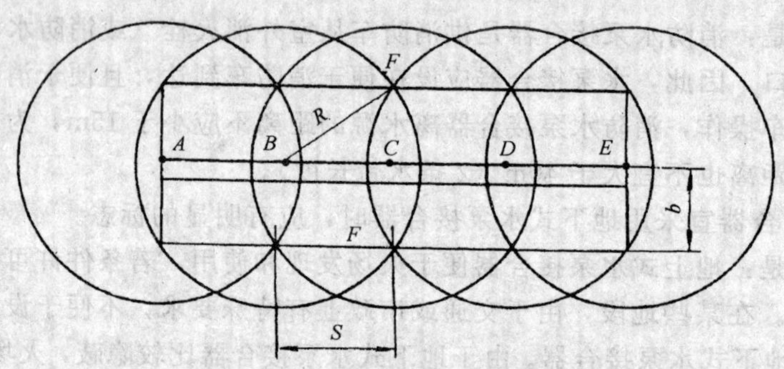

图 1　消火栓布置示意图

图 1 中 A、B、C、D、E 为消火栓，BF 为消火栓的保护半径 R，FC 为消火栓的最大保护宽度 b，BC 为消火栓的间距 S。

A、E 两个室内消火栓应尽量靠近走道的端头，使两端头的房间均能受到两个消火栓水枪充实水柱的保护。

在室内布置双排消火栓时，消火栓的间距不应超过 $1.4R$。

哈龙替代产品

蒋永琨　王世杰

一、概述

按照《中国消耗臭氧层物质逐步淘汰国家方案》，我国将于2005年停止生产哈龙1211灭火剂，2010年停止生产哈龙1301灭火剂。近年来，随着《中国消防行业哈龙整体淘汰计划》的实施，哈龙生产和消费量大幅度削减，哈龙替代品和替代技术迅速发展。1996年公安部消防局下发的《关于印发“哈龙替代品推广应用的规定”的通知》(公消[1996]169号）等文件，在指导和规范哈龙替代品的使用中发挥了积极的作用。但是，从近几年的执行情况看仍存在一些问题，有的还相当严重。主要表现在：一是用户对已有的替代品和替代技术还只能做到部分替代的事实缺乏认识，盲目采用哈龙替代品和替代技术，忽视传统灭火技术的采用；二是有的商家对哈龙替代品和替代技术夸大宣传，任意扩大使用范围；三是对一些必要场所仍然可以使用哈龙产品进行保护认识不足，在一定程度上降低了必要场所的消防保护能力。针对目前世界上尚没有能够完全替代哈龙的替代品和替代技术的实际情况，哈龙替代工作必须坚持必要场所与非必要场所区别对待，传统灭火技术和哈龙替代技术并举，将发展中的替代技术规范在安全范围内使用的综合替代原则，在确保我国哈龙淘汰工作顺利完成的前提下，做到不因哈龙的淘汰而降低消防保护能力。

二、替代原则及有关规定

1. 气体灭火药剂

根据《中国消耗臭氧层物质逐步淘汰国家方案》对受控物质的要求，禁止使用含氢氯氟烃（HCFC，目前我国出现的主要是NAF S－Ⅲ）、含氢溴氟烃（HBFC)、含全氟烃(PFC）类物质和五氟乙烷（HFC－125，CF3CHF2）作为哈龙替代品，可以使用惰性气体以及含氢氟烃的物质（HFC－23、HFC－227ea、HFC－236fa）作为哈龙替代品（见表1)。

有些清洁灭火剂在我国允许使用情况　　**表1**

一般名称	商品名称	化学组成	类别	政策允许情况
HCFC混合A	NAF S-Ⅲ	$CHCLF_2$（82%） $CHCLFCF_3$（9.50%） $CHCL_2CF_3$（4.75%） $C_{10}H_{16}$（3.75%）	HCFC	禁用
HCFC－124	FE－241	$CHClFCF_3$	HCFC	禁用
HFC－23	FE－13	CHF_3	HFC	可用
HFC－125	FE－25	CF_3CHF_2	HFC	禁用

续表

一 般 名 称	商 品 名 称	化 学 组 成	类 别	政策允许情况
HFC－227 ea	FM－200	CF_3CHFCF_3	HFC	可用
HFC－236 fa	FE－36	$CF_3CH_2CF_3$	HFC	可用
FC－3－1－10	CEA－410	C_4F_{10}	PFC	禁用
FC－2－1－8		C_3F_8	PFC	禁用
氩气	IG－01	Ar	惰性气体	可用
氮气	IG－100	N_2	惰性气体	可用
氮、氩混合气体	IG－55	N_2 (50%) Ar (50%)	惰性气体	可用
氮、氩、CO_2混合气体	IG－541	N_2 (52%) Ar (40%) CO_2 (8%)	惰性气体	可用

2. 移动式灭火器

根据《建筑灭火器配置设计规范》(GBJ140—1990) 和《关于在非必要场所停止再配置哈龙灭火器的通知》(公通字［1994］94号) 要求，禁止在非必要场所配置哈龙灭火器，非必要场所应选配二氧化碳、干粉、机械泡沫、水系等灭火器。必要场所仍可以配置哈龙灭火器。

3. 固定灭火系统

根据《建筑设计防火规范》(GBJ16—1987)、《高层民用建筑设计防火规范》(GB50045—95) 和《人民防空工程设计防火规范》(GBJ98—1987) 的要求，禁止在非必要场所安装使用哈龙固定灭火系统。非必要场所根据规范的要求宜采用传统的灭火技术（如二氧化碳、干粉、水喷淋、泡沫等固定灭火系统），也可采用哈龙替代灭火技术。必要场所既可以使用哈龙固定灭火系统，也可以采用哈龙替代技术。

4. 有关规定

(1) 非必要场所所用的哈龙灭火器，药剂排放后不得再充装配置于非必要场所。超过使用年限的哈龙灭火器应及时予以报废并由哈龙回收站进行回收。

(2) 在用的哈龙灭火器除用于扑灭火灾外，不得随意向大气中排放。

(3) 要根据保护对象的类别、可燃物的性质和灭火级别合理配置灭火器，A类火灾场所不得配置仅适用于B、C类火灾场所的灭火器。

(4) 严禁将燃烧产生烟雾的灭火介质和以燃烧产生驱动动力的技术用于灭火器。

(5) 需要新安装哈龙固定灭火系统的必要场所，应采用哈龙1301固定灭火系统，不得采用哈龙1211和哈龙2402固定灭火系统。

(6) 哈龙替代品及其替代灭火技术的引进应符合我国政策，严禁引进我国禁止使用的哈龙替代品及其替代技术。

(7) 各级公安消防机构要根据我国现有几种哈龙替代灭火技术的特性和适用场所，指导使用单位科学合理的选择，严禁超范围使用。

(8) 目前尚没有实行形式认可制度管理的哈龙替代品及其替代技术仍然执行强制检验

制度。产品的企业（地方）标准应经过国家消防标准化技术委员会有关分技术委员会组织的评审。产品应通过国家消防产品质量监督检验中心的形式检验，未经检验或检验不合格的国内、外产品不得销售和使用。

三、替代哈龙的一些灭火系统

1. 卤代烃类哈龙替代灭火系统

我国目前使用较多的主要是七氟丙烷（HFC－227ea）灭火系统。

七氟丙烷气体灭火剂不导电、不破坏大气臭氧层，在常温下加压液化，在常温、常压条件下能全部挥发，灭火后无残留物。七氟丙烷属于全淹没系统，可以扑救A（表面火）、B、C类和电器火灾，可用于保护经常有人场所。

七氟丙烷灭火系统的灭火原理为化学和物理作用，在火灾的类型、规模、喷放时间相同的条件下，灭A类表面火的最小设计浓度高于哈龙1301灭火系统，为7.5％（体积百分比）。灭火时药剂本身的分解产物氟化氢（HF）的浓度也高于哈龙1301。

用于组合分配方式的七氟丙烷灭火系统，其关键部件的配置应满足相应的系统设计要求，并通过国家消防质检中心的形式检验，使用单位应予以注意。

2. 新型惰性气体灭火系统

此类技术主要包括IG－541、IG－55、IG－01、IG－100固定灭火系统。在我国常用的只有IG－541。

IG－541灭火剂是由氮气（N_2，52％）、氩气（Ar，40％）和二氧化碳（CO_2，8％）3种气体组成的无色、无味、无毒的混合气体，不破坏大气臭氧层，对环境无任何不利影响。不导电，灭火过程洁净，灭火后不留痕迹。IG－541属于全淹没系统，适用于扑救A（表面火）、B、C类及电气火灾，可用于保护经常有人的场所。

IG－541惰性气体灭火系统是通过降低燃烧物周围的氧浓度的物理作用灭火。灭A类表面火的最小设计浓度为36.5％，储存压力为15MPa、20MPa（20℃），属于高压系统。该系统对灭火药剂的气体配比、储气瓶、管路、阀门、喷瓶、储瓶间以及周围环境、温度的要求严格，系统的设备制造及安装工艺相对复杂，使用单位应予以重视。

3. 低压二氧化碳灭火系统

对于大型保护场所，低压二氧化碳灭火系统较高压二氧化碳灭火系统占地面积小，便于安装和维护保养。低压二氧化碳灭火系统属于全淹没系统，适用于扑救A（表面火）、B、C类及电气火灾，不能用于保护经常有人场所。

低压二氧化碳灭火系统的制冷系统和安全阀是关键部件，必须具备极高的可靠性。

二氧化碳灭火系统（高压、低压）在释放过程中，由于有固态CO_2（干冰）存在，会使防护区的温度急剧下降，可能会对精密仪器、设备有一定影响。

二氧化碳灭火系统（高压、低压）对释放管路和喷嘴选型有严格的要求，如设计、施工不合理，会因释放过程中产生的大量干冰阻塞管道或喷嘴造成事故。使用单位应予以重视。

4. SDE气体灭火系统

SDE气体灭火系统是昆山宁华阻燃化学材料有限公司于1998年研制成功。灭火剂在常温、常压下以固体形态储存，工作时经电子气化启动器启动催化剂，使SDE灭火剂立即升华为气态，气态组分为CO_2占35%，N_2占25%，水雾占39%，雾化金属氧化物占1%。以惰性气体物理窒息和水雾冷却灭火为主，金属氧化物破坏燃烧链化学灭火为辅。灭火迅速，在被保护物上不留残留物。因不含F、Cl、Br、I，故对臭氧层破坏指数ODP=0，且温室效应潜能值GWP≤0.35，毒性指标中，可观察到有害作用最低浓度LAEL=17.5%，未见到有害作用最高浓度NOAEL=15.0%，均在SDE有效灭火浓度8%～10%以上。可以认为SDE综合灭火气体是低毒的安全的产品，基本符合公安部天津消防科研所提出的洁净气体灭火剂的10条评价标准。

5. 细水雾灭火系统

细水雾技术是用高压或气流将流过喷嘴的水形成极细的水滴。细水雾灭火系统既能以局部应用形式使用，也能以全淹没形式应用。细水雾适用于A（表面火）、B、C及电气火灾。可用于保护经常有人场所。细水雾灭火系统以冷却、窒息原理灭火。细水雾具有良好的电绝缘性，对环境无污染，可以降低火灾中的烟气含量及毒性。细水雾灭火系统对A类物质的深位火灾和有遮挡的火灾仅能起到控火作用。

6. 气溶胶灭火装置

按产生气溶胶的方式可分为热气溶胶和冷气溶胶。目前国内工程上应用的气溶胶灭火装置都属于热型，冷气溶胶灭火技术尚处于研制阶段，无正式产品。热气溶胶以负催化、窒息等原理灭火。气溶胶与卤代烷类和惰性气体类哈龙替代技术不同，灭火后有残留物，属非洁净灭火剂。各企业采取的药剂配方不同，残留物的性质也不相同。热气溶胶属于全淹没系统，适用于变配电间、发电机房、电缆夹层、电缆井、电缆沟等无人、相对封闭、空间较小的场所，适用扑救生产、储存柴油（－35号柴油除外）、重油、润滑油等丙类可燃液体的火灾和可燃固体物质表面火灾。

气溶胶灭火装置不能用于保护经常有人的场所，不能用于保护易燃、易爆场所。气溶胶属于气固混合相，在技术没有突破且通过国家质检中心形式检验之前，不能用于管网输送系统。气溶胶灭火后的残留物对精密仪器、设备会有一定影响，技术上没有解决该问题且通过检验的固定装置，不能用于保护此类场所。多机联用气溶胶系统及其控制装置未通过型式检验合格的，不能用于保护较大空间场所。

七氟丙烷灭火系统

倪照鹏等

一、发展概况

哈龙1211和1301灭火剂具有不导电、挥发快、无残留物、灭火效率高、扑灭火灾类型较广等优势，20世纪80年代以来在我国的灭火器和固定灭火系统上得到了广泛应用。但自科学家发现哈龙1211和1301灭火剂中含有的溴、氯元素会破坏大气中臭氧层，立即引起了国际社会的关注，并采取了相应的行动，停止生产和逐步淘汰，研究新的替代技术。

西方经济发达国家在1994年1月就已停止生产哈龙灭火剂，我国将于2010年完全停止生产哈龙灭火剂。近几十年来，各国在寻找新的替代哈龙的气体灭火剂方面进行了卓有成效的努力。研究表明，哈龙替代技术多种多样，有的已经很成熟，有的还需要进一步开展研究。

目前，在灭火器中还没有直接替代哈龙1211的灭火剂。在固定灭火系统中可以采用自动喷水、泡沫、二氧化碳等传统灭火系统，也可采用高压细水雾灭火系统、气溶胶灭火装置、氮气等惰性气体和七氟丙烷等含氢氟烃作灭火介质的灭火系统替代。在哈龙气体替代灭火技术中，七氟丙烷及其灭火系统是至今世界上主要的哈龙气体替代灭火剂和灭火系统。据英国LPC的统计，至1996年，全球已安装3000多套七氟丙烷灭火系统。

对于七氟丙烷灭火剂及其应用技术，国内外开展了长期的大量试验研究并已应用多年。但从笔者所了解的情况看，人们对七氟丙烷灭火剂和灭火系统的认识和应用还存在一些需要重新认识的问题。

二、七氟丙烷灭火剂的基本性质

1. 物理性质

七氟丙烷灭火剂在灭火后无固、液相残留物，灭火效能高、设计灭火浓度低，喷射到防护区内后能立即闪蒸成气态、并在封闭空间内各向分布迅速均匀，可作全淹没灭火剂，属可液化储存气体，不导电、不击穿电子电器设备，具有无色、无味、热稳定性和化学稳定性良好等性质，是一种清洁气体灭火剂。其基本物理性质见表1。

七氟丙烷物理性质　　表1

分子式	CF_3CFHCF_3
分子量	170.03
沸点（℃）	−16.36
冰点（℃）	−131
临界温度（℃）	101.7

续表

临界压力（atm）	28.7
临界体积（L/kg）	1.61
临界密度（kg/L）	0.621
沸点时的蒸汽热（kcal/kg）	31.7
饱和液体密度（kg/m^3）（25℃）	1395
蒸汽压（bar）（21℃）	4.040

2. 灭火剂和灭火系统的价格

在同样重量下，所有的含氢氟烃替代灭火剂的价格都比哈龙 1301 的高。七氟丙烷灭火剂亦不例外，一般高出约 50%左右；其灭火系统基本上可以采用与哈龙 1301 灭火系统相同条件的硬件，但因灭火浓度和密度等原因，同样条件下所需灭火剂重量约多需要 70%，系统价格差则与防护区的大小等有关。

3. 对环境的影响

七氟丙烷的 ODP（对臭氧层的破坏潜能）值为 0，在大气中的存活寿命为 31～42 年。有证据表明，哈龙化学替代灭火剂具有温室效应作用。但大多数人士认为与汽车、生活和电厂排出的二氧化碳比较，用于灭火系统中不经常释放的七氟丙烷所产生的温室效应作用可以忽略不计。

4. 灭火机理

国内大多数人认为七氟丙烷的灭火主要依靠的是化学灭火作用。但从国内外现有的试验研究结果看，七氟丙烷的灭火机理主要为冷却灭火和部分化学灭火作用。七氟丙烷在汽化过程中，要吸收大量热量；同时它是由大分子组成的，在火焰中的一些键断裂，需要能量，导致冷却。

5. 灭火剂本身的毒性

国外在 1994 年前后曾利用老鼠、兔子、狗及自愿者人体，对七氟丙烷灭火剂的急性吸入毒性、90 天吸入毒性反应试验、对中枢神经系统的影响、呼吸敏化作用、急性心敏化作用、生殖毒性和再生毒性等方面进行了比较全面系统的研究。

试验结果标明：在试验条件下，七氟丙烷吸入可以认为无毒性，其急性吸入半致死浓度大于 788689ppm（v/v）；不会改变活细胞的遗传物质结构，不会在结构和数字上改变活细胞所包含和传递的遗传信息物质；不会在怀孕胎儿体内引起继发性作用（如软组织或软骨骼）。对于母亲和胎儿身体组织，未观察到副作用的浓度为 10.5%。但同时与相对高水平的肾上腺素和 9%以上的七氟丙烷接触，会导致心脏活动量增加。

根据 HTOC（哈龙灭火剂技术选择委员会）1994 年 12 月的报告，七氟丙烷的毒性特性状况如表 2 所示。

七氟丙烷的毒性 **表 2**

名　　称	心　脏　中　毒		可接受的浓度/疏散时间	
	NOAEL	LOAEL	疏散时间	疏散时间
浓度（v/v%）	9.0	10.5	9.0	10.5

其中：NOAEL 是未观察到不良反应的浓度，在该浓度下被试验的动物未出现可观察到的不良反应。LOAEL 是可观察到不良反应的最低浓度，是出现不良反应的最低试验浓度（见 2）。

6. 七氟丙烷灭火时的热分解毒性

所有火灾都会产生有毒和腐蚀性燃烧产物，其浓度受燃烧物的特性、系统动作时的火灾大小、探测系统的灵敏度与探测器的间距、为人员疏散所设计的延时时间、灭火剂的喷射时间、火灾增长速率、防护区的容积以及灭火剂的设计浓度等许多因素影响。

对于 A 类火灾，火灾模拟和测试表明：七氟丙烷灭火剂的热分解量（HF）与哈龙 1301 的热分解总量（HF 和 HBr 之和）相同。

Hughes Associates 公司对七氟丙烷灭 A 类火时的热分解产物进行了研究。火灾大小为 36kW，采用 PC 板、PVC 包裹电缆、磁带、碎纸等代表电子数据处理设施的可燃物。喷射时间为 10s，所有火灾在 7%以下的浓度内可以被扑灭。PC 板火（5～18kW）的 HF 分解浓度为 9～31ppm。碎纸火（11～36kW）的 HF 分解浓度为 48～175ppm。PVC 电缆火（3～6kW）的 HF 分解浓度为 37～58ppm。紧密缠绕在的磁带火（21～35kW）的 HF 分解浓度为 56～89ppm。

新墨西哥工程研究所对典型计算机房和办公室火灾中七氟丙烷的热分解产物研究结果表明，与哈龙 1301 进行比较，其结果与上述结果一致。

对于 B 类火灾，试验研究表明：七氟丙烷灭火剂的热分解量（HF）是哈龙 1301 的热分解总量（HF 和 HBr 之和）的 2～6 倍。但这些结果大多是美国海军在很大的火灾条件下测试的，这种情况下火灾本身对人员和设备的影响已经很大。如采用七氟丙烷快速灭火，还可以减少分解产物的产生。

大湖化学公司利用 7%和 8.6%浓度的 FM-200 对不同火灾条件下的 HF 分解量进行了试验，结果见表 3，表中数据与上述分析和试验结果基本一致。

七氟丙烷灭火时热分解毒性 表 3

名　　称	灭火浓度	445mm 正庚烷火	300mm 正庚烷火	大木垛火	小木垛火	6mm PVC 垛火
灭火时间（s）	7%（v/v）	155	15	313	10	70
最大 HF（ppm）		6545	1073	2244	1012	1042
灭火时间（s）	8.6%（v/v）	7	7	8	6	4
最大 HF（ppm）		2140	674	910	783	367

英国 LPC 在用充足的七氟丙烷灭火时，试验中每种灭火剂产生的 HF 最大值在 1000 至 3000ppm 之间（为哈龙 1301 的 4～11 倍）。用 7%（v/v）的七氟丙烷灭 A 类火时，在喷射 10s 并延时 30s 后，所释放的 HF 平均浓度同美国 Hughes Associates 公司的研究结果相符。而人员吸入 HF 气体 1min 的半致死浓度为 12000ppm；处于 4800ppm 的环境中 1min 有 1%的人员死亡。Sax 在试验中得出在 15min 内 HF 的 ALC（全致死）浓度是 2500ppm。

此外，有人认为采用七氟丙烷对电子等设备具有腐蚀等不良影响。卤酸对电子设备与其他设备的不良影响是环境中卤酸浓度、相互接触时间、酸性物质在设备表面上的沉积率、温度和湿度、仪器的灵敏度以及与烟尘的结合物等多种因素综合作用的结果。

国外大量试验证明，只要七氟丙烷的喷射时间和灭火时间能按要求得到控制，灭火过程中只有少量七氟丙烷分解并形成氢氟酸（HF）。英国LPC和美国大湖公司的试验研究表明：用七氟丙烷扑灭一个典型的A类火灾所产生的HF浓度是不足以损坏电子仪器及精密仪器和贵重物品，但试验时所产生的热的腐蚀产品的气体浓度可与使用哈龙1301所产生的相当。

因此，在有精密仪器和贵重物品的场所，使用哈龙1301应注意的问题，使用七氟丙烷时也应注意。

另外，尽量缩短七氟丙烷的喷射时间（不应大于10s），也可以减少火灾时分解产物的产生。该喷射时间应为从喷嘴喷射出达到最小设计浓度必需的灭火剂质量的95%所需要的时间。

因此，七氟丙烷灭火剂在常用使用场所、正常设计灭火浓度下，用于经常有人的工作场所是安全的，可以用于保护电子仪器、精密仪器及贵重物品，如计算机房、电信和通信设施、重要文物资料等。但用于经常有人的场所，且当浓度可能超过10.5%（v/v）时，人员必须在1min内撤离；一般要求防护区内七氟丙烷的浓度不应超过9.0%（v/v）。

三、灭火系统设计中的几个问题

对于气体灭火系统，其设计的基本要求为：系统具有可靠的火灾自动报警系统；灭火剂能在尽可能短的时间内喷放到防护区内，并迅速均匀分布、形成灭火浓度，迅速控火和减少火灾的分解产物；喷嘴布置和设计必须保证按设计要求喷放出所需灭火剂、在空间内均匀分布；防护区应封闭良好，能防止灭火剂流失，使灭火剂可以在足够的时间内保持灭火浓度；提供在火灾后能尽可能快地通风换气的设施，保证人员安全，减少设备与火灾和灭火剂分解产物的接触时间。

1. 场所选择

七氟丙烷灭火剂可用于扑救固体表面火，灭火前能切断气源的气体火、可燃液体或可熔化的固体火，不能扑救含氧化剂的化学制品及化合物、钾、钠等活泼金属或氢化钾等金属氢化物以及过氧化物等能自行分解的化学物质等物质火。

在必须采用气体灭火系统的场所中应区别对待必要场所和非必要场所，严格按照现行国家标准《建筑设计防火规范》、《高层民用建筑设计防火规范》和《人民防空工程防火设计规范》等规范要求设置气体灭火系统。目前国际上认为必须使用哈龙1301灭火系统的场所仅仅限于航空、航天、军用战车、舰艇、核电站、气候条件恶劣的工作场所（如海上钻井平台）等，其他一般地面建筑物中均没必要使用哈龙固定灭火系统。因此，可根据设置场所的环境条件、空间大小与平面布置、使用功能、建设投资和保护对象等情况确定是否采用七氟丙烷灭火系统。由于七氟丙烷灭火剂的沸点相对较高，对于环境温度较低的场所应慎重。一般防护区的环境温度不宜低于0℃。此外，试验已证明七氟丙烷只适用于全淹没灭火系统，不适用于局部应用系统。

2. 灭火剂的设计浓度

在气体灭火系统设计时有灭火浓度、设计灭火浓度、最大设计浓度，存在爆炸危险时，还需使用惰化浓度。灭火浓度为试验测得实际灭火浓度；设计灭火浓度为设计时采用的、并考虑了一定安全裕度后的最小灭火浓度；最大设计浓度为在防护区最高环境温度下，扣除构件及固定家具、设备体积后，在设计灭火浓度下可能形成的最大浓度，在经常有人的场所，必须校核该浓度。

防护区内的设计浓度随防护区的环境温度、海拔高度和防护区内的可燃物类别不同而异。设计灭火浓度可能受以下条件影响：设计人员不能确定需要最大设计灭火浓度的火灾场景；设计者能正确确定需要最大设计灭火浓度的火灾场景，但没有可靠的试验数据，或虽可以经试验确定，但受时间或经费等条件限制，无法实现；设计者能正确确定需要最大设计灭火浓度的火灾场景，有试验数据，但经证明该数据不准确。

因此，设计时采用的灭火浓度应根据权威的试验数据或装置进行测试确定。如果一个防护区内有多种可燃物时，设计必须采用需要设计灭火浓度的最大值。根据可燃、易燃液体不同，杯式燃烧器的灭火浓度可以采用超过 1.5 的系数，作为设计灭火浓度。目前，公安部天津消防科研所等单位建立的灭火浓度测试装置，其测试结果与国际上公认的数据基本一致，并具有可重复性。对于 B 类火灾，NFPA2001《清洁灭火剂灭火系统标准》(2000 年版）要求最小安全系数为 30%，并且要求采用手动操作系统。对于常用的保护对象，其设计灭火浓度可按以下数据采用：图书、档案、票据和文物资料库等防护区，宜采用 10%；油浸变压器室、带油开关的配电室和自备发电机房等防护区，宜采用 8.2%；通信机房和电子计算机房等防护区，宜采用 8%。但对于经常有人的场所，一般不宜超过 9.0% (*v*/*v*)，否则，应采取完善的安全措施。

3. 影响防护区内灭火剂浓度的因素

灭火系统设计完成后，灭火剂喷放到防护区内所形成的浓度可能比实际设计灭火浓度高，也可能比实际设计灭火浓度低。这一变化对人员安全、设备的影响以及灭火效果和成败影响很大，应予重视。

一般，导致防护区内灭火剂浓度可能比实际设计灭火浓度高的因素主要有：灭火剂用量计算保守，没有考虑封闭空间内的非固定材料、防护区的温度、高出海平面的高程。实际上，在灭火剂喷放过程中，从防护区内泄漏的气体灭火剂浓度是波动的，无法预计。计算灭火剂用量时，是假设整个泄漏的气体体积以最终设计浓度泄漏。但试验证明这是保守的，实际上没有泄漏这么多灭火剂。此外，如果计算时的温度为 16℃，实际喷放时是 21℃，则浓度将高出 2%。导致防护区内灭火剂浓度减少的因素主要有：灭火剂喷放后在容器和管网内残留有部分灭火剂蒸汽、实际喷放时有溶解氮气喷出。当灭火剂充装比最小和管网容积最大时，灭火剂残留在管网内最多。如在 10℃、3.4bar（绝压），充装密度为 481kg/m^3，且管网的容积为储存的七氟丙烷液体体积的 80%时，液体喷放后，残留的灭火剂蒸汽最大可能达到其初始充装量的 6%。当容器内的压力与大气压力一样时，灭火剂蒸汽的最大残留量约为 2%。此外，如管网和容器在 13.6bar 和 −1℃ 下充有含氮气的灭火剂时，灭火浓度的稀释量最大可达 2%。

另外，喷嘴孔径大小、管网中管道实际内径、使用三通分流的数量，都会引起某一空间内灭火剂浓度的增加或减小。如果在喷放和混合过程中，有大量灭火剂泄漏出封闭空间、封闭空间内的障碍物影响气混合、封闭空间的几何形状导致灭火剂分布不均匀、喷嘴之间的三通使灭火剂不能按照设计要求分布，都有可能使火源周围灭火剂的浓度低于实际灭火浓度，导致不能灭火。

4. 系统的管网设计

除非常简单的系统以外，现行的哈龙灭火系统管网都不能经改进而适合七氟丙烷灭火系统系统。

国内有人试验后证实，七氟丙烷喷放过程中，由于其压力迅速降低，在前面的流体呈现瞬态二相流区，随后为液相流区（含密集小气泡）和二相流区（密度变化不规则），最后是尾气（氮气和七氟丙烷的蒸汽）。这与国外的试验结果基本一致。

美国空军、陆军、海军和联邦航空局资助的哈龙替代项目组，对发动机舱的替代灭火剂管道流动特性进行了研究。结果显示，七氟丙烷在管道内呈瞬态两相流动特征。其气相主要因流动过程中压力降低，氮气析出和灭火剂闪蒸而形成，但其热物理特性与哈龙 1301 不同，因而流动特性也不同。

试验时将灭火剂充装到设计充装密度，再用氮气加压至试验压力，并使溶解于灭火剂中的氮气达到平衡状态。试验表明，灭火剂从释放阀中出来时，压力降低很快。但当液态灭火剂从容器中全部喷出时，由于蒸汽的原因，压力稍有回升。试验还证实只有少量氮气溶解于灭火剂中。但加压到 24bar 时，其充装时间要较长，否则氮气在七氟丙烷中的溶解度会升高。

有人认为，按液相流的计算方法，计算简便，能满足工程应用的需求，管路阻力损失试验数据较理论计算数值小，在理论计算时还需要考虑其某些二相流特征。实际上，这是对简单管网系统而言，而对较复杂的管网，则应考虑分流部分的影响，如按液相流计算方法设计，可能产生较大误差。国外主要七氟丙烷灭火系统生产商提供的设计计算软件均采用了二相流体计算方法。由于预测瞬态双成分两相流体喷放比较困难，在开发出相应的计算方法后，有必要对其准确性进行验证测试。根据 UL 的标准规定，测试结果要求喷射时间不应超过设计时间 1s，平均喷嘴压力误差应在 10%以内，每个喷嘴喷放的灭火剂质量不应超过设计量的 10%且不应低于设计量的 5%，最大管道灭火剂允许量不超过七氟丙烷液体体积的 80%，最小流率应能防止在管道内产生两相流体分离。

哈龙 1301、七氟丙烷灭火剂在管道内的流动有很多限制（如所选管道内径与流速必须保证流体在管道内保持紊流、不层化等），需要特别注意，否则管网设计不合理就会导致系统灭火失败。此外，喷嘴的喷射距离比较有限，试验证明喷嘴的保护高度不宜超过 3.5m。

SDE 惰性气体灭火系统

曾志军

SDE 惰性气体灭火系统是一种新型的哈龙替代系统，它具有灭火剂常压下固态储存、工作时在催化剂作用下立即升华气化、工作压力不超过 1.6MPa、灭火浓度低、灭火速度快、惰性气体对人体无害、灭火后现场无残留物、对设备和大气臭氧层均无破坏等很多优点，以下是 SDE 惰性气体灭火系统在某信息中心大楼的应用实例。

一、设计依据

信息中心大楼为二类高层建筑，根据《高层民用建筑设计防火规范》（GB50045—2001）的规定，长途通信机房、市话端局程控交换机房、大中型电子计算机或贵重设备室均应设置气体灭火系统。

二、系统设置及平面布置图

1. 系统设置

大楼需进行气体保护的楼层分别为 2 层（客服坐席机房）、3 层（管网及监控中心）、4 层（1800GSM 交换机房及 BSC 机房）、5 层（HLR 机房及 SSP 机房）、6 层（第三代交换机房）和 7 层（电池室），每层防护区体积、计算参数及用药量计算结果详见表 1。

系 统 设 置 参 数 表 1

参数 \ 内容 \ 保护区	2层	3层	4层	5层	6层	7层
防护区体积（m^3）	1950	2090	2090	2090	2090	248
SDE 灭火装置型号	W－75	W－75	W－75	W－75	W－75	GDG－38
装置充装量（kg/台）	25	25	25	25	25	15
装置数量（台）	12	12	12	12	12	2
灭火剂实际用量（kg）	300	300	300	300	300	30
喷嘴型号	*DN*50	*DN*50	*DN*50	*DN*50	*DN*50	无
喷嘴数量（个）	32	32	32	32	32	无

由于 2 至 6 层防护区体积相近，据江苏省地方标准《SDE 气体灭火系统设计、施工、验收规范》（DB32/399—2000）第 4.1.3.5 条规定，一套 SDE 气体灭火系统最大可保护 5 个区，故 2 至 6 层采用组合分配系统来保护，为使在发生火灾时惰性气体能迅速输送至防护区，储瓶间设在 4 楼。而 7 楼电池室由于防护容积较小，故采用无管网灭火系统加以保护。

2. 平面布置图（见图 1）

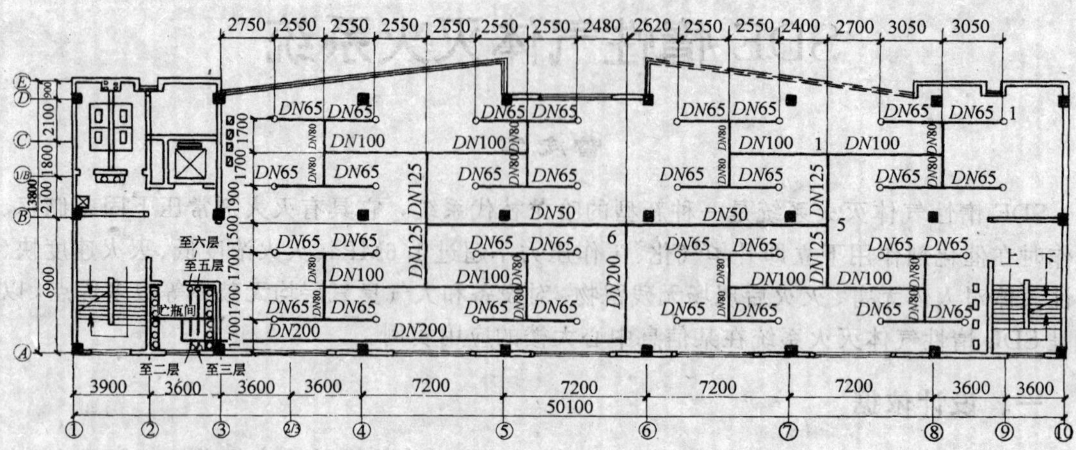

图 1　四层 SDE 气体自动灭火平面图

三、设计计算

1. 组合分配系统计算

(1) 2 层防护区灭火剂设计用量：

$$M1=m\times Kr\times Ka\times V1=0.1\times 1.1\times 1.3\times 1950=279\ (\mathrm{kg})$$

3 至 6 层防护区灭火剂设计用量：

$$M2=m\times Kr\times Ka\times V2=0.1\times 1.1\times 1.3\times 2090=299\ (\mathrm{kg})$$

系统灭火剂用量按组合分配系统中用量最多的一个防护区的设计用量计，故灭火剂设计用量为 299kg。

(2) 发生器选型。采用 SDEW－75 型，共 12 个，每个灭火剂充装量为 25kg，共 300kg。

(3) 灭火浓度核算：

$$C=25\times 12\times 0.75\div 2090=10.8\%>8\%$$

满足 DB32/399—2000 中 4.1.2.1.7 的规定。

(4) 管网计算。管网计算应按组合分配系统中的最不利点来计算，本工程最不利点为 6 层防护区总的 1 号喷嘴，计算参数及结果详见表 2。

管　网　参　数　　表 2

管段	管径 (mm)	管长 (m)	喷头数 (个)	流量 (L/s)	管断面 (m^2)	流速 (m/s)	管道阻力 (Pa/m)	ΔP (Pa)
1～2	65	5.1	1	24.4	0.003317	7.4	355	1811
2～3	80	1.7	2	48.75	0.005024	9.7	495	842
3～4	100	5.1	4	97.5	0.00785	12.4	647	3300
4～5	125	3.6	8	195	0.01227	15.9	852	3067
5～6	150	10.13	16	390	0.01766	22.1	1372	13898
6～7	200	55.58	32	780	0.0314	24.8	1292	71809
合　计								94727

管道附件损失为管道阻力损失的 25%，故最不利点剩余压力：

$$P=0.8-0.2-94727\times1.25\times10^{-6}=0.48\ (\mathrm{MPa})>0.1\mathrm{MPa}$$

满足规范 DB32/399—2000 中 4.1.4.1.6 的规定。

喷射滞后时间核算：

$$t=5.1\div7.4+1.7\div9.7+5.1\div12.4+3.6\div15.9+10.13\div22.1+55.58\div24.8$$
$$=4.5\ (\mathrm{s})<15\mathrm{s}$$

满足规范 DB32/399—2000 中 4.1.4.1.2 的规定。

2. 无管网灭火系统计算

（1）7 层防护区灭火剂设计用量：

$$M=m\times V\times K1\times K2=0.1\times248\times1.2\times1.0=29.8\ (\mathrm{kg})$$

（2）无管网装置选型。选用 GDG－38L/15kg 无管网灭火装置 2 台，共装药剂 30kg。

四、管道安装、试压及色标管理

管道公称通径 $DN\leqslant80$mm 时，采用加厚镀锌钢管，丝接；$DN>80$mm 时，采用无缝钢管，焊接或法兰连接，镀锌，二次安装，管道支、吊架的布置按国标执行。

管道安装完毕，进行水压强度试验，试验压力为 2.0MPa，水压强度试验合格后，采用压缩空气吹扫管道，吹扫时，管道末端的气体流速为 22m/s。吹扫结束后进行气压严密性试验，试验压力为 1.6MPa，试验介质采用压缩空气。

试压合格后，明露管道表面均刷红漆，吊顶内的管道每隔 500mm 刷一道 50mm 的红色漆环。

五、SDE 气体灭火系统的控制

1. 控制系统（见图 2）

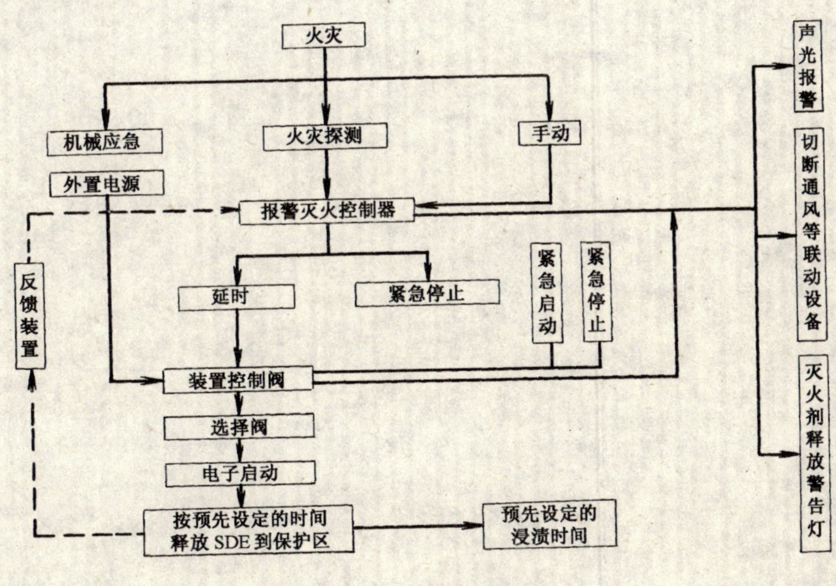

图 2　系统图

2. 控制系统说明

(1) 安装SDE气体灭火系统的防护区，按国标GB50116—1992的规定设置火灾自动报警系统。

(2) 控制系统设有自动控制、手动控制和应急启动3种启动方式。当采用自动控制时，灭火控制系统要接受到两个独立的火灾信号后才能启动，声光报警器报警，延时器启动并延时30s，30s后控制系统启动SDE气体灭火系统。

燃油燃气锅炉房

张 力 姚金华等

一、燃油燃气锅炉发展趋势

(1) 随着城市的发展，众多高层民用建筑的兴起，用于高层民用建筑附属设施的场地越来越少，燃煤锅炉房已无法满足人们对于场地、环境、安全、自动化控制方面的要求。所以，有很多工程已经采用了燃油、燃气锅炉，并设在建筑物内部。目前，在燃油、燃气锅炉中，燃油锅炉较多。在大中城市中，燃气锅炉是发展方向。

目前，北京、上海等大中城市，已有许多烧煤锅炉房改为燃油、燃气锅炉房，以满足广大居民对环境、安全、热量等要求。

(2) 燃气是一种优质、高效、清洁的环保型锅炉燃料。燃气锅炉所用的燃气，主要是指天然气或人工煤气。天然气的组分往往不是固定不变的，产地不同组分也不同，但都是以甲烷为主，北京目前正在推广的是陕甘宁长庆气田的天然气，甲烷的含量为98%。人工煤气的组分与制取工艺有关，北京的炼焦煤气的氢气的含量为59.2%、甲烷的含量为23.4%。甲烷和氢气都是高度易燃易爆的气体。在《建筑设计防火规范》(GBJ16—1987) 的附录四中，列出了天然气爆炸下限为4%，人工煤气爆炸下限为6.2%，都属于甲类可燃性气体。

(3) 鉴于燃油、燃气锅炉房的火灾及爆炸危险性，《高层民用建筑设计防火规范》(GB50045—1995) 规定，宜将燃油、燃气锅炉放在高层建筑内部，而且对其设置位置及容量做了严格限制。在《高规》97 修订版中，补充规定了高层民用建筑内的燃油、燃气锅炉房应设置水喷雾灭火系统。

二、燃油、燃气锅炉事故原因

燃油、燃气锅炉事故的根本原因，是在炉膛或烟道内有爆炸性混合气体存在，当达到爆炸极限，被炉火或锅炉本身的高温相燃而发生炉膛爆炸。事故的起因，多数是锅炉点火操作不当造成的，也有由于自动控制失灵，或在运行中，由于燃烧器前燃气压力或风压波动太大引起脱火或回火。为减轻爆炸对炉膛和烟道在混合气体爆炸时的破坏程度，在锅炉的这两个部位都要设防爆门。在发生混合气体爆炸时，防爆门将因炉膛内或烟道内压力骤然升高而开启，或破裂泻出高压气体，从而减轻爆炸的破坏程度。这时锅炉需要暴露防护，水喷雾可起到降温冷却的作用。

另外，燃气锅炉由于泄爆或某些意外原因引起燃气泄漏，在燃气浓度达到爆炸下限以前也需要水喷雾灭火系统的保护。利用水喷雾的混合稀释作用，使燃气的浓度降低，可起到防火的效果。

三、水喷雾灭火系统

1. 水喷雾灭火系统的作用

在 NFPA15（美国的水喷雾灭火系统规范）96 版中规定了 4 种，灭火、控火、暴露防护和防火，或者上述情况的组合。《水喷雾灭火系统设计规范》(GB50219—1995）（下文简称“水雾规”）和 NFPA15 都提到水喷雾灭火系统可用于扑救可燃气体火灾。所以，水喷雾灭火系统用于燃气锅炉房的消防是恰当的，其作用应是以暴露防护和防火为主要目的。

《水雾规》的颁布早于《高规》97 增订版，没有规定燃油、燃气锅炉的设计喷水强度，而该参数又是系统设计最主要的依据，这就给设计带来了难度。我们参阅了 NFPA15，关于设计喷水强度的数值是，用于扑灭一般可燃固体或液体灭火的喷水强度不小于 6.1～20.4L/（min·m^2）（0.15～0.5gpm/ft^2），控火的喷水强度不小于 20.4/(min·m^2)(0.50gpm/ft^2)，暴露防护的喷水强度不小于 10.2L/（min·m^2）(0.25gpm/ft^2)，防火的最小喷水强度要根据被保护物质的经验或试验数据而定。上述数据对于我们的设计具有参考价值，我们认为，对于暴露防护和防火为重点的燃气锅炉房的消防，设计喷水强度取 10.2～20.2L/min·m^2较为合适。

2. 作用面积

水喷雾灭火系统是局部应用系统，作用面积应取被保护对象的外表面尺寸。保护对象外形不规则时，应按包容对象的最小规则形体的外表面积确定，设计中可按燃气锅炉产品样本提供的外形尺寸取值。

系统的作用时间，尤其是水喷雾灭火系统设计流量较大时，它的取值影响储水池的储水量。《水雾规》中扑救的防护冷却对象主要是室外可燃气体的生产、运输、装卸、储存设施和灌瓶间、瓶库等场所，防护时间为 6.0h。室内机房不同于上述场所，在自动关闭速断阀的情况下，切断了燃气的来源，整个灭火时间会缩短，不可能按 6.0h，自动喷水系统作用时间也只有 1.0h。《水雾规》中灭液体、固体火灾这一项灭火时间分别为 0.5、1.0h。NFPA15 对于灭火、控火、暴露防护和防火 4 种消防形式，都没有给定具体系统作用时间，只是提出功能上的要求。我们认为，设计中可根据系统的大小和工程的具体情况，在 0.5～1.0h 取值。

3. 系统控制

水喷雾灭火系统应设自动控制、手动控制和应急操作 3 种控制方式。水喷雾灭火系统实质是一种喷淋系统，只是开式喷头换成了水雾喷头，控制方式都相同。对于燃气锅炉房的水喷雾灭火系统，有 3 种常用的自动启动方式，可燃气体浓度探测器电动启动，火灾探测器电动启动，湿式先导管传动水力启动。根据燃气锅炉房火灾的特点，水喷雾灭火系统的自动启动方式宜同时设两种，其中可燃气体浓度探测器电动启动必须设置，而感温探测器电动启动和湿式先导管传动水力启动可选其中一种。

可燃气体浓度探测器启动方式，是当可燃气体浓度探测器探测到某处燃气浓度达到爆炸下线的 25%时，开启排风机，同时声光报警；当浓度达到爆炸下线的 50%时，燃气速断阀动作，切断燃气供给，打开喷淋阀上的电磁阀，启动水喷雾灭火系统。

火灾探测器启动方式，当一个火灾探测器动作时，声光发出报警；两个火灾探测器同时动作时，打开喷淋阀上的电磁阀，启动水喷雾灭火系统。

湿式先导管传动水力启动方式，当湿式先导管上的闭式喷头动作后，自动打开喷淋阀，启动水喷雾灭火系统。

4. 举例

锅炉房
燃气锅炉
3-A
3-10
3-9
3-6
A
B
C
DN55
DN65
DN50
DN32
DN25
DN100
1500
3000
1000
1950
450
3334
4000
300
φ180
45°

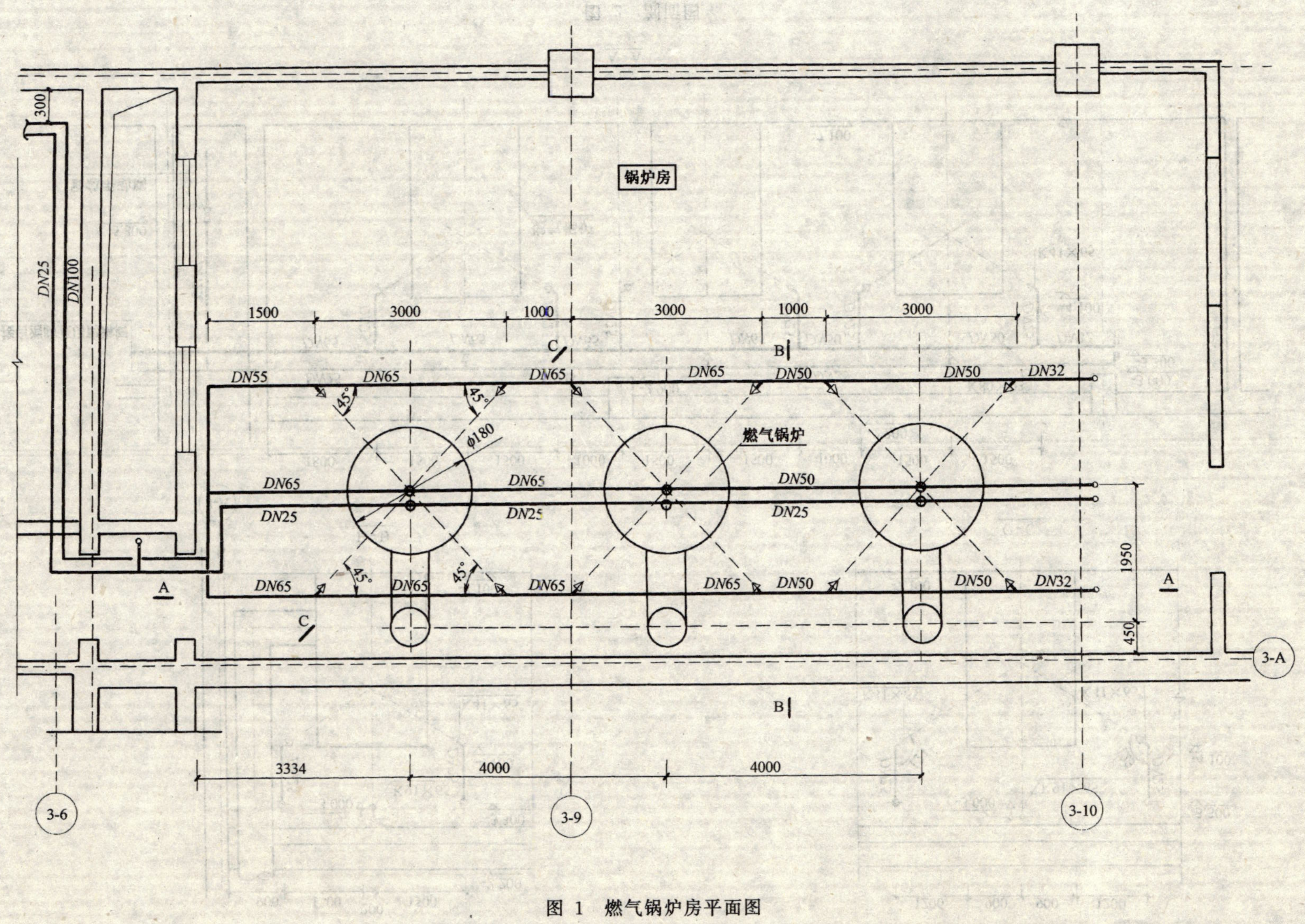

图 1 燃气锅炉房平面图

900
1300
200
1500
-2.200
-3.300
-3.000
K91×65°
DN25
-4.100
K41×65°
-7.100
B-B
3-A
1200
900
C-C
123°
1800
1000
-2.900
K80×93°
DN65
DN50
DN32
接自消防泵房雨淋阀
-5.800
紧急手动阀
燃气锅炉
A-A
图 2 剖面图

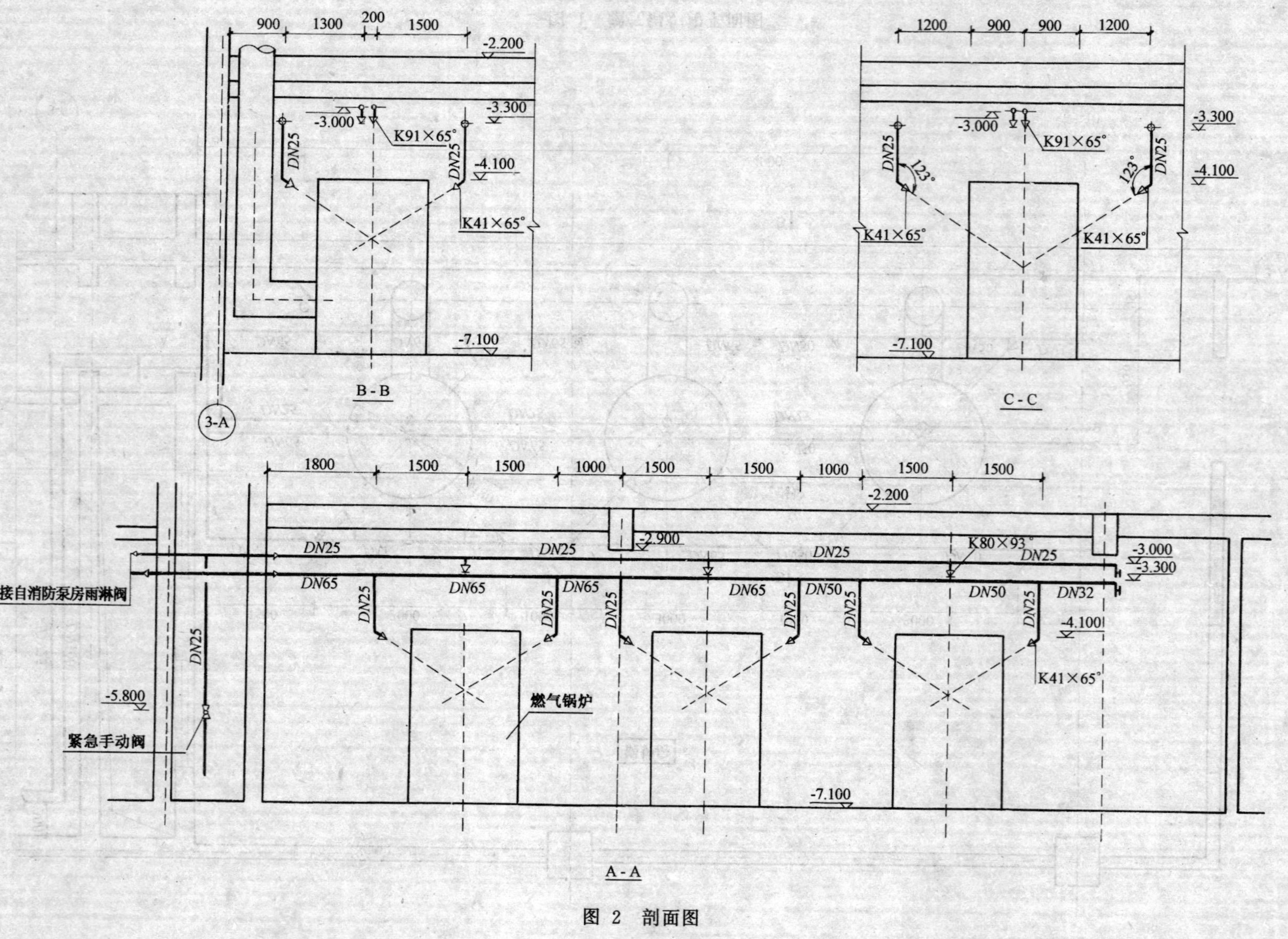

某工程的燃气锅炉房，设有 3 台立式燃气锅炉。水喷雾灭火系统与自动喷淋系统合用一组消防泵。自动喷淋系统的流量和压力都大于水喷雾灭火系统，按前者选择水泵，后者根据水喷雾系统的工作压力，用减压阀减压。水力计算按特性系数法。

设计参数：燃气锅炉的总保护面积为 $99.5m^2$，设计喷水强度为 $10.2L/(min \cdot m^2)$，水雾喷头的设计工作压力为 0.3MPa，系统的设计工作压力为 0.4MPa（见图 1、图 2）。

消防控制室的主要功能

胡世超

一、控制室内设备的组成

消防控制设备根据需要可由下列部分或全部控制装置组成：

（1）集中报警控制器；

（2）室内消火栓系统的控制装置；

（3）自动喷水灭火系统的控制装置；

（4）泡沫、干粉灭火系统的控制装置；

（5）卤代烷、二氧化碳等管网灭火系统的控制装置；

（6）电动防火门、防火卷帘的控制装置；

（7）通风空调、防烟排烟设备及电动防火阀的控制装置；

（8）电梯控制装置；

（9）火灾事故广播设备控制装置；

（10）消防通信设备等。

本条按照《建筑设计防火规范》以及《高层民用建筑设计防火规范》和《人民防空工程设计防火规范》对消防控制室规定的主要功能，对消防控制室内所应包括的主要控制设备作了规定。由于每个建筑物的使用性质和功能不完全一样，作为消防控制室应该把该建筑内的火灾报警及其他联动控制装置都集中于消防控制室，即该控制设备可分散在其他房间，但各种设备的操作信号也应反馈到消防控制室。

二、消防控制室的主要功能

1. 消防控制室的功能

对于消防控制室控制功能，各国规范规定的繁简程度不同。国际上也无统一规定。日本规范对中央管理室的功能规定的比较强，主要包括以下 4 个方面：

（1）作为防火管理中心的作用；

（2）作为警卫管理中心的作用；

（3）作为设备管理中心的作用；

（4）作为信息情报咨询中心的作用。

2. 日本的规定

日本规范规定了“必须设置的功能”和“法规以外的功能”。其中，必须显示或控制的功能包括如下内容。

（1）联动灭火设备。

1）室内消火栓设备的启动表示；

2）自动喷水灭火装置的启动表示；

3）水喷雾灭火设备的启动表示；

4）泡沫灭火设备的启动表示；

5）二氧化碳灭火设备的启动表示；

6）哈龙（1301）灭火设备的启动表示；

7）干粉灭火设备的启动表示；

8）室外消防设备的启动表示。

（2）报警设备动作表示。

1）火灾自动设备的动作表示；

2）漏电报警设备的动作表示；

3）向消防机关通报设备的操作及动作表示；

4）火灾警铃、警笛等音响设备的操作；

5）事故广播设备的操作及动作表示；

6）GAS 漏气报警设备的运作表示。

（3）消防活动上必须联动的设备。

1）排烟口的开启表示及动作；

2）排烟风机的动作表示及操作；

3）电动防烟垂壁的动作表示；

4）防火门、防烟门的动作表示；

5）各种空调机的停止操作及表示；

6）消防电梯吊箱的呼回及连动操作；

7）GAS 气体紧急关断设备的表示。

此外各省市规定的防地震灾害条例等规定的制度或指导文件也必须遵照执行。

3. 德国的规定

德国保险商协会（VDS）编制的《火灾自动报警装置设计安全规范》规定：火灾报警接收中心的设备应具有下述功能。

（1）接收所连接探测器发出的报警，同时进行记录、声光显示，并提供有关位置的数据。

（2）继续向消防机关报警或启动警报装置、控制灭火设备（例如 CO_2 灭火设备）。

（3）对整个装置进行监视。当供电或线路部分出现故障时发出声、光报警。

4. 加拿大的规定

加拿大规范（$CAM_4—S_{524}—M_{82}$）包括如下内容。

（1）为火灾报警系统和各控制装置供电。

（2）手动报警和火灾探测器输送信号，并输出给供电监控和启动任何辅助装置所必要的部件、线路。

5. 国内的规定

国内以前没有规定，大部工程中的消防控制设备都集中到消防控制室，实行统一管理。但也有一些工程消防控制设备分设在各有关的房间，如水泵控制装置设在水泵房，火灾报警器设在消防控制室。通风管道的启、停及防火阀信号装置设在通风机房。这样分散设备，一旦发生火灾，消防控制室不能进行统一管理和指挥扑救。为了避免混乱，便于火灾时统一指挥，本条规定要求将建筑内的各种消防设备，包括火灾报警控制器及其他联动控制设备（或信号）都集中到消防控制室。实行统一管理，便于使用。

消防中心控制室系统功能示意图按图 1 所示。

6. 消防控制设备的功能

（1）消防控制设备对室内消火栓系统应有下列控制、显示功能：

1）控制消防水泵的启、停；

2）显示启泵按钮启动的位置；

3）显示消防水泵的工作、故障状态。

室内消火栓是建筑物内最基本的消防设备。消火栓启泵装置及消防水泵等都是室内消火栓必须配套的设备。在消防控制的控制设备上应设置消防泵的启、停装置，显示消防水泵启动按钮、启泵的位置及消防泵的工作状态。使控制室的值班人员在发生火灾时，对什么地方需要使用消火栓、消防水泵启动与否都一目了然，这样有利于火灾扑救和平时的维修调试工作。

消防水泵的故障，一般是指水泵电机断电、过载及短路。由于消火栓系统都是由主泵和备用泵组成，只有当两台泵都不能启动时，才显示故障，一般按钮启动后，先启动 1# 泵，1# 泵启动失灵，自动转启 2# 泵，1# 和 2# 泵均不能启动时，控制盘上显示故障。

室内有消火栓系统的控制原理图如图 2 所示。

（2）消防控制设备对自动喷水灭火系统应有下列控制、显示功能：

1）控制系统的启、停；

2）显示报警阀、闸阀及水流指示器工作状态；

3）显示消防水泵的工作、故障状态。

（3）自动喷水灭火系统是目前最经济的室内固定灭火设备，使用的面比较广。按照《自动喷水灭火系统设计规范》的要求，最好显示监测以下 6 方面：

1）系统控制阀的开启状态；

2）消防水泵电源供应和工作情况；

3）水池、水箱的水位；

4）干式喷水灭火系统的最高和最低气温；

5）预作用喷水灭火系统的最低气压；

6）报警和水流指示器的动作情况。

同时，要求在消防控制室实行集中监控。按照《自动喷水灭火系统设计规范》所规定的内容，规定消防控制室的控制设备应设置自动喷水灭火系统启、停装置（包括喷淋水泵等）。并显示管道阀、水流报警阀及水流指示器的工作状态，显示水泵的工作及故障。喷淋水泵显示故障的内容及显示方法与消火栓水泵的故障相同。

自动喷水灭火系统的控制原理图如图 3 所示。

（4）消防控制设备对泡沫、干粉灭火系统应有下列规定、显示功能：

1）控制系统的启、停；

2）显示系统的工作状态。

在设置泡沫、干粉灭火系统的工程内，消防控制室的控制设备、设置系统的启、停装置，并显示系统的工作状态是必要的。

S
W
R
O
区域报警控制器
分区控制盘
电动防火门
排烟阀
防火卷帘
警铃
同上
集中报警控制器
图像显示
自动打印
终端操作
备用电源
消防电源
220V AC
本层断电
排烟阀
停空调机
电动防火门信号盘
防火卷帘信号盘
警铃操作广播盘
电梯控制盘
消火栓水泵
自动喷水阀水泵
卤代烷灭火控制盘
消防电话
119
24V DC
消火栓喷淋泵房
空调机房
配电室
广播室
固定灭火装置
水流指示器
F
手阀
消火栓
插孔
图 1 消防控制室的功能

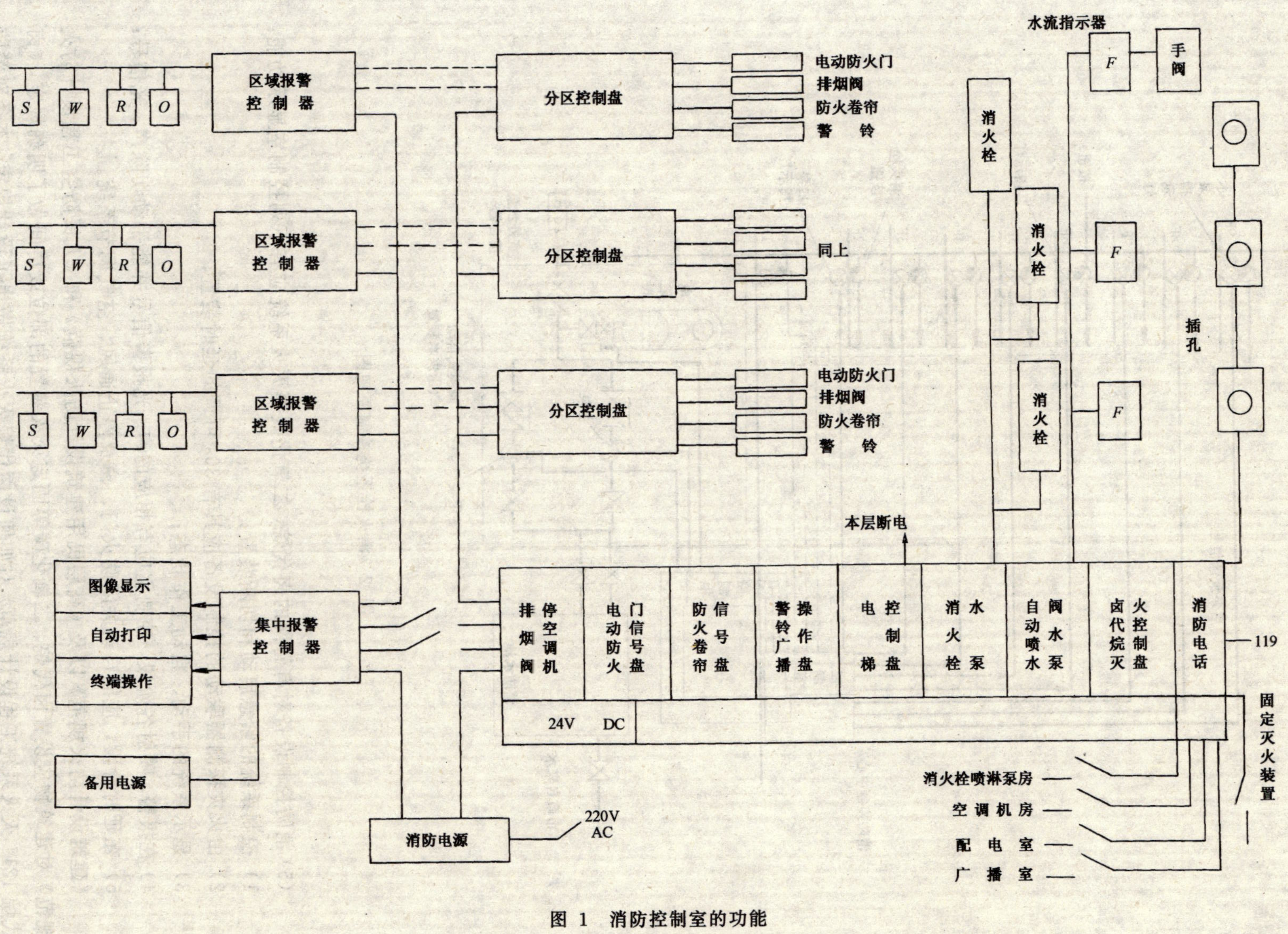

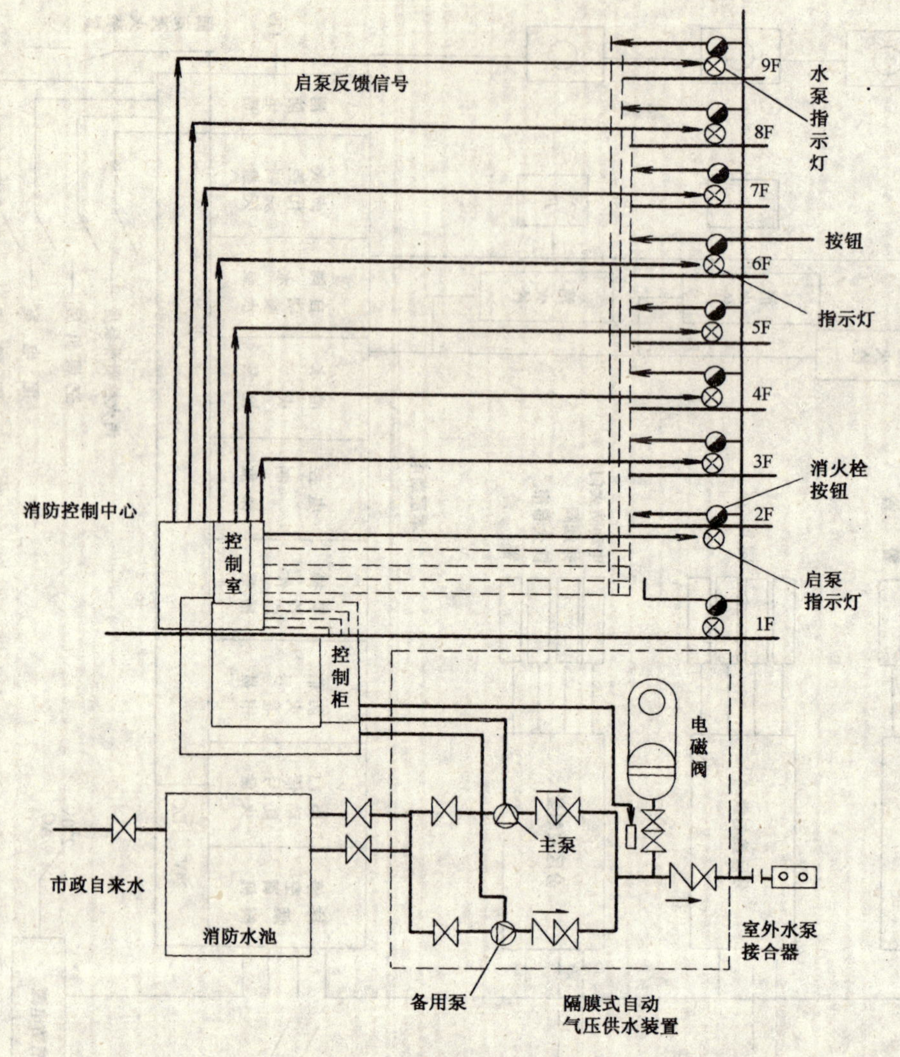

图 2 消火栓系统控制原理图

(5) 消防控制设备对有管网的卤代烷、二氧化碳等灭火系统应有下列控制室显示功能：

1）控制系统的紧急启动和切断装置；

2）由火灾探测器联动的控制设备应具有 30s 可调的延时装置；

3）显示系统的手动、自动工作状态；

4）在报警、喷射各阶段，控制室应有相应的声、光报警信号并能手动切除声、光信号；

5）在延时阶段，应能自动关闭防火门、窗及停止通风、空气调节系统。

《建筑设计防火规范》以及《高层民用建筑设计防火规范》和《人民防空工程设计防火规范》对建筑物应设置卤代烷、二氧化碳等固定灭火装置的部位或房间做了明确规定，《卤代烷 1211 灭火系统工程设计规范》对如何设卤代烷灭火系统做出了设计规定。本条对消防控制室中，消防控制设备控制卤代烷灭火系统的功能做出的规定。

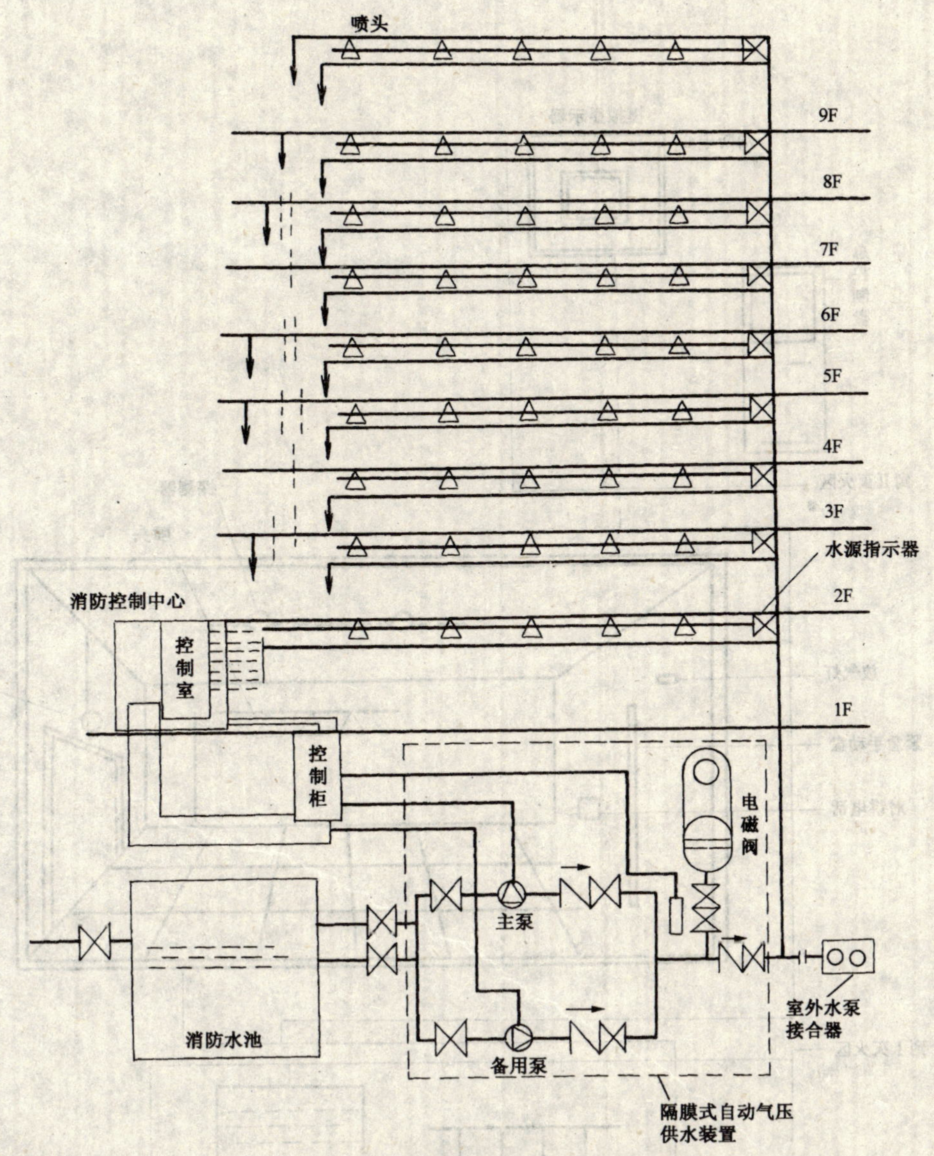

图 3 自动喷水灭火系统控制原理图

为了保证卤代烷等固定灭火装置安全可靠运行。应具有手动和自动两种启动方式。而且是在火灾报警后，经过设备确认或人工确认，方可启动灭火系统。设备确认一般的作法是两组探测器同时发出报警后可确认为真正的灭火信号。当第一组探测器发出报警，值班人员也应立即赶到现场进行人工确认。人工确认后，由值班人员在现场决定是否启动固定灭火系统。在设计上虽然有自动和手动两种启动方式，但有人值班时应以手动启动方式为主。在设计中一般的系统都设有现场启动装置和远程启动装置（控制室），为了准确可靠应以现场的手动启动为主。当现场启动发生困难时，控制室也可启动固定灭火系统。

图 4 为 1211 自动灭火系统示意图。

图 5 为 1211 自动灭火系统控制原理图。

图 6 为防火阀在通风空调系统的安装示意图。

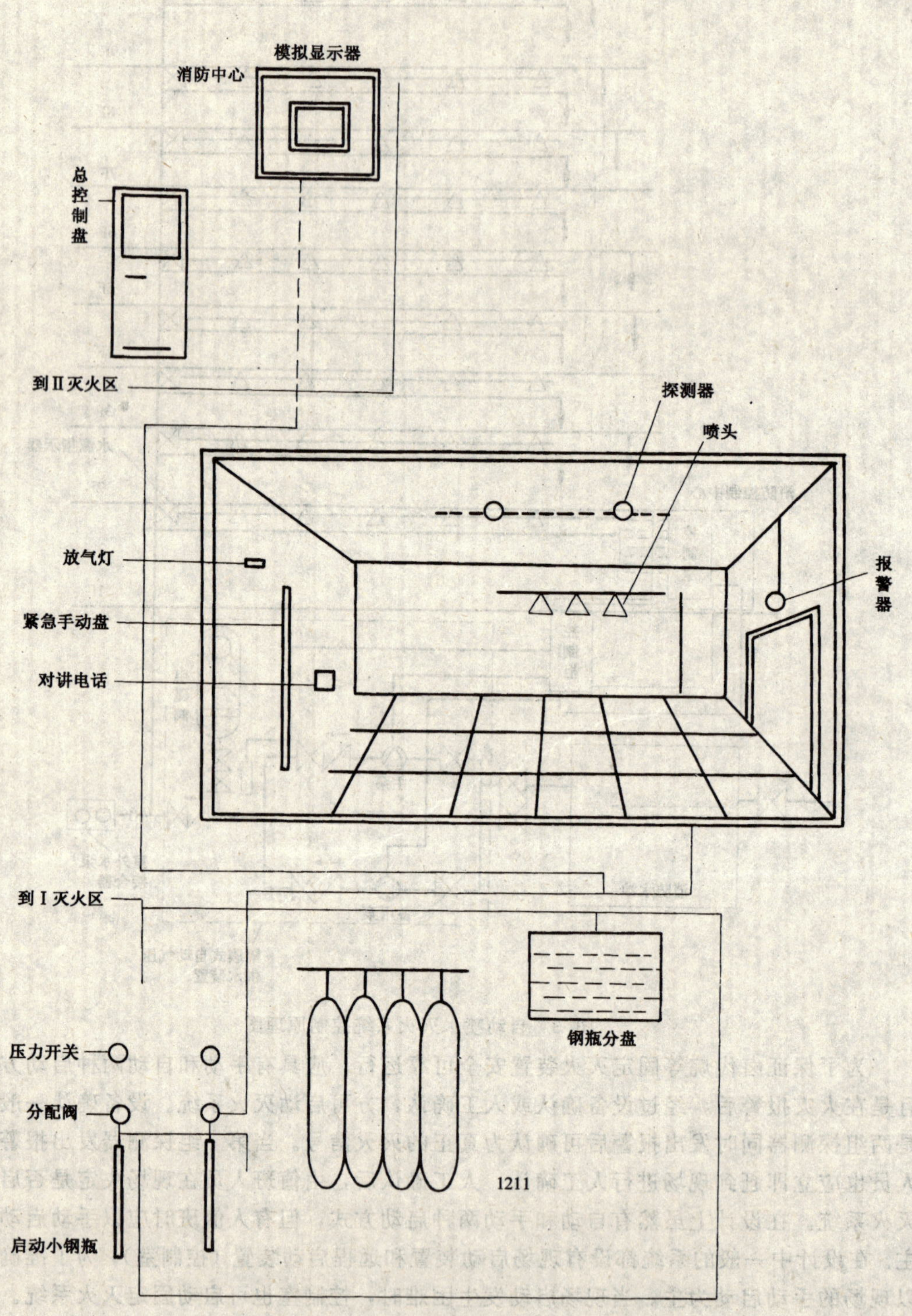

图 4 "1211"自动灭火系统示意图

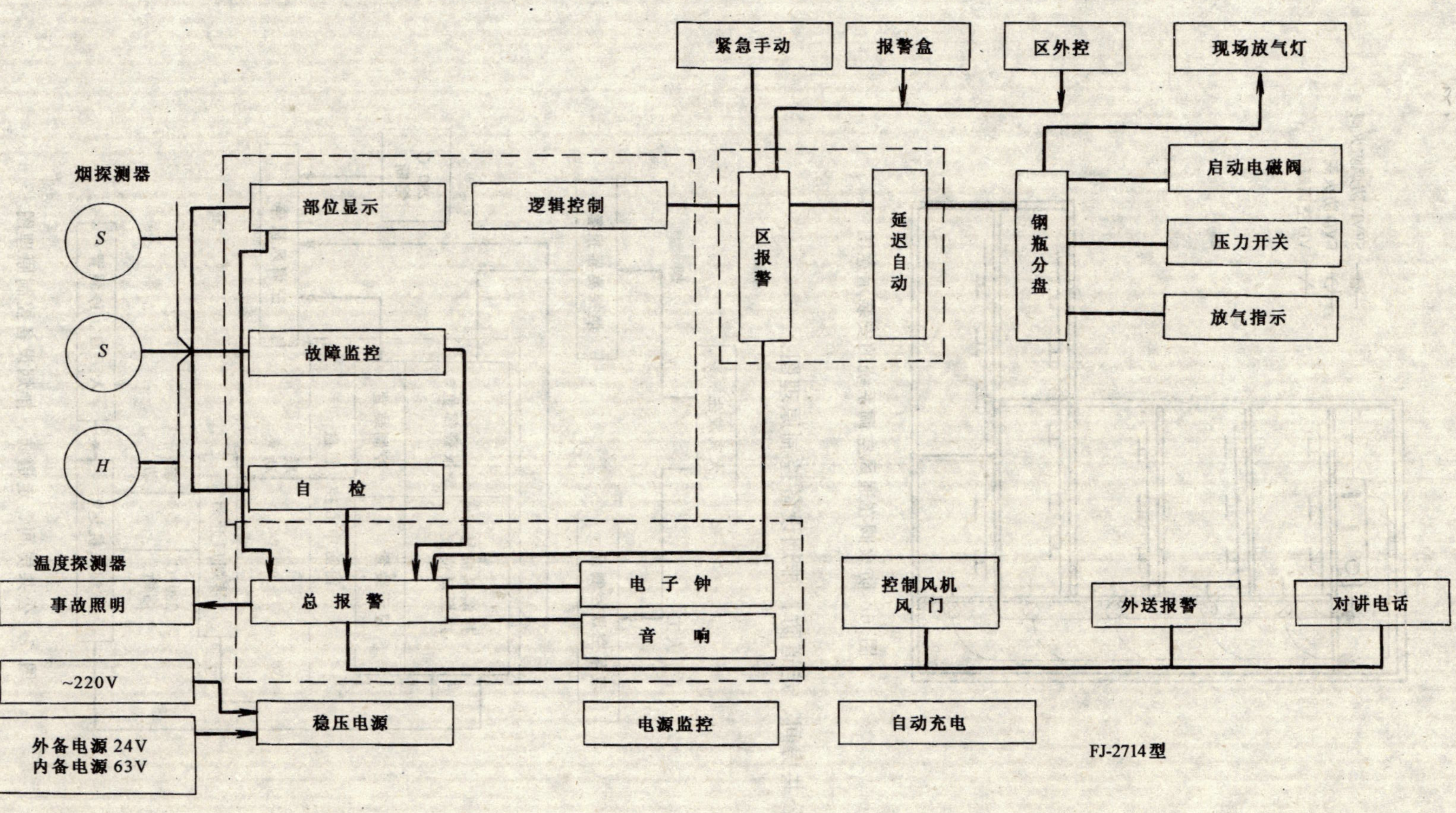

图 5 1211 自动灭火系统控制原理图

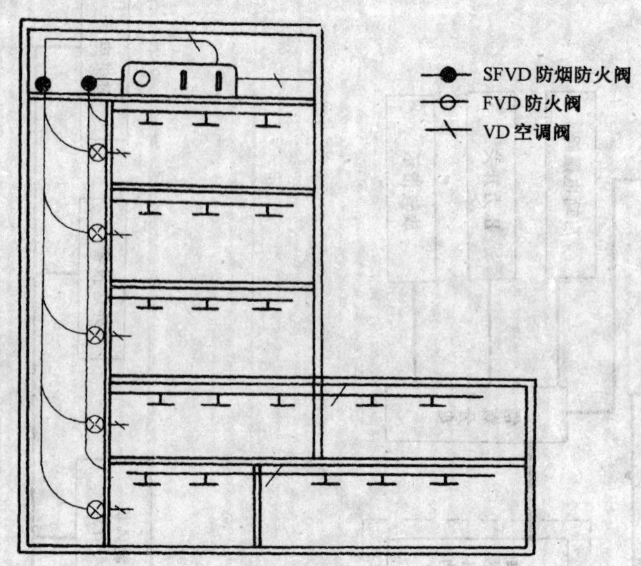

图 6 防火阀在通风空调系统的安装示意图

图7为公共房间、走道防、排烟设备控制原理图。

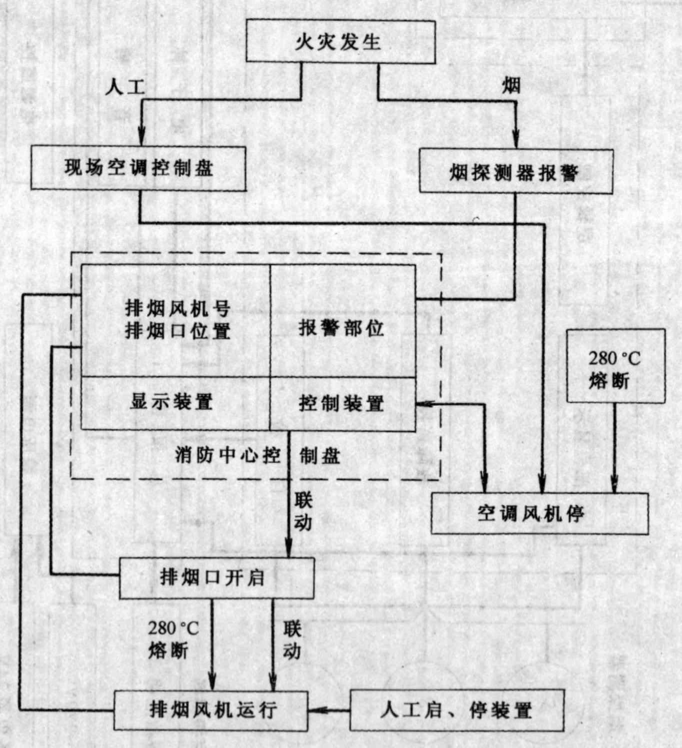

图 7 公共房间、走道防、排烟设备控制原理图

(6) 火灾报警后，消防控制设备对联动控制对象应有下列功能：

1) 停止有关部位的风机、关闭防火阀，并接收其反馈信号；

2) 启动有关部位的防烟、排烟风机（包括正压送风机）、排烟阀，并接收其反馈信号。

在防烟、排烟和通风空调的场所，对火灾的影响大。而对人们工作、生活、安全疏散影响小的设备，如通风空调、排烟和防烟设备（包括管道上的防火阀门），当探测器报警后，就应停止送新风，启动防烟和排烟设备。根据国外统计资料，火场死亡人数中有50%～60%是被烟气熏死的，最高达70%多。在烧死的人中也多数是先熏倒后烧死的。所以在有火灾报警的时候，先关闭空调，停送新风是很必要的，即使有个别的误报现象发生，停一下空调也不会造成很大的影响和后果。

按照“高层民用建筑设计防火规范”第7章和第9章规定的原则，消防控制室对通风空调系统和防烟、排烟设备应有必要的控制和显示功能。即在设有空调和防、排烟设施的房间、走道、防烟楼梯间及其前室〈包括合用前室〉的火灾探测器报警后，消防控制室的控制盘〈也有可能通区域控制盘〉对有关部位的通风空调设备和防、排烟设备具有以下控制功能。

1) 按照通风空调系统的分区，停止有关报警区域内的送风机的送风，关闭通风管道上的防火阀。同时，接收风机和阀门动作后的反馈信号，表示其工作状态。

2) 按照防烟分区启动有关报警部位的排风机〈包括正压送风机〉、防烟垂壁和排烟口，同时，接收排烟机和排烟口动作后的反馈信号表示其工作状态。

按照《高层民用建筑设计防火规范》的要求，空调通风系统中防火阀的安装位置如图6所示。

从图6，可见在通风空调系统的送回风总管及垂直风管与每层水平风管交接处的水平支管上均按规定设置防火阀。当然，风管在穿越机房和重要的或火灾危险性较大的房间的隔墙、楼梯处也应设置防火阀，公共房间和内走道等部位，防火阀与火灾探测器联动的方框图如图7所示。在设有防、排烟设施和空调设备房间的感烟探测器动作后，感烟探测器的电信号送到消防控制室报警控制盘上，报出具体部位号（也有的是报到区控盘，通过区控盘报到消防控制室的)。通过报警控制器的输出接点，输出两组联动控制信号：一组联动控制排烟系统，驱动排烟口取放的同时，启动排烟机运行。使排烟系统开始工作后，排烟口和排烟风机运行开启后，均有信号反馈到消防控制室的显示盘上。另一组信号输送给空调机控制盘，关停该房间的空调送风。当防火阀上280℃的感温元件动作后，均能使阀门自动关闭，同时分别联动停止排烟机或送风机，当然，除了联动控制外，还可以现场手动操作。无论是手动和联动控制防火阀动作后，均有信号反馈到消防中心控制室。

防烟楼梯间及其前室的正压送风和排烟系统如图8所示，正压送风和排防系统的工作原理与公共房间排烟系统的工作原理类同，如图9所示。至消防控制的控制盘应显示。

1) 前室的报警部位；

2) 排烟口的开放信号；

3) 排烟机运行状态；

4) 送风口的开启信号；

5) 送风机的运行状态。

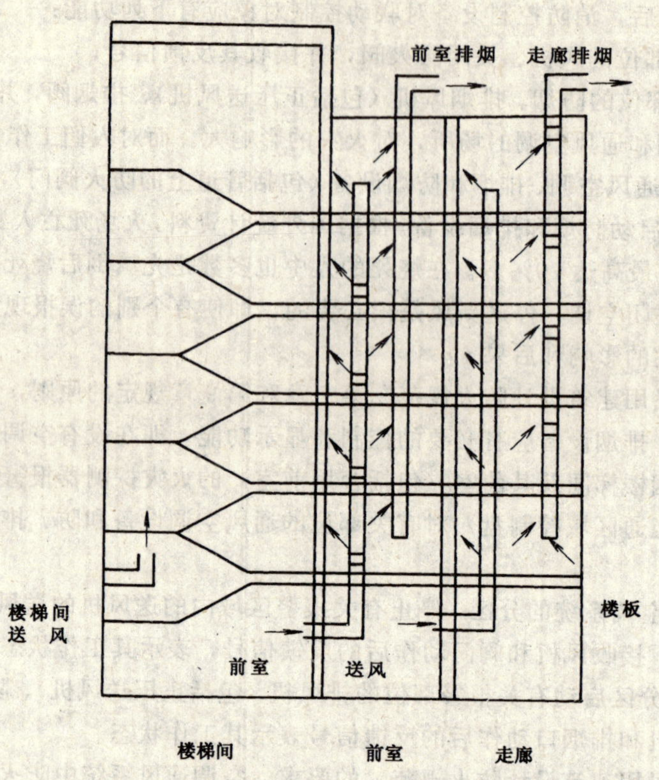

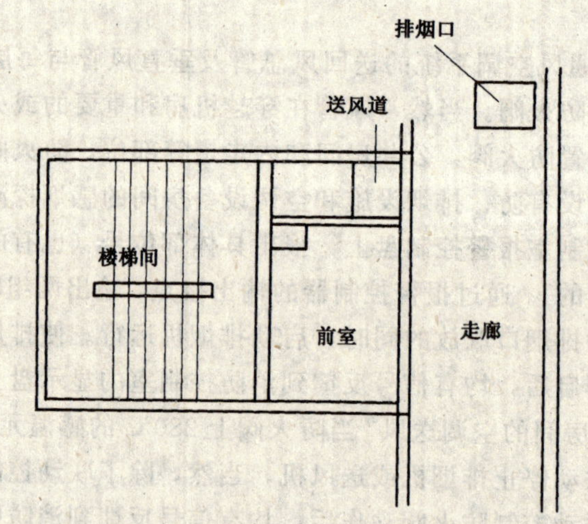

图 8 防烟楼梯及前室防排烟设备安装示意图

三、火灾确认后，消防控制设备对联动控制对象应具有的功能

(1) 关闭有关部位的防火门、防火卷帘，并接收其反馈信号；

(2) 发出控制信号，强制电梯全部停于首层，并接收其反馈信号；

(3) 接通火灾事故照明灯和疏散指示灯；

(4) 切断有关部位的非消防电源。

本条是消防控制设备对电动防火门、防火卷帘等设备进行联动控制的功能作了规定。

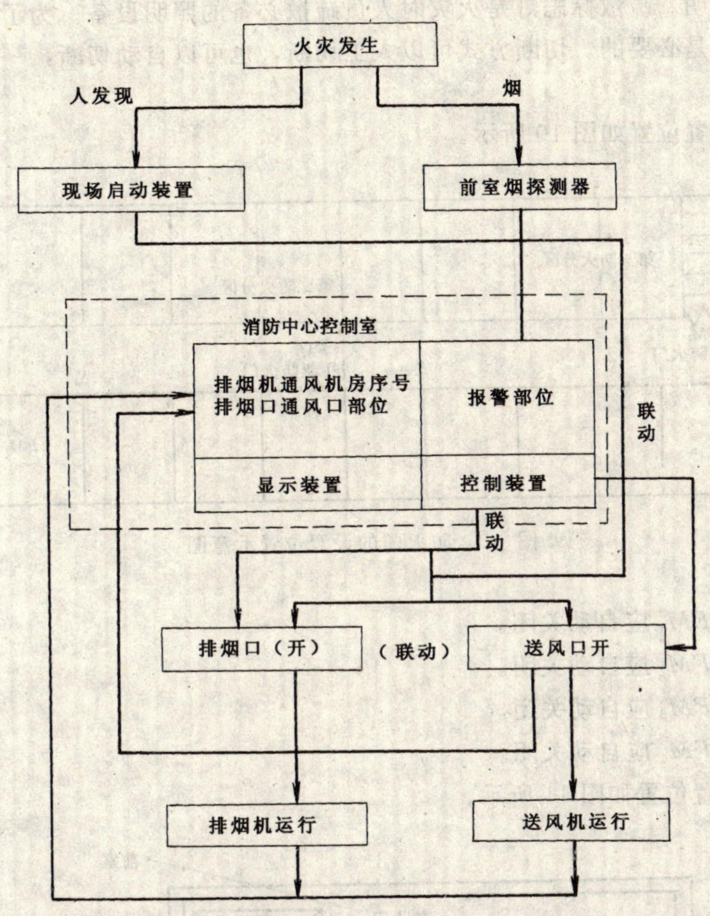

图 9 防烟楼梯间及其前室（包括合用的）排烟/送风系统控制

本规范规定系统控制应采用自动和手动两种控制方式。对消火栓灭火系统、卤代烷等固定的气体灭火系统应以手动控制方式为主；对通风空调、防排烟设备（包括防火阀门）和电动防火门应采用自动控制。防火卷帘进行联动控制是必要的，这些联动控制一般可在消防控制室集中进行。一些大型工程也可在各区域控制室完成联动功能后，将信号送到消防控制室。使消防控制室及时掌握各种设备所处的工作状态，以便及时采取应急措施。

关于"火灾的确认"最可靠的确认是人工确认，也可以用电视监控。在系统设计上，一般用两组探测器或两种不同类别的火灾探测器同时报警后的"与"门信号作为"火灾的确认"方法，本条的"火灾确认前"是指一个探测器或一个回路的探测报警，"火灾确认后"是指两个探测器报警的与门信号。

对防火门、防火卷帘，一般都以两个探测器的与门信号作为控制信号比较安全。

对电梯的控制有两种方式：一种是将电梯的控制显示盘在消防控制室设置一个，消防值班人员在必要时可直接操作。另一种作法是在人工确认真正是火灾后，消防控制室向电梯控制室发出火灾信号及强制电梯下降的指令，所有电梯下行停位于首层，电梯是纵向通道的主要交通工具，联动控制一定要安全可靠。在对自动化程度要求较高的建筑物内，可用消防电梯前室的感烟探测器联动控制电梯。

接通事故照明。疏散标志灯是火灾时人员疏散必备的照明设备。为了扑救方便，同时切断非消防电源是必要的。切断方式可以人工切断，也可以自动切断，一般工程以人工切断为主。

防火门的设置位置如图 10 所示。

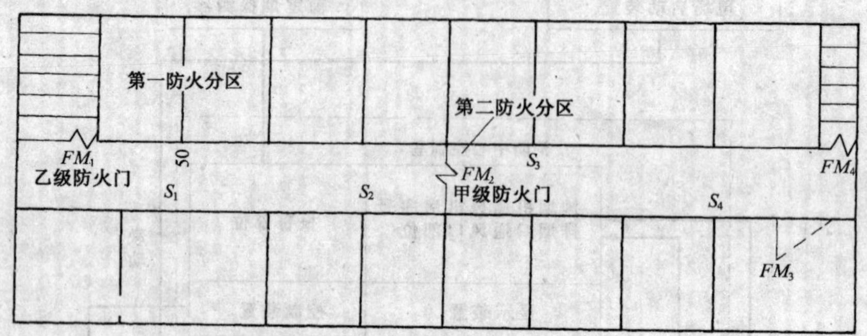

图 10 防火门的设置位置示意图

S_1 动作后，FM_1 应自动关闭。

S_2 动作后，FM_2 应自动关闭。

S_3 动作后，FM_3 应自动关闭。

S_4 动作后，FM_4 应自动关闭。

防火卷帘设置位置如图 11 所示。

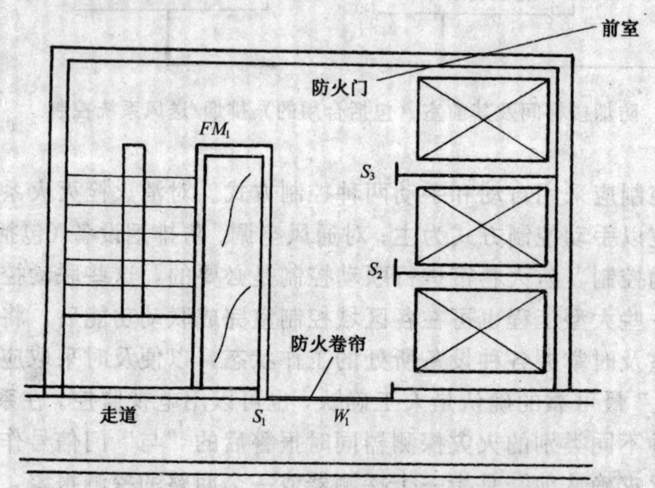

图 11 防火卷帘设置示意图

当 S_1 动作后，防火卷帘下降到离地面 1.5m

W_1 动作后，防火卷帘下降到地面。

当合用前室的 S_2 动作后：

1）关闭防火门 FM_1

2）打开排烟送风阀

(5) 火灾确认后，消防控制设备应按疏散顺序接通火灾警报装置和火灾事故广播，警报装置的控制程序应符合下列要求。

1) 2层及3层以上楼层发生火灾，宜先接通着火层及其相邻的上、下层；

2) 首层发生火灾，宜先接通本层、2层及地下各层；

3) 地下室发生火灾，宜先接通地下各层及首层。

火灾发生后，迅速向着火区发出火灾警报，有秩序地组织人员疏散，是保证人身安全的重要方面。本条是按照人们所在位置距火场的远近，依顺序发出警报。组织人们有秩序地进行疏散。一般是着火本层和上一层的人员危险性较大，所以首先是向着火层及上、下层同时发出警报，进行广播，组织疏散。为了避免人为的紧张，造成混乱，影响疏散，应先在最小范围内发出警报信号进行事故广播，除了紧急情况外都应顺序疏散。

根据国内情况，一般工程内的火灾警报信号和事故广播的范围都是在消防控制室手动操作。只有在自动化程序比较高的场所是按程序自动进行的。本条规定可作为手动操作的程序或自动控制的程度。

四、消防控制室的消防通讯设备应符合下列要求：

(1) 消防控制室与值班室、消防水泵房、配电室、通风空调机房、电梯机房、区域报警控制器及卤代烷等管网灭火系统应急操作装置处应设置固定的对讲电话；

(2) 手动报警按钮处宜设置对讲电话插孔；

(3) 消防控制室内应设置向当地公安机关消防部门直接报警的外线电话。

消防控制室设置对内联系，对外报警的电话是我国目前阶段的主要通信手段，消防人员常说："报警早、损失小"，要做到报警早，在目前条件下还是用电话好。我国北方某市某饭店，火灾发生后，由于没有消防控制室，没有可供工作人员向消防机关报警的外线电话，很长时间报不出火警，结果报警不及时，贻误了时间，是造成重大伤亡和损失的原因之一。可见作为消防控制，设置一部向119报警的外线电话是消防工作所必须的。为了保证消防控制室同有关设备间的工作联系，规定消防控制室与单位的值班室，消防水泵房等有关房间设固定的对讲电话。有些技术、经济条件好、管理严的单位可设对讲录音电话。世界上一些发达和比较发达国家消防报警和内部联系也还是以电话和对讲电话为主，无线对讲机可作为消防值班人员辅助的通信设备。

附录一

上海市工程建设规范

惰性气体 IG－541 灭火系统技术规程

Technical specification of inert gas IG－541 extinguishing system

DG/TJ08－306－2001

批准单位：上海市建设和管理委员会
主编单位：上海市消防局
上海化工设计院
施行日期：2001 年 11 月 1 日

2001 年　上海

前　言

惰性气体 IG－541 灭火系统在国内已有多年应用经验，一些国产化装置也已投入市场，IG－541 灭火系统具有不破坏大气臭氧层、在设计规定浓度范围内适用于有人操作场所等优点，在卤代烷灭火系统限制使用以后，目前是比较理想的替代物之一，在使用气体灭火系统的场所，有着重要的地位。

本规程按照沪建建（2000）第 0214 号文要求在参照国内外有关资料，并在国内工程试点的基础上，征求国内有关部门专家和使用单位意见，几易其稿编制而成，内容包括总则、术语、设计、施工、验收、维护等。

在本规程使用过程中，如有意见和建议，请寄上海市河南中路 280 号上海市消防局（邮编 200002）和上海市肇嘉浜路 807 号上海化工设计院，以便修编时参考。

本规程主编单位、参加单位和主要起草人：

主编单位：上海市消防局

上海化工设计院

参编单位：上海和合工程技术有限公司

上海新易达消防工程有限公司

主要起草人：李惠菁　田如漪　朱鸣　陶观楚　缪维华　包一德　郭宝山

上海市工程建设标准化办公室

2001．7

目　次

1 总 则

1.0.1 为了合理设计惰性气体IG－541（以下简称IG－541）灭火系统，确保灭火系统的设计、施工质量，保护设置场所内的人身和财产安全，特制定本规程。

1.0.2 本规程适用于新建、改建和扩建的工业和民用建筑中设置的储存压力为14.9MPa（20℃时）IG－541灭火系统的设计、施工、验收及维护管理。

1.0.3 IG－541灭火系统适用于扑救下列火灾：

1 可燃液体和可熔化固体的火灾；

2 可燃气体的火灾；

3 可燃固体的表面火灾；

4 电气火灾。

1.0.4 IG－541不适用于扑救下列火灾：

1 硝化纤维、火药等含氧化剂的化学制品火灾；

2 钾、钠、镁、钛、铀、锆等活泼金属火灾；

3 氢化钾、氢化钠等金属氢化物火灾。

1.0.5 IG－541灭火系统的设计、施工及验收，除应符合本规程外，还应符合国家现行有关标准的规定。

2 术语、符号

2.1 术语

2.1.1 惰性气体IG－541

由体积百分比为52%的氮气（N_2）、40%的氩气（Ar）、8%的二氧化碳（CO_2）配制而成的混合气体，简称IG－541。

2.1.2 IG－541灭火系统 IG－541 extinguishing system

由灭火剂储存装置、灭火剂输送管道、阀门、喷嘴、报警与控制装置等组成，在规定的时间内向防护区喷射一定浓度的IG－541，并使其均匀充满整个防护区的灭火系统。

2.1.3 防护区 protective space

由固定围护构件并满足IG－541灭火系统灭火要求的一个封闭空间。

2.1.4 单元独立灭火系统 unit－independent system

用一套IG－541储存装置单独保护一个防护区的灭火系统。

2.1.5 组合分配灭火系统 combined distribution system

用一套IG－541储存装置保护两个或两个以上防护区的灭火系统。

2.1.6 灭火浓度 agent concentration

在101.3kPa大气压和规定的温度条件下，扑灭某种类型的火灾所需要的IG－541与IG－541和空气混合物的最小体积百分比。

2.1.7 泄压口 pressure relief opening

设在防护区外墙或顶部用以泄放防护区内部超压的开口。

2.1.8 NEL值 no effect level

对生理影响无不良反应的最高浓度。

2.1.9 LEL值 Low effect level

对生理反应产生影响的最低浓度。

2.1.10 抑制时间 inhibition time

维持设计规定的灭火剂浓度保证使火灾完全熄灭所需的时间。

2.1.11 惰化浓度 inerting concentration

能够惰化可燃性气体与空气混合物防止其发生爆炸所需的IG－541的最低浓度。

2.1.12 淹没系数 flooding factor

在规定的灭火浓度和环境温度下，单位体积的防护区容积中所需的IG－541的体积。

2.2 符号

符号 表2.2

符号	单位	涵义
A_f	m^2	泄压口面积
Q	m^3/min	IG－541的峰值流量
P	Pa	围护结构的允许压强
t	min	灭火剂喷射时间，即保证在60s之内达到最小设计浓度的95%的时间
M	m^3	灭火剂设计用量
M_0	m^3	灭火剂实际充装量
V	m^3	防护区净容积
V_s	m^3/kg	20℃时灭火剂的比容
S	m^3/kg	灭火剂在最低环境温度和101.3kPa大气压下的过热蒸汽比容
T	℃	防护区内预期最低环境温度
C	%（V/V）	灭火剂设计浓度

3 系统设计

3.1 一般规定

3.1.1 IG－541灭火系统适用于保护封闭空间的场所，其典型火灾危险场所：

1 电气和电子设备室；

2 通信设备室；

3 国家保护文物中的金属、纸绢质制品和音像档案库；

4 易燃和可燃液体储存间；

5 喷放灭火剂之前可切断可燃、助燃气体气源的可燃气体火灾危险场所；

6 经常有人工作的防护区。

3.1.2 防护区应符合下列规定：

1 防护区围护结构及门、窗的耐火极限不应低于0.50h，吊顶的耐火极限不应低于0.25h；

2　围护结构及门窗的允许压强不宜低于1.2kPa；

3　防护区不宜有不能关闭的开口，防护区内与其他空间相通的开口，除泄压口外，应能在灭火剂喷放前自动关闭；否则应将防护区扩大到与之相通的空间或采取防止或补偿灭火剂流失的措施；

4　应确定防护区预期最高和最低环境温度，以计算所需要的灭火剂量。对于通常有人工作的防护区应注意在预期最高环境温度时计算的浓度值不应超过表6.0.1中规定的无毒性反应的最高浓度(NOAEL)。

3.1.3　组合分配系统要求

1　每个防护区必须做单独设计；

2　灭火剂设计用量按该系统所保护的防护区中灭火剂需要量最大者确定，灭火剂用量较小的防护区应受到安全浓度的制约，按照本规程3.1.2中第4款的规定；

3　选择阀可安装在减压孔板的上游或下游。如果减压孔板处于选择阀的上游，则减压孔板到第一个三通的长度不应小于管径的10倍。

4　在设计组合分配系统集流管时，必须在启动管路上安装单向阀。

3.1.4　管网布置可设置成均衡系统管网或非均衡系统管网，每一系统的管网都必须经过严格的流体计算，保证灭火剂的喷放时间符合本规程的要求。

3.1.5　防护区内灭火剂的抑制时间不应小于10min。

3.2　灭火剂设计用量

3.2.1　灭火剂设计用量按下式计算，也可用本规程附录A中淹没系数乘以防护区净容积确定：

$$M=2.303V_S/S\times\lg(100/100-C)\times V \tag{3.2.1}$$

式中　M——灭火剂设计用量(m^3)；

S——IG－541过热蒸汽比容(m^3/kg)，可由下式近似求得：

$$S=0.65799+0.00239T$$

T——防护区内预期最低环境温度(℃)；

C——灭火剂设计浓度；

V——防护区净容积(m^3)；

V_S——20℃时灭火剂比容，取$0.707m^3/kg$。

3.2.2　确定灭火剂设计浓度时应符合以下规定：

1　扑灭可燃液体火灾、可熔化固体火灾、可燃气体火灾、可燃固体的表面火灾、电气火灾的最小设计浓度应为37.5%；

2　部分可燃液体的最小设计浓度可按附录B确定；

3　经常有人工作的防护区的最大设计浓度为43%，并应在防护区预期最高环境温度条件下进行复核。

4　存在多种可燃物时，灭火剂的设计浓度应根据可燃物中数量较多、火灾危险性较大的可燃物的设计浓度来确定；

5　对有爆炸危险的防护区应采用惰化浓度。部分可燃物的最小惰化浓度可按附录C确定。

3.2.3　当防护区为不间断保护的重要场所，或者在48h内补充灭火剂有困难者，应设置备用量。备用量应为100%灭火剂设计用量。

3.3　系统管网计算

3.3.1　系统管网流体计算为气体单相流，并宜采用专用的计算机软件计算。设计单位和产品供应商应对计算结果负责。

3.3.2　系统管网计算时，应采用防护区的正常环境温度。

3.3.3　灭火剂的喷射时间应保证在60s之内达到最小设计浓度的95%。不同设计浓度下的喷射时间可按附录D确定。

3.3.4　流动计算条件：

1　喷嘴出口前的最小压力为1900kPa；

2　喷嘴的数量和口径应满足喷嘴最大保护半径和灭火剂喷放量的要求；

3　喷嘴的最大安装高度为6.0m，超过6.0m时应在高度方向另外加设喷嘴；

4　管道容积与储存容器的最大容积比应小于66%；

5　喷嘴孔径与其连接管道直径之比应在20%至70%范围内；

6　集流管中减压孔板直径与其连接管道直径之比应在13%至55%范围内；

7　管道分流应采用三通，通过三通的IG－541最大允许分流百分比之比为95%：5%。而且对于直流三通，其旁路出口必须为两路分流中较小部分。

3.4　泄压口面积计算

3.4.1　密闭性良好的防护区应设置泄压口，泄压口应设置在防护区室内净高2/3以上，且应高于保护对象，并宜设在外墙上。泄压口宜具有泄放多余压力后自动关闭以及防止火灾蔓延的性能。

3.4.2　泄压口的最小面积根据下式计算：

$$A_f = 0.0135Q/P^{1/2} \tag{3.4.2}$$

式中　A_f——泄压口面积（m^2）；

Q——防护区内IG－541的峰值流量（m^3/min），$Q=K\cdot M_0/t$，其中$K=2.7$，M_0（m^3）为灭火剂的实际充装量，t（min）为喷射时间；

P——围护结构承受内压的允许压强（Pa），根据围护结构的类型确定，一般轻型围护结构为1.20kPa，中型围护结构为2.4kPa，重型围护结构为4.8kPa。

4　系　统　组　件

4.1　储 存 装 置

4.1.1　储存装置宜由储存容器、容器阀、高压软管、单向阀、安全泄压阀、集流管和压力指示器等组成。

4.1.2　储存容器中充装的IG－541灭火剂质量要求应符合有关标准的规定，并符合表4.1.2的规定。

IG－541混合气体体积比　　　　**表4.1.2**

成　　份	质　量　要　求
N_2	52%±4%
Ar	40%±4%
CO_2	8% +1% −0.0%
水　　份	最大0.005%（按重量）

4.1.3　储存容器应设压力指示器。

4.1.4 储存容器应能承受最高环境温度下灭火剂的储存压力，储存容器上应设泄压装置。当储存压力为14.9MPa（20℃）时，其泄压动作压力值应为20.625MPa±1.031MPa。

4.1.5 储存容器的设置应符合下列规定：

1 储存容器应设置在防护区外专用的储存容器间内；储存容器间的楼面承载能力应能满足储存容器和其它设备的储存要求；

2 同一集流管上的储存容器，其规格、尺寸、灭火剂充装量、充装压力均应相同；

3 储存容器上应设耐久的固定标牌，标明每个储存容器的编号、容积、灭火剂名称、充装压力和充装日期等；

4 储存容器安装应能便于再充装和装卸，宜留出不小于1m的操作间距；

5 储存容器应固定牢固。采用固定支架固定时宜背靠背安装；采用固定夹固定时，可单排或双排安装；

6 储存容器间宜靠近防护区，或有人值班处，其出口应直通室外或疏散走道；

7 储存容器间的室内温度应为0～50℃，并应保持干燥和良好通风，避免阳光直接照射；

8 设在地下、半地下或无可开启窗扇的储存容器间应设置机械通风换气装置。

4.1.6 备用量的储存容器应与系统管网相连，应能与主储存容器切换使用。

4.2 阀门和喷嘴

4.2.1 组合分配系统中，每个防护区应设置能自动启动的选择阀，选择阀应备有手动启动装置，选择阀的公称直径宜与灭火剂输送主干管道的公称直径相同。选择阀的安装位置应便于操作和维护检查，宜集中安装在储存容器间内，并应设有标明防护区名称的永久性标牌。当一个防护区设有两个以上选择阀时，应有确保手动启动装置同时开启的措施。

4.2.2 对于主、备用系统或组合分配系统，应在集流管上的封闭管段上设置安全泄压装置，其泄压动作压力值应为20.625MPa±1.031MPa。

4.2.3 喷嘴的布置应确保火火剂能在防护区内均匀分布。

4.3 管道及其附件

4.3.1 灭火剂输送管道应采用（GB/T8163《输送流体用无缝钢管》）中规定的无缝钢管，其规格应符合本技术规程附录E的要求。

4.3.2 灭火剂输送管道内外表面应作镀锌防腐处理，并应采用热浸镀锌法。镀锌层的质量可参照（GB/T3091《低压流体输送用镀锌焊接钢管》）的规定。

4.3.3 对镀锌层有腐蚀的环境，管道可采用不锈钢管、钢管或其他抗腐蚀材料。

4.3.4 启动气体输送管道宜采用铜管或不锈钢管，且应能承受相应启动气体的最高储存压力。

4.3.5 灭火剂输送管道可采用螺纹连接、法兰连接或焊接。公称直径等于或小于80mm的管道，宜采用螺纹连接；公称直径大于80mm的管道，宜采用法兰连接。

4.3.6 灭火剂输送管道采用螺纹连接时，应采用（GB/T12716《60°圆锥管螺纹》）中规定的螺纹。

4.3.7 灭火剂输送管道采用法兰连接时，应采用（JB/82.2《凹凸面对焊钢制管法兰》）中规定的法兰，并应采用金属齿形垫片。

4.3.8 灭火剂输送管道与选择阀采用法兰连接时，法兰的密封面形式和压力等级应与选择阀本身的技术要求相符。

4.3.9 灭火剂输送管道上应设置由储存压力减至工作压力的减压孔板。

4.3.10 集流管及减压孔板前的灭火剂输送管道及其附件、选择阀应承受50℃时相应灭火剂的储存压力。减压孔板后的灭火剂输送管道及附件应能承受50℃时减压孔板后的灭火剂输送管道中灭火剂的工作压力。

4.3.11 灭火剂输送管道不宜穿越沉降缝、变形缝，当必须穿越时应有可靠的抗沉降和变形措施。灭火剂输送管道不应设置在露天。

4.3.12 灭火剂输送管道应设固定支架固定，支、吊架的安装应符合以下要求：

1 管道应固定牢靠，管道支、吊架的最大间距应符合表 4.3.12 的规定；

灭火剂输送管道固定支吊架的最大间距 表 4.3.12

管道公称直径（mm）	15	20	25	32	40	50	65	80	100	150
最大间距（m）	1.5	1.8	2.1	2.4	2.7	3.4	3.5	3.7	4.3	5.2

2 管道末端喷嘴处应采用支架固定，支架与喷嘴间的管道长度不应大于 300mm；

3 公称直径大于或等于 50mm 的主干管道，垂直方向和水平方向至少应各安装一个防晃支架。当穿过建筑物楼层时，每层应设一个防晃支架。当水平管道改变方向时，应设防晃支架。

5 操作与控制

5.0.1 灭火系统应同时具有自动控制、手动控制和机械应急操作三种启动方式。

5.0.2 自动控制应具有自动探测火灾和自动启动系统的功能。

5.0.3 灭火系统的自动控制应在收到防护区内两个独立的火灾报警信号后才能启动。自动控制启动时可以设置最长为 30s 的延时，以使防护区内人员撤离和关闭通风管道中的防火阀。

5.0.4 在有架空地板和吊顶的防护区域，如架空地板和吊顶内也需要加以保护，应在其中设置火灾探测器。

5.0.5 每一个防护区应设置一个手动/自动选择开关，选择开关上的手动和自动位置应有明显的标识。当选择开关处于手动位置时，选择开关上宜有明显的警告指示灯。

5.0.6 防护区入口处应设置紧急停止喷放装置。紧急停止喷放装置应选用能防止误操作的类型。在所有的情况下，手动启动控制应优先于紧急停止功能。

5.0.7 机械应急操作装置宜设置在储存容器间内。

5.0.8 组合分配系统选择阀应在灭火剂释放之前或同时开启。

5.0.9 当采用气体驱动钢瓶作为启动动力源时，应保证系统操作与控制所需的压力和用气量。

5.0.10 灭火系统的驱动控制盘宜设置在经常有人的场所，并尽量靠近防护区。驱动控制盘应符合国家固定灭火系统驱动控制装置标准。

5.0.11 当防护区内设置的火灾探测器直接连接至驱动控制盘时，驱动控制盘应能向消防控制中心反馈防护区的火警信号、灭火剂喷放信号和系统故障信号。

5.0.12 防护区应设置火灾报警与灭火剂释放的报警信号。火灾报警信号应设置在防护区内，火警信号可采用声、光组合报警信号。灭火剂释放信号应设置在防护区外，可采用光报警信号。

5.0.13 手动操作装置的安装高度为中心距地 1.5m。驱动控制盘应保证正面信号显示位置距地 1.5m。声、光报警装置宜安装在防护区出入口门框的上方。

6 安全要求

6.0.1 防护区内的灭火浓度应校核设计最高环境温度下的最大灭火浓度，并应符合以下规定：

1 对于经常有人工作的防护区，防护区内最大浓度不应超过表 6.0.1 中的 NEL 值。

2 对于经常无人工作的防护区，或平时虽有人工作但能保证在系统报警后最长 30s 延时结束前撤离的防护区，防护区内灭火剂最大浓度不宜超过表 6.0.1 中的 LEL 值。

IG－541 的生理反应影响指标（$v/v\%$） 表 6.0.1

灭火剂名称	NEL	LEL
IG－541	43	52

6.0.2 防护区内应设安全通道和出口以保证人员在 30s 内撤离防护区。

6.0.3 防护区应设置火灾报警和灭火剂释放的声、光报警信号。防护区内的疏散通道与出口应设置应急照明装置和灯光疏散指示标志。

6.0.4 防护区的门应向疏散方向开启并能自动关闭，疏散出口的门在任何情况下均应能从防护区内打开。

6.0.5 防护区应设置通风换气设施，可采用开启外窗自然通风、机械排风装置的方法，排风口应直通室外。

6.0.6 系统组件与带电设备应保持不小于表 6.0.6 中最小间距的距离规定。

灭火系统零部件和灭火剂输送管道与带电设备之间的最小间距 表 6.0.6

带电设备额定电压（kV）	最小间距（m）	
	与未屏蔽带电导体	与未接地绝缘支撑体
10	2.60	2.5
35	2.90	
110	3.35	
220	4.3	

注：绝缘体包括所有形式的绝缘支架和悬挂的绝缘体、绝缘套管、电缆密封端等。

6.0.7 当系统管道设置在可燃气体、蒸气或有爆炸危险场所时应设防静电接地。

6.0.8 防护区内外应设置提示防护区内采用 IG－541 灭火系统保护的警告标志。

7 施　　工

7.1 施工前准备

7.1.1 施工前应具备下列技术资料：

1 施工设计图、设计说明书、系统及主要组件的使用维护说明书和安装手册；

2 系统组件的出厂合格证（或质量保证书）、国家消防产品质量检测中心出具的型式检验报告、管道及配件的出厂检验报告与合格证、进口产品的原产地证书。

7.1.2 施工应具备下列条件：

1 防护区和灭火剂容器储存间设置条件与设计相符；

2 系统组件与主要材料齐全，且品种、型号、规格符合设计要求；

3　系统所需的预埋件和预留孔洞符合设计要求。

7.1.3　施工前应进行系统组件检查。

1　外观检查应符合下列规定：

1）无碰撞变形及机械性损伤；

2）表面涂层完好；

3）外露接口设有防护装置且封闭良好，接口螺纹和法兰密封面无损伤；

4）铭牌清晰；

5）同一集流管的灭火剂储存容器规格应一致。

2　检查灭火剂储存容器内的储存压力应符合正常值：

1）实际压力不应低于相应温度下的储存压力，且不应超过5%；

2）不同环境温度下灭火剂储存压力应按附录F确定。

3　系统安装前应对驱动装置进行检查，并符合下列规定：

1）电磁驱动装置的电源、电压应符合设计要求；电磁驱动装置应满足系统启动要求，且动作灵活无卡阻；

2）气动驱动装置、储存容器的气体压力和气量应符合设计要求，其单向阀芯应启闭灵活无卡阻。

4　管道安装前管口应倒角，管道应清理和吹净。

7.2　安　　装

7.2.1　施工应按设计施工图纸和相应的技术文件进行。当需要进行修改时，应经原设计单位同意。

7.2.2　施工应按本规程附录G（01、02、03）规定的内容做好施工记录。防护区内的隐蔽工程应按附录H规定的内容做好隐蔽工程记录。

7.2.3　灭火剂储存容器的安装应符合下列规定：

1　储存容器上的压力指示器应朝向操作面，安装高度和方向应一致；

2　储存容器正面应有灭火剂名称标志和储存容器编号。

7.2.4　气动启动管网的安装应符合下列规定：

1　启动管网位置从释放装置的气体出口到各储存容器的距离，应满足系统生产厂商产品的技术要求；

2　用螺纹连接的管件，应用密封带或密封胶密封，但螺纹的前二牙不能有密封材料，以免堵塞管道；

3　启动管网应固定牢靠，必要时应设固定支架和防晃支架。

7.2.5　集流管安装应符合下列规定：

1　集流管应有单独进行水压强度试验和气压严密性试验的报告；

2　水压强度试验压力应为储存压力的1.5倍，保压10min，再将试验压力降至储存压力，停压10min，以压力不降、无渗漏为合格；

3　气压严密性试验压力与储存压力相同。试验时应逐步缓慢增加压力，当压力升至试验压力的50%时，如未发现异状或泄漏，继续按试验压力的10%逐级升压，每级稳压3min，直至试验压力。稳压5min后，再将压力降至储存压力，以发泡剂检查不泄漏为合格；

4　集流管的安装高度应根据储存容器的高度确定，并应用支、框架牢固固定；

5　集流管的端部宜装螺纹管帽、法兰及法兰盖作集污器。

7.2.6　减压孔板的安装应符合下列要求：

1　减压孔板应安装在系统压力入口处，并在减压孔板壳体上应有气流方向的箭头标志；

2　从减压孔板到第一个三通或弯头的长度应大于10倍管径。

7.2.7　选择阀的安装应符合下列要求：

1　选择阀应有强度试验报告，试验要求与7.2.5中第1款相同；

2　选择阀的操作手柄应安装在操作面一侧，当安装高度超过 1.7m 时应采取便于手动操作的措施；

3　采用螺纹连接的选择阀，其与管道连接处宜采用活接头。

7.2.8　驱动装置的安装应符合下列要求：

1　电磁驱动装置的电气连接线应沿储存容器的支、框架或墙面固定；

2　拉索式手动驱动装置应固定牢靠，动作灵活，在行程范围内不应有障碍物；

3　气动驱动装置可直接安装于储存容器阀、选择阀的气体驱动接口上，为了管网定向和拆装时不破坏气动管路，宜采用旋转接头进行连接。

7.2.9　灭火剂输送管道安装应符合下列要求：

1　管道穿过墙壁、楼板处应安装套管。穿墙套管的长度应和墙厚相等，穿过楼板的套管应高出楼面 50mm。管道与套管间的空隙应用柔性不燃烧材料填实；

2　管道应固定牢靠，管道支、吊架的最大间距应符合表 4.3.12 的规定；

3　所有管道的末端应安装一个长度为 50mm 的螺纹管帽作集污器；

4　管道末端及喷嘴处应采用支架固定，支架与喷嘴间的管道长度不应大于 300mm；

5　管道变径可采用异径套筒、异径管、异径三通或异径弯头；

6　用螺纹连接的管件，应符合 7.2.4 中第 2 款的规定。

7.2.10　灭火剂输送管道的试压、吹扫和涂漆。

1　灭火剂输送管安装完毕后应进行水压强度试验和气压严密性试验，并应符合下列要求：

1）水压强度试验的试验压力，应为减压孔板后管道工作压力的 1.5 倍，稳压 5min，检查管道各连接处应无明显滴漏，目测管道无明显变形；

2）不宜进行水压强度试验的防护区，必须有设计单位和建设单位同意并应采取有效的安全措施后，方可采用压缩空气或氮气作气压强度试验，试验压力应为减压孔板后管道工作压力的 1.2 倍；

3）进行气压强度试验时，应采用空气做预试验，试验压力宜为 0.2MPa。预试验合格后，方能进行正式气压强度试验；

4）进行正式气压强度试验时，应逐步缓慢增加压力，当压力升至试验压力的 50%时，如未发现异状或泄漏，继续按试验压力的 10%逐级升压，每级稳压 3min，直至试验压力。稳压 5min 后，再将压力降至管道的工作压力，目测管道无明显变形，以发泡剂检查不泄漏为合格；

5）气压严密性试验压力与管道工作压力相同。试验时应逐步缓慢增加压力，当压力升至试验压力的 50%时，如未发现异状或泄漏，继续按试验压力的 10%逐级升压，每级稳压 3min，直至试验压力。关闭试验气源后，3min 内压力降不超过试验压力的 10%，且用发泡剂检查防护区外管道连接处，以不泄漏为合格；

6）经气压强度试验合格，且在试验后未经拆卸过的管道，可不进行气压严密性试验。

2　水压强度试验后或气压严密性试验前管道要进行吹扫，并应符合以下要求：

1）吹扫管道可采用压缩空气或氮气；

2）吹扫完毕，采用白布检查，直至无铁锈、尘土、水渍及其他杂物出现。

3　灭火剂输送管道的外表面应涂红色油漆。在吊顶内、活动地板下等隐蔽场所内的管道，可涂红色油漆色环。每个防护区的色环宽度、间距应一致。

7.2.11　喷嘴的安装

1　喷嘴安装前应与施工设计图纸上标明的型号规格和喷孔方向逐个核对，并应符合设计要求；

2　安装在吊顶下的喷嘴，其连接螺纹不应露出吊顶。喷嘴挡流罩应紧贴吊顶安装。

7.2.12　施工完毕，防护区中的管道穿越孔洞应用不燃材料封堵。

8 调　试

8.1 一 般 规 定

8.1.1 系统调试宜在系统安装完毕后单独进行，并在有关的火灾自动报警系统和开口自动关闭装置、通风机械和防火阀等联动设备调试完成后再进行联动调试。

8.1.2 调试前应具备完整的技术资料及调试必需的其他资料（包括本规程第 7.1.1 条规定的资料、施工记录和隐蔽工程中间验收记录）。

8.1.3 调试负责人应由经过专业技术培训的人员担任。

8.1.4 调试前应对系统组件和材料的型号、规格、数量以及系统安装质量进行检查，并应及时处理所发现的问题。

8.1.5 调试后按附录 L 规定的内容提出调试报告。

8.2 调试内容与方法

8.2.1 调试包括驱动装置的测试、选择阀的测试和灭火剂模拟喷气试验以及备用灭火剂储存装置切换操作试验。

8.2.2 进行调试试验前，应采取可靠的安全措施，确保人员的安全和避免灭火剂的误喷射。

8.2.3 模拟喷气试验应符合下列规定：

1 试验宜采用氮气进行，氮气储存容器与被试验的防护区用的灭火剂储存容器的结构、型号、规格应相同，连接与控制方式应一致；充装的氮气压力与灭火剂的储存压力应相等；

2 试验采用的储存容器数量应为保护区域实际使用的容器总数的 10%，且不得少于一个；

3 试验宜采用自动控制的操作方式；

4 试验的结果，应符合下列规定：

1）试验气体能喷入被试防护区内，且能从被试保护区的每个喷嘴喷出；

2）有关控制阀门工作正常；

3）有关声、光报警信号正确；

4）储存容器间内的设备和被试保护区内的灭火剂输送管道无明显晃动和机械性损坏。

8.2.4 进行备用灭火剂储存容器切换操作试验时可采用手动控制的操作方式，试验采用的储存容器数量为一个，试验结果应符合本规程第 8.2.3 条的规定。

9 验　收

9.1 一 般 规 定

9.1.1 系统的竣工验收应由建设主管单位组织，建设、设计、施工、监理等单位组成验收组进行。

9.1.2 竣工验收时，建设单位应具备下列资料：

1 灭火系统的防火设计审核意见书；

2 施工记录和隐蔽工程中间验收记录；

3 竣工图和设计变更文字记录；

4 竣工报告；

5 设计说明书；

6 系统及其组件的使用维护说明书；

7 调试报告和系统检测报告；

8 系统组件和管道材料及管道附件的检验报告、试验记录、出厂合格证（或质量保证书）。

9.1.3 竣工验收应包括下列场所和设备：

1 防护区和储存容器间；

2 系统设备和灭火剂输送管道；

3 与气体灭火系统联动的有关设备；

4 其他有关的安全设施。

9.1.4 竣工验收完成后，应按本规程附录J的规定编制竣工验收报告。竣工验收报告的表格形式可按气体灭火系统的结构形式和防护区的具体情况进行调整。

9.1.5 验收合格后应将系统恢复正常工作状态。验收不合格不得投入使用。

9.2 防护区和储存容器间验收

9.2.1 防护区的划分、用途、位置、开口、通风、几何尺寸、环境温度、可燃物与数量，应符合设计要求。

9.2.2 防护区的下列安全设施的设置应符合设计要求：

1 防护区的疏散通道、疏散指示标志和应急照明装置；

2 防护区的声光报警装置、入口处的安全标志；

3 防护区的泄压设施；

4 防护区内灭火剂的最大浓度超过表6.0.1中的LEL值时配置的专用空气呼吸器或氧气呼吸器。

9.2.3 储存容器间的位置、通道、耐火等级、应急照明及地下储存容器间的排风装置应符合设计要求。

9.3 设备验收

9.3.1 储存容器的数量、型号和规格，位置与固定方式，油漆和标志，灭火剂的储存压力，以及灭火剂储存容器的安装质量应符合设计要求。

9.3.2 逐个检查灭火剂储存容器的储存压力，应符合7.1.3条第2款第1项的规定。

9.3.3 集流管的材料、规格、连接方式、集流管上储存容器间距、减压孔板安装尺寸、泄压装置泄压方向等应符合设计要求。

9.3.4 驱动装置的数量、型号、规格和标志，安装位置和固定方法，气动驱动装置中驱动气瓶的介质名称和充装压力，以及气动管道的规格、布置、连接方式和固定，应符合设计要求。

9.3.5 选择阀的数量、型号、规格、位置、固定和标志及其安装质量应符合设计要求。

9.3.6 设备的手动操作处，均应有标明对应防护区名称的永久标志，包括警告标志及操作说明。

9.3.7 减压孔板的数量、型号、规格、位置和安装方式，应符合设计要求。

9.3.8 单向阀的数量、设置位置和气流方向标志应符合设计要求。

9.3.9 喷嘴的数量、型号、规格、安装位置、喷孔方向、固定方法和标志，应符合设计要求。

9.4 系统功能验收

9.4.1 系统功能验收时，应进行下列试验：

1 按防护区总数的20%进行模拟启动试验，但不得少于1个；

2 按防护区总数的10%进行模拟喷气试验，但不得少于1个。

9.4.2 模拟自动启动试验时，应先切断有关灭火剂储存容器上的驱动器，安上相应的指示灯泡、压力表或其他测量仪表，再使被试防护区的火灾探测器接受模拟火灾信号。试验时应符合以下规定：

1 指示灯泡显示正常或压力表测定的气压足以驱动容器阀和选择阀；

2 有关的声光报警装置均能发出符合设计要求的正常信号；

3 有关的联动设备动作正确，符合设计要求。

9.4.3 模拟喷气试验应符合本规程第8.2.3条的规定。

9.4.4 如模拟喷气试验、功能检验为不合格，应在排除故障后对所有的防护区逐个进行模拟喷气试验。

10 维护管理

10.0.1 系统应由经过专门培训，并经考核合格的人负责定期检查和维护。

10.0.2 系统投入使用前，应具备下列文件资料：

1 本规程第8.1.2条规定的全部技术资料和竣工验收报告；

2 系统的操作规程；

3 系统的检查、维护记录图表。

10.0.3 应做好对系统的定期检查，并做好记录。检查中发现的问题应及时处理。

10.0.4 每月应对系统进行两次检查，检查内容及要求应符合下列规定：

1 对全部系统组件进行外观检查，系统组件应无碰撞变形及其他机械性损伤，表面应无锈蚀，保护漆层应完好，铭牌应清晰，手动操作装置的保护罩、铅封和安全标志应完整；

2 全部系统组件的安装位置不得有其他物件阻挡或妨碍其正常工作；

3 驱动控制盘面板上的指示灯应正常，各开关位置应正确，各接线应无松动现象；

4 火灾探测器表面应保持清洁，应无任何会干扰或影响火灾探测器探测性能的擦伤、油渍及油漆；

5 储存容器上的压力表，其指针应在正常的范围内。

10.0.5 每年应对系统进行两次全面检查，检查内容和要求除按月检规定的检查外，尚应符合下列规定：

1 防护区的开口情况、防护区的用途及可燃物的种类、数量、分布情况，应符合设计规定，防护区外的疏散通道保持畅通；

2 储存容器的固定支架，应无松动现象；

3 灭火剂输送管路与喷嘴的连接、灭火剂输送管路本身的连接应安装牢固；

4 灭火剂输送管路及电气管路的固定支架应无松动现象；

5 高压软管应无变形、裂纹及老化；

6 各喷嘴孔口，应无杂物堵塞；

7 对每个防护区进行一次模拟自动启动试验；

8 手动控制、手动/自动切换、紧急停止操作、备用灭火剂储存容器切换操作应正常。

附录A IG－541灭火剂淹没系数

IG－541灭火剂淹没系数 表A

淹没系数 \ 设计浓度% / 温度℃	34	38	42	46	50	54	58	62
－40	0.524	0.603	0.686	0.802	0.873	0.977	1.093	1.218
－30	0.502	0.578	0.657	0.769	0.837	0.936	1.048	1.167
－20	0.482	0.555	0.631	0.738	0.803	0.899	1.006	1.121
－10	0.464	0.534	0.608	0.711	0.774	0.866	0.969	1.080
0	0.447	0.515	0.568	0.685	0.745	0.834	0.933	1.040
10	0.431	0.496	0.565	0.660	0.719	0.804	0.900	1.003
20	0.417	0.480	0.546	0.639	0.695	0.778	0.870	0.970
30	0.403	0.464	0.528	0.617	0.672	0.752	0.841	0.937
40	0.390	0.449	0.511	0.597	0.650	0.727	0.814	0.907
50	0.378	0.435	0.495	0.579	0.630	0.705	0.788	0.878
60	0.367	0.422	0.480	0.562	0.611	0.684	0.766	0.853
70	0.356	0.410	0.466	0.545	0.593	0.664	0.743	0.828
80	0.346	0.398	0.453	0.530	0.576	0.645	0.722	0.804
90	0.337	0.387	0.441	0.516	0.561	0.628	0.702	0.783
100	0.328	0.377	0.429	0.502	0.546	0.611	0.684	0.762

附录B 部分可燃物的最小设计灭火浓度

部分可燃物的最小设计灭火浓度 表B

可燃物名称	IG－541最小设计灭火浓度（%，*v/v*）
甲醇	44.2
乙烯	42.1
环己酮	42.1

附录C 部分可燃物的最小设计惰化浓度

部分可燃物的最小设计惰化浓度 表C

可燃物名称	IG－541最小设计惰化浓度（%，*v/v*）
甲烷	43.0
丙烷	49.0

附录D　IG－541灭火剂喷射时间

IG－541灭火剂喷射时间　　表D

浓度%（v/v）	时间（s）	浓度%（v/v）	时间（s）
37.5	30.0	40.8	57.5
37.8	32.5	41.1	60.0
38.1	35.0	41.4	62.5
38.4	37.5	41.7	65.0
38.7	40.0	42.0	67.5
39.0	42.5	42.3	70.0
39.3	45.0	42.6	72.5
39.6	47.5	42.8	75.0
39.9	50.0	43.1	77.5
40.2	52.5	43.4	80.0
40.5	55.0		

附录E　IG－541灭火系统管道规格

IG－541灭火系统管道规格　　表E

公称直径		集流管	气体输送管
mm	in	外径×壁厚（mm×mm）	外径×壁厚（mm×mm）
15	1/2	22×4.0	22×3.0
20	3/4	27×4.5	27×3.5
25	1	34×5.0	34×3.5
32	11/4	42×5.0	42×3.5
40	11/2	48×5.5	48×4.0
50	2	60×6.0	60×5.0
65	21/2	76×6.5	76×5.5
80	3	89×7.5	89×6.0
100	4	114×9.0	114×7.0

注：管道应采用符合现行国家标准GB/T8163《输送流体用无缝钢管》，钢号均为20号钢。

附录F 储存压力与环境温度曲线

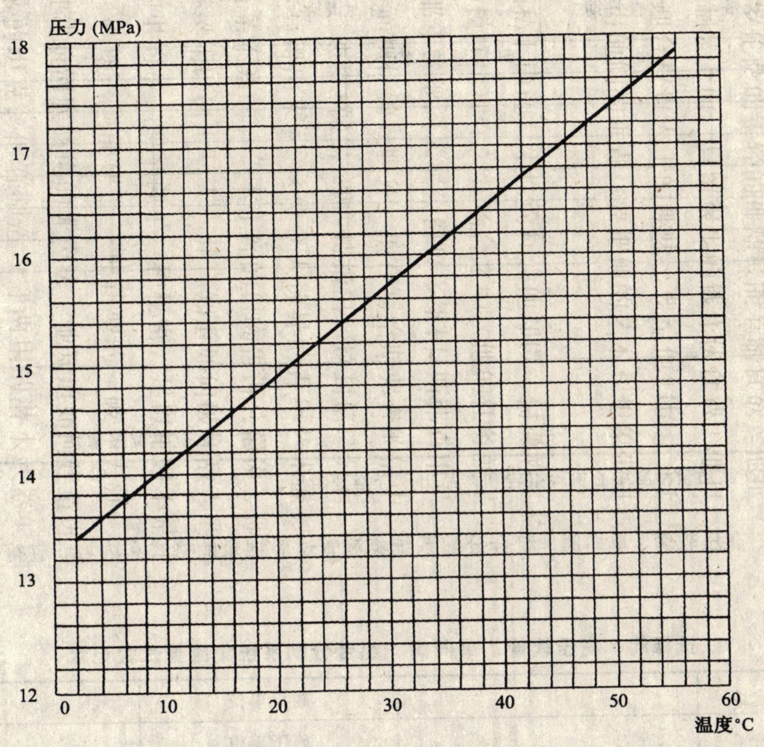

图 F 储存压力与环境温度曲线

附录G IG－541灭火系统施工记录

G.0.1 灭火剂储存容器检查记录表的格式和内容，应符合表G.0.1的规定。

灭火剂储存容器检查记录　　表G.0.1

工程名称			建设单位		
生产厂名			施工单位		
瓶组编号	型号规格	检查日期	检查内容		检查结果
			环境温度（℃）	压力（MPa）	

续表

工程名称		建设单位			
生产厂名		施工单位			
瓶组编号	型号规格	检查日期	检查内容		检查结果
			环境温度（℃）	压力（MPa）	
检查结论： 年　月　日					
检查人员签名： （检查单位盖章）　年　月　日					

注：国家消防产品质量检测中心检验报告和产品出厂合格证附后。

G.0.2 选择阀、高压软管、单向阀、组合分配系统集流管试验记录的格式和内容，应符合表G.0.2的规定。

选择阀、高压软管、单向阀、组合分配系统集流管试验记录 表G.0.2

工程名称				建设单位				
生产厂名				施工单位				
检查日期	编　号	部件名称	型号规格	水压强度试验		气压严密性试验		检查结果
				时间（min）	压力（MPa）	时间（min）	压力（MPa）	
检查结论： （试验负责人签名）：　年　月　日								
试验人名签名： （试验单位盖章）　年　月　日								

G.0.3 灭火剂输送管道试验记录表的格式和内容，应符合表G.0.3的规定。

灭火剂输送管道试验记录

表G.0.3

工程名称				建设单位		
设计单位				施工单位		
监理单位						
试验数据 防护区名称 项目						
试验日期						
水压强度试验	介质名称					
	压力（MPa）					
	时间（min）					
	试验结果					
试验日期						
气压强度试验	介质名称					
	压力（MPa）					
	时间（min）					
	试验结果					
试验日期						
吹扫试验	介质名称					
	流速（m/s）					
	时间（min）					
	试验结果					
试验人员签名： （试验人员签名）： 年 月 日						
试验单位结论： （试验单位盖章） 年 月 日						
监理单位意见： （监理单位盖章） 年 月 日						

附录H　隐蔽工程中间验收记录

隐蔽工程中间验收记录　　表H

工程名称		建设单位	
设计单位		施工单位	
日　期		监理单位	

防护区名称 / 隐蔽区域名称 / 验收结果 / 验收项目						
管道及管道附件型号、规格和质量						
管道的安装质量和涂漆						
管道的试验记录						
支、吊架的数量、型号、间距和安装质量						
喷嘴的数量、型号和安装质量						

参加验收人员签名： （验收负责人签名）：　　年　月　日
验收结论： （施工单位盖章）　　年　月　日
监理单位意见： （监理单位盖章）　　年　月　日

附录I　IG－541灭火系统调试报告

IG－541气体灭火系统调试报告　　表I

工程名称		建设单位	
设计单位		施工单位	
调试单位		调试日期	
监理单位			

项目分类	项　目	结　果
技术资料完整性检查	1. 设计说明书； 2. 施工记录和隐蔽工程中间验收报告； 3. 系统及其主要组件的使用维护说明； 4. 系统组件、管道材料及管道附件的检验报告和出厂合格证。	

续表

项目分类	项　　目	结　果
系统组件、管道及管道附件，以及安装质量检查	1. 系统组件、管道材料及管道附件的型号、规格和数量； 2. 系统主要组件及管道安装质量。	
模拟喷气试验	1. 试验气体所喷入的防护区； 2. 有关控制阀门的工作状况； 3. 有关声、光报警信号显示； 4. 系统的可靠性。	
备用灭火剂储存容器切换操作试验	1. 有关控制阀门的工作状况； 2. 有关声、光报警信号显示； 3. 试验气体所喷入的防护区。	
调试人员签名： （调试负责人签名）：　　年　月　日		
调试情况说明和结论： （调试单位盖章）　　年　月　日		
监理单位意见： （监理单位盖章）　　年　月　日		

附录 J　IG－541 灭火系统竣工验收报告

IG－541 气体灭火系统竣工验收报告　　表 J

工程名称		建设单位	
设计单位		施工单位	
监理单位		验收日期	

验收项目分类	验　收　项　目	验　收　结　果
技术资料审查	1. 灭火系统的防火设计审核意见书； 2. 施工记录和隐蔽工程中间验收报告； 3. 竣工图和设计变更文字记录； 4. 竣工报告； 5. 设计说明书； 6. 调试记录； 7. 系统及其主要组件的使用及维护说明书； 8. 系统组件、管道材料及管道附件的检验报告和出厂合格证； 9. 管理、维护人员登记表。	

续表

验收项目分类	验 收 项 目	验 收 结 果
防护区和储存容器检查	1. 防护区的设置条件； 2. 防护区的安全设施； 3. 储瓶间的设置条件； 4. 储瓶间的安全设施。	
管道及系统组件检查	1. 管道及其附件的型号、规格、布置和安装质量； 2. 支、吊架的数量、位置和安装质量； 3. 喷嘴的型号、规格、标志和安装质量； 4. 灭火剂储存容器的数量、型号、规格、标志、安装位置、灭火剂充装量、储存压力和安装质量； 5. 集流管的安装质量和泄压装置的泄压方向； 6. 阀驱动装置的数量、型号、规格、标志、安装位置和安装质量； 7. 选择阀的数量、型号、规格、标志、安装位置和安装质量； 8. 储瓶间设备的手动操作点标志。	
系统功能试验	1. 模拟自动启动试验； 2. 模拟喷气试验。	

验收组人员姓名	工作单位	职务、职称	签 名

验收组结论：

（验收组组长签名）： 年 月 日

建设单位盖章：	设计单位盖章：	施工单位盖章：	监理单位盖章：

附录K 本规程用词说明

K.0.1 执行本规程条文时，对要求严格程度不同的用词说明如下：

1 表示很严格，非这样做不可的用词

正面词采用“必须”，反面词采用“严禁”；

2 表示严格，在正常情况均应这样做的用词

正面词采用“应”，反面词采用“不应”或“不得”；

3 表示允许稍有选择，在条件许可时首选应这样做的用词

正面词采用“宜”，反面词采用“不宜”。

表示有选择，在一定条件下可以这样做的采用“可”。

K.0.2 条文中指明应按其他有关标准、规范和其他规定执行的写法为：“应按……执行”或“应符合……的 要求（或规定）”；非必须按指定的标准、规范和其他规定执行的写法为：“可参见……的要求（或规定）”。

附录二

DB32/399—2000SDE 气体灭火系统设计、施工、验收规程（江苏省标准）

目　次

1 总 则

1.1 为了合理地设计、施工、验收SDE灭火系统，确保系统的施工质量、减少火灾危险、保护人身和财产安全、确保工程质量制定本规范。

1.2 本规范适用于新建、改建、扩建中的工业和民用建筑及生产、储存装置中设置的SDE灭火系统设计、施工、验收工作。

1.3 SDE灭火系统适用范围

1.3.1 SDE气体灭火系统为全淹没灭火系统，可用于扑灭相对密闭空间的A、B、C类火灾以及电气电缆火灾：

1.3.1.1 A类火灾：如木材、纸张等表面和深位火灾；

1.3.1.2 B类火灾：如煤油、汽油、柴油及醇、醛、酮、醚、酯、苯类的火灾；

1.3.1.3 C类火灾：甲烷、乙烷、石油液化气、煤气等火灾；

1.3.1.4 电气火灾：如发电机房、变配电设备、通信机房、计算机房、电动机、电缆等火灾。

1.3.2 SDE灭火系统不能用于扑灭下列火灾：

1.3.2.1 硝化纤维、火药等强氧化剂的化学制品火灾；

1.3.2.2 钾、钠、镁、钛、锆、氢化钾、氢化钠等活泼金属及氢化物火灾；

1.3.2.3 磷等易自燃的物质火灾；

1.3.2.4 人员密集场所的火灾。

1.4 本规范在制定过程中引用了一些现行国家标准，引用标准见附录A（标准的附录）。

2 定义和符号

2.1 定义

2.1.1 防护区

能满足SDE全淹没灭火系统设计要求的有限封闭空间。

2.1.2 全淹没灭火系统

在规定时间内，向防护区喷射一定量的SDE灭火剂，并使其均匀地充满整个防护区的灭火系统。

2.1.3 预制灭火装置（无管网灭火系统）

该装置为无管网灭火系统，按所需的应用条件，将SDE惰性气体发生器（以下简称发生器）和喷射机构等部件预先组装起来的成套无管网灭火系统。

2.1.4 组合分配系统（管网灭火系统）

该系统为管网灭火系统，用一组发生器通过管网的选择分配保护两个或两个以上的防护区或保护对象的灭火系统。

防护区仅有一个，称独立管网灭火系统。

2.1.5 灭火浓度

在101.3kPa压力和规定的温度下，扑灭某种可燃物质火灾所需灭火剂在空气中的最小气化体积百分比。

2.1.6 惰化浓度

在101.3kPa压力和规定的温度下，不管可燃气体或蒸气与空气处在何种配比下，均能抑制燃烧或爆炸所需SDE灭火剂在空气中的最小气化体积百分比。

2.1.7 灭火浸渍时间

防护区的被保护对象全部浸没在保持灭火剂浓度或惰化浓度的混合气体中的时间。

2.1.8 滞后时间

指启动惰性气体电子气化启动器按钮到惰性气体从喷嘴开始喷出的时间。

2.1.9 气化时间

指启动惰性气体电子气化启动器，灭火剂开始气化到全部气化完毕的时间。

2.1.10 灭火时间

气体从喷嘴中开始喷射到扑灭火灾的时间为灭火时间。

2.1.11 发生器的工作压力

发生器内的灭火剂气化时最大压力为工作压力。

2.1.12 集流管

连接一组发生器的管道。

2.1.13 汇流分配连接管

连接集流管的分配管道。

2.2 符号

符号见表1

符号 表1

编号	符号	单位	涵义
2.2.1	A_v	m^2	防护区总面积：内侧面、底面、顶面及开口面积之和
2.2.2	A_o	m^2	不可关闭的开口总面积
2.2.3	A_x	m^2	泄压口面积
2.2.4	DN	mm	管道公称直径
2.2.5	K_a	—	面积系数
2.2.6	K_r	—	物质系数
2.2.7	L	m	管道计算长度
2.2.8	M	kg	SDE灭火剂设计用量
2.2.9	m	kg/m^3	SDE灭火剂单位用量
2.2.10	F	mm^2	单个喷嘴的等效面积
2.2.11	N_g	个	喷嘴数量
2.2.12	N_p	个	惰性气体发生器个数
2.2.13	T_m	s或min	灭火时间
2.2.14	V	m^3	防护区净容积
2.2.15	V_f	m^3	防护区总容积
2.2.16	V_g	m^3	防护区内非燃烧体和难燃烧体的总体积
2.2.17	M_o	kg	单个惰性气体发生器内灭火剂的质量
2.2.18	T_p	min或s	气化时间
2.2.19	Q_1	m^3/min或L/s	单个喷嘴流量
2.2.20	Q	kg/min或m^3/s	平均设计流量
2.2.21	P_s	MPa	设计压力
2.2.22	P_g	MPa	工作压力

3 分　　类

3.1 SDE气体灭火系统根据防护区的要求和经济技术比较分为管网灭火系统和无管网灭火系统两类。

3.2 管网灭火系统根据防护区防护的实际需要分为组合分配系统和单元独立系统两类。

4 系统的设计

4.1 管网灭火系统的设计

4.1.1 一般规定

4.1.1.1 防护区应符合下列规定：

4.1.1.1.1 对气体、液体、电气火灾和固体火灾，在喷放SDE灭火剂前不能自动关闭的开口的总面积，不应大于防护区内总内表面积的3%，且开口不应设在底面。当不能关闭开口面积超过3%时，开口面积比允许开口面积每增加1%，增加设计用量15%进行流失量补偿。防护区的开口面积比例大，应有自动关闭装置。

4.1.1.1.2 完全密闭的防护区应设泄压口，泄压口应设在外墙上，其底部距室内地面高度不应低于室内净高的2/3。对设有防爆泄压设施或门窗缝隙未设密封条的防护区，可不设泄压口。

泄压口面积（A_X），应按式（1）计算：

$$A_X=0.11Q_X/\sqrt{P_f} \quad (1)$$

式中 A_X——泄压口面积（m^2）；

Q_X——SDE灭火剂在防护区的平均喷放速率（kg/s）；

P_f——围护结构承受内压的允许压强（Pa）。

4.1.1.1.3 在实施灭火时，除泄压口以外的开口和防护区用的通风机和通风管道中的防火阀及排烟阀等，在喷放SDE灭火剂前应关闭。

4.1.1.1.4 防护区的围护结构及门、窗的耐火极限不应低于0.5h，吊顶的耐火极限不应低于0.25h，围护结构及门、窗的允许压强不宜小于1 200Pa。

4.1.1.1.5 当保护对象为可燃液体时，液面到容器缘口的距离不得小于150mm，且不能有遮挡物。

4.1.1.1.6 喷放灭火剂之前或同时，必须切断可燃、助燃气体的气源和电气火灾的电源。

4.1.1.1.7 两个或两个以上邻近的防护区，宜采用组合分配系统。

4.1.2 SDE灭火剂设计用量

4.1.2.1 一般规定

4.1.2.1.1 采用SDE灭火系统的防护区，其SDE灭火剂设计用量，所换算的浓度应不低于防护区内可燃物相应的灭火设计浓度或惰化设计浓度。

4.1.2.1.2 可燃物的灭火设计浓度不应小于灭火浓度或惰化浓度的1.3倍见附录C（标准的附录）。有关可燃物的灭火设计浓度与惰化设计浓度，可按附录B（标准的附录）中附表确定。附录中未列出的应经试验确定。

4.1.2.1.3 有爆炸危险的气体、液体类防护区，应采用惰化设计浓度，无爆炸危险的气体、液体火灾和固体火灾的防护区，应采用灭火设计浓度。

4.1.2.1.4 当几种易燃物共存或混合时，灭火设计浓度或惰化设计浓度，应按其中最大的灭火浓度或惰化浓度确定。

4.1.2.1.5 图书、档案、票据资料库、金库等防护区，SDE的灭火设计浓度宜采用10%。

4.1.2.1.6 油浸变压器室、带油开关的配电室和自备发电机房等防护区，SDE的灭火设计浓度宜采用9%。

4.1.2.1.7 电信通讯机房和电子计算机房等防护区，SDE的灭火设计浓度宜采用8～10%。

4.1.3 灭火剂设计用量计算

4.1.3.1 面积系数 Ka 按式（2）计算：

$$Ka=\left(1+\frac{5A_o}{A_v}\right)^2 \quad (2)$$

式中 A_o——防护区内不可关闭的开口总面积（m^2）；

A_v——防护区侧面、底面、顶面（包括开口）的总面积（m^2）。

4.1.3.2 防护区净容积 V 按式（3）计算：

$$V=V_f-V_g \quad (3)$$

式中 V_f——防护区总容积（m^3）；

V_g——防护区内非燃烧体或难燃物的总体积（m^3）。

4.1.3.3 灭火剂设计用量 M 按式（4）计算：

$$M=m\cdot K_r\cdot K_a\cdot V \quad (4)$$

式中 M——灭火剂设计用量（kg）；

m——单位容积灭火剂用量（kg/m^3）；

K_r——物质系数；

K_a——面积系数；

V——防护区净容积（m^3）。

4.1.3.4 组合分配系统的SDE灭火剂的设计用量，应按该组合中需用量最多的一个防护区的设计用量计算。

4.1.3.5 用于重点防护对象防护区的SDE灭火系统与超过5个防护区的一个组合分配系统，应设备用量。备用量不应小于设计用量，并与主储存容器切换使用。

4.1.3.6 SDE灭火剂的浸渍时间应符合下列规定：

4.1.3.6.1 扑救A类深位火灾时，必须大于20min。

4.1.3.6.2 扑救B类、C类及电气电缆火灾时，必须大于2min。

4.1.3.7 SDE灭火剂的剩余量，可不计。

4.1.3.8 SDE集流管与SDE发生器的连接应符合下列规定：

4.1.3.8.1 每个集流管所能连接的装有SDE灭火剂的惰性气体发生器的灭火剂总量不宜超过150kg；

4.1.3.8.2 每个集流管所连接的SDE惰性气体发生器数量不宜超过6个；

4.1.3.8.3 当防护区灭火剂用量大于150kg，设计惰性气体发生器总量超过6个时，可采用多个集流管连接发生器，集流管可并联设置；

4.1.3.8.4 与集流管相连接的惰性气体发生器宜偶数连接。

4.1.4 管网设计计算

4.1.4.1 一般规定

4.1.4.1.1 管网设计计算的环境温度，可采用20℃。

4.1.4.1.2 SDE灭火剂喷射的滞后时间，应小于等于15s。

4.1.4.1.3 管网计算应根据发生器内压力和该压力下的流量进行。该流量在管道口径为150mm时以30kg/min±10%为宜，管网流体计算应符合下列规定：

4.1.4.1.4 设计压力为1.6MPa。

4.1.4.1.5 工作压力小于等于1.6MPa。

4.1.4.1.6 喷嘴的单孔喷射压力应大于0.1MPa。

4.1.4.2 SDE惰性气体的压力损失计算。

4.1.4.2.1 SDE惰性气体在管道内的压力损失按式（5）计算。见附录N（提示的附录）

$$\Delta P=\lambda\cdot\frac{L}{d}\cdot\frac{\rho u^2}{2}\cdot Z\cdot\varepsilon \quad (5)$$

式中 ΔP——管道压力损失（Pa）；

λ——摩擦阻力系数，取 $\lambda=0.44$；

L——管道的长度（m）；

d——管道的内径（m）；

ρ——SDE 惰性气体综合密度（kg/m^3），取 $1.333kg/m^3$；

u——SDE 在所计算管道中的流速（m/s）；

Z——压缩因子，首端到末端取 1.47～1.05；

ε——管道中的粗糙系数，无缝钢管为 1.15，有缝钢管为 1.3。

4.1.4.2.2 SDE 惰性气体喷嘴的局部压力损失按式（6）计算。见附录 P（提示的附录）

$$\Delta P=\xi\cdot\frac{\rho\cdot u^2}{2}\cdot Z\cdot\varepsilon \quad (6)$$

式中 u——SDE 惰性气体在喷嘴的单孔喷射速度（m/s）；

ξ——SDE 喷嘴局部收缩系数见本规范附录 Q1、Q2（提示的附录）。

4.1.5 管网流体计算

4.1.5.1 管网中干管的平均设计流量应按式（7）计算：

$$Q=\frac{M}{T_P} \quad (7)$$

式中 Q——灭火剂在管道中的平均设计流量（kg/min）；

M——SDE 灭火剂设计用量（kg）；

T_P——气化时间，取 6～8min。

4.1.5.2 输送 SDE 惰性气体主管道内径 d（m）应按式（8）计算：

$$d=\sqrt{4Q/(V_L\cdot\pi)} \quad (8)$$

式中 Q 应从质量流量（kg/min），按 $0.75m^3/kg$ 的气体转化率，换算成体积流量（m^3/s），按式（9）计算：

$$Q=\frac{M}{T_P}=\frac{M\text{kg}\cdot 0.75\text{m}^3/\text{kg}}{T_{pmin}\cdot 60\text{s}} \quad (9)$$

V_L——惰性气体在主管道中的流速，取 $V_L\leqslant 25m/s$。

4.1.5.3 计算出主管道内径值后选定标准管道内径，主管道内径一般宜采用大于等于 $DN125$ 的管径。管道分支后下游管道断面宜为上游管道断面的 70%左右。

4.1.5.4 连接喷嘴的支管管径不小于 $DN50$。

4.1.5.5 主管道的总长度为实际长度和当量长度之和，见附录 R（提示的附录）。

4.1.5.6 管网宜采用均衡或分组均衡的方式连接。

4.1.5.7 管网中流量的计算方式：

4.1.5.7.1 平均设计流量按式（10）计算：

$$Q=\sum_{1}^{N_g}Q_1 \quad (10)$$

式中 Q——平均设计流量（m^3/s）；

N_g——喷嘴数量（个）；

Q_1——单个喷嘴流量（kg/min 或 L/s）。

4.1.5.7.2 单个喷嘴的设计流量按式（11）计算：

$$Q_1=\frac{Q}{N_g} \quad (11)$$

Q_1——单个喷嘴的设计流量，此流量应小于等于喷嘴允许通过的流量，kg/min 或L/s，见附录 D（标准的附录）。

4.1.6 根据具体保护区的要求，可按设计选用相应等效面积的“杯形（13型）”、“O形”或“V形”喷嘴。

4.1.6.1 选用喷嘴时，每个喷嘴的等效面积应为直接与其相连支线管截面积的70%～100%，SDE喷嘴等效口孔尺寸参数表见附录D（标准的附录）。

4.1.6.2 在保护区布设喷嘴时，沿墙边缘部位宜选用“V形”；喷嘴垂直下方为关键设备，宜用“杯形（13型）喷嘴”；保护区易燃、可燃物上方宜选用“O形喷嘴”。

4.1.6.3 喷嘴数量的确定，一般可按SDE惰性气体发生器的数量计算，每个发生器选用2～3个喷嘴。根据防护区容积的不同可采用体积法来修正确定，每个喷嘴的保护体积约为60m³。

4.1.6.4 吊顶上或地板下的喷嘴数量确定，宜按面积法确定，每个喷嘴的保护半径为≤6m。

4.1.6.5 防护区有顶棚时，有管网灭火系统的管网应安装在顶棚之内，管网不应露出顶棚。

4.1.6.6 惰性气体发生器的数量按式（12）计算：

$$N_p = \frac{M}{M_o} \tag{12}$$

式中 N_p——发生器数（N_p取整数）；

M——设计用量（kg）；

M_o——单个气体发生器中灭火剂的质量（kg）。

4.1.7 系统组件

4.1.7.1 惰性气体发生器

4.1.7.1.1 惰性气体发生器的布置应方便检查和维护。

4.1.7.1.2 惰性气体发生器宜设在专用储存间内，专用储存间的设置应符合下列规定：

4.1.7.1.2.1 应靠近防护区，出口应直接通向室外或疏散走道。

4.1.7.1.2.2 耐火等级不应低于二级。

4.1.7.1.2.3 室内温度应为－10～＋50℃，并应保持干燥和良好通风。

4.1.7.1.2.4 设在地下室储存容器间应设机械排风装置，排风口应通向室外。

4.1.7.2 选择阀与喷嘴

4.1.7.2.1 在组合分配系统中，每个防护区或保护对象应设一个选择阀。选择阀的位置宜靠近惰性气体发生器，并应便于手动操作、方便检查和维护。选择阀上应设有标明防护区的铭牌。

4.1.7.2.2 选择阀应采用电动或手动操作方式，阀的工作压力应大于等于1.6MPa。

4.1.7.2.3 系统启动时，选择阀应在惰性气体发生器内的电子气化启动器动作之前打开。

4.1.7.2.4 设置在粉尘场所的喷嘴应增设不影响喷射效果的防尘罩。

4.1.7.3 管道及其附件

4.1.7.3.1 管道及附件应能承受最高环境温度下的SDE惰性气体的工作压力。

4.1.7.3.2 管道应采用符合现行国家标准的无缝钢管或有缝钢管，并应内外镀锌。

4.1.7.3.3 对镀锌层有腐蚀的环境，管道可采用不锈钢管、铜管或其他抗腐蚀的材料。

4.1.7.3.4 管道可采用螺纹连接、焊接或法兰连接。公称直径等于或小于80mm的管道，宜采用螺纹连接；公称直径大于80mm的管道，宜采用焊接或法兰连接。

4.1.7.4 集流管

集流管的工作压力不应小于1.6MPa，并应设置泄压装置，其泄压动作压力应为2.0MPa±0.3MPa，泄压方向不应朝向操作面。

4.1.7.5 压力或温度讯号器

在通向每个防护区的灭火系统主管道上，应设压力或温度讯号器。

4.2 无管网灭火系统的设计

4.2.1 防护区的规定应按4.1.1.1规定的要求执行。

4.2.2 防护区面积不超过500m²，容积不超过2000m³。

4.2.3 在无管网灭火系统启动之前，防护区的通风、换气设施应自动关闭，影响灭火效果的生产操作应停止进行。

4.2.4 SDE 灭火剂用量计算

4.2.4.1 SDE 灭火剂用量应为设计灭火用量和流失补偿量之和。

4.2.4.2 SDE 灭火剂设计灭火用量按式（13）计算：

$$M=m\cdot v\cdot K$$
$$K=k_1\cdot k_2 \quad \cdots\cdots (13)$$

式中 M——SDE 灭火剂设计灭火用量（kg）；

m——单位容积灭火剂用量，取 0.1（kg/m^3）；

v——防护区的净容积（m^3）；

k_1——容积系数：当 $V>100m^3$ 时，$k_1=1.2$；

当 $V\leqslant 100m^3$ 时，$k_1=1$；

k_2——重要系数：变（配）电室、通讯机房、电子计算机房等 $k_2=1$；文物、档案、图书等 $k_2=1.5$。

4.2.4.3 开口流失补偿量的计算按 4.1.1.1.1 规定的要求执行。

4.2.5 一个防护区设置多具无管网灭火系统时，应均匀分散布置。

4.2.6 同一防护区的多具无管网灭火装置应同时启动。

4.3 操作和控制

4.3.1 控制系统应设有自动控制、手动控制和应急启动三种启动方式。应急启动控制盒可设在防护区内或防护区外便于操作的地方。

4.3.2 采用 SDE 灭火系统的防护区，应按现行国家标准 GB50116《火灾自动报警系统设计规范》的规定设置火灾自动报警系统。

4.3.3 当采用火灾探测器时，灭火系统的自动控制应在接收到两个独立的火灾信号后才能启动，根据人员疏散要求，宜延迟启动，但延迟时间不应大于 30s。

4.3.4 在较大面积的防护区内配置多具无管网灭火系统时，应采用多具无管网灭火系统联动控制，每具无管网灭火系统的启动电压为直流 24V（±2V），启动电流 1A，由无管网灭火系统的用量确定总电流。设计时应采用消防专用电源作为启动电源。

4.4 安全要求

4.4.1 防护区内应有能在延时 30s 内使该区人员疏散完毕的通道与出口，在疏散走道与出口处，应设火灾事故照明和疏散指示标志。

4.4.2 防护区的入口处应设火灾声光报警器。报警时间不宜小于灭火过程所需的时间，并应能手动切除报警信号。

4.4.3 防护区入口处应设灭火系统防护标志和 SDE 气体喷放指示灯。

4.4.4 设置在经常有人的防护区内的灭火系统应装有切断自动控制系统的手动装置。

4.4.5 地下防护区和无窗或固定窗户的地上防护区，应设机械排风装置。

4.4.6 防护区的门应向疏散方向开启，并能自动关闭，在任何情况下均应能从防护区内打开。

4.4.7 灭火系统及其组件与带电设备间的最小间距应大于 150mm。在强电干扰场所，其外壳应接地。

4.4.8 灭火系统与启动器系统的连接，进行竣工验收合格后，方可接通负载线投入使用。

5 系统的施工

5.1 管网灭火系统的施工

5.1.1 施工的准备

5.1.1.1 一般规定

SDE 灭火系统施工应具备下列技术资料：

5.1.1.1.1 设计施工图、设计说明书、系统及主要组件的使用、维护说明书；

5.1.1.1.2 喷嘴、安全泄压爆破片、发生器、集流管、汇流分配连接管等主要组件的产品出厂合格证和由国家质量监督检测中心出具的检验报告；灭火剂输送管道及附件的出厂检验报告与合格证。

5.1.1.2 管网灭火系统的施工应具备下列条件：

5.1.1.2.1 防护区和发生器储存间的设置条件与设计相符；

5.1.1.2.2 系统组件与主要材料齐全，其品种、规格、型号符合设计要求；

5.1.1.2.3 系统所需的预埋件和预留孔洞符合设计要求。

5.1.1.3 系统组件检查

5.1.1.3.1 系统施工前应对惰性气体发生器、喷嘴和安全泄压爆破片装置等系统组件进行外观检查，并应符合下列规定：

5.1.1.3.1.1 系统组件无碰撞变形及其他机械性损伤；

5.1.1.3.1.2 组件外露非机械加工表面保护涂层完好；

5.1.1.3.1.3 组件所有外露接口均设有防护堵、盖，且封闭良好，接口螺纹和法兰密封面无损伤。

5.1.1.3.1.4 保护同一防护区的惰性气体发生器规格应一致，其高度差不宜超过 20mm。

5.1.1.4 系统安装前生产厂应对集流管、汇流分配连接管、惰性气体发生器等主要组件进行水压强度试验和气压严密性试验，并应符合下列规定：

5.1.1.4.1 水压强度试验的试验压力应为 2.0MPa，生产厂对惰性气体发生器进行超压试验为 3.0MPa，气压严密性试验的压力应为 1.56MPa；

5.1.1.4.2 进行水压强度试验时，达到试验压力后稳压时间不少于 1min，在稳压期间目测试件应无变形；

5.1.1.4.3 气压严密性试验应在水压强度试验后进行。加压介质可为压缩空气或氮气。将焊接或连接部分刷上肥皂水，稳压时间不少于 2min。在稳压期间应无气泡自试件内逸出；

5.1.1.4.4 系统组件试验合格后，应及时用干燥空气吹扫管道，并封闭所有外露接口。

5.1.2 施工

5.1.2.1 一般规定

5.1.2.1.1 系统的施工应按设计施工图纸和相应的技术文件进行，不得随意更改。当要进行修改时，应经原设计单位同意。

5.1.2.1.2 系统的施工应按本规范附录 F（标准的附录）、附录 G（标准的附录）作好试验记录；防护区地板下、吊顶上或其他隐蔽区域内管网应按附录 H（标准的附录）规定内容作好验收记录。

5.1.2.2 惰性气体发生器的安装。

5.1.2.2.1 发生器内 SDE 灭火剂的充装须在本企业或指定的充装单位充装。

5.1.2.2.2 发生器的操作面距墙或操作面之间距离不应小于 1.0m。

5.1.2.2.3 发生器的支、框架应固定牢靠，且应采取防腐处理措施。

5.1.2.2.4 惰性气体发生器正面应标有“SDE”及发生器的编号。

5.1.2.3 集流管的制作与安装。

5.1.2.3.1 集流管宜采用以焊接方法制作为主，法兰连接为辅。焊接前，每个开口均应用机械加工的方法制作。

5.1.2.3.2 集流管在安装前应清洗内腔，并封闭进出口。

5.1.2.3.3 集流管应固定在支、框架上。支、框架应固定牢靠，且应做防腐处理。

5.1.2.3.4 集流管外表面应涂防腐油漆。

5.1.2.3.5 装有泄压装置的集流管，泄压装置的泄压方向不应朝向操作面。

5.1.2.4 汇流分配连接管的安装。

5.1.2.4.1 连接集流管与选择阀之间的管道应采用无缝钢管，以焊接方式制作。

5.1.2.4.2 汇流分配连接管在安装前，应清洗内腔。

5.1.2.4.3 汇流分配连接管外表面应涂耐高温防腐涂料或内外镀锌。

5.1.2.5 选择阀的安装

5.1.2.5.1 选择阀手动操作手柄应安装在易于操作的一面。

5.1.2.5.2 选择阀宜安装在汇流分配连接管与主管道连接处。

5.1.2.5.3 选择阀上应设置标明防护区名称或编号的标志牌，并将标志牌固定在操作手柄附近。

5.1.2.6 输送管道的施工。

5.1.2.6.1 管道采用法兰连接时，应在焊接后进行内外镀锌或防腐处理。已镀锌的无缝钢管不宜采用焊接连接，与选择阀等个别连接部位需采用法兰焊接时，应对被焊接损坏的镀锌层做防腐处理。

5.1.2.6.2 管道穿过墙壁、楼板处应安装套管。穿墙套管的长度应和墙厚相等，穿过楼板的套管长度应高出地板50mm。管道与套管间的空隙应采用柔性不可燃材料堵塞密实。

5.1.2.6.3 管道支、吊架的安装应符合下列要求：

5.1.2.6.3.1 管道应固定牢靠，管道支、吊架的最大间距应符合附录E（标准的附录）的规定；

5.1.2.6.3.2 管道末端处应采用支架固定，支架与喷嘴间的管道长度不应大于500mm；

5.1.2.6.3.3 管道应在垂直方向和水平方向及转角处安装若干个防晃支架，直管段防晃支架间距不超过附录E（标准的附录）的3倍，当穿过建筑物楼层时，每层应设一个防晃支架。当水平管道改变方向时，应设防晃支架。

5.1.2.7 灭火剂输送管道的吹扫试验和涂漆。

5.1.2.7.1 管道安装完毕，应进行水压强度试验和气密性试验。

5.1.2.7.2 水压强度试验压力应为2.0MPa。

5.1.2.7.3 不适合做水压试验压力的防护区，可以采用气压强度试验代替，其试验压力为水压试验的80%。

5.1.2.7.4 进行管道强度试验时，压力升至试验压力后，保压2min，各连接处无明显滴漏，目测管道无变形。

5.1.2.7.5 进行全系统管道气压严密性试验的加压介质，可采用压缩空气或氮气，试验压力为1.6MPa。关掉测试气源2min内压力降不应超过试验压力的10%，且用涂刷肥皂水方法检查防护区内外管道连接处，应无气泡产生。

5.1.2.7.6 管道在强度试验后，气密试验前，应进行吹扫。吹扫管道可采用压缩空气或氮气进行，吹扫时，管道末端的气体流速不应小于20m/s，采用白布检查，直至无铁锈、尘土及其他脏物出现。

5.1.2.7.7 管道的外表面应涂红色或用户指定颜色的油漆。在吊顶内、活动地板下等隐蔽场所内的管道可涂红色油漆色环，宽度一致，间距均匀。

5.1.2.8 喷嘴的安装。

5.1.2.8.1 安装在吊顶下的不带装饰罩的喷嘴，其连接管管端螺纹不应露出吊顶；安装在吊顶下的带装饰罩的喷嘴，其装饰罩应紧贴吊顶。

5.1.2.8.2 喷嘴安装时应逐个核对其型号、规格和喷孔方向，并应符合设计要求，喷嘴尺寸表见附录D（标准的附录）。

5.1.3 调试

5.1.3.1 一般规定

5.1.3.1.1 系统的调试宜在系统安装完毕，以及有关火灾报警系统和开口自动关闭装置、通风机械和防火阀等联动设备的调试完成后进行。

5.1.3.1.2 系统调试前应具备完整的技术资料及调试必需的其他资料，并应符合本规范的规定。

5.1.3.1.3 系统的调试负责人应由专业的技术人员担任。参加调试的技术人员职责明确。

5.1.3.1.4 调试前应按本规范的要求检查系统组件和材料的型号、规格、数量以及系统安装质量，并应及时处理所发现的问题。

5.1.3.1.5 调试后应按本规范规定的内容提出调试报告。调试报告的表格形式可根据系统结构形式和防护区的具体情况进行调整。

5.1.3.2 调试程序

5.1.3.2.1 系统的调试，应对每个防护区进行模拟喷气试验。

5.1.3.2.2 进行调试试验时，应采取可靠的安全措施，切断电子气化启动器的电源，并把惰性气体发生器与集流管分开，模拟喷气通过集流管进行。确保人员安全和避免灭火剂的误喷射。

5.1.3.2.3 模拟喷气试验宜采用手动控制。

5.1.3.2.4 模拟喷气试验的结果，应符合下列规定：

5.1.3.2.4.1 试验气体（氮气或压缩空气）能喷入被试防护区内，且应能从被试防护区的每个喷嘴喷出；

5.1.3.2.4.2 有关控制阀门工作正常；

5.1.3.2.4.3 有关声、光报警信号正确；

5.1.3.2.4.4 惰性气体发生器贮存间内的设备和对应的防护区灭火剂输送管道无明显晃动和机械性损坏。

5.1.3.2.5 试验结果按 5.1.3.2.4 规定并记录在案。

5.2 无管网灭火系统的施工

5.2.1 无管网灭火系统主排气口正前方 1.0m 内不允许有设备、器具或其他阻碍物。

5.2.2 无管网灭火系统宜靠近墙壁安装。

5.2.3 无管网灭火系统严禁擅自拆卸。安装后不允许移动。

5.2.4 无管网灭火系统不宜安装于下列位置：

5.2.4.1 临近明火、火源处；

5.2.4.2 临近进风、排风口、门、窗及其他开口处；

5.2.4.3 容易被雨淋、水浇、水淹处；

5.2.4.4 疏散通道；

5.2.4.5 经常受振动、冲击处。

5.2.5 无管网灭火系统与火灾自动报警系统、自动控制系统及其他消防系统组成中央集中控制的自动灭火系统时，其施工要求应按现行国家标准《火灾自动报警系统施工及验收标准》(GB 50166—1992) 中的规定执行。

6 系统的验收

6.1 管网灭火系统的验收

6.1.1 一般规定

6.1.1.1 系统的竣工验收应由建设主管单位组织建设、公安消防监督机构、设计、监理、施工等单位组成验收组共同进行。

6.1.1.2 竣工验收时，施工单位应提交下列技术资料：

6.1.1.2.1 经批准的竣工验收报告；见附录 K（标准的附录）

6.1.1.2.2 施工记录和隐蔽工程中间验收记录；见附录 H（标准的附录）

6.1.1.2.3 竣工图和设计变更文字记录；

6.1.1.2.4 竣工报告；

6.1.1.2.5 设计说明书；

6.1.1.2.6 调试报告；见附录 J（标准的附录）

6.1.1.2.7 系统及主要组件的使用维护说明书；

6.1.1.2.8 系统组件、管道材料及管道附件的检验报告和出厂合格证。

6.1.1.3 竣工验收应包括下列场所和设备：

6.1.1.3.1　防护区和发生器贮存间；

6.1.1.3.2　系统设备和灭火剂输送管道；

6.1.1.3.3　与SDE灭火系统联动的有关设备；

6.1.1.3.4　有关的安全设施。

6.1.1.4　竣工验收完成后，应按本规范附录K（标准的附录）的规定提出竣工验收报告。竣工验收报告的表格形式可按SDE灭火系统的结构形式和防护区的具体情况进行调整。

6.1.1.5　SDE灭火系统验收合格后，应将SDE灭火系统恢复到正常的工作状态。验收不合格的不得投入使用。

6.1.2　防护区和发生器贮存间验收

6.1.2.1　防护区的划分、用途、位置、开口、通风、几何尺寸、环境温度及可燃物的种类与数量应符合设计要求，并应符合现行国家有关设计规范的规定。

6.1.2.2　防护区下列安全设施的设置应符合设计要求，并应符合现行国家的有关标准规范的规定：

6.1.2.2.1　防护区的疏散通道、疏散指示标志和应急照明装置；

6.1.2.2.2　防护区内和入口处的声光报警装置、入口处的安全标志；

6.1.2.2.3　无窗或固定窗扇的地上防护区和地下防护区的排气装置；

6.1.2.2.4　门窗设有密封条防护区的泄压装置；

6.1.2.2.5　专用的空气呼吸器或氧气呼吸器。

6.1.2.3　发生器储存间的位置、通道、耐火等级、应急照明装置及机械排风装置应符合设计要求，并应符合现行国家有关标准、规范的规定。

6.1.3　设备验收

6.1.3.1　发生器的数量、型号和规格，位置与固定方式，油漆和标志，灭火剂的充装量，以及发生器的安装质量应符合设计要求。

6.1.3.2　集流管的材料、规格、连接方式、布置和集流管上泄压方向应符合设计要求。

6.1.3.3　设备的手动操作处，均应有标明对应防护区名称的耐久标志。手动操作装置均应有加铅封的安全销或防护罩。

6.1.3.4　管道的布置与连接方式、支架与吊架的位置及间距、穿过建筑构件及其变形缝的处理、各管段和附件的型号、规格以及防腐处理和油漆颜色，应符合设计要求。

6.1.3.5　喷嘴的数量、型号、规格、安装位置、喷孔方向、固定方法和标志，应符合设计要求。

6.1.4　系统功能验收

6.1.4.1　系统功能验收时应进行下列试验：SDE管网灭火系统应进行模拟启动试验，按防护区总数（不足5个按5个计）的20%进行模拟启动试验；并进行模拟喷气试验，按防护区总数（不足10个按10个计）的10%进行模拟喷气试验。

6.1.4.2　模拟启动试验时，应先切断SDE电子气化启动器的电源，并把惰性气体发生器与集流管分开，安上相应的指示灯泡或其他相应装置，再使被试防护区的火灾探测器接受模拟火灾信号（两个独立的火灾信号）。试验时应符合下列规定：

6.1.4.2.1　指示灯泡显示正常；

6.1.4.2.2　有关声、光报警装置均能给出符合设计要求的正常信号；

6.1.4.2.3　有关联动设备动作正确，符合设计要求。

6.1.4.3　模拟喷气试验应符合下列规定：

SDE灭火系统模拟喷气试验不应采用SDE灭火剂，宜采用氮气或压缩空气进行，将氮气储存容器或压缩空气泵的出气口用金属软管与SDE灭火系统集流管相连。

6.1.4.4　当模拟喷气试验结果达不到本规范第5.1.3.2.4条的要求时，功能检验为不合格，应在排除故障后，对全部防护区进行模拟喷气试验成功方可投入使用。

6.1.5 在SDE灭火剂有效期内的维护管理

6.1.5.1 SDE灭火系统应由经专门培训，并经考试合格的专业人员负责，定期检查和维护。

6.1.5.2 SDE灭火系统投入使用时，应具备下列文件资料：

6.1.5.2.1 本规范第5.2.3.1.2条所规定的全部技术资料和竣工验收报告；

6.1.5.2.2 系统的操作规程；

6.1.5.2.3 系统的检查、维护记录图表。

6.1.5.3 应按规定对SDE灭火系统进行检查，并做好检查记录。检查中发现的问题应及时处理。

6.1.5.4 每月应对SDE灭火系统进行一次检查，检查内容及要求应符合下列规定：

对发生器、集流管、电子气化启动器、管网与喷嘴等全部系统组件进行外观检查，系统组件应无碰撞变形及其他机械性损伤，表面应无锈蚀，保护涂层完好，铭牌应清晰，手动操作装置的防护罩、铅封和安全标志完整，电子气化启动器电路通畅。

6.1.5.5 每半年应对SDE灭火系统进行一次全面检查，检查内容和要求除按每月检测规定的检查外，尚应符合下列要求：

6.1.5.5.1 防护区的开口情况、防护区的用途及可燃物的种类、数量、分布情况，应符合原设计规定；

6.1.5.5.2 发生器储存间内应无易燃物。其设备、灭火剂输送管道和支、吊架的固定，应无松动；

6.1.5.5.3 各喷嘴孔口应无堵塞；

6.1.5.5.4 灭火剂的输送管道有损伤与堵塞的现象，则应按本规范规定，对其进行吹扫；

6.1.5.5.5 对每个防护区进行一次模拟启动试验，如有不合格的项目，应进行整改后并对相关防护区进行一次模拟喷气试验。

6.2 无管网灭火系统的验收

6.2.1 无管网灭火系统安装完毕，应按规定进行竣工验收。竣工验收合格后才能接通负载投入使用。

6.2.2 验收内容

6.2.2.1 使用场所应符合本标准的规定。

6.2.2.2 防护区的设置，无管网灭火系统配备和安装应分别符合本标准的规定。

6.2.2.3 无管网灭火系统所配用的火灾探测器和应急启动按钮都应有合格证。

6.2.2.4 分别对无管网灭火系统的控制系统和主机进行检验。

6.2.3 控制系统的检验

6.2.3.1 按正常监视状态的要求，将控制器的报警回路接上探测器、输出端接上假负载（小灯泡或声光指示灯铃），接通电源，电源指示灯应亮，使灭火装置处于正常监视状态。

6.2.3.2 使一个探测器处于模拟火灾报警状态，控制器应发出预测报警声、火警指示灯闪亮。

6.2.3.3 将手动、自动转换开关拨向手动，使探测器动作，应有声、光报警信号，灭火指令无输出。然后将开关拨向自动、延时30s后，灭火指令应有输出。

6.2.3.4 模拟系统启动试验：将控制器控制方式选择开关拨到自动档，将控制器的输出启动信号线与主机断开，接上假负载（小灯泡或声光指示灯铃），人为方式使探测器发出火灾警报延时30s后，假负载动作，则系统启动试验合格。

6.2.3.5 将主电源断开，备用电源自动切换，主、备电源的自动转换应正常。

6.2.3.6 将主电源转换到备用电源后，重复6.2.3.1～6.2.3.4的试验过程，结果应相同。

6.2.3.7 基本功能试验都能满足6.2.3的规定，判定为合格。

6.2.4 无管网灭火系统主机的检验

6.2.4.1 用万用表检查灭火装置两个接线端子与箱体不应断路。

6.2.4.2 用万用表检查灭火装置两个接线端子与箱体不应短路。

6.2.5 调试后，填写无管网灭火系统调试报告单见附录L（标准的附录），参加调试的负责人签字。

6.2.6 调试合格后，由验收单位填写无管网灭火系统安装验收报告单见附录M（标准的附录）。

6.2.7　验收合格的SDE灭火装置投入使用前由安装单位在检查负载线无输出电压时接通负载。

6.2.8　无管网灭火系统与火灾自动报警系统或其他消防控制系统联网时，其施工与验收应按GB50166—1992《火灾自动报警系统施工及验收规范》或其他有关国家规范执行。

附录A
（标准的附录）
引用标准

下列标准包含的条文，通过在本标准中引用而构成本标准的条文，标准出版时，所示版本均为有效。所有标准都会被修订，使用本标准的各方应探讨使用下列标准最新版本的可能性：

GB50116—1998《火灾自动报警系统设计规范》

GB50166—1992《火灾自动报警系统施工及验收规范》

GB50263—1997《气体灭火系统施工及验收规范》

附录B
（标准的附录）
扑灭可燃物的SDE设计用量表

可燃物	单位用量 (kg/m^3)	物质系数 kr	面积系数 ka	灭火浓度 $C\%$	灭火浓度 (g/m^3)	惰化浓度 $V\%$
一般可燃物	0.1	1	1～1.3	6.00	80	——
弱电设备	0.1	1.10	1～1.3	6.60	88	——
强电设备	0.1	1.10	1～1.3	6.60	88	——
丙　酮	0.1	1.18	1～1.3	7.08	94	10.8
甲　烷	0.1	1.16	1～1.3	6.96	93	——
戊　烷	0.1	1.18	1～1.3	7.08	94	——
己　烷	0.1	1.16	1～1.3	6.96	93	——
汽　油	0.1	1.18	1～1.3	7.08	94	——
苯	0.1	1.22	1～1.3	7.32	98	11.1
乙　烷	0.1	1.27	1～1.3	7.62	102	——
丙　烷	0.1	1.19	1～1.3	7.14	95	10.6
丁　烷	0.1	1.16	1～1.3	6.96	93	——
乙　醚	0.1	1.31	1～1.3	7.86	105	——
丙　烯	0.1	1.31	1～1.3	7.86	105	15.8
甲　醇	0.1	1.27	1～1.3	7.62	102	——
乙　醇	0.1	1.31	1～1.3	7.86	105	15.8
乙　炔	0.1	2.13	1～1.3	12.78	170	——
乙　烯	0.1	1.45	1～1.3	8.70	116	14.0
一氧化碳	0.1	2.88	1～1.3	17.28	230	——
氢	0.1	2.88	1～1.3	17.28	230	——

说明：1. 环境温度以20℃为标准，每降低1℃，数值增加0.03，每升高1℃，Kr减少0.01。

2. 有关可燃气体和甲、乙、丙类液体的惰性浓度未给出的，应经试验确定。

附录 C
（标准的附录）
SDE 灭火剂设计浓度为灭火浓度 1.3 倍的说明

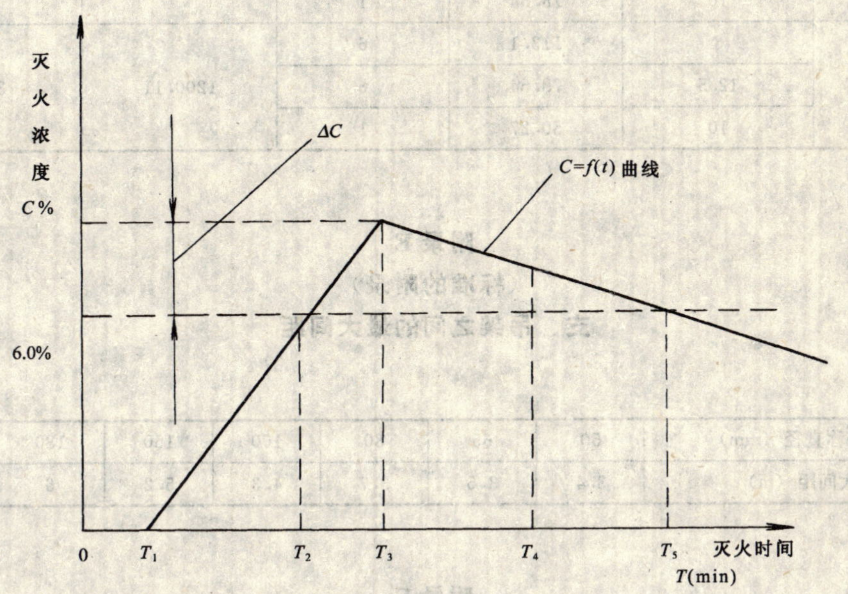

图中：滞后时间：$0\sim T_1$

喷射气化时间：$T_1\sim T_3$

灭火时间：$T_2\sim T_4$

C 未达到 6.0%时，温度低的火焰已开始熄灭；到 T_4 时，明火火焰全部熄灭，但对某些物质火灾还有内部高温阴燃，所以还要浸渍一段时间 $T_4\sim T_5$。

说明：SDE 系统的保护区不可能密不泄漏，也不可能处处浓度均匀，为在灭火时间内保证防护区内 $C\geqslant 6.0\%$，就是提高设计浓度，即 $6.0\%\pm\Delta C$，ΔC 称为“过量喷气浓度”。$\Delta C=f$（T、A_o）不易计算，可在灭火剂用量算出后再加一个安全系数，为保险起见，参照国内外气体灭火系统的先进标准，设计浓度宜为灭火（惰化）浓度的 1.3 倍。

附录 D
（标准的附录）
SDE 喷嘴等效孔口尺寸参数表

喷嘴规格 代号 NO	等效孔口 最小尺寸（mm）	等效单孔 面积（mm²）	喷孔数量 （个）	喷嘴等效面积 （mm²）	允许通过流量 （L/s）
9	7	38.48	8	307.88	9.0
13“杯形”	椭圆孔 10×15	128.54	4	514.16	15.0
15	11.9	111.22	8	889.76	27.0

续表

喷嘴规格代号NO		等效孔口最小尺寸（mm）	等效单孔面积（mm²）	喷孔数量（个）	喷嘴等效面积（mm²）	允许通过流量（L/s）
16	"V形"	12	122.72	8	1060.29	32.0
		10	78.54	1		
	"O形"	8	113.1	6	1200.11	36.0
		12.5	78.54	6		
		10	50.27	1		

附录E
（标准的附录）
支、吊架之间的最大间距

管道公称直径（mm）	50	65	80	100	150	180	200
最大间距（m）	3.4	3.5	3.7	4.3	5.2	6	6.2

附录F
（标准的附录）
SDE管件试验记录

<table>
<tr><td colspan="2">工程名称</td><td colspan="3"></td><td colspan="2">建设单位</td><td colspan="3"></td></tr>
<tr><td colspan="2">生产厂家</td><td colspan="3"></td><td colspan="2">施工单位</td><td colspan="3"></td></tr>
<tr><td colspan="4">国家质量监督检测中心检验报告编号</td><td colspan="3"></td><td>检测日期</td><td colspan="2"></td></tr>
<tr><td colspan="4">产品出厂合格证编号</td><td colspan="3"></td><td>出厂日期</td><td colspan="2"></td></tr>
<tr><td rowspan="2">编　号</td><td rowspan="2">名　称</td><td rowspan="2">型号规格</td><td colspan="2">强度试验</td><td colspan="2">严密性试验</td><td rowspan="2" colspan="3">检验结果</td></tr>
<tr><td>时间（min）</td><td>压力（MPa）</td><td>时间（min）</td><td>压力（MPa）</td></tr>
<tr><td></td><td></td><td></td><td></td><td></td><td></td><td></td><td colspan="3"></td></tr>
<tr><td></td><td></td><td></td><td></td><td></td><td></td><td></td><td colspan="3"></td></tr>
<tr><td></td><td></td><td></td><td></td><td></td><td></td><td></td><td colspan="3"></td></tr>
<tr><td></td><td></td><td></td><td></td><td></td><td></td><td></td><td colspan="3"></td></tr>
<tr><td></td><td></td><td></td><td></td><td></td><td></td><td></td><td colspan="3"></td></tr>
<tr><td colspan="10">检查结论：</td></tr>
<tr><td colspan="10">检验人员签名：

（检验单位盖章）　　年　　月　　日</td></tr>
</table>

附录 G
（标准的附录）
SDE 灭火剂输送管道试验记录

工程名称				建设单位		
设计单位				施工单位		
试验数据 项目 \ 防护区名称						
强度试验	介质名称					
	压力（MPa）					
	时间（min）					
	试验结果					
严密性试验	介质名称					
	压力（MPa）					
	时间（min）					
	试验结果					
吹扫试验	介质名称					
	流速（m/s）					
	时间（min）					
	试验结果					

试验结论：

试验人员签名：

（试验单位盖章） 年 月 日

建设单位意见：

（盖章） 年 月 日

附录H

（标准的附录）

隐蔽工程中间验收记录

工程名称		建设单位	
设计单位		施工单位	

防护区名称 / 隐蔽区域名称 / 验收结果 / 验收项目						
管道及管道附件型号规格和质量						
管道的安装质量和涂装						
管道的试验记录						
支、吊架的数量型号和安装质量						
喷嘴的数量、型号规格和安装质量						

试验结论：

（验收负责人签名）　　年　月　日

参加验收人员签名：

（施工单位盖章）　　年　月　日

建设单位意见：

（盖章）　　年　月　日

消防监督管理机构意见：

（盖章）　　年　月　日

附录 J
（标准的附录）
SDE 管网灭火系统调试报告

<table>
<tr><td>工程名称</td><td></td><td>建设单位</td><td></td></tr>
<tr><td>设计单位</td><td></td><td>施工单位</td><td></td></tr>
<tr><td>调试单位</td><td></td><td>调试日期</td><td></td></tr>
<tr><td>项 目 分 类</td><td colspan="2">项 目</td><td>结 果</td></tr>
<tr><td>技术资料完整性检查</td><td colspan="2">1. 设计说明书、施工图及设计变更文字记录；
2. 施工记录和隐蔽工程中间验收报告；
3. 系统及其主要组件的使用维护说明书；
4. 系统组件、管道材料及管道附件的检验报告和出厂合格证。</td><td></td></tr>
<tr><td>系统组件、管道及管道附件，以及安装质量检验</td><td colspan="2">1. 系统组件、管道材料及管道附件的型号、规格、数量；
2. 系统主要组件及管道安装质量。</td><td></td></tr>
<tr><td>模拟喷气试验</td><td colspan="2">1. 试验气体所喷入的防护区；
2. 有关控制阀门的工作状况；
3. 有关声、光报警信号显示；
4. 系统的可靠性。</td><td></td></tr>
<tr><td>备用灭火剂贮存容器切换操作试验</td><td colspan="2">1. 有关控制阀门的工作状况；
2. 有关声、光报警信号显示；
3. 试验气体所喷入的防护区。</td><td></td></tr>
<tr><td colspan="4">调试情况说明和结论：</td></tr>
<tr><td colspan="4">调试负责人签名：

年 月 日</td></tr>
<tr><td colspan="4">建设单位意见：

（盖章） 年 月 日</td></tr>
</table>

附录 K
（标准的附录）
SDE 管网灭火系统竣工验收报告

<table>
<tr><td>工程名称</td><td></td><td>系统名称</td><td></td></tr>
<tr><td>建设单位</td><td></td><td>设计单位</td><td></td></tr>
<tr><td>施工单位</td><td></td><td>验收日期</td><td></td></tr>
<tr><td>验收项目分类</td><td colspan="2">验　收　项　目</td><td>验　收　结　论</td></tr>
<tr><td>技术资料审查</td><td colspan="2">1. 竣工验收申请报告；
2. 施工记录和隐蔽工程中间验收报告；
3. 竣工图和设计变更文字记录；
4. 竣工报告；
5. 设计说明书；
6. 调试记录；
7. 系统及其主要组件的使用维护说明书；
8. 系统组件、管道材料及管道附件的检验报告和出厂合格证；
9. 管理、维护人员登记表。</td><td></td></tr>
<tr><td>防护区和贮瓶间检查</td><td colspan="2">1. 防护区的设置条件；
2. 防护区的安全设施；
3. 气体发生器储存间的设置条件；
4. 气体发生器储存间的安全设施。</td><td></td></tr>
<tr><td>管道和系统组件检查</td><td colspan="2">1. 管道及其附件的型号、规格、布置和安装质量；
2. 支、吊架的数量、位置和安装质量；
3. 喷嘴的型号、规格、标志和安装质量；
4. 惰性气体发生器的数量、型号、规格、标志、安装位置、灭火剂充装量和安装质量；
5. 集流管的安装质量和泄压装置的泄压方向；
6. 气体发生器储存间设备的手动操作点标志。</td><td></td></tr>
<tr><td>系统功能试验</td><td colspan="2">模拟自动启动试验</td><td></td></tr>
<tr><td>验收组人员姓名</td><td>工　作　单　位</td><td>职务、职称</td><td>签　　名</td></tr>
<tr><td></td><td></td><td></td><td></td></tr>
<tr><td></td><td></td><td></td><td></td></tr>
<tr><td colspan="4">验收组结论：

验收组组长签名：　　　年　　月　　日</td></tr>
<tr><td colspan="4">建设单位及监理单位意见：

（盖章）　　　年　　月　　日</td></tr>
<tr><td colspan="4">公安消防监督机构意见：

（盖章）　　　年　　月　　日</td></tr>
</table>

附录 L
（标准的附录）
SDE 无管网灭火系统调试报告

工程名称		建设单位	
设计单位		施工单位	
调试单位		调试日期	

项目分类	项目	结果
技术资料完整性检查	1. 设计说明书，施工图纸及设计变更文字记录； 2. 主机及控制系统使用说明书； 3. 各组件的出厂合格证。	
主机安装检验	1. 主机的型号、规格、数量、标定保护范围； 2. 主机安装质量。	
模拟系统启动试验	1. 假负载是否动作； 2. 有关声光报警信号显示； 3. 延时 30s 状态是否正常； 4. 主机的接线端子不应断路、短路。	
控制系统动作试验	1. 报警系统工作状况显示：正常监视状态下要求； 2. 模拟火灾报警状态下，有关声光报警信号显示； 3. 主机电切换操作。	
调试情况说明和结论：		
调试负责人签名： 年　月　日		
建设单位意见： 年　月　日		

附录 M

（标准的附录）

SDE 无管网灭火系统验收报告单

编号： 年 月 日

工程名称			工程地址			
使用单位			联系人		电话	
施工单位			联系人		电话	
设计单位			联系人		电话	
主要设备	设备名称及型号	编 号	数 量	生产厂家	出厂日期	备 注
验收情况						
设计单位负责人 （签 章）			施工单位负责人 （签 章）			
使用单位负责人 （签 章）			验收负责人 （签 章）			

附录 N

（提示的附录）

SDE 惰性气体在管网内流动时的压力损失 ΔP（Pa/m）

u \ d	50	65	80	100	125	150
4	135	104	84	67	54	45
6	304	234	190	152	121	101
8	540	415	337	270	216	180
10	843	649	527	422	337	281
12	1214	934	759	607	486	405
13	1425	1096	891	713	570	475
14	1635	1271	1033	826	661	551
15	1897	1459	1181	949	759	633
16	2159	1660	1349	1079	863	720
17	2437	1874	1523	1218	975	812
18	2732	2102	1707	1366	1093	911
19	3044	2342	1902	1522	1218	1015
20	3373	2594	2108	1686	1349	1124
21	3719	2860	2324	1859	1487	1240
22	4081	3139	2551	2041	1632	1360
23	4461	3431	2788	2230	1784	1487
24	4857	3736	3036	2428	1943	1619
25	5270	4054	3294	2635	2108	1757

注：按无缝钢管、内径（d），压缩因子 $Z=1.25$，$\varepsilon=1.15$ 计算

$$\Delta P=\lambda\cdot\frac{L}{d}\cdot\frac{\rho u^2}{2}\cdot Z\cdot\varepsilon \qquad (\text{Pa/m})$$

表中：d 以 mm 计算，u 以 m/s 计算

附录P
（提示的附录）
SDE 惰性气体在喷嘴处局部压力损失 ΔP（Pa）

NO. / U（m/s）	9	13	15	16/V	16/O
4	7	6	6	4	4
6	16	14	13	10	9
8	28	26	23	17	15
10	44	40	36	27	24
12	63	58	46	39	34
13	74	68	53	45	40
14	86	79	62	53	47
15	108	99	77	66	59
16	113	103	81	69	61
17	127	116	91	78	69
18	143	130	102	87	78
19	159	145	114	97	86
20	176	161	126	107	96
21	194	177	139	118	106
22	213	195	153	130	116
23	233	213	167	142	127
24	254	232	182	155	138
25	275	252	198	168	150

注：1. NO. 为喷嘴代号

2. $\Delta P=\xi\cdot\frac{\rho u^2}{2}\cdot Z\cdot\varepsilon$　　(Pa)

附录 Q
（提示的附录）

Q1 喷嘴局部收缩系数见表 Q1

喷嘴局部收缩系数　　**表 Q1**

S_1/S_2	0.1	0.2	0.3	0.4	0.5	0.6	0.7	0.8	0.9
ξ	0.47	0.45	0.40	0.35	0.30	0.25	0.20	0.15	0.10

Q2 喷嘴局部收缩系数（ξ）见表 Q2

喷嘴局部收缩系数（ξ）　　**表 Q2**

喷嘴代号 NO.	公称直径 (mm)	截面积 (mm^2)		S_1/S_2	ξ
		S_1（进口）	S_2（出口）		
9	50	1963	307.84	0.16	0.46
13	50	1963	514.16	0.26	0.42
15	50	1963	889.76	0.45	0.38
16/V	50	1963	1060.29	0.54	0.28
16/O	50	1963	1200.11	0.61	0.25

附录 R
（提示的附录）
管道附件的当量长度

管道公称直径 (mm)	螺纹连接			焊接		
	90°弯头 (m)	三通的直通部分 (m)	三通的侧通部分 (m)	90°弯头 (m)	三通的直通部分 (m)	三通的侧通部分 (m)
50	1.43	0.89	3.12	0.75	0.55	1.90
65	1.76	1.07	3.74	0.91	0.70	2.30
80	2.20	1.36	4.71	1.05	0.88	2.90
100	—	—	—	1.50	1.19	3.87
125	—	—	—	1.89	1.53	4.90
150	—	—	—	2.32	1.83	5.93

附录 S_1

（提示的附录）

本规范用词说明

S.1. 执行本规范条文时，对要求严格程度的用词作如下规定，以便执行时区别对待。

S.1.1 表示很严格，非这样不可的用词：

正面词采用“必须；

反面词采用“严禁”；

S.1.2 表示严格，在正常情况下均应这样做的用词：

正面词采用“应”；

反面词采用“不应”或“不得”。

S.1.3 表示允许稍有选择，在条件许可时首先应这样做的用词：

正面词采用“宜”或“可”；

反面词采用“不宜”。

S.2 条文中规定应按指定的标准、规范执行时，写法为“应符合……的规定”或“应按……执行”。

附录 S_2 SDE 气体灭火设计计算

一、计算公式

有管网：$M=m\cdot K_a\cdot K_r\cdot V$ (kg)

无管网：$M=m\cdot K_1\cdot K_2\cdot V$ (kg)

式中 m——单位容积灭火剂用量（kg/m^3）；

K_a——被保护区面积系数（查表或计算）；

K_r——被保护物品物质系数（查表）；

K_1——被保护区容积系数（查表）；

K_2——被保护物品重要系数（查表）；

V——被保护区净容积（m^3）。

SDE 有管网系统管径计算：

$$d=\sqrt{4Q/(\pi VL)}$$

式中 $Q=0.75M/60T_p$（0.75 为气化率 m^3/kg）；

$VL\leqslant 25$（气体流速 m/s）；

$T_p=6\sim 8$（总气化时间 min）。

SDE 有管网系统阻力计算：

（1）管道阻力损失计算：

$$\Delta P=\lambda\cdot\frac{L}{d}\cdot\frac{\rho u^2}{2}\cdot Z\cdot\varepsilon$$

式中 λ——摩擦阻力系数（取 $\lambda=0.44$）；

L——管道与管道附件当量长度之和（m）；

d——管道的内径（m）；

ρ——SDE 气体密度（kg/m^3）；

u——气体在管道中的流速（m/s）；

Z——气体压缩因子，始端 1.47，末端 1.05，过程中点为 1.26；

ε——管道中的粗糙系数，无缝钢管为 1.15，有缝钢管为 1.30。

注：管道阻力损失可只计算直管段的损失，然后乘以 1.25 倍即得管道全部阻力损失。

（2）喷嘴局部压力损失计算：

$$\Delta P=\xi\cdot\frac{\rho\cdot v^2}{2}\cdot Z\cdot\varepsilon$$

式中　ξ——喷嘴局部收缩系数（查表）。

（其余符号同前）

注：1. 上述管道阻力和喷嘴局部阻力均可以从附录中查得有关数据。

2. 有管网系统灭火剂钢瓶出口初始压力为 1.6MPa，气化完毕相对压力为 0，计算时按"过程中点压力"0.8MPa 计。钢瓶出口阻力损失为 0.2MPa。

3. 管网最不利点喷嘴出口压力≮0.1MPa。

二、设计计算实例

［例 1］　某电缆隧道断面 2m×2m，长 500m 要进行 SDE 气体灭火保护。

分析：该电缆隧道中间是人行检修通道，两侧为电缆排架不便于作预制灭火装置，但可以在隧道侧面修一个储瓶间，拟采用管网系统。

计算：

（1）用药量 $M=m\cdot K_a\cdot K_r\cdot V=0.1\times1.1\times1.1\times(2\times2\times500)$ kg$=242.0$kg

（2）钢瓶选型：采用 SDEW－75L/25 型十瓶，每瓶 25kg

（3）灭火浓度核算：

$C\%=\frac{25\times10\times0.75}{2\times2\times500}\times100\%=9.375\%>9\%$（满足 DB32/399—2000 中 4.1.2.1.6 规定的要求）。

（4）

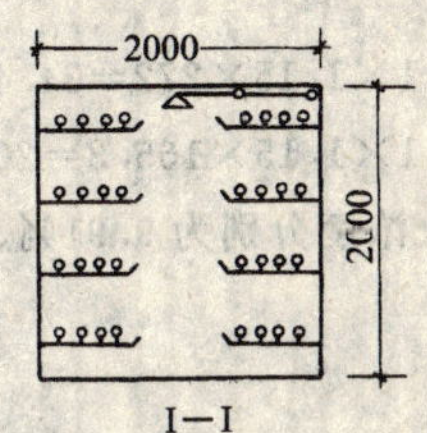

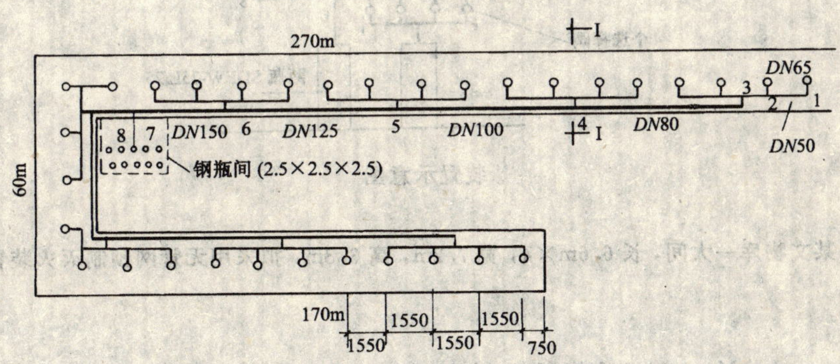

电缆沟平剖面及管线喷头布置图

管段	管径(mm)	管长(m)	喷头数	流量(L/s)	管断面(m^2)	流速(m/s)	管道阻力(Pa/m)	ΔP(Pa)	管道附件损失
1—2	50	15.5	1	15	0.0019625	7.64	493	7642	约为 ΔP 的 25%
2—3	65	7.8	2	30	0.0033166	9.05	532	4150	
3—4	80	62	4	60	0.005024	11.94	759	47058	
4—5	100	62	8	120	0.00785	15.29	987	61194	
5—6	125	62	12	180	0.012266	14.67	727	45074	
6—7	150	31	16	240	0.017663	13.59	520	16120	
7—8	200	2.7	32	480	0.0314	15.29	493	1330	
Σ		243						182568	45642

最不利点剩余压力：

$P=0.8-0.2-(182568+45642)\times10^{-6}=0.6-0.228=0.37>0.1$ (MPa)

满足规范 DB32/399—2000 要求

注：1. 每个喷头流量按 13 型（杯形）$q=15$L/s 计，每个喷头保护容积 62.5m^3（符合 DB32/399—2000 要求）

2. 从储瓶间到最远喷头灭火气体运行时间为 18.8s。(Σ管长/流速)

［例 2］　某工程有四个保护区分别为两个电器设备用房、空调机房和计算机房，容积分别是 189.2、189.2、272.2 和 165.3m^3 采用 SDE 组合分配系统保护。

用药量：

$M_1=0.1\times1.1\times1.15\times189.2=23.9$ (kg) 选用 25kg1 瓶

$M_2=M1$

$M_3=0.1\times1.1\times1.15\times272=34.4$ (kg) 选用 25kg2 瓶

$M_4=0.1\times1.1\times1.15\times165.3=20.9$ (kg) 选用 25kg1 瓶

各区实际灭火浓度分别为 9.91%、9.91%、13.8%、11.34%，均>9%，且<17.5%（LOAEL 值为 17.5%）

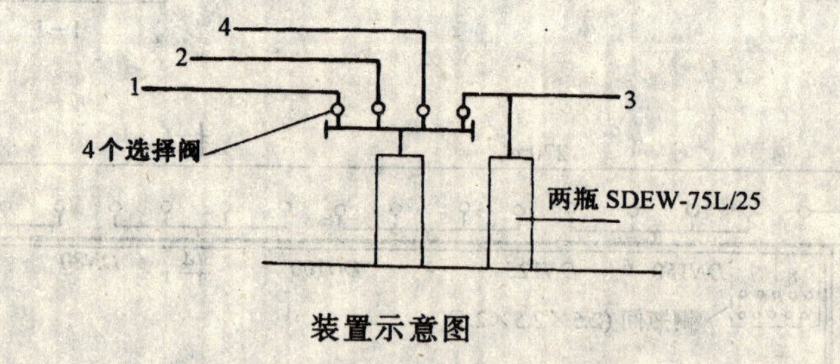

装置示意图

［例 3］　某文物库一大间，长 6.6m×4，宽 7.2m，高 3.3m，拟采用无管网预制灭火装置进行灭火保护。

计算：

$$M=0.1\times1.2\times1.5\times(6.6\times4\times7.2\times3.3)=112.9\text{ (kg)}$$

拟选用 GDG－38 型 8 台，每台灭火剂 15kg，共 120kg；

实际灭火浓度为

$C\%=\dfrac{15\times8\times0.75}{6.6\times4\times7.2\times3.3}\times100=14.34\%$　（符合 DB32/399—2000 要求）

主要参考书目

1. 高层民用建筑设计防火规范（GB50045—1995）（2001年版）
2. 建筑设计防火规范（GBJ16—1987）（2001年版）
3. 汽车库、修车库、停车场设计防火规范（GB50067—1997）
4. 人民防空工程设计防火规范（GB50098—1998）
5. 民用爆破器材工厂设计安全规范 GB50058—1992）
6. 石油化工企业设计防火规范（GB50160—1992）（1999年版）
7. 原油和天然气工程设计防火规范（GB50183—1993）
8. 火力发电厂与变电所设计防火规范（GB50229—1995）
9. 输气管道工程设计（GB50251—1994）
10. 小型石油库及汽车加油站设计规范（GB50156—1992）
11. 建筑内部装修设计防火规范（GB50222—1995）
12. 自动喷水灭火系统设计规范（GB50084—1998）
13. 李东明主编．自动消防系统设计安装手册．1966
14. 建筑灭火器配置设置规范（GBJ140—1990）（1997版）
15. 高层民用建筑钢结构技术规程（JGJ99—1998）
16. 卤代烷1301灭火系统设计规程（GB50163—1992）
17. 低倍数泡沫灭火系统设计规范（GB50151—1992）（2000年版）
18. 二氧化碳灭火系统设计规范（GB50193—1993）（1999年版）
19. 高倍数、中倍数泡沫灭火系统规范（GB50196—1993）
20. 水喷雾灭火系统设计规范（GB50229—1996）
21. 惰性气体IG—541灭火技术规程（DG/TJ08—305—2001）
22. SDE气体灭火系统设计、施工、验收规范（DB32/399—2000）
23. 采暖通风与空气调节设计规范（GBJ19—1987）
24. 火力发电厂生活消防给水和排水设计技术规定（DLGJ24—91）
25. 火灾自动报警系统设计规范（GB50116—1998）
26. 火灾自动报警系统施工及验收规范（GB50166—1992）
27. 供配电系统设计规范（GB50052—1995）
28. 工业企业照明设计标准（GB50034—1992）
29. 爆炸和火灾危险环境电力装置设计规范（GB50058—1992）
30. 工业企业总平面设计规范（GB50187—1993）
31. 电气用图形、符号（GB4728—1993）
32. 自动喷水灭火系统施工及验收规范（GB50261—1996）
33. 气体灭火系统施工及验收规范（GB50263—1997）
34. 泡沫灭火系统施工及验收规范（GB50281—1998）
35. 飞机库设计防火规范（GB50284—1998）
36. 水利水电工程设计防火规范（SDJ278—1990）

37. 高层建筑中中庭的防排烟（公安部天津消防研究所）
38. 蒋永琨主编．高层建筑防火设计手册．北京：中国建筑工业出版社，2000
39. 蒋永琨主编．建筑防火标准规范实施手册．北京：中国建筑工业出版社，1999
40. 姜文源主编．建筑灭火设计手册．北京：中国建筑工业出版社，1997